Extrait du catalogue

NIELS BOHR, *Physique atomique et connaissance humaine*, n° 157

GILLES COHEN-TANNOUDJI et MICHEL SPIRO, *La matière-espace-temps*, n° 138

BRIAN GREENE, *L'Univers élégant. Une révolution scientifique de l'infiniment grand à l'infiniment petit, l'unification de toutes les théories de la physique*, n° 451

STEPHEN HAWKING et ROGER PENROSE, *La nature de l'espace et du temps*, n° 430

WERNER HEISENBERG, *La nature dans la physique contemporaine*, n° 360

JEAN-PIERRE LUMINET, *L'Univers chiffonné*, n° 449

ROLAND OMNÈS, *Philosophie de la science contemporaine*, n° 256

TRINH XUAN THUAN, *Le chaos et l'harmonie. La fabrication du réel*, n° 366

TRINH XUAN THUAN, *La mélodie secrète. Et l'homme créa l'univers*, n° 160

TRINH XUAN THUAN, *Origines. La nostalgie des commencements*, n° 468

COLLECTION
FOLIO ESSAIS

Brian Greene

La magie du Cosmos

L'espace, le temps, la réalité : tout est à repenser

Traduit de l'américain par Céline Laroche

Gallimard

L'édition française de cet ouvrage a originellement paru aux Éditions Robert Laffont.

Titre original :

THE FABRIC OF THE COSMOS

Brian Greene est l'un des spécialistes mondiaux de la théorie des cordes. Il enseigne la physique théorique à l'université Columbia, à New York.

Préface

L'espace et le temps, plus qu'aucun autre sujet scientifique, éveillent l'imagination. Et pour de bonnes raisons. Théâtre de la réalité, ils forment la structure même de l'Univers. Toute notre existence, tout ce que l'on fait, pense et vit, se déroule en une certaine région de l'espace et en un certain intervalle de temps. Et pourtant, la science a toutes les peines du monde à comprendre ce qu'ils sont véritablement. S'agit-il d'entités physiques réelles ou simplement d'idées bien utiles ? Si espace et temps sont réels, sont-ils fondamentaux ou proviennent-ils d'autres constituants plus élémentaires ? Que signifie, pour l'espace, être vide ? Existe-t-il un commencement au temps ? Existe-t-il une flèche du temps ? Celui-ci s'écoule-t-il inexorablement du passé vers le futur, comme le suggère notre expérience quotidienne ? Peut-on manipuler l'espace et le temps ? Cet ouvrage retrace trois siècles d'investigations scientifiques passionnées, à la recherche de réponses, ou au moins de bribes de réponses, à ces questions si élémentaires et pourtant si fondamentales sur la nature de l'Univers.

Ce voyage nous ramènera continuellement à une autre question : qu'est-ce que la réalité ? Liée aux précédentes, elle est aussi universelle que difficile à cerner. Nous, humains, ne disposons que d'expériences de perception et de pensée internes. Comment pouvons-nous alors avoir la certitude qu'elles nous offrent une image fidèle du monde extérieur ? Voilà longtemps que les philosophes ont vu le problème. Depuis, les cinéastes l'ont rendu populaire. Ils ont élaboré des scénarios de mondes artificiels, engendrés par une stimulation neurologique de haute technologie, n'existant que dans l'esprit de leurs héros. Quant aux physiciens, comme moi-même, ils ont une conscience aiguë du fait que la réalité telle qu'on l'observe — la matière évoluant sur la scène de l'espace et du temps — peut n'avoir pas grand-chose à voir avec la réalité, si tant est qu'il y en ait une. Cela étant, puisque nous ne disposons que de nos observations, nous les prenons au sérieux. Données brutes et formalisme mathématique (ni imagination débordante ni scepticisme insatiable) sont nos guides. Puis nous cherchons les théories les plus simples et les plus générales, capables d'expliquer et de prédire l'issue des expériences d'aujourd'hui et de demain. Voilà qui restreint fortement l'éventail des théories à retenir. (Dans ce livre, par exemple, on ne trouvera pas le moindre indice du fait que je flotte dans une cuve connectée à des milliers de câbles censés stimuler mon cerveau, et qui font que je n'ai même pas conscience d'écrire ces lignes.) Les découvertes en physique de ces cent dernières années nous ont incités à revoir notre perception quotidienne de la réalité, de manière aussi spectaculaire et aussi déconcertante que la plus inventive des sciences-fictions. Ces bouleversements révolutionnaires seront les étapes de notre voyage au fil de ces pages.

L'essentiel des questions sont celles qui, sous divers

aspects, ont creusé les rides d'Aristote, de Galilée, de Newton, d'Einstein et d'innombrables autres penseurs à travers les âges. C'est la science en direct que cet ouvrage cherche à transmettre. Aussi présenterons-nous les réponses à ces questions telles qu'elles ont été proposées par une première génération de scientifiques, puis remaniées par leurs successeurs et finalement réinterprétées ou affinées par les chercheurs des années suivantes.

Prenons, par exemple, la question troublante de savoir si l'espace est complètement vide, comme un canevas vierge, s'il est une entité réelle ou simplement une idée abstraite. Nous suivrons les oscillations historiques des convictions scientifiques : au XVIIe siècle, Isaac Newton affirma que l'espace est réel ; au XIXe siècle, Ernst Mach parvint à la conclusion qu'il ne l'est pas et, au XXe siècle, Einstein reformula complètement la question elle-même, en réunissant l'espace et le temps, réfutant ainsi les conclusions de Mach. Puis nous étudierons les découvertes ultérieures, avec une nouvelle transformation radicale de la question. Une nouvelle signification du « vide » apparaît alors, l'espace devenant inévitablement imprégné de ce qu'on appelle les « champs quantiques » ainsi que d'une hypothétique énergie diffuse et uniforme dite « constante cosmologique » (le pendant moderne de la vieille idée, maintenant discréditée, de l'éther censé remplir tout l'espace). En outre, nous présenterons comment des expériences spatiales futures pourraient confirmer certains aspects des conclusions de Mach, en accord avec la relativité générale d'Einstein, qui offrent une belle illustration de l'évolution passionnante et pleine de rebondissements des progrès scientifiques.

En ce qui concerne la recherche contemporaine, nous présenterons la « cosmologie inflationnaire » qui nous livre nombre d'indices sur la flèche du temps, la « théorie des cordes » qui offre un riche assortiment de dimensions spatiales supplémentaires, la « théorie M », proposition inédite selon laquelle notre espace pourrait n'être qu'un feuillet flottant dans un Univers bien plus vaste. Finalement viendra la spéculation actuellement la plus osée : notre Univers ne serait qu'un hologramme cosmique. Nous ne savons pas encore si les plus récentes de ces propositions théoriques sont exactes. Mais, aussi audacieuses puissent-elles paraître, nous les prenons néanmoins au sérieux. C'est à elles en effet que nous mènent nos recherches obstinées des lois les plus fondamentales de notre Univers. Certes, la science-fiction peut donner naissance à une réalité inhabituelle et fort étrange, mais c'est également le cas des découvertes à la pointe de la physique moderne.

Le livre *La magie du Cosmos* — ou, plus littéralement, *L'étoffe du Cosmos* (le titre anglais étant *The Fabric of the Cosmos*) — est avant tout destiné aux lecteurs n'ayant pas ou peu de connaissances scientifiques. En revanche, parce qu'ils ont un véritable désir de comprendre les rouages de l'Univers, ils sont prêts à s'attaquer à bon nombre de concepts compliqués et stimulants. Comme dans mon premier livre, *L'Univers élégant*, je suis resté fidèle aux idées scientifiques essentielles, tout en laissant de côté les détails mathématiques, au profit de métaphores, d'analogies, de petites histoires et d'illustrations. À l'approche des parties les plus difficiles, je prends soin d'avertir le lecteur en présentant un bref résumé à l'attention de ceux qui décideraient de passer rapidement ou complètement ces discussions plus poussées. Ainsi, le lecteur pourra continuer son chemin sur les sentiers de la découverte et s'enrichir d'une connaissance de la vision actuelle de la physique. Mais pas seulement. Il pourra aussi comprendre comment et pourquoi cette vision des choses a remporté autant de suffrages.

Étudiants (souvent amateurs de littérature scientifique vulgarisée), professeurs et chercheurs trouveront eux aussi leur intérêt dans ces pages. Les premiers chapitres présentent l'essentiel indispensable à connaître en relativité et en mécanique quantique, mais surtout espace et temps y sont présentés de manière quelque peu inhabituelle. Les chapitres suivants couvrent une vaste gamme de sujets : théorème de Bell, expériences à choix retardé, mesure quantique, expansion inflationnaire, production éventuelle de trous noirs par les prochaines générations d'accélérateurs de particules, trous de vers et machines à remonter le temps, pour n'en citer que quelques-uns. Ceux-ci permettront à ces lecteurs d'actualiser leurs connaissances sur un grand nombre des progrès les plus alléchants et les plus controversés de la physique actuelle.

Certains des sujets abordés ici ne sont pas acceptés par tous. Pour ces questions qui restent en suspens, je ne présente dans la partie principale du texte que la vision admise le plus communément. J'ai relégué aux notes ceux des points polémiques qui, à mon sens, ont recueilli un certain consensus. Peut-être ma façon de présenter les choses offusquera-t-elle parfois certains scientifiques — en particulier ceux qui défendent des points de vue minoritaires. Mais je me suis efforcé, aussi bien dans le corps du texte que dans les notes, d'offrir une présentation équilibrée. Les lecteurs les plus scrupuleux trouveront également dans les notes des explications plus complètes, des éclaircissements et des avertissements concernant les points que j'ai simplifiés, ainsi que des apartés mathématiques (pour ceux que cela intéresse) venant s'ajouter à la présentation dénuée d'équations que j'adopte dans le texte.

Même un ouvrage de cette taille ne peut suffire à couvrir entièrement le vaste sujet que représentent l'espace et le temps. J'ai choisi les aspects qui me paraissaient les plus intéressants et surtout susceptibles de brosser un tableau complet de la réalité dépeinte par la science moderne. Ces choix reflètent sans aucun doute un penchant personnel ; je présente donc mes excuses à tous ceux qui trouveront que je n'ai pas accordé suffisamment d'attention à leurs travaux ou à leur domaine de recherche favori.

En écrivant *La magie du Cosmos*, j'ai eu la chance de bénéficier de l'opinion précieuse d'un certain nombre de lecteurs d'exception. Raphael Kasper, Lubos Motl, David Steinhardt et Ken Vineberg ont lu plusieurs versions du manuscrit dans son entier, parfois à maintes reprises. Leurs nombreuses suggestions, aussi détaillées que perspicaces, ont contribué à clarifier et à préciser la présentation. Je les remercie de tout mon cœur. David Albert, Ted Baltz, Nicholas Boles, Tracy Day, Peter Demchuk, Richard Easter, Anna Hall, Keith Goldsmith, Shelley Goldstein, Michael Gordin, Joshua Greene, Arthur Greenspoon, Gavin Guerra, Sandra Kauffman, Edward Kastenmeier, Robert Krulwich, Andrei Linde, Shani Offen, Maulik Parikh, Michael Popowits, Marlin Scully, John Stachel et Lars Straeter ont lu le manuscrit en partie ou en entier, et leurs commentaires m'ont été très utiles. J'ai également beaucoup bénéficié des conversations que j'ai eues avec Andreas Albrecht, Michael Bassett, Sean Carrol, Andrea Cross, Rita Greene, Alan Guth, Mark Jackson, Daniel Kabat, Will Kinney, Justin Khoury, Hiranya Peiris, Saul Perlmutter, Koenraad Schalm, Paul Steinhardt, Leonard Susskind, Neil Turok,

Henry Tye, William Warmus et Erik Weinberg. Je tiens à remercier tout particulièrement Raphael Gunner, pour son sens aigu de la dialectique et pour les critiques précieuses qu'il a bien voulu apporter à mes différents coups d'essai. Eric Martinez m'a assisté sans relâche pour la fabrication de cet ouvrage, et Jason Severs a créé de superbes illustrations. Je remercie mes agents Katinka Matson et John Brockman. Et je suis extrêmement reconnaissant à mon éditeur, Martin Ascher, pour sa perspicacité, ses encouragements constants et ses conseils précieux, qui ont grandement amélioré la qualité de la présentation.

Durant ma carrière, j'ai pu mener mes recherches grâce au financement du Department of Energy, de la National Science Foundation et de la fondation Alfred P. Sloan. Je les remercie chaleureusement pour leur soutien.

Première partie

LA SCÈNE DE LA RÉALITÉ

1

LES VOIES DE LA RÉALITÉ

L'espace, le temps et pourquoi les choses sont telles qu'elles sont

De tous les livres de la bibliothèque poussiéreuse de mon père, aucun n'était interdit. Et pourtant, en grandissant, je n'ai jamais vu quiconque en sortir un. La plupart étaient de véritables pavés — l'histoire complète de la civilisation, les plus grands chefs-d'œuvre de la littérature occidentale en plusieurs volumes et nombre d'autres ouvrages dont je ne me souviens plus. Tous avaient l'air de faire corps avec les étagères, qui ployaient d'avoir soutenu tout ce poids des années durant. Tout en haut, sur la dernière étagère, se trouvait un fin opuscule qui attirait mon attention de temps à autre simplement parce qu'il ne semblait pas à sa place, un peu comme Gulliver parmi les géants de Brobdingnag. Avec le recul, je ne saurais dire pourquoi j'ai attendu si longtemps avant d'y jeter un coup d'œil. Peut-être qu'au fil des années les livres devenaient moins un objet de lecture qu'un héritage de famille à admirer de loin. Mais, plus tard, tout ce respect a été balayé par la fougue de l'adolescence. Un jour, j'ai délogé le petit opuscule, l'ai dépoussiéré puis l'ai ouvert à la première page. L'entrée en matière était pour le moins surprenante.

« Il n'y a qu'un problème philosophique vraiment

sérieux: c'est le suicide», commençait-il. Je tressaillis. «Le reste, si le monde a trois dimensions, si l'esprit a neuf ou douze catégories, vient ensuite», continuait-il; toutes ces questions, disait le texte, n'étaient qu'une partie du jeu que jouait l'humanité, et méritaient que l'on s'y intéresse seulement après avoir analysé la seule vraie question. Ce livre était intitulé *Le Mythe de Sisyphe* et son auteur était le philosophe né sur la terre algérienne, lauréat du prix Nobel, Albert Camus. Après un certain temps, l'extrême froideur de ces mots se réchauffa à la lumière de la compréhension. «Mais bien sûr! ai-je pensé. On peut méditer telle chose ou analyser telle autre jusqu'à ce que les poules aient des dents, mais la vraie question est celle de savoir si toutes ces cogitations peuvent nous convaincre que la vie vaut la peine d'être vécue. Et tout se résume à cela. Le reste n'est que broutille.»

Le hasard de ma rencontre avec le livre de Camus dut se produire à une période où je devais être particulièrement impressionnable car ces mots me marquèrent plus que tout ce que j'ai pu lire. De temps à autre, je me demandais comment les personnes que je connaissais, dont on me parlait ou que je voyais à la télévision auraient répondu à cette question fondamentale. Mais, rétrospectivement, je me suis aperçu que c'est surtout sa seconde affirmation (concernant le rôle du progrès scientifique) qui a aiguisé ma curiosité. Camus reconnaissait la valeur du fait de comprendre la structure de l'Univers, mais, d'après mon interprétation, il rejetait la possibilité que cela ait une quelconque incidence pour juger de la valeur de la vie. Certes, il y a de grandes chances que l'adolescent que j'étais lisait la philosophie existentielle à peu près comme Bart Simpson, le fils trublion de la famille Simpson, pourrait lire de la poésie, mais, malgré tout, je fus frappé par le fait que la conclusion de Camus me paraissait à côté de la plaque. À mes yeux de physicien en herbe, il paraissait essentiel, pour apprécier la vie en connaissance de cause, de comprendre parfaitement la scène sur laquelle se déroule la vie — l'Univers. Je me souviens d'avoir imaginé que si nous vivions dans des cavernes, sans conscience de la surface de la Terre, de l'éclat de la lumière du Soleil, de la brise de l'océan ou des étoiles du ciel nocturne ; ou si l'évolution avait été différente et telle que nous ayons encore à découvrir tous nos sens mis à part le toucher, si bien que tout ce que nous connaîtrions ne viendrait que de perceptions tactiles de notre environnement immédiat ; ou si les facultés mentales de l'espèce humaine cessaient de se développer dès la prime enfance de sorte que nos émotions et nos facultés d'analyse seraient limitées à celles d'un enfant de cinq ans — donc, pour résumer, si nos expériences ne nous offraient qu'un pâle portrait de la réalité —, alors notre appréciation de la vie serait complètement différente. Si l'on parvenait à se frayer un chemin jusqu'à la surface, ou si l'on avait tout à coup la possibilité de voir, d'entendre, de sentir et de goûter, ou si nos facultés mentales parvenaient finalement à se développer normalement, alors notre vision collective de la vie et de l'Univers en serait, par la force des choses, radicalement transformée. Les bribes de réalité que l'on percevait auparavant apporteraient un éclairage fort différent sur la plus fondamentale de toutes les questions philosophiques.

Bon, me direz-vous, et après ? Certes, on peut déclarer plus modestement que, même si l'on ne comprend pas absolument tout de l'Univers (le moindre aspect du comportement de la matière ou des fonctions vitales), on est tout de même au courant, dans les grandes lignes, des rouages de la nature. Certes, comme l'affirmait Camus, les progrès en physique concernant le nombre de dimensions de l'espace, par exemple, ou les progrès en neuropsychologie sur la structure du cerveau, ou ceux dans toute autre discipline scientifique, peuvent représenter des détails importants, mais leurs effets sur notre appréciation de la vie et de la réalité restent minimes. Certes, la réalité est ce que l'on pense qu'elle est ; la réalité nous est révélée par nos propres expériences.

Cette vision de la réalité est partagée, dans une certaine mesure, par beaucoup d'entre nous, au moins de manière implicite. Moi-même je pense de cette manière dans ma vie de tous les jours ; on se laisse aisément séduire par le visage que la nature révèle directement à nos sens. Et pourtant, depuis que j'ai découvert le texte de Camus voici plusieurs dizaines d'années, j'ai appris que la science moderne ne conte pas la même histoire. *La* grande leçon des recherches scientifiques de ces cent dernières années est que l'expérience humaine se révèle souvent trompeuse quant à la véritable nature de la réalité. Juste sous la surface de la vie quotidienne réside un monde à peine reconnaissable. Les disciples des sciences occultes, les adeptes d'astrologie ou tous ceux qui sont fidèles à des principes religieux concernant une réalité au-delà de nos observations ont, avec des points de vue variés et depuis fort longtemps, atteint une conclusion analogue. Mais ce n'est pas à cela que je pense. J'ai en tête le travail d'inventeurs de génie, de chercheurs infatigables — femmes et hommes de science — qui ont épluché l'oignon cosmique couche par couche, énigme par énigme, pour dévoiler un Univers tout à la fois surprenant, inconnu, passionnant, élégant et complètement différent de tout ce que quiconque aurait pu imaginer.

Ces développements sont loin de n'être que des détails. Les grandes découvertes en physique nous ont contraints, et nous contraignent aujourd'hui encore, à revoir complètement notre conception de l'Univers. Pour ma part, je reste persuadé, autant que je l'étais il y a toutes ces années, que Camus avait fait le bon choix en considérant la valeur de la vie comme la seule vraie question. Mais les progrès de la physique moderne m'ont convaincu qu'estimer la valeur de la vie par la vision que nous offre notre quotidien revient à admirer un Van Gogh à travers un fond de bouteille. La science moderne a anéanti les uns après les autres tous les indices issus de nos perceptions rudimentaires, prouvant ainsi que ces dernières nous livrent souvent une conception voilée de notre monde. Ainsi, bien que Camus ait relégué les questions physiques au rang de questions secondaires, pour ma part, j'ai réussi à me convaincre qu'elles sont en fait primordiales. À mon sens, la réalité physique permet tout à la fois de définir un cadre et d'offrir l'éclairage nécessaire pour s'attaquer à la grande question de Camus. Tenter d'estimer la valeur de la vie sans compter avec les progrès de la physique moderne reviendrait à se battre dans le noir avec un ennemi que l'on ne connaît pas. En approfondissant notre compréhension de la véritable nature de la réalité physique, on précise notre image de nous-même et notre expérience de l'Univers.

Le but principal de cet ouvrage est d'expliquer certains des remaniements les plus spectaculaires et les plus importants de notre vision de la réalité, en privilégiant essentiellement ceux susceptibles d'avoir une influence sur notre projet à long terme de comprendre l'espace et le temps. D'Aristote à Einstein, de l'astrolabe au télescope spatial Hubble, des pyramides égyptiennes aux observatoires des plus hauts sommets, l'espace et le temps forgent le cadre de la pensée. Avec l'avènement de l'ère scientifique moderne, leur importance s'est considérablement accrue. À la lumière des découvertes physiques de ces trois derniers siècles, l'espace et le temps se sont révélés parmi les concepts les plus déroutants et les plus implacables et, en tant que tels, se révèlent fondamentaux pour notre analyse scientifique de l'Univers. Ces développements ont également montré que l'espace et le temps occupent la tête de liste des constructions scientifiques anciennes radicalement remaniées par la recherche de pointe d'aujourd'hui.

Pour Isaac Newton, l'espace et le temps *étaient*, tout simplement : comme une scène cosmique universelle sur laquelle se joueraient les événements de l'Univers. Pour son contemporain Gottfried Wilhelm von Leibniz, qui fut souvent son rival, « espace » et « temps » faisaient tout juste partie du vocabulaire des relations entre objets permettant de décrire où et quand les événements avaient lieu ; rien de plus. Mais, aux yeux d'Albert Einstein, l'espace et le temps sont apparus comme le matériau brut sous-jacent à la réalité. Avec ses théories de la relativité, Einstein a bouleversé notre entendement de l'espace et du temps et révélé leur rôle essentiel dans l'évolution de l'Univers. Et depuis, l'espace et le temps sont les joyaux de la physique. À la fois familiers et mystérieux, ils sont devenus l'un des plus grands défis de la physique.

Les découvertes présentées dans ces pages entremêlent l'espace et le temps de diverses façons. Certaines idées s'opposent à des aspects de l'espace et du temps tellement élémentaires que durant des siècles, voire des millénaires, ces aspects semblaient ne faire aucun doute. D'autres relient notre compréhension théorique de l'espace et du temps à ce que l'on expérimente tous les jours. D'autres encore soulèvent des questions impossibles à appréhender dans le confinement de notre perception quotidienne.

Nous parlerons très peu de philosophie (et certainement ni du suicide ni du sens de la vie). Mais, dans notre quête scientifique pour élucider les mystères de l'espace et du temps, nous n'aurons aucune retenue. Du plus petit grain d'Univers des tout premiers instants à l'étendue magistrale du cosmos d'aujourd'hui et d'un futur lointain, nous les étudierons dans des contextes familiers ou au contraire complètement inconnus, avec le regard du chercheur déterminé à découvrir leur véritable nature. L'histoire complète de l'espace et du temps n'étant pas encore écrite, nous n'aboutirons pas à une conclusion définitive. Mais nous franchirons toute une série d'étapes (certaines extrêmement étranges et d'autres profondément satisfaisantes, certaines ayant été confirmées par l'expérience et d'autres purement spéculatives) qui nous montreront à quel point notre esprit peut être à deux doigts de saisir la structure de l'Univers et d'appréhender la véritable nature de la réalité.

Réalité classique

Les historiens sont partagés pour situer le commencement de l'ère scientifique moderne, mais ce qui est sûr, c'est qu'au temps de Galilée, de René Descartes et d'Isaac Newton, elle était déjà bien engagée. À l'époque, un nouvel état d'esprit scientifique était en passe de s'affirmer, grâce aux observations terrestres et astronomiques qui mettaient en évidence un ordre bien précis dans l'occurrence des événements cosmiques, accessible au raisonnement et à l'analyse mathématique. Pour ces premiers fondateurs de la pensée scientifique moderne, les événements de l'Univers sont non seulement explicables mais prévisibles, pourvu qu'on les observe de manière appropriée. Le pouvoir de la science à prédire des aspects du futur (de manière qualitative et quantitative) venait d'être révélé.

Les premières études scientifiques portaient essentiellement sur des situations que l'on peut voir ou vivre au quotidien. Galilée lâchait des poids du sommet de la tour penchée de Pise (si l'on en croit la légende) et observait comment des balles roulaient de haut en bas sur des plans inclinés. Newton étudiait des pommes en chute libre (si l'on en croit la légende) et l'orbite de la Lune. Le but de toutes ces investigations était de former l'oreille scientifique aux harmonies de la nature. Une chose est sûre : c'est la réalité physique qui était l'objet de l'expérience. Mais le défi était d'en entendre le rythme et de comprendre la raison de ce rythme et de cette régularité. Beaucoup de héros connus et inconnus contribuèrent aux progrès accomplis, qui furent rapides et surtout considérables, mais c'est Newton qui tint la vedette. Avec une poignée d'équations mathématiques, il synthétisa tout ce que l'on savait du mouvement sur Terre et dans les cieux et, ce faisant, il planta le décor de ce qui deviendrait la *physique classique*.

Dans les années qui suivirent les travaux de Newton, ses équations furent étoffées en une théorie mathématique plus élaborée, leur donnant à la fois une plus vaste portée et une plus grande utilité pratique. Petit à petit, la physique classique devint une discipline scientifique mature et sophistiquée. Mais au cœur de tous ces développements brille distinctement la lumière des premières découvertes de Newton. Aujourd'hui encore, plus de trois siècles plus tard, les équations de Newton sont griffonnées sur tous les tableaux de cours de physique du monde, elles sont imprimées sur les plans de vol des navettes de la NASA, et elles peuplent les calculs compliqués de la recherche de pointe. Newton parvint à décrire des myriades de phénomènes physiques grâce à un cadre théorique unique.

Mais, en formulant ses lois du mouvement, Newton rencontra un obstacle de taille, et d'une importance capitale pour ce qui nous occupe (voir le chapitre 2). Chacun savait à l'époque que les objets peuvent se déplacer, mais que savait-on de la scène sur laquelle se déroule leur mouvement ? Eh bien, c'est l'espace, répondrions-nous en cœur. Certes, aurait dit Newton, mais qu'est-ce que l'espace ? L'espace est-il une véritable entité physique ou simplement une idée abstraite née de la lutte menée par l'Homme pour comprendre l'Univers ? Newton avait compris qu'il fallait répondre à cette question-clé, car sans réponse claire sur la signification de l'espace et du temps, ses équations du mouvement perdraient leur sens. Or, pour comprendre, il faut un contexte ; les recherches ont besoin de s'appuyer sur des bases solides.

Et donc, dans ses *Principia mathematica*, Newton proposa une conception de l'espace et du temps en quelques phrases succinctes, les définissant comme des entités absolues et immuables fournissant à l'Univers une scène rigide et invariable. Selon Newton, l'espace et le temps étaient une charpente invisible donnant à l'Univers forme et structure.

Cela ne fit pas l'unanimité. Certains objectèrent

qu'établir l'existence d'un « quelque chose » que l'on ne peut ni sentir, ni saisir, ni affecter n'avait aucun sens. Mais l'efficacité des équations de Newton à expliquer et à prédire les phénomènes physiques apaisa les critiques. Au cours des deux siècles qui suivirent, sa conception de l'espace et du temps absolus fut admise comme un dogme.

Réalité relativiste

La vision classique newtonienne était confortable. Non seulement elle permettait de décrire les phénomènes naturels avec une précision stupéfiante, mais, en outre, les détails de ses descriptions (les mathématiques) s'accordaient parfaitement bien avec l'expérience. Si l'on donne une impulsion à un objet, il accélère. Plus on lance une balle avec force, plus l'impact est important lorsqu'elle heurte un mur. Si l'on exerce une pression sur quelque chose, on sent ce quelque chose exercer une pression en retour. Voilà quelques-unes des propriétés élémentaires de notre monde. Lorsqu'on s'initie au formalisme de Newton, on voit ces phénomènes mis en équations, le plus simplement du monde. Contrairement à l'imposture de la boule de cristal à jamais impénétrable, les rouages des lois de Newton étaient à la portée de quiconque disposant d'un minimum de connaissances mathématiques. La physique classique posait les fondements rigoureux de l'intuition humaine.

Newton avait inclus la force de gravité dans ses équations, mais il fallut attendre les années 1860 pour que le scientifique écossais James Clerk Maxwell généralise les lois de la physique classique pour prendre en compte les forces magnétiques et électriques. Maxwell eut besoin d'équations supplémentaires, qui demandent déjà une bonne maîtrise des mathématiques pour les comprendre parfaitement. Mais ces nouvelles équations décrivaient les phénomènes électriques et magnétiques avec autant de succès que celles de Newton pour le mouvement. Vers la fin du XIXe siècle, il était clair que les secrets de l'Univers ne résisteraient pas longtemps à la puissance intellectuelle de l'espèce humaine.

En effet, avec l'inclusion réussie de l'électricité et du magnétisme, on sentait que la physique théorique serait bientôt complète. La physique, disaient certains, deviendrait rapidement une discipline aboutie et l'on n'aurait plus qu'à graver ses lois dans la pierre. En 1894, le physicien expérimentateur Albert Michelson notait que « l'essentiel des plus grands principes fondateurs ont été fermement définis » ; il citait en outre un « éminent scientifique » (on pense qu'il s'agit du Britannique lord Kelvin) qui aurait affirmé qu'il ne restait plus qu'à régler des détails, comme de déterminer certaines grandeurs avec une plus grande précision sur les décimales[1]*. En 1900, Kelvin lui-même remarqua néanmoins que « deux nuages » obscurcissaient l'horizon, l'un au sujet des propriétés de la lumière et l'autre concernant des aspects du rayonnement émis par des objets chauds[2]. Mais le sentiment général était qu'il ne s'agissait que de détails sur lesquels, cela ne faisait aucun doute, on se pencherait promptement.

En une dizaine d'années, tout changea. Comme prévu, les deux problèmes soulevés par Kelvin furent rapidement mis à l'étude, mais se révélèrent tout sauf mineurs. Chacun provoqua une révolution, et

* Les notes sont rassemblées par chapitre en fin d'ouvrage.

chacun conduisit à une réécriture fondamentale des lois de la nature. Les conceptions classiques de l'espace, du temps et de la réalité (qui, depuis des centaines d'années, fonctionnaient mais exprimaient aussi de manière concise notre intuition du monde) furent destituées !

La révolution relativiste, écho du premier « nuage » de Kelvin, remonte aux années 1905 et 1915, dates auxquelles Albert Einstein présenta ses théories de la relativité restreinte et générale (voir le chapitre 3). En se débattant avec des problèmes sur l'électricité, le magnétisme et la lumière, Einstein comprit que la conception qu'avait Newton de l'espace et du temps, autrement dit, la clé de voûte de la physique classique, était erronée. Pendant quelques semaines intenses, au printemps 1905, il se convainquit que l'espace et le temps ne sont ni indépendants ni absolus, contrairement à ce que pensait Newton, mais entremêlés et relatifs, d'une manière défiant complètement notre intuition issue du quotidien. Quelque dix années plus tard, Einstein donna le dernier coup de pelle à la tombe newtonienne en réécrivant les lois de la gravitation. Non seulement Einstein représenta l'espace et le temps comme deux parties d'un unique tout, mais il montra en outre qu'ils participent à l'évolution cosmique en se courbant et en se déformant. Loin des structures immuables et rigides qu'envisageait Newton, l'espace et le temps selon Einstein deviennent souples et dynamiques.

Les deux théories de la relativité d'Einstein font partie des œuvres les plus précieuses de l'espèce humaine et elles ont supplanté la conception newtonienne de la réalité. Bien que la physique de Newton ait semblé cerner mathématiquement l'essentiel de ce que l'on expérimente en physique, elle ne décrivait pas la réalité de notre monde. Cette dernière est une réalité relativiste. Et pourtant, du fait que l'écart entre les réalités classique et relativiste ne se manifeste que dans des conditions extrêmes (pour des vitesses ou des forces de gravitation extrêmes, par exemple), la physique newtonienne reste une approximation extraordinairement précise et fort utile dans bien des cas. Mais utilité et réalité sont deux questions tout à fait différentes. Comme nous le verrons, les aspects de l'espace et du temps qui sont parfaitement naturels pour beaucoup d'entre nous se sont révélés n'être que de purs produits du point de vue newtonien, erroné.

Réalité quantique

La seconde anomalie mentionnée par lord Kelvin conduisit à la révolution quantique, l'un des plus grands bouleversements de la connaissance scientifique. Le temps que le feu s'éteigne et que la fumée se dissipe, le décor de la physique classique était réduit en cendres pour laisser place à une scène toute nouvelle : celle de la réalité quantique.

Selon la physique classique, si l'on connaît les positions et les vitesses d'un ensemble d'objets à un moment donné, les équations de Newton, combinées à celles de Maxwell, peuvent nous donner les positions et les vitesses de ces objets à n'importe quel autre moment, passé ou futur. Sans équivoque, la physique classique déclare que passé et futur sont gravés dans l'instant présent. Cet aspect fait également partie des deux relativités, restreinte et générale. Bien que les avatars relativistes du passé et du futur soient plus subtils que les concepts classiques intuitifs (voir les chapitres 3 et 5), les équations de la relativité, combinées à une connaissance complète du présent, permettent de les déterminer complètement.

Toutefois, dans les années 1930, les physiciens se sont vus contraints d'introduire un nouveau mode de raisonnement appelé «mécanique quantique». De manière tout à fait inattendue, ils ont découvert que seules les lois quantiques étaient capables de résoudre toute une série d'énigmes et d'expliquer divers types de données que l'on venait de recueillir par l'observation du royaume atomique et subatomique. Mais, si l'on en croit les lois quantiques, même en opérant des mesures aussi parfaites que possible sur une situation donnée à l'instant présent, le mieux qu'on puisse espérer, c'est de prédire la *probabilité* que la situation évolue comme ceci ou comme cela à un instant donné dans le futur — ou qu'elle ait été comme ceci ou comme cela à un instant donné dans le passé. L'Univers, selon la mécanique quantique, n'est pas gravé dans le présent; l'Univers selon la mécanique quantique est un jeu de hasard.

Bien qu'il y ait toujours des controverses sur la manière dont on devrait interpréter ces découvertes, la majorité des physiciens s'accorde sur le fait que l'aspect probabiliste est fondamentalement entremêlé à la réalité quantique. L'intuition humaine et sa formalisation qu'est la physique classique ont une vision de la réalité dans laquelle les choses sont toujours définies d'une manière *ou* d'une autre. Au contraire, la mécanique quantique décrit une réalité dans laquelle les choses vacillent parfois dans un brouillard où elles peuvent être en partie d'une manière *et* en partie d'une autre. Et les choses ne se définissent que lorsqu'une observation adaptée les contraint à renoncer à toutes les possibilités quantiques, pour choisir une issue bien précise, et une seule. Toutefois, on ne peut pas prédire laquelle se réalisera — on ne peut que prédire les chances pour telle ou telle évolution.

Voilà qui est franchement bizarre. Nous ne sommes pas habitués à une réalité qui reste ambiguë tant que nous ne l'avons pas observée. Mais le caractère étrange de la mécanique quantique ne s'arrête pas là. Un autre aspect, au moins aussi surprenant, remonte à un article d'Einstein écrit en 1935 avec deux jeunes collègues, Nathan Rosen et Boris Podolsky, et qui avait pour but d'attaquer de front la mécanique quantique[3]. Grâce aux détours ultérieurs des progrès en physique, on peut aujourd'hui envisager l'article d'Einstein, de Podolsky et de Rosen comme l'un des premiers à signaler que la mécanique quantique — si l'on en croit les apparences — implique que ce que l'on fait à tel endroit peut être *instantanément* relié à ce qui se passe à tel autre, quelle que soit la distance. Aux yeux d'Einstein, ces connexions instantanées étaient ridicules et il considérait que, leur origine provenant des mathématiques de la mécanique quantique, c'était là une preuve du fait que la théorie nécessitait d'être remaniée jusqu'à une forme acceptable. Mais dans les années 1980, dès lors que les progrès aussi bien théoriques que technologiques permirent de soumettre ces soi-disant absurdités quantiques au regard de l'expérimentation, les chercheurs eurent confirmation qu'il peut y avoir des liens instantanés entre des événements ayant lieu à des positions relativement éloignées. Dans des conditions idéales réalisées en laboratoire, ce qu'Einstein croyait absurde a bel et bien lieu (voir le chapitre 4).

Les conséquences de ces aspects de la mécanique quantique sur notre image de la réalité sont le sujet de recherches actives. Beaucoup de chercheurs, dont je suis, les voient comme faisant partie d'une mise à jour quantique radicale de la signification et des propriétés de l'espace. D'ordinaire, l'éloignement spatial implique une certaine indépendance physique. Si l'on veut contrôler ce qui se passe à l'autre bout d'un terrain de foot, il faut y aller, ou au moins envoyer quelqu'un ou quelque chose traverser le terrain pour transmettre notre influence (l'entraîneur, notre voix par l'intermédiaire des molécules d'air qui se cognent les unes contre les autres, un signal lumineux pour attirer l'attention de quelqu'un, ou je ne sais quoi d'autre). Sans cela — si l'on reste spatialement isolé —, on ne pourra exercer aucune influence, puisque l'espace intermédiaire entraîne l'absence de lien physique. La mécanique quantique défie cette vision des choses avec la capacité, au moins dans certaines circonstances, de transcender l'espace ; des connexions quantiques de grande portée peuvent passer outre l'éloignement spatial. Pour la mécanique quantique, même si deux objets sont séparés par une grande distance, tout se passe comme s'ils formaient une entité unique. En outre, grâce au lien étroit entre l'espace et le temps qu'a découvert Einstein, les connexions quantiques ont également des conséquences temporelles. Nous présenterons d'ici peu des expériences très astucieuses et véritablement fascinantes qui ont permis d'explorer un certain nombre des interconnexions spatio-temporelles de la mécanique quantique. Comme nous le verrons, celles-ci posent un défi de taille à la vision classique, intuitive, que beaucoup d'entre nous partagent.

Malgré tous ces progrès plus surprenants les uns que les autres, un des aspects les plus fondamentaux du temps (le fait qu'il semble s'écouler le long d'une direction allant du passé vers le futur) ne trouve d'explication ni au sein de la relativité ni au sein de la mécanique quantique. La seule avancée convaincante provient des recherches d'un domaine de la physique appelé « cosmologie ».

Réalité cosmologique

Nous faire prendre conscience de la véritable nature de l'Univers a toujours été l'un des buts premiers de la physique. Comment imaginer une expérience plus enrichissante que celle de ces cent dernières années, qui nous a enseigné que la réalité que l'on expérimente au quotidien n'est qu'un pâle reflet de la réalité telle qu'elle est vraiment ? Mais la physique est également investie d'une autre tâche tout aussi importante : celle d'expliquer les fragments de réalité dont on fait quotidiennement l'expérience. À la lecture de notre rapide survol de l'histoire de la physique, on pourrait croire que cela a déjà été accompli, un peu comme si nos expériences quotidiennes avaient été clarifiées par la physique d'avant le XXe siècle. Et c'est vrai, mais jusqu'à un certain point seulement. Même pour les phénomènes quotidiens, nous sommes loin d'une compréhension parfaite. Et, parmi les aspects de l'expérience quotidienne qui ont résisté à toutes les tentatives d'explication, on trouve l'un des plus grands mystères encore non résolus de la physique moderne : le mystère de ce que le grand physicien britannique sir Arthur Eddington appelait la « flèche du temps[4] ».

On considère comme évident le fait qu'il existe une direction dans laquelle les choses se succèdent dans le temps. On peut casser des œufs, mais on ne peut pas les reformer ; on peut laisser se consumer une bougie, mais elle ne pourra pas se reconstituer ; on a la mémoire du passé, jamais du futur ; chacun vieillit et personne ne rajeunit. Ces asymétries gouvernent nos vies ; la distinction entre la direction vers l'avant et vers l'arrière dans le temps est un élément essentiel de la réalité quotidienne. Si l'avant et l'arrière dans le temps affichaient la même symétrie que la droite et la gauche, par exemple, le monde en serait métamorphosé. Les œufs pourraient se reformer aussi souvent qu'ils se cassent ; les bougies pourraient se reconstituer aussi souvent qu'elles se consument ; on aurait autant de souvenirs du futur que de souvenirs du passé et les gens rajeuniraient autant qu'ils vieillissent. Clairement, cette réalité symétrique dans le temps n'est pas la nôtre. Mais d'où vient cette asymétrie du temps ? Qu'est-ce qui est à l'origine de cette propriété si fondamentale ?

Il se trouve que les lois connues et reconnues de la physique ne présentent pas cette asymétrie (voir le chapitre 6) : chaque direction dans le temps, que ce soit vers l'avant ou vers l'arrière, est sujette au même traitement de nos lois physiques, sans distinction. *Et cela est à l'origine d'un épais mystère !* Rien dans les équations de la physique fondamentale ne montre le moindre signe d'un traitement privilégié d'une direction du temps par rapport à l'autre, ce qui est en totale contradiction avec tout ce que l'on observe[5].

Chose étonnante, bien que l'on s'intéresse à un aspect familier de notre vie de tous les jours, la solution la plus convaincante à cette discordance entre la physique fondamentale et l'expérience quotidienne provient de l'étude du moins familier des événements : le commencement de l'Univers. Tout cela prend sa source dans les travaux du grand physicien du XXe siècle : Ludwig Boltzmann. Depuis, beaucoup de chercheurs se sont penchés sur la question, notamment le mathématicien britannique Roger Penrose. Comme nous le verrons, les conditions physiques très particulières qui régnaient au commencement de l'Univers (un milieu hautement ordonné, pendant ou juste après le big bang) pourraient avoir imposé au temps de s'écouler dans une direction donnée, un peu comme le fait de remonter une montre, en comprimant son ressort jusqu'à un état initial hautement ordonné, lui permet ensuite de donner l'heure correctement. Ainsi, dans un sens que nous préciserons par la suite, le fait de pouvoir casser (mais pas reformer) un œuf est le reflet des conditions qui régnaient à la naissance de l'Univers, quelque quatorze milliards d'années plus tôt.

Ce lien inattendu entre notre expérience quotidienne et l'Univers primordial nous donne des pistes pour justifier que les événements se succèdent dans un certain sens et jamais dans l'autre, sans pour autant résoudre complètement le mystère de la flèche du temps. En fait, il ne fait que décaler le problème vers le royaume de la cosmologie (l'étude des origines et de l'évolution de l'Univers dans son ensemble) et nous exhorte à vérifier que l'Univers présentait bel et bien le commencement hautement ordonné requis par cette explication de la flèche du temps.

La cosmologie fait partie des plus vieux sujets qui ont passionné l'humanité. Et il y a de quoi. À nous qui aimons raconter des histoires, quel récit pourrait être plus grandiose que celui de la création ? Pendant des millénaires, les traditions religieuses et philosophiques à travers le monde ont proposé une foultitude de versions différentes du commencement de toute chose (autrement dit, de l'Univers). Et la science, elle aussi, a tenté sa chance, avec la cosmologie. C'est la découverte par Einstein de la relativité générale qui a donné naissance à la cosmologie scientifique moderne.

Peu après qu'Einstein eut publié sa théorie de la relativité, lui et quelques autres l'appliquèrent à l'Univers dans son ensemble. En quelques dizaines d'années, ces recherches portèrent leurs fruits avec ce que l'on appelle aujourd'hui la « théorie du big bang », un modèle qui explique avec succès un grand nombre d'observations astronomiques (voir le chapitre 8). Au milieu des années 1960, les preuves en faveur de la cosmologie du big bang s'accumulaient, avec la découverte d'un fond de rayonnement micro-ondes presque uniforme imprégnant tout l'espace (invisible pour l'œil humain, mais que l'on peut mesurer grâce à des détecteurs de micro-ondes), prédit par la théorie. Et dès les années 1970, après une décennie d'analyses minutieuses et de progrès notables visant à comprendre comment les ingrédients élémentaires de l'Univers réagissent à des variations extrêmes de température, la théorie du big bang s'affirmait comme la principale théorie cosmologique (voir le chapitre 9).

Malgré son succès, la théorie souffre d'un certain nombre de défauts importants. Elle explique difficilement pourquoi l'espace a la forme globale que révèlent les observations astronomiques et ne propose aucune explication au fait que la température du rayonnement micro-ondes, que l'on a étudié avec le plus grand soin depuis sa découverte, soit, globalement, uniforme dans tout le ciel. En outre, point essentiel à l'histoire que l'on raconte ici, la théorie du big bang n'offre aucune raison convaincante pour expliquer que l'Univers ait pu être dans un état hautement ordonné à son commencement, comme le requiert l'explication de la flèche du temps.

Ces questions non résolues et quelques autres

furent à l'origine d'une découverte majeure de la fin des années 1970 et du début des années 1980, connue sous le nom de « cosmologie inflationnaire » (voir le chapitre 10). La cosmologie inflationnaire remanie la théorie du big bang en proposant que les premiers instants de l'Univers auraient connu un sursaut d'expansion extraordinairement rapide et extrêmement bref (dans ce modèle, la taille de l'Univers augmente d'un facteur supérieur à mille milliards de milliards de milliards en moins d'un millième de milliardième de milliardième de seconde). Comme nous le verrons, l'hypothèse de cette croissance fulgurante de l'Univers dans son jeune âge permet de combler beaucoup des lacunes qui entachaient le modèle du big bang (en expliquant par exemple la forme de l'espace et l'uniformité du fond de rayonnement micro-ondes, ou en proposant une explication à l'état hautement ordonné de l'Univers primordial). C'est pourquoi elle représente un progrès considérable pour expliquer à la fois les observations astronomiques et la flèche du temps que l'on expérimente tous au quotidien (voir le chapitre 11).

Cela étant, malgré ce succès sans conteste, la cosmologie inflationnaire cache depuis une vingtaine d'années un secret gênant. Tout comme la théorie du big bang avant elle, elle s'appuie sur les équations qu'avait découvertes Einstein avec la relativité générale. Certes, une quantité impressionnante d'articles de recherche confirment la puissance avec laquelle les équations d'Einstein décrivent des objets grands et massifs, mais les physiciens savent de longue date que, pour décrire correctement les petits objets (par exemple l'Univers âgé de quelques fractions de seconde), la mécanique quantique est indispensable. Le problème, c'est que si l'on combine les équations de la relativité générale avec celles de la mécanique quantique, le résultat est catastrophique. Les équations n'ont plus aucun sens et cela nous empêche de déterminer comment est né l'Univers ou si les conditions à sa naissance étaient bien celles nécessaires pour expliquer la flèche du temps.

On peut dire sans exagérer que cette situation est un cauchemar pour les théoriciens : l'absence d'outils mathématiques pour analyser un domaine essentiel, au-delà de la portée de n'importe quelle expérience. Et, puisque l'espace et le temps sont si intimement liés dans ce domaine inaccessible — l'origine de l'Univers —, les comprendre complètement nécessite que l'on découvre des équations capables de survivre à des conditions de densité, d'énergie et de température extrêmes, typiques des premiers instants de l'Univers. Cet objectif à atteindre est absolument essentiel et beaucoup de physiciens considèrent qu'il ne sera accessible qu'avec ce qu'on appelle une « théorie unifiée ».

Réalité unifiée

Depuis plusieurs siècles, les physiciens aspirent à consolider notre compréhension du monde naturel en montrant que divers phénomènes apparemment différents sont en fait régis par un même ensemble de lois physiques. Pour Einstein, cette quête de l'unification (expliquer le plus large spectre de phénomènes possible avec le plus petit nombre de principes physiques) devint une passion. Grâce à ses deux théories de la relativité, Einstein avait unifié l'espace, le temps et la gravitation. Et son succès l'encouragea à penser plus loin encore. Il rêvait de trouver un cadre unique capable d'embrasser toutes les lois de la nature ; il appela ce cadre une « théorie unifiée». Bien que, de temps à autre, on ait prétendu qu'Einstein avait bel et bien trouvé une théorie unifiée, ces rumeurs se révélèrent sans fondement ; Einstein ne réalisa jamais son rêve.

Durant les trente dernières années de sa vie, son obsession à trouver une théorie unifiée l'éloigna des plus grands courants de la physique de l'époque. Beaucoup de physiciens plus jeunes considéraient cette détermination à trouver la plus grande de toutes les théories comme l'élucubration d'un grand homme qui, en vieillissant, avait mal tourné. Mais, quelques dizaines d'années après la mort d'Einstein, un nombre croissant de physiciens se sont attelés à cette tâche. Aujourd'hui, la recherche d'une théorie unifiée fait partie des enjeux les plus importants de la physique théorique.

Pendant des années, les physiciens ont pensé que le principal obstacle à l'élaboration d'une théorie unifiée était le conflit fondamental entre les deux plus grandes découvertes de la physique du XXe siècle : la relativité générale et la mécanique quantique. Bien que ces deux cadres concernent généralement des domaines complètement différents (la relativité générale s'applique à grande échelle, typiquement aux étoiles et aux galaxies ; la mécanique quantique s'applique à petite échelle, celle des molécules et des atomes), tous deux prétendent être universels, c'est-à-dire s'appliquer dans tous les domaines. Cependant, comme nous l'avons signalé plus haut, dès que les deux théories sont utilisées ensemble, leurs équations combinées donnent des résultats absurdes. Par exemple, lorsque mécanique quantique et relativité générale sont associées pour calculer la probabilité d'occurrence d'un quelconque processus faisant intervenir la gravitation, la réponse que l'on trouve le plus souvent n'est pas une probabilité comme

24 % ou 63 % ou 91 % ; non, de ces mathématiques hybrides sort une probabilité *infinie*. Et cela ne signifie pas que la probabilité est si élevée qu'on peut miser toutes nos économies en pensant que c'est gagné d'avance. Une probabilité supérieure à 100 % n'a aucun sens. Ces calculs qui donnent une probabilité infinie montrent simplement que la combinaison des équations de la relativité générale et de la mécanique quantique déraille complètement.

Les chercheurs connaissent les tensions qui opposent la relativité générale et la mécanique quantique depuis plus de cinquante ans, mais, pendant longtemps, peu d'entre eux avaient conscience de la nécessité de les résoudre. En fait, la plupart des physiciens utilisaient la relativité générale exclusivement pour l'étude des objets massifs et de grande taille, en réservant la mécanique quantique à l'étude des objets légers et de petite taille : on prenait soin de maintenir les deux théories à bonne distance l'une de l'autre afin de dompter leur hostilité mutuelle. Les années passant, cette politique de détente a permis d'énormes progrès dans notre compréhension de chacun des deux domaines, mais elle ne peut pas garantir une paix durable.

Un tout petit nombre de domaines (des contextes physiques extrêmes où le massif côtoie le minuscule) résident au beau milieu de la zone démilitarisée, là où l'on ne peut se dispenser de mettre relativité générale et mécanique quantique en présence. Les deux exemples les plus connus sont le centre d'un trou noir (le résultat de l'effondrement jusqu'à une taille dérisoire d'une étoile entière sous son propre poids), et le big bang (lors duquel on imagine que la totalité de l'Univers aurait été comprimé en une pépite minuscule, plus petite encore qu'un simple atome). Sans un traité de paix réussi entre la relativité générale et la mécanique quantique, l'issue de l'effondrement des étoiles et l'origine de l'Univers resteront à jamais des mystères. Beaucoup de scientifiques étaient prêts à laisser ces domaines de côté, ou au moins à les laisser en attente jusqu'à ce que d'autres problèmes, plus faciles à appréhender, soient résolus.

Mais un petit nombre de chercheurs ne purent patienter. Un conflit entre lois physiques signifie qu'on n'a pas su cerner une vérité fondamentale, et cela suffisait à troubler leur sommeil. Ceux qui plongèrent ont découvert une eau profonde et des courants forts. Pendant longtemps, les recherches ne progressèrent pas beaucoup; les choses se présentaient plutôt mal. Mais, finalement, la ténacité de ceux qui eurent la détermination de rester dans la course et de maintenir en vie le rêve d'unifier la relativité générale et la mécanique quantique fut récompensée. Les scientifiques suivent aujourd'hui la voie ouverte par ces éclaireurs et se rapprochent de plus en plus d'une union harmonieuse des lois du très grand et du tout petit. L'approche que beaucoup considèrent comme notre meilleur espoir est la «théorie des supercordes» (voir le chapitre 12).

Comme nous le verrons, dans cette théorie, tout commence par une réponse nouvelle à une question ancienne: que sont les plus petits constituants, les composants élémentaires de la matière? Pendant des dizaines d'années, la réponse conventionnelle a stipulé que la matière est composée de particules (les électrons et les quarks) que l'on peut modéliser comme des points, insécables et sans extension ni structure interne. Selon la théorie conventionnelle, et l'expérience le confirme, ces particules se combinent de diverses manières pour former les protons, les neutrons et toute la richesse des atomes et des molécules qui composent notre monde. La théorie des supercordes conte une autre histoire. Elle ne remet pas en question le rôle essentiel que jouent les électrons, les quarks et les autres particules fondamentales observées expérimentalement, mais elle propose que ces particules ne soient pas des points. En fait, si l'on en croit cette théorie, chaque particule serait composée d'un minuscule filament d'énergie, environ cent milliards de milliards de fois plus petit qu'un noyau atomique (ce qui est très inférieur à ce que l'on peut observer expérimentalement), un peu comme une corde minuscule. Et, à l'instar d'une corde de violon dont les différents modes de vibration produisent chacun une note différente, les filaments de la théorie des supercordes peuvent eux aussi vibrer de différentes manières. Toutefois, ces vibrations ne produisent pas des notes musicales ; la théorie précise qu'elles produisent différentes propriétés des particules. Une petite corde vibrant d'une certaine manière aurait la masse et la charge d'un électron ; et, si l'on en croit la théorie, cette corde vibrante minuscule *serait* ce que l'on appelle ordinairement un électron. Toutes les espèces de particules sont donc unifiées par la théorie des supercordes puisque chacune d'elles provient d'un mode de vibration différent d'une même entité sous-jacente.

On pourrait croire que le pas à franchir pour passer des points à ces cordes-si-petites-qu'on-les-prend-pour-des-points n'est pas un changement si radical. Et pourtant si. En partant d'une modification apparemment si simple, la théorie des supercordes parvient à combiner la relativité générale et la mécanique quantique en une théorie cohérente unique qui ne souffre pas des probabilités infinies que l'on rencontrait dans les tentatives précédentes. Et, comme si cela ne suffisait pas, la théorie des supercordes s'est révélée suffisamment vaste pour inclure toutes les forces de la nature et toute la matière dans le même tableau théorique. En quelques mots, la théorie des supercordes est une des meilleures candidates à la théorie unifiée d'Einstein.

Voilà de grandes affirmations qui, si tant est qu'elles soient correctes, représentent un progrès extraordinaire. Mais l'aspect le plus surprenant de la théorie des supercordes, dont je ne doute pas une seconde qu'il eût accéléré les battements du cœur d'Einstein, est son incidence fondamentale sur notre compréhension de la nature de l'Univers. Comme nous le verrons, l'union entre la relativité générale et la mécanique quantique proposée par la théorie des supercordes n'est mathématiquement correcte que si l'on soumet notre conception de l'espace-temps à une autre révolution. Plutôt que les trois dimensions d'espace plus une dimension de temps de notre expérience quotidienne, la théorie des supercordes requiert *neuf* dimensions spatiales et une dimension temporelle. Et dans une incarnation plus robuste de la théorie des supercordes, connue sous le nom de « théorie M », l'unification nécessite *dix* dimensions d'espace et une de temps — une toile de fond cosmique composée d'un total de onze dimensions d'espace-temps. Comme nous ne voyons pas ces dimensions supplémentaires, la théorie des supercordes nous indique donc que nous n'avons perçu, jusqu'à présent, qu'une infime partie de la réalité.

Bien sûr, l'absence de preuve observationnelle de l'existence de ces dimensions supplémentaires pourrait aussi traduire le fait qu'elles n'existent pas et que la théorie des supercordes est fausse. Cependant, cette conclusion serait bien hâtive. Plusieurs années avant la découverte de la théorie des supercordes, certains scientifiques précurseurs, dont Einstein lui-même, envisagèrent l'éventualité de dimensions spatiales supplémentaires au-delà de celles que l'on observe, et proposèrent diverses explications au fait que celles-ci pourraient échapper à notre observation. Les théoriciens des cordes ont notablement affiné ces idées et ont découvert que ces dimensions supplémentaires pourraient être si finement emmêlées qu'elles seraient trop petites pour être visibles (voir le chapitre 12) ou encore tellement vastes qu'elles seraient inaccessibles aux moyens dont nous disposons pour explorer l'Univers (voir le chapitre 13). Ces deux scénarios s'accompagnent l'un comme l'autre de conséquences fondamentales. Par le biais de leur influence sur les vibrations des cordes, les formes géométriques que prennent les petites dimensions enroulées pourraient fournir la réponse à certaines des questions les plus élémentaires comme celle de savoir pourquoi notre Univers est peuplé d'étoiles et de planètes. Quant aux dimensions supplémentaires de grande taille, elles laissent beaucoup de place pour quelque chose de plus étonnant encore : la possibilité qu'il existe d'autres Univers proches du nôtre (proches non pas dans l'espace ordinaire, mais dans les dimensions supplémentaires), dont nous n'avions aucune idée jusqu'à présent.

Bien que l'idée soit osée, l'existence de dimensions supplémentaires n'est pas qu'une promesse théorique en l'air. On devrait bientôt pouvoir la tester expérimentalement. Si elles existent, les dimensions supplémentaires pourraient conduire à des résultats spectaculaires dans la prochaine génération d'accélérateurs, comme le premier trou noir microscopique fabriqué par l'homme ou la production d'une pléthore de nouvelles particules non encore observées (voir le chapitre 13). Ces résultats, et d'autres tout aussi exotiques, pourraient représenter une première preuve en faveur de dimensions plus nombreuses que celles observées directement, nous rapprochant encore de la consécration de la théorie des supercordes comme la théorie unifiée tant recherchée.

Si la théorie des supercordes se révèle correcte, nous serons forcés d'accepter que la réalité telle que nous la connaissions n'était qu'un pâle reflet de la structure plus riche et plus fertile de l'Univers. En dépit de la déclaration de Camus, la précision du nombre de dimensions spatiales (en particulier si elles ne se limitent pas à trois) représenterait bien plus qu'un simple détail scientifique intéressant mais sans importance. La découverte de dimensions supplémentaires prouverait que l'expérience humaine dans son ensemble occulte complètement toute une partie essentielle et fondamentale de notre Univers. Et cela impliquerait forcément que même les aspects de l'Univers que nous croyons accessibles à nos cinq sens ne le sont pas nécessairement.

Réalité passée et future

Grâce à la théorie des supercordes, les chercheurs ont un regain d'optimisme et espèrent aboutir finalement à un modèle cohérent dans toutes les conditions, même les plus extrêmes. Cela devrait un jour nous permettre de remonter le temps, grâce à nos équations, et de comprendre ce qui s'est passé au commencement de l'Univers tel qu'on le connaît. À ce jour, personne n'est encore suffisamment habile à manier la théorie pour l'appliquer sans équivoque au big bang, mais les travaux visant à comprendre la cosmologie avec l'éclairage des supercordes sont devenus une des priorités de la recherche actuelle. Ces dernières années, des programmes de recherches internationaux en cosmologie des supercordes ont accouché de nouveaux modèles cosmologiques (voir le chapitre 13), élaboré des tests inédits de la théorie des supercordes s'appuyant sur des observations astrophysiques (voir le chapitre 14) et proposé quelques pistes pour comprendre le rôle que pourrait jouer la théorie des cordes dans l'explication de la flèche du temps.

La flèche du temps, par le rôle qu'elle tient dans notre vie de tous les jours et sa relation intime avec les origines de l'Univers, occupe une place toute particulière, à la frontière entre la réalité que l'on connaît et la réalité plus élaborée que la recherche de pointe cherche à mettre en évidence. En tant que telle, la question de la flèche du temps représente un fil conducteur qui passe par beaucoup des développements que nous aborderons ; elle réapparaîtra régulièrement dans les chapitres qui suivent, et à juste titre. Parmi les nombreux aspects qui façonnent notre vie quotidienne, le temps occupe l'une des premières places. À mesure que nous deviendrons plus habiles à manier la théorie des supercordes et sa généralisation qu'est la théorie M, notre compréhension de la cosmologie s'étoffera et nous permettra de mieux appréhender les questions de l'origine et de la flèche du temps. En laissant libre cours à notre imagination, on pourrait même envisager qu'en approfondissant notre compréhension de ces aspects nous puissions un jour nous déplacer dans l'espace-temps, et donc explorer des royaumes qui étaient jusqu'à présent bien au-delà de notre portée (voir le chapitre 15).

Bien sûr, il y a peu de chances que nous maîtrisions un jour un tel pouvoir. Mais, quand bien même nous n'arriverions jamais à contrôler l'espace et le temps, une véritable compréhension offre néanmoins sa part de pouvoir. Le plus bel héritage intellectuel de l'humanité serait de parvenir à cerner la vraie nature de l'espace et du temps. Enfin, nous serions parvenus à connaître ces balises discrètes et éternelles qui délimitent les frontières les plus lointaines de l'expérience humaine.

Arriver à maturité dans l'espace et le temps

En tournant la dernière page du *Mythe de Sisyphe*, voilà plusieurs années, je fus surpris par le fait que, par-dessus tout, le texte était parvenu à transmettre un sentiment d'optimisme. Après tout, l'histoire d'un homme condamné à pousser un roc jusqu'au sommet d'une montagne, sachant pertinemment que la pierre roulera chaque fois jusqu'en bas et qu'il devra recommencer à pousser, n'est pas le genre d'histoire dont on s'attend qu'elle finisse bien. Et, pourtant, Camus voyait véritablement de l'espoir dans la capacité de Sisyphe à exercer son libre arbitre, à s'attaquer à des obstacles insurmontables et à défendre son choix de survivre, même condamné à effectuer la plus absurde des tâches dans un Univers complètement indifférent. Selon Camus, en renonçant à tout ce qui dépasse l'expérience immédiate, en abandonnant la recherche d'un sens profond à toute chose, Sisyphe triomphe.

Je fus complètement abasourdi par la capacité de Camus à déceler de l'espoir là où d'autres ne verraient que désespoir. Mais à l'adolescence, et cela ne fit que s'accentuer dans les années suivantes, j'étais incapable de partager son point de vue selon lequel une meilleure compréhension de l'Univers ne pourrait pas rendre la vie plus riche ni lui accorder plus de valeur. Sisyphe était le héros de Camus, et les miens étaient les grands scientifiques, Newton, Einstein, Niels Bohr et Richard Feynman. Je lus un jour la description d'une rose par Feynman : il racontait comment il pouvait apprécier aussi bien que quiconque le parfum et la délicatesse de la fleur, et aussi comment ses connaissances en physique exaltaient considérablement cette expérience parce qu'il prenait aussi en compte les mécanismes moléculaires, atomiques et subatomiques sous-jacents. Je fus conquis pour de bon. Je voulais vivre ce que décrivait Feynman : appréhender la vie et l'Univers à tous les niveaux possibles, pas seulement ceux accessibles à la frêle perception humaine. La quête d'une compréhension approfondie de l'Univers devint ma raison de vivre.

Aujourd'hui physicien, j'ai compris depuis longtemps à quel point mon engouement pour la physique était naïf. En général, les physiciens ne passent pas leurs journées à contempler des roses dans un état de parfaite communion avec le cosmos. En fait, nous passons le plus clair de notre temps à nous battre avec des équations mathématiques compliquées, griffonnées à la hâte sur un tableau noir déjà bien rempli. Et les progrès peuvent être très lents. La plupart du temps, les idées prometteuses ne mènent nulle part. Voilà la véritable nature de la recherche scientifique. Et pourtant, même pendant les périodes les moins fertiles, je sentais que les efforts alloués à la réflexion et au calcul ne faisaient que me lier plus intimement à l'Univers. Je me suis rendu compte qu'on pouvait parvenir à connaître l'Univers non seulement en résolvant ses mystères, mais aussi en s'en imprégnant. Trouver des réponses est fantastique. Les voir confirmées par l'expérience l'est plus encore. Même les réponses qui se révèlent par la suite erronées traduisent un engagement envers l'Univers, un engagement qui dispense une lumière merveilleuse sur les questions que l'on se pose, et donc sur l'Univers lui-même. Même lorsque le roc d'une exploration scientifique donnée revient à son point de départ au pied de la montagne, on a malgré tout appris quelque chose et enrichi notre expérience de l'Univers.

Évidemment, l'histoire des sciences révèle que le roc de nos recherches collectives (fort de la contribution d'un nombre incalculable de scientifiques de par le monde et au fil des siècles) ne redescend pas jusqu'au pied de la montagne. Contrairement à Sisyphe, nous ne partons pas de rien. Chaque génération prend le relais de la précédente, et rend hommage au dur labeur, à l'ingéniosité et à la créativité de ses prédécesseurs en allant un peu plus loin. Théories nouvelles et plus grande précision des mesures sont la marque du progrès scientifique. Le progrès se construit sur la base de ce qui a été fait avant, et l'on ne remet presque jamais l'ardoise à zéro. Et, parce qu'il en est ainsi, notre tâche est loin d'être absurde ou futile. En poussant tous ensemble le roc jusqu'au sommet de la montagne, nous accomplissons la plus noble et la plus exquise des tâches : celle de faire la lumière sur cet endroit que nous appelons notre chez-nous, celle de dévoiler les merveilles de nos découvertes et de mettre nos connaissances à la disposition de tous ceux qui viendront après nous.

Pour une espèce qui, à l'échelle du temps cosmique, vient tout juste de se mettre debout, les défis sont spectaculaires. Pourtant, avec les progrès des trois derniers siècles, de la réalité classique à la réalité relativiste, puis quantique, nous passons maintenant à l'exploration de la réalité unifiée ; esprits et instruments ont fait le grand saut dans l'espace et le temps, pour nous rapprocher plus que jamais d'un monde qui se révèle maître dans l'art du déguisement. En continuant de démasquer l'Univers petit à petit, nous avons acquis une certitude qui ne s'obtient qu'au voisinage de la vérité. Le chemin est encore long sur la voie des explorations, mais beaucoup d'entre nous ont le sentiment que notre espèce arrive enfin au terme de son enfance.

Certes, il nous a fallu beaucoup de temps, nous qui habitons les confins de la Voie lactée[6], pour arriver à maturité. Des milliers d'années durant, nous avons exploré notre monde et admiré l'Univers de diverses manières. Mais, pendant le plus clair de ce temps, nous n'avons fait que de brèves incursions dans l'inconnu, revenant chaque fois dans nos chaumières légèrement plus sages, certes, mais sans en être véritablement transformés. C'est grâce à l'aplomb de Newton que nous avons pu planter le drapeau de la recherche scientifique moderne sans jamais revenir en arrière. Depuis, nous n'avons fait qu'aller plus haut. Et toutes nos excursions partaient d'une question simple.

Qu'est-ce que l'espace ?

2

L'UNIVERS ET LE SEAU

L'espace est-il une abstraction humaine ou une entité physique ?

Il n'est pas fréquent qu'un seau d'eau occupe le cœur d'un débat long de trois cents ans. Mais un seau ayant appartenu à sir Isaac Newton n'est pas un seau ordinaire, et la petite expérience qu'il décrivit en 1689 a eu depuis une influence considérable sur les plus grands physiciens du monde. Voici l'expérience en question : prenons un seau rempli d'eau, pendons-le par une corde, enroulons la corde jusqu'à ce qu'elle ne puisse plus faire qu'une chose : se mettre à tourner sur elle-même, puis lâchons le tout. Au début, le seau commence à tourner mais l'eau qu'il contient reste à peu près stationnaire : la surface de l'eau reste lisse et bien tranquille. Lorsque le seau commence à prendre de la vitesse, petit à petit, par le biais des frottements, son mouvement se communique à l'eau, qui commence elle aussi à tourner. Comme il se doit, la surface de l'eau prend une forme concave, plus haute sur les bords et plus basse au centre, comme l'indique la figure 2.1.

Voilà donc l'expérience — pas de quoi nous tourner la tête. Mais, en y réfléchissant un peu plus, nous prenons conscience que ce seau d'eau en rotation est surprenant. Et comprendre ce qui entre en jeu, bien qu'après trois siècles nous n'y soyons pas

Figure 2.1 Au début, la surface de l'eau est plane, même lorsque le seau commence à tourner. Par la suite, l'eau se met à tourner elle aussi et sa surface devient concave ; elle le reste tant que l'eau est en rotation, même après que le seau s'est immobilisé.

encore parvenus, est l'une des étapes les plus importantes pour la compréhension de la structure de l'Univers. Il faut quelques connaissances pour voir pourquoi, mais le jeu en vaut la chandelle.

La relativité avant Einstein

« Relativité » est un terme que l'on associe à Einstein, mais le concept est beaucoup plus ancien. Galilée, Newton et bien d'autres avaient tout à fait conscience que la *vitesse* (l'allure et la direction d'un objet en mouvement) est relative. Avec les mots d'aujourd'hui, disons que, du point de vue d'un joueur de tennis qui a réussi son service, la balle atteint une centaine de kilomètres à l'heure. Mais, du point de vue de la balle, c'est le *joueur* qui atteint cent kilomètres à l'heure. Et les affirmations se valent : ce n'est qu'une question de point de vue. Le mouvement n'a de sens que de manière relative : la vitesse d'un objet ne peut être spécifiée que par rapport à celle d'un autre objet. Nous en avons tous déjà fait l'expérience. Lorsque par exemple nous sommes installés dans un train placé juste à côté d'un deuxième et que nous distinguons un mouvement relatif des deux wagons, nous ne pouvons pas dire tout de suite lequel des deux trains commence à avancer sur les rails. Galilée avait décrit cet effet avec les moyens de transport de l'époque : les bateaux. Lâchez une pièce à bord d'un navire ayant atteint sa vitesse de croisière, disait Galilée, et elle vous retombera sur le pied comme elle le ferait sur la terre ferme. De notre point de vue, nous pouvons dire en toute légitimité que nous sommes immobiles et que c'est l'eau qui file le long de la coque du navire. Et puisque, de notre point de vue, nous ne nous déplaçons pas, le mouvement de la pièce par rapport à nos pieds sera exactement le même qu'avant de monter à bord.

Bien sûr, il existe certaines circonstances dans lesquelles notre mouvement nous paraît intrinsèque, si bien que nous pouvons sentir et affirmer que nous nous déplaçons, sans avoir recours à des comparaisons avec l'extérieur. C'est le cas du mouvement *accéléré*, pour lequel notre vitesse et/ou notre direction change. À bord d'un bateau, nous sentons que nous nous déplaçons dès lors qu'il tangue d'un côté ou de l'autre, qu'il ralentit ou accélère, qu'il change de direction pour contourner un rocher, ou encore qu'il se trouve piégé dans un tourbillon et se met à tournoyer. Et nous en avons conscience sans même regarder alentour pour comparer notre mouvement avec un quelconque point de référence. Même les yeux fermés, nous pouvons dire que nous nous déplaçons parce que nous le sentons. Ainsi, même si nous ne pouvons ressentir un déplacement à vélocité constante sur une ligne droite (c'est ce qu'on appelle le « mouvement à vitesse constante »), nous ressentons les *variations* de notre vitesse.

Mais, si l'on y réfléchit un moment, on s'aperçoit qu'il y a là quelque chose de bizarre. Qu'est-ce qui, dans les changements de vitesse, rend ce type de mouvements si particulier et leur confère une signification intrinsèque ? Si la vitesse n'a de sens que par le biais des comparaisons (lorsqu'on dit que *ceci* est en mouvement par rapport à *cela*), comment se fait-il que les variations de vitesse soient différentes, en ce sens qu'elles n'ont pas besoin de comparaisons pour qu'on les perçoive ? En fait, se pourrait-il qu'il faille également faire des comparaisons ? Se pourrait-il qu'il y ait une comparaison à l'œuvre, implicite ou cachée, chaque fois que l'on se réfère ou que l'on ressent un mouvement accéléré ? Voilà une question primordiale car, et cela peut surprendre, elle touche aux aspects les plus fondamentaux de l'espace et du temps.

Les travaux de Galilée sur le mouvement et, plus particulièrement, son affirmation selon laquelle la Terre elle-même se déplace, attirèrent sur lui les foudres de l'Inquisition. Plus circonspect, Descartes, voulant éviter de subir le même sort, coucha dans ses *Principia philosophiae* son interprétation du mouvement de manière si évasive qu'elle ne résista pas à l'examen scrupuleux que mena Newton quelque trente ans plus tard. Descartes parlait d'objets exerçant une résistance aux changements apportés à leur état de mouvement : un objet immobile le restera à moins que quelqu'un ou quelque chose ne le force à se mettre en mouvement ; un objet en mouvement à vitesse constante sur une ligne droite poursuit son chemin pourvu que rien ni personne ne le force à en changer. Mais que signifient, questionna Newton, ces notions d'« immobilité » ou de

« ligne droite à vitesse constante » ? Immobile ou à vitesse constante, mais par rapport à quoi ? Immobile ou à vitesse constante de quel point de vue ? Si la vitesse n'est pas constante, par rapport à quoi, ou de quel point de vue, n'est-elle pas constante ? Descartes avait décrit correctement divers aspects du mouvement, mais Newton comprit qu'il avait laissé sans réponse un certain nombre de questions-clés.

Newton (un homme mû par la recherche de la vérité à tel point qu'il a un jour glissé une aiguille entre son œil et son orbite pour en étudier l'anatomie et qui, plus tard, lorsqu'il travaillait à l'hôtel de la Monnaie, a infligé les pires peines aux contrefacteurs, en envoyant plus d'une centaine à la potence) n'avait aucune tolérance pour les raisonnements faux ou incomplets. Alors il décida de remettre de l'ordre dans tout cela. Ce qui l'amena à introduire le seau[1].

Le seau

Lorsqu'on a laissé le seau de côté, son eau et lui étaient tous deux en rotation, la surface de l'eau prenant une forme concave. La question que posait Newton était de savoir *pourquoi* la surface de l'eau prenait cette forme. Eh bien, c'est parce qu'elle tourne, dirait-on du tac au tac, et, de même que l'on se voit transbahuté contre la portière d'une voiture dans un virage serré, l'eau se presse contre les parois du seau en rotation. Et l'eau déplacée vers les parois ne peut aller que vers le haut. Cette explication est correcte jusqu'ici, mais elle passe à côté de l'intention réelle de la question de Newton. Il s'interrogeait sur ce que signifie de dire que l'eau est en rotation : en rotation par rapport à quoi ?

Newton s'attaquait aux véritables fondements de la notion de mouvement et il n'était absolument pas prêt à accepter que le mouvement accéléré — comme la rotation — puisse se passer de comparaisons extérieures*.

Une proposition naturelle serait d'utiliser le seau lui-même comme objet de référence. Toutefois, comme le montra Newton, cela ne marche pas. On voit au tout début, lorsqu'on lâche le seau pour le laisser tourner, qu'il y a vraiment un mouvement *relatif* entre le seau et l'eau, parce que l'eau ne se déplace pas immédiatement. Au départ, la surface de l'eau reste plane. Ce n'est qu'un peu plus tard, lorsque l'eau se met à tourner et qu'il n'y a plus de mouvement relatif entre l'eau et le seau, que la surface de l'eau est concave. Ainsi, en prenant le seau comme objet de référence, on obtient exactement le contraire de ce à quoi l'on s'attend : lorsqu'il y a un mouvement relatif, la surface de l'eau est plane, et, lorsqu'il n'y a pas de mouvement relatif, elle est concave.

En fait, on peut franchir un pas de plus dans l'étude de l'expérience du seau de Newton. Tandis que le seau continue de tourner, la corde pourra s'enrouler à nouveau (dans l'autre sens cette fois), si bien que le seau va ralentir pour s'immobiliser un moment tandis que l'eau qu'il contient continuera de tourner. À ce stade, le mouvement relatif entre l'eau et le seau est le *même* qu'au tout début de l'expérience (à ceci près que le mouvement est une

* On utilise souvent les termes de force *centrifuge* et *centripète* pour décrire le mouvement de rotation. Mais ce ne sont que des étiquettes : ce que l'on cherche à comprendre, c'est pourquoi le mouvement de rotation engendre une force.

rotation dans un sens plutôt que dans l'autre, mais cela n'a pas d'incidence), mais la surface de l'eau est *différente* (dans le premier cas elle était plane, alors qu'elle est maintenant concave) ; cela montre sans équivoque que le mouvement relatif ne permet pas d'expliquer la forme de la surface de l'eau.

Ayant écarté la possibilité de choisir le seau comme référence pour étudier le mouvement de l'eau, Newton passa sans sourciller à l'étape suivante. Imaginons, disait-il, une autre version de l'expérience du seau en rotation, menée au fin fond de l'espace, froid et complètement vide. L'expérience n'est pas rigoureusement la même car, dans le premier cas, la surface de l'eau dépend en partie de l'attraction gravitationnelle exercée par la Terre, tandis que, dans cette nouvelle version, la Terre est absente. Ainsi, pour rendre l'expérience plus plausible, on imagine un seau gigantesque (comme une attraction de fête foraine) qui flotte au beau milieu de l'espace, et l'on imagine qu'un cosmonaute sans peur, Gaston Lagaffe, est attaché à la paroi intérieure du seau. (Ça n'est pas exactement l'exemple qu'a employé Newton ; pour sa part, il proposait d'utiliser deux pierres reliées par une corde, mais le raisonnement est le même.) Le signe qui trahit la rotation du seau, l'analogue du fait que l'eau est déportée vers les bords et qu'elle forme une surface concave, c'est que Gaston se *sentira* pressé contre l'intérieur du seau, la peau de son visage tirée vers l'arrière, son estomac légèrement comprimé, ses cheveux flottant derrière lui en direction de la paroi du seau. Voici la question : dans une portion d'espace *totalement* vide (ni Soleil, ni Terre, ni air, ni boîtes de conserve, ni rien du tout) qu'est-ce qui pourrait servir de « quelque chose » par rapport auquel le seau serait en rotation ? À première vue, puisqu'on imagine l'espace complètement vide à l'exception du seau et de son hôte, il semble qu'il n'y ait tout bonnement rien d'autre qui puisse tenir le rôle de ce quelque chose. Newton ne partageait pas cet avis.

Il répondit en choisissant l'ultime contenant comme système de référence adéquat : *l'espace lui-même*. Il proposa que la scène vide et transparente dans laquelle nous sommes tous plongés, et sur laquelle se jouent tous les mouvements imaginables, existe comme une véritable entité physique, qu'il baptisa l'*espace absolu*[2]. On ne peut pas saisir l'espace absolu ; on ne peut pas goûter, ni sentir, ni toucher l'espace absolu, mais Newton décréta toutefois que l'espace absolu était un « quelque chose ». Et ce quelque chose, proposa-t-il, offre le meilleur, le plus authentique de tous les systèmes de référence pour décrire le mouvement. Un objet n'est réellement au repos qu'à condition d'être au repos par rapport à l'espace absolu. Un objet est réellement en mouvement pourvu qu'il soit en mouvement par rapport à l'espace absolu. Et, plus important encore, Newton conclut en disant qu'un objet n'est véritablement accéléré que s'il l'est par rapport à l'espace absolu.

Newton utilisa alors cette proposition pour expliquer l'expérience terrestre du seau en rotation de la manière suivante. Au début de l'expérience, le seau est en rotation par rapport à l'espace absolu, tandis que l'eau est stationnaire par rapport à l'espace absolu. Voilà pourquoi sa surface est plane. À mesure que l'eau rattrape le seau, elle tourne par rapport à l'espace absolu, si bien que sa surface devient concave. Lorsque le seau ralentit parce que la corde n'est plus enroulée, l'eau continue à tourner (par rapport à l'espace absolu) et c'est pourquoi sa surface est toujours concave. Et donc, tandis que le mouvement relatif entre l'eau et le seau ne permet pas d'expliquer ce que l'on observe, le mouvement relatif entre l'eau et l'espace absolu, lui, le permet. L'espace lui-même fournit un véritable système de référence pour définir le mouvement.

Le seau n'est qu'un exemple. Bien évidemment, le raisonnement est beaucoup plus général. Si l'on en croit Newton, lorsque nous prenons un virage en épingle à cheveux en voiture, nous ressentons les variations de la vitesse car nous accélérons par rapport à l'espace absolu. Lorsque nous sommes installés dans un avion qui prend de la vitesse pour décoller, nous sommes projetés contre notre siège parce que nous accélérons par rapport à l'espace absolu. Lorsque nous tournons sur nous-mêmes en patins à glace, nous sentons nos bras s'envoler parce que nous accélérons par rapport à l'espace absolu. À l'inverse, si nous pouvions faire tourner toute la patinoire tout en restant immobile (en imaginant la situation idéalisée dans laquelle les patins ne sont pas soumis aux frottements), ce qui revient au même mouvement relatif entre nous et la glace, nous ne ressentirions pas nos bras s'envoler parce que, dans ce cas, nous serions plus accélérés par rapport à l'espace absolu. Enfin, et juste pour ne pas se laisser égarer par les détails sans pertinence des exemples faisant intervenir le corps humain, lorsque les deux pierres de Newton, reliées par une corde, tournoient dans une portion d'espace vide, la corde se tend parce que les pierres sont accélérées par rapport à l'espace absolu. Bref, c'est l'espace absolu qui a le dernier mot en toute circonstance quant à ce que signifie être en mouvement.

Mais qu'est vraiment l'espace absolu ? À cette question, Newton répondit grâce à un joli jeu de jambes et à un décret de choc. Il écrivit tout d'abord dans les *Principia* « les termes [...] de temps, d'espace, de lieu et de mouvement [...] sont connus de tout le monde[3] », en laissant de côté toute tentative de décrire ces concepts avec précision et rigueur. La suite devint célèbre : « L'espace absolu, sans relation aux choses externes, demeure toujours similaire et immobile. » Autrement dit, l'espace absolu *est*, voilà tout, et il est pour toujours. Point final. Mais quelques indices indiquent que Newton n'était pas complètement à l'aise avec le fait de décréter tout bonnement l'existence et l'importance de quelque chose que l'on ne peut ni voir, ni mesurer, ni affecter directement. Il écrivit :

> « Il faut avouer qu'il est très difficile de connoître les mouvements vrais de chaque corps, et de les distinguer actuellement des mouvements apparents, parce que les parties de l'espace immobile dans lesquelles s'exécutent les mouvements vrais, ne tombent pas sous nos sens[4]. »

Newton nous laisse donc dans une situation assez étrange. Il érige l'espace absolu au premier plan et y place la description de l'un des aspects les plus élémentaires et les plus importants de la physique — le mouvement — mais laisse un certain flou dans sa définition et reconnaît même son propre embarras à placer un œuf aussi délicat au centre d'un panier aussi fragile. Bien d'autres ont partagé cette gêne.

Micmac spatial

Einstein a dit un jour que lorsque nous utilisons les mots « rouge », « dur » ou « déception », nous savons tous plus ou moins ce que nous entendons par là. Quant au mot « espace », « dont le lien avec l'expérience psychologique est moins immédiat, il existe une incertitude beaucoup plus vaste autour de son interprétation[5] ». Cette incertitude vient de loin : nos tentatives pour saisir la signification de l'espace ne datent pas d'hier. Démocrite, Épicure, Lucrèce, Pythagore, Platon, Aristote et tous ceux qui leur ont succédé se sont évertués à comprendre l'« espace ». Y a-t-il une différence entre espace et matière ? L'espace existe-t-il indépendamment de la présence d'objets matériels ? Un espace vide a-t-il vraiment un sens ? Espace et matière s'excluent-ils mutuellement ? L'espace est-il fini ou infini ?

Des milliers d'années durant, les questions philosophiques concernant l'espace allèrent de pair avec les questionnements théologiques. Dieu, si l'on en croit certains, est omniprésent… voilà qui confère à l'espace un caractère divin. Ce type de raisonnement fut proposé par Henry More, un philosophe théologien du XIXe siècle, dont certains pensent qu'il fut l'un des mentors de Newton[6]. Il affirmait que si l'espace était vide il n'existerait pas, mais il objectait également que cette observation était dénuée de sens puisque, même dépourvu de tout objet matériel, l'espace était empli de spiritualité et ne serait donc *jamais* vraiment vide. Newton lui-même adopta une variante de cette idée, en admettant que l'espace puisse être rempli de « substance spirituelle » aussi bien que de substance matérielle ; mais il prit soin d'ajouter que ce truc spirituel « ne pouvait faire obstacle au mouvement de la matière ; pas plus qu'il ne pouvait se mettre en travers de son chemin[7] ». L'espace absolu, décrétait Newton, est le *sensorium* de Dieu.

Ces divagations philosophiques et religieuses autour de l'espace peuvent paraître séduisantes et provocantes à la fois, mais, comme dans la remarque d'Einstein citée plus haut, il leur manque la précision critique de la description. Toutefois, une question fondamentale et clairement formulée émerge bel et bien de ces grands discours : doit-on attribuer une réalité indépendante à l'espace, comme on le fait pour d'autres objets matériels plus ordinaires comme le livre que vous tenez entre vos mains, ou doit-on envisager l'espace comme un simple langage pour décrire les relations entre objets matériels ordinaires ?

Le grand philosophe allemand Gottfried Wilhelm von Leibniz, contemporain de Newton, croyait dur comme fer que l'espace n'existait pas au sens conventionnel du terme. Parler de l'espace, disait-il, n'est qu'une manière simple et commode d'encoder les situations où certaines choses sont relatives à d'autres. Sans objets pour peupler l'espace, avançait Leibniz, celui-ci n'a en soi ni signification ni existence indépendante. Prenons l'alphabet. Il permet d'organiser vingt-six lettres : il produit des relations comme celles qui stipulent que *a* précède *b*, que *d* se trouve six lettres avant *j*, que *x* est la troisième lettre après *u* et ainsi de suite. Mais, en l'absence des lettres, l'alphabet perd tout son sens ; il n'a pas d'existence indépendante au-delà de celles-ci. En revanche, l'alphabet tire son existence de celle des lettres, par le truchement des relations lexicographiques qu'il leur confère. Leibniz considérait qu'il en allait de même pour l'espace : à ses yeux, l'espace n'avait aucune signification si ce n'est de fournir le langage naturel pour décrire les relations entre la position d'un objet et une autre. Selon lui, si l'on pouvait ôter tous les objets de l'espace (si l'espace était complètement vide), il deviendrait aussi dénué de sens qu'un alphabet sans ses lettres.

Leibniz proposa un certain nombre d'arguments en faveur de son point de vue, appelé « relationniste ».

Par exemple, il objecta que si l'espace existait véritablement comme entité, comme substance de fond, Dieu aurait à choisir un endroit où placer l'Univers dans cette substance. Mais comment Dieu, qui ne prend jamais de décisions au hasard et sans fondement, pourrait-Il privilégier un endroit plutôt qu'un autre dans l'étendue uniforme de l'espace vide, sachant que tous sont équivalents ? Pour un esprit scientifique, ce type d'argument ne fait pas le poids. Mais si l'on met de côté l'aspect théologique, comme le fit Leibniz lui-même dans d'autres travaux, on se retrouve avec des questions épineuses : quelle est la position de l'Univers dans l'espace ? Si l'ensemble de l'Univers devait se déplacer de quelques mètres vers la gauche ou vers la droite (laissant inchangées toutes les positions relatives des objets matériels), comment pourrions-nous nous en rendre compte ? Quelle est la vitesse de l'ensemble de l'Univers dans la substance qu'est l'espace ? Si nous sommes fondamentalement incapables de détecter l'espace, ou des variations au sein de l'espace, comment affirmer que celui-ci existe bel et bien ?

C'est là que Newton entra en scène avec son seau d'eau, qui modifia radicalement la tournure du débat. Certes, Newton admettait que certains aspects de l'espace absolu sont difficiles, voire impossibles à détecter directement, mais il objectait que l'existence de l'espace absolu n'a aucune conséquence observable : les accélérations, comme celles mises en jeu dans l'expérience du seau en rotation, sont des accélérations par rapport à l'espace absolu. Ainsi, la surface concave de l'eau, si l'on en croit Newton, serait une conséquence de l'existence de l'espace absolu. Et Newton affirmait sa position en disant que si l'on détient une preuve solide, aussi indirecte soit-elle, de l'existence de quelque chose, cela devait mettre fin à la discussion. Et, d'un coup d'un seul, Newton transposait le débat sur l'espace des considérations philosophiques aux données scientifiquement vérifiables. L'effet fut manifeste et Leibniz fut forcé d'admettre : « Cependant j'accorde, qu'il y a de la différence entre un mouvement absolu véritable d'un corps et un simple changement relatif de sa situation par rapport à un autre corps[8]. » Cela ne constituait pas une capitulation devant l'espace absolu de Newton, mais ce fut tout de même un coup dur pour le point de vue strictement relationniste.

Durant les deux siècles qui suivirent, les arguments de Leibniz et des autres scientifiques qui s'opposaient à ce qu'on accorde à l'espace une réalité indépendante n'eurent que peu d'impact au sein de la communauté scientifique[9]. En fait, la balance penchait nettement du côté de la vision de Newton ; ses lois du mouvement, basées sur le concept d'espace absolu, occupaient le devant de la scène. Elles décrivaient les observations avec succès, et ce fut essentiellement pour cette raison qu'elles furent si bien acceptées. Il est néanmoins frappant de remarquer que Newton lui-même ne voyait tous ses travaux en physique que comme des bases solides pour étayer ce qu'il considérait comme sa principale découverte : l'espace absolu. Newton n'avait d'yeux que pour l'espace[10].

Mach et le sens de l'espace

Quand j'étais enfant, mon père et moi avions l'habitude de jouer à un petit jeu en arpentant les rues de Manhattan. L'un de nous deux choisissait en secret une scène se déroulant aux alentours (le passage d'un autobus, un pigeon se posant sur le rebord d'une fenêtre, un passant laissant tomber une pièce, etc.) et la décrivait d'un point de vue inhabituel, par exemple du point de vue d'une des roues de l'autobus, ou de celui du pigeon en vol, ou de la pièce dans sa chute. Le jeu consistait à deviner, à partir d'une description complètement insolite comme : « Je me déplace sur un cylindre sombre, entouré de murs souples assez bas, et une substance crémeuse plutôt claire descend du ciel », qu'il s'agissait du point de vue d'une fourmi se déplaçant sur une saucisse qu'un vendeur de hot dogs garnit de mayonnaise. Bien que nous n'y ayons plus joué depuis longtemps à l'époque où je suivis mes premiers cours en physique, ce jeu fut en grande partie responsable de la souffrance que j'endurai lorsque je fis connaissance avec les lois de Newton.

Notre jeu nous invitait à voir le monde selon des points de vue différents, et mettait en évidence le fait que tout point de vue est aussi valable qu'un autre. Mais si l'on en croit Newton, même si nous sommes libres de contempler le monde de quelque point de vue que ce soit, tous ne sont en aucun cas sur un pied d'égalité. Du point de vue d'une fourmi sur un patin à glace, c'est la glace et la patinoire qui tournent ; du point de vue d'un spectateur dans les gradins, c'est le patin qui tourne. Les deux points de vue ont l'air d'être tous les deux valables, ils semblent sur un pied d'égalité, ils semblent symétriques — puisque chacun tourne par rapport à l'autre. Et pourtant, si l'on en croit Newton, l'un de ces deux points de vue est plus exact que l'autre puisque, si c'est *réellement* le patineur qui tourne, ses bras s'écarteront de son corps, tandis que si c'est la patinoire qui tourne les bras du patineur ne bougeront pas. Accepter l'espace absolu de Newton revenait à admettre une conception absolue de l'accélération et, en particulier, à accepter qu'il existe une réponse absolue quant à savoir qui ou quoi tourne réellement. Je ne cessais de me creuser la cervelle pour comprendre comment cela pouvait être exact. Toutes les informations recueillies auprès de mes professeurs ou dans mes livres de cours s'accordaient sur le fait que seul le mouvement relatif avait un sens lorsqu'on considère le mouvement à vitesse constante. Alors pourquoi diable, me demandais-je sans relâche, le mouvement accéléré devait-il être si différent ? Pourquoi l'accélération *relative* ne pourrait-elle pas, au même titre que la vitesse relative, être la seule grandeur significative pour un mouvement qui n'est pas à vitesse constante ? L'existence de l'espace absolu décrète qu'il en va autrement, mais c'était pour moi complètement incompréhensible.

Bien plus tard, j'appris que beaucoup de physiciens et de philosophes des cent dernières années s'étaient battus avec ce casse-tête, parfois en silence, parfois bruyamment. Bien que le seau de Newton semble démontrer clairement que c'est l'espace absolu qui permet de privilégier un point de vue plutôt qu'un autre (quelqu'un ou quelque chose n'est *réellement* en rotation que s'il tourne par rapport à l'espace absolu), cette solution n'était pas satisfaisante aux yeux de ceux qui s'interrogeaient sur ces questions. Outre l'intuition que l'on peut avoir du fait qu'aucun point de vue ne devrait être « plus exact » qu'un autre, outre la proposition éminemment raisonnable de Leibniz selon laquelle seuls les mouvements relatifs entre objets matériels ont un sens, pour bien des gens, le concept de l'espace absolu laissait sans réponse la question de savoir comment l'espace absolu pouvait nous permettre d'identifier le « véritable » mouvement accéléré, mais pas le « véritable » mouvement à vitesse constante. Après tout, si l'espace absolu existe vraiment, ne devrait-il pas représenter un critère de référence pour *tous* les mouvements et pas uniquement pour le mouvement accéléré ? Si l'espace absolu existe vraiment, pourquoi ne nous permet-il pas de localiser notre position de manière absolue, sans que l'on ait à la décrire relativement à d'autres objets matériels servant de points de référence ? Enfin, si l'espace absolu existe vraiment, comment se fait-il qu'il puisse exercer son action sur nous (en faisant que nos bras s'écartent de notre corps si nous tournons sur nous-mêmes, par exemple) alors que nous n'avons apparemment aucun moyen d'exercer une influence sur lui ?

Durant les siècles qui suivirent les travaux de Newton, ces questions furent souvent débattues. Mais il fallut attendre l'arrivée sur la scène scientifique du physicien et philosophe autrichien Ernst Mach, dans le milieu des années 1800, pour que soit proposée une nouvelle vision de l'espace, audacieuse, intuitive et extrêmement séduisante — une vision qui, entre autres choses, aura par la suite une influence fondamentale sur les travaux d'Albert Einstein.

Pour comprendre l'idée de Mach (ou, plus précisément, la présentation moderne des idées que l'on attribue généralement à Mach*), revenons au seau.

* Il subsiste une controverse sur la vision précise qu'avait Mach de ce qui suit. Certains de ses écrits sont ambigus et certaines des idées qu'on lui attribue proviennent en fait d'interprétations ultérieures de ses travaux. Puisqu'il semble qu'il ait eu connaissance de ces interprétations sans avoir jamais émis d'objection, certains suggèrent qu'il devait être en accord avec leurs conclusions. Mais il serait plus exact, historiquement parlant, de préciser qu'en lisant chaque expression du type « Mach considérait que » ou « les idées de Mach » il faut penser : « l'interprétation la plus généralement acceptée de l'approche initiée par Mach ».

Quelque chose cloche dans le raisonnement de Newton. L'expérience du seau nous défie d'expliquer que la surface de l'eau est lisse dans un cas et concave dans l'autre. Dans notre quête d'explications, nous avons examiné chacune des deux situations et compris que la différence essentielle qui les distingue tient au fait que, dans un cas, l'eau est en rotation, et dans l'autre pas. Sans que cela nous surprenne, nous avons tenté d'expliquer la forme de la surface de l'eau en faisant appel à son mouvement. Mais voilà : avant d'introduire l'espace absolu, Newton ne s'intéressait qu'au seau comme référence possible pour étudier le mouvement de l'eau et, comme nous l'avons vu, cela ne fonctionne pas. Il existe toutefois d'autres références pour estimer le mouvement de l'eau, par exemple le laboratoire dans lequel on mène l'expérience (le plancher, les murs et le plafond). Et si l'on choisit plutôt de mener l'expérience en plein air par un bel après-midi ensoleillé, alors les arbres ou les bâtiments environnants, ou même le sol sous nos pieds, représentent une référence « stationnaire » tout à fait valable pour savoir si oui ou non l'eau est en rotation. Enfin, si l'on choisit de mener l'expérience au fin fond de l'espace, on pourra toujours prendre les étoiles lointaines comme référence stationnaire.

Voilà qui conduit à la question suivante : se pourrait-il que Newton se soit débarrassé du seau si facilement qu'il aurait trop vite oublié le mouvement relatif que l'on peut considérer dans la vraie vie, comme le mouvement de l'eau par rapport au laboratoire, à la Terre ou aux étoiles fixes ? Se pourrait-il que ce type de mouvement relatif puisse bel et bien expliquer la forme de la surface de l'eau, rendant caduque la nécessité d'introduire le concept d'un espace absolu ? Voilà les questions que souleva Mach dans les années 1870.

Pour mieux comprendre le raisonnement de Mach, imaginons que nous flottions tranquillement dans l'espace intersidéral, en apesanteur et sans bouger. Si nous regardons alentour, nous pouvons voir les étoiles lointaines, qui semblent parfaitement stationnaires. (C'est un instant parfaitement zen !) Tout à coup, quelqu'un qui passe par là, flottant lui aussi, attrape la manche de notre combinaison spatiale et nous envoie tournoyer sur nous-même. Nous remarquons alors deux choses. Premièrement, nous ressentons qu'une certaine force s'exerce sur nos membres, et, si nous n'y opposons aucune résistance, nos bras et jambes s'écarteront de notre corps. Deuxièmement, si nous regardons les étoiles, nous ne les voyons plus stationnaires : elles semblent tournoyer autour de nous le long de grands arcs de cercle qui balaient les cieux à grande distance. Cette expérience révèle donc un lien étroit entre le fait de ressentir qu'une force s'exerce sur notre corps et celui d'observer un mouvement par rapport aux étoiles lointaines. Gardons cela en tête : nous allons maintenant renouveler l'expérience dans un autre environnement.

Imaginons maintenant que nous soyons plongé dans la sombre immensité d'un espace *complètement* vide : pas d'étoiles, pas de galaxies, pas de planètes, pas d'air, rien. Simplement la noire profondeur de l'espace. (C'est un instant profondément existentiel !) Cette fois, si nous commençons à tourner, que ressentons-nous ? Nos membres seront-ils poussés vers l'extérieur ? De par notre expérience quotidienne, nous serions tentés de répondre par l'affirmative : dès lors que nous passons d'un état stationnaire (dans lequel nous ne ressentons rien) à un état de rotation, nous ressentons la transition dans le fait que nos membres tendent à s'écarter de notre corps. Mais la situation considérée ici n'a rien de commun avec tout ce que quiconque a pu expérimenter. Dans l'Univers tel que nous le connaissons, il y a toujours d'autres objets matériels, qu'ils soient proches ou très éloignés (à l'instar des étoiles les plus lointaines), qui peuvent servir de référence pour estimer l'état de notre mouvement. Toutefois, dans notre exemple, nous n'avons absolument aucun moyen de distinguer la situation « stationnaire » du mouvement de rotation par des comparaisons avec d'autres objets matériels… il n'y a tout bonnement *aucun* autre objet matériel. Mach prit cette observation très à cœur et fit un pas de géant supplémentaire : il proposa que, dans cette situation, il n'y aurait également aucun moyen de *ressentir* une différence entre divers états de mouvement. Plus précisément, Mach avança que, dans un Univers absolument vide, il n'y aurait *aucune distinction* entre mouvement de rotation et état stationnaire (le concept même de mouvement ou d'accélération n'existant pas sans référence permettant de faire des comparaisons), si bien que les états stationnaire et de rotation seraient les mêmes. Si le dispositif des deux pierres de Newton reliées par une corde était mis en rotation dans un Univers vide par ailleurs, le raisonnement de Mach suggère que la corde ne se tendrait pas. Si nous tournions sur nous-même dans un Univers vide de tout autre objet, nos membres ne seraient pas poussés vers l'extérieur et notre fluide auriculaire ne subirait aucune pression… Nous ne sentirions rien du tout.

Voilà une proposition lourde de sens et de subtilités. Pour la comprendre vraiment, il faut se prendre au jeu consciencieusement et imaginer le calme obscur et uniforme d'un Univers totalement vide. Il ne s'agit pas d'une pièce plongée dans le noir, dans laquelle nous sentirions le plancher sous nos pieds ou nous habituerions progressivement à l'obscurité grâce au peu de lumière qui filtre par l'embrasure de la porte ou de la fenêtre ; non, ce que nous imaginons là, c'est qu'il n'y a *rien*. *Absolument rien* : ni plancher ni aucune source de lumière à laquelle nos yeux pourraient s'habituer. Dans quelque direction que ce soit, nous ne sentons ni ne voyons absolument rien. Nous nous imaginons confiné dans un cocon plongé dans une obscurité totale et invariable, sans aucun objet pouvant servir de référence. Or, si l'on en croit Mach, sans comparaison possible, les concepts mêmes de mouvement et d'accélération perdent tout leur sens. Ce n'est pas seulement que nous ne sentirions rien si nous tournions sur nous-même ; c'est encore plus fondamental que cela. Dans un Univers complètement vide mis à part nous, le fait d'être parfaitement immobile et celui de tourner sur nous-même sont indiscernables*.

* Si j'apprécie les exemples faisant intervenir le corps humain parce qu'ils permettent de faire immédiatement le lien entre la physique que l'on étudie et les sensations que l'on connaît, l'un des inconvénients est notre capacité à déplacer volontairement une partie de notre corps par rapport à une autre (et donc finalement à utiliser une partie de notre corps comme référence pour le mouvement d'une autre partie, comme quelqu'un qui ferait tourner un bras sans bouger la tête). J'insiste sur le mouvement de rotation *uniforme* (pour lequel toutes les parties du corps tournent ensemble) afin d'éviter ce type de complications peu pertinentes. Aussi, lorsque je parle d'un corps qui tourne sur lui-même, on peut imaginer qu'à l'instar des deux pierres de Newton reliées par une corde ou d'un patineur sur glace dans sa figure finale aux jeux Olympiques, chaque partie du corps considéré tourne à la même vitesse que toutes les autres.

Bien évidemment, Newton n'aurait pas été d'accord. Pour sa part, il considérait que même un espace vide possédait toujours l'*espace*. Et, bien que l'espace ne soit ni concret ni directement palpable, Newton argumentait qu'il fournissait néanmoins un « quelque chose » par rapport auquel on pouvait dire des objets matériels qu'ils se déplacent. Mais souvenons-nous de la manière dont Newton parvint à cette conclusion : en étudiant le mouvement de rotation, il *supposa* que les résultats observés en laboratoire (la surface de l'eau devenant concave ; Gaston Lagaffe plaqué contre la paroi du seau ; nos membres qui se décollent de notre corps lorsque nous tournons sur nous-même ; la corde reliant les deux pierres qui se tend) restaient les mêmes pour l'expérience menée dans l'espace vide. Cette supposition le conduisit à rechercher un « quelque chose », dans l'espace vide, par rapport auquel le mouvement pourrait être défini, et il affirma que ce « quelque chose » devait être l'espace lui-même. Mach rejeta complètement ce raisonnement : il objecta que la situation en laboratoire n'est pas celle qui aurait lieu dans un espace complètement vide.

En plus de deux siècles, l'opposition de Mach fut le premier défi sérieux aux travaux de Newton. Elle provoqua dans la communauté des physiciens une onde de choc qui dura des années (et qui eut une portée considérable puisque, en 1909, lorsqu'il vivait à Londres, Vladimir Lénine écrivit un pamphlet philosophique dans lequel il discutait, entre autres choses, de certains aspects des travaux de Mach[11]). Mais si Mach avait raison et qu'il n'y ait pas de notion de rotation dans un Univers complètement vide (ce qui éliminerait les justifications que Newton apportait à l'espace absolu), alors il nous reste toujours à expliquer l'expérience terrestre du seau d'eau, dans laquelle la surface de l'eau prend bel et bien une forme concave. Sans invoquer l'espace absolu (si l'espace absolu n'est pas un « quelque chose »), comment Mach parvient-il à expliquer la déformation de la surface de l'eau ? On obtient la réponse à cette question en réfléchissant à une objection simple au raisonnement de Mach.

Mach, le mouvement et les étoiles

Imaginons un univers qui, contrairement à celui que Mach envisageait, ne soit pas complètement vide, mais pourvu d'une poignée d'étoiles disséminées ici et là dans le ciel. Si l'on mène alors notre expérience de rotation dans l'espace, les étoiles (même si elles n'apparaissent que comme de minuscules poinçons lumineux situés à une distance considérable) offrent un moyen d'estimer l'état du mouvement. Si l'on commence à tournoyer, les petits points lumineux au loin sembleront tourner autour de nous. Et, puisque les étoiles fournissent une référence visuelle qui nous permet de faire la différence entre l'immobilité et la rotation, on pourrait aussi s'attendre à pouvoir ressentir les effets de ce mouvement. Mais comment quelques étoiles disséminées ici et là, et qui plus est à des distances énormes, peuvent-elles faire la différence ? Leur présence ou leur absence agiraient-elles en quelque sorte comme un interrupteur qui allumerait ou éteindrait chez nous la sensation de tourner (ou plus généralement la sensation d'être en mouvement accéléré) ? Si l'on peut ressentir les effets de la rotation dans un univers peuplé d'un tout petit nombre d'étoiles lointaines, alors peut-être cela implique-t-il que l'idée de Mach est tout simplement fausse

— peut-être aurait-on, même dans un univers vide, la sensation de tourner, comme le supposait Newton.

Mach proposa une réponse à ces objections. Dans un univers vide, selon Mach, on ne sent rien si l'on tourne sur soi-même (ou, plus précisément, il n'y a même pas de distinction entre rotation et immobilité). À l'autre extrémité du spectre, dans un univers peuplé de toutes les étoiles que l'on connaît et de tous les objets matériels qui existent réellement, on expérimente bel et bien les effets centrifuges qui s'exercent sur nos membres lorsqu'on est en rotation. (Faites l'expérience !) Voici maintenant l'argument-clé : dans un univers non pas vide mais contenant moins de matière que le nôtre, Mach suggéra que l'on ressentirait, en rotation, une force intermédiaire entre l'absence de force et celle que l'on ressent dans notre univers. Autrement dit, la force que l'on ressent serait proportionnelle à la quantité de matière contenue dans l'univers. Dans un univers doté d'une seule étoile ne s'exercerait sur notre corps en rotation qu'une force ténue, à peine perceptible. Avec deux étoiles, la force serait légèrement plus forte, et ainsi de suite, avec une intensité qui augmente jusqu'à ce que l'on arrive à un univers contenant autant de matière que le nôtre et dans lequel on ressent toute la force centrifuge due à la rotation. Dans ce raisonnement, la force que l'on ressent lorsqu'on accélère résulte d'un effet collectif, dû à l'influence collective de tous les autres corps matériels de l'Univers.

Ici encore, la proposition concernait tous les types de mouvements accélérés, et pas uniquement les mouvements de rotation uniforme. Dans un avion qui accélère sur la piste de décollage, dans une voiture qui freine violemment ou dans un ascenseur qui commence son ascension, la force que l'on ressent, si l'on en croit les idées de Mach, est due à l'influence combinée de toute la matière qui compose l'Univers. S'il y avait plus de matière, on ressentirait une force plus intense. S'il y avait moins de matière, cette même force serait moindre. Et s'il n'y avait pas de matière, on ne ressentirait rien du tout. Donc, selon la vision de Mach, seuls comptent le mouvement relatif et l'accélération relative. *On ne ressent l'accélération que lorsqu'on accélère par rapport à la distribution moyenne de la matière qui peuple l'Univers*. Sans matière, sans objet de référence permettant la comparaison, Mach avance qu'il n'y aurait aucun moyen de se rendre compte qu'on accélère.

Pour beaucoup de physiciens, c'est une des propositions concernant l'Univers parmi les plus séduisantes des cent cinquante dernières années. Pour plusieurs générations de physiciens, imaginer que la structure de l'espace, si intouchable et impalpable, puisse être réellement un « quelque chose » (un « quelque chose » de suffisamment substantiel pour représenter la référence ultime et absolue pour le mouvement) était profondément insatisfaisant. Pour beaucoup d'entre eux, il semblait absurde, ou tout au moins scientifiquement irresponsable, de fonder notre compréhension du mouvement sur quelque chose d'aussi imperceptible et d'aussi incompréhensible, à la limite du mystique. Et pourtant, ces mêmes physiciens étaient hantés par la question de trouver une autre explication à l'expérience du seau de Newton. Les idées de Mach provoquèrent une grande excitation parmi eux car elles laissaient entrevoir la possibilité d'une autre explication, dans laquelle l'espace ne serait plus un « quelque chose » et qui reviendrait vers la conception relationniste de l'espace que préconisait Leibniz. L'espace, si l'on adopte le point de vue de Mach, ressemble beaucoup à celui qu'avait imaginé Leibniz : c'est le langage permettant d'exprimer la relation entre les différentes positions des objets. Mais, à l'instar d'un alphabet dépourvu de lettres, l'espace ne jouit pas d'une existence indépendante.

Mach versus Newton

Pour ma part, j'ai eu connaissance des idées de Mach lorsque j'étais en licence, et ce fut pour moi une bénédiction ! Je découvrais enfin une théorie de l'espace et du mouvement qui remette tous les points de vue sur un pied d'égalité, puisque seuls le mouvement et l'accélération *relatifs* ont un sens. Prenant le pas sur le système de référence newtonien nécessaire pour définir le mouvement (cette chose invisible appelée espace), le point de comparaison que proposait Mach est exposé aux yeux de tous (puisqu'il s'agit de la matière répartie dans l'Univers). J'étais convaincu que la réponse de Mach devait être la bonne. J'appris en outre que je n'étais pas seul à réagir de la sorte ; j'avais simplement suivi la voie ouverte par un grand nombre de physiciens avant moi, et parmi eux Albert Einstein, qui, lorsqu'il les rencontra pour la première fois, fut subjugué par les idées de Mach.

Mach a-t-il raison ? Newton était-il à ce point pris dans le tourbillon de son seau qu'il en est arrivé à une conclusion aussi insipide ? L'espace absolu de Newton existe-t-il ou l'avantage va-t-il à la vision relationniste ? Ces questions restèrent sans réponse plusieurs dizaines d'années après que Mach eut proposé sa vision des choses. La raison principale en est que la proposition de Mach n'était ni une théorie ni une description complète, puisqu'il n'a jamais précisé *comment* le contenu matériel de l'Univers exerce l'influence qu'il lui attribue. Si ses idées étaient vraies, comment les étoiles lointaines et la maison d'à côté contribuent-elles au fait que nous ressentions les effets de la rotation lorsque nous tournons sur nous-même ? Sans aucun mécanisme physique pour étayer sa proposition, il était difficile d'étudier avec précision les idées de Mach.

De notre point de vue moderne, il serait raisonnable de proposer que la gravitation joue un des premiers rôles dans l'influence qui sous-tend la proposition de Mach. En effet, par la suite, c'est cette possibilité qui a retenu toute l'attention d'Einstein, et la proposition de Mach fut pour lui une grande source d'inspiration lorsqu'il élabora sa propre théorie de la gravitation : la théorie de la relativité générale. Lorsque l'agitation initiale autour de cette théorie de la gravitation eut fini de se dissiper, la question de savoir si oui ou non l'espace est un « quelque chose » (ou celle de savoir laquelle, de la vision absolutiste et de la vision relationniste, est correcte) fut transformée d'une manière qui bouleversa complètement les visions de l'Univers que l'on avait jusqu'alors.

3

LA RELATIVITÉ ET L'ABSOLU

L'espace est-il une abstraction einsteinienne ou une entité physique ?

Certaines découvertes fournissent les réponses à un certain nombre de questions. D'autres sont si profondes qu'elles imposent de reformuler entièrement les questions, apportant ainsi la preuve que, par manque de connaissances, les énigmes étaient précédemment mal posées. On pourrait consacrer une vie entière (et, dans l'Antiquité, ce fut le cas pour certains) à se demander ce que l'on trouve lorsqu'on atteint les frontières de la Terre, ou qui ou quoi vit au-delà. Mais, lorsqu'on apprend que la Terre est ronde, on se rend compte que ces énigmes n'ont pas de solution ; elles deviennent simplement hors de propos.

Durant les premières décennies du XXe siècle, Albert Einstein fit deux découvertes fondamentales. Chacune provoqua un véritable séisme dans notre compréhension de l'espace et du temps. Einstein parvint à écarter la structure rigide et absolue qu'avait érigée Newton, et construisit son propre édifice, qui reliait l'espace et le temps d'une manière totalement inattendue. Lorsqu'il eut fini, l'espace et le temps furent tellement entremêlés que la réalité de l'un ne pouvait plus être envisagée indépendamment de l'autre. Ainsi, avant les années 1930, la question de la corporalité de l'espace fut rendue caduque. Sa reformulation einsteinienne, que nous allons voir d'ici peu, devint : l'*espace-temps* est-il un « quelque chose » ? Avec cette modification simple en apparence, notre compréhension de la scène de la réalité fut radicalement transformée.

L'espace vide est-il vide ?

La lumière fut l'acteur principal des péripéties de la relativité qu'Einstein a relatées à l'aube du XXe siècle. Et ce furent les travaux de James Clerk Maxwell qui ont constitué la scène sur laquelle les découvertes d'Einstein se sont jouées. Au milieu des années 1880, Maxwell découvrit quatre équations fondamentales qui, pour la première fois, définissaient un cadre théorique rigoureux pour comprendre l'électricité, le magnétisme et la relation étroite qui les lie [1]. Maxwell obtint ces équations en étudiant avec soin les travaux du physicien britannique Michael Faraday qui, au début des années 1880, avait mené plusieurs milliers d'expériences mettant en évidence des aspects jusqu'alors inconnus de l'électricité et du magnétisme. La découverte principale de Faraday fut celle du concept de « champ ». Étoffé par la suite grâce aux travaux de Maxwell et de quelques autres, ce concept eut une influence énorme sur le développement de la physique des deux derniers siècles, et il est sous-jacent à beaucoup des petits mystères que l'on rencontre quotidiennement. Lorsque nous passons le contrôle de sécurité dans un aéroport, comment une machine qui ne nous touche même pas parvient-elle à savoir si nous transportons des objets métalliques ? Même chose pour l'imagerie par résonance magnétique :

comment un dispositif qui reste en dehors de notre corps peut-il prendre un cliché détaillé de notre intérieur ? Comment l'aiguille d'une boussole oscille-t-elle pour finalement pointer toujours vers le nord, alors que rien d'apparent ne l'y incite ? La réponse à cette dernière question, que nous connaissons tous, fait appel au champ magnétique terrestre, et c'est également le concept de champ magnétique qui permet d'expliquer les deux premiers exemples.

Je ne connais aucun moyen plus efficace pour saisir intuitivement le sens du champ magnétique que la démonstration que l'on en donne à l'école, et qui consiste à saupoudrer de la limaille de fer autour d'un aimant. En secouant un petit peu le dispositif, les particules métalliques s'alignent d'elles-mêmes en suivant un schéma bien ordonné, formant des arcs qui, partant du pôle nord de l'aimant, le contournent jusqu'au pôle sud, comme sur la figure 3.1. La manière dont s'agencent les particules de limaille de fer est une preuve directe du fait que l'aimant crée un « quelque chose », invisible, imprégnant tout l'espace alentour — un « quelque chose » qui, par exemple, exerce une certaine force sur ces particules métalliques. Ce « quelque chose » est le *champ magnétique*. Si l'on en croit notre intuition, il ressemble à une sorte de brouillard qui remplirait toute une région de l'espace, pouvant alors exercer une force au-delà de l'extension physique du seul aimant. Le champ magnétique fournit à l'aimant ce qu'une armée fournit à un dictateur ou ce que les agents comptables fournissent au fisc : une influence qui s'exerce au-delà de ses frontières physiques, et qui permettent à une certaine force d'exercer son action dans le « champ » extérieur. Voilà pourquoi on appelle parfois le champ magnétique un champ de forces.

Figure 3.1 De la limaille de fer saupoudrée autour d'un aimant retrace les lignes du champ magnétique.

C'est leur capacité à imprégner tout l'espace qui rend les champs magnétiques aussi utiles. Le champ magnétique du détecteur de métaux d'un aéroport agit à travers nos vêtements et met en évidence les objets métalliques via leur propre champ magnétique — lequel agit en retour sur le détecteur, faisant ainsi retentir l'alarme. Le champ magnétique d'un appareil d'IRM agit à l'intérieur de notre corps, faisant tourner certains atomes bien particuliers précisément comme il faut pour que ceux-ci exercent leur propre champ magnétique — que la machine détecte et interprète pour donner une image de nos tissus internes. Le champ magnétique de la Terre qui agit sur l'aiguille de la boussole la fait tourner, si bien qu'elle pointe dans une direction donnée qui, du fait des processus géophysiques extraordinairement étendus, est quasiment alignée avec la direction sud-nord.

Le champ magnétique est un exemple de champ assez familier, mais Faraday étudia également un autre champ : le champ *électrique*. C'est lui qui provoque les petits crépitements d'une écharpe en laine, ou la mini-décharge qu'on peut ressentir dans une pièce pourvue de moquette lorsqu'on met la main sur une poignée de porte en métal, ou encore du picotement dans nos mains lorsqu'on est en montagne pendant un gros orage. Avez-vous jamais eu l'occasion de regarder l'aiguille d'une boussole pendant un orage ? La manière dont l'aiguille est déviée de part et d'autre lorsque les éclairs frappent tout autour indique à quel point les champs électrique et magnétique sont étroitement liés — le physicien danois Hans Œrsted fut le premier à en faire la découverte, et Faraday l'étudia ensuite dans les moindres détails, par une expérimentation soigneuse. De même que l'évolution de la Bourse a un retentissement sur le cours des actions qui, à son tour, a des effets sur la Bourse, ces scientifiques découvrirent que les variations d'un champ électrique peuvent produire des modifications d'un champ magnétique voisin, lequel peut à son tour modifier le champ électrique, et ainsi de suite. Maxwell trouva le formalisme mathématique sous-jacent à ces relations, et parce que ses équations montrent que les champs électrique et magnétique sont aussi entremêlés que les nattes des rastas, ceux-ci furent finalement baptisés champs *électromagnétiques*, et la force qu'ils exercent force *électromagnétique*.

De nos jours, nous sommes constamment plongés dans un océan de champs électromagnétiques. Téléphones cellulaires et autoradios occasionnent d'énormes dépenses parce que les champs électromagnétiques des compagnies de téléphones mobiles et des stations de radio s'étendent sur des régions de l'espace extrêmement vastes. Il en va de même des connexions sans fil à Internet ; un ordinateur peut avoir accès à tout le *World Wide Web* grâce aux champs électromagnétiques qui vibrent tout autour de nous — et même, plus exactement, *à travers* nous. Bien évidemment, à l'époque de Maxwell, la technologie était moins développée, mais, parmi les scientifiques, son exploit n'en fut pas moins reconnu : en raisonnant en termes de champs, Maxwell a montré qu'électricité et magnétisme, qui étaient vus initialement comme des phénomènes distincts, sont en fait deux aspects différents d'une même entité physique.

Par la suite, nous rencontrerons d'autres types de champs — champ gravitationnel, champ des forces nucléaires, champ de Higgs, etc. —, et il apparaîtra de plus en plus clairement que le concept de champ est au cœur de la formulation moderne des lois de la physique. Mais, pour le moment, la grande étape suivante de notre récit fut également franchie par Maxwell : en analysant ses équations de plus près, il a découvert que des variations ou des perturbations du champ électrique se déplacent comme des ondes, avec une vitesse bien précise : 1 080 millions de kilomètres à l'heure. Comme c'est exactement la valeur trouvée à l'occasion d'autres expériences pour la vitesse de la lumière, Maxwell comprit que la lumière ne pouvait être qu'une onde électromagnétique, dotée des bonnes propriétés pour interagir avec notre rétine et nous procurer la sensation de voir. Cela rendit l'ensemble — déjà impressionnant — des découvertes de Maxwell des plus remarquables : il avait relié la force produite par les aimants, l'influence exercée par les charges électriques, et la lumière qui nous permet de voir le monde qui nous entoure... mais il souleva également une question importante.

Lorsque nous disons que la vitesse de la lumière vaut 1 080 millions de kilomètres à l'heure, notre expérience et les pages que vous êtes en train de lire nous enseignent que cette affirmation est dénuée de sens si nous ne précisons pas par rapport à *quoi* nous mesurons cette vitesse. Aussi étrange que cela puisse paraître, les équations de Maxwell donnaient simplement ce nombre, 1 080 millions de kilomètres à l'heure, sans préciser une quelconque référence, ni même sembler y avoir recours. Un peu comme si l'on nous invitait à une fête dont on nous donnerait l'adresse en expliquant simplement qu'elle aura lieu à vingt-deux kilomètres vers le nord, sans préciser de point de départ, sans préciser au nord de *quoi*. La plupart des physiciens, y compris Maxwell, tentèrent d'expliquer la vitesse apparaissant dans ses équations de la manière suivante : les ondes familières, comme les vagues sur la mer ou les ondes sonores, sont véhiculées par une certaine substance, par un milieu. Les vagues sont portées par l'eau ; les ondes sonores par l'air. Et la vitesse de ces ondes est spécifiée *par rapport au milieu*. Lorsqu'on dit de la vitesse du son qu'elle vaut 1 200 kilomètres à l'heure à température ambiante (que l'on appelle encore Mach 1, du nom du même Ernst Mach que celui que nous venons de rencontrer), on entend par là que les ondes sonores cheminent dans l'air, pris comme référence stationnaire, à cette vitesse. Ainsi, tout naturellement, les physiciens supposèrent que les ondes lumineuses — les ondes électromagnétiques — devaient elles aussi cheminer dans un milieu particulier, que l'on n'aurait encore jamais vu ni détecté, mais qui devait néanmoins exister.

Pour accorder à ce truc porteur de lumière le crédit qu'il mérite, on lui donna un nom : on l'appela l'« éther luminifère », ou simplement « éther », terme ancien qu'avait utilisé Aristote pour décrire la substance magique et fourre-tout dont on imaginait alors que les corps célestes étaient faits. Et pour concilier cette hypothèse avec les résultats de Maxwell, il fut proposé que ses équations prenaient implicitement le point de vue d'un observateur qui serait au repos par rapport à l'éther. Les 1 080 millions de kilomètres à l'heure auxquels conduisaient ses équations seraient alors la vitesse de la lumière par rapport à l'éther, stationnaire.

Comme vous le voyez, la similitude entre l'éther et l'espace absolu de Newton est frappante. Tous deux proviennent de tentatives pour trouver un point de référence permettant de définir le mouvement ; le mouvement accéléré conduit à l'espace absolu, tandis que celui de la lumière conduit à l'éther. En fait, beaucoup de physiciens voyaient l'éther comme un avatar concret de l'esprit divin dont Henry More, Newton et d'autres pensaient qu'il imprégnait l'espace absolu (Newton et ses contemporains avaient également utilisé le terme « éther » dans leurs descriptions de l'espace absolu). Mais qu'est-ce que l'éther, exactement ? De quoi est-il fait ? D'où vient-il ? Existe-t-il partout ?

Toutes ces questions sur l'éther sont les mêmes que celles, restées sans réponses pendant des années, qui concernaient l'espace absolu. Mais contrairement au test pour l'espace absolu qui, inspiré des travaux de Mach, consistait à tourner sur soi dans un univers parfaitement vide, les physiciens purent proposer des expériences réalisables pour déterminer si oui ou non l'éther existait réellement. Par exemple, si l'on nage en direction d'une vague à l'approche, celle-ci nous rejoint plus rapidement ; si au contraire on nage en s'éloignant de la vague, elle s'approche plus lentement. De la même manière, si l'on se déplace dans cet éther hypothétique vers une onde lumineuse à l'approche (ou en tournant le dos à celle-ci), la progression de l'onde devrait, en suivant le même raisonnement, être plus rapide (ou plus lente) que les 1 080 millions de kilomètres à l'heure. Toutefois, en 1887, lorsque Albert Michelson et Edward Morley mesurèrent la vitesse de la lumière, ils obtinrent maintes et maintes fois ce résultat — 1 080 millions de kilomètres à l'heure — et ce *quel que fût leur mouvement ou celui de la source lumineuse.* On invoqua toutes sortes d'arguments futés pour expliquer ces résultats. Peut-être, proposèrent certains, les expérimentateurs emmenaient-ils sans le savoir l'éther avec eux dans leurs déplacements ? Peut-être l'équipement était-il affecté par son mouvement dans l'éther, faussant ainsi les mesures ? Mais il fallut attendre Einstein et son intuition géniale pour que l'explication soit révélée au grand jour.

Espace relatif, temps relatif

En juin 1905, Einstein écrivit un article intitulé modestement *De l'électrodynamique des corps en mouvement,* lequel annonça la fin définitive de l'éther luminifère. D'un coup d'un seul, cet article modifia notre compréhension de l'espace et du temps à tout jamais. Durant cinq semaines de travail intense entre avril et mai 1905, Einstein donna corps aux idées sous-jacentes à cet article, mais les conclusions auxquelles il parvint finalement le tourmentèrent pendant plus de dix ans. À l'adolescence, Einstein se posait la question de savoir de quoi aurait l'air une onde lumineuse si l'on parvenait à lui courir après exactement à la vitesse de la lumière. Puisque la lumière et nous-même fusons dans l'éther à la même vitesse, n'irions-nous pas exactement à la même allure que la lumière ? Ainsi, concluait alors Einstein, de notre point de vue, la lumière aurait l'air de ne pas être en mouvement. On devrait donc pouvoir l'atteindre et saisir une « poignée de lumière immobile » comme on peut attraper au vol une poignée de flocons de neige dans leur chute.

Seulement voilà : il se trouve que les équations de Maxwell n'autorisent pas à la lumière d'apparaître stationnaire, de donner l'impression qu'elle ne bouge pas. Effectivement, personne n'a jamais raconté avoir saisi un peu de lumière au repos. Alors, se demandait le jeune Einstein, comment résoudre ce paradoxe ?

Dix ans plus tard, avec sa théorie de la relativité restreinte, Einstein rendit public le fruit de ses réflexions. Il y eut beaucoup de controverses autour des sources de la découverte d'Einstein, mais il ne fait aucun doute que sa foi inébranlable en la simplicité joua un rôle essentiel. Einstein avait connaissance de quelques expériences parmi celles qui avaient échoué à mettre en évidence l'existence de l'éther[2]. Alors pourquoi tourner autour du pot en cherchant les failles de ces expériences ? Au contraire, proposait Einstein, abordons les choses plus simplement : si aucune expérience ne parvient à trouver l'éther, c'est qu'il n'y a pas d'éther. Et puisque les équations de Maxwell décrivant le mouvement de la lumière (le mouvement des ondes électromagnétiques) ne font appel à aucun milieu de ce type, expérience et théorie pourraient converger vers la même conclusion : la lumière, contrairement à toutes les autres ondes jamais rencontrées, n'a pas besoin d'un quelconque milieu pour se propager. La lumière est un voyageur solitaire. La lumière peut se déplacer dans le vide.

Que faire alors des équations de Maxwell qui attribuent à la lumière une vitesse de 1 080 millions de kilomètres à l'heure ? S'il n'y a pas d'éther pour fournir un repère stationnaire, quel est le « quelque chose » par rapport auquel on doit interpréter cette vitesse ? Ici encore, Einstein bouscula les conventions et répondit avec une étonnante simplicité. Si la théorie de Maxwell ne fait appel à aucun repère stationnaire, alors l'interprétation la plus évidente est qu'on n'en a pas besoin. *La vitesse de la lumière,* déclara Einstein, *vaut 1 080 millions de kilomètres à l'heure par rapport à tout et rien.*

Eh bien, c'est une affirmation très simple. Elle correspond tout à fait à la maxime que l'on attribue souvent à Einstein : « Tout doit être rendu aussi simple que possible, mais pas plus simple. » Le problème, c'est que cela paraît aussi complètement farfelu. Si nous poursuivons un rayon lumineux, le sens commun nous indique que, de notre point de vue, la vitesse du rayon lumineux devrait être inférieure à 1 080 millions de kilomètres à l'heure. En revanche, si nous courons à sa rencontre, le sens commun nous indique que, de notre point de vue, la vitesse du rayon incident sera supérieure à 1 080 millions de kilomètres à l'heure. Toute sa vie durant, Einstein a défié le sens commun et cet exemple n'est pas une exception. Il argumentait avec force que, quelle que soit la vitesse à laquelle on s'approche ou l'on s'éloigne d'un rayon lumineux, on mesurera toujours la même valeur pour sa vitesse : 1 080 kilomètres à l'heure — ni plus ni moins, quoi qu'il arrive. Voilà qui résoudrait certainement le paradoxe qui le tourmentait lorsqu'il était adolescent : la théorie de Maxwell ne laisse pas de place pour la lumière stationnaire car la lumière n'est jamais au repos —, quel que soit notre mouvement, que l'on coure après un rayon lumineux ou à sa rencontre, ou qu'on l'observe sans bouger, la lumière gardera invariablement une seule et même vitesse : 1 080 kilomètres à l'heure. Mais comment la lumière peut-elle avoir un comportement aussi étrange ?

Réfléchissons un instant à ce qu'est la vitesse. On la mesure en prenant le rapport de la distance parcourue par le temps qu'il faut pour la parcourir. C'est une mesure d'espace (la distance parcourue) divisée par une mesure de temps (la durée du parcours). Depuis Newton, on envisageait l'espace comme absolu, existant « sans la moindre référence avec quoi que ce soit d'extérieur ». Les mesures de séparations spatiales doivent donc elles aussi être absolues : quel que soit l'observateur qui mesure la distance entre deux objets séparés dans l'espace, s'il le fait avec soin, il obtiendra toujours la même réponse. Et, bien que nous n'en ayons pas encore parlé directement, Newton déclara que cela était vrai également pour le temps. La description du temps qu'il donna dans ses *Principia* faisait écho au langage qu'il utilisait pour l'espace : « le temps existe dans et par lui-même et s'écoule tranquillement sans référence avec quoi que ce soit d'extérieur ». En d'autres termes, selon Newton, il existe une conception universelle et absolue du temps, qui s'applique partout et à tout instant. Dans un univers newtonien, quel que soit l'observateur qui mesure la durée d'un événement donné, si les mesures sont effectuées avec soin, les réponses seront toujours les mêmes.

Ces hypothèses au sujet de l'espace et du temps s'accordent parfaitement avec notre expérience quotidienne et forment, pour cette raison, les bases des conclusions dictées par notre sens commun, selon lesquelles la lumière devrait sembler cheminer plus lentement si on lui court après. Pour le voir, imaginons que Gaston Lagaffe ait conçu un nouveau skateboard à moteur nucléaire et qu'il décide de relever le défi de rattraper un rayon lumineux. Bien qu'il soit un peu déçu de constater que son engin ne peut dépasser 800 millions de kilomètres à l'heure, il reste néanmoins décidé à faire de son mieux. Son acolyte Bertrand Labévue se tient prêt, un laser à la main, et commence le compte à rebours à partir de 11 (le nombre favori de Schopenhauer, son idole) et, lorsqu'il arrive à 0, Lagaffe et le rayon laser partent en flèche. Qu'observe Labévue ? Eh bien, à chaque heure écoulée, Labévue voit que la lumière a parcouru 1 080 millions de kilomètres tandis que Lagaffe n'en a parcouru que 800 millions. Labévue en conclut donc que la lumière s'éloigne de Lagaffe à la vitesse de 280 millions de kilomètres à l'heure. Invitons maintenant Newton à entrer en scène. Ses idées stipulent que les observations de Labévue sur l'espace et le temps sont absolues et universelles en ce sens que quiconque ferait les mêmes mesures obtiendrait le même résultat. Pour Newton, ces faits concernant l'espace et le temps sont aussi objectifs que deux et deux font quatre. Donc, si l'on en croit Newton, Lagaffe devrait être en accord avec Labévue et signaler que le rayon lumineux s'éloigne de lui à la vitesse de 280 millions de kilomètres à l'heure.

Mais, à son retour, Lagaffe n'est pas du tout d'accord. En fait, tout dépité, il rapporte que, quoi qu'il ait pu faire — même en poussant son skate au maximum de ses limites —, il voyait toujours le rayon lumineux le distancer à la vitesse de 1 080 millions de kilomètres à l'heure, et pas un de moins[3]. Et si pour une raison ou pour une autre vous ne faites pas confiance aux dires de Lagaffe, gardez en tête que des milliers d'expériences menées avec soin ont été effectuées durant les cent dernières années, qui ont toutes mesuré la vitesse de la lumière avec des sources et des observateurs en mouvement et qui ont toutes confirmé ces observations avec précision.

Comment est-ce possible ?

Einstein s'est posé la question et la réponse qu'il a obtenue est la suite logique, et néanmoins profonde, de l'exposé que nous avons fait jusqu'ici. Les mesures de distances et de temps effectuées par Lagaffe, les données qu'il utilise pour déduire la vitesse à laquelle la lumière s'éloigne de lui doivent être différentes des mesures de Labévue. Réfléchissons : puisque la vitesse n'est autre que la distance divisée par le temps, il n'y a aucune autre manière pour Lagaffe de trouver, pour la vitesse à laquelle la lumière le dépasse, une réponse différente de celle de Labévue. Donc, en déduisit Einstein, les idées newtoniennes de l'espace et du temps absolus étaient incorrectes. Einstein comprit que des observateurs en mouvement les uns par rapport aux autres, comme Lagaffe et Labévue, ne trouvent pas les mêmes mesures de distance et de temps. Les données expérimentales sur la vitesse de la lumière ne peuvent être expliquées que si leurs perceptions de l'espace et du temps sont différentes.

Subtil mais pas cruel

La relativité de l'espace et du temps est une conclusion étonnante. J'ai beau la connaître depuis plus de vingt-cinq ans, lorsque je prends le temps d'y réfléchir, je suis toujours émerveillé. En partant du fait que la vitesse de la lumière est une constante, on en déduit que *l'espace et le temps dépendent du regard de l'observateur*. Chacun de nous a sa propre horloge, sa propre manière de voir passer le temps.

Chaque horloge est tout aussi précise qu'une autre, et pourtant, lorsque deux observateurs se déplacent l'un par rapport à l'autre, leurs horloges ne sont pas en accord. Elles ne sont plus synchronisées : elles mesurent des durées différentes entre deux mêmes événements. Il en va de même pour la distance : chacun de nous possède son propre mètre étalon, sa propre manière de mesurer les distances. Chaque mètre est tout aussi précis qu'un autre, mais, lorsque l'un se déplace par rapport à l'autre, ils ne sont pas en accord : ils mesurent des distances différentes entre les deux positions de deux événements donnés. Si l'espace et le temps ne se comportaient pas de la sorte, la vitesse de la lumière ne serait pas constante mais dépendrait au contraire du mouvement de l'observateur considéré. Mais sa vitesse *est* constante ; l'espace et le temps se comportent bel et bien de cette manière. L'espace et le temps s'ajustent de manière équilibrée si bien que les observations donnent toujours le même résultat pour la vitesse de la lumière, quelle que soit celle de l'observateur.

Les détails quantitatifs des différences de mesure d'espace et de temps sont plus compliqués, mais ne nécessitent, pour les comprendre, guère plus que l'algèbre du lycée. Ce n'est pas la complexité des mathématiques qui fait que la relativité restreinte d'Einstein est un véritable défi. C'est le fait que ses idées sont si éloignées et si incompatibles, en apparence, avec notre expérience de tous les jours. Mais une fois qu'Einstein avait trouvé l'idée principale (la nécessité de se libérer du point de vue newtonien sur l'espace et le temps, vieux de plus de deux siècles), il n'était pas difficile de régler les détails. Il sut montrer précisément comment les mesures de distance et de temps d'un observateur devaient différer de celles d'un autre de façon à garantir que chacun des deux mesure la même valeur de la vitesse de la lumière[4].

Pour mieux comprendre la découverte d'Einstein, imaginons que Lagaffe, le cœur lourd, ait bricolé son skateboard pour le débarrasser de son dispositif révolutionnaire et que celui-ci ne puisse maintenant dépasser la vitesse de 100 kilomètres à l'heure. S'il se dirige vers le nord à cette vitesse (tout en chantonnant et en admirant le paysage, bayant aux corneilles à l'occasion), puis qu'il bifurque pour suivre la direction nord-est, sa vitesse dans la direction du nord sera alors *inférieure* à 100 kilomètres à l'heure. La raison en est simple : au départ, toute la vitesse était utilisée pour avancer vers le nord, mais, lorsqu'il change de cap, une partie de cette vitesse sert alors pour le mouvement vers l'est, laissant moins de vitesse pour le mouvement vers le nord. Cette idée toute simple nous permet à elle seule de saisir l'idée-clé de la relativité restreinte. Voici comment.

Nous sommes habitués au fait que les objets peuvent se déplacer dans l'espace, mais il existe un autre type de mouvement, tout aussi important : les objets se déplacent également dans le temps. À chaque instant, la montre à mon poignet et l'horloge sur le mur égrènent les secondes en faisant tic-tac, et cela indique que tout autour de nous, y compris nous-mêmes, se déplace constamment dans le temps, passant sans relâche d'une seconde à la suivante. Newton pensait que le mouvement dans le temps était complètement distinct du mouvement dans l'espace ; il pensait que ces deux types de mouvement n'avaient rien en commun. Mais Einstein a découvert qu'ils sont intimement liés. En fait, *la* découverte révolutionnaire de la relativité restreinte est la suivante : lorsque nous regardons quelque chose comme une voiture à l'arrêt, c'est-à-dire stationnaire de notre point de vue — j'entends par là immobile dans l'espace — *tout* son mouvement se fait dans le temps. La voiture, son conducteur, la rue, nous, nos vêtements, tout cela se déplace dans le temps avec une synchronisation parfaite : seconde après seconde, avec un tic-tac uniforme. Mais si la voiture démarre et s'éloigne, une partie de son mouvement dans le temps est alors utilisée pour son mouvement dans l'espace. Et de même que la vitesse de Lagaffe dans la direction du nord est diminuée lorsqu'il dévie une partie de son mouvement vers l'est, la vitesse de la voiture dans le *temps* est diminuée lorsqu'elle dévie une partie de son mouvement dans l'*espace*. Cela signifie que la progression de la voiture dans le temps est ralentie et donc que *le temps s'écoule plus lentement pour la voiture et son conducteur lancés à toute vitesse, que pour l'observateur et tout ce qui reste stationnaire autour de lui.*

Voilà en quelques mots ce qu'est la relativité restreinte. En fait, on peut s'offrir un peu plus de précision et pousser la description un cran plus loin. Après son bricolage, Lagaffe ne pouvait plus dépasser la limite de 100 kilomètres à l'heure. Et c'est important, car s'il avait pu aller plus vite après avoir dévié vers l'est il aurait pu compenser la distribution de vitesse et maintenir la vitesse vers le nord à la même valeur qu'avant. Mais avec son bricolage, même en poussant le moteur à son maximum, la vitesse totale du skateboard (la combinaison de sa vitesse vers le nord et de sa vitesse vers l'est) reste fixée à un maximum de 100 kilomètres à l'heure. Et donc, lorsqu'il dévie un peu son mouvement vers l'est, cela crée nécessairement une diminution de la vitesse vers le nord.

La relativité restreinte exprime une loi du même acabit pour tous les mouvements : *pour n'importe quel objet, la vitesse combinée de son mouvement dans l'espace et de son mouvement dans le temps est toujours précisément égale à la vitesse de la lumière.* À première vue, nous serions enclins à rejeter cette déclaration puisque nous savons tous que la lumière est la seule à pouvoir cheminer à cette vitesse. *Mais cette affirmation familière ne concerne que le mouvement dans l'espace.* Nous parlons maintenant de quelque chose qui est bel et bien en rapport avec cela, mais qui est toutefois beaucoup plus riche : il s'agit du mouvement combiné dans l'espace *et* dans le temps. Le fait capital qu'a découvert Einstein, c'est que ces deux types de mouvement sont toujours complémentaires. Lorsque la voiture initialement à l'arrêt démarre et s'éloigne à toute vitesse, ce qui se passe réellement, c'est qu'une partie de son mouvement dans le temps à la vitesse de la lumière est déviée en mouvement dans l'espace, *laissant inchangée la vitesse totale.* Cette déviation implique irréfutablement que le mouvement de la voiture dans le temps est ralenti.

En guise d'exemple, si Labévue avait pu surveiller la montre de Lagaffe lorsqu'il fusait à 800 millions de kilomètres à l'heure, il aurait vu que le rythme de son tic-tac valait environ les deux tiers de celui de sa propre montre. Pour trois heures écoulées sur la montre de Labévue, il aurait vu seulement deux heures écoulées sur celle de Lagaffe. Son mouvement à grande vitesse dans l'espace aurait occasionné une diminution importante de la vitesse de son mouvement dans le temps.

En outre, la vitesse maximale dans l'espace n'est atteinte que lorsque tout le mouvement dans le temps à la vitesse de la lumière est dévié en mouvement dans l'espace à cette même vitesse (voilà une manière de se convaincre qu'il est impossible de dépasser la vitesse de la lumière dans l'espace). La lumière, qui chemine toujours à la vitesse de la lumière dans l'espace, représente un cas particulier puisque son mouvement se fait toujours uniquement dans l'espace. Et, de même qu'obliquer complètement vers l'est ne laisse plus de vitesse pour aller vers le nord, le mouvement à la vitesse de la lumière dans l'espace ne permet pas d'évoluer dans le temps! Le temps s'arrête lorsqu'on voyage dans l'espace à la vitesse de la lumière. L'horloge d'une particule de lumière n'émet aucun tic-tac. La lumière réalise le rêve de l'explorateur Ponce de León, qui crut trouver la fontaine de Jouvence, et de tous les fabricants de cosmétiques : elle ne vieillit pas[5].

Cela apparaît clairement : les effets de la relativité restreinte sont d'autant plus prononcés que la vitesse (dans l'espace) est une fraction plus élevée de la vitesse de la lumière. Mais cette complémentarité si peu familière entre le mouvement dans le temps et dans l'espace est toujours vraie. Plus la vitesse est basse, plus faible est l'écart avec la physique non relativiste (disons celle du sens commun), mais une chose est sûre : aussi ténu soit-il, l'écart existe néanmoins.

Vraiment. Il ne s'agit pas d'une manière habile de présenter les choses, ni d'un tour de passe-passe, ni d'une quelconque illusion psychologique. C'est *vraiment* comme ça que l'Univers fonctionne.

En 1971, Joseph Hafele et Richard Keating ont embarqué des horloges atomiques au césium de la plus haute précision à bord de vols commerciaux de la compagnie aérienne Pan Am. Lorsqu'ils ont comparé les horloges ayant fait le tour du monde en avion avec leurs analogues restées au sol, ils ont vérifié qu'il s'était écoulé moins de temps sur les horloges en mouvement. La différence était certes minuscule (quelques centaines de milliardièmes de seconde), mais elle était néanmoins en accord avec les découvertes d'Einstein. On peut difficilement faire plus pragmatique.

En 1908, la nouvelle commença à se répandre que de nouvelles expériences, plus précises que les précédentes, avaient découvert des preuves de l'existence de l'éther[6]. Et, si elles se révélaient exactes, alors cela signifierait qu'il existe bel et bien un référentiel absolu au repos et que la relativité restreinte d'Einstein est fausse. Ayant eu vent de cette rumeur, Einstein aurait répliqué : « Notre Seigneur est subtil, mais Il n'est pas cruel. » Scruter au fin fond des rouages de notre Univers pour en tirer des indices sur l'espace et le temps représentait un défi de taille, que personne n'a su relever avant Einstein. Mais laisser la possibilité à une théorie aussi belle et aussi déroutante d'exister, sans qu'elle ait pourtant quoi que ce soit à voir avec l'Univers, voilà qui serait cruel. Einstein ne voulut rien savoir ; il ignora ces nouvelles expériences. Sa persévérance fut récompensée : les expériences se révélèrent fausses, et l'éther luminifère s'évapora définitivement du discours scientifique.

Et le seau, alors ?

Pour la lumière, tout est bien qui finit bien : la théorie et l'expérience s'accordent sur le fait que les ondes lumineuses n'ont besoin d'aucun milieu que ce soit pour se propager, et sur le fait que leur vitesse reste fixe et invariable, quel que soit le mouvement de la source ou de l'observateur. Tous les points de vue différents sont sur un même pied d'égalité. Il n'y a pas de référentiel de repos absolu ou privilégié. Fantastique! Et le seau, dans tout cela?

Souvenons-nous: bien que beaucoup aient considéré l'éther comme la substance physique qui assurait sa crédibilité à l'espace absolu de Newton, celui-ci n'avait rien à voir avec la *raison* pour laquelle Newton avait introduit l'espace absolu. Au contraire, après s'être débattu avec le mouvement accéléré — dont le seau en rotation est un exemple —, Newton n'a trouvé d'autre solution que d'invoquer un invisible « quelque chose » par rapport auquel on pourrait définir tout mouvement sans ambiguïté. Se tirer d'affaire avec l'éther ne nous avançait pas plus pour l'histoire du seau... Alors comment Einstein, avec sa théorie de la relativité restreinte, aborde-t-il le problème?

Eh bien, pour tout dire, avec la relativité restreinte, le principal objectif d'Einstein concernait un type de mouvement bien particulier: le mouvement à vitesse constante. Ce n'est qu'en 1915, quelque dix ans plus tard, qu'avec sa théorie de la relativité générale il vint à bout du mouvement accéléré. Malgré cela, Einstein et d'autres étudièrent à maintes reprises la question du mouvement de rotation dans le cadre de la relativité restreinte. Comme Newton, et contrairement à Mach, ils conclurent que même dans un espace complètement vide on devrait sentir l'effet centrifuge de la rotation sur soi — Gaston serait pressé contre la paroi du seau en rotation; la corde reliant les deux pierres serait tendue[7]. Après avoir détrôné l'espace et le temps absolus de Newton, comment Einstein parvenait-il à expliquer cela?

La réponse est surprenante. Contrairement à ce que son nom indique, la théorie d'Einstein ne stipule pas que *tout* est relatif. Certes, la relativité restreinte affirme que *certaines* choses sont relatives:

les vitesses, les distances spatiales, les intervalles de temps. Mais la théorie introduit un nouveau concept majestueusement absolu : l'*espace-temps*. L'espace-temps absolu est aussi absolu en relativité restreinte que l'espace et le temps l'étaient pour Newton. Pour cette raison, Einstein ne proposa pas de baptiser sa théorie « théorie de la relativité », car il n'appréciait pas cette dénomination, mais lui et d'autres physiciens proposèrent plutôt qu'on l'appelle « théorie de l'*invariance* », soulignant par là le fait que le cœur même de cette théorie fait intervenir quelque chose qui fait l'unanimité, quelque chose qui n'est *pas* relatif[8].

L'espace-temps absolu est le prochain acte dans la saga du seau car, même dénué de toute référence matérielle par rapport à laquelle on pourrait définir le mouvement, l'espace-temps absolu de la relativité restreinte est un « quelque chose » par rapport auquel on peut dire des objets qu'ils sont accélérés.

Inscrit dans l'espace et dans le temps

Pour voir cela, imaginons que Wallace et Gromit, cherchant à passer de bons moments ensemble, s'inscrivent à un cours du soir en urbanisme et rénovations urbaines. Le premier travail qui leur est demandé consiste à redéfinir le plan des rues de la ville avec les deux contraintes suivantes : premièrement, le plan des rues et des avenues doit être pensé de telle sorte que le monument pour l'Essor du nucléaire soit situé exactement au centre, à l'intersection entre la 5e rue et la Ve avenue. Deuxièmement, les rues devront faire cent mètres de long, de même que les avenues, qui seront perpendiculaires aux rues. En attendant le début du cours, Wallace et

Gromit comparent leurs plans et découvrent un gros problème. Après avoir configuré son plan en sorte que le monument soit bien au centre, Wallace trouve le supermarché à l'intersection de la 8e rue et de la Ve avenue, et la centrale nucléaire à l'angle de la 3e rue et de la Ve avenue, comme sur la figure 3.2a. Mais, sur le plan de Gromit, les adresses sont complètement différentes : le supermarché se trouve à l'angle de la 7e rue et de la IIIe avenue, et la centrale à l'angle de la 4e rue et de la VIIe avenue, comme sur la figure 3.2b. Manifestement, l'un des deux a commis une erreur.

Cependant, après réflexion, Gromit comprend ce qui se passe. Il n'y a pas d'erreur : tous deux ont raison. Wallace et lui ont simplement choisi des orientations différentes pour leurs plans des rues. Le quadrillage des rues et des avenues de Wallace est tourné d'un certain angle par rapport à celui de Gromit ; ils ont conçu le quadrillage des rues de la ville de deux manières différentes (voir la figure 3.2c). La leçon est simple et néanmoins importante : il existe une certaine liberté dans la manière dont on peut faire le quadrillage de la ville (ou de toute région de l'espace) en rues et avenues perpendiculaires. Il n'y a ni rues ni avenues « absolues ». L'orientation choisie par Wallace est tout aussi valable que celle de Gromit ou que n'importe quelle autre.

Gardons cette idée en tête : nous allons maintenant introduire le temps dans le tableau. Nous sommes habitués à considérer l'espace comme la scène des événements de l'Univers, mais les phénomènes physiques ont lieu dans une certaine région de l'espace *durant un certain intervalle de temps*. Par exemple, imaginons que Quicke et Flüpke se battent en duel. Comme l'illustre la figure 3.3a, les événements sont reproduits un instant après l'autre, comme

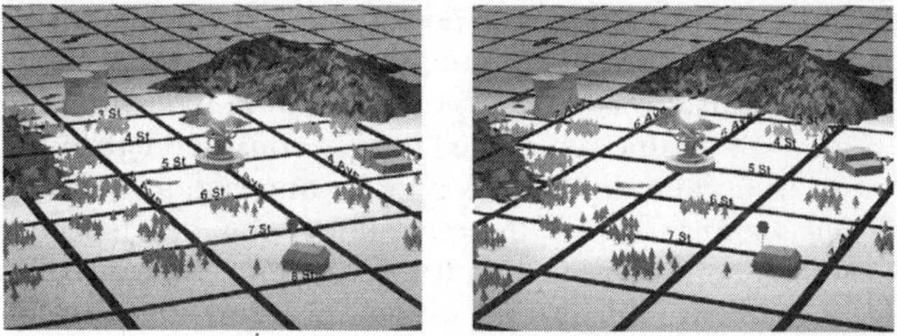

(a) (b)

Figure 3.2 (a) Le plan des rues de Wallace. (b) Le plan des rues de Gromit.

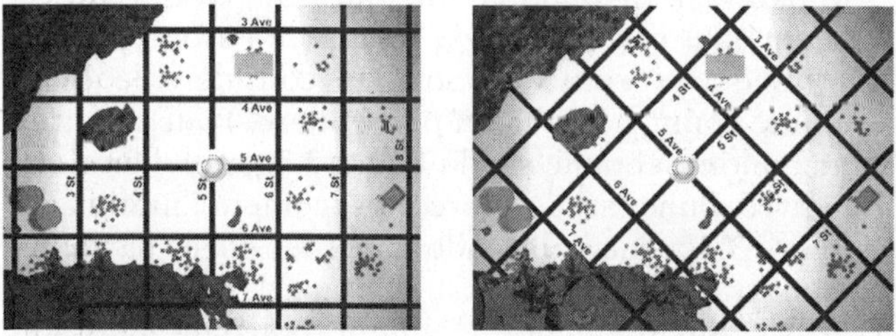

Figure 3.2 (c) Vue aérienne du plan des rues de Wallace et de Gromit. Les deux plans diffèrent par une rotation.

dans les livres animés que l'on trouvait autrefois. Chaque page est une « tranche de temps » (comme chaque cliché sur la pellicule d'un film) qui montre ce qui a eu lieu dans une certaine région de l'espace à l'instant considéré. Pour voir ce qui a eu lieu à un autre instant, on passe à une autre page*. (Bien évi-

* Tout comme les pages des livres animés, les pages représentées sur la figure 3.3 ne montrent que certains instants. Cela soulève l'intéressante question de savoir si le temps est discret ou infiniment divisible. Nous reviendrons plus tard à cette question, et, pour le moment, supposons

demment, l'espace est tridimensionnel alors que les pages du livre n'ont que deux dimensions, mais nous choisirons ce cas plus simple, qui facilite aussi bien la visualisation que la représentation.) La terminologie veut qu'une région de l'espace considérée durant un intervalle de temps s'appelle une région de l'*espace-temps* ; on peut imaginer une région de l'espace-temps comme regroupant tout ce qui se déroule en un certain endroit de l'espace pendant un certain intervalle de temps.

Cela étant, adoptons les idées de celui qui fut le professeur de mathématiques d'Einstein, Hermann Minkowski (il qualifia un jour son élève de fainéant !), et considérons la région de l'espace-temps comme une entité en soi : on considère le livre animé comme un objet à part entière. Pour ce faire, imaginons, comme sur la figure 3.3b, que l'on dote le livre d'une large reliure puis, comme l'indique la figure 3.3c, que l'on rende toutes les pages parfaitement transparentes. Ainsi, en regardant le livre, on ne verrait qu'un bloc continu contenant tous les événements qui ont lieu pendant l'intervalle de temps considéré. De ce point de vue, les pages ne devraient être envisagées que comme un moyen commode d'organiser le contenu du livre — c'est-à-dire d'organiser les événements dans l'espace-temps. Le quadrillage des rues et des avenues permet de trouver facilement un lieu dans la ville grâce à son adresse donnée par le numéro de la rue et de l'avenue. De la même manière, la division du bloc d'espace-temps en pages nous permet de trouver facilement un événement donné (Quicke tire au

---

que le temps est infiniment divisible si bien que notre livre animé devrait contenir une infinité de pages entre chacune de celles qui sont représentées.

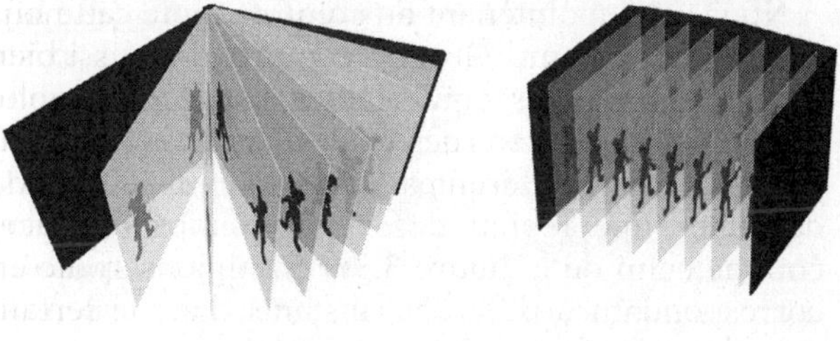

(a) (b)

Figure 3.3 (a) Le livre animé d'un duel. (b) Le livre animé pourvu d'une large reliure.

Figure 3.3 (c) Le bloc d'espace-temps du duel. Les pages, qui sont des « tranches instantanées », organisent les événements du bloc. L'écart laissé entre les différentes tranches a pour seul but d'en simplifier la lecture ; il n'implique pas que le temps est discret, question que nous aborderons plus tard.

pistolet, Flüpke est touché par la balle, et ainsi de suite) en précisant l'instant auquel a eu lieu l'événement (le numéro de la page correspondante) et sa position dans la région de l'espace représentée sur les pages.

Nous voici maintenant au cœur de toute cette histoire : tout comme Gromit comprend qu'il existe plusieurs manières équivalentes de découper une région de l'espace en rues et avenues, Einstein comprit qu'il existe différentes manières équivalentes de découper une région de l'espace-temps (un bloc comme celui de la figure 3.3c) en régions spatiales correspondant à différents instants dans le temps. *Les pages des figures 3.3a, b et c* (chaque page correspondant à un moment dans le temps) *représentent une manière parmi tant d'autres de réaliser ce découpage.* On pourrait penser que ce n'est qu'une simple généralisation de ce que l'on sait intuitivement au sujet de l'espace, mais c'est en fait le point de départ d'un bouleversement total de nos intuitions les plus élémentaires, vieilles de plusieurs milliers d'années. Jusqu'en 1905, on pensait que tout le monde subissait l'écoulement du temps de la même manière ; et que tout le monde s'accorderait pour dire que tels et tels événements ont lieu en même temps ; et que tout le monde serait donc d'accord sur le contenu de chaque page du livre animé d'espace-temps. Mais lorsque Einstein comprit que, pour deux observateurs en mouvement relatif, le tic-tac de l'horloge s'écoule différemment, tout cela fut transformé. Les horloges en mouvement relatif ne sont plus synchronisées et leur notion de simultanéité est donc différente. Chaque page de la figure 3.3c n'est que le point de vue d'un certain observateur sur les événements ayant lieu dans l'espace, à un instant donné sur *sa* montre. Un autre observateur, se déplaçant par rapport au premier, dirait des événements sur une de ces pages qu'ils n'ont *pas* tous lieu au même instant.

Voilà ce que l'on appelle la *relativité de la simul-*

tanéité, et nous pouvons la mettre en évidence de manière directe. Imaginons maintenant Quicke et Flüpke, pistolets en main, l'un en face de l'autre à chaque extrémité d'un long wagon en mouvement sur ses rails, avec un arbitre dans le train, et un autre officiant depuis le quai. Afin que le duel soit le plus équitable possible, tout les protagonistes conviennent de laisser de côté la règle des trois pas et proposent que les duettistes dégainent après l'explosion d'un petit tas de poudre disposé à mi-distance entre eux. Dupont, le premier arbitre, allume la mèche, boit une bonne gorgée de Ouiskoui à la citrouille et fait un pas en arrière. Le tas de poudre explose, Quicke et Flüpke dégainent et tirent. Tous deux étant à la même distance du tas de poudre, Dupont est donc certain que la lumière de l'explosion atteint les deux duettistes simultanément : il brandit le drapeau vert pour déclarer le tir équitable. Mais Dupond, le deuxième arbitre, celui qui a observé la scène depuis le quai, crie au scandale et affirme que Quicke a reçu le signal lumineux de l'explosion avant Flüpke. Il explique que, de par le mouvement du train, Quicke allait à la rencontre du signal lumineux tandis que Flüpke s'en éloignait. Et cela implique que la lumière avait moins de chemin à parcourir pour atteindre Quicke qui allait à sa rencontre que pour atteindre Flüpke qui, lui, s'en éloignait. Or la vitesse de la lumière est toujours constante, qu'elle parte vers la gauche ou vers la droite, et ce du point de vue de n'importe quel observateur. Dupond affirme donc qu'il a fallu plus de temps au signal lumineux pour atteindre Flüpke que pour atteindre Quicke, puisque la lumière avait plus de chemin à parcourir, ce qui rend le duel injuste.

Qui a raison ? Dupont ou Dupond ? La réponse

inattendue qu'apporta Einstein est qu'ils ont tous les deux raison. Bien que les conclusions de nos deux arbitres soient différentes, les observations et le raisonnement de chacun d'eux sont irréprochables. Tout comme la raquette et la balle, ils ont simplement des points de vue différents sur une même succession d'événements. La grande surprise dans les révélations d'Einstein, c'est que des points de vue différents mènent à des conclusions différentes mais tout aussi valables quant à savoir quels événements ont eu lieu simultanément. Bien sûr, à la vitesse des trains que l'on connaît, la différence est minime (Dupond dirait que Quicke a reçu le signal lumineux moins d'un millième de milliardième de seconde avant Flüpke), mais si le train allait beaucoup plus vite, disons à une vitesse proche de celle de la lumière, alors l'écart de temps serait important.

Réfléchissons à ce que cela signifie pour les pages du livre animé qui découpent une région de l'espace-temps. Puisque des observateurs en mouvement relatif ne peuvent se mettre d'accord sur la simultanéité des événements, chacun découpera le bloc d'espace-temps (en pages contenant l'ensemble des événements ayant eu lieu à un instant donné, de son point de vue) de manière différente. En fait, des observateurs en mouvement relatif découperont le bloc d'espace-temps en pages — ou « tranches instantanées » — différentes, chaque découpage étant aussi valable que tous les autres. Ce que Wallace et Gromit ont découvert pour l'espace, Einstein l'a découvert pour l'espace-temps.

De l'orientation des tranches

L'analogie entre le quadrillage rues/avenues et le découpage en tranches instantanées peut être poussée plus loin encore. De même que les plans de Wallace et Gromit différaient par une rotation, les découpages en temps selon Dupont et Dupond, c'est-à-dire la pagination de leur livre animé, diffèrent eux aussi par une rotation, mais celle-ci concerne à la fois le temps et l'espace. C'est ce qu'illustrent les figures 3.4a et 3.4b, sur lesquelles on peut voir que les tranches de Dupond sont tournées par rapport à celles de Dupont, ce qui le mène à la conclusion que le duel n'était pas équitable. La différence importante entre ces deux exemples est que l'angle entre les plans de Wallace et Gromit n'était dû qu'à un

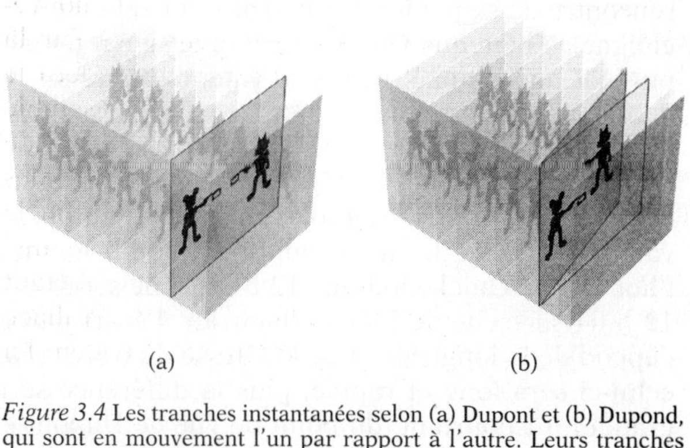

(a) (b)

Figure 3.4 Les tranches instantanées selon (a) Dupont et (b) Dupond, qui sont en mouvement l'un par rapport à l'autre. Leurs tranches instantanées diffèrent par une rotation dans l'espace et dans le temps. Selon Dupont, installé dans le train, le duel est équitable ; selon Dupond, resté sur le quai, le duel ne l'est pas. Les deux points de vue sont tout aussi valables l'un que l'autre. À la figure (b), on remarque l'angle d'inclinaison des tranches dans l'espace-temps.

choix de représentation, tandis que l'angle entre les découpages de Dupont et Dupond est déterminé par leur vitesse relative. Et il est facile de comprendre pourquoi.

Imaginons que Quicke et Flüpke soient réconciliés. Plutôt que de tenter de s'occire, ils veulent simplement vérifier que les horloges situées à l'avant et à l'arrière du train sont bien synchronisées. Puisqu'ils sont toujours situés à égale distance du tas de poudre, ils élaborent le plan suivant. Ils se mettent d'accord pour régler chacun leur horloge à midi à l'instant où ils verront le signal lumineux provenant de l'explosion de la poudre. De leur point de vue, pour atteindre chacun d'eux, la lumière a la même distance à parcourir et, puisque sa vitesse est une constante, elle devrait les atteindre au même instant. Mais, par le même raisonnement que précédemment, Dupond et quiconque observerait la scène depuis le quai de la gare dirait que Quicke va à la rencontre du signal lumineux tandis que Flüpke s'en éloigne, si bien que Quicke recevra le signal un peu plus tôt que Flüpke. Les observateurs restés sur le quai concluraient donc que Quicke a réglé son horloge à midi *avant* Flüpke. Ils affirmeraient donc que l'horloge de Quicke est légèrement en avance sur celle de Flüpke. Par exemple, aux yeux d'un observateur resté sur le quai comme Dupond, lorsque l'horloge de Quicke indique 12 h 06, il ne serait que 12 h 04 sur celle de Flüpke (bien sûr, l'écart précis dépend de la longueur et de la vitesse du train ; plus celui-ci sera long et rapide, plus la différence sera grande). Et pourtant, du point de vue de Dupont et de tout autre observateur à bord du train, Quicke et Flüpke ont réalisé une synchronisation parfaite. Ici encore, bien que ce soit dur à avaler, il n'y a pas de paradoxe : *des observateurs en mouvement relatif ne s'accordent pas sur la simultanéité des événements — ils ne sont pas d'accord sur le fait de savoir quels événements ont eu lieu en même temps.*

Cela signifie qu'une page du livre animé vue par un observateur à bord du train, contenant les événements qu'il considère simultanés (comme celui où Quicke et Flüpke règlent chacun leur horloge), contient des événements qui occupent des pages *différentes* du point de vue d'un observateur resté en gare (aux yeux de l'observateur sur le quai, Quicke a réglé son horloge *avant* Flüpke, si bien que, de son point de vue, ces deux événements occupent deux pages différentes). Nous y voilà : une seule page du point de vue des observateurs dans le train contient des événements appartenant à des pages précédentes ou suivantes du point de vue des observateurs en gare. Voilà pourquoi, sur la figure 3.4, les découpages de Dupont et Dupond sont tournés l'un par rapport à l'autre : ce qui n'est qu'une seule tranche de temps du point de vue du premier traverse plusieurs tranches de temps du point de vue du second.

Si la conception de l'espace absolu et du temps absolu selon Newton était exacte, tous les observateurs adopteraient un même découpage de l'espace-temps. Chaque tranche représenterait l'espace absolu tel qu'il apparaîtrait à un instant du temps absolu. Toutefois, ce n'est pas ainsi que fonctionne notre monde ; et le passage du temps rigide de Newton à la flexibilité découverte par Einstein nous suggère de modifier notre métaphore. Plutôt que d'envisager l'espace-temps comme un livre animé rigide, il pourra être utile, à l'occasion, de l'imaginer comme une gigantesque miche de pain frais. Plutôt que les pages fixes d'un livre (des tranches fixes, à la Newton), imaginons tous les angles différents selon lesquels une miche de pain peut être découpée en tranches parallèles, comme sur la figure 3.5a. Chaque morceau de pain représente l'espace à un moment donné, du point de vue d'un observateur donné. Mais, comme l'illustre la figure 3.5b, un autre observateur, en mouvement par rapport au premier, découpera la miche d'espace-temps selon un angle différent. Plus la vitesse relative entre les deux observateurs sera élevée, plus l'angle relatif entre leur découpage en tranches parallèles sera important (comme expliqué dans les notes de fin[9], la limite que pose la vitesse de la lumière se traduit par un angle maximum de 45°) et plus la différence entre des événements dont chacun dira qu'ils ont eu lieu en même temps sera frappante.

Le seau en relativité restreinte

La relativité de l'espace et du temps nécessite que l'on révise complètement notre manière de penser. Cela étant, un point important, mentionné plus haut et maintenant illustré par l'analogie de la miche de pain, est souvent perdu en cours de route : en *relativité, tout n'est pas relatif*. Même si deux personnes imaginaient deux manières différentes de découper le pain en tranches parallèles, elles seraient néanmoins en accord sur une chose : la miche de pain dans son ensemble. Même si le découpage est différent, lorsque chacun rassemble toutes ses tranches, le pain reconstitué sera toujours le même. Comment pourrait-il en être autrement puisqu'on est parti de la même miche de pain ?

De même, l'ensemble de toutes les tranches d'espace à des moments successifs du point de vue d'un observateur donné (voir la figure 3.4) redonne la

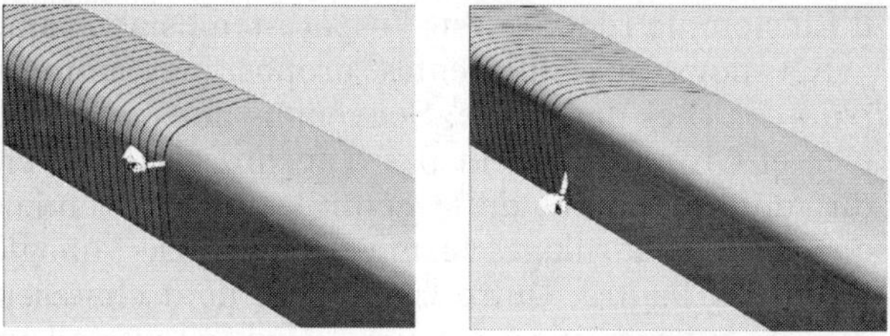

(a) (b)

Figure 3.5 De même qu'une miche de pain peut être découpée en tranches parallèles selon des angles différents, un bloc d'espace-temps peut être découpé par des observateurs en mouvement relatif en « tranches instantanées » selon des angles différents. Plus la vitesse relative est élevée, plus l'angle est élevé (avec un angle maximum de 45° correspondant à la vitesse maximum posée par la vitesse de la lumière).

même région de l'espace-temps. Des observateurs différents découpent une même région de l'espace-temps de manières différentes, mais la région elle-même, tout comme la miche de pain, a une existence intrinsèque. Ainsi, bien que Newton se soit manifestement trompé, son intuition selon laquelle il devait exister quelque chose d'absolu qui mettrait tout le monde d'accord ne fut pas complètement remise en question par la relativité restreinte. L'espace absolu n'existe pas. Le temps absolu n'existe pas. Mais, si l'on en croit la relativité restreinte, l'espace-temps absolu existe. Revenons maintenant à l'expérience du seau en gardant cela en tête.

Dans un univers complètement vide à l'exception de notre seau, par rapport à *quoi* peut-on dire que le seau tourne ? La réponse de Newton était : l'espace absolu. La réponse de Mach était : rien ne permet de donner un sens à l'affirmation que le seau est en rotation. Si l'on en croit la relativité restreinte d'Einstein, la réponse est : l'espace-temps absolu.

Revenons aux différentes propositions pour le plan des rues de la ville. Souvenons-nous que Wallace et Gromit n'étaient pas d'accord sur l'adresse du supermarché et de la centrale nucléaire parce que leurs quadrillages formaient un angle l'un par rapport à l'autre. Outre la manière dont chacun a disposé ses rues et ses avenues, il existe toutefois un certain nombre de choses sur lesquelles Wallace et Gromit restent d'accord en toute circonstance. Par exemple, imaginons que, pour améliorer le rendement pendant la pause déjeuner des ouvriers, on trace le chemin reliant directement la centrale nucléaire au supermarché. Certes, comme on peut le voir sur la figure 3.6, Wallace et Gromit ne seront toujours pas d'accord sur les rues et les avenues que traverse ce chemin. Mais ils seront forcément d'accord sur la *forme* du chemin : tous deux conviendront que c'est une ligne droite. La forme géométrique du chemin tracé est indépendante du quadrillage de rues et d'avenues que l'on choisit d'utiliser.

Einstein comprit quelque chose d'analogue pour l'espace-temps. Bien que deux observateurs en mou-

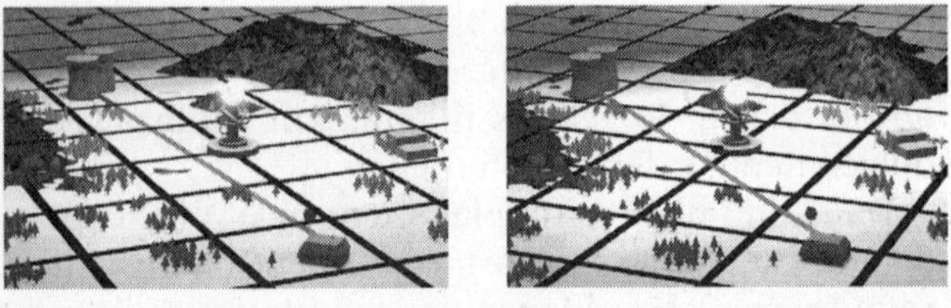

Figure 3.6 Quel que soit le quadrillage rue/avenue utilisé, tout le monde s'accorde sur la forme du chemin qui est, en l'occurrence, une ligne droite.

vement relatif découpent l'espace-temps différemment, ils seront toujours d'accord sur certaines choses. Comme premier exemple, imaginons une ligne droite, non pas dans l'espace, mais dans l'espace-temps. Bien que l'introduction du temps rende ce type de trajectoire moins intuitif, on peut saisir sa signification en y réfléchissant un moment. Pour que la trajectoire d'un objet soit une ligne droite dans l'espace-temps, il ne suffit pas que l'objet considéré se déplace en ligne droite dans l'espace, mais son mouvement doit également être uniforme dans le temps. Autrement dit, sa vitesse et sa direction doivent toutes deux être fixes : il doit donc se déplacer à vitesse constante. Certes, des observateurs différents découpent la miche d'espace-temps selon des angles différents, si bien qu'ils ne s'accorderont jamais sur le temps écoulé ou la distance parcourue entre deux points d'une même trajectoire. Mais, à l'instar de Wallace et Gromit, ces deux observateurs seront toujours d'accord pour dire que la trajectoire d'espace-temps considérée est une ligne droite. De même que la forme géométrique du chemin reliant la centrale nucléaire au supermarché est indépendante du découpage rues/avenues utilisé, la forme géométrique des trajectoires dans l'espace-temps est indépendante du découpage temporel utilisé[10].

Cette remarque, aussi simple soit-elle, se révèle primordiale, car la relativité restreinte fournit ainsi un critère absolu (sur lequel tous les observateurs seront d'accord, quelles que soient leurs vitesses relatives) permettant de décider si oui ou non un objet donné est accéléré. Si la trajectoire d'un objet dans l'espace-temps est une ligne droite, comme celle du cosmonaute (a) qui, sur la figure 3.7, se repose tranquillement, alors celui-ci n'est pas accéléré. Si la trajectoire spatio-temporelle d'un objet

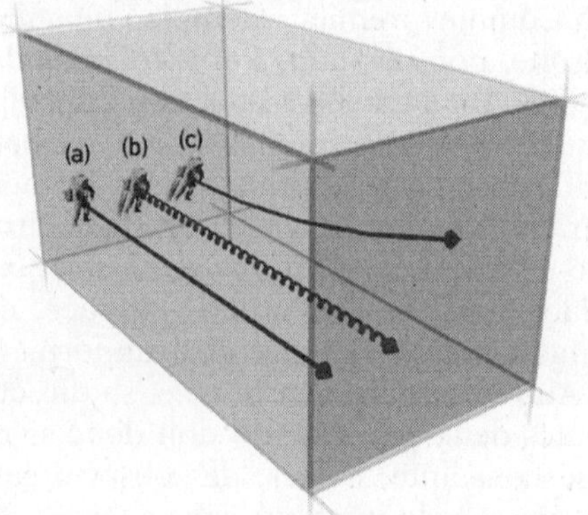

Figure 3.7 Les trajectoires dans l'espace-temps de trois cosmonautes. Le cosmonaute (a) n'accélère pas et suit une ligne droite dans l'espace-temps. La cosmonaute (b) tourne en rond, et sa trajectoire d'espace-temps est donc une hélice. La cosmonaute (c) accélère et se perd dans les profondeurs de l'espace ; elle suit donc une autre trajectoire courbe dans l'espace-temps.

prend n'importe quelle autre forme, alors l'objet est accéléré. Imaginons par exemple une cosmonaute qui allume son propulseur et se balade dans l'espace en tournant toujours sur la même trajectoire circulaire, comme la cosmonaute (b) de la figure 3.7, ou une autre qui fuse dans les profondeurs de l'espace à une vitesse de plus en plus élevée, comme la cosmonaute (c) : leurs trajectoires dans l'espace-temps seront courbes, traduisant ainsi qu'il y a accélération. Ainsi, on apprend que *la forme géométrique des trajectoires dans l'espace-temps offre une référence absolue permettant de déterminer si un objet est accéléré ou non*. C'est l'espace-temps, et non pas l'espace seul, qui fournit la référence.

En ce sens, la relativité restreinte nous indique que l'espace-temps lui-même est l'ultime arbitre du mouvement accéléré. L'espace-temps fournit le décor par rapport auquel on peut dire qu'un objet, comme le seau en rotation, est accéléré, même dans un univers vide de tout autre chose. Avec tout cela, le pendule repart dans l'autre sens : après avoir oscillé de Leibniz le relationniste à Newton l'absolutiste, puis à Mach le relationniste, il revient enfin à Einstein, dont la relativité restreinte montre une fois encore que la scène de la réalité (vue comme espace-temps et non plus comme espace) est bel et bien un « quelque chose » offrant un repère ultime pour définir le mouvement[11].

La gravitation et la question vieille comme le monde

À ce stade, on pourrait croire que l'on est déjà parvenu à la fin de l'histoire du seau, les idées de Mach ayant perdu tout crédit et les mises à jour révolutionnaires par Einstein des concepts d'espace et de temps absolus de Newton ayant remporté tous les suffrages. Et, pourtant, nous n'y sommes pas encore : le mot de la fin est plus subtil et plus intéressant encore. Mais si les idées présentées jusqu'ici sont pour vous toutes nouvelles, peut-être apprécierez-vous de faire une petite pause avant d'attaquer les derniers paragraphes de ce chapitre. Le tableau 3.1 récapitule ce que nous avons vu jusqu'à présent, dans le but de vous aider à vous rafraîchir la mémoire quand vous serez prêt à reprendre votre lecture.

Newton	L'espace est une entité ; le mouvement accéléré n'est pas relatif; position absolutiste.
Leibniz	L'espace n'est pas une entité ; tous les aspects du mouvement sont relatifs ; position relationniste.
Mach	L'espace n'est pas une entité ; le mouvement accéléré est relatif à la distribution de matière dans l'Univers ; position relationniste.
Einstein (relativité restreinte)	L'espace et le temps pris individuellement sont relatifs ; l'espace-temps est une entité absolue.

Tableau 3.1 Résumé des divers points de vue sur la nature de l'espace et de l'espace-temps.

Bon. Si vous lisez ces lignes, j'en déduis que vous êtes maintenant prêt pour la prochaine grande étape de l'histoire de l'espace-temps, qui fut déclenchée en grande partie par… Ernst Mach. Bien que la relativité restreinte, contrairement à la théorie de Mach, arrive à la conclusion que même dans un univers complètement vide de toute autre matière on serait pressé contre la paroi intérieure d'un seau qui tourne sur lui-même (ou que la corde reliant deux cailloux en rotation serait tendue), Einstein resta malgré tout profondément marqué par les idées de Mach. Il comprit toutefois que, pour donner corps à ces idées, il fallait les généraliser de manière significative. Mach ne précisa jamais vraiment par quel mécanisme les étoiles lointaines et les autres objets matériels de l'Univers influaient sur l'intensité de la force que l'on ressent lorsqu'on tourne sur soi ou qu'on se trouve projeté contre la paroi d'un seau en rotation. Einstein commença à suspecter que, s'il existait un tel mécanisme, il aurait certainement quelque chose à voir avec la gravitation.

Cela prenait un sens tout particulier pour Einstein car il ne put mener à bien la relativité restreinte qu'en ignorant complètement la force gravitationnelle. Peut-être, s'interrogea-t-il, une théorie plus robuste, qui engloberait à la fois la relativité et la gravité, pourrait-elle aboutir à une conclusion différente, en accord avec les idées de Mach. Peut-être, supposa-t-il, une généralisation de la relativité restreinte qui inclurait la gravitation montrerait-elle que la matière, qu'elle soit proche ou lointaine, détermine la force que l'on ressent lorsqu'on accélère.

Einstein avait une autre raison, plus importante encore, pour s'intéresser à la gravitation. Il avait compris que la relativité restreinte, dont le cœur était le fait que la vitesse de la lumière est la plus élevée que puisse atteindre n'importe quel objet ou n'importe quelle influence, était en conflit direct avec la loi newtonienne de la gravitation. Or celle-ci était la découverte la plus imposante de Newton, celle qui avait, plus de deux siècles durant, prédit de manière extraordinairement précise le mouvement de la Lune, des planètes, des comètes et de tous les objets qui peuplent les cieux. Malgré l'énorme succès expérimental de la loi de Newton, Einstein réalisa que, si l'on en croit celui-ci, la gravitation exercerait son influence d'un endroit à un autre, du Soleil à la Terre, de la Terre à la Lune, de n'importe où à n'importe où, et ce de manière *instantanée*, sans aucun délai, et donc *beaucoup plus vite que la lumière*. Voilà qui contredisait directement la relativité restreinte.

Pour illustrer cette contradiction, imaginons que

nous ayons passé une soirée profondément déprimante (notre club de foot a perdu, personne ne s'est souvenu de notre anniversaire, quelqu'un a mangé le dernier carré de chocolat) si bien que nous n'aurions qu'une envie, ce serait de passer un peu de temps en solitaire. Alors nous sortons la yole familiale pour un petit moment de détente en mer, sous les étoiles. Avec la Lune au zénith, la marée est haute (c'est l'attraction gravitationnelle de la Lune sur les molécules d'eau qui crée les marées) et le reflet de la Lune danse à la surface de l'eau. Tout à coup, comme si la nuit n'avait pas été assez agaçante comme cela, une bande d'extraterrestres désagréables font valser la Lune et l'envoient à l'autre bout de la galaxie. Certes, sa disparition soudaine serait des plus étonnantes, mais, si la loi newtonienne de la gravitation était exacte, l'incident aurait une conséquence encore plus bizarre. La loi de Newton prédit que la marée commencerait à descendre du fait de la disparition de l'attraction gravitationnelle de la Lune, et ce environ une seconde et demie *avant* que nous n'ayons vu notre satellite disparaître de la voûte céleste. *Un peu comme un coureur qui anticiperait sur le signal du départ, la marée semblerait descendre une seconde et demie trop tôt.*

La raison en est que, si l'on en croit Newton, à l'instant même où la Lune disparaît, son attraction gravitationnelle disparaît *instantanément* à son tour, et, sans l'influence gravitationnelle de notre satellite, les marées commencent immédiatement à baisser. Or il faut à la lumière près d'une seconde et demie pour parcourir les quatre cent mille kilomètres qui séparent la Lune de la Terre, si bien que nous ne remarquerions pas immédiatement sa disparition : pendant une seconde et demie, tout se passerait comme si les marées descendaient malgré sa présence éclatante, tout là-haut dans le ciel. Par conséquent, si l'on en croit Newton, la gravitation pourrait se manifester à nous avant la lumière : la gravité pourrait dépasser la lumière... et cela, Einstein en était convaincu, devait être faux[12].

Ainsi, vers 1907, Einstein était hanté par l'idée de parvenir à formuler une nouvelle théorie de la gravitation au moins aussi précise que celle de Newton, mais qui résoudrait le conflit avec la théorie de la relativité restreinte. Et cela devint pour lui un défi à nul autre pareil. Le génie d'Einstein rencontrait finalement un adversaire à sa hauteur. À cette époque, ses cahiers de notes se couvrirent d'idées à moitié formulées, de tentatives infructueuses dans lesquelles des erreurs minimes conduisaient à de longues errances, et d'exclamations affirmant qu'il avait résolu le problème, rapidement suivies de la déception d'avoir commis une nouvelle erreur. Et finalement, en 1915, Einstein sortit la tête de l'eau. Bien qu'il se soit fait aider à quelques étapes charnières particulièrement difficiles — principalement par le mathématicien Marcel Grossmann —, la découverte de la « relativité générale » fut le fruit de la lutte acharnée et peu commune d'un esprit solitaire décidé à maîtriser les rouages de l'Univers. Le résultat est le plus grand bijou de la physique pré-quantique.

Le voyage d'Einstein jusqu'à la relativité générale commença avec une question essentielle que Newton avait, à contrecœur, laissée de côté deux siècles auparavant : comment la gravitation exerce-t-elle son influence à travers d'immenses étendues d'espace ? Comment le Soleil, situé à une distance aussi énorme de la Terre, parvient-il à conditionner son mouvement ? Le Soleil n'est pas en contact avec la Terre, alors comment est-ce possible ? En résumé, comment la gravité fait-elle son boulot ? Bien que Newton ait découvert une équation décrivant les effets de la gravitation avec une très grande précision, il était tout à fait conscient d'avoir laissé sans réponse la question importante de savoir comment la gravité opère. Dans ses *Principia*, Newton écrit, avec une ironie désabusée : « C'est donc aux Philosophes à voir comment ils pourront expliquer cette loi[13]. » Remarquons qu'il y a une certaine similarité entre ce problème et celui que Faraday et Maxwell ont résolu dans les années 1800 grâce au concept du champ magnétique, concernant la manière dont un aimant exerce son influence sur des objets avec lesquels il n'est pas en contact au sens propre. On pourrait donc proposer une réponse analogue : que la gravité exerce son influence grâce à un autre champ, le champ de gravitation. Et, en gros, c'est cela, la bonne idée. Mettre en œuvre cette proposition de manière telle qu'elle n'entre pas en conflit avec la relativité restreinte est toutefois plus facile à dire qu'à faire...

Et de loin. C'est à cette tâche qu'Einstein se consacra sans relâche et, après une dizaine d'années à tâtonner dans le noir, il parvint à construire une théorie admirable : il détrôna la vénérée théorie de la gravitation de Newton. Ce qui est tout aussi admirable, c'est que la boucle fut bouclée, car la découverte majeure d'Einstein était intimement liée à la question précise qu'avait soulevée Newton avec le seau : quelle est la véritable nature du mouvement accéléré ?

L'équivalence entre gravitation et accélération

En relativité restreinte, Einstein s'intéressait essentiellement à des observateurs en mouvement à vitesse constante — des observateurs qui ne ressentent donc aucun effet dû à leur mouvement et qui peuvent donc tous proclamer en toute légitimité qu'ils sont stationnaires et que c'est le reste du monde qui bouge par rapport à eux. Quicke, Flüpke et Dupont, qui sont à bord du train, ne ressentent pas les effets de leur mouvement. De leur point de vue, c'est Dupond et tous les autres observateurs du quai qui se déplacent. Dupond, quant à lui, ne ressent aucun effet non plus. À ses yeux, c'est le train et ses passagers qui sont en mouvement. Aucun de ces deux points de vue n'est plus valable que l'autre. Mais la différence, dans le cas du mouvement accéléré, provient de ce que nous *sentons* l'accélération. Nous sentons que nous sommes projeté contre notre siège dans une voiture qui accélère rapidement ; nous sentons que nous sommes déporté d'un côté ou de l'autre lorsque nous sommes à bord d'un train qui prend un virage serré ; nous nous sentons collé au plancher d'un ascenseur lorsqu'il accélère dans le sens de la montée...

Néanmoins, les forces que nous ressentons paraissaient très familières à Einstein. À l'approche d'un virage serré, par exemple, nous avons tendance à nous raidir pour équilibrer la force qui va nous déporter, car celle-ci est inévitable. Nous ne pouvons en aucun cas nous prémunir de son influence. La seule manière d'éviter cette force est de changer d'idée et de ne pas prendre le virage. Voilà qui tirait une sonnette d'alarme pour Einstein. Il s'aperçut que c'étaient exactement les mêmes aspects qui caractérisaient la force gravitationnelle. Sur notre planète, nous sommes soumis à l'attraction gravitationnelle de la Terre. Elle est inévitable ; il n'y a pas moyen de s'en affranchir. Nous pouvons nous prémunir des forces électromagnétiques ou nucléaires, mais en aucun cas de la gravitation. Et, un beau jour de 1907, Einstein comprit que ce n'était pas une simple analogie. Dans un de ces éclairs de génie que les scientifiques attendent parfois toute leur vie, Einstein réalisa que la gravitation et le mouvement accéléré étaient les deux faces d'une même médaille.

Tout comme on peut, en modifiant le mouvement prévu (pour ne pas avoir à accélérer), éviter de se retrouver collé à son siège de voiture ou projeté contre la vitre du train, Einstein comprit qu'en modifiant le mouvement de manière appropriée on pouvait également éviter les sensations habituelles liées à l'attraction gravitationnelle. L'idée est magnifiquement simple. Pour la comprendre, imaginons Achille Talon, qui cherche à tout prix à remporter le Grand Défi, une compétition durant un mois entre tous les hommes corpulents de la ville, ayant pour but de récompenser celui qui parviendra à perdre le plus de centimètres de tour de taille. Au bout de deux semaines d'un régime de choc, alors qu'il ne parvient toujours pas à voir ses pieds ni ce qu'indique la balance de sa salle de bains, il perd tout espoir. À tel point que, dans un élan de frustration insoutenable, la balance fixée à ses pieds, il saute de la fenêtre de la salle de bains. Dans sa chute, juste avant de plonger au beau milieu de la piscine de son voisin, Achille Talon jette un coup d'œil au cadran de la balance et… que voit-il ? Eh bien, Einstein fut le premier à comprendre, et à comprendre réellement, qu'Achille Talon verrait le poids indiqué par la balance chuter jusqu'à zéro. La balance tombe exactement au même rythme que lui, si bien que ses pieds n'appuient plus du tout sur le plateau. *En chute libre, Achille Talon ressent la même sensation de légèreté que les cosmonautes en apesanteur dans l'espace.*

En fait, imaginons qu'Achille Talon saute de sa fenêtre dans un grand conduit duquel on aurait préalablement évacué tout l'air. Dans sa chute, non seulement la résistance de l'air serait éliminée, mais, parce que chaque atome de son corps tomberait alors exactement à la même vitesse, toutes les tensions et les pressions habituelles de son corps (de ses pieds sur ses chevilles, de ses jambes sur ses hanches, de ses bras sur ses épaules) seraient elles aussi éliminées[14]. En fermant les yeux pendant sa chute, Achille Talon sentirait exactement la même chose que s'il flottait librement dans les profondeurs de l'espace. (Et, si vous préférez ici encore un exemple qui ne fasse pas intervenir un personnage, disons que la corde reliant deux pierres qu'on aurait lâchées dans le même conduit vidé de son air restera souple, exactement comme si les pierres flottaient dans l'espace.) Ainsi, en changeant son mouvement (en s'« abandonnant » complètement à la gravitation), Achille Talon parvient à simuler un environnement exempt de gravitation. (Notez au passage que la NASA entraîne ses cosmonautes à l'apesanteur en les embarquant à bord d'un 707 modifié surnommé la Comète à vomir, et qui passe périodiquement dans un état de chute libre.)

De même, en modifiant son mouvement de manière appropriée, on peut créer une force qui est essentiellement identique à la gravitation. Par exemple, imaginons Achille Talon, la balance toujours vissée à ses pieds et indiquant toujours un poids nul, se joignant à des cosmonautes qui flottent en apesanteur dans leur navette spatiale. Si la navette allume ses réacteurs et accélère, les choses vont changer radicalement : Achille Talon sera plaqué au plancher de la navette comme on peut l'être au plancher d'un ascenseur accélérant vers le haut. Et, puisque les pieds d'Achille Talon compriment à nouveau le ressort de la balance, celle-ci n'indiquera plus zéro. Si le commandant de bord ajuste les réacteurs avec précision, le poids indiqué par la balance sera exactement celui qu'aurait pu lire Achille Talon dans sa salle de bains, sur Terre. Par une accélération bien choisie, Achille Talon fait maintenant l'expérience d'une force qui est indiscernable de celle de la gravitation.

Il en va de même pour d'autres types de mouvement accéléré. Si Achille Talon rejoint Gaston Lagaffe dans le seau géant en rotation dans l'espace intersidéral, et s'il s'installe selon un angle bien choisi par rapport à Gaston (les pieds et la balance bien calés contre la paroi intérieure du seau), la balance indiquera un poids non nul car ses pieds appuieront dessus. Et si le seau tourne précisément à la bonne vitesse, la balance pourra donner exactement le même poids que dans la salle de bains : l'accélération du seau en rotation peut également simuler la gravitation de la Terre.

Tout cela conduisit Einstein à conclure que les forces ressenties en présence de la gravité et en accélération sont identiques. Elles sont équivalentes. Einstein baptisa cela « principe d'équivalence ».

Voyons ce qu'il signifie. Présentement, nous sentons l'influence de la gravité. Debout, nous sentons le plancher qui soutient notre poids. Assis, nous sentons ce soutien ailleurs. Et, à moins que nous ne lisions ces pages en voiture ou en avion, nous pourrions nous penser stationnaire (nous n'accélérons pas, voire ne bougeons pas du tout). Mais en fait, si l'on en croit Einstein, nous sommes en train d'accélérer. Si nous sommes assis sans bouger, cela peut paraître plutôt étrange, mais n'oublions pas de nous poser la question habituelle : accélérer, mais par rapport à quoi ? Accélérer du point de vue de qui ?

Avec la relativité restreinte, Einstein proclama que l'espace-temps représente *le* repère absolu, mais la relativité restreinte ne prend pas en compte la gravitation. Alors, avec le principe d'équivalence, Einstein introduisit un repère plus fiable, incluant les effets de la gravitation. Et cela entraîna un changement de point de vue radical. *Puisque gravitation et accélération sont équivalentes, si l'on ressent l'influence de la gravitation, c'est que l'on accélère.* Einstein dit que seuls les observateurs qui ne ressentent absolument aucune force (force de gravitation incluse) peuvent affirmer qu'ils ne sont pas accélérés. Ce sont ces observateurs libres de toute force qui représentent le véritable point de référence pour le mouvement. Voilà pourquoi notre manière de penser ces choses-là nécessite un changement de cap radical. Lorsque Achille Talon saute par la fenêtre dans le conduit vide, on aurait tendance à dire qu'il accélère vers le bas en direction de la surface de la Terre. Mais cette description n'aurait pas convenu à Einstein. À ses yeux, Achille Talon n'est *pas* accéléré. *Lui* ne ressent aucune force. *Il* ne pèse plus rien. Tout se passe pour *lui* comme s'il flottait dans la vacuité de l'espace. C'est *lui* qui représente la référence par rapport à laquelle on peut comparer tous les différents mouvements. Et en vertu de cette comparaison, si nous sommes tranquillement assis à lire ces lignes, c'est *nous* qui sommes accélérés. Du point de vue d'Achille Talon qui passe en chute libre devant notre fenêtre (et c'est, si l'on en croit Einstein, le point de vue d'une véritable référence pour le mouvement), c'est nous, la Terre et tout ce que nous avons l'habitude de considérer stationnaire qui *accélérons vers le haut*. Einstein aurait dit que c'est la tête de Newton qui allait à la rencontre de la pomme plutôt que l'inverse.

Voilà une manière complètement différente d'envisager le mouvement. Elle prend sa source dans le simple fait que l'on ne sent l'influence de la gravitation que lorsqu'on cherche à lui résister. En revanche, si l'on s'abandonne complètement à la gravitation, alors on ne la sent pas. En supposant que l'on n'est soumis à aucune autre influence (comme la résistance de l'air), si l'on s'abandonne à la gravitation et que l'on se laisse tomber en chute libre, alors tout se passe comme si l'on flottait librement dans l'espace vide — point de vue que, sans hésitation, on considère non accéléré.

En somme, seuls ceux qui flottent librement, qu'ils soient perdus dans les profondeurs de l'espace ou sur le point d'entrer en collision avec la surface de la Terre, peuvent affirmer qu'ils font l'expérience de l'absence d'accélération. Si nous croisions un tel observateur et qu'il y ait une accélération relative entre lui et nous, alors, si l'on en croit Einstein, c'est *nous* qui serions accélérés.

Une chose est sûre, c'est que ni Quicke, ni Flüpke, ni Dupont, ni Dupond n'étaient réellement en droit d'affirmer qu'ils étaient stationnaires pendant le duel, puisque tous subissaient l'attraction de la gravitation. C'est sans conséquence sur l'exposé que nous avons fait, car nous ne nous intéressions alors qu'au mouvement horizontal qui, lui, n'était pas affecté par la gravitation, verticale, s'exerçant sur tous les personnages. Mais le principe est important : le lien que découvrit Einstein entre la gravitation et l'accélération signifie, redisons-le, qu'on ne peut considérer stationnaires que les observateurs qui ne sont soumis à *aucune* force.

Après avoir bâti le lien entre gravitation et accélération, Einstein était fin prêt pour relever le défi lancé par Newton et chercher une explication à la manière dont la gravitation exerce son influence.

Distorsions, courbures et gravitation

Avec la relativité restreinte, Einstein a montré que tous les observateurs découpaient l'espace-temps en tranches parallèles représentant pour eux tout l'espace à des instants successifs dans le temps, avec la subtilité inattendue que les observateurs en mouvement relatif à vitesse constante feront leur découpage selon des angles différents. Si l'un de ces observateurs commençait à accélérer, on devine que les variations instantanées de sa vitesse et/ou de sa direction auraient pour effet de modifier instantanément l'angle et l'orientation de ses tranches. Voilà en gros ce qui se passe. Einstein (à l'aide de concepts géométriques que l'on doit à Carl Friedrich Gauss, Georg Bernhard Riemann et d'autres mathématiciens du XXe siècle) déploya cette idée, en tâtonnant, et montra que les découpes de la miche d'espace-temps selon des angles différents donnent des tranches qui sont *courbes*, mais qui s'ajustent aussi parfaitement que des petites cuillères sur un plateau d'argent, comme l'illustre la figure 3.8. *Un observateur accéléré découpe des tranches spatiales courbes.*

Avec cette idée, Einstein put déduire une conséquence fondamentale du principe d'équivalence. Puisque gravitation et accélération sont équivalentes, Einstein comprit que la gravitation elle-même n'était

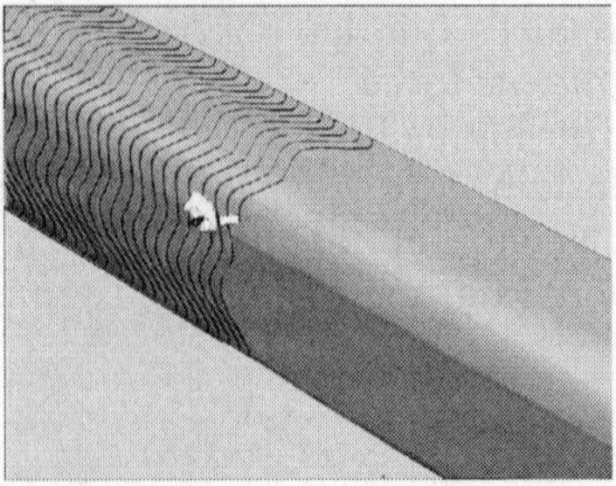

Figure 3.8 Si l'on en croit la relativité générale, non seulement la miche d'espace-temps sera découpée en tranches spatiales instantanées selon des angles différents (par des observateurs en mouvement relatif), mais les tranches elles-mêmes seront courbées ou déformées par la présence de matière ou d'énergie.

autre que distorsions et courbures de la structure de l'espace-temps. Voyons ce que cela signifie.

Si l'on fait rouler une bille sur un parquet bien lisse, elle partira en ligne droite. Mais imaginons que le parquet, suite à une inondation, ait séché en formant toutes sortes de creux et de bosses. Alors la bille ne suivra plus la même trajectoire. Elle sera plutôt guidée de-ci, de-là par les distorsions de la surface du plancher. Einstein appliqua cette idée simple à l'Univers. Il imagina qu'en l'absence de matière ou d'énergie (ni Soleil, ni Terre, ni étoiles) l'espace-temps, à l'instar du parquet bien lisse, n'aurait ni courbes ni bosses. Il serait plat. C'est ce qu'illustre schématiquement la figure 3.9a, dans laquelle on a choisi une tranche spatiale instantanée. Bien sûr, dans la réalité, l'espace est tridimensionnel, si bien que la figure 3.9b serait une représentation plus fidèle, mais les dessins à deux dimensions sont plus faciles à comprendre et nous continuerons

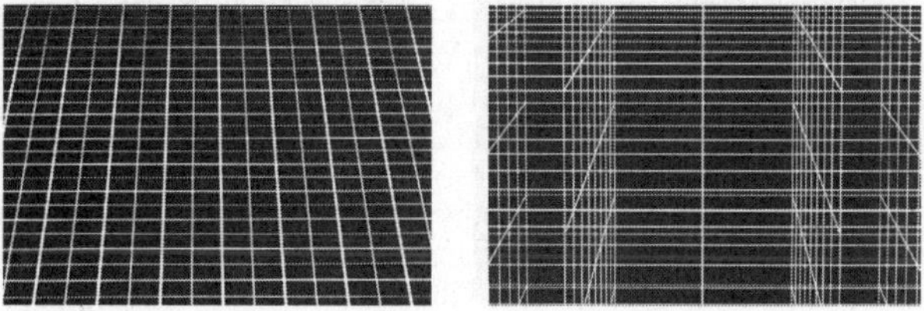

(a) (b)

Figure 3.9 (a) Espace plat (version 2D). (b) Espace plat (version 3D).

de les utiliser. Einstein imagina alors que la présence de matière ou d'énergie aurait sur l'espace un effet semblable à celui de l'inondation sur le parquet. Matière et énergie, comme le Soleil, font que l'espace (et l'espace-temps*) se courbe comme l'illustrent les figures 3.10a et 3.10b[15]. Einstein a montré qu'à l'instar de la bille qui, sur le parquet gondolé, suit une trajectoire courbe, tout objet se déplaçant dans l'espace courbe (par exemple, la Terre en orbite

* Il est plus facile de représenter la courbure de l'espace, mais puisque l'espace est si intimement lié au temps, celui-ci est également courbé par la matière et l'énergie. Et de même que la courbure de l'espace implique que l'espace est distendu ou comprimé, comme sur la figure 3.10, la courbure du temps implique que le temps est lui aussi étiré ou contracté. Autrement dit, des horloges soumises à des attractions gravitationnelles différentes (comme une horloge à la surface du Soleil et une autre au fin fond de l'espace intersidéral) émettront leurs tic-tac à des rythmes différents. En fait, il se trouve que la courbure de l'espace occasionnée par des astres ordinaires comme le Soleil ou la Terre (contrairement à des trous noirs, par exemple) est beaucoup moins prononcée que la courbure qu'ils infligent au temps.

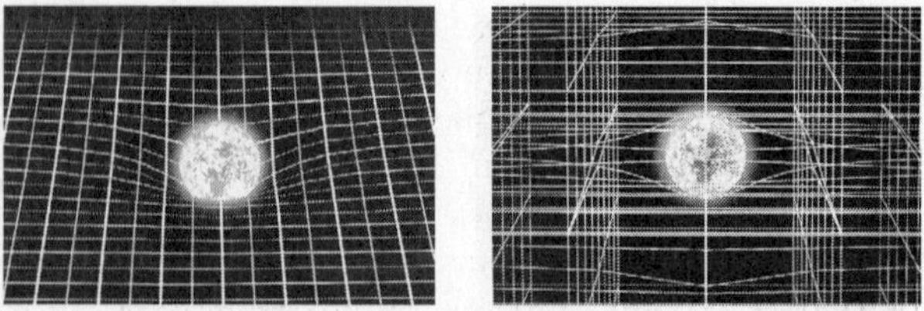

(a) (b)

Figure 3.10 (a) La courbure de l'espace due au Soleil (version 2D). (b) La courbure de l'espace due au Soleil (version 3D).

autour du Soleil) cheminera le long d'une trajectoire courbe elle aussi, comme l'illustrent les figures 3.11a et 3.11b.

Tout se passe un peu comme si la matière et l'énergie inscrivaient un réseau de monts et de vallées le long desquels les objets seraient guidés par la main invisible de la structure de l'espace-temps. Voilà, si l'on en croit Einstein, comment opère la gravitation. La même idée s'applique à un contexte plus proche de notre quotidien. Présentement, notre

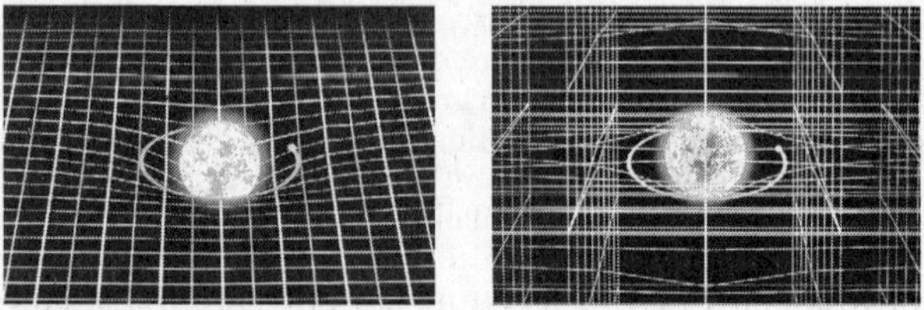

(a) (b)

Figure 3.11 La Terre reste en orbite autour du Soleil parce qu'elle suit les courbes de la structure de l'espace-temps dues à la présence du Soleil. (a) Version 2D. (b) Version 3D.

corps est enclin à se laisser glisser le long d'un des sillons que creuse la présence de la Terre sur la structure de l'espace-temps. Mais son mouvement est arrêté par la surface sur laquelle nous sommes assis ou debout. Le soutien que nous ressentons presque à chaque instant de notre vie (qu'il provienne du sol ou du plancher, du canapé ou du lit deux places) nous empêche de glisser le long d'une vallée d'espace-temps. Au contraire, si nous sautons du haut d'un plongeoir, nous nous abandonnons à la gravitation en permettant à notre corps de se déplacer librement le long des courbes de l'espace-temps.

Les figures 3.9, 3.10 et 3.11 offrent une illustration schématique de la victoire d'Einstein après dix ans de combat. Durant toutes ces années, l'essentiel de ses travaux cherchait à déterminer avec précision la forme et la taille de la courbure occasionnée par une quantité donnée de matière ou d'énergie. Le résultat mathématique découvert par Einstein et sous-jacent à toutes ces figures est incarné par ce que l'on appelle les « équations d'Einstein du champ de gravitation ». Comme leur nom l'indique, Einstein envisagea la courbure de l'espace-temps comme la manifestation (l'incarnation géométrique) d'un champ gravitationnel. En formulant le problème géométriquement, Einstein parvint à trouver des équations qui sont à la gravitation ce que les équations de Maxwell sont à l'électromagnétisme[16]. Et grâce à ces équations, Einstein et bien d'autres après lui purent faire des prédictions sur le mouvement des planètes et même sur la lumière émise par les étoiles lointaines, puisque la lumière, elle aussi, chemine à travers l'espace-temps courbe. Non seulement ces prédictions furent confirmées à un très haut niveau de précision, mais lorsqu'on les confronte aux prédictions de la théorie de Newton, on s'aperçoit que la théorie d'Einstein décrit la réalité avec une fidélité plus grande encore.

Autre point d'importance, puisque la relativité générale précise en détail le mécanisme par lequel la gravitation opère, elle fournit également les outils mathématiques pour déterminer à quelle vitesse cette dernière transmet son influence. Cela revient à savoir à quelle vitesse la forme de l'espace peut changer dans le temps. Autrement dit, à quelle vitesse creux et bosses (comme les ondes créées à la surface d'un étang lorsqu'on y jette un caillou) se propagent-ils d'un endroit à l'autre dans l'espace ? Einstein parvint à obtenir tout cela, et son résultat fut extrêmement gratifiant : il trouva que les creux et les bosses (c'est-à-dire la gravitation) ne passent pas instantanément d'un endroit à un autre comme dans les calculs newtoniens. En fait, *ils se propagent exactement à la vitesse de la lumière.* Ni plus ni moins, et dans le parfait respect de la limitation de vitesse imposée par la relativité restreinte. Si des extraterrestres extirpaient la Lune de son orbite, les marées commenceraient à descendre une seconde et demie plus tard, au moment exact où nous verrions disparaître notre satellite. La théorie de la relativité générale d'Einstein comble les lacunes de la théorie de Newton.

La relativité générale et le seau

Outre qu'elle offre au monde une théorie de la gravitation élégante du point de vue mathématique, puissante du point de vue conceptuel et, pour la première fois, parfaitement cohérente, la théorie de la relativité générale a également remanié complètement notre conception de l'espace et du temps. Dans la vision de Newton comme en relativité restreinte, l'espace et le temps représentaient une scène immuable où se déroulaient les événements naturels. Bien que le découpage de l'Univers en tranches spatiales instantanées affiche une certaine souplesse en relativité restreinte, l'espace et le temps ne réagissent pas aux événements de l'Univers. L'espace-temps (que nous avons appelé la « miche ») est considéré comme donné une fois pour toutes. En relativité générale, cela n'est plus vrai. L'espace et le temps deviennent acteurs de l'Univers et de son évolution. Ils prennent vie. La matière ici provoque une courbure de l'espace là, qui fait se déplacer la matière là-bas, qui courbe plus encore la région de l'espace située tout là-bas au loin, et ainsi de suite. La relativité générale orchestre la chorégraphie de la danse cosmique qui mêle l'espace, le temps, la matière et l'énergie.

C'est un progrès considérable. Mais revenons à notre énigme initiale : qu'advient-il du seau ? La relativité générale fournit-elle, comme l'espérait Einstein, les fondements physiques des idées relationnistes de Mach ?

Au fil des années, cette question a donné lieu à maintes controverses. Au départ, Einstein pensait que la relativité générale incorporait toute l'idée de Mach, tellement importante à ses yeux qu'il l'érigea au rang de « principe de Mach ». En fait, en 1913, alors qu'il travaillait avec acharnement à rassembler les derniers éléments de sa relativité générale, Einstein adressa à Mach une lettre enthousiaste dans laquelle il décrivait la manière dont la relativité générale devrait confirmer son analyse de l'expérience du seau de Newton[17]. En 1918, lorsque Einstein écrivit un article dressant la liste des trois idées principales de la relativité générale, le troisième élément de sa liste était le principe de Mach. Mais la relativité générale est une théorie fort subtile, et certains de ses aspects ne purent être réellement compris par les physiciens, ni par Einstein lui-même, qu'après des années. Lorsque certains de ces aspects furent éclaircis, Einstein trouva de plus en plus difficile d'inclure totalement le principe de Mach à la relativité générale. Petit à petit, il perdit ses illusions concernant les idées de Mach jusqu'à en arriver finalement, dans les dernières années de sa vie, à y renoncer[18].

Rétrospectivement, après un demi-siècle de recherches supplémentaires, on considère sous un angle nouveau la manière dont la relativité générale s'accorde avec le raisonnement de Mach. Bien que la controverse existe toujours, je pense pouvoir affirmer que, d'une certaine manière, la relativité générale a certainement un penchant machien, mais elle ne colle pas pour autant complètement au point de vue relationniste que préconisait Mach. Voici ce que j'entends par là.

Mach disait[19] que, lorsque la surface de l'eau devient concave, ou lorsque nous sentons nos bras s'écarter de notre corps, ou lorsque la corde reliant les deux pierres se tend, cela n'avait rien à voir avec une quelconque (et à son avis complètement erronée) notion d'espace absolu (ou d'espace-temps absolu, dans un contexte plus moderne). Au contraire, il argumentait que c'était le signe d'un mouvement accéléré par rapport à toute la distribution de matière de l'Univers. Là où il n'y a pas de matière, il ne peut y avoir de notion d'accélération, ni aucun de tous les effets mentionnés (surface de l'eau concave, bras qui s'écartent du torse, corde tendue).

Que dit la relativité générale ?

Si l'on en croit la relativité générale, le point de référence pour tous les mouvements, et en particulier pour le mouvement accéléré, ce sont les observateurs en chute libre — ces observateurs qui s'abandonnent complètement à la gravitation et qui ne sont soumis à aucune autre force. Cela étant, un détail essentiel est que la force gravitationnelle à laquelle se livre un observateur en chute libre procède de toute la matière (et de toute l'énergie) répartie dans tout l'Univers. La Terre, la Lune, les planètes lointaines, les étoiles, les nébuleuses, les quasars, les galaxies, etc., tous contribuent au champ gravitationnel (ou, en termes géométriques, à la courbure de l'espace-temps) qui règne en chaque endroit où l'on se trouve. Les astres les plus massifs et les moins éloignés exerceront une influence plus forte, mais le champ gravitationnel que l'on ressent représente l'influence collective de toute la matière de l'Univers[20]. Si nous nous abandonnions complètement à la gravitation en acceptant d'être en chute libre (et donc de devenir la référence ultime pour juger d'un objet s'il est accéléré ou pas), notre trajectoire serait le résultat de l'influence collective de toute la matière de l'Univers, des étoiles du firmament jusqu'à la maison du voisin. Ainsi, en relativité générale, lorsqu'on dit d'un objet qu'il est accéléré, cela signifie que ledit objet accélère par rapport à un référentiel déterminé par la distribution de toute la matière de l'Univers. Voilà une conclusion qui a un petit quelque chose de ce que Mach préconisait. Donc, en ce sens, la relativité générale inclut bien certaines des pensées de Mach.

Malgré cela, la relativité générale ne confirme pas tout le raisonnement de Mach, ce que nous pouvons voir directement en considérant à nouveau le seau en rotation dans un univers vide de toute autre matière. Dans un univers vide, immuable (ni étoiles, ni planètes, ni quoi que ce soit d'autre), il n'y a pas de gravitation[21]. Et, sans gravitation, l'espace-temps n'est pas courbe, son allure est celle de la figure 3.9b, simple et sans courbure, et cela signifie que nous sommes revenus au cadre plus simple de la relativité restreinte. (Souvenons-nous, Einstein avait mis la gravitation de côté lorsqu'il a élaboré la relativité restreinte. La relativité générale comblait cette lacune en incluant la gravitation, mais, dans un univers vide et immuable, il n'y a pas de gravitation et la relativité générale se réduit à la relativité restreinte.) Introduisons alors le seau dans cet univers vide : sa masse est tellement minime que sa présence n'affecte quasiment pas l'espace alentour, si bien que la présentation de l'expérience du seau en relativité restreinte vaut également pour la relativité générale. Contrairement à ce qu'aurait prédit Mach, la relativité générale arrive au même résultat que la relativité restreinte. Elle stipule que, même dans un univers vide de toute autre matière, on serait bel et bien pressé contre la paroi intérieure du seau en rotation ; dans un univers vide de toute autre matière, nous sentirions bel et bien nos bras s'écarter de notre corps si nous tournions sur nous-mêmes ; dans un univers vide de toute autre matière, la corde reliant deux pierres qui tournoient serait bel et bien tendue. La conclusion à en tirer est que, même en relativité générale, l'espace-temps vide représente une référence pour le mouvement accéléré.

Ainsi, bien que la relativité générale inclue certains éléments de la pensée de Mach, elle ne remplit pas toutes les conditions de la conception relationniste du mouvement telle qu'il la préconisait[22]. Le principe de Mach offre un exemple d'une idée si forte qu'elle fournit l'inspiration à l'origine d'une découverte révolutionnaire. Mais, en fin de compte, la découverte ne put absorber complètement l'idée qui l'a inspirée.

L'espace-temps au troisième millénaire

Le seau en rotation a une longue histoire. Depuis l'espace et le temps absolus de Newton, jusqu'aux points de vue relationnistes de Leibniz et de Mach ; depuis la relativité restreinte d'Einstein (dans laquelle l'espace et le temps sont relatifs, mais leur union qu'est l'espace-temps est absolue), jusqu'à sa découverte suivante, la relativité générale (dans laquelle l'espace-temps est un acteur de l'évolution de l'Univers), le seau n'a cessé de tourner. Toujours en filigrane, il est resté un test simple et discret pour savoir si l'espace (et, plus généralement, l'espace-temps), aussi abstrait et invisible soit-il, est oui ou non suffisamment palpable pour offrir une référence ultime pour le mouvement. Quel est le verdict ? Bien que le débat se poursuive, comme nous venons de le voir, la lecture la plus directe des travaux d'Einstein et de sa relativité générale indique que l'espace-temps peut bel et bien fournir cette référence : *l'espace-temps est un « quelque chose*[23] ».

Notons toutefois que cette conclusion entraîne aussi la liesse des adeptes d'une vision relationniste plus générale. Avec le point de vue newtonien et, plus tard, celui de la relativité restreinte, l'espace puis l'espace-temps étaient envisagés comme des entités de référence pour définir le mouvement accéléré. Et puisque, selon ces points de vue, l'espace et l'espace-temps sont absolument immuables, cette notion d'accélération était elle aussi absolue. En relativité générale, la nature de l'espace-temps est complètement différente : l'espace et le temps deviennent des entités dynamiques ; ils évoluent ; ils répondent à la présence de masse et d'énergie ; ils ne sont pas absolus. L'espace-temps et, en particulier, la manière dont il se déforme et se courbe sont une incarnation du champ de gravitation. Ainsi, en relativité générale, l'accélération par rapport à l'espace-temps n'a plus rien à voir avec la conception absolue, sans interrelation, que préconisaient les théories précédentes. Au contraire, comme Einstein l'affirmait avec éloquence quelques années avant sa mort[24], l'accélération par rapport à l'espace-temps de la relativité générale *est* relationnelle. Il ne s'agit pas d'une accélération par rapport à des objets matériels comme des bâtiments ou des étoiles, mais d'une accélération par rapport à quelque chose de tout aussi réel, tangible et évolutif : un champ — le champ de gravitation*. Dans ce sens, l'espace-temps (comme incarnation de la gravitation) est *tellement* réel en relativité générale que la référence qu'il fournit reste tout à fait acceptable pour beaucoup de relationnistes.

Le débat sur les questions présentées dans ce chapitre continuera certainement à mesure que nous progresserons dans notre compréhension de ce que l'espace, le temps et l'espace-temps sont réellement. Avec l'avènement de la mécanique quantique, le mystère ne fait que s'épaissir. Les concepts d'espace

* En relativité restreinte (le cas particulier de la relativité générale lorsque le champ gravitationnel est nul), cette idée s'applique toujours : un champ gravitationnel nul reste un champ, que l'on peut mesurer et qui peut évoluer, fournissant donc un « quelque chose » par rapport auquel on peut définir l'accélération.

vide et de vacuité prennent un sens tout nouveau dès lors que l'incertitude quantique entre en scène. Et en effet, depuis 1905, alors qu'Einstein venait de se débarrasser de l'éther luminifère, l'idée que l'espace puisse être rempli de substances invisibles a vigoureusement regagné du terrain. Comme nous le verrons dans les derniers chapitres, les travaux les plus importants de la physique moderne ont redonné vie à diverses formes d'entités semblables à l'éther. Aucune d'elles ne représente une référence pour le mouvement à la manière de l'éther originel, mais toutes lancent un défi considérable à la conception naïve d'un espace-temps vide. En outre, comme nous allons le voir maintenant, le rôle le plus élémentaire que joue l'espace dans l'Univers classique (celui de milieu séparant un objet d'un autre, celui de région intermédiaire permettant de distinguer avec certitude tel objet de tel autre) se voit complètement remis en question par les incroyables connexions quantiques.

4

L'ESPACE SENS DESSUS DESSOUS

Que signifie d'être séparé dans un univers quantique ?

Accepter les relativités restreinte et générale revient à abandonner l'espace et le temps absolus de Newton. Certes, ça n'est pas chose facile, mais on peut toujours entraîner notre esprit à s'y faire. Lorsque nous nous déplaçons, nous pouvons imaginer notre *maintenant* décalé des *maintenant* de tous ceux qui ne se déplacent pas comme nous. En voiture, imaginons que notre montre avance à un rythme différent des pendules installées dans les maisons en bord de route. En admirant le panorama depuis le sommet d'une montagne, imaginons que, de par la courbure de l'espace-temps, le temps s'écoule plus vite pour nous que pour tous ceux qui, dans la vallée, sont soumis à une influence plus forte de la gravitation. Je dis bien « imaginons », parce qu'en des circonstances aussi ordinaires, les effets de la relativité sont si ténus qu'ils passent complètement inaperçus. Notre expérience quotidienne ne parvient pas à nous révéler les véritables rouages de la nature. C'est pour cela que, près d'un siècle après les découvertes d'Einstein, quasiment personne — pas même les physiciens de métier — n'a une réelle intuition de la relativité. Cela n'a rien de surprenant : il nous est difficile de saisir l'intérêt pour notre survie d'une compréhension solide de la relativité. Les conceptions erronées qu'avait Newton de l'espace et du temps absolus fonctionnent à merveille aux basses vitesses et dans le champ de gravitation modéré de notre quotidien, et rien ne pousse nos sens à évoluer de façon à développer un instinct relativiste. En avoir véritablement conscience et comprendre la relativité de manière profonde nécessite donc que nous utilisions notre intelligence à bon escient pour combler les lacunes de nos intuitions.

Tandis que la relativité creusait un énorme fossé autour de nos idées traditionnelles sur l'Univers, entre 1900 et 1930, une autre révolution eut lieu qui mit le monde de la physique sens dessus dessous. Tout a commencé à l'aube du XXe siècle avec deux articles sur les propriétés du rayonnement, l'un écrit par Max Planck et le second par Albert Einstein. Après trois décennies de recherches effrénées, ces articles conduisirent à la formulation de la « mécanique quantique ». Tout comme la relativité, dont les effets ne deviennent significatifs que dans des conditions où la vitesse ou la gravitation sont énormes, la nouvelle physique quantique n'est manifeste que dans un autre type de situation extrême : dans le royaume de l'extrêmement petit. Mais une distinction importante différencie les révélations de la relativité et celles de la mécanique quantique. Toute la bizarrerie de la relativité provient du fait que notre expérience personnelle de l'espace et du temps peut se révéler différente de celle des autres. C'est une bizarrerie née de la comparaison. Nous sommes contraints d'admettre que notre vision de la réalité n'est qu'une vision parmi tant d'autres (parmi un nombre infini, en fait) qui, toutes, font partie du même tout qu'est l'espace-temps.

La mécanique quantique est différente. Son étrangeté se manifeste en dehors de toute comparaison. Il est beaucoup plus difficile de se forger une intuition quantique car, avec la mécanique quantique, c'est notre conception individuelle et personnelle de la réalité qui vole en éclats.

Le monde du point de vue quantique

À chaque époque sa propre version du commencement et de l'organisation de l'Univers : selon une vieille légende indienne, l'Univers aurait été créé lorsque les dieux démantelèrent le géant originel Purusa ; sa tête devint le Ciel, ses pieds la Terre et son souffle le Vent. Pour Aristote, l'Univers était une collection de cinquante-cinq sphères cristallines concentriques, la sphère extérieure étant le paradis, entourant celles des planètes, de la Terre et de ses éléments, pour finir avec les sept cercles de l'enfer[1]. Avec Newton et sa formulation mathématique précise et déterministe du mouvement, le tableau fut à nouveau transformé, l'Univers devint alors comparable à un gigantesque mécanisme d'horlogerie : après avoir été remonté et placé dans son état initial, l'Univers réglé comme du papier à musique passait d'un moment au suivant, d'un tic-tac au suivant, avec une régularité parfaite, entièrement prévisible.

Les relativités restreinte et générale révélèrent des subtilités importantes de ce grand mécanisme : il n'y a pas d'horloge privilégiée unique et universelle, il n'y a pas de consensus permettant de définir ce qui pourrait constituer un instant, un *maintenant*. Mais on peut toujours conter une histoire de l'évolution de l'Univers réglée comme du papier à musique. L'horloge est *notre* horloge ; l'histoire est *notre* histoire. Mais l'Univers éclôt avec la même régularité et de manière tout aussi prévisible que dans la théorie newtonienne. Si, d'une manière ou d'une autre, on peut connaître l'état de l'Univers à un instant précis (si l'on peut dire où se trouve *chaque* particule et avec quelle vitesse et dans quelle direction chacune d'elles se déplace), alors Newton et Einstein diront de concert que l'on peut, en principe, appliquer les lois de la physique pour prédire l'état de l'Univers à un moment aussi éloigné que l'on veut dans le futur, ou les utiliser pour déterminer ce qu'était l'Univers à un moment aussi reculé que l'on veut dans le passé[2].

La mécanique quantique, quant à elle, se distingue : elle stipule que l'on ne peut *jamais* connaître la position exacte *et* la vitesse exacte ne serait-ce que d'une seule particule. On ne peut *jamais* prédire avec une certitude totale l'évolution ne serait-ce que de la plus simple expérience, et encore moins de celle de tout l'Univers. En mécanique quantique, le mieux que l'on puisse faire c'est de prédire la *probabilité* que telle expérience donne tel ou tel résultat. Or, après des dizaines d'années d'expériences, la mécanique quantique ayant été confirmée avec une précision extraordinaire, l'horloge cosmique de Newton, même remaniée par Einstein, n'est plus qu'une autre métaphore indéfendable ; elle ne décrit manifestement pas les rouages de la nature.

Mais le fossé qui se creuse avec le passé est plus profond encore. Bien que les théories de Newton et d'Einstein attribuent à l'espace et au temps des natures radicalement différentes, elles restent en harmonie concernant certains faits élémentaires ou certaines vérités considérées comme des évidences. Si deux objets sont séparés dans l'espace (deux oiseaux dans le ciel, l'un à notre droite et l'autre à notre gauche), nous pouvons considérer, et c'est ce que nous faisons, que ces deux objets sont indépendants. Nous les envisageons comme deux entités distinctes et séparées. L'espace, quoi qu'il soit fondamentalement, représente le milieu qui sépare et distingue les objets les uns des autres. Voilà ce que fait l'espace. Des objets qui occupent des positions différentes dans l'espace sont des objets différents. En outre, afin qu'un objet donné puisse exercer son influence sur un autre, celui-ci devra, d'une manière ou d'une autre, franchir l'espace qui les sépare. Un des deux volatiles pourra toujours s'envoler en direction de l'autre, et traverser l'espace qui les sépare pour donner un coup de bec ou un coup d'aile à son semblable. Une personne peut exercer son influence sur une autre en tirant au lance-pierre un caillou qui franchira la distance qui les sépare, ou en criant quelques mots, créant un effet domino sur les molécules d'air, l'une rebondissant sur la suivante jusqu'au tympan du destinataire. De manière plus sophistiquée encore, nous pouvons exercer notre influence sur un autre individu à l'aide d'un rayon laser, dont l'onde électromagnétique (le rayon lumineux) traverse l'espace intermédiaire ; en étant carrément ambitieux (comme les extraterrestres blagueurs du précédent chapitre), nous pouvons imaginer de secouer ou de déplacer un objet aussi massif que la Lune, afin de provoquer une perturbation gravitationnelle d'un endroit à un autre. Ce qui est sûr, c'est qu'en étant ici nous pouvons toujours exercer une certaine influence sur quelqu'un situé là-bas. Mais, quelle que soit la manière dont nous choisissons de le faire, la procédure fait toujours intervenir quelqu'un ou quelque chose qui parcourt la distance entre ici et là-bas, et ce n'est qu'une fois ce quelqu'un ou ce quelque chose parvenu à destination que l'influence en question pourra s'exercer.

Les physiciens appellent « localité » cette caractéristique de l'Univers, soulignant par là le fait que l'on ne peut avoir d'influence directe que sur ce qui est proche de nous, sur ce qui est *local*. La magie vaudoue enfreint la localité, puisqu'un acte effectué à tel endroit est censé agir sur quelqu'un ou quelque chose situé à tel autre endroit, sans avoir recours à quoi que ce soit pour franchir la distance intermédiaire. Quoi qu'il en soit, notre expérience quotidienne nous laisse à penser que des expériences vérifiables et reproductibles devraient confirmer la localité[3]. Et c'est bien le cas, pour la plupart.

Mais un certain type d'expériences, menées ces vingt dernières années, ont montré que quelque chose effectué ici (comme des mesures sur une particule, par exemple) peut être subtilement lié à quelque chose qui a lieu là-bas (comme le résultat des mesures effectuées sur une autre particule, distante de la première), sans que quoi que ce soit ait été envoyé d'ici à là. Aussi déconcertant que ce soit, ce phénomène, en parfait accord avec les lois de la mécanique quantique, fut prédit par elle bien avant que la technologie ne nous permette de mener l'expérience et de vérifier sa prédiction. Cela ressemble à du vaudou. Einstein, qui fut l'un des premiers physiciens à mettre en évidence (et à critiquer sévèrement) cet aspect de la mécanique quantique, disait qu'il lui faisait « froid dans le dos ». Comme nous le verrons, les liens à longue distance confirmés par ces expériences sont extrêmement fins et dépassent nos capacités à les contrôler.

Pourtant, ces résultats, provenant à la fois de considérations théoriques et expérimentales, soutiennent fermement la conclusion que l'Univers abrite des interconnexions qui ne sont pas locales[4]. Un événement ayant eu lieu ici peut être lié à un autre ayant eu lieu là, même si rien n'a traversé la distance entre ici et là — et même si la distance est telle que rien, pas même la lumière, n'aurait eu le temps d'aller d'un point à l'autre. Cela signifie qu'on ne peut plus envisager l'espace comme avant : l'espace intermédiaire, aussi vaste soit-il, ne garantit pas que deux objets soient séparés, puisque la mécanique quantique autorise l'existence d'un certain lien entre les deux. Certes, une particule, parmi le nombre gigantesque des particules qui nous composent, peut courir vite, mais elle ne peut pas se cacher ! Si l'on en croit la théorie quantique et les nombreuses expériences qui ont confirmé ses prédictions, le lien quantique entre deux particules peut perdurer, quand bien même celles-ci se retrouveraient chacune à un bout de l'Univers. Du point de vue de la relation qui les lie, malgré les milliards et les milliards de kilomètres qui les séparent, tout se passe comme si les deux particules étaient ensemble.

Notre conception de la réalité a subi maintes et maintes offensives provenant de la physique moderne ; nous en aborderons un certain nombre dans les chapitres suivants. Mais, parmi celles qui ont été vérifiées expérimentalement, je n'en trouve aucune qui soit aussi hallucinante que la découverte, récente, que notre Univers n'est pas local.

Le rouge et le bleu

Pour se faire une idée du type de non-localité qui provient de la mécanique quantique, imaginons l'agent Scully, en vacances dans la propriété de ses parents en Provence. Dès son arrivée, avant même qu'elle ait eu le temps de déballer ses valises, le téléphone sonne. Au bout du fil, Mulder l'appelle depuis les États-Unis :

« As-tu reçu le paquet, emballé de papier rouge et bleu ? »

Scully jette un coup d'œil au courrier qu'elle a rassemblé sans le regarder près de la porte et trouve le paquet.

« Mulder, s'il te plaît, je n'ai pas fait tout le voyage jusqu'à Aix pour me retrouver face à une pile de dossiers à traiter.

— Non, non, ce n'est pas moi qui ai envoyé ce paquet. J'en ai reçu un moi aussi. J'y ai trouvé tout un tas de petites boîtes en titane, à l'épreuve des rayons lumineux, numérotées de 1 à 1 000 et accompagnées d'une lettre précisant que tu recevrais la même chose.

— Ah oui ? répond doucement Scully, inquiète à l'idée que ces petites boîtes en titane ne mettent d'ores et déjà fin à ses vacances.

— Bon, poursuit Mulder, la lettre dit aussi que chaque boîte contient une sphère extraterrestre censée émettre un éclair rouge ou bleu lorsque s'ouvre la petite porte sur le côté de la boîte.

— Mulder, tu cherches à me faire peur ?

— Non, attends… Écoute. La lettre dit qu'*avant* qu'on ouvre n'importe laquelle de ces boîtes, la sphère qu'elle contient peut émettre soit du rouge, soit du bleu, et qu'elle choisit au *hasard* entre les deux couleurs *au moment* où la porte s'ouvre. Mais le truc bizarre, c'est que la lettre dit aussi que même si tes boîtes fonctionnent exactement comme les miennes (même si les sphères contenues dans chaque boîte choisissent au hasard entre le rouge et le bleu), toutes nos boîtes fonctionnent par paires. La lettre prétend qu'il y a une relation mystérieuse entre elles, qui fait que, si je vois une lumière bleue en ouvrant ma boîte numéro 1, toi tu verras aussi une lumière bleue en ouvrant ta boîte numéro 1 ; si je vois du rouge en ouvrant ma numéro 2, tu verras aussi du rouge en ouvrant ta numéro 2, et ainsi de suite.

— Mulder, je suis vraiment fatiguée ; mettons ce petit jeu de côté jusqu'à mon retour, tu veux bien ?

— Scully, s'il te plaît. Je sais que tu es en vacances, mais on ne peut pas laisser passer ça. Il ne nous faudra pas plus de quelques minutes pour voir si ce truc est vrai ou pas ! »

À contrecœur, Scully comprend que toute résistance est inutile et se résout à ouvrir ses petites boîtes. En comparant les couleurs émises à l'ouverture de chaque boîte, Scully et Mulder trouvent effectivement la concordance que prédit la lettre. La sphère émet parfois du rouge, parfois du bleu, mais, lorsque tous deux ouvrent les boîtes portant le même numéro, Scully et Mulder voient à chaque fois la même couleur. Mulder est de plus en plus excité par ces sphères extraterrestres, mais Scully reste parfaitement impassible.

« Mulder, assène Scully, c'est toi qui as besoin de vacances. Ce truc est parfaitement absurde. De toute évidence, les sphères ont été programmées pour émettre du rouge ou du bleu à l'ouverture de la petite porte. Et celui qui nous a envoyé cette aberration a programmé tes boîtes et les miennes de la même façon. Voilà pourquoi toi et moi trouvons chaque fois la même couleur dans les boîtes affublées du même numéro.

— Mais non, Scully, la lettre précise bien que chaque sphère extraterrestre choisit sa couleur *au hasard* lorsque la porte s'ouvre, et qu'elles n'ont pas été préprogrammées pour choisir telle ou telle couleur.

— Mulder, soupire Scully, mon explication est parfaitement sensée et confirme toutes nos observations. Que veux-tu de plus ? Et regarde, à la fin de la lettre ; c'est la partie la plus drôle : la missive extraterrestre nous informe que non seulement l'ouverture de la boîte a pour effet que la sphère émettra l'une ou l'autre couleur, mais toute autre tentative de deviner son fonctionnement — en essayant par exemple d'étudier la composition de la sphère ou sa structure chimique avant d'ouvrir la porte — aura le même effet. Autrement dit, on n'a aucun moyen d'analyser cette soi-disant sélection aléatoire entre le rouge et le bleu parce que toute tentative dans ce sens faussera justement l'expérience que l'on tente. C'est un peu comme si je t'affirmais être blonde, mais que je devienne rousse dès lors que quiconque regarde ma chevelure ou l'étudie de quelque manière que ce soit. Comment pourrais-tu prouver que je mens ? Tes petits hommes verts sont malins : ils ont tout fait pour que leur supercherie ne puisse être découverte. Si ça t'amuse, continue à jouer avec tes petites boîtes, mais, pour ma part, j'entends profiter de mes vacances au calme. »

Cette fois-ci, Scully semble avoir tous les arguments de la science de son côté. Et pourtant, depuis près de quatre-vingts ans, les chercheurs en mécanique quantique — des scientifiques, pas des extraterrestres — affirment certaines choses concernant les rouages de l'Univers qui ressemblent de très près à ceux que décrit la lettre. Le hic, c'est qu'il y a maintenant des preuves expérimentales indéniables pour confirmer le point de vue de Mulder — et non pas celui de Scully. Par exemple, si l'on en croit la mécanique quantique, une particule peut rester dans un état d'incertitude entre telle ou telle propriété particulière — comme la sphère « extraterrestre» qui hésite entre émettre du bleu ou du rouge avant que ne s'ouvre la porte de sa boîte — et ce n'est qu'au moment où on l'observe (ou qu'on la mesure) que la particule se résout à choisir, au hasard, l'une ou l'autre propriété. Et, comme si cela n'était pas déjà assez étrange, la mécanique quantique prédit qu'il peut aussi exister, entre particules, des relations du même acabit que celles entre les sphères extraterrestres. Deux particules peuvent être tellement entremêlées par les effets quantiques que leurs sélections aléatoires d'une propriété plutôt qu'une autre sont corrélées. Tout comme les sphères extraterrestres choisissent au hasard entre rouge et bleu, avec le fait étrange que les couleurs choisies par les sphères de deux boites portant le même numéro sont corrélées (toutes deux émettront la même couleur, rouge ou bleu), les propriétés choisies au hasard par deux particules, même très éloignées dans l'espace, peuvent, de la même manière, correspondre exactement. En gros, même si deux particules sont très éloignées, la mécanique quantique montre que, quoi que fasse l'une des deux particules, l'autre fera de même.

Prenons un exemple concret : lorsqu'on porte des lunettes de soleil, la mécanique quantique stipule qu'il y a 50 % de chances pour qu'un photon donné (émanant de la surface d'un lac ou de l'asphalte d'une rue) traverse les verres polarisés. Lorsqu'un photon heurte le verre, il choisit « au hasard » entre passer à travers et rebondir par réflexion. Ce qui est stupéfiant, c'est qu'un tel photon peut avoir un photon partenaire, perdu à des kilomètres dans la direction opposée, qui, s'il se trouve dans la même situation d'avoir 50 % de chances de traverser un autre verre polarisé, fera exactement la même chose que le premier. *Bien que chaque choix soit aléatoire et que les photons soient très éloignés dans l'espace, si un photon traverse, l'autre en fera autant.* Voilà le type de non-localité que prédit la mécanique quantique.

Einstein, qui ne fut jamais convaincu par cette dernière, ne put se résoudre à accepter que l'Univers obéisse à des règles aussi étranges. Il défendit des explications plus conventionnelles qui supprimaient la notion de sélection aléatoire par une particule soumise à des mesures de ses propriétés et de son évolution. Einstein affirmait que, si l'on observe deux particules très éloignées partageant certaines caractéristiques, cela ne représentait en aucun cas une preuve que leurs propriétés soient corrélées à cause de quelque relation quantique instantanée. Mais plutôt, à l'instar de Scully qui refuse d'admettre que les sphères choisissent au hasard entre le rouge et le bleu et qui affirme qu'elles sont en fait programmées pour émettre une certaine couleur dès qu'on les observe, Einstein avançait que les particules ne choisissent pas au hasard entre une propriété et une autre, mais sont plutôt « programmées » pour afficher une caractéristique donnée suite à des mesures correctes. Les corrélations entre le comportement de deux photons éloignés sont une preuve, affirmait Einstein, que les photons sont dotés de propriétés identiques lorsqu'ils sont émis, mais pas qu'ils sont sujets à une quelconque relation quantique de longue portée.

Pendant près de cinq décennies, la question de savoir qui tenait le bon bout (Einstein ou les défenseurs de la mécanique quantique) resta sans réponse. Comme nous le verrons, le débat prit à peu près la même tournure que celui entre Scully et Mulder. Toute tentative d'infirmer la proposition de relations quantiques étranges, en laissant intacte la vision plus conventionnelle d'Einstein, se heurtait à l'argument que les expériences elles-mêmes biaisaient nécessairement les propriétés qu'elles tentaient justement d'étudier. Tout changea dans les années 1960. Dans un éclair de génie, le physicien irlandais John Bell montra que l'on devrait pouvoir trancher expérimentalement, et, dès les années 1980, la question fut finalement résolue. La lecture la plus directe des données montre qu'Einstein avait tort, qu'il y a bel et bien, entre des objets ici et des objets là, des connexions quantiques étranges, bizarres et qui « font froid dans le dos »[5].

Le raisonnement sous-jacent à cette conclusion est si subtil qu'il fallut plus de trois décennies à la communauté des physiciens pour le comprendre réellement. Mais nous verrons, après un exposé des principales caractéristiques de la mécanique quantique, que le cœur même du raisonnement n'est pas plus compliqué qu'un simple jeu de pile ou face.

Dans le creux de la vague

Prenons un morceau de pellicule photo surexposée, donc tout noir, et pratiquons deux fines rayures très rapprochées en grattant la surface. Si l'on y dirige un faisceau laser, on voit la preuve directe que la lumière est une onde. Si vous n'avez jamais tenté l'expérience, sachez qu'elle en vaut la peine (on peut utiliser tout un tas de choses plutôt qu'un morceau de pellicule, par exemple le réseau métallique d'un fin caillebotis). Lorsque le faisceau laser traverse les fentes, l'image que l'on obtient sur un écran placé au-delà est constituée d'une alternance de bandes sombres et brillantes, comme sur la figure 4.1. L'explication de cette figure provient

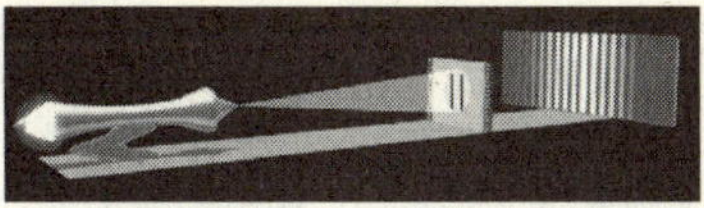

Figure 4.1 Le faisceau laser qui traverse deux fentes pratiquées sur un morceau de pellicule surexposée donne sur l'écran une figure d'interférence, prouvant que la lumière est une onde.

d'une caractéristique ondulatoire élémentaire. Les ondes que sont les vagues sur l'eau étant plus faciles à visualiser, nous commencerons par expliquer le cœur du problème en prenant des vagues sur la surface calme et plate d'un lac, avant d'appliquer nos explications au cas de la lumière.

Une vague est une onde qui perturbe la surface plate de l'eau d'un lac en créant des zones où le niveau d'eau est plus haut que d'ordinaire et des zones où le niveau est plus bas. La partie la plus haute de la vague est appelée « crête », et la partie la plus basse est appelée « creux ». Typiquement, une vague implique une succession périodique de crêtes et de creux : une crête suivie d'un creux, suivi d'une crête, et ainsi de suite. Si deux ondes progressent l'une vers l'autre (si par exemple vous et moi jetons chacun un caillou dans le lac, en deux points rapprochés, chacun de nous aura créé une onde qui, se propageant, finira par rencontrer la seconde), lorsqu'elles se rencontrent, cela produit un effet important que l'on appelle « interférence », illustré sur la figure 4.2a. Lorsqu'une crête de la première vague croise une crête de la seconde, la hauteur de l'eau est encore plus élevée, puisqu'elle devient la somme des deux hauteurs des crêtes. De même, lorsque le creux de la première vague croise le creux de la seconde, la surface de l'eau se creuse encore plus,

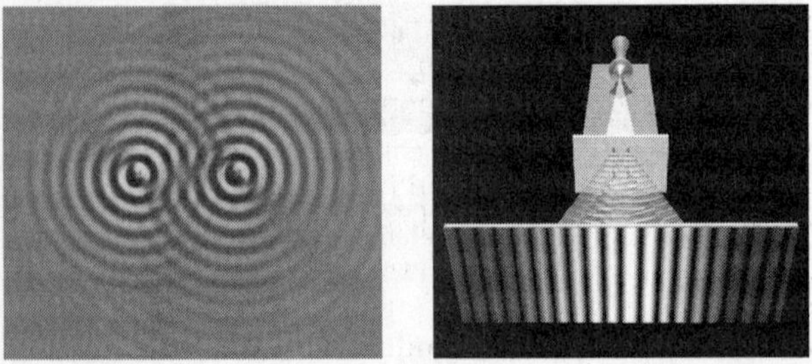

(a) (b)

Figure 4.2 (a) Deux vagues qui se superposent produisent une figure d'interférence. (b) Deux ondes lumineuses qui se superposent produisent une figure d'interférence.

puisque les profondeurs de chaque creux s'additionnent. Voici maintenant la combinaison la plus intéressante : lorsqu'une crête rencontre un creux, ils se compensent mutuellement, puisque la crête tire l'eau vers le haut tandis que le creux l'entraîne vers le bas. Si la hauteur de la crête de la première vague est égale à la profondeur du creux de la seconde, la compensation sera exacte si bien que l'eau au point de leur rencontre ne bougera plus du tout.

C'est ce même principe qui explique la figure d'interférence que forme la lumière après la traversée des deux fentes de la figure 4.1. La lumière est une onde électromagnétique. Lorsqu'elle traverse les deux fentes, elle se scinde en deux ondes qui progressent ensuite vers l'écran. Tout comme les deux vagues ci-dessus, les deux ondes lumineuses interfèrent. Lorsqu'elles se rencontrent en différents points de l'écran, les deux ondes peuvent être à leur maximum (la crête), ce qui donne un point lumineux sur l'écran ; à d'autres endroits, elles peuvent être à leur minimum (le creux), ce qui donne également un point lumineux sur l'écran ; mais à d'autres endroits encore, l'une des deux peut être à sa crête tandis que l'autre est à un creux, si bien qu'elles s'annulent mutuellement et créent un point sombre sur l'écran. C'est ce qu'illustre la figure 4.2b.

Lorsqu'on analyse le mouvement de l'onde dans ses détails mathématiques (en considérant aussi les cas où l'annulation est partielle, pour deux ondes à un point intermédiaire entre crête et creux), on peut montrer que les points lumineux et les points sombres s'agencent pour donner les bandes alternées de la figure 4.1. Ces bandes sombres et brillantes traduisent donc le fait que la lumière est une onde, fait qui fut ardemment débattu depuis l'époque où Newton a affirmé que la lumière n'est pas une onde mais un flux de particules (nous en saurons plus d'ici peu). En outre, cette analyse s'applique de la même manière à toutes les ondes (les ondes lumineuses, les vagues — qui sont des ondes sur l'eau —, les ondes sonores, et toutes celles que nous pouvons imaginer). Ainsi, les figures d'interférence sont pour ainsi dire l'arme du crime : on sait qu'on a affaire à une onde pourvu qu'à la traversée de deux fentes de taille appropriée (que l'on détermine à partir de la distance entre les crêtes et les creux de l'onde) la figure obtenue ressemble à celle de la figure 4.1 (les régions brillantes correspondant aux régions de forte intensité, et les régions sombres aux régions de faible intensité).

En 1927, Clinton Davisson et Lester Germer bombardèrent un morceau de cristal de nickel avec des électrons (des entités corpusculaires sans aucun rapport apparent avec les ondes). L'intérêt de cette expérience, c'est qu'elle est équivalente à celle qui consiste à bombarder d'électrons un obstacle muni de deux fentes. Les expérimentateurs recueillirent les électrons qui avaient traversé les fentes sur un écran phosphorescent émettant un petit éclair lumineux (du même type que ceux qui forment les images sur un écran de télé) à chaque impact d'un électron. Le résultat était stupéfiant. En imaginant les électrons comme de petits projectiles, on s'attendrait tout naturellement à ce que leurs points d'impact sur l'écran s'alignent avec les deux fentes, comme sur la figure 4.3a. Mais ce n'est pas ce que trouvèrent Davisson et Germer. Le résultat de leur expérience est celui qu'illustre la figure 4.3b : les points d'impact des électrons formèrent la figure d'interférence caractéristique d'une onde ! Davisson et Germer avaient découvert l'arme du crime. *Ils venaient de montrer le fait inattendu qu'un faisceau d'électrons devait se comporter comme une certaine forme d'onde.*

Cela étant, peut-être cela ne semble-t-il pas si surprenant. Après tout, l'eau est composée de molécules H_2O, et l'on observe bien des vagues (des ondes sur l'eau) lorsqu'un grand nombre de ces molécules se déplacent de concert. Un groupe d'H_2O va vers le haut à tel endroit, tandis que tel autre va

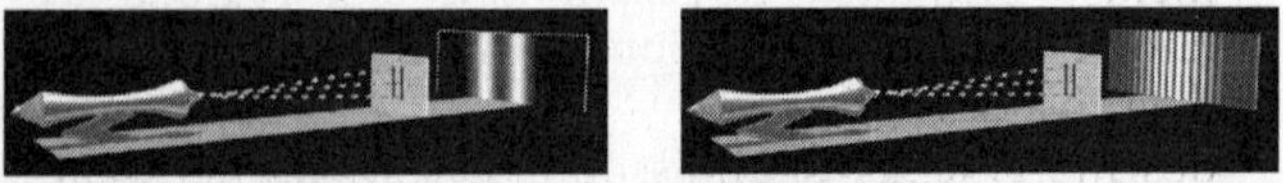

Figure 4.3 (a) La physique classique prédit que les électrons traversant un obstacle muni de deux fentes produiront sur l'écran détecteur deux bandes brillantes. (b) La physique quantique prédit ce que confirme l'expérience : les électrons produiront une figure d'interférence, prouvant ainsi qu'ils possèdent des caractéristiques ondulatoires.

vers le bas, à tel autre endroit. Peut-être les données illustrées sur la figure 4.3 montrent-elles que les électrons, comme les molécules d'H_2O, se déplacent parfois de concert, créant ainsi, dans leur mouvement collectif global, une figure de type ondulatoire. À première vue, cette proposition paraît sensée, mais le fin mot de l'histoire est beaucoup plus inattendu.

On imaginait au départ que la source sur la figure 4.3 envoyait un flux continu d'électrons. Mais l'on peut ajuster le débit de la source de telle sorte qu'elle émette de moins en moins d'électrons par seconde. Et l'on peut même régler le débit si bas que la source libère, mettons, un électron toutes les dix secondes. Avec un peu de patience, on peut mener l'expérience pendant un long moment et relever les points d'impact de chacun des électrons qui traversent les fentes. Les figures 4.4a à 4.4c montrent l'accumulation des données après une heure, une demi-journée et une journée complète. Dans les années 1920, des figures comme celles-ci provoquèrent de véritables séismes dans les fondements de la physique. *On voit que les électrons, pris individuellement, chacun faisant son chemin vers l'écran l'un après l'autre, construisent la figure d'interférence caractéristique d'une onde.*

Tout se passe comme si chaque molécule d'H_2O prise *individuellement* pouvait encore manifester quelque chose d'analogue à une vague. Mais comment diable est-ce possible ? Le mouvement ondulatoire semble être un comportement collectif qui devrait perdre tout son sens lorsqu'on l'applique à des ingrédients distincts, indépendants. Si, sur les gradins d'un stade, des spectateurs de-ci, de-là se lèvent et se rassoient de manière indépendante à chaque minute qui passe, ils ne formeront pas une onde. En outre, le phénomène d'interférence semble

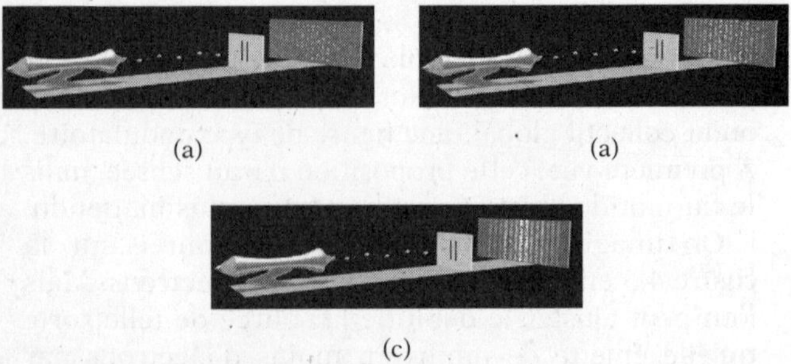

Figure 4.4 Des électrons envoyés un par un à travers les fentes créent une figure d'interférence point par point. De (a) à (c), on montre comment la figure se précise au fil du temps.

procéder de la rencontre d'une onde venant d'ici avec une onde venant de *là*. Alors comment donner sens au phénomène d'interférence pour *un seul* constituant corpusculaire, pris individuellement ? Et pourtant, d'une manière ou d'une autre, c'est ce que montre la figure d'interférence illustrée sur la figure 4.4 : bien qu'un électron pris individuellement soit une petite particule de matière, chaque électron, et tous les électrons, affichent un comportement ondulatoire.

Probabilités et lois de la physique

Si un électron pris isolément est aussi une onde, alors d'où vient son caractère ondulatoire ? Erwin Schrödinger fut le premier à proposer une explication : peut-être ce dont sont faits les électrons s'étale-t-il dans l'espace, et cette « essence d'électron » diffuse présente-t-elle un caractère ondulatoire. Avec cette vision des choses, la particule qu'est l'électron correspondrait à un pic aigu dans ce nuage électronique. Cependant, on a vite fait de réaliser que cette proposition ne tient pas la route, car même une onde avec un pic très pointu (comme une vague énorme) finit par s'étaler. Et l'on devrait alors trouver un peu de la charge électrique de l'électron par ici et un peu de sa masse par là. Or, ça n'est pas le cas. Lorsqu'on localise un électron, on trouve toujours la totalité de sa charge et de sa masse concentrée sur une toute petite région quasi ponctuelle. En 1927, Max Born proposa une autre explication, qui se révéla décisive et qui contraignit les physiciens à pénétrer un royaume encore inexploré. L'onde, déclara-t-il, n'est pas un électron diffus, ni quoi que ce soit que l'on ait déjà rencontré en physique. L'onde, proposa Born, est une onde de *probabilité*.

Pour comprendre ce que cela signifie, imaginons le cliché d'une vague sur l'océan qui montre des régions de forte intensité (au voisinage des crêtes et des creux) et des régions de faible intensité (au voisinage des régions intermédiaires, entre les crêtes et les creux). Plus l'intensité sera élevée, plus l'onde pourra exercer une force importante sur les navires passant à son voisinage, ou sur le littoral. Les ondes de probabilité imaginées par Born possèdent elles aussi des régions de faible et de forte intensité, mais le sens à attribuer aux formes de ces ondes était tout à fait inattendu : *l'amplitude d'une onde en un point donné de l'espace est proportionnelle à la probabilité que l'électron soit localisé en ce point de l'espace.* Les endroits où l'onde de probabilité est élevée sont les points où l'on a le plus de chances de trouver l'électron. Les endroits où l'onde de probabilité est faible sont les points où l'on a le moins de chances de le trouver. Et les endroits où l'onde de probabilité est nulle sont les points où l'on est sûr de ne pas l'y trouver.

La figure 4.5 représente le « cliché » d'une onde de probabilité, et la légende illustre l'interprétation probabiliste de Born. Cependant, contrairement aux photographies que l'on pourrait prendre des ondes sur l'eau, ce cliché ne peut pas être obtenu à l'aide d'un appareil photo. Personne n'a jamais vu directement une onde de probabilité, et les raisonnements habituels en mécanique quantique stipulent que personne ne pourra jamais en voir. En fait, ce sont les équations mathématiques (obtenues par Erwin Schrödinger, Niels Bohr, Werner Heisenberg, Paul Dirac et quelques autres) qui permettent de se faire une idée de l'allure que prendra l'onde de probabilité dans une situation donnée. On teste alors la validité de ces calculs théoriques en comparant leurs prédictions avec les résultats expérimentaux de la manière suivante : après avoir calculé l'onde de probabilité que l'on attribue à l'électron dans un contexte expérimental donné, on effectue maintes et maintes versions identiques de la même expérience, en relevant chaque fois la position à laquelle on observe l'électron. *Contrairement à ce à quoi Newton aurait pu s'attendre, des expériences identiques, avec des conditions initiales identiques, ne conduisent pas forcément à des résultats de mesures identiques.* En fait, le résultat de nos mesures répétées donne toute une série de positions différentes. On trouve parfois l'électron ici, parfois là et, une fois de temps en temps, on le trouve même tout là-bas *au loin*. Si la mécanique quantique est correcte, alors le nombre de fois que l'on trouve l'électron en un point donné devrait être proportionnel à l'intensité (il est en fait le carré de l'intensité) de l'onde de probabilité calculée en ce point. Huit décennies d'expériences ont confirmé les prédictions de la mécanique quantique avec une précision extraordinaire.

La figure 4.5 ne montre qu'une partie de l'onde de probabilité d'un électron : si l'on en croit la mécanique quantique, toute onde de probabilité s'étend dans tout l'espace, à travers tout l'Univers[6]. Toutefois, dans bien des cas, l'onde de probabilité d'une particule chute rapidement vers zéro en dehors d'une région assez réduite, indiquant par là qu'on a beaucoup plus de chances de trouver la particule dans cette région. Dans ces situations, la partie de l'onde de probabilité qui n'est pas représentée sur la figure 4.5 (la partie qui s'étend dans tout le reste de l'Univers) ressemble beaucoup à ce qu'elle est sur les bords de la figure : à peu près plate et proche de la valeur zéro. Mais tant que l'onde de probabilité a une valeur non nulle, aussi petite soit-elle, même au fin fond de la galaxie d'Andromède, il subsiste une chance minuscule (mais pas nulle) que l'on puisse y trouver l'électron.

Le succès de la mécanique quantique nous intime donc d'accepter l'idée que l'électron (un composant

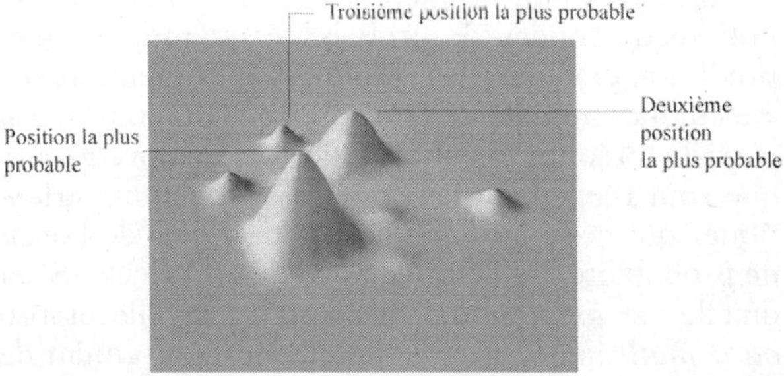

Figure 4.5 L'onde de probabilité d'une particule, un électron par exemple, indique la probabilité de trouver la particule à telle ou telle position.

de la matière dont on envisage habituellement qu'il occupe une région ponctuelle dans l'espace) possède également une description faisant intervenir une onde, laquelle, contrairement à la vision ordinaire, s'étend dans tout l'espace. En outre, si l'on en croit la mécanique quantique, cette fusion onde-particule vaut pour tous les constituants de la nature, et pas uniquement pour les électrons : protons et neutrons ont à la fois un comportement corpusculaire et un comportement ondulatoire et, au début des années 1900, des expériences ont établi que même la lumière (qui se comporte manifestement comme une onde, d'après la figure 4.1) peut également obéir à une description en termes de composants corpusculaires, ces petits « paquets de lumière » que l'on appelle des photons[7]. Les ondes électromagnétiques si familières émises par une ampoule de cent watts, par exemple, peuvent être décrites en termes de l'émission, par l'ampoule, d'une centaine de milliards de milliards de photons par seconde. Au royaume quantique, nous découvrons que tous les composants possèdent des attributs ondulatoires et des attributs corpusculaires.

Durant les huit dernières décennies, l'ubiquité et l'utilité des ondes de probabilité quantiques pour prédire et expliquer les résultats expérimentaux ont été établies au-delà de tout soupçon. Et, pourtant, il n'existe toujours pas une manière de comprendre ce que sont réellement les ondes de probabilité quantiques qui fasse l'unanimité. Doit-on dire de l'onde de probabilité d'un électron qu'elle *est* l'électron, ou qu'elle est *associée* à l'électron, ou qu'elle est un *outil mathématique* pour décrire le mouvement de l'électron, ou qu'elle est l'*incarnation de ce que l'on peut connaître* de l'électron ? Cette question n'est toujours pas élucidée. Ce qui est tout de même clair, c'est que, par ces ondes, la mécanique quantique infuse les probabilités au cœur des lois de la physique, d'une manière complètement inattendue. Les météorologues les utilisent pour estimer les probabilités de mauvais temps. Dans les casinos, on les utilise pour prédire les chances de gagner le jackpot. Mais, dans ces cas, les probabilités ont un rôle à jouer parce que nous ne disposons pas de toutes les informations nécessaires pour faire des prédictions exactes. D'après Newton, si nous pouvions connaître l'état du ciel dans tous ses détails (la position et la vitesse du moindre de ses ingrédients), alors nous serions capables de prédire avec certitude (pourvu que nous disposions d'une puissance de calcul suffisante) qu'il va pleuvoir demain à 16 h 07. Aux dés, si nous connaissions tous les détails pertinents (la forme et la composition précises des dés, leur vitesse et leur orientation à l'instant précis où ils quittent la paume de notre main, la composition de la table et les détails de sa surface, et ainsi de suite), alors nous serions en mesure de prédire avec certitude quel chiffre sortira. En pratique, nous ne pouvons pas rassembler toutes ces informations (et, quand bien même nous le pourrions, nous ne disposerions pas d'ordinateurs suffisamment puissants capables d'exécuter les calculs requis pour faire de telles prédictions). Aussi mettons-nous la barre moins haut et nous contentons-nous de prédire simplement la probabilité de telle ou telle évolution du temps ou, aux tables de jeu, de faire des estimations raisonnables sur des données que l'on n'a pas.

La probabilité qu'infuse la mécanique quantique au cœur des lois de la physique est d'une tout autre nature, beaucoup plus fondamentale. Quels que soient les progrès réalisés concernant la précision des données que l'on peut recueillir ou la puissance de nos ordinateurs, le mieux que l'on puisse faire, si l'on en croit la mécanique quantique, c'est de prédire la *probabilité* de tel ou tel résultat. Le mieux que l'on puisse faire, c'est prédire la *probabilité* qu'un électron, un proton, un neutron, ou tout autre constituant fondamental de la matière, soit observé ici ou là. Au royaume du microscopique, les probabilités sont reines.

On comprend mieux à présent l'explication qu'offre la mécanique quantique pour la construction progressive par des électrons pris les uns après les autres de l'alternance de bandes sombres et brillantes de la figure 4.4. Chaque électron pris isolément est décrit par son onde de probabilité. Lorsqu'un électron est émis, son onde de probabilité traverse les deux fentes. Et, à l'instar des ondes lumineuses ou des vagues sur l'eau, les ondes de probabilité émanant des deux fentes interfèrent l'une avec l'autre. En certains points de l'écran détecteur, les deux ondes de probabilité se renforcent mutuellement et créent ainsi une intensité élevée. En d'autres points, les ondes s'annulent partiellement et l'intensité est faible. En d'autres points encore, les crêtes et les creux des ondes de probabilité se compensent exactement et l'intensité résultante est exactement égale à zéro. Autrement dit, en certains points de l'écran, les chances de trouver un électron sont élevées, tandis qu'elles le sont beaucoup moins en d'autres points. Il y a aussi des endroits où l'électron n'a aucune chance d'arriver. Avec le temps, les points d'impact des électrons se distribuent en suivant ces probabilités, si bien que l'on obtient sur l'écran des zones brillantes, d'autres plus ternes, et certaines complètement sombres. Une étude détaillée montre que ces zones sombres et brillantes auront exactement l'allure représentée sur la figure 4.4.

Einstein et la mécanique quantique

De par sa nature fondamentalement probabiliste, la mécanique quantique s'avère radicalement différente de toutes nos descriptions précédentes de l'Univers, aussi bien qualitativement que quantitativement. Depuis son avènement au siècle dernier, les physiciens s'évertuent à harmoniser cette théorie étrange et inattendue avec notre point de vue plus conventionnel sur le monde. Et cette lutte fait toujours rage. Tout le problème consiste à réconcilier l'expérience macroscopique de la vie de tous les jours avec la réalité microscopique que révèle la mécanique quantique. Habitués à un monde qui, bien que soumis aux aléas des événements politiques et économiques, semble stable et fiable au moins en ce qui concerne ses propriétés physiques, nous ne nous posons pas la question de savoir si les constituants atomiques de l'air que nous respirons dans une pièce vont manifester leur nature quantique ondulatoire en disparaissant soudainement, nous laissant au bord de l'asphyxie, pour se rematérialiser quelque part sur la face cachée de la Lune. Et nous avons bien raison de ne pas nous en inquiéter car, si l'on en croit la mécanique quantique, la probabilité que cela ait lieu, si elle n'est pas nulle, est littéralement dérisoire. Mais qu'est-ce qui rend cette probabilité aussi infime ?

Il y a en gros deux raisons. Premièrement, à l'échelle des atomes, la Lune est à une distance gigantesque. Et, comme nous l'avons déjà mentionné, dans bien des cas (mais pas tous), les équations quantiques montrent qu'une onde de probabilité typique prend une valeur raisonnable dans une toute petite région de l'espace, pour chuter rapidement vers zéro lorsqu'on s'en éloigne (comme sur la figure 4.5). Ainsi, la probabilité de trouver ne serait-ce qu'un seul des électrons dont on s'attend à ce qu'ils soient dans la pièce (comme un de ceux qu'on expire continuellement) sur la face cachée de la Lune est extrêmement petite. Si petite que, par comparaison, la probabilité d'épouser Nicole Kidman ou Antonio Banderas paraît énorme. Deuxièmement, l'air contenu dans la pièce est constitué d'un *grand* nombre d'électrons, de protons et de neutrons. Et la probabilité que *toutes* ces particules fassent ce qui est déjà extrêmement improbable pour une seule d'entre elles est tellement dérisoire qu'elle ne mérite même pas qu'on se pose la question. Ce serait comme si, en plus d'épouser notre plus grande idole, nous remportions chaque semaine toutes les cagnottes du Loto de chaque pays d'Europe, pendant un temps tellement long qu'à côté, l'âge de l'Univers ne serait qu'un battement de cils cosmique.

Voilà qui donne une idée de la raison pour laquelle, dans notre quotidien, nous ne rencontrons pas directement les aspects probabilistes de la mécanique quantique. Néanmoins, parce que les expériences confirment toutes que la mécanique quantique décrit bel et bien la physique fondamentale, celle-ci représente une attaque frontale de nos convictions élémentaires sur ce qu'est la réalité. Einstein, en particulier, était profondément troublé par la nature probabiliste de la théorie quantique. Le boulot de la physique, affirmait-il encore et encore, est de déterminer avec certitude ce qui a eu lieu, ce qui a lieu et ce qui aura lieu dans le monde qui nous entoure. Les physiciens ne travaillent pas au PMU et la physique n'a pas pour vocation de prendre les paris. Mais Einstein ne pouvait renier le fait que la mécanique quantique explique et prédit, même au sens statistique, les observations du monde microscopique avec un succès retentissant. Ainsi, plutôt que de tenter de prouver que la mécanique quantique était fausse, tâche qui, aujourd'hui encore, semble vaine devant son succès sans précédent, Einstein dépensa une énergie considérable à tenter de montrer que la mécanique quantique ne peut pas avoir le dernier mot sur les rouages de l'Univers. Bien qu'il ne fût pas en mesure de l'expliciter, Einstein voulait convaincre le monde qu'il restait à découvrir une autre description de l'Univers, plus fondamentale et moins bizarre.

Pendant de nombreuses années, il lança toute une série de défis plus élaborés les uns que les autres, dans le but de trouver une faille à la mécanique quantique. L'un de ces défis fut proposé en 1927 à la Cinquième conférence de physique tenue à l'institut Solvay[8] ; il concernait le fait que, même si l'onde de probabilité ressemble à ce qu'illustre la figure 4.5, dès lors qu'on effectue des mesures sur les allées et venues d'un électron, on le trouvera toujours en telle ou telle position. Donc, questionnait Einstein, cela ne signifie-t-il pas que l'onde de probabilité n'est que l'ersatz temporaire d'une description plus précise (qui reste à découvrir) capable de prédire la position de l'électron avec certitude ? Après tout, si l'on observe l'électron au point X, cela ne signifie-t-il pas, en réalité, qu'il était en X, ou au voisinage de X, juste avant que l'on effectue la mesure de sa position ? S'il en va ainsi, hasardait Einstein, alors la nécessité de faire appel à une onde de probabilité (onde qui, dans cet exemple, stipule que l'électron avait une certaine probabilité d'être loin de X) ne reflète-t-elle pas le fait que la mécanique quantique n'est pas une théorie adaptée pour décrire la véritable réalité ?

La position d'Einstein est simple et terriblement tentante. Quoi de plus naturel que d'attendre d'une particule qu'elle se trouve au point où on va l'observer dans un instant, ou au moins dans son voisinage ? Si c'est le cas, une compréhension plus poussée de la physique devrait fournir cette information précise et nous dispenser de cette approche probabiliste rudimentaire. Mais le physicien danois Niels Bohr et ses collaborateurs, fervents défenseurs de la mécanique quantique, n'étaient pas d'accord. Ce type de raisonnement, avançaient-ils, puise à la source d'un mode de pensée conventionnel, selon lequel l'électron suit, au fil de ses errances deci, de-là, une trajectoire unique et bien définie. Et ce mode de pensée est fortement mis en échec par la figure 4.4. En effet, si chaque électron suivait bel et bien une trajectoire définie (selon l'image classique d'une balle de revolver), il serait extrêmement difficile d'expliquer la figure d'interférence observée : qu'est-ce qui interférerait avec quoi ? Une chose est sûre : des projectiles ordinaires, comme les balles tirées les unes après les autres par un même pistolet, n'interfèrent pas entre eux, alors, si les électrons cheminaient bel et bien comme des balles de revolver, comment expliquer le résultat de la figure 4.4 ?

Au contraire, si l'on en croit Bohr et l'interprétation de Copenhague de la mécanique quantique qu'il est parvenu à imposer, *avant que l'on ne mesure la position de l'électron, on ne peut donner un sens ne serait-ce qu'à la simple question de savoir où il se trouve.* Il n'a pas de position définie. L'onde de probabilité encode les chances que l'on a de trouver l'électron ici ou là lorsqu'on l'observe comme il se doit, et c'est *vraiment tout* ce qu'on peut dire de sa position. Point barre. L'électron n'a de position définie au sens habituel du terme qu'au moment où on le « regarde » (au moment où l'on mesure sa position) et où l'on identifie alors sa position avec certitude. Mais avant (et après), il n'a que des positions potentielles, décrites par une onde de probabilité qui, comme toutes les ondes, est sujette aux interférences. Ce n'est pas que l'électron ait une position que l'on ne connaît pas avant d'effectuer des mesures, mais, contrairement à ce que l'on aurait attendu, l'électron n'a tout bonnement pas de position définie avant qu'on ne l'observe.

Voilà une réalité franchement bizarre. Avec cette vision des choses, lorsqu'on mesure la position d'un électron, on ne mesure pas un aspect objectif, préexistant, de la réalité. En fait, l'acte que constitue la mesure est profondément entremêlé avec la création de la réalité même qu'on mesure. Passant de l'échelle des électrons à celle de la vie de tous les jours, Einstein en plaisanta en disant : « Croyez-vous réellement que la Lune n'est pas à sa place à moins qu'on ne la regarde ? » Les défenseurs de la mécanique quantique répondirent avec une variante du vieux dicton de la chute d'un arbre dans la forêt : si personne ne regarde la Lune (si personne ne « mesure sa position en l'observant »), alors il n'y a aucun moyen de savoir qu'elle est bien à sa place, alors à quoi bon se poser la question. Cela ne suffit pas à convaincre Einstein. C'était en opposition totale avec sa conception de la réalité ; il croyait dur comme fer que la Lune est bien à sa place, qu'on la regarde ou pas. Mais les piliers de la quantique n'y croyaient plus.

Le second défi d'Einstein, lancé à la conférence de Solvay de 1930, suivit le premier de près. Il décrivit un dispositif imaginaire, qui (par la combinaison astucieuse d'un réglet, d'une horloge et d'un obturateur) semblait établir qu'une particule comme un électron *devait* avoir les caractéristiques définies (avant qu'on la mesure ou qu'on l'observe) que réfutait la mécanique quantique. Les détails ne sont pas essentiels, mais la résolution est savoureuse : lorsque Bohr eut vent du défi qu'avait lancé Einstein, ses convictions en furent complètement ébranlées — au début, il ne voyait aucune faille dans le raisonnement d'Einstein. Mais, après quelques jours, il revint à sa position et réfuta complètement l'affirmation d'Einstein. Le plus étonnant, c'est que la clé de la réponse de Bohr était la relativité générale ! Bohr se rendit compte qu'Einstein avait omis de prendre en compte sa propre découverte, le fait que la gravitation courbe le temps, c'est-à-dire que le tic-tac d'une horloge dépend du champ gravitationnel auquel elle est soumise. Après avoir pris en compte cette complication, Einstein fut contraint d'admettre que ses conclusions collaient exactement avec la théorie quantique la plus orthodoxe.

Bien que ses objections fussent réfutées les unes après les autres, Einstein ne parvenait toujours pas à accepter la mécanique quantique. Dans les années qui suivirent, lançant les défis les uns après les autres, il ne fit que consolider la position de Bohr et de ses collègues. Son offensive la plus importante et la plus lourde de conséquences concernait ce que l'on appelle le « principe d'incertitude », une conséquence directe de la mécanique quantique énoncée en 1927 par Werner Heisenberg.

Heisenberg et l'incertitude

Le principe d'incertitude fournit une mesure quantitative précise de la finesse avec laquelle l'aspect probabiliste est brodé dans la structure de l'Univers quantique. Pour le comprendre, imaginons la carte d'un restaurant asiatique, comportant différents menus à prix fixes. Imaginons que les plats soient répartis en deux colonnes, A et B. Si par exemple on choisit le premier plat de la colonne A, alors on ne peut pas choisir le premier plat de la colonne B ; si l'on commande le deuxième plat de la colonne A, on n'est pas autorisé à commander le deuxième de la colonne B, et ainsi de suite. De cette manière, le restaurant impose une certaine dualité diététique, une sorte de complémentarité culinaire (qui, en outre, est conçue pour éviter qu'on n'accumule les plats les plus chers). Avec ce menu, on peut choisir du canard laqué ou des crevettes à la tonkinoise, mais pas les deux.

Le principe d'incertitude de Heisenber est similaire. En gros, il stipule que les caractéristiques physiques du royaume microscopique (les positions des particules, leur vitesse, leur énergie, leur moment angulaire, etc.) peuvent être réparties en deux catégories, A et B. Ce que découvrit Heisenberg, c'est que la connaissance de la première caractéristique de la liste A compromet fondamentalement notre capacité à connaître la première caractéristique de la liste B ; la connaissance du deuxième élément de la liste A compromet fondamentalement notre capacité à connaître le deuxième de la liste B, et ainsi de suite. En outre, un peu comme si l'on pouvait commander une assiette mélangeant canard laqué et crevettes à la tonkinoise, mais dans des proportions qui se combinent de telle sorte que le prix total soit le même que pour chaque plat pris individuellement, plus on connaît avec précision l'une des caractéristiques d'une liste, moins précise sera la connaissance qu'on pourra avoir de la caractéristique correspondante dans l'autre liste. L'incertitude révélée par le principe de Heisenberg est l'impossibilité fondamentale de déterminer simultanément toutes les caractéristiques des deux listes (de déterminer avec certitude toutes les caractéristiques du monde microscopique).

À titre d'exemple, disons que plus on mesure avec précision la position d'une particule, moins on pourra avoir de précision sur sa vitesse. De même, plus on connaît avec précision la vitesse d'une particule, plus il nous sera difficile de savoir où elle se trouve. La théorie quantique met donc en scène sa propre dualité : on peut déterminer avec précision certaines caractéristiques physiques du monde microscopique, mais, ce faisant, on élimine les possibilités de déterminer d'autres caractéristiques complémentaires avec la même précision.

Pour comprendre pourquoi, adoptons la description rudimentaire qu'avait élaborée Heisenberg lui-même : bien qu'elle soit incomplète par certains aspects dont nous parlerons plus loin, elle offre une image assez intuitive. Lorsqu'on mesure la position d'un objet, on interagit avec lui d'une manière ou d'une autre. Lorsqu'on tâtonne dans le noir à la recherche d'un interrupteur, on sait qu'on l'a trouvé lorsqu'on le sent sous nos doigts. Lorsqu'une chauve-souris chasse une musaraigne, elle dirige son sonar vers sa proie et interprète l'onde réfléchie. Parmi tous les exemples que l'on peut donner, le plus commun est celui qui consiste à localiser un objet par la vue (lorsqu'on reçoit la lumière réfléchie par l'objet en direction de nos yeux). L'idée-clé est que ces interactions nous affectent, mais affectent également l'objet dont on détermine la position. Même la lumière, lorsqu'elle est réfléchie par un objet, lui donne une toute petite impulsion. Certes, pour les objets quotidiens comme ce livre sous nos yeux ou la montre à notre poignet, la minuscule petite impulsion de la lumière réfléchie n'a aucun effet discernable. Mais, lorsqu'elle heurte une particule aussi minuscule qu'un électron, l'effet peut être considérable : lorsque la lumière est réfléchie par un électron, elle modifie sa vitesse, comme une bourrasque au coin d'une rue peut modifier notre allure. En fait, plus on cherche à déterminer la position d'un électron avec précision, plus le rayon lumineux doit être énergétique et précis, ce qui a un effet d'autant plus important sur le mouvement de l'électron.

Cela signifie que, si l'on mesure la position d'un électron avec une précision élevée, on biaise forcément notre propre expérience : l'acte même de mesurer précisément la position perturbe la vitesse de l'électron. Ainsi peut-on savoir avec précision où se trouve l'électron, mais l'on ne peut connaître avec précision avec quelle vitesse il se déplace au même moment. Et, inversement, on peut mesurer avec précision la vitesse d'un électron, mais, en effectuant la mesure, on élimine la possibilité de déterminer sa position avec précision. La nature affiche donc une limite intrinsèque à la précision avec laquelle ces caractéristiques complémentaires peuvent être déterminées. Et, bien que nous ayons parlé uniquement des électrons, le principe d'incertitude est parfaitement général : il s'applique à tout.

Dans notre vie quotidienne, nous avons l'habitude de parler de situations comme celle d'une voiture qui grille un feu rouge (voilà sa position) à la vitesse de 90 kilomètres à l'heure (voilà sa vitesse), et nous donnons sans nous poser de questions les deux caractéristiques physiques en même temps. Mais la mécanique quantique stipule que ce type d'affirmation n'a pas de sens, puisqu'on ne peut jamais mesurer position et vitesse simultanément. La raison pour laquelle nous pouvons nous permettre ces descriptions incorrectes du monde qui nous entoure, c'est qu'à l'échelle des phénomènes quotidiens, l'incertitude mise en jeu est dérisoire et passe inaperçue la plupart du temps. Le principe de Heisenberg, voyez-vous, ne déclare pas simplement que l'incertitude est de mise, il précise aussi (en toute certitude) la *quantité* d'incertitude minimale dans n'importe quelle situation. Si l'on applique cette formule à la vitesse de la voiture qui grille un feu rouge, dont on connaît la position à un centimètre près, alors l'incertitude sur la vitesse du véhicule s'avère timidement de l'ordre du milliardième de milliardième de milliardième de kilomètre à l'heure. La police pourrait affirmer, dans le plus grand respect des lois de la physique quantique, que la vitesse du contrevenant était comprise entre 89,9999999999999999999999999999999999999 et 90,0000000000000000000000000000000000001 kilomètres à l'heure lorsqu'il a grillé le feu rouge ; voilà qui, pour l'avocat de la défense, coupe court à toute tentative d'invoquer le principe d'incertitude. Mais si l'on remplace cette grosse voiture par une particule toute menue tel l'électron, dont on connaît la position à un milliardième de mètre près, alors l'incertitude sur sa vitesse atteindrait la valeur faramineuse de 160 000 kilomètres à l'heure ! L'incertitude est toujours présente, mais elle ne devient significative qu'aux échelles microscopiques.

L'explication de l'incertitude comme provenant de la perturbation inévitable des processus de mesure offre aux physiciens un guide utile et puissant pour comprendre et expliquer certaines situations de manière intuitive. Cependant, elle peut être source d'erreur. Elle peut laisser à penser que l'incertitude ne se manifeste que lorsque les expérimentateurs patauds que nous sommes se mêlent de ce qui ne les regarde pas. Mais ce n'est pas vrai. L'incertitude est intrinsèque à la nature ondulatoire de la mécanique quantique et existe indépendamment de nos mesures grossières. Prenons par exemple, pour une particule, une onde de probabilité particulièrement simple (figure 4.6), l'analogue de petites vaguelettes progressant lentement sur l'océan. Puisque les crêtes se déplacent toutes uniformément vers la droite, on peut supposer que cette onde décrit une particule en mouvement à la vitesse des crêtes de l'onde. Eh bien, l'expérience confirme cette hypothèse. Mais où est la particule ? Puisque l'onde est répartie uniformément dans tout l'espace, rien ne nous permet de dire que la particule est ici plutôt que là. Et si

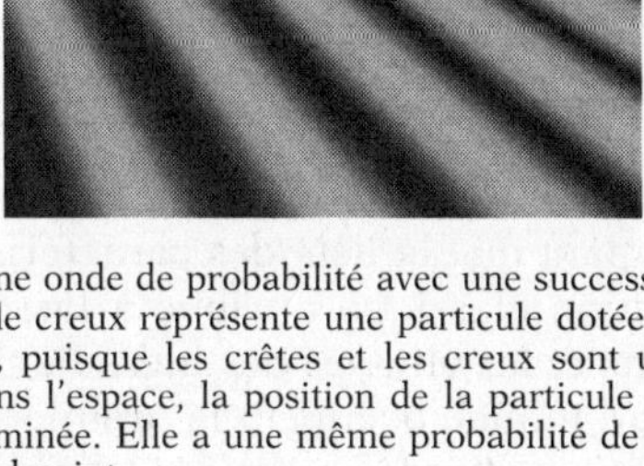

Figure 4.6 Une onde de probabilité avec une succession uniforme de crêtes et de creux représente une particule dotée d'une vitesse définie. Mais, puisque les crêtes et les creux sont uniformément distribués dans l'espace, la position de la particule est complètement indéterminée. Elle a une même probabilité de se trouver en n'importe quel point.

l'on cherche à la localiser, on peut la trouver absolument partout. Donc, même si l'on connaît précisément la vitesse à laquelle se déplace la particule, l'incertitude sur sa position est énorme. Et, comme nous le voyons, cette conclusion ne dépend pas du fait que l'on perturbe ou non la particule. On ne l'a même jamais touchée. En fait, cette conclusion provient d'une caractéristique élémentaire des ondes : elles sont sujettes à la dispersion.

Bien que les détails soient plus compliqués, un raisonnement analogue s'applique à toutes les autres ondes, et la morale est claire : en mécanique quantique, l'incertitude est de mise.

Einstein, l'incertitude et une question de réalité

Une question importante, qui vous a peut-être déjà effleuré l'esprit, est celle de savoir si le principe d'incertitude concerne ce que l'on peut connaître de la réalité, ou s'il concerne la réalité elle-même. Les objets qui composent l'Univers ont-ils réellement vitesse et position, comme l'image classique que l'on a de tout et n'importe quoi (une balle lancée en l'air, un coureur sur la piste d'un stade, un tournesol suivant lentement le chemin du Soleil), bien que l'incertitude quantique stipule que la connaissance simultanée de ces aspects de la réalité demeurera à tout jamais hors de notre portée ? Ou l'incertitude quantique brise-t-elle complètement le moule classique, stipulant que la liste des caractéristiques que notre intuition classique attribue à la réalité (dont les positions et les vitesses des ingrédients qui composent notre monde occupent la première place) est erronée ? L'incertitude quantique stipule-t-elle que les particules ne possèdent tout bonnement ni position définie ni vitesse définie ?

Aux yeux de Bohr, ces questions s'apparentaient à une énigme zen. La physique ne concerne que les choses que l'on peut mesurer. Du point de vue de la physique, voilà ce qu'*est* la réalité. Tenter d'utiliser la physique pour analyser une réalité « plus profonde », dépassant la portée de ce que l'on peut connaître par la mesure, revient à demander à la physique d'analyser le son d'une seule main qui applaudit. Mais, en 1935, Einstein et deux de ses collègues, Boris Podolsky et Nathan Rosen, formulèrent la question d'une manière si puissante et si ingénieuse que ce qui avait commencé comme un applaudissement par une seule main résonna pendant plus de cinquante ans comme une ovation et constitua pour notre compréhension de la réalité une offensive plus importante que tout ce qu'Einstein lui-même a jamais pu imaginer.

L'intention de l'article d'Einstein, Podolsky et Rosen était de prouver que la mécanique quantique, malgré son succès indéniable à faire des prédictions correctes et à expliquer les données expérimentales, ne pouvait pas avoir le dernier mot concernant la physique du monde microscopique. Leur stratégie était simple ; elle s'appuyait sur les questions posées ci-dessus : ils voulaient montrer que toute particule possède une position et une vitesse définies à tout instant, pour en conclure que le principe d'incertitude révèle en fait une limitation fondamentale de la mécanique quantique. Si toute particule possède une position et une vitesse, mais que la mécanique quantique est incapable de décrire ces aspects de la réalité, alors la mécanique quantique ne brosse qu'un portrait fragmentaire de l'Univers. Ils tentèrent de prouver que la mécanique quantique n'était donc qu'une théorie incomplète de la réalité physique et qu'elle n'était peut-être qu'une étape intermédiaire sur la voie d'une théorie plus profonde qu'il nous restait à découvrir. En fait, comme nous allons le voir, ils établirent les bases de la démonstration d'un fait plus fondamental encore : la non-localité du monde quantique.

Einstein, Podolsky et Rosen s'inspirèrent en partie de l'explication rudimentaire par Heisenberg de son principe d'incertitude : lorsqu'on mesure la position d'un objet, on le perturbe forcément, éliminant par là tout espoir de connaître en même temps sa vitesse. Bien que, comme nous l'avons vu, l'incertitude quantique soit plus générale que ce qu'indique l'explication par la « perturbation », Einstein, Podolsky et Rosen inventèrent ce qui avait l'apparence d'une esquive convaincante et ingénieuse, permettant de contourner *n'importe quelle* source d'incertitude. Voici ce qu'ils proposèrent : imaginons que nous puissions effectuer une mesure indirecte à la fois de la vitesse et de la position d'une particule, sans jamais entrer en contact avec elle. Par exemple, avec une analogie classique, imaginons que Gaston Lagaffe et M'oiselle Jeanne décident de partir en randonnée dans le désert Tressek. Ils partent du centre du désert, dos à dos, et conviennent d'avancer chacun dans une direction opposée, en marchant droit devant eux et exactement à la même vitesse. Imaginons en outre que, neuf heures plus tard, Fantasio, de retour d'une longue marche sur le mont Vouatou, aperçoive Gaston, coure à sa rencontre et lui demande avec inquiétude des nouvelles de M'oiselle Jeanne. Bien sûr, elle est déjà loin, mais, en observant Gaston et à force de le questionner, Fantasio peut apprendre bien des choses sur M'oiselle Jeanne. Si Gaston se trouve exactement à

45 kilomètres à l'est de leur point de départ commun, alors elle doit se trouver exactement à 45 kilomètres à l'ouest dudit point de départ. Et si Gaston marche exactement à la vitesse de cinq kilomètres à l'heure vers l'est, alors M'oiselle Jeanne doit être en marche à la vitesse de cinq kilomètres à l'heure vers l'ouest. Donc, même si elle se trouve à 90 kilomètres, Fantasio peut déterminer sa position et sa vitesse, mais de manière indirecte.

Einstein et ses collaborateurs choisirent, dans le domaine quantique, une stratégie du même acabit. Il existe des processus physiques bien connus, dans lesquels deux particules émergent d'un certain point avec des propriétés qui, dans un certain sens, sont reliées comme celles du mouvement de Gaston Lagaffe et de M'oiselle Jeanne. Prenons, par exemple, la désintégration d'une particule donnée en deux particules de même masse qui filent « dos à dos » (comme deux balles de billard après une collision frontale). Dans cet exemple, tout à fait ordinaire dans le monde de la physique subatomique, les vitesses des deux particules finales seront égales et opposées. En outre, les positions des deux particules seront elles aussi intimement reliées et, par souci de simplicité, on pourra toujours imaginer les particules comme étant équidistantes de leur origine commune.

Il y a toutefois une distinction importante entre l'exemple classique de Gaston Lagaffe et M'oiselle Jeanne, et la description quantique des deux particules. En effet, si l'on peut dire avec certitude qu'il existe une relation définie entre les vitesses des deux particules (si l'on effectue des mesures sur l'une d'elles, et que l'on trouve qu'elle chemine vers la gauche à une certaine vitesse, alors l'autre doit nécessairement cheminer vers la droite à la même vitesse), on ne peut pas pour autant prédire la valeur numérique à laquelle les particules se déplacent. En fait, le mieux que l'on puisse faire est d'utiliser les lois de la physique quantique pour prédire avec quelle probabilité une vitesse donnée est atteinte. De même, si l'on peut dire avec certitude qu'il existe une relation définie entre les positions des deux particules (si l'on effectue des mesures sur l'une des deux à un instant donné, et que l'on trouve la particule à une certaine position, l'autre sera nécessairement située à la même distance du point de départ dans la direction opposée), on ne peut pas pour autant prédire avec certitude la position des particules. Le mieux que l'on puisse faire est de prédire la probabilité que l'une des deux particules soit en un point donné. Par conséquent, si la mécanique quantique ne donne pas de réponses définitives concernant les positions et les vitesses des particules, elle peut néanmoins, dans certains cas, donner des précisions claires au sujet des *relations* qui lient les positions et les vitesses des deux particules.

Einstein, Podolsky et Rosen (EPR) pensaient exploiter ces relations pour montrer que chacune des deux particules possède bien une position et une vitesse définies à tout instant. Voici comment ils comptaient procéder : imaginons que l'on mesure la position de la particule partant vers la droite, pour s'informer indirectement sur la position de la particule partant vers la gauche. Puisque nous n'avons absolument rien fait à la particule de gauche, EPR en concluaient que celle-ci *devait avoir* cette position, et l'on n'a fait que la déterminer, même si ce n'était qu'indirectement. Ils signalaient alors, très astucieusement, que l'on aurait tout aussi bien pu choisir de mesurer la *vitesse* de la particule de droite. Dans ce cas, on aurait, toujours indirectement, mesuré la vitesse de la particule de gauche sans la perturber. À nouveau, EPR avançaient que, puisqu'on n'avait absolument rien fait à la particule de gauche, celle-ci *devait avoir* cette vitesse et l'on n'a fait que la déterminer. En assemblant tout cela — les mesures que l'on a faites et les mesures que l'on aurait pu faire —, EPR concluaient que la particule de gauche avait une position et une vitesse définies à tout instant.

Tout cela est si subtil et si fondamental que je me permets de récapituler : le raisonnement d'EPR était que rien, dans le fait d'effectuer des mesures sur la particule de droite, ne peut avoir un quelconque effet sur la particule de gauche, car il s'agit de deux entités distinctes et séparées. La particule de gauche est parfaitement aveugle à tout ce que l'on peut ou que l'on a pu faire subir à la particule de droite. Les particules pouvant être séparées par des mètres, des kilomètres ou des années-lumière lorsqu'on effectue nos mesures sur la particule de droite, la particule de gauche, pour résumer, n'a que faire de ce qui se passe à droite. Donc, quoi que l'on apprenne, ou que l'on pourrait apprendre en principe, concernant les propriétés de la particule de gauche par l'étude de son homologue de droite, ces propriétés seront des propriétés *définies, existant bel et bien,* de la particule de gauche, parfaitement indépendantes de nos mesures. En mesurant la position de la particule de droite, on aurait connaissance de la position de la particule de gauche. En mesurant la vitesse de la particule de droite, on aurait connaissance de la vitesse de la particule de gauche. Par conséquent, la particule de gauche a donc, en toute logique, une position et une vitesse bien définies. Évidemment, tout ce raisonnement peut être reproduit en intervertissant le rôle des deux particules (d'ailleurs, avant les mesures, on est bien incapable de dire quelle particule va vers la gauche et quelle particule va vers la droite). La conclusion de tout cela est donc que les deux particules ont une vitesse et une position bien définies.

Ainsi, EPR en conclurent que la mécanique quantique offrait une description incomplète de la réalité. Les particules ont des positions et des vitesses bien définies, mais le principe d'incertitude de la mécanique quantique montre que ces aspects de la réalité dépassent la portée de la théorie. Si, comme ces physiciens et beaucoup d'autres, vous pensez qu'une théorie complète de la nature devrait décrire chaque facette de la réalité, vous conviendrez que l'incapacité de la mécanique quantique à décrire à la fois les positions et les vitesses des particules signifie que la théorie passe à côté de certains aspects et qu'elle n'est donc pas complète, qu'elle n'a pas le dernier mot. Voilà ce qu'Einstein, Podolsky et Rosen défendaient avec ferveur.

La riposte quantique

Le trio EPR concluait que toute particule possède une position et une vitesse définies à tout instant, mais notons toutefois qu'en suivant leur raisonnement on se trouve bien incapable de déterminer ces caractéristiques. J'ai mentionné plus haut qu'on aurait tout aussi bien pu choisir de mesurer la vitesse de la particule de droite. Ce faisant, on aurait perturbé sa position. Mais, d'un autre côté, si l'on avait choisi de mesurer sa position, on aurait perturbé sa vitesse. Si l'on ne connaît pas ces deux aspects du mouvement de la particule de droite, on ne les connaît pas non plus pour la particule de gauche. Ainsi, *il n'y a aucun conflit avec le principe d'incerti-*

tude : Einstein et ses collaborateurs admettaient tout à fait qu'ils ne pouvaient pas identifier à la fois la position et la vitesse d'une particule donnée. Mais la clé de toute cette affaire, c'est que, même sans déterminer à la fois la position et la vitesse de l'une ou l'autre particule, le raisonnement de EPR vise à montrer que chacune d'elles a bel et bien une position et une vitesse. À leurs yeux, c'est une question de réalité. À leurs yeux, la théorie ne peut pas prétendre être complète s'il subsiste des éléments de la réalité qu'elle ne peut décrire.

Après un bref engouement intellectuel suite à cette observation inattendue, les défenseurs de la mécanique quantique finirent par maintenir leur cap habituel et pragmatique, résumé ainsi par l'éminent physicien Wolfgang Pauli : « Une chose dont on ne peut rien savoir existe-t-elle vraiment, on devrait [...] s'en soucier aussi peu que de la vieille question de savoir combien d'anges peuvent tenir sur la pointe d'une épingle[9]. » La physique en général et la mécanique quantique en particulier ne peuvent manipuler que les propriétés mesurables de l'Univers. Le reste n'est tout simplement pas du domaine de la physique. Si l'on ne peut pas mesurer à la fois la position et la vitesse d'une particule, eh bien, se demander si la particule a ou non une position et une vitesse définies n'a tout bonnement pas de sens.

EPR maintenaient le contraire. La réalité, soutenaient-ils, allait au-delà des indications des détecteurs ; elle dépassait la somme de toutes les observations que l'on peut faire à un instant donné. Même si rien ni personne, aucun dispositif, aucun détecteur, ni quoi que ce soit d'autre ne « regarde » la Lune, pensaient-ils, eh bien, celle-ci est néanmoins à sa place. Ils étaient convaincus qu'elle faisait néanmoins partie de la réalité.

D'une certaine manière, cette impasse fait écho au débat entre Newton et Leibniz sur la réalité de l'espace. Un objet que l'on ne peut ni voir, ni toucher, ni mesurer d'aucune manière que ce soit peut-il être considéré comme réel ? Au chapitre 2, j'ai décrit la manière dont le seau de Newton a modifié la tournure du débat sur l'espace, suggérant sans préavis que l'influence de l'espace pourrait être directement observable sur la surface courbe de l'eau. En 1964, le physicien irlandais John Bell a porté au débat concernant la réalité quantique un coup semblable, tellement considérable, qu'un journaliste l'a baptisé « la plus profonde découverte scientifique »[10].

Dans les quatre paragraphes suivants, je décrirai la découverte de Bell en m'efforçant de ne présenter qu'un minimum de points techniques. Cela étant, bien que le raisonnement soit moins sophistiqué que le calcul des probabilités au jeu du quatre-cent-vingt et un, il contient néanmoins un certain nombre d'étapes qu'il est nécessaire d'expliciter pour les relier ensuite. Selon vos affinités avec ce type de détails, peut-être finirez-vous par perdre patience et vouloir atteindre le mot de la fin. N'hésitez pas, dans ce cas, à sauter au paragraphe intitulé « Feu sans fumée », vous y trouverez un résumé du raisonnement et une discussion des conclusions qui découlent de la découverte de Bell.

John Bell et le spin

John Bell fit passer l'idée centrale de l'article d'Einstein, Podolsky et Rosen du statut de spéculation philosophique à celui de question pouvant être résolue par des mesures expérimentales concrètes. Chose étonnante, il lui suffit, pour y parvenir, de considérer une situation dans laquelle les propriétés impossibles à déterminer simultanément d'après la mécanique quantique (comme la position et la vitesse) n'étaient pas simplement au nombre de deux. Il montra que si trois propriétés au moins tombaient sous le joug de l'incertitude quantique (au moins trois propriétés telles que, si l'on mesure l'une d'elles, on perturbe les autres dont on ne peut alors plus rien savoir), alors il *existe* une expérience qui peut répondre à la question de leur réalité. Le plus simple des exemples fait intervenir ce que l'on appelle le « spin ».

Depuis les années 1920, les physiciens avaient compris que les particules ont un spin — un moment angulaire intrinsèque en vertu duquel, en gros, elles tournent sur elles-mêmes un peu comme pourrait le faire un ballon de foot qui tournoie jusqu'au but. Toutefois, le spin quantique se distingue de cette image classique par un certain nombre d'aspects essentiels. Pour ce qui nous occupe, les deux principaux sont les suivants : premièrement, les particules (comme les électrons ou les photons, par exemple) ne peuvent tourner que dans un sens (celui des aiguilles d'une montre ou le sens inverse), toujours au même rythme, et autour de n'importe quel axe. Si le spin d'une particule peut changer de direction, celle-ci ne peut ni ralentir ni accélérer sa rotation autour de cet axe. Deuxièmement, l'incertitude quantique appliquée au spin montre que, tout comme il est impossible de déterminer simultanément la position et la vitesse d'une particule, on ne peut déterminer simultanément la valeur du spin d'une particule selon plus d'un axe. Imaginons par exemple un ballon de foot qui tournoie sur lui-même autour d'un axe dans la direction nord-est ; son moment angulaire est alors réparti entre les directions plein nord et plein est et, par des mesures appropriées, on pourrait déterminer la fraction de son moment angulaire le long de chacun de ces deux axes. Mais, si l'on mesure le spin d'un électron selon un axe choisi au hasard, eh bien, on ne trouvera jamais une valeur de spin fractionnaire. Jamais. C'est un peu comme si la mesure elle-même forçait l'électron à rassembler tout son mouvement de spin, pour le diriger dans un sens ou dans l'autre, selon la direction de l'axe que *nous* avons choisie. En outre, du fait de l'influence de nos mesures sur le spin de l'électron, on perd alors la possibilité de déterminer quel était, avant les mesures, son mouvement de spin autour d'un axe horizontal, ou vertical, ou dirigé dans quelque autre direction que ce soit. Il est difficile de saisir entièrement ces aspects du spin quantique, et cette difficulté met en lumière les limites des images classiques à révéler la véritable nature du monde quantique. Malgré cela, les mathématiques de la théorie quantique, alliées à des dizaines d'années d'expérimentation, nous garantissent que ces caractéristiques du spin quantique ne font aujourd'hui aucun doute.

Si nous introduisons le spin à ce stade, ce n'est pas pour farfouiller au cœur des bizarreries de la physique des particules. En fait, nous verrons très rapidement que l'exemple du spin fournit un laboratoire simple pour extraire des réponses littéralement spectaculaires à la question de la réalité. Une particule possède-t-elle bel et bien, à tout instant, une quantité de spin bien définie autour de quelque axe que ce soit, malgré le fait que l'incertitude quantique nous empêche de connaître son spin pour plus d'un axe à la fois ? Ou le principe d'incertitude nous dit-il autre chose ? Nous dit-il, contrairement à toute notion classique de la réalité, qu'une particule ne possède pas et ne peut simplement pas posséder toutes ces caractéristiques simultanément ? Nous dit-il qu'une particule flotte dans des limbes quantiques, sans avoir de spin défini autour de quelque axe que ce soit, tant qu'on ne l'a pas mesuré (avec une probabilité déterminée par la théorie quantique) à telle ou telle valeur (dans un sens ou dans l'autre) selon tel ou tel axe ? En étudiant cette question comme celle que l'on s'est posée dans le cas de la position et de la vitesse, on peut utiliser le spin pour explorer la nature de la réalité quantique (et pour en tirer des réponses qui transcenderont largement le cas particulier du spin). Voyons cela de plus près.

Le physicien David Bohm[11] montra explicitement que l'on peut facilement généraliser le raisonnement d'Einstein, Podolsky et Rosen à la question de savoir si les particules possèdent des spins définis autour de tous les axes possibles. Voici comment. Disposons deux détecteurs capables de mesurer le spin d'un électron incident, l'un à l'extrême droite du laboratoire et l'autre à l'extrême gauche. Faisons en sorte que deux électrons soient émis « dos à dos » par une source disposée à mi-distance des deux détecteurs, de telle sorte que leurs spins (plutôt que leurs positions et leur vitesses, comme dans notre précédent exemple) soient corrélés. Les détails sur la manière d'y parvenir ne revêtent ici aucune importance ; ce qui compte, c'est que cela peut être mis en œuvre, et même facilement. La corrélation peut être telle que, si les deux détecteurs — à droite et à gauche — sont conçus pour mesurer les spins dans une même direction, alors ils obtiendront le même résultat. Si les détecteurs sont conçus pour mesurer le spin de leur électron respectif autour de l'axe vertical et que le détecteur de gauche trouve que le spin de l'électron de gauche est dans le sens des aiguilles d'une montre, le détecteur de droite donnera le même résultat. Si les détecteurs sont tous deux conçus pour mesurer le spin autour d'un axe faisant un angle de 60° avec la verticale et que le détecteur de gauche mesure un spin dans le sens inverse des aiguilles d'une montre, il en sera de même pour le détecteur de droite. Et ainsi de suite. Ici encore, le mieux que l'on puisse faire, en mécanique quantique, c'est de prédire la probabilité que les détecteurs mesurent le spin dans un sens ou dans l'autre. Mais on ne peut pas prédire avec une certitude de 100 % que, quelle que soit la mesure de l'un des deux, l'autre trouvera la même chose*.

Le raisonnement de EPR revisité par Bohm est alors pratiquement le même que celui de la version originale qui concernait la position et la vitesse. La corrélation entre les spins des deux particules nous permet de mesurer indirectement, autour d'un axe donné, le spin de la particule de gauche en mesurant celui de son homologue allant vers la droite. Puisque ces mesures sont effectuées à l'extrême droite du laboratoire, celles-ci ne peuvent aucunement influencer la particule de gauche. Ainsi, cette dernière devrait avoir à tout instant la valeur du spin que l'on détermine ; tout ce que l'on a fait, c'est la mesurer, mais de manière indirecte. En outre,

* Pour simplifier, je considère les spins des électrons parfaitement corrélés alors que, dans la description plus conventionnelle, ils sont en fait parfaitement *anti*-corrélés : quel que soit le résultat obtenu par l'un des détecteurs, le second trouvera l'opposé. Pour mieux coller à la description conventionnelle, on peut imaginer que j'ai interverti, sur l'un des deux détecteurs, les affichages « sens des aiguilles d'une montre » et « sens contraire des aiguilles d'une montre ».

puisque l'on aurait tout aussi bien pu choisir d'effectuer les mesures autour de n'importe quel axe, la même conclusion vaut pour tous les axes : l'électron de gauche doit donc avoir un spin bien défini autour de tous les axes possibles, bien que l'on ne puisse le déterminer explicitement qu'autour d'un seul axe à la fois. Bien évidemment, on peut inverser les rôles joués à droite et à gauche, afin de conclure que chaque particule a un spin bien défini autour de n'importe quel axe[12].

À ce stade, sans distinguer de différence frappante avec l'exemple position/vitesse, on pourrait être tenté d'adopter le point de vue de Pauli et de répondre qu'il ne sert à rien de réfléchir à ce type de question. Si en réalité on ne peut pas mesurer simultanément le spin autour d'axes différents, à quoi bon s'interroger sur la question de savoir si une particule a tout de même un spin défini (dans le sens des aiguilles d'une montre ou dans le sens inverse) dans chaque direction ? La mécanique quantique, et plus généralement la physique, n'est tenue de considérer que les aspects de notre monde que l'on peut mesurer. Et de Bohm, Einstein, Podolsky ou Rosen, aucun n'aurait soutenu que l'on peut effectuer ces mesures. En revanche, ils avançaient que les particules possèdent des propriétés interdites par le principe d'incertitude, bien que l'on ne puisse jamais connaître explicitement leur valeur. On a finalement appelé ces propriétés des « propriétés cachées » ou, plus généralement, des « variables cachées ».

C'est alors que John Bell a tout changé. Il a découvert que, même si l'on ne peut pas déterminer le spin d'une particule autour de plus d'un axe à la fois, si elle avait malgré tout un spin défini autour de tous les axes, alors cela aurait des conséquences observables et vérifiables.

Tester la réalité

Pour saisir la portée de l'idée de Bell, revenons à Mulder et Scully et imaginons que chacun ait reçu un nouveau paquet, contenant à nouveau des boîtes en titane, mais avec une nouveauté importante. Plutôt qu'une seule porte, chaque petite boîte en possède trois : une sur le dessus, une sur le côté, et une à l'avant[13]. La lettre jointe précise que la sphère contenue dans chaque boîte choisit maintenant au hasard entre le rouge et le bleu à l'ouverture de n'importe laquelle des trois portes. Si l'on choisit d'ouvrir une autre porte (celle du dessus plutôt que celle du côté ou celle à l'avant), la couleur choisie au hasard par la sphère pourrait être différente, mais, une fois qu'on a ouvert une porte et que la sphère a émis son signal lumineux, il n'y a plus aucun moyen de savoir ce qui aurait eu lieu si l'on avait choisi d'ouvrir une autre porte. (Cette particularité correspond, en physique, à l'incertitude quantique : une fois que l'on a mesuré une propriété, on ne peut plus rien savoir des autres.) Enfin, la lettre signale qu'il existe, cette fois encore, une relation mystérieuse, une intrication étrange entre les deux ensembles de boîtes : bien que les sphères choisissent de manière *aléatoire* la couleur qu'elles émettent à l'ouverture de l'une des trois portes, si Mulder et Scully ouvrent la même porte de deux boîtes portant le même numéro, la lettre prédit qu'ils verront tous deux la même couleur. Si Mulder ouvre la porte au sommet de sa boîte 1 et voit du bleu, alors la lettre prédit que Scully verra elle aussi du bleu si elle ouvre la porte du sommet de sa boîte numérotée 1 ; si Mulder ouvre la porte latérale de sa boîte 2 et voit du rouge, alors la lettre prédit que Scully verra elle aussi du rouge si elle ouvre la porte latérale de sa boîte 2. Et en effet, après avoir ouvert plusieurs douzaines de boîtes (en convenant par téléphone de la porte à ouvrir pour chacune), les deux agents vérifient les prédictions de la lettre.

Bien que la situation soit un peu plus compliquée que dans le cas précédent, on pourrait penser à première vue que le premier raisonnement de Scully s'applique ici aussi.

« Mulder, dit Scully, c'est aussi débile que le paquet d'hier. Ici encore, il n'y a pas de mystère. La sphère contenue dans chaque boîte est tout simplement programmée. Rends-toi à l'évidence !

— Mais il y a maintenant trois portes, précise Mulder, et les sphères ne peuvent pas *deviner* quelle porte on choisit d'ouvrir, non ?

— Elles n'ont pas besoin de le deviner, explique Scully. Ça fait partie du programme. Prenons un exemple. Prenons tous les deux la boîte suivante, la numéro 37. Alors, imagine que la sphère de ma boîte 37 est programmée, disons, pour émettre du rouge si j'ouvre la porte du haut, du bleu si j'ouvre la porte du côté et du rouge si j'ouvre celle du devant. Appelons ce programme "rouge, bleu, rouge". Donc, manifestement, si celle ou celui qui nous a envoyé ce truc a programmé la même chose dans *ta* boîte 37, et que l'on ouvre tous les deux la même porte, alors nous verrons la même couleur. Voilà l'explication de cette "mystérieuse relation" : si les boîtes de nos collections respectives ont toutes été programmées de la même manière selon leur numéro, eh bien, nous verrons la même couleur si l'on ouvre les mêmes portes. Ça n'a rien de mystérieux ! »

Mais Mulder se refuse à admettre que les sphères sont programmées. Il est convaincu par la lettre. Il est convaincu que les sphères choisissent au hasard entre le rouge et le bleu à l'ouverture de l'une des portes de la boîte qui les contient, et il croit donc dur comme fer que ses boîtes et celles de Scully sont bel et bien reliées par une mystérieuse connexion de longue portée.

Qui a raison et qui a tort ? Puisqu'il n'y a aucun moyen d'examiner les sphères avant ou pendant le processus supposé aléatoire de sélection de la couleur (souvenons-nous que toute tentative de la sorte provoquerait aussitôt l'émission par la sphère de lumière rouge ou bleue, rendant vain tout espoir de comprendre comment elle opère réellement), il semble donc impossible de montrer clairement qui, de Scully ou de Mulder, a raison.

Et pourtant, en y réfléchissant, Mulder réalise qu'il existe bel et bien une expérience qui permettrait de trancher définitivement. Son raisonnement est simple, mais il nécessite un chouia de plus de logique mathématique que l'essentiel de ce que nous abordons ici. Mais tentez de suivre tous les détails (cela en vaut la peine et il n'y en pas tant que ça), sans vous inquiéter si l'un ou l'autre vous échappe : nous ferons d'ici peu un résumé de la conclusion principale.

Mulder se rend donc compte que, jusqu'à présent, Scully et lui n'ont regardé que ce qui se passait lorsque tous deux ouvraient la même porte d'une boîte portant un même numéro. Et, comme il l'explique avec excitation lorsqu'il rappelle Scully, ils pourraient en apprendre beaucoup plus s'ils ne choisissaient pas systématiquement d'ouvrir la même porte.

« Mulder, s'il te plaît, laisse-moi profiter de mes vacances. Qu'est-ce qu'on apprendrait de plus en faisant ça ?

— Eh bien, on pourrait déterminer si ton explication est la bonne ou pas.

— Ah, tiens ! Je serais curieuse de savoir comment.

— C'est simple, poursuit Mulder. Admettons que ton explication soit la bonne. Dans ce cas, si toi et moi choisissons au hasard et séparément quelle porte ouvrir pour chaque boîte et si l'on prend soin de noter la couleur émise, alors, après avoir ouvert un grand nombre de boîtes, on devrait vérifier que toi et moi avons vu la même couleur dans *plus* de 50 % des cas. En revanche, si l'on trouve que l'on ne voit *pas* la même couleur dans plus de 50 % des cas, alors, tu ne peux avoir raison.

— Ah bon ? Et pourquoi cela ? questionne Scully, de plus en plus curieuse.

Eh bien, continue Mulder, voici un exemple. Imaginons que tu aies raison et que chaque sphère opère en suivant un programme. Prenons un exemple concret et imaginons que le programme de la sphère d'une boîte donnée soit “bleu, bleu, rouge”. Chacun de nous deux ayant le choix entre trois portes, il y a au total neuf combinaisons possibles pour les deux portes que l'on choisit d'ouvrir sur ces boîtes-là. Je pourrais, par exemple, choisir la porte du dessus de ma boîte tandis que toi, tu choisirais la porte latérale de la tienne ; je pourrais tout aussi bien choisir la porte frontale et toi la porte du haut, et ainsi de suite.

— Oui, bien sûr, intervient Scully. Appelons porte 1 la porte du haut, porte 2 celle du côté, et porte 3 la porte frontale. Alors les neuf combinaisons possibles sont (1,1), (1,2), (1,3), (2,1), (2,2), (2,3), (3,1), (3,2), (3,3).

— Exactement, poursuit Mulder. Voici maintenant mon raisonnement : parmi ces neuf possibilités, note que cinq combinaisons, (1,1), (2,2), (3,3),

(1,2), (2,1), correspondent aux cas où nous voyons tous les deux la même couleur. Les trois premières sont celles pour lesquelles nous choisissons d'ouvrir la même porte sur nos boîtes respectives et, comme nous le savons, on observe alors *toujours* la même couleur. Les deux autres combinaisons, (1,2) et (2,1), donnent la même couleur si l'on admet que le programme impose aux sphères d'émettre la même couleur (bleu) lorsqu'on ouvre la porte 1 ou la porte 2. Donc, puisque cinq est supérieur à la moitié de neuf, cela implique que, dans plus de la moitié (plus de 50 %) des combinaisons possibles des portes que l'on peut choisir d'ouvrir, les sphères émettront la même couleur.

— Mais attends, proteste Scully, cela ne vaut que pour le programme particulier que tu as pris en exemple : "bleu, bleu, rouge". Ce que moi je propose, c'est que des boîtes ayant différents numéros puissent avoir des programmes différents.

— Certes, mais, en fait, ça n'a pas d'importance. La conclusion vaut pour tous les programmes possibles. Tu vois, mon raisonnement avec le programme "bleu, bleu, rouge" ne tient qu'au fait qu'il y a forcément deux couleurs semblables quel que soit le programme. Ainsi, la conclusion reste la même pour tous les programmes : "rouge, rouge, bleu", ou "rouge, bleu, rouge", et ainsi de suite. Tous ces programmes ont forcément deux occurrences de la même couleur ; les seuls qui soient réellement différents sont les programmes dans lesquels les trois couleurs sont les mêmes : "rouge, rouge, rouge", et "bleu, bleu, bleu". Mais pour les boîtes programmées de cette manière, on obtiendra la même couleur, quelles que soient les portes que l'on choisit d'ouvrir, si bien que la proportion globale des cas de concordance est encore plus élevée. Donc, si ton explication est correcte et que les boîtes opèrent en suivant leur programme (même si les programmes varient d'une boîte numérotée à une autre), on devrait voir la même couleur dans *plus* de 50 % des cas. »

Voilà le raisonnement. Le plus dur est passé. Et la conclusion, c'est qu'il existe bel et bien un moyen de déterminer si Scully a vu juste, et si chaque sphère opère en suivant un programme qui détermine de manière précise la couleur à émettre à l'ouverture d'une porte ou d'une autre. Si les deux agents choisissent — indépendamment et de manière aléatoire — une des trois portes de chacune de leurs boîtes, puis qu'ils comparent les couleurs observées (boîte par boîte, en respectant leur numérotation), alors ils devraient trouver les mêmes couleurs pour *plus* de 50 % des boîtes.

Exprimée dans le langage de la physique, comme le fait le paragraphe suivant, la révélation de Mulder n'est autre que la découverte de John Bell.

Les anges sous tous les angles

La transcription de ce résultat à la physique est immédiat. Imaginons que nous ayons deux détecteurs disposés aux deux extrémités du laboratoire, l'un à droite et l'autre à gauche. Comme dans l'expérience présentée plus haut, chacun mesure le spin d'une particule incidente (un électron, par exemple). C'est à nous de choisir selon quel axe les détecteurs effectuent la mesure du spin (vertical, horizontal, d'avant en arrière, ou n'importe laquelle des innombrables possibilités intermédiaires). Pour simplifier, imaginons que nous n'ayons pas des détecteurs dernier cri et qu'ils ne permettent que trois choix pour les axes. À chaque événement observé au cours de l'expérience, on trouvera le spin de l'électron dans un sens ou dans l'autre (celui des aiguilles d'une montre ou le sens contraire) autour de l'axe choisi.

Pour Einstein, Podolsky et Rosen, chaque électron incident arrive dans le détecteur avec l'équivalent d'un programme : même s'il est caché, même si l'on ne peut le mesurer, EPR affirment que chaque électron possède une valeur de spin définie (dans le sens des aiguilles d'une montre ou dans le sens inverse) autour de *tous* les axes possibles. Ainsi, lorsqu'un électron pénètre dans le détecteur, celui-ci détermine si son spin tourne dans le sens direct (celui des aiguilles d'une montre) ou inverse (dans le sens inverse des aiguilles d'une montre), et ce autour de n'importe quel axe choisi par nos soins. Par exemple, un électron dont le spin serait dans le sens des aiguilles d'une montre pour les trois axes accessibles à nos détecteurs transmettrait au détecteur le programme « direct, direct, direct ». Un électron dont le spin serait dans le sens des aiguilles d'une montre pour les deux premiers axes, et dans le sens contraire pour le troisième transmettrait le programme « direct, direct, inverse », et ainsi de suite. Pour expliquer l'intrication entre l'électron de gauche et l'électron de droite, Einstein, Podolsky et Rosen affirmaient simplement que ces électrons avaient des spins identiques et transmettaient le même programme aux détecteurs. Par conséquent, en choisissant les mêmes axes pour les détecteurs de droite et de gauche, on devrait trouver pour le spin des résultats identiques.

Notez que ces détecteurs de spin reproduisent précisément tout ce que l'on a vu avec Scully et Mulder, à ceci près qu'au lieu de choisir une porte sur une boîte en titane on choisit un axe ; au lieu d'observer un signal lumineux rouge ou bleu, on mesure le spin dans le sens des aiguilles d'une montre ou dans le sens inverse. Ainsi, de même qu'en ouvrant les mêmes portes d'une paire de boîtes portant le même numéro on observe la même couleur pour chacune, en choisissant les mêmes axes sur les détecteurs, on mesurera le même spin pour les deux particules. En outre, de même que l'ouverture d'une porte donnée nous ôte la possibilité de savoir quelle couleur aurait été émise si l'on avait ouvert une autre porte, le fait de mesurer le spin selon un axe donné nous empêche, si l'on en croit la mécanique quantique, de savoir quel spin aurait été observé si l'on avait choisi un autre axe.

Tout ce qui précède implique que le raisonnement de Mulder, pour savoir qui a raison et qui a tort, s'applique au cas des spins des électrons, exactement de la même manière qu'au cas des sphères extraterrestres. Si EPR ont raison et que chaque électron possède réellement une valeur de spin définie pour les trois axes (autrement dit, si chaque électron fournit le « programme » qui déterminera définitivement le résultat de l'une ou l'autre des trois mesures de spin possibles), alors on peut s'attendre à la chose suivante. L'examen des données recueillies sur un grand nombre d'événements (si pour chaque expérience on choisit de manière aléatoire et indépendante l'axe sur lequel chacun des détecteurs effectuera ses mesures) devrait montrer que, dans *plus de 50 % des cas, le spin mesuré pour les deux électrons est le même* — c'est-à-dire que les deux sont dans le sens des aiguilles d'une montre, ou les deux dans le sens inverse. Si les valeurs du spin des électrons ne sont pas les mêmes dans plus d'un cas sur deux, alors cela implique que le raisonnement d'Einstein, Podolsky et Rosen est faux.

Voilà la découverte de Bell. Elle montre que, même si l'on ne peut pas mesurer le spin d'un électron autour de plus d'un axe à la fois (même si l'on ne peut pas « lire » explicitement le programme qu'il est supposé fournir au détecteur dans lequel il pénètre), cela n'implique pas pour autant que tenter de savoir s'il possède néanmoins une valeur de spin définie selon plus d'un axe à la fois revienne à compter des anges sur une tête d'épingle, loin de là. Bell trouva qu'il existait une conséquence vérifiable, associée à l'hypothèse que les particules ont des valeurs de spin définies. En utilisant trois axes différents, il fournit un moyen de compter les anges de Pauli.

Du feu sans fumée

Pour le cas où vous auriez laissé les détails de côté, voici un résumé de la situation. Par le principe d'incertitude de Heisenberg, la mécanique quantique affirme que certaines caractéristiques de notre monde (comme la position et la vitesse d'une même particule ou le spin d'une particule autour de différents axes) ne peuvent avoir de valeurs définies simultanément. *Une particule, si l'on en croit la théorie quantique, ne peut avoir à la fois une position et une vitesse définies ; une particule ne peut avoir un spin défini (un spin dans le sens des aiguilles d'une montre ou dans le sens inverse) autour de plus d'un axe à la fois ; une particule ne peut avoir certaines caractéristiques définies simultanément pour les aspects qui résident de part et d'autre de la dualité qu'impose l'incertitude.* Au contraire, les particules errent dans des limbes quantiques, dans le flou probabiliste et informe de toutes les possibilités ; ce n'est que par la mesure qu'est choisie une issue donnée parmi tous les possibles. Voilà un point de vue radicalement différent de ce que dépeint la physique classique.

Sans relâche, les plus sceptiques vis-à-vis de la mécanique quantique, Einstein et ses collègues Podolsky et Rosen, tentèrent d'utiliser cet aspect de la mécanique quantique comme une arme contre elle-même. EPR avançaient que, même si la mécanique quantique n'autorisait pas que ces aspects soient déterminés simultanément, les particules devaient néanmoins posséder des valeurs définies de leur position et de leur vitesse, ou de leur spin autour de tous les axes. Ils affirmaient que les particules devaient avoir des valeurs définies pour tout ce qu'interdisait l'incertitude quantique. EPR considéraient donc que la mécanique quantique ne pouvait décrire toutes les facettes de la réalité quantique (qu'elle ne peut décrire à la fois la position et la vitesse d'une particule ; qu'elle ne peut décrire le spin d'une particule autour de plus d'un axe à la fois) et qu'elle était par conséquent une théorie incomplète.

Pendant des années, la question de savoir si EPR avaient raison ou tort s'apparentait plus à une question métaphysique qu'à une question de physique. Comme le disait Pauli, si l'on ne peut réellement pas mesurer des aspects interdits par l'incertitude quantique, alors quelle différence cela peut-il faire que ces aspects existent ou non, puisqu'ils sont une face cachée de la réalité ? Or, fait remarquable, John Bell a découvert quelque chose qui avait échappé à Einstein, à Bohr et à tous les autres géants de la physique théorique du xxe siècle : il a découvert que la simple existence de certains aspects, même hors de portée de toute mesure ou de toute détermination explicite, fait bel et bien la différence — et cette différence, on peut la vérifier expérimentalement. Bell a montré que, si EPR avaient raison, alors les résultats des mesures de certaines propriétés des particules (dans l'approche que l'on a adoptée, il s'agit du spin autour de différents axes choisis aléatoirement) obtenus par deux détecteurs séparés par une grande distance devraient trouver le même résultat dans plus de 50 % des cas.

Bell eut cette idée en 1964, mais la technologie de l'époque ne permettait pas de mettre en œuvre l'expérience. Ce ne fut possible qu'au début des années 1970. Des versions de plus en plus perfectionnées de ces expériences furent alors réalisées, tout d'abord par Stuart Freedman et John Clauser (à Berkeley), puis par Edward Fry et Randall Thompson (au Texas A & M) et enfin, au début des années 1980, grâce au travail admirable d'Alain Aspect et de ses collaborateurs basés en France. Dans les expériences d'Aspect, par exemple, les deux détecteurs étaient disposés à treize mètres l'un de l'autre, une réserve d'atomes de calcium excités étant placée à mi-distance. Par un phénomène bien compris en physique, chaque atome de calcium, en revenant à son état fondamental, de plus basse énergie, émet deux photons partant dans des directions opposées, et dont les spins sont parfaitement corrélés, comme dans l'exemple des électrons discuté plus haut. En effet, dans l'expérience d'Aspect, lorsque les détecteurs étaient réglés de la même manière, on vérifiait que les spins des deux photons étaient toujours parfaitement alignés. Si l'on avait branché aux détecteurs d'Aspect des petites lampes émettant du rouge au passage d'un photon dont le spin était dans le sens des aiguilles d'une montre, et du bleu au passage d'un photon de spin dans le sens inverse, alors les photons incidents auraient à chaque fois allumé les mêmes couleurs des deux côtés.

Mais voici le point principal : Aspect a examiné les données après avoir réitéré l'expérience un grand nombre de fois, les réglages des deux détecteurs n'étant pas toujours les mêmes, mais au contraire choisis de manière aléatoire et indépendante pour chaque paire de photons, il a découvert que *les détecteurs n'étaient pas en accord dans plus de 50 % des cas*.

Ce résultat s'apparente à un véritable séisme ; le genre de résultat à couper le souffle. Si vous respirez encore, alors permettez-moi de fournir plus d'explications. Les résultats d'Aspect montrent par l'expérience (ni par la théorie, ni par la cogitation, mais par la nature) qu'Einstein, Podolsky et Rosen avaient tort. Et cela signifie qu'il doit y avoir une faille dans le raisonnement d'EPR aboutissant à la conclusion que les particules possèdent des valeurs définies pour des aspects dont les valeurs définies sont interdites par le principe d'incertitude (comme c'est le cas pour les valeurs du spin selon des axes différents).

Mais où se seraient-ils trompés ? Eh bien, souvenons-nous que les arguments d'Einstein, Podolsky et Rosen s'appuyaient sur une supposition essentielle : si, à un moment donné, on peut déterminer une propriété d'un objet en menant une expérience sur un autre objet distant du premier, alors le premier objet devait avoir cette propriété depuis le début. Leur justification de cette supposition était simple et tout à fait raisonnable : la mesure a été faite *ici*, alors que le premier objet était *là*. Les deux objets étaient spatialement séparés, si bien que la mesure n'a pu avoir aucun effet sur le premier objet. Plus précisément, puisque rien ne peut dépasser la vitesse de la lumière, si les mesures effectuées sur un objet devaient d'une manière ou d'une autre engendrer des modifications pour le second (par exemple, avoir pour effet que le second objet adopte un mouvement de spin identique autour de l'axe choisi), alors il devrait s'écouler un certain intervalle de temps avant que cela puisse avoir lieu, au moins aussi long que le temps qu'il faudrait à la lumière pour parcourir la distance entre les deux objets. Mais que ce soit dans le raisonnement abstrait ou dans l'expérience concrète, les deux particules traversent le détecteur au *même* instant. Ainsi, quoi qu'on ait pu apprendre au sujet de la première particule en effectuant des mesures sur la seconde, cela doit être une propriété de la première particule, complètement indépendante du fait que l'on ait effectué des mesures ou pas. En quelques mots, le cœur du raisonnement d'Einstein, Podolsky et Rosen est qu'*un objet là-bas n'a que faire de ce que l'on fait à un objet ici*.

Bien que la mécanique quantique montre que les particules acquièrent de manière aléatoire telle ou telle propriété lorsqu'on les mesure, on apprend également que ce caractère aléatoire peut être corrélé à travers l'espace. Deux particules correctement préparées — dites « particules intriquées » — n'acquièrent pas les propriétés mesurées indépendamment l'une de l'autre. Un peu comme une paire de dés magiques, dont l'un serait lancé au casino de Deauville et l'autre à Monaco, et dont chacun donnerait un chiffre *aléatoire* ou un autre, mais qui, pourtant, s'arrangeraient pour être toujours en accord. Les paires de particules intriquées se comportent de manière similaire, à ceci près qu'elles n'ont rien de magique. *Les particules intriquées, bien que spatialement séparées l'une de l'autre, n'opèrent pas de manière autonome.*

Einstein, Podolsky et Rosen étaient décidés à montrer que la mécanique quantique fournissait une description incomplète de l'Univers. Un demi-siècle plus tard, les avancées théoriques et les résultats expérimentaux qu'ont inspirés leurs travaux nécessitent que l'on retourne leur analyse pour en conclure que, dans leur raisonnement, la partie la plus élémentaire, la plus intuitive et la plus sensée — classiquement parlant — était fausse : l'Univers n'est pas local. L'issue de ce que l'on fait ici peut être relié à ce qui a lieu ailleurs, même si rien ne traverse la distance entre ces deux positions — même si aucun objet n'aurait le temps de parcourir cette distance. Les données éliminent la suggestion, pourtant agréablement intuitive, d'Einstein, Podolsky et Rosen, selon laquelle les intrications à grande distance ne se manifestent que parce que les particules ont des propriétés corrélées définies et préexistantes. Voilà ce qui rend ce résultat si époustouflant[14].

En 1997, Nicolas Gisin et ses collaborateurs de l'université de Genève ont réalisé une variante de l'expérience d'Aspect dans laquelle les deux détecteurs étaient placés à onze kilomètres de distance. Les résultats n'en furent pas modifiés. À l'échelle microscopique des longueurs d'onde des photons, onze kilomètres représentent une distance astronomique. Cela pourrait tout aussi bien être onze millions de kilomètres ou onze milliards d'années-lumière ; on a toutes les raisons de croire que la corrélation entre les photons continuerait de se manifester quel que soit l'éloignement des détecteurs.

Cela paraît complètement farfelu. Et, pourtant, les preuves en faveur de cette fameuse « intrication quantique » sont maintenant indéniables. Si deux photons sont corrélés, la mesure du spin de l'un ou l'autre photon selon un axe donné « force » l'autre photon à avoir le même spin autour du même axe. Le fait d'effectuer des mesures sur un photon « contraint » l'autre, aussi éloigné soit-il, à s'extraire de son nuage de probabilités pour adopter une valeur de spin définie — valeur en correspondance précise avec celle du spin de son lointain partenaire. Et là, franchement, on croit rêver !*

Intrication et relativité restreinte : la vision traditionnelle

J'ai pris soin de placer les mots « force » et « contraint » entre guillemets car, bien qu'ils véhiculent l'idée la plus satisfaisante pour notre intuition classique, leur signification précise dans ce contexte est décisive dans la question de savoir si, oui ou non, nous devons nous attendre à un nouveau séisme. Dans leur signification de tous les jours, ces mots évoquent une causalité intentionnelle : on choisit de faire quelque chose ici afin de *causer* ou de *forcer*

* Beaucoup de chercheurs, dont je fais partie, pensent que les arguments de Bell et l'expérience d'Aspect établissent de manière convaincante que les corrélations observées entre des particules, même très éloignées, ne peuvent être expliquées par un raisonnement du type de celui de Scully — raisonnement qui attribue les corrélations à rien de plus que le fait que les particules ont des propriétés corrélées définies dès lors qu'elles ont été (auparavant) ensemble. D'autres ont caressé l'espoir d'atténuer, voire d'échapper à la conclusion étonnante de la non-localité à laquelle on aboutit. Je ne partage pas leur scepticisme, mais je signale dans les notes de fin[15] divers ouvrages, destinés au grand public, qui présentent certaines de ces alternatives.

l'occurrence de telle chose, là. Si cette description de la corrélation des deux photons était correcte, *la relativité restreinte aurait du mal à accuser le coup.* Les expériences montrent que, du point de vue du chercheur dans son laboratoire, à l'instant précis où l'on mesure le spin d'un des deux photons, le second adopte immédiatement la même valeur de spin. Si un quelconque médiateur devait partir du photon de droite pour atteindre celui de gauche et l'alerter du fait que le spin de droite a été déterminé par une mesure, celui-ci devrait parcourir instantanément la distance entre les photons, ce qui est en opposition directe avec la limitation de vitesse qu'impose la relativité restreinte.

Or, cela fait l'unanimité parmi les physiciens : de tels conflits apparents avec la relativité restreinte sont des leurres. La raison intuitive en est que, même si les deux photons sont spatialement distants, leur origine commune établit entre eux un lien fondamental. Bien qu'ils s'éloignent l'un de l'autre en creusant la distance qui les sépare, leur passé les lie à jamais ; même à grande distance l'un de l'autre, ils font toujours partie du même système physique. Ainsi, ce n'est pas tant qu'une mesure des attributs d'un photon force ou oblige l'autre photon à adopter des propriétés identiques, mais plutôt que les deux photons sont si intimement liés qu'on peut légitimement les considérer (bien qu'ils soient séparés spatialement) comme deux parties d'une même entité physique. On peut dire alors qu'une mesure sur cette entité unique (une entité unique contenant deux photons) affecte ladite entité ; c'est-à-dire qu'elle affecte les deux photons d'un coup.

Cette manière de présenter les choses, bien qu'elle rende la relation entre les deux photons un peu plus facile à avaler, reste vague : que signifie réellement de dire que deux objets spatialement distincts ne font qu'un ? Voici un argument plus précis : lorsque la relativité restreinte stipule que rien ne peut cheminer plus vite que la lumière, le « rien » se réfère à la matière ou à l'énergie que nous connaissons bien. Mais le cas qui nous occupe est beaucoup plus subtil, car il semble que ni matière ni énergie ne parcourent la distance qui sépare les deux photons, c'est-à-dire rien dont on puisse mesurer la vitesse. Malgré cela, il y a une manière de savoir si oui ou non nous fonçons droit vers un conflit majeur avec la relativité restreinte. Un aspect commun à la matière et à l'énergie est que, lorsqu'elles cheminent d'un point à un autre, elles peuvent transmettre de l'information. Les photons qui voyagent des stations de radio à notre poste émetteur transportent de l'information. Les électrons qui parcourent les câbles d'Internet jusqu'à notre ordinateur transportent de l'information. Donc, dans toute situation où quelque chose (même si ce quelque chose est non identifié) est supposé avoir cheminé plus vite que la lumière, un test décisif est de vérifier si ce quelque chose a transmis ou a pu transmettre de l'information. Si la réponse est non, alors le raisonnement habituel stipule que la limitation de vitesse n'a pas été dépassée et que la relativité restreinte reste bien en place. En pratique, c'est là le test qu'utilisent souvent les physiciens pour déterminer si quelque phénomène subtil a ou n'a pas violé les lois de la relativité restreinte (jusqu'à présent, aucun n'a jamais survécu à ce test). Appliquons-le au cas qui nous occupe ici.

Peut-on imaginer, en mesurant le spin des photons de droite et de gauche autour d'un axe donné, une manière d'envoyer de l'information de l'un à l'autre ? La réponse est non. Pourquoi ? Eh bien, les données délivrées par l'un ou l'autre détecteur ne sont qu'une succession *aléatoire* de résultats (dans le sens des aiguilles d'une montre ou dans le sens inverse) puisque, pour chaque événement, on a la même probabilité de trouver la particule avec un spin dans un sens ou dans l'autre. On ne peut en aucun cas contrôler ou prédire l'issue d'une mesure en particulier. Ainsi, il n'y a aucun message, aucun code secret, aucune information de quelque type que ce soit dans l'une ou l'autre de ces deux listes aléatoires. Tout ce qui importe au sujet de ces deux listes, c'est qu'elles sont identiques — mais on ne peut s'en rendre compte tant qu'on ne les a pas rassemblées pour les comparer par quelque moyen conventionnel, plus lent que la lumière (fax, e-mail, téléphone, etc.). On conclut donc, grâce à cet argument, que, même si la mesure du spin d'un photon semble avoir un effet instantané sur le second, aucune information n'est transmise de l'un à l'autre, et la limitation de vitesse de la relativité restreinte reste en vigueur. Les physiciens disent des spins mesurés qu'ils sont corrélés (puisque les listes sont identiques), mais qu'ils n'obéissent pas à une relation causale traditionnelle (de cause à effet) parce rien ne parcourt la distance qui les sépare.

Intrication et relativité restreinte : la vision alternative

Est-ce tout ? Le conflit potentiel entre la non-localité de la mécanique quantique et la relativité restreinte serait donc complètement résolu ? Peut-être bien. Si l'on en croit les considérations ci-dessus, la majorité des physiciens le résume en disant que la relativité restreinte et le résultat d'Aspect sur les particules intriquées coexistent avec harmonie. Pour résumer, disons que la relativité restreinte l'a échappé belle ! Ce raisonnement suffit à convaincre bon nombre de physiciens, mais d'autres ont le sentiment que l'histoire ne s'arrête pas là.

Au fond de moi, j'ai toujours partagé cette vision de la coexistence des deux théories, mais je ne conteste pas le fait que la question soit sensible. Au bout du compte, quel que soit le langage holistique que l'on utilise, ou l'absence d'information que l'on met en lumière, deux particules très éloignées, dont chacune est sous le joug de la mécanique quantique, sont suffisamment en « contact » pour que, quoi que fasse l'une, l'autre le fasse aussi, instantanément. Et cela semble suggérer qu'une sorte de « quelque chose », plus rapide que la lumière, opère entre les deux.

Où en sommes-nous ? Il n'y a pas de réponse à toute épreuve qui soit universellement admise. Certains physiciens et philosophes ont proposé que l'on ne pourrait progresser qu'en acceptant l'idée que la discussion, jusqu'à présent, a été mal orientée : ils signalent à juste titre que le véritable cœur de la relativité restreinte n'est pas tant que la lumière pose une limitation de vitesse, mais surtout que la vitesse de la lumière fait l'unanimité, pour tous les observateurs, quel que soit leur mouvement[16]. Plus généralement, ces chercheurs soulignent que le principe central de la relativité restreinte est qu'il n'existe aucun point de vue privilégié. Ainsi proposent-ils (et beaucoup de chercheurs sont d'accord) que, si l'équivalence de tous les observateurs à vitesse constante pouvait être compatible avec les résultats expérimentaux sur les particules intriquées, la tension entre relativité restreinte et mécanique quantique serait résolue[17]. Mais atteindre ce but n'est pas chose facile. Pour voir cela concrètement, examinons comment les bons vieux livres de mécanique quantique expliquaient l'expérience d'Aspect.

Si l'on en croit la mécanique quantique habituelle, lorsqu'on effectue une mesure pour localiser une particule à tel endroit, on impose à son onde de probabilité de changer : l'éventail de toutes les possibilités quantiques est réduit au résultat obtenu par la mesure, comme l'illustre la figure 4.7. Les physiciens disent que la mesure fait *s'effondrer* l'onde de probabilité et ils imaginent que plus l'onde de probabilité est importante en un point donné, plus il y a de chances que l'onde s'effondre en ce point (c'est-à-dire qu'on a d'autant plus de chances d'y trouver la particule). Dans l'approche conventionnelle, l'effondrement du paquet d'onde a lieu instantanément à travers tout l'Univers : dès lors qu'on a trouvé la particule ici, la probabilité qu'on la localise *n'importe où ailleurs* chute immédiatement à zéro, ce qui se reflète dans l'effondrement immédiat de l'onde de probabilité.

Dans l'expérience d'Aspect, lorsqu'on mesure le spin du photon de gauche et qu'on le trouve, par exemple, dans le sens des aiguilles d'une montre

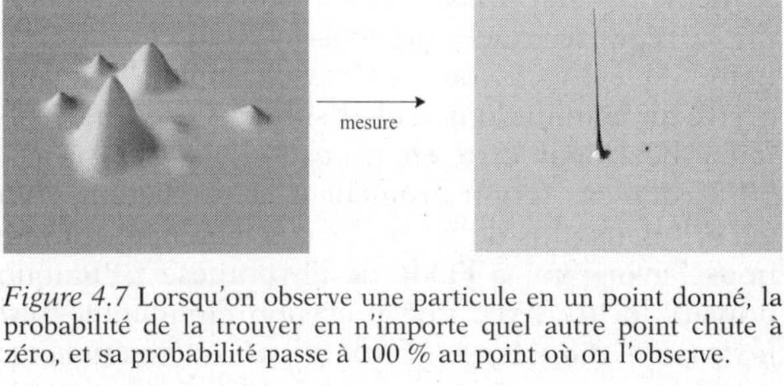

Figure 4.7 Lorsqu'on observe une particule en un point donné, la probabilité de la trouver en n'importe quel autre point chute à zéro, et sa probabilité passe à 100 % au point où on l'observe.

autour d'un axe donné, alors cela fait s'effondrer l'onde de probabilité à travers tout l'espace, mettant instantanément à zéro la partie du spin dans le sens inverse. Puisque cet effondrement a lieu partout, il a lieu également là où se trouve le photon de droite. Or cela affecte l'onde de probabilité pour la partie du spin du photon de droite qui est dans le sens contraire des aiguilles d'une montre, la faisant s'effondrer elle aussi à zéro. Donc, quelle que soit la distance qui sépare les deux photons — aussi énorme soit-elle —, l'onde de probabilité du photon de droite est instantanément affectée par la variation survenue sur l'onde de probabilité du photon de gauche, garantissant ainsi qu'ils aient tous deux le même spin autour de l'axe choisi. Ainsi, en mécanique quantique conventionnelle, c'est cette variation instantanée de l'onde de probabilité qui est rendue responsable de cette influence plus rapide que la lumière.

Les mathématiques de la mécanique quantique rendent plus précise cette discussion qualitative. Et, en effet, l'influence à longue portée procédant de l'effondrement des ondes de probabilité modifie la prédiction de la fréquence à laquelle les deux détecteurs d'Aspect (si leurs axes sont choisis indépendamment et de manière aléatoire) devraient trouver le même résultat. Un calcul mathématique peut fournir la réponse exacte (je vous invite à consulter la note[18] si celui-ci vous intéresse), mais, lorsqu'on arrive au bout dudit calcul, on obtient que les détecteurs devraient être en accord dans *précisément* 50 % des cas (contrairement à la prédiction d'un accord dans plus de 50 % des cas, obtenue, comme nous l'avons vu, à l'aide de l'hypothèse EPR d'un univers local). Avec une précision étonnante, *c'est justement ce qu'Aspect a trouvé par ses expériences :*

accord dans 50 % des cas. La mécanique quantique confirme les données de manière impressionnante.

C'est un succès retentissant. Mais il y a un hic. *Après plus de soixante-dix ans, personne ne comprend comment ni même pourquoi l'effondrement de l'onde de probabilité a réellement lieu*. Durant toutes ces années, l'*hypothèse* de l'effondrement du paquet d'onde fut un outil puissant pour relier les probabilités prédites par la théorie quantique aux issues d'expériences réelles. Mais elle reste une hypothèse chargée de mystères. Une chose est sûre : l'effondrement ne découle pas des mathématiques de la mécanique quantique ; on doit l'ajouter à la main, et il n'existe pas de manière de le faire qui fasse l'unanimité, ou qui soit justifiée par l'expérience. En outre, comment est-il possible que la détection d'un électron à Genève fasse instantanément s'effondrer l'onde de probabilité de l'électron dans la galaxie d'Andromède ? Certes, une fois la particule localisée à Genève, on ne pourra certainement pas la trouver dans la galaxie d'Andromède, mais quel est ce mécanisme inconnu qui nous en assure avec une telle efficacité ? Comment, en termes plus holistiques, la partie de l'onde de probabilité vers Andromède, et partout ailleurs, « sait-elle » qu'elle doit s'effondrer à zéro[19] ?

Nous reparlerons de ce *problème de la mesure en mécanique quantique* au chapitre 7 (et, comme nous le verrons alors, d'autres proposions permettent d'éluder complètement l'idée de l'effondrement des ondes de probabilité). Il nous suffira ici de signaler que, comme nous l'avons mentionné au chapitre 3, un événement *simultané* d'un point de vue donné ne l'est pas forcément pour un autre (souvenons-nous de Quicke et Flüpke qui synchronisaient leurs horloges à bord du train). Donc, si l'onde de probabilité doit subir un effondrement simultané dans tout l'espace aux yeux d'un observateur donné, il ne subira pas un tel effondrement simultané aux yeux d'un autre observateur, en mouvement par rapport au premier. Le fait est que, selon leur mouvement, certains observateurs affirmeront que le photon de gauche a subi la mesure en premier, tandis que d'autres observateurs, tout aussi fiables, affirmeront que c'est le photon de droite qui a été mesuré le premier. Ainsi, même si l'idée de l'effondrement du paquet d'onde est correcte, il n'y aurait pas d'objectivité quant à savoir laquelle des mesures (sur le photon de droite ou sur celui de gauche) affecte l'autre. Donc, l'effondrement de l'onde de probabilité semblerait privilégier un point de vue plutôt qu'un autre — celui selon lequel l'effondrement est simultané dans tout l'espace, ou celui selon lequel les deux mesures ont lieu au même instant à droite et à gauche. Mais le fait de privilégier un point de vue plutôt qu'un autre crée des tensions importantes au cœur de la relativité restreinte. Plusieurs propositions ont été émises pour contourner le problème, mais l'on débat toujours pour savoir lesquelles, s'il en existe, y parviennent[20].

Ainsi, bien que le point de vue majoritaire maintienne que la coexistence des deux théories est harmonieuse, certains chercheurs — physiciens ou philosophes — considèrent que la relation précise entre mécanique quantique, particules intriquées et relativité restreinte demeure une question ouverte. Il est certainement possible, et à mon avis tout à fait probable, que le point de vue majoritaire prévale finalement, sous une forme plus définitive. Mais l'histoire montre que des problèmes aussi fondamentaux sèment parfois les semences des révolutions futures. Cela, seul le temps nous le dira.

Que faire de tout cela ?

Le raisonnement de Bell et les expériences d'Aspect montrent que l'Univers tel que l'envisageait Einstein n'existe que dans notre esprit, pas dans la réalité. L'Univers selon Einstein était un univers dans lequel ce que l'on fait ici même n'a de conséquences immédiates que sur les choses qui sont également ici même. À ses yeux, la physique devait être purement locale. Mais nous voyons aujourd'hui que les données expérimentales éliminent ce type de raisonnement ; elles éliminent ce type d'univers.

L'Univers selon Einstein était également un univers dans lequel tout objet possède des valeurs définies de toutes ses propriétés physiques. Ces propriétés n'errent pas dans des limbes quelconques, dans l'attente qu'un expérimentateur effectue les mesures qui leur permettront d'exister. La majorité des physiciens dirait que, sur ce point, Einstein avait tort. Les propriétés des particules, si l'on en croit ce point de vue majoritaire, n'accèdent à l'existence que contraintes par la mesure — idée que l'on étudiera plus avant au chapitre 7. Lorsqu'elles ne sont ni observées ni en interaction avec leur voisinage, les propriétés des particules ont une existence floue et nébuleuse, caractérisée uniquement par la probabilité que telle ou telle possibilité soit réalisée. Parmi ceux qui partagent cette opinion, les plus radicaux iraient jusqu'à déclarer qu'en effet, lorsque rien ni personne ne « regarde » ou n'interagit avec la Lune, celle-ci n'est tout bonnement pas là.

Sur ce point, le jury n'a toujours pas fini de délibérer. Pour Einstein, Podolsky et Rosen, la seule explication sensée quant à la manière dont les mesures pouvaient révéler que deux particules très éloignées ont des propriétés identiques était que ces particules devaient posséder ces propriétés définies à tout moment (et, du fait de leur passé commun, ces propriétés étaient corrélées). Plusieurs dizaines d'années plus tard, les travaux de Bell et les données d'Aspect ont prouvé que cette interprétation, intuitivement agréable, fondée sur l'idée que les particules ont toujours des propriétés bien définies, échoue à expliquer les corrélations non locales que l'on observe expérimentalement. Mais son incapacité à dissiper les mystères de la non-localité ne signifie pas que la notion de particules possédant toujours des propriétés bien définies soit à éliminer. C'est la possibilité d'un univers local que les données éliminent, pas le fait que les particules puissent avoir des propriétés cachées.

En fait, dans les années 1950, Bohm élabora sa propre version de la mécanique quantique qui incluait à la fois la non-localité *et* les variables cachées. Dans cette approche, les particules ont toujours à la fois une position et une vitesse définies, mais l'on ne peut jamais mesurer les deux simultanément. L'approche de Bohm faisait des prédictions en accord parfait avec celles de la mécanique quantique conventionnelle, mais sa formulation introduisait un élément de non-localité plus fort encore, dans lequel les interactions sur une particule située à un endroit donné dépendaient instantanément des conditions régnant à des endroits éloignés. Dans un certain sens, la version de Bohm proposait une manière de suivre en partie le but d'Einstein consistant à préserver certains des aspects intuitifs de la physique classique (le fait que les particules aient des propriétés définies) qu'avait abandonnée la révolution quantique, mais elle montrait aussi que l'on ne pouvait y parvenir qu'au prix d'une non-localité encore plus flagrante.

Avec un prix aussi élevé, Einstein aurait trouvé peu de réconfort à la version de Bohm.

La nécessité d'abandonner la localité est l'une des leçons les plus spectaculaires des travaux d'Einstein, Podolsky, Rosen, Bohm, Bell et Aspect, et de nombreux autres chercheurs qui ont joué un rôle important dans ce domaine de recherches. Du fait de leur passé, des objets qui se trouvent présentement dans des régions immensément lointaines de l'Univers peuvent faire partie d'un tout quantique corrélé. Bien qu'ils soient séparés par de très grandes distances, de tels objets sont contraints à se comporter de manière aléatoire, mais coordonnée.

On pensait autrefois qu'une des propriétés les plus élémentaires de l'espace était qu'il permet de séparer et donc de distinguer un objet d'un autre. Mais nous voyons maintenant que la mécanique quantique modifie cette vision des choses. *Deux objets peuvent être séparés dans l'espace par une distance gigantesque et pourtant ne pas avoir d'existence indépendante*. Ils peuvent être liés par une relation quantique, rendant les propriétés de chacun subordonnées aux propriétés de l'autre. L'espace ne permet pas de distinguer des objets ainsi corrélés. Il ne peut surpasser leur interconnexion quantique. Même à des distances astronomiques, il n'atténue aucunement cette interdépendance quantique.

Certains interprétèrent ce fait comme nous indiquant que « tout est relié à tout le reste » ou que « la mécanique quantique est responsable de notre intrication à tous dans un vaste tout universel ». Finalement, s'orchestrait leur raisonnement, tous les endroits que nous voyons aujourd'hui comme différents étaient un seul et même endroit si l'on remonte au commencement de toute chose. Ainsi, à l'instar des deux photons émis par le même atome de calcium, tout ce qui a émergé du même objet originel — absolument tout — devrait être intriqué à tout le reste par la mécanique quantique.

Bien que j'apprécie l'idée, je considère ce type de raisonnement, qui en met plein les yeux, approximatif et exagéré. Les relations quantiques entre les deux photons émis par le même atome de calcium existent, certes, mais elles sont extrêmement délicates. Dans les expériences du type de celle d'Aspect, il est impératif que les photons cheminent librement depuis leur source jusqu'aux détecteurs. S'ils rencontraient d'autres particules ou heurtaient des parties de l'appareillage avant d'atteindre leur détecteur respectif, leurs connexions quantiques deviendraient incommensurablement plus difficiles à identifier. Plutôt que de chercher des corrélations dans les propriétés des deux photons, il nous faudrait alors chercher un schéma de corrélation compliqué, faisant intervenir les photons ainsi que tout ce qu'ils auraient pu rencontrer. Et comme chacune de ces particules suit son propre chemin, heurtant et bousculant d'autres particules sur son passage, l'intrication quantique serait à ce point diffuse, dans toutes ces interactions avec l'environnement, qu'il deviendrait impossible de les détecter. Et, au bout du compte, l'intrication initiale entre les deux photons serait perdue.

Néanmoins, il est stupéfiant que de telles corrélations existent bel et bien, et que l'on puisse en outre les observer en laboratoire, dans des conditions soigneusement préparées, même à des distances significatives. Elles nous montrent, fondamentalement, que l'espace n'est pas tel qu'on le croyait auparavant.

Mais qu'en est-il du temps ?

Deuxième partie

TEMPS ET EXPÉRIENCE

5

LA RIVIÈRE GELÉE

Le temps s'écoule-t-il ?

Le temps est un des concepts les plus familiers et pourtant les moins bien compris que l'humanité ait jamais rencontrés. On dit que le temps passe trop vite ; que le temps, c'est de l'argent ; on essaie d'en gagner ; on rouspète quand on en perd… Mais qu'*est* le temps ? Pour paraphraser saint Thomas et Justice Potter Steward, on ne croit que ce que l'on voit. Mais, aujourd'hui, notre compréhension du temps est sûrement plus profonde que cela. Elle l'est effectivement, pour certains aspects. Mais pas pour d'autres. Après des siècles et des siècles d'étonnement et de réflexion, nous avons acquis une certaine compréhension de quelques-uns des mystères qui entourent le temps, mais d'autres perdurent. D'où vient le temps ? Quelle serait la signification d'un univers dépourvu de temps ? Pourrait-il exister plus d'une dimension temporelle, de même qu'il existe plusieurs dimensions spatiales ? Peut-on « voyager » dans le passé ? Et si c'était possible, pourrait-on modifier le cours des événements futurs ? Existe-t-il une quantité de temps minimale absolue ? Le temps est-il un ingrédient véritablement fondamental de l'Univers, ou n'est-il qu'un outil utile pour organiser nos perceptions, outil qui ne figurerait pas dans le lexique des lois les plus fondamentales qui régissent l'Univers ? Le temps pourrait-il être un concept dérivé, provenant d'une notion plus élémentaire encore et qui reste à découvrir ?

Trouver les réponses complètes et convaincantes à toutes ces questions fait partie des aspirations les plus ambitieuses de la science moderne. Et, pourtant, ces grandes questions sont loin d'être les seules. Même notre expérience quotidienne du temps touche à certains des plus épais mystères de l'Univers.

Temps et expérience

Les relativités restreinte et générale ont bouleversé l'universalité, l'unicité du temps. Ces théories montrent que chacun de nous choisit ce qui reste de la notion newtonienne universelle du temps et le transporte avec soi. Il devient notre horloge personnelle, notre propre tic-tac, qui nous fait passer d'un moment au suivant. Les théories de la relativité nous ébranlent, parce que, si nos horloges personnelles semblent égrener le temps de manière uniforme, en totale adéquation avec notre vision intuitive du temps, la comparaison avec les horloges des autres révèle des différences. Le temps pour vous n'est pas nécessairement le même que pour moi.

Acceptons cette leçon telle qu'elle nous est donnée. Mais quelle est la véritable nature du temps pour chacun de nous ? Quelle est la véritable nature du temps, tel que chacun de nous en fait l'expérience et le conçoit, sans s'intéresser plus particulièrement à la comparaison avec l'expérience des autres ? Ces expériences reflètent-elles fidèlement la véritable nature du temps ? Et que nous disent-elles sur la nature de la réalité ?

Notre expérience nous enseigne, par-dessus tout, que le passé est différent du futur. Le futur semble présenter de vastes possibilités, tandis que le passé n'est lié qu'à ce qui a réellement eu lieu. Nous nous sentons capables d'influencer et de façonner le futur dans une certaine mesure, tandis que le passé paraît immuable. Entre *passé* et *futur* réside en outre le concept fuyant du *maintenant*, point d'ancrage temporel qui se réinvente d'un instant à l'autre, comme les images d'un film dont la bobine passe devant la lumière du projecteur et qui deviennent ainsi un présent fugace. Le temps semble s'écouler éternellement, à un rythme parfaitement uniforme, atteignant l'éphémère destination *maintenant* comme à chaque battement de la baguette d'un percussionniste.

Notre expérience nous enseigne également qu'il existe une tendance manifeste à la manière dont les événements se déroulent dans le temps. À quoi bon s'énerver sur une tasse de café renversée, puisqu'une fois le café renversé celui-ci ne peut en aucun cas se « dé-renverser » : on n'a jamais vu une mare de café se rassembler, se détacher du carrelage de la cuisine pour se déverser dans une tasse posée sur le bord de l'évier. Notre monde semble adhérer avec perfection à une flèche temporelle à sens unique, sans jamais dévier de l'opinion fixe que les choses peuvent commencer comme *ceci* et finir comme *cela*, mais qu'elles ne peuvent en aucun cas commencer comme *cela* et finir comme *ceci*.

Notre expérience nous enseigne donc deux choses essentielles au sujet du temps. Premièrement, *le temps semble s'écouler*. C'est un peu comme si nous étions installés sur les berges de la rivière Temps, à regarder passer le courant, filant vers le futur qui s'ouvre devant nos yeux, devenant *maintenant* à l'instant où il nous atteint, se projetant vers l'avant et s'éloignant du passé. On peut encore inverser cette image si celle-ci vous semble trop passive, en disant que l'on se laisse porter par le courant de la rivière Temps, qui nous fait passer d'un *maintenant* au suivant, le passé s'éloignant de nous en faisant défiler le paysage, et le futur nous précédant éternellement en aval. (Notre expérience nous enseigne également que le temps peut nous inspirer les plus niaises des métaphores...) Deuxièmement, *le temps semble pourvu d'une flèche.* Il semble s'écouler à sens unique, tout ayant lieu suivant une seule et unique succession d'événements. Imaginons une boîte contenant la pellicule découpée image par image d'un court-métrage montrant une tasse de café qui se renverse. En examinant l'ensemble des images, n'importe qui parviendrait à les remettre dans le bon ordre sans la moindre instruction ni le moindre indice émanant du réalisateur. Le temps semble doté d'une direction intrinsèque, pointant de ce que l'on appelle le passé vers ce que l'on appelle le futur, et tout évolue dans un alignement universel avec cette seule et unique direction (le café se renverse, les œufs se cassent, les bougies se consument, les gens vieillissent).

Ces aspects du temps que l'on saisit facilement sont pourtant la source des énigmes les plus frustrantes. Le temps s'écoule-t-il réellement ? Si oui, qu'est-ce qui s'écoule exactement ? Et à quel rythme ? Le temps est-il véritablement doté d'une flèche ? L'espace, par exemple, ne semble pas doté d'une flèche intrinsèque (pour un astronaute perdu dans les noires profondeurs de l'espace, la droite, la gauche, le haut et le bas seraient tous sur un même pied d'égalité), alors d'où vient la flèche du temps ? S'il existe une flèche du temps, celle-ci est-elle absolue ? Ou existe-t-il des choses qui peuvent évoluer dans la direction opposée à celle vers laquelle le temps semble ordinairement dirigé ?

Pour en savoir plus, nous commencerons par réfléchir à ces questions dans le contexte de la physique classique. Donc, dans la suite de ce chapitre et dans le suivant (ces deux chapitres présentent respectivement l'écoulement du temps puis la flèche du temps), nous ferons abstraction de l'incertitude et des probabilités quantiques. Une bonne partie de ce que nous apprendrons ici pourra se transposer directement au domaine quantique, dont nous aborderons le point de vue au chapitre 7.

Le temps s'écoule-t-il ?

Du point de vue de toute créature sensible, la réponse serait évidente. En écrivant ces lignes, je *sens* clairement le temps passer. Chaque lettre tapée sur mon clavier ouvre la voie à la suivante. Pour vous qui lisez ces lignes, il ne fait aucun doute que vous sentez le temps passer, vos yeux allant d'un mot au suivant, d'une page à la suivante. Et, pourtant, les physiciens eurent beau s'y évertuer, aucun n'a jamais trouvé de preuve convaincante, parmi les lois de la physique, pour sous-tendre cette sensation intuitive du temps qui passe. En fait, la reformulation de certaines des idées d'Einstein issues de la relativité restreinte montre que le temps ne s'écoule pas.

Pour comprendre cela, revenons à notre description de la miche d'espace-temps du chapitre 3. Souvenons-nous que les tranches qui constituent la miche sont les *maintenant* d'un observateur donné ; chaque tranche représente l'espace à un instant dans le temps selon son point de vue. En regroupant les tranches suivant l'ordre dans lequel l'observateur les a observées, on forme une région de l'espace-temps. Si l'on pousse ce raisonnement à l'extrême, on peut imaginer que chaque tranche décrit tout l'espace à un instant donné dans le temps d'un observateur donné. Et si l'on inclut toutes les tranches possibles et imaginables, depuis le passé le plus reculé jusqu'au futur le plus avancé, la miche englobera tout l'Univers à travers tous les âges — autrement dit, l'espace-temps dans sa totalité. Chaque événement, peu importe où et quand il a eu lieu, est représenté par un point dans cette miche.

Voilà ce qu'illustre schématiquement la figure 5.1, et cela devrait nous interpeller quelque part... Le point de vue « extérieur » de la figure, selon lequel on regarde l'Univers dans son ensemble — tout l'espace à tous les instants —, est un point de vue des plus fictifs, que personne n'aura jamais. Nous faisons tous *partie* de l'espace-temps. Tout ce qui nous arrive a lieu en un certain point de l'espace à un certain moment dans le temps. Et, puisque la figure 5.1 est censée décrire la totalité de l'espace-temps, elle englobe la totalité de ces événements — les vôtres, les miens et ceux de tous les autres et de tout le reste. Si l'on pouvait la regarder à la loupe et examiner attentivement toutes les allées et venues sur la planète Terre, on pourrait voir Alexandre le Grand écouter une leçon d'Aristote, Léonard de Vinci porter la dernière touche au portrait de Mona Lisa, ou le sacre de Napoléon Bonaparte. En continuant de se déplacer de gauche à droite, on pourrait voir notre grand-mère quand elle était petite fille, notre père fêter son dixième anniversaire, ou notre premier jour d'école maternelle. Encore plus loin vers la droite, vous pourriez vous voir absorbé par la lecture de ces pages, ou voir la naissance de votre

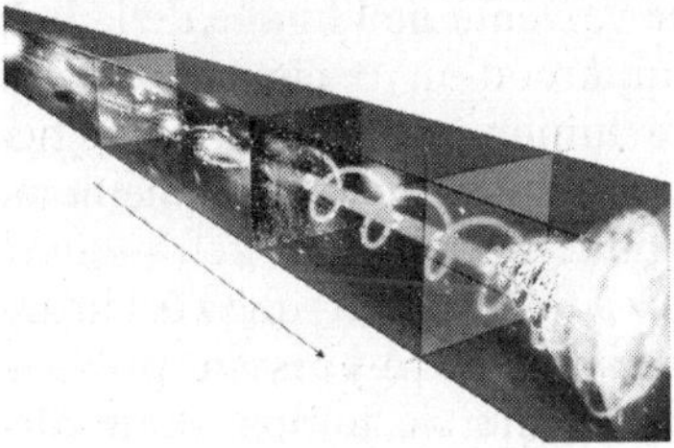

Figure 5.1 Description schématique de tout l'espace à travers tout le temps (n'est illustrée, bien sûr, qu'une partie de l'espace à travers une certaine durée dans le temps) montrant la formation des premières galaxies, la formation du Soleil et de la Terre, et les derniers instants de notre planète alors que le Soleil devient une géante rouge — ce que l'on considère maintenant comme faisant partie de notre futur, aussi lointain soit-il.

arrière-arrière-petite-fille, puis son élection à la présidence. La résolution de la figure 5.1 étant plutôt grossière, on ne peut discerner réellement tous ces événements, mais l'on peut voir l'histoire (schématique) du Soleil et de notre planète, depuis le nuage de gaz coalescent qui leur a donné naissance jusqu'à la mort de la Terre lorsque notre étoile grossit jusqu'à devenir une géante rouge. Tout y est.

Il ne fait aucun doute que la figure 5.1 n'est qu'une représentation imaginaire. C'est une représentation extérieure à l'espace et au temps. C'est un point de vue en dehors de l'espace et du temps. Malgré cela (malgré le fait que l'on ne puisse pas franchir les frontières de l'espace-temps pour avoir un panorama global de l'Univers), la description schématique de la figure 5.1 offre un moyen utile pour étudier et préciser certaines propriétés élémentaires de l'espace et du temps. En guise de premier exemple, notre conception intuitive de l'écoulement du temps peut être dépeinte de manière assez vivante comme une variante de l'image de la bobine de film dans la lumière d'un projecteur. On peut imaginer qu'une lumière éclaire chaque tranche l'une après l'autre, donnant vie aux événements de chaque tranche comme s'ils avaient lieu *maintenant*, avant de s'éteindre à nouveau lorsque l'éclairage se déplace à la tranche suivante. À l'instant présent, avec cette manière d'imaginer le temps, nous dirions que la lumière éclaire la tranche dans laquelle, sur la planète Terre, vous lisez *ces mots*, et maintenant elle éclaire la tranche dans laquelle vous lisez *ces mots*. Mais, une fois encore, bien que cette métaphore semble en accord avec notre expérience, les scientifiques n'ont toujours pas réussi à trouver quoi que ce soit, dans les lois de la physique, qui incarne cette lumière qui se déplace. Ils n'ont trouvé aucun mécanisme physique qui privilégie un instant après l'autre comme étant momentanément réel (comme étant un *maintenant* momentané) et qui se poursuive à tout jamais vers le futur.

Bien au contraire. Malgré le fait que le *point de vue* de la figure 5.1 soit évidemment imaginaire, nous avons des preuves solides pour affirmer que la miche d'espace-temps (la totalité de l'espace-temps, plutôt que chaque tranche prise une par une) est réelle. Une conséquence des travaux d'Einstein, qui est loin de faire l'unanimité, est que la réalité de la relativité restreinte met tous les instants sur un pied d'égalité. Bien que la notion de *maintenant* joue un rôle central dans notre vision du monde, la relativité défie à nouveau notre intuition en déclarant que notre Univers est un univers égalitaire, dans lequel tout instant est tout aussi réel que n'importe quel autre. Nous avons rencontré cette idée au chapitre 3 lorsque nous étudiions l'expérience du seau en rotation dans le contexte de la relativité restreinte. Nous en avions conclu, par un raisonnement indirect analogue à celui de Newton, que l'espace-temps représentait au moins un « quelque chose » pouvant servir de référence pour le mouvement accéléré. Nous abordons ici la question sous un autre point de vue et allons plus loin. Notre raisonnement est que chaque élément de la miche d'espace-temps de la figure 5.1 existe au même titre que tous les autres. Et cela suggère, comme le pensait Einstein, que la réalité englobe tout aussi bien le passé que le présent ou le futur, et que l'image d'un écoulement selon lequel les tranches s'illumineraient les unes après les autres est illusoire.

L'illusion persistante du présent, du passé et du futur

Pour comprendre le point de vue d'Einstein, nous avons besoin d'une définition efficace de la réalité ; un algorithme, si l'on veut, pour déterminer quelles choses existent à un moment donné. Voici le raisonnement habituel. Lorsque je contemple la réalité (ce qui existe à *cet* instant) j'imagine dans mon esprit comme une sorte de cliché, un instantané, une image mentale comme figée dans la glace, de tout l'Univers *maintenant*. En écrivant ces mots, mon idée de ce qui existe *maintenant*, mon idée de la réalité, se réduit à une liste de tous les événements qui, à cet instant, peuplent cette image mentale fixe — le tac de l'aiguille de la pendule de ma cuisine qui indique minuit ; mon chat figé en plein vol entre le bord de la fenêtre et le plancher ; les premiers rayons du Soleil illuminant les toits de Paris ; le brouhaha à la Bourse de Tokyo ; la fusion de deux atomes d'hydrogène au cœur de notre Soleil ; l'émission d'un photon dans la nébuleuse d'Orion ; le dernier souffle d'une étoile près de s'effondrer en trou noir… Voilà les événements qui ont lieu en *cet instant* précis ; ce sont donc les événements dont je dirais qu'ils existent en *cet instant* précis. Charlemagne existe-t-il en cet instant ? Non. Néron existe-t-il en cet instant ? Non. Mitterrand existe-t-il en cet instant ? Non. Elvis existe-t-il en cet instant ? Non. Aucun d'eux ne fait partie de ma liste de l'instant présent. Quiconque né en 2300, en 3500, ou en 57000 existe-t-il en cet instant ? Non. Ici encore, ceux-ci ne sont pas sur mon image mentale prise dans la glace, ceux-ci ne sont pas dans ma tranche de « maintenant », et donc ceux-ci ne font pas partie de ma liste de l'instant présent. Aussi dirai-je sans hésitation qu'ils n'existent pas en cet instant. Voilà comment je définis la réalité à chaque instant ; c'est une approche intuitive que nous utilisons tous, parfois implicitement, lorsque nous nous questionnons sur l'existence des choses.

Je ferai usage de cette vision des choses dans la suite, mais gardons à l'esprit la complication suivante. Une liste de l'instant présent — la réalité, si l'on en croit cette manière de voir les choses — est un drôle de truc. Rien de ce que l'on voit *maintenant* n'apparaît sur cette liste de l'instant présent, puisqu'il faut un certain temps à la lumière pour atteindre notre rétine. Tout ce que l'on voit *maintenant* a déjà eu lieu. Nous ne voyons pas les mots inscrits sur cette page tels qu'ils sont *maintenant*, mais plutôt, si nous tenons le livre à trente centimètres de nos yeux, tels qu'ils étaient un milliardième de seconde plus tôt. Si l'on regarde quelque chose qui a lieu à l'autre bout d'une pièce de taille moyenne, on voit la chose en question telle qu'elle était dix ou vingt milliardièmes de seconde plus tôt. Si l'on regarde les passants au sol du sommet de la tour Eiffel, on les voit tels qu'ils étaient un millionième de seconde plus tôt. Si l'on regarde la Lune, on la voit telle qu'elle était une seconde et demie plus tôt ; quant au Soleil, on le voit tel qu'il était huit minutes plus tôt. On voit les étoiles visibles à l'œil nu telles qu'elles étaient voici quelques années ou quelques dizaines de milliers d'années. Par conséquent, aussi étrange que cela puisse paraître, bien que l'image mentale comme figée dans la glace rassemble notre vision de la réalité, notre vision intuitive de « ce qui existe tout là-bas » n'est, quant à elle, constituée que d'événements que l'on ne peut ni expérimenter, ni modifier, ni même enregistrer à l'instant présent. En fait, notre liste de l'instant présent ne peut être réalisée qu'après les faits. Si l'on connaît la distance qui nous sépare d'un fait donné, on peut déterminer quand a été émise la lumière que l'on voit *maintenant* et donc déterminer à laquelle de nos tranches instantanées il appartient (sur quelle liste de l'instant présent, déjà passé, il doit apparaître). Malgré cela, et c'est ce qui importe le plus, lorsqu'on utilise cette information pour constituer la liste de l'instant présent à n'importe quel instant, la mettant à jour continuellement à mesure que l'on reçoit la lumière provenant de sources de plus en plus lointaines, les faits qui apparaissent sur chaque liste sont ceux dont on est convaincu qu'ils ont existé à cet instant précis.

Fait remarquable, cette manière de voir les choses, qui paraît pourtant évidente, conduit à une conception de la réalité plus expansive que ce qu'on pourrait attendre. Voyez-vous, si l'on en croit l'espace et le temps absolus de Newton, l'image de l'Univers figé à un instant donné contient exactement les mêmes événements pour tout le monde ; tout le monde a le même *maintenant* et tout le monde dresserait la même liste de l'instant présent. Si quelqu'un ou quelque chose figure sur votre liste de l'instant présent, alors il figurera forcément aussi sur ma liste du même instant. L'intuition de la plupart des gens est toujours liée à cette manière de voir les choses, mais la relativité restreinte conte un tout autre récit. Regardons à nouveau la figure 3.4. Deux observateurs en mouvement relatif ont des *maintenant* (des instants uniques dans le temps, du point de vue de chacun) différents : leurs *maintenant* découpent l'espace-temps selon des angles différents. Or, des *maintenant* différents impliquent des listes de l'instant présent différentes. *Des observateurs en mouvement relatif ont des conceptions différentes de ce qui existe à un instant donné ; ils ont donc des conceptions différentes de la réalité.*

Aux vitesses de la vie de tous les jours, les angles que forment entre eux les découpages des *maintenant* de deux observateurs en mouvement relatif sont dérisoires ; c'est pour cette raison que, dans notre vie quotidienne, on ne remarque jamais de différence entre notre *maintenant* et celui de n'importe qui d'autre. C'est pour cette raison que la majorité des exposés sur la relativité restreinte s'intéresse à ce qui se passerait si l'on pouvait avancer à des vitesses faramineuses (proches de celle de la lumière), puisqu'un tel mouvement amplifierait énormément les effets. Mais il existe un autre moyen d'amplifier ce qui distingue les *maintenant* de deux observateurs, et je considère qu'il offre un éclairage tout particulier sur la question de la réalité. Il s'appuie sur le simple fait suivant : si vous et moi découpons une miche de pain ordinaire selon des angles très légèrement différents, l'effet sera à peine perceptible sur les différents morceaux. Mais, si la miche est *gigantesque,* la conclusion change. De même qu'en écartant imperceptiblement les deux lames d'une paire de ciseaux incroyablement longue on observe un écart important au bout des lames, en découpant une miche de pain énorme selon des angles très légèrement différents, on obtient des tranches qui s'éloignent beaucoup les unes des autres lorsqu'on les observe à des distances très éloignées de l'endroit où les tranches se croisent. C'est ce que montre la figure 5.2.

Il en va de même pour l'espace-temps. Aux vitesses de tous les jours, les tranches décrivant les *maintenant* de deux observateurs en mouvement relatif seront orientées selon des angles qui ne sont que très légèrement différents. Si les observateurs sont proches, l'effet sera imperceptible. Mais, comme pour la miche de pain, des angles minuscules peuvent donner lieu à de grands écarts entre les tranches lorsqu'on examine leur effet à grande distance. Et,

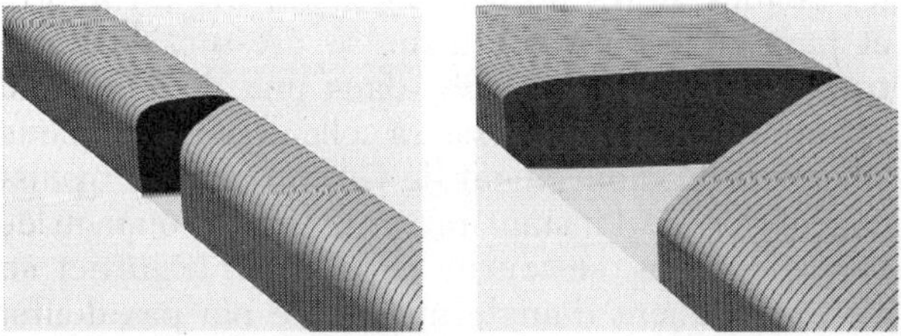

(a) (b)

Figure 5.2 (a) Sur une miche ordinaire, les tranches obtenues selon des angles légèrement différents ne s'écartent pas trop, mais (b) plus la miche sera grande, même si les angles restent les mêmes, plus l'écartement sera important.

pour les tranches découpées dans l'espace-temps, un tel écart revient à un désaccord significatif sur les événements que chaque observateur considère comme ayant lieu maintenant. C'est ce qu'illustrent les figures 5.3 et 5.4, et cela implique que deux individus se déplaçant l'un par rapport à l'autre, même aux vitesses ordinaires de notre quotidien, auront des conceptions différentes de l'instant présent s'ils sont suffisamment éloignés dans l'espace.

Pour illustrer cela de manière plus concrète, imaginons Gromit, sur une planète d'une galaxie très, très lointaine (à dix milliards d'années-lumière de la Terre), tranquillement installé dans son salon. Imaginons en outre que Wallace (sur Terre, absorbé par la lecture de ces pages) et Gromit ne se déplacent pas l'un par rapport à l'autre (pour simplifier, nous ignorons le mouvement des planètes, l'expansion de l'Univers, les effets gravitationnels et tout le toutim). Puisqu'ils sont immobiles l'un par rapport à l'autre, Wallace et Gromit sont parfaitement en accord sur les questions d'espace et de temps : tous deux découperaient l'espace-temps de manière identique, et leurs listes de l'instant présent seraient exactement les mêmes. Après un petit moment, Gromit se lève et part en promenade (sans se presser, d'un pas tranquille et décontracté), dans une direction qui s'avère exactement opposée à celle de Wallace. Cette variation du mouvement de Gromit signifie que sa conception de l'instant présent, son découpage de l'espace-temps, se tourne légèrement (figure 5.3). Ce changement d'angle minuscule n'a pas d'effet notable au voisinage de Gromit : la différence entre son nouveau *maintenant* et celui de quiconque serait resté immobile dans son salon est dérisoire. Mais, à travers la distance astronomique de dix milliards d'années-lumière, ce minuscule décalage de la notion de l'instant présent de Gromit est amplifié (comme l'illustre le passage de la figure 5.3a à la figure 5.3b, les protagonistes étant maintenant à une distance énorme l'un de l'autre, ce qui accentue d'autant plus le décalage entre leurs *maintenant*). *Le maintenant de Gromit et le maintenant de Wallace, qui étaient un seul et même maintenant lorsque Gromit était immobile, deviennent complètement différents du fait de son modeste mouvement.*

Les figures 5.3 et 5.4 illustrent cette idée de manière schématique, mais à l'aide des équations de la relativité restreinte, on peut calculer à quel point les *maintenant* diffèrent l'un de l'autre[1]. Si Gromit s'éloigne de Wallace à la vitesse de dix kilomètres à l'heure (Gromit avance d'un bon pas) les

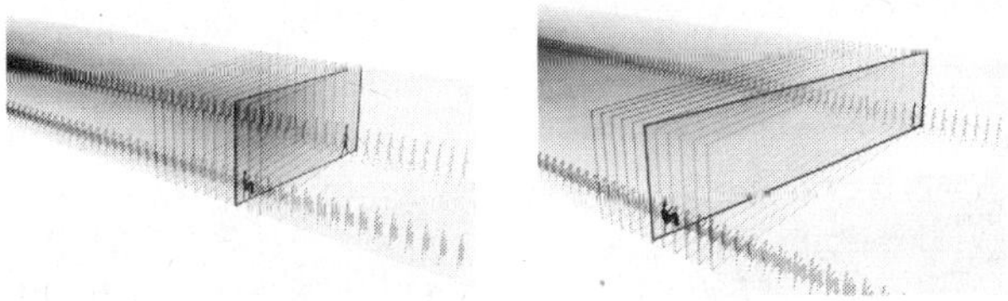

(a) (b)

Figure 5.3 (a) Deux individus au repos l'un par rapport à l'autre auront la même conception de l'instant présent et donc le même découpage du temps. Si l'un des deux s'éloigne de l'autre, leurs découpages du temps (ce que chaque observateur considère avoir lieu *maintenant*) seront tournés l'un par rapport à l'autre. Comme l'illustre le dessin, les tranches du *maintenant* de l'observateur en mouvement se tournent vers le passé de l'observateur resté stationnaire. (b) Plus la distance qui sépare les deux observateurs est importante, plus l'écart entre leurs tranches sera important — plus importante sera la différence entre leurs conceptions de l'instant présent.

événements sur Terre qui figurent sur sa nouvelle liste de l'instant présent ont eu lieu quatre-vingt-dix ans plus tôt selon Wallace ! Selon sa nouvelle conception de l'instant présent (qui est tout aussi valable que celle de Wallace et qui, jusqu'à peu, était parfaitement en accord avec celle-ci), Wallace ne serait même pas né ! Si Gromit avançait à la même vitesse mais cette fois en direction de la Terre, le décalage angulaire se ferait dans l'autre sens, comme l'indique la figure 5.4, si bien que son *maintenant* coïnciderait avec ce que Wallace appellerait ainsi quatre-vingt-dix ans plus tard ! Donc, s'il en croit son nouveau *maintenant*, Wallace pourrait ne plus être de ce monde. Et si, plutôt que de se promener à pied, Gromit sautait dans un Falcon Millenium fusant à mille kilomètres à l'heure (vitesse inférieure à celle du Concorde), son *maintenant* inclurait alors des événements sur Terre qui, du point de vue de Wallace, auraient eu lieu neuf cents

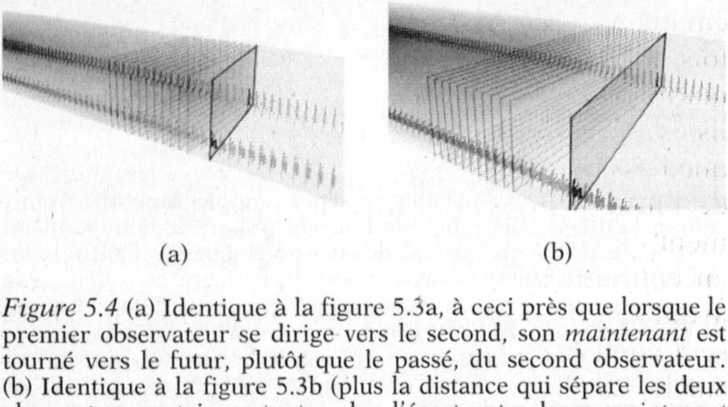

(a) (b)

Figure 5.4 (a) Identique à la figure 5.3a, à ceci près que lorsque le premier observateur se dirige vers le second, son *maintenant* est tourné vers le futur, plutôt que le passé, du second observateur. (b) Identique à la figure 5.3b (plus la distance qui sépare les deux observateurs est importante, plus l'écart entre leurs *maintenant* sera important), la rotation étant cette fois tournée vers le futur plutôt que vers le passé.

ans plus tard ou neuf cents ans plus tôt, selon, respectivement que l'avion se dirige vers la Terre ou dans la direction opposée. En faisant le bon choix pour la direction et la vitesse du mouvement, Elvis, Néron, Charlemagne, Mitterrand, ou quelqu'un qui est encore loin d'être né (sur Terre) pourrait figurer sur cette nouvelle liste de l'instant présent.

Tout cela peut surprendre, mais n'occasionne ni contradiction ni paradoxe. En effet, comme nous l'avons expliqué plus haut, plus grande sera la distance à laquelle a lieu un événement donné, plus long sera le temps nécessaire pour recevoir la lumière émise, et donc pour déterminer que cet événement appartient à telle ou telle liste de l'instant présent. Par exemple, même si l'assassinat de Marat par Charlotte Corday appartiendra à la nouvelle liste de l'instant présent pour Gromit s'il se lève et s'éloigne en courant à la vitesse de 22,8 kilomètres à l'heure[2], il n'y a rien qu'il puisse faire pour sauver Marat. À des distances aussi considérables, il faut des temps extrêmement longs pour s'échanger des messages, et seuls les descendants de Gromit, des milliards d'années plus tard, recevront la lumière émanant de ce sinistre événement de 1793. Toutefois, lorsque ses descendants utiliseront cette information pour mettre à jour la vaste collection des listes des instants présents d'antan, ils trouveront que l'assassinat de Marat appartient à la même liste de l'instant présent que celle qui contient l'événement où Gromit se lève pour s'éloigner de la Terre en courant. Et ils trouveront également que, juste avant que Gromit se lève, sa liste de l'instant présent contenait, parmi tant d'autres choses, Wallace, sur la Terre du XXIe siècle, confortablement installé à lire ces lignes[3].

De même, certaines choses concernant notre futur

semblent complètement ouvertes, comme la question de savoir qui remportera l'élection présidentielle en 2100 : il est plus que probable que les candidats à ces élections ne soient même pas nés, et encore moins déjà décidés à faire campagne. Mais si Gromit se lève et s'avance en direction de la Terre à l'allure de 10,4 kilomètres à l'heure, sa liste de l'instant présent (sa conception de ce qui existe, de ce qui a lieu) inclura l'élection du premier président français du XXIIe siècle. Un aspect qui semble complètement indécis à nos yeux est quelque chose qui, pour Gromit, a déjà eu lieu. Ici encore, Gromit n'aura connaissance du résultat du scrutin qu'après des milliards d'années, puisque c'est le temps nécessaire à nos signaux télévisés pour arriver jusqu'à lui. Mais, lorsque la nouvelle aura atteint ses descendants, ceux-ci pourront l'utiliser pour mettre à jour leurs livres d'histoire, leurs collections des listes des instants présents d'antan et ils découvriront alors que cette élection appartient à la même liste que celle dans laquelle Gromit se lève pour marcher en direction de la Terre (une liste de l'instant présent qui, comme le notent les descendants de Gromit, concerne un instant suivant tout juste celui dans lequel Wallace, dans les premières années du XXIe siècle, finissait la lecture de ce paragraphe).

Cet exemple met en lumière deux points importants. Premièrement, bien que nous soyons habitués à l'idée que les effets relativistes ne deviennent apparents qu'à des vitesses proches de celles de la lumière, même à basse vitesse, certains effets relativistes peuvent être fortement amplifiés lorsqu'on les considère sur de grandes distances dans l'espace. Deuxièmement, l'exemple nous donne des idées pour aborder la question de savoir si l'espace-temps (la miche) est réellement une entité ou juste un concept abstrait, une union abstraite de l'espace à l'instant présent avec toute son histoire et tout son futur présumé.

Voyez-vous, la conception de la réalité selon Gromit, son image figée des événements, sa conception de ce qui existe *maintenant*, est tout aussi réelle pour lui que l'est pour nous notre propre conception de la réalité. Donc, en définissant ce que constitue la réalité, il serait vraiment étroit de notre part de ne pas inclure aussi son point de vue. Pour Newton, cette approche égalitaire ne ferait pas la moindre différence, parce que, dans un univers où l'espace et le temps sont absolus, toutes les tranches de l'instant présent coïncident pour tout le monde. Mais, dans un univers relativiste tel que le nôtre, cela fait une grosse différence. Notre conception de ce qui existe à l'instant présent se réduit à une unique tranche (on voit habituellement le passé comme révolu et le futur comme à venir), mais nous devons adjoindre à cette image la tranche de Gromit, tranche de l'instant présent qui, comme l'a révélé l'exposé ci-dessus, peut se trouver très différente de la nôtre. En outre, puisque la position initiale de Gromit et la vitesse de son déplacement sont arbitraires, nous devons donc inclure toutes les tranches de l'instant présent, en tenant compte de toutes les possibilités. Ces tranches de l'instant présent, comme dans notre discussion ci-dessus, seraient centrées sur la position initiale de Gromit dans l'espace (ou celle de tout autre observateur réel ou hypothétique), et seraient tournées d'un angle qui dépendrait de la vitesse choisie (la seule restriction étant celle de la limitation de vitesse imposée par la lumière et, comme l'expliquent les notes, dans la description graphique que l'on utilise communément, cela correspond à une limite de 45° pour l'angle de rotation, dans le sens des aiguilles d'une montre ou dans le sens inverse). Comme nous pouvons le voir sur la figure 5.5, l'ensemble de toutes ces tranches de l'instant présent forme une région conséquente de la miche d'espace-temps. En fait, si l'espace est infini (si les tranches s'étendent jusqu'à des distances infinies), alors les tranches tournées les unes par rapport aux autres peuvent être centrées sur un point arbitrairement lointain, si bien que leur union balaie absolument *chaque point* de la miche d'espace-temps*.

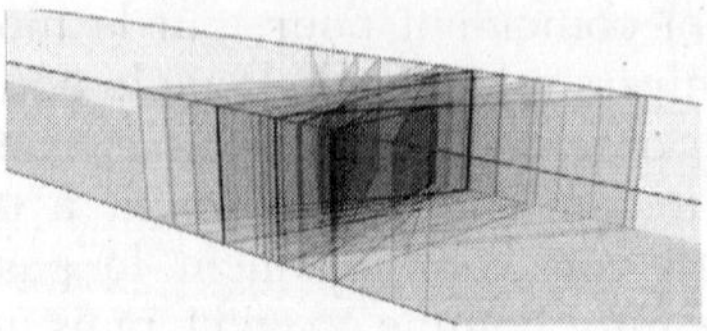

Figure 5.5 Exemple de tranches d'instant présent pour toutes sortes d'observateurs (réels ou hypothétiques) situés à diverses distances de la Terre, et se déplaçant à diverses vitesses.

En résumé : *si l'on accepte l'idée que la réalité est constituée des événements qui apparaissent dans notre image mentale de l'instant présent pris dans la*

* Choisissons un point au hasard dans la miche. Dessinons une tranche qui inclut ce point et dont l'intersection avec notre actuelle tranche d'instant présent se fait avec un angle inférieur à 45°. Cette tranche représentera la tranche de l'instant présent (la réalité) pour un observateur distant qui était initialement au repos par rapport à nous mais qui, comme Gromit, se déplace maintenant par rapport à nous à une vitesse inférieure à celle de la lumière. De par sa construction, cette tranche inclut le point (arbitraire) de la miche que nous avons choisi[4].

glace, et si l'on admet que notre maintenant *n'est pas plus valable que le* maintenant *d'un autre que nous, situé à très grande distance et pouvant se déplacer librement, alors la réalité englobe tous les événements de l'espace-temps*. La miche totale existe. Tout comme on envisage l'ensemble de l'espace comme existant *réellement*, on doit envisager également que l'ensemble du temps existe *réellement* lui aussi. Certes, passé, présent et futur apparaissent comme des entités distinctes. Mais, comme l'a dit un jour Einstein : « Pour nous, physiciens convaincus, la distinction entre le passé, le présent et le futur n'est qu'une illusion, quoique persistante[5]. » La seule chose qui soit bien réelle, c'est l'ensemble de l'espace-temps.

Expérience et écoulement du temps

Avec cette manière de voir les choses, les événements *sont*. Peu importe quand ils ont eu lieu de tel ou tel point de vue, tous existent. Tous occupent éternellement leur propre point dans l'espace-temps. Il n'y a pas d'écoulement. Si nous avons un souvenir mémorable des douze coups de minuit au nouvel an 1999, eh bien, nous y sommes encore, puisqu'il s'agit simplement d'un point immuable dans l'espace-temps. Cette description n'est pas facile à accepter, car notre vision du monde impose une distinction entre passé, présent et futur. Mais si l'on observe volontairement ce schéma temporel si familier, pour le confronter à la dure réalité des lois de la physique moderne, le seul refuge qui nous reste semble être l'esprit humain.

Sans le moindre doute, notre expérience quotidienne semble filer à travers les tranches. C'est un peu comme si nos esprits représentaient l'éclairage mentionné plus haut, donnant vie aux différents moments dans le temps en les illuminant par le pouvoir de notre conscience. La sensation de flux d'un instant au suivant provient de la conscience que nous avons de cette évolution, dans nos pensées, nos sensations et nos perceptions. Toute cette évolution semble se faire de manière continue ; elle semble se dérouler dans une logique cohérente. Mais (sans aucune prétention de précision psychologique ou neurobiologique) on peut envisager de faire l'expérience du temps qui passe quand bien même, en réalité, cela ne peut exister. Pour saisir ce que j'entends par là, imaginons que l'on visionne le film *Autant en emporte le vent* avec un lecteur DVD défectueux, qui passe d'avant en arrière de manière aléatoire : chaque scène qui apparaît momentanément à l'écran est immédiatement suivie par une autre, provenant d'une partie du film complètement différente. Lorsqu'on regarde ce méli-mélo, on a bien du mal à comprendre ce qui se passe. Mais cela ne pose aucun problème pour Scarlett et Rhett. À chaque plan, ils font ce qu'ils ont toujours fait sur ce plan. Si l'on pouvait mettre le DVD sur pause et les questionner sur leurs pensées et leurs souvenirs, ils répondraient la même chose que si l'on avait visionné le DVD sur un lecteur fonctionnant correctement. Imaginons qu'on leur demande s'ils ont trouvé étrange de traverser la guerre civile sans dommages, ils nous regarderaient alors avec des yeux ronds et s'imagineraient certainement qu'on a bu un verre de trop. À chaque plan, ils auraient les pensées et les souvenirs qu'ils ont toujours eus dans ce plan — et, en particulier, ces pensées et ces souvenirs leur donneraient la sensation que le temps s'écoule aussi doucement et régulièrement que d'habitude.

De la même manière, chaque instant dans l'espace-temps (chaque tranche instantanée) est comme une séquence d'un film mis sur pause. Chacun existe, qu'il soit éclairé par une quelconque lumière ou pas. De même que pour Scarlett et Rhett, pour nous qui vivons un de ces instants, celui-ci est notre *maintenant*, c'*est* l'instant que nous vivons à *cet* instant. Et il le sera toujours. En outre, au sein de chaque tranche de temps prise individuellement, nos pensées et nos souvenirs sont suffisamment riches pour donner l'impression que le temps n'a cessé de s'écouler jusqu'à ce moment. Ce sentiment, cette sensation que le temps s'écoule n'a pas besoin que les instants antérieurs (les plans précédents) soient « éclairés les uns après les autres »[6].

Et, si l'on y réfléchit un peu, on s'aperçoit que c'est une très bonne chose, parce que l'idée de l'éclairage d'un projecteur qui donnerait vie aux instants les uns après les autres pose de gros problèmes pour une autre raison, peut-être plus fondamentale encore. Si l'éclairage faisait son boulot, et illuminait un événement donné (par exemple les douze coups de minuit du réveillon de 1999), que signifierait, pour cet instant précis, d'être ensuite plongé dans le noir ? Si l'instant est éclairé, alors le fait qu'il soit baigné de lumière serait une caractéristique de l'instant, un aspect éternel et immuable, comme tout ce qui a lieu en cet instant. Faire l'expérience de cet éclairage (être « vivant », être le présent, être l'*instant*) puis faire l'expérience de la pénombre (être « en veilleuse ». être le passé, être ce qui a été) revient à faire l'expérience du changement. *Mais le concept de changement n'a aucun sens par rapport à un instant unique dans le temps*. Le changement doit s'effectuer au cours du temps, il doit justement marquer le temps qui passe. Alors quelle serait cette étrange notion du temps ? Par définition, les instants n'incluent *pas* l'écoulement du temps (tout au moins pas le temps tel qu'on le perçoit) parce que les instants sont, tout simplement ; ils sont le matériau brut qui forge le temps, ils ne changent *pas*. Un moment précis ne peut changer dans le temps, pas plus qu'une position précise ne peut bouger dans l'espace : si une position devait changer, elle deviendrait une autre position dans l'espace ; si un instant devait changer, il deviendrait un autre instant dans le temps. L'image intuitive d'un éclairage qui donne vie à chaque nouveau *maintenant* ne résiste pas à un examen attentif. En fait, tous les instants sont éclairés, et tous les instants le restent. Tous les instants *sont*. Par une analyse soigneuse, on s'aperçoit donc que la rivière du temps qui passe ressemble de très près à un gigantesque bloc de glace, chaque instant étant figé à sa place[7].

Cette conception du temps est très différente de celle que la plupart d'entre nous nous sommes forgée. Bien qu'elle soit le produit de ses propres idées, Einstein ne put se résoudre à admettre complètement ce changement de point de vue radical. Rudolph Carnap relate une conversation extraordinaire qu'il a eue avec Einstein sur ce sujet[8] : « Einstein disait que le problème de l'instant présent le préoccupait sérieusement. Il expliquait que l'expérience que l'on fait de l'instant présent a une signification toute particulière pour l'homme ; c'est quelque chose de foncièrement différent du passé ou du futur, mais cette différence importante n'a pas sa place en physique. Que cela ne puisse être saisi par la science représentait pour lui une résignation pénible mais inévitable. »

Cette résignation laisse ouverte une question capitale : la science est-elle incapable de saisir un aspect fondamental du temps que l'homme intègre aussi facilement que l'air qu'il respire, ou est-ce l'esprit humain qui impose au temps un aspect de son cru, qui serait donc artificiel et n'apparaîtrait pas dans les lois de la physique ? Si vous me posiez la question dans la journée, je me rangerais à ce dernier avis. Mais, à la tombée du jour, l'esprit critique se détend dans la routine quotidienne, et il devient difficile de s'opposer au premier point de vue. Le temps est un sujet fort subtil, et nous sommes loin de le comprendre totalement. Il est possible qu'une personne ingénieuse propose un jour une nouvelle manière de voir le temps et révèle ainsi de véritables fondements physiques pour le temps qui passe. Alors, à nouveau, la discussion précédente, fondée sur la logique et la relativité, pourrait se révéler être le fin mot de l'histoire. Toutefois, le sentiment que le temps s'écoule est certainement enraciné dans notre expérience quotidienne, à tel point qu'il imprègne complètement notre raisonnement et notre langage, que nous nous sommes fourvoyés, et continuons de nous fourvoyer, en donnant des descriptions familières du temps qui passe. Mais prenons garde à ne pas confondre langage et réalité. Le langage des hommes est bien plus habile à décrire l'expérience humaine qu'à exprimer les lois physiques les plus fondamentales.

6

FLÈCHE ET HASARD

Le temps a-t-il une direction ?

Même si le temps ne s'écoule pas, la question de savoir s'il a une flèche (de savoir s'il y a une direction que prennent les événements se déroulant dans le temps qui puisse être mise en évidence par les lois de la physique) a toujours un sens. La question est de savoir s'il y a un ordre intrinsèque dans la manière dont les événements sont distribués dans l'espace-temps, et s'il existe une différence scientifique entre un ordre donné et l'ordre inverse. Comme chacun sait, il devrait certainement y avoir une distinction de taille ; c'est ce qui donne toute son intensité à la vie. Toutefois, comme nous allons le voir, expliciter la distinction entre passé et futur est plus difficile qu'on ne pourrait le croire. Fait plutôt remarquable, la réponse à laquelle nous arriverons est intimement liée aux conditions précises qui régnaient au commencement de l'Univers.

L'énigme

Des milliers de fois par jour, nous faisons l'expérience d'une distinction nette entre l'ordre dans lequel se déroulent les événements dans le temps et l'ordre inverse. Une pizza qui sort de chez Pizza Hut refroidit sur le chemin de la maison, mais on ne verra jamais une pizza arriver plus chaude qu'à sa sortie du four. Du lait versé dans un café chaud forme un liquide clair et uniforme, et l'on ne verra jamais une tasse de café au lait se « démélanger » pour séparer le lait du café noir. Des œufs qui tombent se cassent, et l'on ne verra jamais la coquille éparpillée et l'œuf étalé se rassembler pour reformer un œuf indemne. Le dioxyde de carbone comprimé dans une bouteille de Perrier s'échappe de la bouteille dès qu'on la débouche, et l'on ne verra jamais le gaz se rassembler pour s'engouffrer à nouveau dans la bouteille. Des glaçons dans un verre d'eau à température ambiante fondent progressivement, mais l'on ne verra jamais les petits morceaux de glace se rassembler en gros cubes. Ces séquences d'événements ordinaires, tout comme un nombre incalculable d'autres exemples, se déroulent toujours dans un seul et même ordre temporel. Ils n'ont jamais lieu dans l'ordre inverse, et fournissent donc les notions d'avant et d'après (ils nous donnent une conception cohérente et apparemment universelle du passé et du futur). D'après ces observations, si l'on pouvait regarder la totalité de l'espace-temps de l'extérieur (comme sur la figure 5.1), nous verrions une asymétrie importante le long de l'axe temporel. Dans le monde entier, les œufs cassés se trouveraient du même côté (du côté que l'on appelle communément le futur) de leurs analogues entiers, indemnes.

Peut-être l'exemple le plus significatif de tous est-il que notre esprit semble avoir accès à toute une série d'événements qui forment ce que l'on appelle le passé (nos souvenirs) mais qu'aucun d'entre nous ne semble capable de se « remémorer » la série d'événements qui forme ce que l'on appelle le futur. Il paraît donc évident qu'il existe une grosse différence entre passé et futur. Il semble exister une orientation manifeste à la manière dont toutes sortes de situations se déroulent dans le temps. Il semble qu'il y ait une distinction manifeste entre les choses dont on se souvient (le passé) et les choses dont on ne peut se souvenir (le futur). Voilà ce que l'on entend lorsqu'on dit du temps qu'il a une orientation, une direction, une flèche[1].

La physique, et plus généralement la science, se fonde sur la régularité. Les scientifiques étudient la nature, trouvent des schémas qui se répètent et traduisent ces schémas en lois naturelles. On pourrait donc penser que l'incommensurable richesse des événements réguliers qui nous font percevoir une flèche du temps représenterait autant d'indices en faveur d'une loi fondamentale de la nature. On pourrait formuler cette loi de manière naïve en introduisant la « loi du café renversé », stipulant que le café peut se renverser mais jamais se « dérenverser » ; ou la « loi des œufs cassés », stipulant que les œufs peuvent se casser mais jamais se reformer. Mais de telles lois ne nous avanceraient à rien : elles sont tout juste descriptives et n'offrent aucune explication, mais la simple observation des faits. On s'attendrait plutôt à ce qu'existe, quelque part dans les profondeurs de la physique, une loi moins naïve capable de décrire le mouvement et les propriétés des particules qui forment les pizzas, le café, le lait, les œufs, les gens et les étoiles (les ingrédients fondamentaux de tout), et capable de montrer pourquoi les choses évoluent suivant une succession d'étapes donnée, mais jamais dans l'autre sens. Une loi comme celle-ci fournirait une explication fondamentale à la flèche du temps que l'on observe.

Ce qui rend perplexe, c'est que personne n'a découvert une telle loi. Pis encore : les lois de la physique telles qu'elles ont été articulées de Newton à Einstein, en passant par Maxwell, et jusqu'à nos jours, affichent une *symétrie parfaite entre passé et futur**. Rien dans toutes ces lois ne stipule qu'elles s'appliquent dans un sens du temps mais pas dans l'autre. Rien dans toutes ces lois ne fait la distinction entre la manière dont elles se comportent selon la direction du temps. Les lois traitent ce que l'on appelle passé et futur sur un même pied d'égalité. Bien que l'expérience révèle inlassablement qu'il y a une flèche au déroulement des événements dans le temps, cette flèche semble ne pas avoir sa place dans les lois de la physique.

Le passé, le futur et les lois fondamentales de la physique

Comment est-ce possible ? Les lois de la physique n'offriraient donc aucun support pour distinguer le passé du futur ? Comment se fait-il qu'aucune loi de la physique n'explique que les événements se déroulent dans *tel* ordre et jamais dans l'ordre inverse ?

La situation est même plus étonnante encore. Les lois de la physique que l'on connaît à ce jour stipulent, contrairement aux expériences que l'on fait toute notre vie durant, que le café au lait peut tout à

* Il existe une exception, en rapport avec un certain type de particules exotiques. Mais je considère ces exceptions comme n'ayant probablement que peu à voir avec les questions présentées dans ce chapitre, et je n'en ferai donc plus mention. Si cela vous intéresse, la note 2 en donne un rapide aperçu.

fait se scinder pour donner du café noir et du lait ; qu'un jaune d'œuf cassé, son blanc et sa coquille éparpillée peuvent tout à fait se regrouper et reformer un œuf tout neuf ; que la glace fondue dans un verre d'eau à température ambiante peut tout à fait se rassembler pour redonner de gros cubes de glace ; que le gaz libéré à l'ouverture d'une bouteille de Perrier peut tout à fait revenir s'engouffrer dans la bouteille. Toutes les lois de la physique qui nous sont si chères abondent dans le sens de ce que l'on appelle la « symétrie d'inversion du temps ». Celle-ci stipule que si certaines successions d'événements peuvent se dérouler dans un certain ordre temporel (le lait et le café se mélangent, les œufs se cassent, les glaçons fondent), alors ces mêmes événements peuvent également se dérouler dans l'ordre inverse (le lait et le café se séparent, les œufs cassés se réparent, les glaçons se reforment). J'en dirai plus d'ici peu, mais, pour résumer cela en une phrase, disons que non seulement les lois ne parviennent pas à expliquer pourquoi les événements ne se déroulent que dans un seul et même sens, mais elles nous disent aussi qu'en théorie, tous les événements peuvent se dérouler dans l'autre sens*.

La question qui nous brûle les lèvres est : « Pour-

* Notez que cette symétrie d'inversion du temps ne concerne pas l'inversion du temps lui-même ou son « écoulement » à l'envers. En fait, telle que nous l'avons décrite, la symétrie d'inversion du temps ne concerne que la question de savoir si les événements qui ont lieu *dans* le temps, dans un ordre temporel précis, peuvent aussi se dérouler dans l'autre sens. Une manière plus appropriée de présenter les choses serait d'appeler cette symétrie « symétrie d'inversion de l'ordre des événements » ou d'« inversion des processus », mais nous garderons le terme conventionnellement utilisé.

quoi ne voit-on jamais ce genre de choses ? » Je parierai sans trop de risque que personne n'a jamais vu un œuf cassé se reformer. Mais si les lois de la physique l'autorisent, et si, en outre, ces lois traitent le fait qu'un œuf se casse et celui qu'il se reforme de manière équivalente, alors pourquoi ce dernier cas n'apparaît-il jamais tandis que l'autre est courant ?

La symétrie d'inversion du temps

Comme première étape pour éclaircir cette énigme, nous devons comprendre plus concrètement ce que signifie, pour les lois de la physique, d'être symétriques par rapport à l'inversion du temps. Pour y parvenir, projetons-nous au XXVe siècle et imaginons que nous jouions au tennis dans la nouvelle équipe interplanétaire, avec notre partenaire habituel, Jules Bonnefrappe. Quelque peu surpris par la gravitation plus faible qui règne sur Vénus, Bonnefrappe assène à la balle un revers d'une puissance inouïe, qui l'envoie se perdre dans les noires profondeurs de l'espace. Une navette spatiale passant par là filme la balle au passage et envoie les séquences à CNN (Celestial News Network) pour qu'elle les diffuse. Voici la question : si les techniciens de CNN commettaient l'erreur de passer la séquence à l'envers, aurions-nous un moyen de nous en rendre compte ? Eh bien, en connaissant la direction et l'orientation qu'avait la caméra lorsqu'elle filmait la balle de tennis, nous pourrions nous apercevoir de l'erreur. Mais pourrions-nous la déceler en ne regardant que la séquence diffusée, sans aucune autre information supplémentaire ? La réponse est non. Si, lorsqu'elle est diffusée dans le bon sens temporel, la séquence montre la balle fusant de gauche à droite, alors, en la diffusant dans l'autre sens, on voit la balle filer de droite à gauche. Et une chose est sûre : les lois de la physique classique autorisent qu'une balle de tennis se déplace vers la droite comme vers la gauche. Donc, le mouvement que l'on observe lorsque la séquence est diffusée vers l'avant ou vers l'arrière dans le temps est tout à fait en accord avec les lois de la physique.

Jusqu'à présent, nous avons imaginé que la balle de tennis n'était soumise à aucune force, si bien qu'elle se déplaçait à vitesse constante. Imaginons maintenant un cas de figure plus général, en présence de forces. Si l'on en croit Newton, l'effet d'une force est de modifier la vitesse d'un objet : les forces transmettent des accélérations. Imaginons alors qu'après avoir flotté un bon moment dans l'espace notre balle soit happée par l'attraction gravitationnelle de Jupiter, qui l'entraîne à une vitesse croissante le long d'une trajectoire courbée vers la droite et vers le bas, en direction de sa surface, comme sur les figures 6.1a et 6.1b. Si l'on passe le film de cette séquence à l'envers, la balle de tennis aura l'air de suivre un arc de bas en haut, dirigé vers la gauche, s'éloignant de Jupiter, comme sur la figure 6.1c. Voici la seconde question : le mouvement du film passé à l'envers (l'inversion dans le temps du mouvement que l'on a réellement filmé) est-il autorisé par les lois de la physique classique ? Ce mouvement pourrait-il avoir lieu dans la réalité ? À première vue, la réponse semble évidemment être « oui » : les balles de tennis peuvent tout aussi bien avoir un mouvement en arc vers le bas et vers la droite que vers le haut et vers la gauche, ainsi qu'un nombre incommensurable d'autres trajectoires. Alors, où est le problème ? Eh bien, même si la réponse est

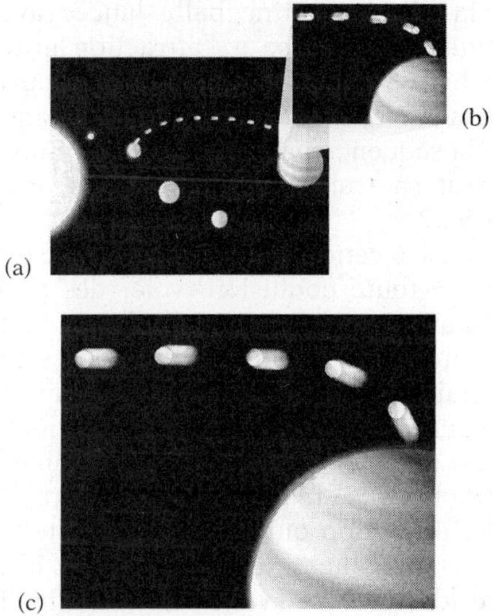

Figure 6.1 (a) Une balle de tennis volant de Vénus à Jupiter. (b) Gros plan. (c) Le mouvement de la balle de tennis si l'on inverse son mouvement juste avant qu'elle n'atteigne Jupiter.

la bonne, ce raisonnement est trop expéditif et passe à côté du cœur du problème.

Lorsqu'on passe le film à l'envers, on voit la balle de tennis bondir de la surface de Jupiter vers le haut et vers la gauche, exactement à la même vitesse (mais dans la direction opposée) que celle avec laquelle elle tombe sur la planète. Certes, cette première partie du film est en accord avec les lois de la physique : on peut imaginer par exemple que quelqu'un lance la balle depuis la surface de Jupiter, en lui communiquant exactement cette vitesse. La vraie question est de savoir si le *reste* de la séquence diffusée à l'envers est également en accord avec les lois de la physique. Une balle lancée avec cette vitesse initiale (soumise à l'attraction gravitationnelle de Jupiter qui la tire vers le bas) pourrait-elle réellement suivre la trajectoire apparaissant dans le reste de la séquence passée à l'envers ? Suivrait-elle exactement sa trajectoire vers le bas, mais dans l'autre sens ?

La réponse à cette question plus précise est « oui ». Pour éviter toute confusion, voici des précisions. Sur la figure 6.1a, avant que l'effet de l'attraction gravitationnelle de Jupiter ne devienne significatif, la balle était dirigée uniquement vers la droite. Puis, sur la figure 6.1b, l'attraction gravitationnelle de Jupiter est tellement intense qu'elle domine le mouvement de la balle et l'attire vers le centre de la planète (une attraction qui est essentiellement dirigée vers le bas, mais aussi, comme on peut le voir sur la figure, déviée vers la droite). Cela signifie qu'à mesure que la balle s'approche de la surface de Jupiter, sa vitesse vers la droite augmente quelque peu, mais sa vitesse vers le bas augmente énormément. Donc, dans la séquence passée à l'envers, le lancer de la balle depuis la surface de Jupiter aurait été dirigé vers la gauche, mais principalement vers le haut, comme à la figure 6.1c. Avec cette vitesse de départ, la gravitation de Jupiter aurait eu son effet le plus considérable sur la partie de la vitesse dirigée vers le haut, faisant ralentir la balle de plus en plus, et elle aurait aussi pour effet de diminuer sa vitesse vers la gauche, mais de manière moins importante. Et, avec la diminution rapide de la composante vers le haut de sa vitesse, le mouvement de la balle passe sous la domination de sa vitesse vers la gauche qui lui fait suivre une trajectoire dirigée vers le haut et courbée vers la gauche. Vers le bout de cette trajectoire, la gravitation de Jupiter ayant anéanti toute la composante vers le haut du mouvement de la balle (ou toute la vitesse vers la droite que l'attraction de la planète avait induite lors de son mouvement vers le bas), celle-ci ne se déplace plus que vers la gauche, exactement à la même vitesse que lors de son approche initiale.

Tout cela peut être explicité qualitativement, mais ce qu'il faut remarquer, c'est que cette trajectoire est exactement la trajectoire inverse de celle du mouvement originel de la balle. En inversant simplement la vitesse de la balle, comme sur la figure 6.1 (en la lançant avec la même vitesse mais dans la direction opposée), on peut lui faire parcourir exactement sa trajectoire originelle, mais dans l'autre sens. Pour revenir au film, on voit que la trajectoire vers le haut et vers la gauche (que l'on vient d'expliciter grâce aux lois du mouvement de Newton) est précisément celle que l'on verrait en projetant le film à l'envers. Donc, le mouvement de la balle inversé dans le temps que montre le film passé à l'envers est tout aussi conforme aux lois de la physique que son mouvement avant l'inversion du temps. Le mouvement que l'on verrait en visionnant le film à l'envers est un mouvement qui peut *réellement* avoir lieu dans notre monde.

Malgré les quelques subtilités que j'ai reléguées en note[2], cette conclusion est générale. Toutes les lois connues et reconnues qui traitent du mouvement (de la mécanique newtonienne, que l'on vient d'utiliser, à la théorie de l'électromagnétisme de Maxwell, jusqu'aux théories des relativités restreinte et générale d'Einstein — souvenons-nous que nous laissons de côté la mécanique quantique jusqu'au prochain chapitre) affichent la symétrie d'inversion du temps : un mouvement qui peut avoir lieu dans le sens habituel du temps peut tout aussi bien avoir lieu dans l'autre sens. Comme la terminologie peut induire en erreur, j'insiste à nouveau sur le fait que nous n'inversons pas le temps lui-même. Le temps continue de faire ce qu'il a toujours fait. En fait, notre conclusion est plutôt que l'on peut faire qu'*un objet retrace sa trajectoire dans le sens inverse, par la simple inversion de sa vitesse en tout point de sa trajectoire*. De manière équivalente, la même procédure (l'inversion de la vitesse d'un objet à un certain point de sa trajectoire) ferait suivre à l'objet la trajectoire que l'on verrait dans un film passé à l'envers.

Balles de tennis et œufs brouillés

Le spectacle d'une balle de tennis entre Vénus et Jupiter (dans un sens ou dans l'autre) n'est pas franchement passionnant. Mais, puisque notre conclusion est générale, déplaçons-nous vers un endroit beaucoup plus intéressant : la cuisine. Plaçons un œuf sur le plan de travail, faisons-le rouler doucement jusqu'au bord, et laissons-le tomber par terre et s'écraser au sol. Pour sûr, il y a de l'animation dans cette séquence d'événements. L'œuf tombe. La coquille se fend. Le jaune et le blanc de l'œuf se répandent de-ci, de-là. Le plancher vibre. Des tourbillons se créent dans l'air environnant. Les frottements produisent de la chaleur et font que les atomes et les molécules de l'œuf, du plancher et de l'air s'agitent un petit peu plus. Mais, tout comme les lois de la physique montrent que l'on peut faire suivre à la balle de tennis sa trajectoire exacte dans l'autre sens, les mêmes lois montrent aussi comment on peut faire retracer leur exacte trajectoire au moindre petit bout de coquille d'œuf, à la moindre goutte de jaune ou de blanc, à la moindre partie du plancher et à la moindre petite poche d'air. Il « suffit » d'inverser la vitesse de chacun des constituants de la scène. Plus précisément, le raisonnement utilisé pour la balle de tennis implique que, si l'on pouvait inverser simultanément la vitesse de chaque atome et de chaque molécule intervenant directement ou indirectement dans l'écrasement de l'œuf au sol, tout le mouvement pourrait être inversé.

À nouveau, comme pour la balle de tennis, si l'on parvenait à inverser toutes ces vitesses, ce que l'on observerait ressemblerait à un film projeté à l'envers. Mais, contrairement à la balle de tennis, le mouvement inverse de l'écrasement de l'œuf serait très impressionnant. Des vagues de molécules d'air agitées et de petites vibrations du plancher convergeraient des quatre coins de la cuisine vers l'endroit de la collision, rassemblant vers le point d'impact chaque petit élément de la coquille et chaque petite goutte de jaune et de blanc. Chaque ingrédient se déplacerait exactement à la même vitesse que lors du processus originel. De petites gouttes voleraient littéralement pour reformer le jaune, puis le blanc, tandis que les petits morceaux épars de la coquille se réuniraient pour s'aligner parfaitement et se fondre en un contenant ovoïde complètement lisse. Les vibrations de l'air et du plancher s'allieraient avec précision au mouvement des gouttes de jaune et des morceaux de coquille en coalescence pour communiquer à l'œuf tout nouvellement reformé la petite poussée nécessaire pour qu'il décolle du sol d'une seule pièce, qu'il s'élève jusqu'au plan de travail et qu'il atterrisse tout doucement sur le bord, avec un tout petit mouvement de rotation qui lui permet tout juste de rouler sur quelques centimètres avant de s'arrêter tout en douceur. Voilà ce qui se passerait si l'on pouvait inverser exactement les vitesses de tous les ingrédients[3].

Donc, qu'il s'agisse d'un événement simple comme une balle de tennis en vol, ou d'un événement plus complexe comme un œuf qui s'écrase au sol, les lois de la physique montrent que ce qui se déroule dans une certaine direction du temps peut, au moins en principe, avoir lieu aussi dans l'autre sens.

La théorie et la pratique

Les histoires de la balle de tennis et de l'œuf font plus qu'illustrer la symétrie des lois naturelles sous l'inversion du temps. Elles suggèrent aussi pourquoi, dans nos expériences du monde réel, on voit beaucoup de choses qui ont lieu dans un sens mais jamais dans l'autre. Il n'était pas trop difficile de faire revenir sur ses pas la balle de tennis. On l'attrape pour la renvoyer avec la même vitesse mais dans la direction opposée. Tout simplement. Mais faire que tous les constituants épars de l'œuf retracent leur chemin dans l'autre sens serait incomparablement plus compliqué. Il nous faudrait rassembler chaque petit élément et renvoyer simultanément chacun d'eux à la même vitesse mais dans la direction opposée à celle de la chute. Cela dépasse de loin ce que nous pouvons faire en réalité.

Avons-nous trouvé les réponses que nous cherchions ? La question de savoir pourquoi les œufs se brisent mais ne se reforment pas, bien que les deux situations soient autorisées par les lois de la physique, se résume-t-elle à ce que l'on peut faire ou ne pas faire en pratique ? La réponse est-elle simplement qu'il est facile de casser un œuf (il suffit de le laisser tomber du plan de travail) mais extraordinairement difficile de le faire se reformer ?

Eh bien, croyez-moi, si la réponse n'était pas plus compliquée que cela, je n'en aurais pas fait une telle affaire. Que ce soit facile dans un cas et difficile dans l'autre est bel et bien un élément de réponse important, mais le fin mot de l'histoire est beaucoup plus subtil et beaucoup plus surprenant. Nous y arriverons en temps voulu, mais nous devons tout d'abord préciser quelque peu la discussion. Et cela nous mène au concept de l'entropie.

Entropie

Sur une pierre tombale du Zentralfriedhof de Vienne, près des tombes de Beethoven, Brahms, Schubert et Strauss, est gravée l'équation $S = k\log W$, formulation mathématique d'un concept fondamental appelé « entropie ». La pierre tombale porte le nom de Ludwig Boltzmann, l'un des physiciens les plus géniaux de la fin du XIXe siècle. Boltzmann, en mauvaise santé et en proie à la dépression, mit fin à ses jours en 1906, alors qu'il était en vacances en Italie avec sa femme et sa fille. L'ironie du sort a voulu que, quelques mois plus tard, des expériences confirment pour la première fois des idées qu'il avait défendues avec passion toute sa vie durant.

La notion d'entropie fut élaborée à l'époque de la révolution industrielle par des scientifiques qui, s'intéressant aux moteurs et aux hauts fourneaux, contribuèrent au développement de la thermodynamique. Après maintes années de recherches, les idées principales étaient bien en place, et culminaient dans l'approche de Boltzmann. Sa conception de l'entropie, exprimée par l'équation gravée sur sa tombe, s'appuyait sur un raisonnement statistique, et reliait le nombre énorme des ingrédients d'un système physique aux propriétés globales du système[4].

Pour s'en faire une idée, imaginons que nous défaisions la reliure d'un exemplaire de *Guerre et Paix*, et que l'on envoie dans les airs ses 693 feuillets pour ensuite les rassembler en une pile bien nette[5]. Lorsqu'on jette un coup d'œil à la pile obtenue, il y a beaucoup, beaucoup plus de chances que les pages soient dans le désordre plutôt que dans l'ordre. La raison est évidente. Il y a de nombreuses façons de mélanger l'ordre des pages, mais seulement une manière de les mettre dans le bon ordre. Évidemment, pour être dans le bon ordre, les feuillets devraient être disposés précisément en sorte que le numéro des pages se succède de 1, 2 ; 3, 4 ; 5, 6... jusqu'à 1 385, 1 386. Tout autre agencement des feuillets sera dans le désordre. Or une observation aussi simple que fondamentale est que, toutes autres choses étant égales par ailleurs, plus il y a de manières de réaliser quelque chose, plus il y a de chances que ce quelque chose ait bien lieu. Et s'il y a un nombre *énorme* de possibilités pour réaliser quelque chose, comme le nombre énorme des possibilités que les pages retombent dans le désordre, alors la probabilité que cela ait lieu sera *énorme*. Cela, nous le savons tous. En achetant un seul billet de loterie, nous savons qu'il n'y a qu'une possibilité de gagner. Si nous en achetons un million, alors nous aurons un million de possibilités de gagner : nos chances de devenir riche sont multipliées par un million.

L'entropie est le concept qui rend cette idée plus précise, en comptant le nombre de façons, en accord avec les lois de la physique, de réaliser une situation physique donnée. *Une entropie élevée signifie qu'il y a beaucoup de façons de la réaliser ; une entropie*

faible signifie qu'il y en a peu. Si les pages de *Guerre et Paix* sont dans le bon ordre, cela correspond à une configuration de faible entropie, car il n'y a qu'une seule distribution des feuillets qui satisfasse ce critère. Si les pages sont dans le désordre, cela correspond à une configuration de forte entropie, car un petit calcul montre que le nombre de façons de disposer les pages dans le désordre[6] s'élève à
124551198453778343366002935370498829163361
101246389045136887691264686895591852984504
377394069294743950794189338975187652765671
405928662715136707473940692947439507941893
387518765276567140592866271513670747391295
713823538000161081264653018234205620571473
206172029382902912502131702278211913473582
655881541071360143119322157534159733855428
467298691398151599251190858672609934810561
430341343830563771367151105704786941333912
934192440961051428879847790853609508954014
012593285063290603410951314946638983905267
676104278041667301549455228188610250246338
662603601508886647010142970854584815141598
392546876231295293347829518681237077459652
243214888735167928448340300078717063668462
384353624245167362861091985393918150307604
689046649129789406250332651868583732271363
702473904018910940649881398380265451114876
864895816491403426444110871911844164280902
757137738090672587084302157950158991623204
581301295083438653790819182377773852143753
631225316415985892681059765281448013877486
970265254626439371893927305921796747169166
978155198569769269249467383642278227334577
671807331624043363695277118367410428449347
223477922340272256307211938539124728809290
720342716923779362076501904571097887744535

443586803319160959249877443194986997700333
249463073243755353229067448176579539562184
032951681442710422276081242890487164286648
724030703648649348325099966728973446425310
349300626622014604312051101093282396249251
196897828330619215082827081439365998732684
904799416683965774789021245627961956001870
608057687789478700986106922659448726934100
008726998763399003025591685820639734851035
629676461160022515920011372274127331807482
954724819280765326640702308327542863126466
715013559059664297733371318346547485476070
124233012872135321237328732721874825264039
911049700172147564700499292226458643522650 1
119999999999999999999999999999999999999999
999999999999999999999999999999999999999999
999999999999999999999999999999999999999999
99999999999999999999999999999999999
999999999999, soit 10^{1878}. Si l'on jette les feuillets pour ensuite les rassembler en une pile bien nette, il est à peu près sûr qu'elles seront dans le désordre, parce que ces configurations désordonnées ont une entropie beaucoup plus élevée que la seule configuration dans laquelle les pages sont dans le bon ordre (il y a beaucoup plus de façons de mettre les pages dans le désordre que dans l'ordre).

On pourrait en principe utiliser les lois de la physique classique pour estimer précisément où atterrirait chaque feuillet après qu'on les ait envoyés valser dans les airs. Donc, toujours en principe, on pourrait prédire avec précision l'agencement obtenu[7] et (contrairement à la situation en mécanique quantique, que l'on n'abordera pas avant le chapitre suivant) on pourrait croire qu'il n'est pas nécessaire d'avoir recours à des résultats statistiques comme de savoir quelle combinaison est plus probable qu'une autre. Mais le raisonnement statistique est aussi utile qu'efficace. Si *Guerre et Paix* était un pamphlet de quelques pages, peut-être serions-nous en mesure d'effectuer les calculs, mais, pour le véritable *Guerre et Paix*, c'est impossible[8]. Suivre l'évolution précise du mouvement des 693 feuillets qui, soumis aux courants et aux frottements de l'air, se mêlent et se bousculent doucement dépasse largement la capacité des ordinateurs même les plus puissants.

En outre (et c'est là l'essentiel), connaître la réponse exacte ne nous servirait à rien. Lorsqu'on regarde la pile obtenue, on ne s'intéresse pas tant à la question de savoir où se trouve telle et telle page qu'à la question plus générale de savoir si les pages sont dans le bon ordre ou pas. Si c'est le cas, alors tant mieux. On peut se rasseoir et continuer la lecture des tribulations d'Anna Pavlovna et de Nicolas Rostov. Mais si l'on trouve les pages dans le désordre, les détails précis de l'agencement des feuillets seraient certainement le cadet de nos soucis. Peu importe que les pages soient dans tel ou tel ordre, ce qui compte, c'est qu'elles sont dans le désordre. À moins que, pour une raison étrange, on ne soit absorbé dans la tâche minutieuse de savoir où apparaît chacune des pages, si quelqu'un devait modifier plus encore l'ordre des pages auquel on a abouti, on ne le remarquerait même pas. La pile initiale est manifestement dans le désordre, et la nouvelle pile, après modification, l'est tout autant. Donc, non seulement le raisonnement statistique est beaucoup plus facile à mener, mais la réponse qu'il fournit (ordre ou désordre) correspond mieux à ce qui nous intéresse, à ce que l'on remarque communément.

Ce type de raisonnement global réside au cœur des fondements statistiques du concept d'entropie. De même qu'un quelconque billet de loterie a autant de chances de gagner qu'un autre, après plusieurs lancers de *Guerre et Paix*, un arrangement donné des pages est tout aussi probable qu'un autre. Ce qui est malin dans le raisonnement statistique, c'est qu'on ne distingue que *deux classes* de configurations des pages : dans l'ordre ou dans le désordre. La première n'a qu'un élément (l'ordre correct des 1 386 pages : 1,2 ; 3,4 ; et ainsi de suite) tandis que la seconde a un nombre énorme d'éléments (tous les agencements désordonnés possibles). Ces deux classes sont un bon choix puisque, comme nous le disions plus haut, elles correspondent à l'estimation rapide et globale que l'on obtiendrait en feuilletant un agencement donné.

Malgré cela, on pourrait proposer de faire des distinctions plus fines entre ces deux classes, en distinguant par exemple les configurations où seules quelques pages sont en désordre, par exemple seules les pages du premier chapitre, et ainsi de suite. Certes, ces classes intermédiaires peuvent parfois s'avérer utiles. Mais le nombre de combinaisons possibles dans chacune de ces sous-classes reste dérisoire par comparaison au nombre de combinaisons de toutes les configurations désordonnées. Par exemple, le nombre total d'arrangements dans le désordre pour les seules pages de la première partie de *Guerre et Paix* ne vaut que 10^{-178} de 1 % du nombre total d'arrangements pour la totalité des pages. Donc, bien que l'agencement des pages obtenu lors des premiers lancers ait toutes les chances d'appartenir à l'une des classes intermédiaires, il est à peu près certain que, si l'on répète un grand nombre de fois notre lancer de feuilles, l'ordre des pages n'affichera finalement aucun schéma précis. L'arrangement des pages tend à évoluer vers la classe totalement désordonnée, puisqu'il y a dans cette catégorie un nombre énorme de possibilités.

L'exemple de *Guerre et Paix* met en lumière deux aspects essentiels de l'entropie. Premièrement, *l'entropie est une mesure du désordre d'un système physique.* Une forte entropie signifie que, parmi tous les réarrangements des ingrédients qui constituent le système, un grand nombre passeraient inaperçus, ce qui veut dire que le système est hautement désordonné (lorsque les pages de *Guerre et Paix* sont déjà complètement mélangées, on remarque difficilement les modifications supplémentaires, puisque celles-ci n'engendrent qu'un plus grand désordre parmi les pages). Une faible entropie signifie que, parmi tous les réarrangements des ingrédients du système, seulement un petit nombre passeraient inaperçus, ce qui signifie que le système est hautement ordonné (lorsque les pages de *Guerre et Paix* sont dans le bon ordre, on peut détecter à peu près la moindre modification). Deuxièmement, les systèmes physiques possédant un grand nombre de constituants (comme, pour choisir un exemple au hasard, un livre de beaucoup de pages qu'on lancerait en l'air), ils tendent à évoluer naturellement vers un plus grand désordre, puisqu'il y a beaucoup plus de façons de réaliser une situation désordonnée qu'une situation ordonnée. Dans le langage propre à l'entropie, on dirait que *les systèmes physiques tendent à évoluer vers des états de plus haute entropie*.

Bien sûr, en rendant le concept d'entropie précis et universel, la définition qu'en donne la physique n'implique pas que l'on compte le nombre de réarrangements des pages d'un livre ou d'un autre qui laissent inchangé son aspect global — dans l'ordre ou dans le désordre. En fait, la définition physique de l'entropie compte le nombre de réarrangements des constituants fondamentaux (atomes, particules subatomiques, etc.) qui laissent inchangées les propriétés d'ensemble, globales, d'un système physique. Comme dans l'exemple de *Guerre et Paix*, une faible entropie signifie que peu de réarrangements passeraient inaperçus, et donc que le système est hautement ordonné, tandis qu'une forte entropie signifie que beaucoup de réarrangements passeraient inaperçus et donc que le système est très désordonné*.

Un bon exemple physique, qui nous sera utile dans la suite, est celui de la bouteille d'eau gazeuse mentionnée plus haut. Lorsqu'un gaz, comme le dioxyde de carbone qui était initialement confiné dans la bouteille, se répartit uniformément à travers une pièce, *beaucoup* des réarrangements des molécules individuelles n'auront aucun effet notable. Par exemple, si l'on agite un bras, les molécules de dioxyde de carbone iront de-ci, de-là, avec des variations rapides de leurs positions et de leurs vitesses. Mais, dans l'ensemble, cela n'aura pas d'effet qualitatif sur leur réarrangement. Les molécules étaient distribuées uniformément avant qu'on agite le bras, et elles restent distribuées uniformément après. La configuration du gaz uniformément distribué est insensible à un nombre énorme de réarrangements de ses constituants moléculaires, et correspond donc à un état de haute entropie. Au contraire, si le gaz occupait une région de l'espace plus petite, comme lorsqu'il était contenu dans la bouteille, alors il aurait une entropie

* L'entropie est un autre exemple pour lequel la terminologie peut nous compliquer la vie. Si vous devez vous remémorer constamment que *faible* entropie signifie *hautement* ordonné, et *forte* entropie *faiblement* ordonné (autrement dit, hautement désordonné), ne vous en inquiétez pas : moi-même je dois souvent le faire.

nettement inférieure. La raison en est simple. De même que des livres plus fins offrent moins de possibilités de réorganiser leurs pages, de plus petites régions de l'espace offrent moins de positions possibles des molécules et donc moins de réarrangements différents.

Mais, lorsqu'on décapsule une bouteille, un univers entièrement nouveau s'ouvre aux molécules du gaz qui, par leur agitation et leurs collisions, se disperseront rapidement pour l'explorer de fond en comble. Pourquoi ? Cela procède du même raisonnement statistique qu'avec les pages de *Guerre et Paix*. Sans aucun doute, une partie des collisions fera qu'un petit nombre de molécules restera au sein du nuage de gaz ou qu'un petit nombre de celles qui viennent de s'échapper du nuage de gaz initial s'y confineront à nouveau. Mais le volume de la pièce étant largement supérieur à celui du nuage initial, il y a *beaucoup* plus de réarrangements disponibles pour les molécules si celles-ci se dispersent hors de celui-ci que si elles y restent confinées. Donc, en moyenne, les molécules de gaz s'éloigneront du nuage initial pour tendre doucement vers un état de distribution uniforme à travers la pièce. Ainsi, la configuration initiale de faible entropie (celle du gaz confiné dans une petite région de l'espace) évolue naturellement vers la configuration de plus haute entropie (celle du gaz uniformément réparti dans toute la région plus vaste). Et, une fois qu'il a atteint cette uniformité, le gaz tendra à rester dans cet état de haute entropie : agitation et collisions continuent à provoquer des mouvements de molécules de-ci, de-là, et donc des successions de réarrangements différents, mais l'écrasante majorité de ces réarrangements n'influe pas sur l'apparence globale de l'ensemble du gaz. Voilà ce que signifie être dans un état de haute entropie[9].

En principe, comme avec les pages de *Guerre et Paix*, les lois de la physique classique devraient nous permettre de déterminer avec précision où se trouvera chaque molécule de dioxyde de carbone à un instant donné. Mais, du fait du nombre considérable de molécules de CO_2 (de l'ordre de 10^{24} dans une petite bouteille de Perrier), en pratique, ce calcul est impossible à faire. Et quand bien même on y parviendrait, la liste de millions de milliards de milliards de positions et de vitesses des molécules ne nous serait d'aucune aide pour nous faire une idée de la distribution des molécules. Il est beaucoup plus clair de se cantonner à une description statistique d'ensemble — le gaz est-il réparti dans toute la pièce ou confiné dans une petite région ? Est-il dans un état de haute entropie ou de faible entropie ?

L'entropie, la seconde loi et la flèche du temps

La tendance qu'ont les systèmes physiques à évoluer vers les états de plus haute entropie est ce que l'on appelle la « seconde loi de la thermodynamique ». (La première étant la fameuse loi de conservation de l'énergie.) Comme précédemment, les fondements de cette loi émanent d'un simple raisonnement statistique : il y a plus de façons pour un système donné d'avoir une plus grande entropie, et « plus de façons » signifie qu'il est plus probable que le système évolue vers l'une de ces configurations de plus haute entropie. Notez toutefois que cette loi n'en est pas une au sens conventionnel du terme : bien qu'il s'agisse d'événements rares et très improbables, il est néanmoins *possible* qu'un système passe d'un état de haute entropie à un état de basse entropie. Lorsqu'on envoie en l'air une série de pages pour ensuite les rassembler en une pile bien nette, celles-ci *peuvent* se retrouver dans le bon ordre. Il est également *possible* qu'agitation et collisions se combinent de telle sorte que les molécules de dioxyde de carbone dispersées dans la pièce se déplacent de concert pour revenir s'engouffrer dans la bouteille de Perrier restée ouverte. Inutile de retenir notre respiration en attendant de le voir, mais disons que cela *peut* arriver[10].

Ce sont le grand nombre de pages de *Guerre et Paix* et le très grand nombre de molécules de CO_2 réparties dans la pièce qui rendent si énorme la différence d'entropie entre les configurations ordonnées et désordonnées, et qui rendent si peu probable l'occurrence des configurations de plus basse entropie. Si l'on envoie en l'air ne serait-ce que deux feuillets (recto verso) un très grand nombre de fois, on peut vérifier que les quatre pages atterrissent dans le bon ordre dans environ 12,5 % des cas. Avec trois feuillets, on n'a plus que 2 % de chances de récupérer les six pages dans le bon ordre ; avec quatre feuillets, la probabilité n'est plus que d'environ 0,3 % ; avec six feuillets elle vaut environ 0,002 % ; dix feuillets donnent 0,000000027 % et, pour six cent quatre-vingt-treize feuillets, le pourcentage de lancers qui remettent les 1 386 pages dans le bon ordre est tellement minuscule et contient tellement de zéros après la virgule que mon éditeur a tout fait pour me convaincre de ne pas gaspiller une autre page à l'écrire explicitement. Imaginons qu'on lâche deux molécules de CO_2 dans une petite bouteille de Perrier vide. Alors, de la même manière, on trouverait qu'à température ambiante leur mouvement aléatoire les ramènerait l'une contre l'autre (disons à moins d'un millimètre l'une de l'autre) avec une périodicité moyenne de quelques secondes. Mais, pour trois molécules, il faudrait attendre plusieurs jours, contre plusieurs années pour quatre molécules et, pour le nuage dense du million de milliards de milliards de molécules initiales, il faudrait un temps très largement supérieur à l'âge estimé de l'Univers pour que leur mouvement de dispersion aléatoire les rassemble toutes en un petit amas bien ordonné. Avec plus de certitude encore que l'on n'échappera ni à la mort ni aux impôts, on peut compter sur les systèmes à grand nombre de constituants pour évoluer vers un plus grand désordre.

Bien que cela ne soit peut-être pas flagrant, nous venons d'arriver à une étonnante conclusion. La seconde loi de la thermodynamique semble nous donner une flèche du temps, *qui se manifeste pour des systèmes physiques dotés d'un grand nombre de composants*. Si l'on pouvait voir un film montrant une paire de molécules de dioxyde de carbone piégées dans une petite boîte (grâce à un traceur qui permettrait de suivre le mouvement de chacune des molécules), on aurait bien du mal à dire du tac au tac si le film est projeté dans le bon sens ou non. Les deux molécules fusent de-ci, de-là, se rencontrent de temps à autre pour s'éloigner ensuite, mais rien dans leur comportement global ne permet de distinguer une direction ou l'autre dans le temps. En revanche, si l'on visionnait un film montrant 10^{24} molécules de dioxyde de carbone piégées dans la même petite boîte (en un petit nuage dense de ces molécules), alors on pourrait facilement déterminer si le film est projeté dans le bon sens ou dans le sens inverse : il est immensément plus probable que la direction vers l'avant dans le temps soit celle pour laquelle les molécules sont de plus en plus uniformément réparties, et *tendent vers une plus grande entropie*. Si, au contraire, on voyait des molécules uniformément réparties se rassembler en un petit amas bien serré, alors on devinerait immédiatement que le film est passé à l'envers.

Ce même raisonnement vaut pour à peu près tout ce que l'on rencontre dans notre vie quotidienne — c'est-à-dire des objets qui ont un grand nombre de composants : la flèche dirigée vers l'avant dans le temps pointe dans la direction de l'augmentation de l'entropie. Imaginons le film montrant un verre d'eau à température ambiante contenant des glaçons ; alors on peut déterminer quelle est la direction du temps en vérifiant que la glace fond — ses molécules d'H_2O se dispersent dans tout le volume disponible du verre, tendant ainsi vers une plus grande entropie. La séquence filmée de l'œuf qui s'écrase au sol permet de déterminer quelle est la direction vers l'avant dans le temps en vérifiant que les éléments qui composent l'œuf tendent vers un plus grand désordre — autrement dit, l'œuf se répand plutôt qu'il se reforme, tendant ainsi vers une entropie plus élevée.

Comme nous le voyons, le concept d'entropie offre une formulation précise de notre conclusion précédente, qui se cantonnait à « facile ou difficile ». C'est chose facile pour les pages de *Guerre et Paix* que d'atterrir dans le désordre car il y a *beaucoup plus* d'arrangements dans le désordre. Ce n'est pas chose facile que de finir dans le bon ordre car cela implique que le mouvement de plusieurs centaines de pages se combine pour les faire atterrir dans l'ordre unique qu'avait choisi Tolstoï. C'est chose facile, pour un œuf, de s'écraser au sol car il y a *énormément* de manières de le faire. C'est beaucoup plus difficile pour un œuf de se reformer car les nombreux constituants de l'œuf répandus au sol doivent coordonner parfaitement leur mouvement pour reproduire le seul et unique résultat d'un œuf tout neuf posé sur le plan de travail. C'est chose facile, pour les systèmes composés d'un grand nombre de constituants, de passer de plus basse à plus haute entropie (de l'ordre au désordre) et cela a donc lieu tout le temps. Passer d'un état de haute entropie à un état de basse entropie (du désordre à l'ordre) est beaucoup plus difficile, si bien que cela arrive rarement — et encore !

Notons également que cette flèche entropique n'est pas complètement figée : rien n'affirme que cette définition de la direction du temps soit sûre à 100 %. En fait, cette approche est suffisamment souple pour autoriser que ce type de phénomène ait lieu aussi dans le sens inverse. Puisque la seconde loi stipule que l'augmentation d'entropie n'est qu'une tendance statistique plutôt qu'un fait naturel inéluctable, elle laisse la possibilité exceptionnelle que les pages atterrissent dans le bon ordre, que les molécules de gaz se regroupent pour se réengouffrer dans la bouteille ou qu'un œuf cassé se reforme. Par le truchement des mathématiques de l'entropie, la seconde loi exprime de manière précise à quel point ces événements sont peu probables (souvenons-nous que le nombre colossal figurant aux pages 261 et 262 illustrait à quel point il est peu probable que les pages de *Guerre et Paix* finissent dans le bon ordre), mais elle admet qu'ils puissent néanmoins avoir lieu.

Voilà qui semble convaincant. Le raisonnement statistique et probabiliste aboutit à la seconde loi de la thermodynamique. À son tour, cette seconde loi nous permet de comprendre intuitivement la distinction entre ce que l'on appelle le passé et ce que l'on appelle le futur. Elle nous offre une explication pratique de la raison pour laquelle les événements qui peuplent notre vie de tous les jours, les phénomènes qui, typiquement, concernent un nombre énorme de constituants, commencent comme *ceci* et finissent comme *cela*. Mais au fil des années, et grâce aux contributions importantes de physiciens tels que lord Kelvin, Josef Loschmidt, Henri Poincaré, S. H. Burbury, Ernst Zermelo et Willard Gibbs, Ludwig Boltzmann finit par se rendre compte que le fin mot de l'histoire de la flèche du temps était beaucoup plus surprenant. Boltzmann comprit que, même si l'entropie avait mis en lumière une partie importante de cette énigme, elle ne répondait pas à la question de savoir pourquoi passé et futur semblent si différents. En fait, l'entropie permit de reformuler la question de manière très intéressante, qui nous conduit à une conclusion tout à fait inattendue.

Entropie : passé et futur

Nous avons introduit plus haut le dilemme passé/futur en comparant nos observations quotidiennes aux propriétés des lois newtoniennes de la physique classique. Nous avons insisté sur le fait que nous faisions constamment l'expérience d'une orientation manifeste du déroulement des événements dans le temps, tandis que les lois, pour leur part, mettent sur le même pied ce que l'on considère être vers l'avant ou vers l'arrière dans le temps. Il n'y a au sein des lois physiques aucune flèche qui attribuerait au temps une direction, aucun indicateur qui stipulerait « utilise telle loi avec telle orientation temporelle, mais pas l'inverse». Nous en arrivons alors à nous poser la question suivante: si les lois sous-jacentes à nos observations traitent les deux orientations temporelles de manière symétrique, alors pourquoi les phénomènes observés sont-ils à ce point orientés dans le temps, ayant toujours lieu dans la même direction temporelle et jamais dans l'autre? D'où provient cette orientation du temps que l'on observe et que l'on expérimente continuellement?

À la section précédente, nous avons fait quelques progrès, avec la seconde loi de la thermodynamique, qui semble distinguer le futur comme la direction dans laquelle l'entropie augmente. Mais, si l'on y réfléchit à deux fois, ça n'est pas si simple. Notons que, dans notre présentation de l'entropie et de la seconde loi, nous n'avons en aucun cas modifié les lois de la physique classique. En fait, nous n'avons fait qu'utiliser ces mêmes lois, mais dans un cadre d'«ensemble», global et statistique, en faisant abstraction des détails plus fins (l'ordre précis des pages de *Guerre et Paix*, la position et la vitesse précises de chacun des composants de l'œuf, la position et la vitesse précises des molécules de CO_2 de la bouteille de Perrier) et en nous intéressant plutôt aux aspects d'ensemble (les pages dans l'ordre ou dans le désordre, l'œuf écrasé ou reformé, les molécules de gaz diluées ou confinées). Nous avons découvert que, lorsque les systèmes sont suffisamment compliqués (livres volumineux, objets fragiles pouvant se casser en mille morceaux, gaz renfermant un grand nombre de molécules), il y a une différence énorme entre l'entropie de leurs configurations ordonnée et désordonnée. Et cela implique qu'il est beaucoup plus probable pour ces systèmes de passer de la plus basse à la plus haute entropie, ce qu'affirme, en gros, la seconde loi de la thermodynamique. Mais le plus important à remarquer, c'est que la seconde loi est un produit *dérivé* : ce n'est qu'une *conséquence* du raisonnement probabiliste appliqué aux lois du mouvement de Newton.

Cela nous mène à la remarque suivante, aussi simple que surprenante : *puisque les lois newtoniennes de la physique n'ont pas d'orientation temporelle intrinsèque, tout le raisonnement mis en œuvre pour expliquer que l'évolution d'un système se fait par l'accroissement de son entropie dans la direction du futur fonctionne tout aussi bien lorsqu'on l'applique dans l'autre sens, vers le passé.* À nouveau, puisque les lois sous-jacentes sont symétriques sous l'inversion du temps, elles n'ont aucun moyen de faire la différence entre ce que l'on appelle le passé et ce que l'on appelle le futur. De même qu'il n'y a pas de panneaux d'indication de direction dans les noires profondeurs de l'espace intersidéral qui permettrait de distinguer le haut du bas, il n'y a rien dans les lois de la physique qui indique que telle direction du temps est celle du futur et telle autre celle du passé. Les lois ne présentent aucune orientation temporelle ; c'est une distinction à laquelle elles sont parfaitement insensibles. Or, puisque ce sont les lois du mouvement qui dictent la manière dont les choses évoluent (aussi bien vers ce que l'on appelle le futur que vers ce que l'on appelle le passé), le raisonnement statistique et probabiliste sous-jacent à la seconde loi de la thermodynamique s'applique tout aussi bien dans les deux directions temporelles. Donc, *non seulement y a-t-il une probabilité colossale que l'entropie d'un système physique soit plus élevée dans ce que l'on appelle le futur, mais la probabilité que son entropie ait été plus élevée dans ce que l'on appelle le passé est tout aussi colossale.* Nous illustrons cela sur la figure 6.2.

Voilà la clé de voûte de ce qui va suivre, qui s'avère beaucoup plus subtile qu'il n'y paraît. On se méprend souvent en pensant que, si l'on en croit la seconde loi de la thermodynamique, l'entropie augmente vers le futur, si bien que, vers le passé, elle diminue *nécessairement*. Mais c'est là que les choses se compliquent : la seconde loi stipule en fait que si, à un instant donné, un système physique s'avère en deçà de son entropie la plus élevée, alors il y a un maximum de chances que ce système ait par la suite, et avait de par le passé, une entropie plus importante. Voilà ce qu'illustre la figure 6.2. Avec des lois hermétiques à la distinction entre passé et futur, cette symétrie dans le temps est inéluctable.

C'est la leçon principale. Elle nous signale que la flèche entropique du temps est à *double sens*. En partant de tout instant choisi, la flèche de l'augmentation d'entropie pointe vers le futur *et* vers le passé. Voilà qui rend complètement caduque l'idée de proposer l'entropie pour expliquer la flèche du temps à sens unique telle qu'on l'observe.

Réfléchissons à ce qu'implique concrètement cette flèche entropique à double sens. Si, par une chaude journée d'été, nous remarquons des glaçons à moitié fondus dans un verre d'eau, nous n'aurons aucun doute sur le fait qu'une demi-heure plus tard les glaçons auront fondu plus encore — puisque plus ils fondent, plus ils acquièrent d'entropie[11]. Mais on devrait avoir exactement la *même* certitude du fait qu'une demi-heure plus tôt les glaçons étaient également plus fondus, puisque le *même* raisonnement statistique implique que l'entropie doit augmenter vers le passé. Et une conclusion analogue s'applique aux innombrables exemples que l'on rencontre tous les jours. Notre certitude que l'entropie n'augmente

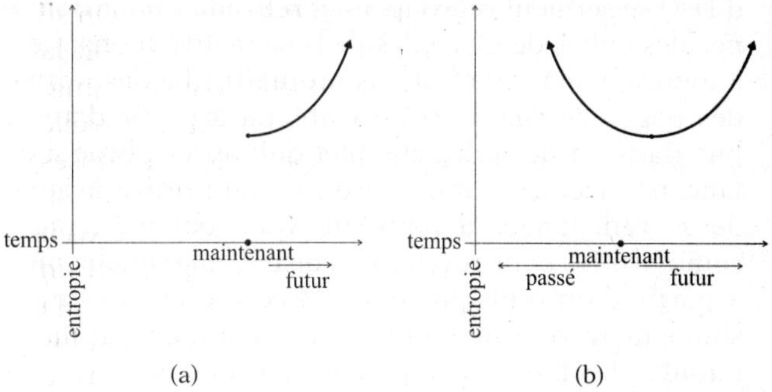

Figure 6.2 (a) Dans la description que l'on en donne habituellement, la seconde loi de la thermodynamique implique qu'à tout moment l'entropie augmente vers le futur. (b) Puisque les lois de la nature traitent les deux directions du temps de manière identique, la seconde loi implique en fait qu'à tout moment l'entropie augmente aussi bien vers le futur que vers le passé.

que vers le futur (que des molécules de gaz diffusées se diffuseront de plus en plus ou que les pages mélangées se mélangeront plus encore) devrait s'accompagner de la même certitude quant au fait que l'entropie était également supérieure dans le passé.

Ce qui est troublant, c'est que la moitié de ces conclusions semblent complètement à côté de la plaque. Le raisonnement entropique conduit à des conclusions sensées et en accord avec nos observations lorsqu'on l'applique dans une certaine direction du temps, celle que l'on appelle le futur, mais semble aboutir à des conclusions apparemment farfelues et en contradiction directe avec les observations lorsqu'on l'applique dans l'autre sens, vers ce que l'on appelle le passé. Un verre d'eau mélangée à des glaçons à moitié fondus obtenu à partir d'un verre d'eau sans glace dont certaines molécules d'H_2O se seraient regroupées et refroidies pour donner des cubes de glace, lesquels se mettront ensuite à fondre, voilà qui n'est pas ordinaire ! Le désordre des pages de *Guerre et Paix* obtenu à partir d'une pile dans un désordre complet qui, après plusieurs lancers successifs, reprend un certain ordre avant de se remélanger à nouveau, voilà qui n'est pas commun ! Et, pour revenir en cuisine, un œuf obtenu à partir d'un œuf qui se serait écrasé au sol puis simplement reformé pour s'écraser à nouveau une minute plus tard, voilà qui n'est pas habituel !

Vraiment pas ?

Sur la voie des mathématiques

Des siècles de recherches scientifiques ont montré que les mathématiques étaient un langage puissant et efficace pour comprendre l'Univers. En effet, l'histoire de la science moderne regorge d'exemples dans lesquels les prédictions mathématiques, qui semblaient contredire à la fois l'intuition et l'expérience humaine (comme l'existence des trous noirs, de l'antimatière, des particules intriquées, etc.), furent finalement confirmées expérimentalement. Ces exemples sont profondément inscrits dans la physique théorique. Les physiciens ont finalement compris que les mathématiques, pourvu qu'on les utilise avec soin, sont un chemin sûr vers la vérité.

Donc, si une analyse mathématique de la nature montre que l'entropie devrait être supérieure vers le futur *et* vers le passé de tout instant considéré, les physiciens ne prennent pas cela à la légère. En fait, mus par quelque chose qui s'apparente à un serment voué à l'hippocratisme physique, les chercheurs voient les vérités apparentes de l'intuition humaine avec le plus grand scepticisme, et choisissent plutôt de suivre la voie des mathématiques pour voir où elles les mènent. Alors seulement peuvent-ils conclure et interpréter correctement le désaccord entre loi physique et sens commun.

Dans ce but, imaginons une pendule fixée au mur indiquant 22 h 30. Imaginons en outre que nous ayons passé la dernière demi-heure en tête à tête avec un verre d'eau et de glace (bref, une soirée paisible dans un bar tranquille). Sans quitter le verre des yeux, nous avons regardé les glaçons fondre tout doucement et se transformer en petits morceaux de glace informes. Il ne fait pour nous aucun doute qu'une demi-heure plus tôt le serveur a mis dans notre verre des glaçons bien cubiques ; cela ne fait aucun doute parce qu'on a bonne mémoire. Et quand bien même si, pour une raison ou pour une autre, notre certitude sur les événements de la dernière demi-heure était quelque peu incertaine, il nous suffirait d'interroger le type à la table du bout : il n'a pas quitté des yeux les glaçons qui peuplent notre verre (c'est une soirée *vraiment* calme) ; nous pourrions aussi consulter la bande vidéo enregistrée par la caméra de surveillance du bar ; les deux confirmeraient que notre mémoire ne nous fait pas défaut. Si nous nous posions la question de deviner le sort de ce qui reste des glaçons dans la demi-heure suivante, nous conclurions probablement que ceux-ci continueront de fondre. Et, en admettant que nous ayons acquis une certaine compréhension du concept d'entropie, nous expliquerions notre prédiction en faisant appel à la probabilité écrasante que l'entropie augmente, à partir de nos observations faites à 22 h 30, vers le futur. Tout cela est aussi raisonnable que possible, et colle parfaitement avec notre intuition et notre expérience.

Mais, comme nous l'avons vu, ce type de raisonnement entropique (raisonnement qui stipule simplement que tout système a plus de chances d'être désordonné, car il y a plus de façons d'arriver au désordre ; raisonnement manifestement très efficace pour expliquer le déroulement des événements vers le futur) stipule qu'il est tout aussi probable que l'entropie ait été plus importante dans le passé. Cela signifierait que les glaçons, partiellement fondus à 22 h 30, auraient en fait été *plus* fondus encore quelques instants auparavant. Cela signifierait qu'à 22 heures, tout n'a pas commencé à partir de glaçons bien cubiques, mais plutôt à partir de molécules d'eau plus froides que le reste du verre d'eau, se solidifiant jusqu'à 22 h 30, avec la même certitude que les morceaux de glace informes fondront doucement en se réchauffant dans l'eau à température ambiante, suivant leur bonhomme de chemin jusqu'à 23 heures.

Je vous l'accorde, tout cela paraît vraiment bizarre — ou complètement dingue, si vous préférez. À vrai dire, non seulement faudrait-il que les molécules d'H_2O contenues dans le verre d'eau à température ambiante puissent se regrouper spontanément pour former des morceaux de glaçons déjà partiellement fondus, mais il faudrait aussi que les bits numériques de la caméra de surveillance, les neurones de notre cerveau et de celui du type de la table du bout s'arrangent spontanément, avant 22 h 30, pour attester qu'il y avait au départ des glaçons bien cubiques qui ont fondu progressivement… même s'ils n'ont jamais existé. Cette conclusion, aussi étrange qu'elle puisse paraître, est celle à laquelle on aboutit en appliquant docilement le raisonnement entropique (le même raisonnement que l'on adopte sans hésitation pour expliquer que la glace qui reste à 22 h 30 continuera de fondre jusqu'à 23 heures) tel que l'imposent les lois de la physique, c'est-à-dire de manière symétrique dans le temps. Voilà ce que l'on récolte avec des lois du mouvement qui ne font pas de distinction intrinsèque entre passé et futur, avec des lois qui traitent le futur et le passé d'un instant donné exactement de la même manière[12].

Rassurons-nous, nous trouverons sous peu une issue de sortie à cette épineuse situation liée à l'utilisation égalitaire du raisonnement entropique. Je ne chercherai pas à vous convaincre que mémoire et enregistrements recèlent un passé qui n'a jamais existé (plates excuses aux adeptes de *Matrix*), mais il s'avérera très utile de saisir précisément ce qui oppose notre intuition aux lois mathématiques. Aussi, maintenons le cap.

En plein bourbier

Notre intuition rejette le passé de plus haute entropie parce que, du point de vue du déroulement habituel des événements dans le temps, cela reviendrait à une inversion spontanée : molécules d'eau passant spontanément à 0° Celsius et se solidifiant, caméras produisant spontanément des images d'événements n'ayant jamais eu lieu, et ainsi de suite, tout cela étant hautement improbable (une description du passé que même Oliver Stone trouverait ridicule). Sur ce point, les lois de la physique et les mathématiques de l'entropie sont parfaitement en accord avec notre intuition. Une telle suite d'événements, lorsqu'on la regarde dans le sens de l'écoulement du temps vers le futur, de 22 heures à 22 h 30, est en contradiction avec le cœur de la seconde loi de la thermodynamique (puisqu'elle conduit à une diminution d'entropie) et donc, bien qu'elle ne soit pas impossible, elle est néanmoins *très* improbable.

Au contraire, notre intuition et notre expérience optent pour la série d'événements beaucoup plus probable selon laquelle les glaçons, qui étaient entiers à 22 heures, ont commencé à fondre pour donner ce que nous observons dans notre verre à 22 h 30. Mais, sur ce point, les lois de la physique et les mathématiques de l'entropie ne sont que partiellement en accord avec ce à quoi on s'attend. Maths et intuition se rejoignent pour dire que si le verre contenait réellement des glaçons entiers à 22 heures, alors l'évolution la plus probable pour eux serait de fondre progressivement jusqu'à donner les morceaux informes que l'on observe à 22 h 30 : l'augmentation d'entropie correspondante est en accord avec la seconde loi de la thermodynamique autant qu'avec notre expérience quotidienne. Mais les maths et notre intuition bifurquent, car, contrairement aux maths, notre intuition ne prend pas en compte la probabilité, ou l'improbabilité, d'avoir des glaçons entiers à 22 heures, *étant donné l'observation qui est pour nous incontestable, littéralement irréfutable, qu'à l'instant présent, c'est-à-dire à 22 h 30, nous voyons des glaçons partiellement fondus*.

C'est le nœud de l'affaire, alors permettez-moi de l'expliquer plus avant. La leçon principale à retirer de la seconde loi de la thermodynamique est que les systèmes physiques ont une tendance très nette à choisir des configurations de haute entropie, du fait du grand nombre de manières de les réaliser. Et, une fois dans l'un de ces états de haute entropie, les systèmes physiques ont une tendance très nette à y rester. L'entropie élevée représente en quelque sorte l'état naturel. Cela ne nous surprend jamais et nous n'éprouvons pas le besoin d'expliquer pourquoi un système physique se trouve dans un état de haute entropie. Ces états sont la norme. En revanche, ce qui nécessite de plus amples explications, c'est le cas d'un système physique particulièrement ordonné, et donc dans un état de faible entropie. Ces états-là ne sont pas la norme. Ils peuvent certainement se produire, mais, du point de vue entropique, ces états ordonnés sont des aberrations rarissimes en mal d'explications. Donc, dans notre scénario, le seul fait que l'on considère incontestable (notre observation, à 22 h 30, des morceaux de glaçons partiellement fondus, et donc de basse entropie) est un fait qui nécessite quelques explications.

Du point de vue probabiliste, il est absurde d'expliquer cet état de faible entropie en invoquant l'état observé à 22 heures, c'est-à-dire des cubes de glace parfaitement formés, constituant un système plus net, *plus ordonné*, d'entropie encore *plus basse* et donc encore *moins probable*. En fait, il est incomparablement plus probable que tout ait commencé dans un état sans surprise, correspondant à la norme, c'est-à-dire un état de haute entropie : un verre d'eau tout simple, totalement dépourvu de glace. Alors, par me fluctuation complètement improbable mais à laquelle on peut s'attendre de temps à autre, le verre d'eau aurait pris le contre-pied de la seconde loi de la thermodynamique et évolué jusqu'à un état d'entropie plus faible dans lequel des morceaux de glace encore informes sont apparus. Cette évolution, bien qu'elle fasse appel à des processus rares et inhabituels, évite complètement l'état d'entropie plus basse, l'état moins probable, l'état plus rarissime encore, correspondant à des glaçons cubiques parfaitement formés. À tout instant, entre 22 heures et 22 h 30, cette évolution plutôt étrange possède une entropie supérieure à celle du scénario des glaçons qui fondent (comme l'indique la figure 6.3), si bien qu'elle conduit à ce que l'on observe à 22 h 30 d'une manière plus probable (et même beaucoup plus probable) que le scénario dans lequel des glaçons parfaitement formés fondent dans l'eau[13]. Voilà donc le nœud de l'affaire*.

* Souvenons-nous des pages 261-262 qui recelaient l'énorme différence entre le nombre de configurations ordonnées et désordonnées pour les quelque 693 feuilles recto verso de *Guerre et Paix*. Nous parlons maintenant du comportement d'environ 10^{24} molécules d'H_2O, et la différence entre le nombre de configurations ordonnées et le nombre de configurations désordonnées est littéralement colossale. En outre, le même raisonnement vaut pour tous les autres atomes et molécules qui nous composent et qui composent le milieu environnant (cerveaux, caméras, molécules d'air et tout le reste). Plus précisément, avec l'explication commune selon laquelle on peut se fier à notre mémoire, non seulement les glaçons partiellement fondus auraient commencé, à 22 heures, dans un état plus ordonné (moins probable), mais c'est aussi le cas de tout le reste : lorsque la caméra vidéo enregistre une succession d'événements, il y a une augmentation globale d'entropie (provenant du bruit et de la chaleur dégagée par l'appareil) ; de même, lorsque le cerveau du type de la table du fond enregistre une information, même si l'on ne connaît pas les détails avec autant de précision que pour la caméra, on sait qu'il y a également une augmentation d'entropie (le cerveau peut s'en retrouver mieux ordonné, mais, comme pour tout autre processus débouchant sur un ordre accru, si l'on considère la chaleur dissipée, il y a bel et bien augmentation d'entropie). Donc, si l'on compare l'entropie totale du bar entre 22 heures et 22 h 30 pour les deux scénarios (dans le premier, on se fie à notre mémoire, et, dans le second, les choses s'arrangent d'elles-mêmes, spontanément, à partir d'un état initial désordonné cohérent par rapport à nos observations de 22 h 30), on constate une

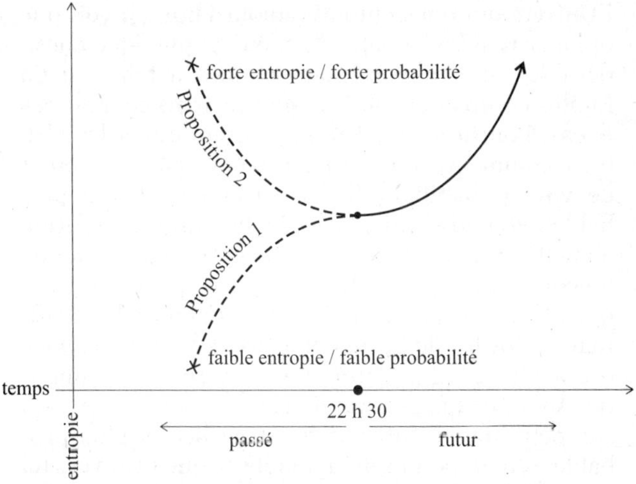

Figure 6.3 Comparaison de deux propositions pour expliquer comment les glaçons ont atteint l'état dans lequel ils ont partiellement fondu, observé à l'instant présent, c'est-à-dire 22 h 30. La proposition 1 correspond à nos souvenirs de glaçons se liquéfiant, mais nécessite un point de départ, à 22 heures, de basse entropie. La proposition 2 est un défi à notre mémoire, puisqu'elle décrit les morceaux de glace observés à 22 h 30 comme s'étant formés à partir d'un verre d'eau pure ; mais elle part, à 22 heures, d'une configuration désordonnée, et donc de haute entropie, et donc hautement probable. À chaque étape de l'évolution entre 22 heures et 22 h 30, la proposition 2 passe par des états qui sont tous plus probables que ceux de la proposition 1 car, comme on le voit sur le graphique, tous ont une entropie plus élevée. Aussi, la proposition 2 s'avère plus favorable statistiquement parlant.

Boltzmann n'eut alors qu'un pas à franchir pour comprendre que l'Univers dans son ensemble était

---

énorme différence d'entropie. À chaque instant, le second scénario s'avère produire incomparablement plus d'entropie que le premier scénario, si bien que, du point de vue probabiliste, il est incomparablement plus probable.

soumis à la même analyse. Lorsqu'on contemple l'Univers qui nous entoure aujourd'hui, on voit une organisation biologique, chimique et physique considérable. Or l'Univers pourrait tout à fait être un fouillis complètement désorganisé, mais ce n'est pas le cas. Pourquoi cela ? D'où provient cet ordre ? Eh bien, comme pour le verre d'eau et de glace, du point de vue probabiliste, il est extrêmement peu probable que notre Univers ait évolué jusqu'à sa forme actuelle à partir d'un état encore plus ordonné (encore moins probable) d'un passé reculé. Du fait que l'Univers possède un si grand nombre de constituants, l'ordre de grandeur entre les configurations ordonnées et désordonnées est énormément amplifié. Aussi, ce qui est vrai dans notre bar l'est à coup sûr pour tout l'Univers : il est *beaucoup* plus probable — à un point inimaginable — que l'Univers tel qu'on l'observe aujourd'hui ait émergé d'une fluctuation statistiquement improbable, à partir d'une configuration des plus normales, c'est-à-dire de haute entropie et complètement désordonnée.

On peut voir les choses de la manière suivante : si l'on jette une poignée de pièces encore et encore, elles finiront tôt ou tard par retomber toutes sur pile ou toutes sur face. Si l'on a suffisamment de patience pour faire la même chose, encore et encore, avec les pages de *Guerre et Paix*, les feuillets retomberont tôt ou tard dans le bon ordre. En faisant preuve d'encore plus de patience face à notre bouteille d'eau gazeuse devenue plate, l'agitation aléatoire des molécules de dioxyde de carbone finira tôt ou tard par les ramener toutes à l'intérieur de la bouteille. Et, si l'on en croit Boltzmann, pourvu qu'on octroie suffisamment de temps (pour ainsi dire une éternité) à l'Univers dans son état normal — de haute entropie, hautement probable et complètement désordonné —, celui-ci finira tôt ou tard par se retrouver dans la configuration que l'on observe aujourd'hui, du fait des collisions, des agitations et du brassage aléatoires de toutes les particules et de tout le rayonnement. Corps et esprits finiront par se former parfaitement à partir du plus grand chaos (souvenirs, connaissances et talents inclus), même si le passé qu'ils semblent refléter n'a jamais vraiment eu lieu. Tout ce que nous connaissons, tout ce qui nous est cher, ne se résumerait à rien de plus qu'à une fluctuation statistique rarissime mais à laquelle on peut s'attendre de temps à autre, comme une interruption momentanée dans un désordre quasi éternel. C'est ce qu'illustre schématiquement la figure 6.4.

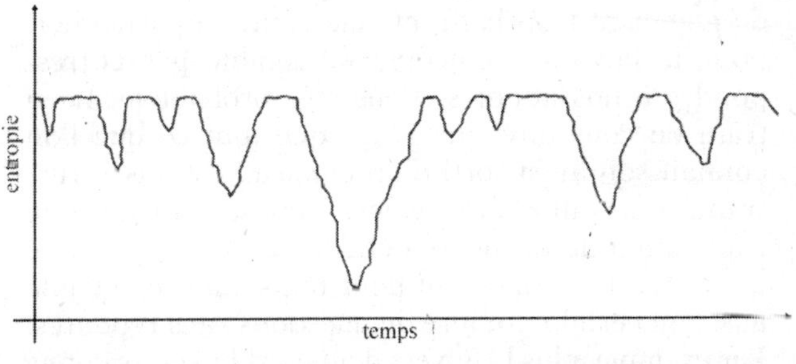

Figure 6.4 Représentation schématique de l'entropie totale de l'Univers à travers le temps. Le graphique montre que l'Univers passe le plus clair de son temps dans un état de désordre total (état de haute entropie) avec, de temps à autre, des fluctuations vers des états plus ou moins ordonnés d'entropie plus ou moins faible. Plus la diminution d'entropie est importante, plus la fluctuation est improbable. Des diminutions très importantes, comme celle donnant l'Univers extrêmement ordonné que l'on connaît aujourd'hui, sont hautement improbables et ne se produiraient donc que très rarement.

Un pas en arrière

Lorsque j'ai découvert ces idées voici maintenant des années, je fus pour ainsi dire choqué. Jusqu'alors, je croyais avoir plutôt bien compris le concept de l'entropie, mais en fait, suivant l'approche adoptée dans les livres que j'avais étudiés, je n'avais jamais considéré que les conséquences de l'entropie sur l'avenir. Or, comme nous venons de le voir, si l'entropie confirme nos intuitions et notre expérience en ce qui concerne le futur, elle les contredit totalement en ce qui concerne le passé. Sans que ce soit aussi terrible que de réaliser qu'un ami de longue date m'a trahi, cela me fit à peu près le même effet.

Néanmoins, il est parfois sage de ne pas émettre de jugement trop hâtif, et cela vaut, en particulier, pour le fait que l'entropie ne semble pas correspondre à nos attentes. Vous êtes probablement en train de vous dire que l'idée que tout ce que l'on connaît soit ainsi sorti d'un chapeau est aussi frustrante que difficile à avaler. Non seulement cette explication de l'Univers défie la véracité de tout ce qui est réel et important pour nous, mais elle laisse aussi un certain nombre de questions sans réponses. Par exemple, plus l'Univers d'aujourd'hui est ordonné (plus profond est le creux de la figure 6.4), plus la fluctuation statistique censée lui avoir donné naissance est surprenante et improbable. Donc, si l'Univers avait pu lésiner sur l'ordre (c'est-à-dire préserver certains aspects proches de ce que l'on connaît tout en économisant autant d'ordre que possible), le raisonnement probabiliste stipule qu'il l'aurait fait. Si Michael Jackson n'avait jamais enregistré l'album *Thriller* et que les millions d'exemplaires distribués de par le monde n'étaient que les fruits d'une aberration statistique vers une entropie plus faible, cette aberration serait beaucoup moins choquante si un million, ou cinq cent mille, voire quelques albums seulement avaient été créés. Si l'évolution n'avait jamais eu lieu et que l'espèce humaine n'était là que par le truchement d'un sursaut aberrant vers une entropie plus faible, alors cette aberration serait beaucoup moins extraordinaire s'il n'y avait pas toutes ces preuves incontestables d'une évolution parfaitement ordonnée. Si le big bang n'avait jamais eu lieu et que les centaines de milliards de galaxies que l'on observe aujourd'hui n'étaient que le produit d'un sursaut aberrant vers un état de plus faible entropie, l'aberration serait beaucoup moins démente s'il n'y avait que cinquante milliards, cinq mille, ou seulement une petite poignée de galaxies, voire une seule. Et donc, pour que l'idée selon laquelle notre Univers ne serait qu'une fluctuation statistique (un coup de chance !) soit un tant soit peu correcte, encore faudrait-il comprendre comment et pourquoi l'Univers aurait dépassé à ce point les limites du raisonnable jusqu'à un état d'entropie aussi basse.

Pis encore : si l'on ne peut croire ni notre mémoire ni nos enregistrements, alors pourquoi se fier aux lois de la physique ? Leur validité s'appuie sur de nombreuses expériences, dont l'issue positive n'est attestée que par cette même mémoire et ces mêmes enregistrements. Donc, tout le raisonnement fondé sur la symétrie d'inversion du temps des lois physiques serait complètement remis en question, et avec lui le concept d'entropie et tout ce que l'on vient de voir. Si l'on accepte la conclusion que l'Univers que l'on connaît n'est qu'une fluctuation statistique rarissime, et néanmoins possible, survenue dans une configuration de désordre total, alors on plonge au cœur d'un bourbier dans lequel on ne comprend plus rien, pas même la logique du raisonnement qui nous a justement conduits à cette explication bizarre*.

Ainsi, en mettant nos convictions de côté pour suivre diligemment les lois de la physique et les mathématiques de l'entropie (ces concepts qui, combinés l'un à l'autre, nous indiquent qu'il est très, très probable qu'à tout instant le désordre augmente *aussi bien* vers le futur que vers le passé), nous nous sommes complètement embourbés. Et, même si cela peut sembler désagréable, deux raisons font que c'est une très bonne chose. Premièrement, cela montre clairement que le fait de récuser mémoire et enregistrements (ce que, intuitivement, on a du mal à avaler) n'a tout bonnement pas de sens. Deuxièmement, arrivés au point où notre bel édifice théorique est sur le point de s'effondrer, on réalise, par la force des choses, que l'on a *nécessairement* oublié quelque chose d'essentiel dans notre raisonnement.

Donc, pour éviter de tomber dans des explications abyssales, on s'interroge : quelle idée nouvelle, quel concept inédit, outre l'entropie et la symétrie temporelle des lois naturelles, pourrait nous permettre de redonner un sens à notre mémoire et à

* Un autre aspect en rapport étroit avec celui-ci est que si l'on doit se convaincre que le monde que l'on observe à l'instant présent s'est formé à partir d'un désordre total, alors le même raisonnement (appliqué à n'importe quel instant ultérieur) nécessiterait qu'on abandonne nos convictions actuelles et que l'on attribue notre monde bien ordonné à une autre fluctuation, plus récente. Ainsi, avec cette vision des choses, chaque instant suivant le précédent dément les convictions que l'on avait à l'instant d'avant, ce qui offre une autre manière aussi peu convaincante d'expliquer l'Univers.

nos enregistrements (à nos observations que des glaçons dans un verre d'eau à température ambiante fondent et ne se solidifient pas, que lait et café se mélangent et ne se séparent pas, que les œufs peuvent s'écraser au sol mais pas se reconstituer) ? En quelques mots, où aboutit-on si l'on tente d'expliquer le déroulement asymétrique des événements dans l'espace-temps par le fait que l'entropie est supérieure vers le futur, mais *inférieure* vers le passé ? Est-ce possible ?

Ça l'est. Mais seulement à condition que la situation ait, précédemment [14], été très spéciale.

L'œuf, la poule et le big bang

Pour voir ce que cela signifie, prenons l'exemple d'un œuf tout beau, tout neuf, de faible entropie et parfaitement constitué. Comment ce système physique de faible entropie a-t-il pu être créé ? Eh bien, si l'on reprend confiance en notre mémoire et en nos enregistrements, chacun d'entre nous connaît la réponse : l'œuf vient de la poule. Et la poule vient d'un autre œuf, lequel venait d'une autre poule, laquelle venait d'un œuf, et ainsi de suite. Mais, comme l'a souligné fort justement le mathématicien anglais Roger Penrose [15], l'histoire de la poule et de l'œuf nous enseigne quelque chose de très profond et nous mène bel et bien quelque part.

Une poule, ou toute autre créature vivante, est un système physique incroyablement ordonné. D'où vient toute cette organisation et comment se maintient-elle ? Une poule reste en vie, et en particulier suffisamment longtemps pour pondre des œufs, en respirant et en mangeant. Nourriture et oxygène sont les matériaux bruts dans lesquels les êtres vivants puisent l'énergie dont ils ont besoin. Mais, pour comprendre réellement ce qui se passe, il faut préciser un aspect important de cette énergie. Toute sa vie durant, une poule en bonne santé absorbe en nourriture à peu près autant d'énergie que ce qu'elle cède au milieu environnant, principalement sous forme de chaleur et d'autres déperditions dues à son métabolisme et à ses activités quotidiennes. Sans cet équilibre d'énergie qui entre et qui sort, la poule grossirait de plus en plus.

Toutefois, l'essentiel, c'est que toutes les formes d'énergie ne sont pas équivalentes. L'énergie qu'une poule cède au milieu environnant sous forme de chaleur est hautement désordonnée (elle provient souvent de quelques molécules d'air de-ci, de-là qui s'agitent un tantinet plus rapidement que d'ordinaire). Cette forme d'énergie possède une grande entropie (elle est diffuse et se fond dans le milieu environnant) et l'on peut difficilement la recycler de manière utile. En revanche, l'énergie que la poule puise dans sa nourriture possède une faible entropie, et elle peut aisément l'exploiter pour se maintenir en vie. Donc, la poule, et en fait toute autre forme de vie, est un transformateur d'énergie de faible entropie en énergie de haute entropie.

Voilà qui porte un pas en arrière la question de l'origine de la faible entropie de l'œuf. Comment se fait-il que la source d'énergie de la poule, autrement dit sa nourriture, possède une entropie si faible ? Comment explique-t-on cette organisation aberrante ? Si sa nourriture est d'origine animale, cela nous ramène à la question initiale de savoir pourquoi les êtres vivants ont une entropie si basse. Mais, si l'on suit la chaîne alimentaire, on finit forcément par rencontrer des animaux qui (comme moi) ne mangent que des plantes. Comment les plantes et leurs produits que sont les fruits et les légumes parviennent-ils à se maintenir à une entropie si faible ? Par photosynthèse, les plantes utilisent la lumière du Soleil pour scinder le dioxyde de carbone ambiant en oxygène, qu'elles libèrent ensuite dans le milieu environnant, et en carbone, qu'elles utilisent pour pousser et fleurir. On peut donc remonter le fil des sources d'énergie non organique de faible entropie jusqu'au Soleil.

Voilà qui porte l'explication de notre situation de basse entropie encore un pas en arrière : d'où vient notre Soleil si hautement ordonné ? Celui-ci s'est formé voici quelque cinq milliards d'années, à partir d'un nuage de gaz diffus qui s'est mis à tourner sur lui-même et à se condenser sous l'effet de l'attraction gravitationnelle mutuelle de tous ses constituants. À mesure que le nuage de gaz devenait plus dense, l'attraction gravitationnelle d'une partie sur une autre s'intensifiait, faisant que le nuage s'effondrait de plus en plus sur lui-même. Et plus la gravitation compressait le nuage, plus celui-ci s'échauffait. À tel point qu'il devint suffisamment chaud pour déclencher des réactions nucléaires, lesquelles émirent finalement suffisamment de rayonnement vers l'extérieur pour contrebalancer l'effondrement gravitationnel du gaz. Une étoile chaude, stable, brillante et brûlante était née.

Bon... et d'où venait ce nuage de gaz ? Tout indique qu'il se serait formé des restes d'étoiles anciennes qui, arrivées à la fin de leur vie, auraient explosé en supernovæ, projetant leurs débris dans l'espace. Et d'où venaient les nuages de gaz à l'origine de ces premières étoiles ? On pense que le gaz se serait formé à la suite du big bang. Nos théories les plus abouties des origines de l'Univers (nos théories *cosmologiques*) stipulent que, quelques minutes seulement après le big bang, l'Univers aurait été rempli d'un *gaz chaud quasi uniformément distribué*, composé d'environ 75 % d'hydrogène, de 23 % d'hélium, et de faibles proportions de deutérium et de lithium. Or ce gaz imprégnant tout l'Univers possédait une entropie extraordinairement *basse*. Le big bang aurait donc donné naissance à un univers dans un état de faible entropie, et cet état semblerait être la source de l'ordre que l'on observe aujourd'hui. En d'autres termes, l'*ordre actuel est un vestige cosmologique*. Précisons avec plus de détails ce point important.

Entropie et gravitation

La théorie et l'observation montrent que, quelques minutes après le big bang, le gaz primordial était uniformément réparti à travers tout l'Univers naissant. On pourrait alors penser, étant donné notre discussion précédente sur la bouteille de Perrier et ses molécules de dioxyde de carbone, que le gaz primordial était dans un état hautement désordonné, d'entropie élevée. Mais il se trouve que ce n'était pas le cas. Notre discussion précédente sur l'entropie faisait complètement abstraction de la gravitation, ce qui peut être sensé si l'on pense au rôle dérisoire que jouerait la gravitation sur la minuscule quantité de gaz qui s'échappe d'une bouteille de Perrier. En négligeant la gravitation, on a trouvé que le gaz uniformément distribué dans la pièce était dans un état de haute entropie. Mais, lorsque la gravitation a son mot à dire, ça n'est plus la même histoire. La gravitation est une force universellement attractive. Ainsi, avec une masse de gaz suffisamment importante, toutes les régions du gaz s'attirent les unes les autres si bien que le nuage de gaz finit par se fractionner en petits amas, un peu comme de l'eau sur une toile cirée, qui, par tension superficielle, forme des gouttelettes. Lorsque la gravitation entre en ligne de compte, comme c'était le cas pour l'Univers primordial de très haute densité, ce sont les petits regroupements qui sont la norme, pas l'uniformité ; c'est l'état vers lequel tout gaz tendra à évoluer, comme l'illustre la figure 6.5.

Figure 6.5 Pour d'énormes nuages de gaz, lorsque la gravitation entre en ligne de compte, atomes et molécules, à partir d'une distribution uniforme, évoluent en formant des amas de plus en plus gros et denses.

Bien que ces amas semblent plus ordonnés que la distribution uniforme initiale (un peu comme une chambre d'enfant dont les jouets sont regroupés dans des bacs et des coffres est plus ordonnée que lorsque les jouets recouvrent le plancher), lorsqu'on calcule l'entropie, on doit considérer les contributions de *toutes* les sources possibles. Dans une chambre d'enfant, la diminution d'entropie qu'occasionne le rangement de tous les jouets gisant au sol est largement compensée par l'augmentation d'entropie provenant de la chaleur dégagée par les parents qui passent des heures à tout ranger et à tout nettoyer. C'est la même chose pour le nuage de gaz de distribution initiale uniforme : on trouve que la diminution d'entropie qu'occasionne la formation d'amas bien ordonnés est largement compensée par la chaleur dissipée par la compression du gaz et, finalement, par les énormes quantités de chaleur dissipées et toute la lumière émise lorsque les réactions nucléaires se mettent en place.

C'est là un point important, que l'on oublie souvent de prendre en compte. L'irrésistible tendance au désordre n'interdit pas que se forment des structures ordonnées, comme les étoiles et les planètes, ou des formes de vie ordonnées, comme les plantes et les animaux. Elles peuvent se former. Et, manifestement, c'est ce qui a eu lieu. Ce que stipule la seconde loi de la thermodynamique, c'est qu'il y a, durant la formation de ces structures ordonnées, génération d'un désordre *qui compense largement*. Finalement, le solde du compte entropique reste dans le rouge, même si certains constituants se trouvent finalement plus ordonnés qu'auparavant. Et, de toutes les forces fondamentales de la nature, la gravitation est la seule qui exploite cet aspect des comptes d'entropie jusqu'à la fibre. Parce que la gravitation opère à grande portée et qu'elle est toujours attractive, elle instille la formation d'amas bien ordonnés (les étoiles) qui émettent la lumière illuminant les cieux nocturnes, tout en garantissant l'augmentation globale de l'entropie.

Plus ces nuages de gaz sont denses, massifs et comprimés, plus l'entropie sera élevée. Les trous noirs, qui sont la forme la plus extrême de regroupement et de compression gravitationnelle de tout l'Univers, en atteignent les limites. L'attraction gravitationnelle d'un trou noir est telle que rien, pas même la lumière, ne peut lui échapper. Voilà pourquoi ils sont noirs. Ainsi, contrairement aux étoiles ordinaires, les trous noirs s'entêtent à conserver toute l'entropie qu'ils créent : celle-ci ne peut échapper à l'étau implacable de leur attraction gravitationnelle[16]. En fait, comme nous le verrons au chapitre 16, rien, dans l'Univers, ne contient autant de désordre — autant d'entropie — qu'un trou noir*. Voilà qui est sensé intuitivement parlant : une entropie élevée signifie qu'il existe un nombre élevé de réarrangements des constituants du système qui passent inaperçus. Puisque l'on ne peut pas voir ce qui se trame à l'intérieur d'un trou noir, il nous est impossible de percevoir le moindre réarrangement de ses constituants (quels qu'ils puissent être), si bien que les trous noirs ont une entropie maximale. Lorsque la gravitation joue des muscles au maximum, elle devient la source d'entropie la plus prolixe de tout l'Univers connu.

Nous voici enfin arrivés au bout du tunnel. *L'ultime source d'ordre, de faible entropie, serait le big bang lui-même*. Dans ses premiers instants, l'Univers n'était pas un gigantesque conteneur d'entropie comme peuvent l'être les trous noirs, et comme nous le laissent à penser nos considérations statistiques, mais il était rempli d'un mélange gazeux d'hydrogène et d'hélium, chaud et uniforme. Bien que cette configuration ait une entropie élevée lorsque les densités sont si faibles que l'on peut ignorer les effets de la gravitation, la situation est différente lorsque la gravitation a un rôle à jouer : dans ce cas, un tel gaz a une entropie extrêmement basse. Par comparaison avec les trous noirs, ce gaz diffus et presque uniforme représente un état d'entropie extraordinairement bas. Depuis lors, en accord avec la seconde loi de la thermodynamique, l'entropie globale de l'Univers n'a cessé d'augmenter.

* C'est-à-dire qu'un trou noir de taille donnée contient plus d'entropie que n'importe quel autre objet de même taille.

Après plus d'un milliard d'années environ, la gravitation fit que le gaz s'est concentré en nombreux amas. Ces amas formèrent par la suite étoiles, galaxies et planètes, pour les plus légers. Au moins une de ces planètes se trouvait à proximité d'une étoile qui lui fournit une source d'énergie d'entropie relativement faible. Cela permit l'apparition de formes de vie de basse entropie. Parmi celles-ci, finalement, une poule pondit un œuf. Chose contrariante, l'œuf, dont les turpitudes l'ont mené jusqu'au plan de travail de la cuisine, a malencontreusement poursuivi son chemin vers un état de plus haute entropie en tombant du plan de travail pour s'écraser au sol. L'œuf s'écrase, mais ne se reforme pas, parce qu'il suit le mouvement vers une entropie toujours supérieure initié par l'état d'entropie extraordinairement faible des premiers instants de l'Univers. C'est l'ordre incroyable des premiers instants qui a amorcé tout cela et, depuis lors, nous vivons le déroulement graduel vers un désordre toujours croissant.

Voilà le résultat étonnant qui était le but de tout ce chapitre. *Un œuf qui s'écrase au sol a beaucoup à nous enseigner sur le big bang.* Il nous apprend que le big bang a donné lieu à un univers naissant extraordinairement ordonné.

Cette même idée s'applique à tous les autres exemples. La raison pour laquelle, lorsqu'on envoie en l'air les pages de *Guerre et Paix,* on obtient un état de plus haute entropie, c'est que ces pages ont commencé avec un degré d'ordre considérable — une entropie dérisoire. De par leur forme initiale extrêmement ordonnée, elles sont ouvertes à toute augmentation d'entropie. En revanche, si les pages étaient initialement dans un complet désordre, les lancer en l'air ne ferait pas grande différence en ce qui concerne l'entropie. La question, ici encore, est donc : comment se fait-il qu'elles aient été si bien ordonnées ? Eh bien, c'est Tolstoï qui les a écrites dans cet ordre précis ; éditeurs et imprimeurs n'ont ensuite fait qu'obéir à ses instructions. Et les corps hautement ordonnés de Tolstoï, des éditeurs et des imprimeurs, qui leur ont permis de créer un ouvrage si bien ordonné, peuvent s'expliquer en remontant la même suite logique que précédemment, qui nous amenait de l'œuf au big bang. Qu'en est-il des glaçons à moitié fondus que l'on observait à 22 h 30 ? Maintenant que l'on peut se fier à notre mémoire et à la caméra de surveillance du bar, on se souvient que c'est le barman qui, à 22 heures, a mis des glaçons parfaitement cubiques dans notre verre. Il a sorti les glaçons du congélateur, qui fut conçu par un ingénieur malin et fabriqué par des ouvriers habiles — tous capables de créer quelque chose de hautement ordonné parce que eux-mêmes sont des formes de vie hautement ordonnées. On voit à nouveau que l'on peut remonter le fil logique de cette ordonnance jusqu'aux origines hautement ordonnées de l'Univers.

Condition sine qua non

La révélation à laquelle nous sommes parvenus est que nous pouvons croire en nos souvenirs d'un passé d'entropie inférieure — et non pas supérieure — pourvu qu'avec le big bang (le processus, le phénomène ou l'événement qui a donné naissance à l'Univers) notre Univers ait commencé dans un état très spécial, extraordinairement ordonné et donc d'entropie extrêmement faible. Sans cette condition sine qua non, ce que nous avons compris plus haut, c'est-à-dire que l'entropie devrait augmenter aussi bien vers le passé que vers le futur à partir de tout instant donné, nous amènerait à la conclusion que l'ordre observé autour de nous proviendrait d'une fluctuation aléatoire dans un état désordonné ordinaire de haute entropie. Or, nous l'avons vu, cette conclusion anéantit le raisonnement même dont elle est issue. Mais si nous introduisons dans notre analyse l'improbable point de départ d'un état de très basse entropie pour l'Univers, nous parvenons alors à la conclusion correcte selon laquelle l'entropie augmente vers le futur. En effet, le raisonnement probabiliste peut opérer sans entraves dans cette direction. Mais l'entropie n'augmente pas en direction du passé, puisque cette application-ci du raisonnement probabiliste entre en conflit avec notre condition initiale, selon laquelle l'Univers serait né d'un état de très basse (et non pas haute) entropie[17]. Ainsi, les conditions à la naissance de l'Univers sont déterminantes pour l'orientation de la flèche du temps. *Le futur est effectivement la direction de l'augmentation d'entropie. La flèche du temps (le fait que les choses commencent comme ceci et finissent comme cela, mais ne commencent jamais comme cela pour finir comme ceci) a pris son envol dans l'état hautement ordonné, de très basse entropie, de l'Univers des premiers instants*[18].

La dernière énigme

Que l'Univers primordial ait orienté la flèche du temps est une excellente nouvelle, mais nous n'en avons pas terminé pour autant. Il reste encore une grosse énigme : comment se fait-il que l'Univers ait commencé dans un état aussi hautement ordonné, de telle sorte que, des milliards d'années plus tard, tout ce qui existe peut doucement évoluer vers des configurations moins ordonnées, vers une entropie toujours croissante ? Ne perdons pas de vue à quel point cela est remarquable. Comme nous l'avons souligné, du point de vue probabiliste, il est beaucoup plus probable que les morceaux de glaçons partiellement fondus que l'on observe à 22 h 30 proviennent d'un coup de chance qui se serait matérialisé dans notre verre d'eau, plutôt que de l'état plus improbable encore de glaçons parfaitement cubiques. Et ce qui est vrai pour des glaçons dans l'eau l'est d'autant plus (je ne sais combien de milliards de fois plus) pour tout l'Univers. En termes probabilistes, il est incroyablement plus probable que tout ce que l'on voit aujourd'hui dans l'Univers soit le produit d'une aberration statistique rarissime, mais possible, plutôt que le résultat de l'évolution progressive d'un point de départ issu du big bang, plus improbable encore, car extraordinairement bien ordonné et donc pourvu d'une entropie incroyablement faible[19].

Et pourtant, lorsque nous avons imaginé que tout était apparu par un coup de poker statistique, nous nous sommes embourbés : cette voie sans issue remettait en question jusqu'aux lois de la physique. Aussi sommes-nous tentés de parier gros et de miser sur un big bang de très faible entropie pour expliquer la flèche du temps. Le problème est maintenant d'expliquer comment l'Univers a pu commencer dans une telle configuration, si improbable et si ordonnée. *Voilà* la question à laquelle nous mène la flèche du temps. Tout se résume à la cosmologie[20].

Nous présenterons la cosmologie en détail du chapitre 8 au chapitre 11, mais notons dès à présent que notre discussion sur le temps souffre d'un gros inconvénient : tout ce que nous avons dit ici ne s'appuie que sur la physique classique. Voyons maintenant comment la mécanique quantique modifie notre compréhension du temps et de sa flèche.

7

LE TEMPS ET LE QUANTUM

L'éclairage quantique sur la nature du temps

Lorsqu'on réfléchit à une chose telle que le temps, à une chose dont nous faisons partie et qui fait partie de notre vie de tous les jours, à une chose aussi impalpable, il est impossible de se soustraire (même temporairement) au langage commun, car notre raisonnement est sous l'empire de nos expériences quotidiennes. Ces expériences de tous les jours sont des expériences classiques ; elles confirment avec une très bonne précision les lois de la physique établies par Newton voici plus de trois siècles. Mais de toutes les découvertes en physique des cent dernières années, la mécanique quantique est de loin la plus incroyable, car elle remet en question tous les fondements conceptuels de la physique classique.

Il vaut donc la peine de dépasser nos expériences classiques pour envisager les expériences qui révèlent les aspects si surprenants du déroulement dans le temps des phénomènes quantiques. Dans ce vaste contexte, nous prendrons la suite du chapitre précédent et demanderons s'il existe une flèche temporelle dans la description de la nature par la mécanique quantique. Nous trouverons finalement une réponse, mais qui s'avère controversée, même au sein de la communauté scientifique. Cette fois encore, celle-ci nous ramènera aussi loin qu'à l'origine de l'Univers.

Le passé selon le quantum

Les probabilités jouaient un des premiers rôles dans le chapitre précédent, mais, comme je l'ai souligné à plusieurs reprises, celles-ci ne se justifient que par leur commodité et par l'utilité de l'information véhiculée. Suivre le mouvement exact des 10^{24} molécules d'H_2O d'un verre d'eau dépasse largement nos possibilités, et quand bien même nous serions capables de mener le calcul, que ferions-nous de la montagne de données obtenues ? Parvenir à déterminer, à partir d'une liste de 10^{24} positions et vitesses, s'il y a eu ou non des glaçons dans le verre serait une entreprise titanesque. Nous avons donc opté pour un raisonnement statistique, dont les calculs sont faisables et qui, en outre, correspond aux propriétés macroscopiques (ordre ou désordre ; par exemple, eau ou glace) auxquelles on s'intéresse généralement. Mais il convient de garder à l'esprit que les probabilités ne sont en aucun cas imbriquées de manière fondamentale à la physique classique. En principe, si l'on connaissait précisément toutes les propriétés de ce que l'on observe maintenant (si l'on connaissait la position et la vitesse de la moindre des particules qui peuplent l'Univers), la physique classique nous garantit que l'on pourrait utiliser cette information pour prédire ce que serait la situation à tout instant dans le futur ou ce qu'elle était à tout instant dans le passé. Que l'on suive ou non ce déroulement d'un instant à l'autre, si l'on en croit la physique classique, on peut, en principe, parler du futur ou du passé avec la certitude issue des détails et de la précision de nos observations du présent[1].

Les probabilités occuperont également le devant de la scène dans ce chapitre. Mais celles-ci étant un élément *incontournable* de la mécanique quantique, elles modifieront fondamentalement notre entendement du passé et du futur. Nous avons déjà vu que l'incertitude quantique ne nous permet pas de connaître simultanément la position et la vitesse exactes des particules. Nous avons vu également que la physique quantique ne prédisait que la probabilité de tel ou tel futur. Certes, nous nous fions à ces dernières, mais, puisqu'elles ne sont que des probabilités, elles nous enseignent qu'il existe une part de hasard *inévitable* dès lors qu'il s'agit de prédire le futur.

Il y a également une différence essentielle, en ce qui concerne la description du passé, entre la physique classique et la physique quantique. En physique classique, du fait du traitement égalitaire de tous les moments dans le temps, les événements qui conduisent à ce que l'on observe sont décrits exactement avec le même langage, avec les mêmes attributs que ce que l'on observe. Si l'on voit une étoile filante dans le ciel d'une nuit d'été, on parle de sa position et de sa vitesse ; si l'on cherche à retrouver comment elle est passée par là, on parlera également d'une succession unique de positions et de vitesses qui retracent le passage de la météorite dans l'atmosphère terrestre. Cependant, lorsque l'on observe quelque chose en physique quantique, on accède au royaume raréfié dans lequel on est sûr à cent pour cent de ce que l'on observe (outre les questions comme la précision de nos instruments de mesure). Mais le passé (on entend par là le passé qu'on n'a pas observé, le passé qui précède l'observation quelle qu'elle soit) demeure confiné au royaume de l'incertitude quantique, au royaume des probabilités. Même si l'on trouve un électron à tel endroit précis, à tel instant précis, l'instant d'avant, il n'était décrit que par sa probabilité d'être ici, là ou n'importe où ailleurs.

Et, comme nous l'avons vu, ce n'est pas que l'électron (ou toute autre particule) se trouvait réellement en l'une ou l'autre de ces positions possibles : on ne sait tout bonnement pas où il était[2]. En fait, on peut dire d'une certaine manière que l'électron était en chacune de ces positions, car chacune des différentes possibilités (chacune des différentes histoires possibles) contribue à ce que l'on observe. Souvenons-nous-en : c'est ce qu'indiquait l'expérience, décrite au chapitre 4, dans laquelle des électrons étaient contraints de traverser une paroi munie de deux fentes. La physique classique, s'appuyant sur la conviction partagée par tous d'un déroulement unique des événements, dirait que chaque électron atteint le détecteur après avoir traversé l'*une* des deux fentes. Mais cette vision du passé nous induit en erreur car elle prédit le résultat qu'illustre la figure 4.3a. Or celui-ci n'est pas en accord avec nos observations, illustrées par la figure 4.3b. La figure d'interférence observée ne s'explique qu'en considérant que « quelque chose » traverse les *deux* fentes à la fois.

La physique quantique fournit l'explication adéquate, mais, ce faisant, elle modifie radicalement nos récits du passé (nos descriptions de la manière dont les choses que l'on observe se sont déroulées). Si l'on en croit la mécanique quantique, l'onde de probabilité de chaque électron traverse bel et bien les deux fentes, et, parce que les parties de l'onde qui émergent de chaque fente interfèrent, le résultat des probabilités se manifeste sous la forme d'une figure d'interférence, tout comme les positions des électrons sur l'écran.

Face à notre expérience du quotidien, cette description du passé de l'électron en termes de la rencontre de deux ondes de probabilité nous est complètement étrangère. Mais, faisant fi des précautions, on pourrait proposer de porter cette description quantique un pas plus loin, vers une éventualité plus étrange encore. Peut-être chaque électron pris individuellement traverse-t-il lui-même les deux fentes sur son chemin vers l'écran, et les données recueillies procéderaient-elles alors de l'interférence entre ces deux historiques. Autrement dit, il est tentant d'envisager les ondes à la sortie des deux fentes comme représentant deux histoires possibles pour un même électron (traversant la fente de droite *ou* la fente de gauche) et, puisque les deux ondes contribuent à ce que l'on observe sur l'écran, peut-être la mécanique quantique nous indique-t-elle que les deux historiques possibles de l'électron entrent tous les deux en jeu.

Aussi surprenant que cela puisse paraître, cette idée si étrange et si extraordinaire (que l'on doit au lauréat du prix Nobel Richard Feynman, l'un des physiciens les plus géniaux du XXe siècle) offre une manière parfaitement viable d'envisager la mécanique quantique. D'après Feynman, s'il existe plusieurs alternatives pouvant donner lieu à la même situation finale (par exemple, l'électron arrive en un point de l'écran détecteur après avoir traversé la fente de gauche, ou il arrive au même point en ayant traversé la fente de droite), alors, dans un certain sens, tous les différents historiques ont eu lieu, et tous ont eu lieu simultanément. Feynman a montré que chacune de ces alternatives contribue à la probabilité que leur issue finale se réalise, et, si l'on additionne toutes ces contributions de manière appropriée, le résultat obtenu correspond à la probabilité totale que prédit la mécanique quantique.

Feynman appela cette approche de la mécanique quantique celle de la « somme sur toutes les histoires ». Celle-ci montre qu'une onde de probabilité incarne tous les passés possibles qui ont pu précéder une observation donnée, et elle illustre bien que, pour réussir là où la physique classique échoue, la mécanique quantique devait considérablement élargir le cadre de l'histoire[3].

Direction Oz

Il existe une variante de l'expérience des deux fentes dans laquelle l'interférence entre des historiques différents est encore plus manifeste, les deux chemins vers l'écran du détecteur étant encore plus distants l'un de l'autre. Il est plus facile de décrire l'expérience avec des photons qu'avec des électrons, aussi commencerons-nous donc avec une source lumineuse (un laser) dirigée vers ce que l'on appelle un séparateur. Ce dispositif est constitué d'un miroir semi-réfléchissant qui, un peu comme le miroir sans tain que l'on connaît, ne reflète que la moitié de la lumière et laisse traverser l'autre moitié. Le faisceau initial est donc scindé en deux, l'un partant vers la droite et l'autre vers la gauche, à l'instar de ce que subissait le faisceau dirigé vers les deux fentes de l'expérience précédente. En disposant astucieusement des miroirs réfléchissants comme sur la figure 7.1, on réunit les deux faisceaux pour les faire se rencontrer plus loin, à l'endroit du détecteur. En considérant la lumière comme une onde en vertu de la description qu'en a donné Maxwell, on s'attend à voir (et c'est effectivement ce que l'on obtient) une figure d'interférence. À l'exception des rayons qui atteignent le centre de l'écran, la longueur du chemin suivi par la lumière est légèrement différente pour le faisceau de droite et le faisceau de gauche. Ainsi, lorsque le faisceau de gauche est à une crête de l'onde en un point donné de l'écran, le faisceau de droite peut se trouver autour d'une crête, d'un creux ou entre les deux. Le détecteur retient la combinaison de la hauteur des deux ondes et affiche donc une figure d'interférence.

La distinction classique/quantique apparaît lorsqu'on réduit l'intensité du laser de telle sorte qu'il n'émet plus les photons qu'un par un, disons, au rythme d'un photon par seconde. Lorsqu'un seul photon atteint le séparateur, notre intuition (classique) nous laisse à penser que celui-ci devra soit traverser le miroir, soit être réfléchi par celui-ci. Le raisonnement classique ne laisse pas de place à la moindre interférence, car il n'y a rien pour interférer : on n'a que des photons envoyés isolément, allant un par un de la source au détecteur, certains

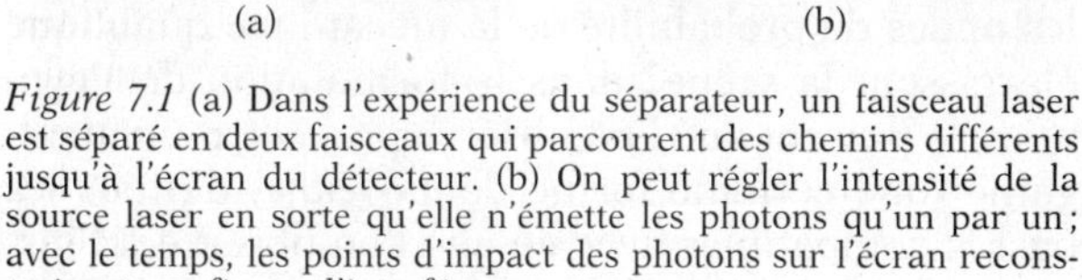

(a) (b)

Figure 7.1 (a) Dans l'expérience du séparateur, un faisceau laser est séparé en deux faisceaux qui parcourent des chemins différents jusqu'à l'écran du détecteur. (b) On peut régler l'intensité de la source laser en sorte qu'elle n'émette les photons qu'un par un ; avec le temps, les points d'impact des photons sur l'écran reconstruisent une figure d'interférence.

passant par la gauche, d'autres par la droite. Mais, lorsqu'on réalise l'expérience, on s'aperçoit, comme sur la figure 4.4, qu'au fil du temps les photons détectés les uns après les autres fabriquent bel et bien une figure d'interférence, comme l'indique la figure 7.1b. Si l'on en croit la physique quantique, la raison en est que chaque photon détecté *peut* atteindre le détecteur en passant par la droite *ou* en passant par la gauche. Aussi doit-on combiner ces deux historiques possibles pour déterminer la probabilité qu'un photon heurte l'écran en tel ou tel point. Lorsqu'on réunit ainsi les ondes de probabilité de droite et de gauche pour chaque photon, on obtient le schéma de probabilités typique des interférences ondulatoires. Ainsi, contrairement à Dorothée, stupéfaite devant l'Épouvantail qui, pour lui indiquer la direction d'Oz, montre en même temps la droite et la gauche, on peut tout à fait expliquer les données recueillies en imaginant que, pour atteindre le détecteur, chaque photon a emprunté les deux chemins, passant à droite *et* à gauche.

Au jeu des possibles

Nous n'avons décrit l'union des différents historiques possibles que pour deux exemples précis, mais cette manière de voir la mécanique quantique est tout à fait générale. Tandis que la physique classique décrit le présent comme issu d'un passé unique, les ondes de probabilité de la mécanique quantique élargissent la scène : dans la formulation de Feynman, le présent que l'on observe procède d'un amalgame (une certaine forme de *moyenne*) de tous les passés compatibles avec ce que l'on observe à l'instant présent.

Dans le cas des expériences des deux fentes ou du séparateur, il y a deux manières pour l'électron ou le photon d'aller de la source au détecteur (en passant par la droite ou par la gauche). Et l'on ne peut expliquer nos observations qu'en combinant les deux historiques possibles. Si les fentes étaient au nombre de trois, il faudrait prendre en compte les trois alternatives ; avec trois cents fentes, il faudrait inclure les contributions de toute la flopée d'historiques correspondants. En poussant le raisonnement à sa limite, on peut imaginer un nombre énorme de fentes (tant et si bien que la paroi finit par disparaître) et la physique quantique stipule alors que chaque électron parcourra *chacun* de *tous* les chemins possibles depuis la source jusqu'à un point particulier de l'écran, et seule la combinaison des probabilités associées à chacune de ces alternatives permet d'expliquer les données observées. Cela peut paraître étrange. (C'*est* étrange.) Mais cet aspect bizarre du temps passé explique les données de la figure 4.4, de la figure 7.1b et de toutes les autres expériences dans le monde microscopique.

On pourrait se demander s'il faut vraiment prendre au pied de la lettre cette histoire de somme sur toutes les histoires. Un électron qui atteint l'écran a-t-il *réellement* emprunté tous les chemins possibles, ou la prescription de Feynman n'est-elle qu'une invention mathématique ingénieuse qui donne le bon résultat ? Cette question fait partie des questions-clés sur la véritable nature de la réalité quantique, et j'aimerais pouvoir vous en donner une réponse claire. Mais ça m'est impossible. Les physiciens trouvent souvent extrêmement utile d'imaginer un vaste assemblage des différents historiques. Personnellement, j'utilise cette manière de voir les choses si fréquemment qu'elle en devient presque réelle. Mais cela ne veut pas dire qu'elle *est* réelle. L'idée, c'est que les calculs quantiques nous donnent, sans la moindre ambiguïté, la probabilité qu'un électron heurte tel ou tel point de l'écran ; et ces prédictions sont en accord avec les observations, pile-poil. En ce qui concerne l'utilité de la théorie à faire des prédictions et des vérifications, le récit de la manière dont l'électron est parvenu à tel point de l'écran n'a pas grande importance.

Mais on pourrait encore insister : il doit bien y avoir un moyen de déterminer une fois pour toutes ce qui a *réellement* eu lieu en modifiant le dispositif expérimental en sorte de pouvoir observer aussi comment ce mélange confus de tous les passés possibles se fond pour donner le présent que l'on observe. Certes, c'est une idée, mais l'on sait déjà qu'il doit y avoir un os. Au chapitre 4, nous avons appris que les ondes de probabilité ne sont pas directement observables. Or, la coalition des historiques « à la Feynman » n'étant rien d'autre qu'une manière particulière d'envisager les ondes de probabilité, elle devrait elle aussi échapper à l'observation directe. Et c'est effectivement le cas. Les observations ne peuvent séparer les historiques les uns des autres : en fait, les observations ne reflètent que les *moyennes* de tous les historiques possibles. Donc, si l'on modifie l'expérience pour observer les électrons en chemin, on verra chaque électron traverser notre détecteur supplémentaire en un point ou un autre, mais on ne verra jamais un mélange confus de plusieurs historiques. Lorsqu'on utilise la mécanique quantique pour expliquer *pourquoi* on a vu l'électron en tel ou tel point, la réponse nécessitera toujours que l'on pondère tous les historiques possibles qui ont conduit à cette observation intermédiaire. Mais l'observation en elle-même n'a accès qu'à des historiques qui se sont déjà réunis.

En regardant l'électron en chemin, on ne fait que remonter un peu la notion d'historique. L'efficacité de la mécanique quantique est des plus étonnantes : elle explique ce que l'on observe, mais ne permet pas d'observer ce qu'elle explique.

On pourrait alors se poser la question de savoir pourquoi, dans ce cas, la physique classique (la physique du sens commun, qui décrit le mouvement en termes d'historiques et de trajectoires uniques) a quoi que ce soit à voir avec l'Univers. Pourquoi parvient-elle si bien à expliquer et à prédire le mouvement de tous les corps, des balles de tennis aux planètes ? Comment se fait-il qu'il n'y ait, dans la vie de tous les jours, aucun indice de la manière étrange dont le passé semble se transformer pour donner le présent ? La raison, présentée rapidement au chapitre 4 et que l'on expliquera sous peu avec plus de précision, est que les balles de tennis et les planètes sont énormes, au moins par comparaison à des particules comme les électrons. Or, en mécanique quantique, plus un objet est gros, plus la moyenne est biaisée : toutes les trajectoires possibles contribuent bel et bien au mouvement d'une balle de tennis, mais la trajectoire habituelle (celle que prédisent les lois classiques de Newton) contribue beaucoup plus que toutes les autres. Pour les objets macroscopiques, il se trouve que les trajectoires classiques sont, de très loin, la contribution dominante ; voilà pourquoi ce sont elles qui nous sont familières. Mais pour les objets microscopiques, comme les électrons, les quarks ou les photons, beaucoup d'historiques différents contribuent à peu près au même niveau et nombreux sont ceux qui jouent des rôles importants dans la moyenne.

On pourrait finalement se demander ce qu'il y a de si particulier dans le fait d'observer ou de mesurer, qui contraint tous les historiques possibles à faire leurs jeux et à miser sur une issue et une seule. Comment le fait de l'observer indique-t-il d'une manière ou d'une autre à la particule qu'il est temps de réunir tous ses passés, de les pondérer et de se résoudre à un résultat précis ? Pourquoi l'espèce humaine et ses machines ont-elles ce pouvoir spécial ? Est-il si spécial ? Ou serait-ce que l'observation par l'homme fait partie d'un ensemble d'influences environnementales plus vaste qui montre, quantiquement parlant, qu'après tout nous n'avons rien de spécial ? Nous reviendrons à ces questions déroutantes et polémiques dans la seconde moitié de ce chapitre. Non seulement celles-ci sont centrales à la nature de la réalité quantique, mais elles fournissent également un cadre de pensée important pour la mécanique quantique et la flèche du temps.

Pour calculer les moyennes qui interviennent en mécanique quantique, il faut de solides connaissances techniques. Et pour comprendre réellement comment, quand et où les moyennes doivent être faites, il faut des concepts que les physiciens s'évertuent encore à formuler. Mais la principale leçon à retirer de tout cela se résume simplement : la mécanique quantique est le théâtre ultime du jeu des possibles ; n'importe quel « choix » que pourrait faire un objet pour aller d'ici à là est inclus dans la probabilité quantique associée à l'un ou l'autre résultat.

Physique classique et physique quantique évoquent le passé de manières fort différentes.

Élagage d'historiques

Imaginer qu'un objet indivisible (un électron ou un photon) puisse suivre simultanément plusieurs trajectoires est en contradiction totale avec notre éducation classique. Même ceux qui sont capables de la plus grande maîtrise de leurs émotions auraient bien du mal à résister à la tentation d'en avoir le cœur net : lorsque l'électron ou le photon traversent les deux fentes ou le séparateur, pourquoi ne pas jeter un tout petit coup d'œil pour voir quel chemin ils empruntent réellement jusqu'au détecteur ? Dans l'expérience des deux fentes, pourquoi ne pas placer un petit détecteur devant chacune des deux fentes, qui nous indiquerait si l'électron est passé par l'une, l'autre ou les deux (tout en lui laissant la possibilité de continuer son chemin jusqu'à l'écran) ? Et, dans l'expérience du séparateur, pourquoi ne pas placer, sur chacun des deux chemins entre le séparateur et l'écran, un petit détecteur qui nous indiquerait si le photon a emprunté la voie de droite, celle de gauche ou les deux à la fois (tout en lui laissant, ici encore, la possibilité de poursuivre son chemin jusqu'à l'écran) ?

Certes, rien ne nous empêche de glisser ces détecteurs supplémentaires. On ferait alors deux découvertes. Premièrement, on trouverait toujours que chaque électron et chaque photon ne traverse qu'un seul des deux détecteurs. Autrement dit, on peut déterminer le chemin suivi par chaque électron ou chaque photon, et l'on trouve que la particule emprunte toujours l'un ou l'autre chemin mais pas les deux. Deuxièmement, on trouverait que les données recueillies par le détecteur principal ne sont plus les mêmes. Au lieu des figures d'interférence des figures 4.3b et 7.1b, on trouve le résultat prédit par la physique classique, comme sur la figure 4.3a. En introduisant de nouveaux éléments (les nouveaux détecteurs), on modifie l'expérience. Et les modifications sont telles que le paradoxe qu'on cherchait *justement* à éclaircir est écarté — sachant maintenant quel chemin la particule a suivi, comment pourrait-il y avoir interférence avec un autre chemin dont on vient de montrer que la particule ne l'a pas emprunté ? L'explication est une conséquence immédiate de ce que l'on a vu au paragraphe précédent. Notre nouvelle observation sélectionne ceux des historiques qui ont pu précéder les faits que révèle notre nouvelle observation. Et, puisque cette observation détermine le chemin qu'a suivi la particule, *on ne considère plus ensuite que les historiques pour ce chemin, ce qui élimine toute possibilité d'interférence.*

Niels Bohr aimait à résumer la situation à l'aide de son « principe de complémentarité ». Chaque électron, chaque photon, chaque n'importe quoi possède en fait deux aspects à la fois : un aspect ondulatoire et un aspect corpusculaire. Ces aspects sont complémentaires. Ne raisonner qu'en termes de corpuscules (avec des particules qui suivent des trajectoires uniques et bien définies) est incomplet, parce qu'on laisse alors de côté les aspects ondulatoires que mettent en évidence les figures d'interférence*. Ne raisonner qu'en termes d'ondes est incomplet, parce qu'on laisse alors de côté les aspects corpusculaires que mettent en évidence les mesures révélant que

* Bien que la somme de toutes les histoires de Feynman semble privilégier l'aspect corpusculaire, ce n'est qu'une interprétation particulière des *ondes* de probabilité (puisqu'il s'agit de considérer tous les historiques pour une même particule, chacun apportant sa propre contribution probabiliste) qui est donc subsumée par le côté ondulatoire de cette complémentarité. Lorsqu'on parle de quelque chose qui se comporte comme une particule, on sous-entendra toujours qu'il s'agit d'une particule au sens conventionnel du terme, qui ne suit qu'une seule et même trajectoire.

des particules localisées peuvent, par exemple, laisser une trace ponctuelle sur l'écran (voir la figure 4.4). Une vision complète requiert que l'on considère ces deux aspects complémentaires. Dans toute situation, on peut mettre l'un ou l'autre en valeur, selon la manière dont on choisit d'interagir. Si l'on autorise les électrons à cheminer de la source à l'écran sans les observer, leur comportement ondulatoire sera dominant et produira des interférences. Mais, si l'on observe l'électron en chemin, on sait alors quelle voie il choisit et l'on ne sait plus comment expliquer les interférences. Heureusement, la réalité nous vient en aide. Nos observations font l'élagage de l'historique quantique : elles forcent l'électron à se comporter comme une particule ; puisque les particules suivent l'une *ou* l'autre trajectoire, aucune figure d'interférence ne se forme et il n'y a rien à expliquer.

La nature fait des choses bien étranges. Elle vit sur le fil du rasoir. Mais il est prudent de tirer galamment sa révérence pour esquiver le crochet fatal du paradoxe logique.

Contingence d'historiques

Ces expériences sont remarquables. Elles fournissent la preuve simple, mais implacable, que notre monde obéit aux lois quantiques découvertes par les physiciens du XXe siècle, plutôt qu'aux lois classiques découvertes par Newton, Maxwell et Einstein (dont on reconnaît aujourd'hui qu'elles sont des approximations utiles et efficaces pour décrire les événements à des échelles suffisamment grandes). Nous avons vu que les lois quantiques défiaient les notions conventionnelles de ce qui a eu lieu dans le passé — ces événements non observés qui sont responsables de ce que nous voyons à un instant donné. Des variantes simples de ces expériences portent à un niveau encore plus important et plus surprenant le défi lancé à notre notion intuitive sur la manière dont les événements se déroulent dans le temps.

La première variante est l'« expérience du choix retardé », qui fut proposée en 1980 par l'éminent physicien John Wheeler. L'expérience s'attaque à une question aussi étrange que sinistre : le passé dépend-il du futur ? Notez que ce n'est pas la même chose que de s'interroger sur le fait de pouvoir remonter le temps afin de modifier le passé (sujet que l'on abordera au chapitre 15). En fait, l'expérience de Wheeler, qui fut réalisée et analysée avec minutie, met en lumière une interrelation qui laisse à réfléchir entre des événements dont on imagine qu'ils ont eu lieu dans le passé — et même dans un passé reculé — et d'autres que l'on voit se dérouler à l'instant présent.

Pour se faire une idée de la physique qui entre en jeu, imaginons que nous soyons un grand collectionneur d'œuvres d'art. Un certain M. de Mesmaeker nous rend visite pour admirer les œuvres que nous avons mises en vente. Mais nous savons pertinemment qu'il n'est intéressé que par une seule chose : *Le Grand Meaulnes*, une toile qui n'a jamais vraiment trouvé sa place dans notre collection, mais qui nous a été léguée par notre grand-oncle, Meaulnes Pinceau. Se décider à la vendre est une véritable torture. Après l'arrivée de M. de Mesmaeker, au détour de la conversation allant de notre collection aux dernières ventes aux enchères en passant par l'exposition du moment au musée d'Art moderne, nous apprenons, ô surprise, que de Mesmaeker était l'assistant de notre grand-oncle. Avant la fin de la conversation, notre décision est prise et nous acceptons de nous séparer du *Grand Meaulnes* : tant d'autres toiles nous intéressent que nous devons faire l'effort de restreindre un tant soit peu notre collection, avant qu'elle n'ait plus aucune cohésion. Dans le monde du collectionneur d'art, nous en sommes convaincu : plus donne parfois moins.

En repensant à notre décision, il nous semble, rétrospectivement, que nous étions en fait décidé à vendre la toile avant même l'arrivée de M. de Mesmaeker. Bien que nous ayons toujours nourri une certaine affection pour *Le Grand Meaulnes*, nous avons toujours hésité à constituer une collection tentaculaire et le réalisme néo-classico-érotico-nucléaire de la fin du XXe siècle est une branche intimidante, même pour le plus chevronné des collectionneurs. Certes, nous nous souvenons qu'avant l'arrivée de notre visiteur nous pensions ne pas savoir que faire au sujet de cette toile, mais, de notre nouveau point de vue, il semble que nous avions déjà pris la décision de vendre. Ce n'est pas tant que les événements futurs aient influencé le passé, mais la rencontre agréable avec M. de Mesmaeker et notre accord ultérieur de lui vendre la toile ont jeté sur le passé un nouvel éclairage, qui définit mieux certaines choses qui semblaient auparavant indécises. Un peu comme si cette rencontre et notre accord nous avaient aidé à lever le voile sur une décision pourtant déjà prise, qui n'attendait que d'être mise au grand jour. Le futur nous a aidé à conter un récit plus complet de ce qui se tramait dans le passé.

Bien sûr, dans cet exemple, les événements futurs n'affectent que notre perception ou notre interprétation du passé, si bien que les événements n'ont rien de mystérieux ni de surprenant. Mais l'expérience de Wheeler transpose cette interrelation psychologique entre futur et passé au royaume quantique, où elle devient à la fois précise et étonnante. Tout commence avec l'expérience de la figure 7.1a, que l'on modifie en réglant la source au plus bas en sorte qu'elle n'émette qu'un photon à la fois, comme sur la figure 7.1b, et en ajoutant un détecteur supplémentaire devant le séparateur, sur l'un des deux chemins possibles. Lorsque ce détecteur est éteint (figure 7.2b), on a la configuration expérimentale initiale et les photons créent une figure d'interférence sur l'écran photographique. Mais, si le nouveau détecteur est en service (figure 7.2a), il nous indique le chemin emprunté par chaque photon : s'il en détecte un, alors c'est qu'il est passé de ce côté ; s'il n'en détecte pas, alors c'est qu'il est passé de l'autre côté. Cette information indiquant le chemin suivi contraint le photon à se comporter comme une particule, si bien que la figure d'interférence, caractéristique du comportement ondulatoire, n'est plus produite.

Modifions maintenant la situation à la manière de Wheeler, en déplaçant le nouveau détecteur à l'extrémité de l'un des deux chemins. En principe, les chemins peuvent être aussi longs que l'on veut, et le

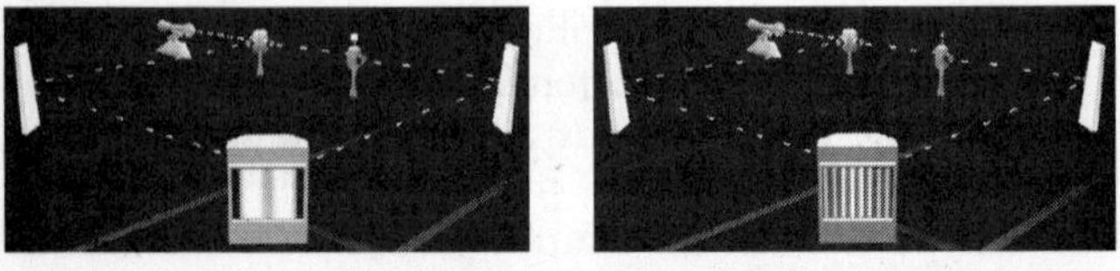

(a) (b)

Figure 7.2 (a) Avec les détecteurs indiquant le chemin suivi on détruit la figure d'interférence. (b) Lorsque les nouveaux détecteurs sont éteints, on retrouve la situation de la figure 7.1 et la figure d'interférence.

détecteur pourra donc se trouver à une distance considérable du séparateur. Comme précédemment, si ce détecteur est éteint, on se retrouve dans la situation habituelle et les photons se distribuent sur l'écran en formant une figure d'interférence. Mais, s'il est allumé, il indique le chemin suivi et donc empêche l'interférence.

La nouvelle bizarrerie provient du fait que la mesure du chemin suivi a lieu longtemps *après* que le photon s'est décidé, à la traversée du séparateur, à se comporter comme une onde et à emprunter les deux voies, ou à se comporter comme une particule et à n'en emprunter qu'une. Lorsque le photon traverse le séparateur, il ne peut pas « savoir » si le nouveau détecteur est allumé ou éteint (et on peut même faire en sorte que le nouveau détecteur soit allumé ou éteint *après* que le photon a traversé le séparateur). Pour se préparer à l'éventualité que le détecteur soit éteint, le paquet d'ondes du photon a tout intérêt à se scinder pour emprunter les deux chemins, en sorte que la superposition des deux pourra produire la figure d'interférence. Mais, s'il se trouve que le détecteur était allumé (ou s'il a été allumé après que le photon a traversé le séparateur), tout laisse à penser que le photon sera aux prises avec une sérieuse crise d'identité : en traversant le séparateur, celui-ci a déjà pris la décision de se comporter en onde en empruntant les deux voies. Mais, après avoir fait ce choix, il s'« aperçoit » qu'il doit repasser dare-dare du côté du comportement d'une particule qui ne suit que l'un ou l'autre chemin.

Et il se trouve que les photons ne se trompent jamais. Chaque fois que le détecteur est allumé (même si l'on choisit de ne l'allumer que le plus tard possible après qu'un photon donné a traversé le séparateur), le photon se comporte comme une particule. On ne le trouve que le long de l'un ou l'autre chemin (si l'on disposait un détecteur sur chaque trajet, chaque photon émis par le laser serait détecté par l'un ou l'autre des deux détecteurs, mais jamais les deux). Les données recueillies ne forment pas de figure d'interférence. Chaque fois que le détecteur est éteint (même si, ici encore, on fait ce choix photon par photon, et après qu'ils ont traversé le séparateur), les photons se comportent en onde, produisant la fameuse figure d'interférence montrant qu'ils ont emprunté les deux chemins. Tout se passe comme si les photons pouvaient ajuster leur comportement dans le passé en fonction de notre choix futur d'allumer ou d'éteindre le détecteur. Tout se passe comme si les photons avaient une « prémonition » de la situation expérimentale qu'ils rencontreront en aval, et qu'ils adaptaient leur comportement en conséquence. Tout se passe comme si un historique cohérent et défini ne se manifestait qu'après que le futur auquel il conduit aura été complètement fixé[4].

Il y a une certaine similitude avec l'exemple de la vente de la toile de notre grand-oncle. Avant notre rencontre avec M. de Mesmaeker, nous étions dans un état ambigu, indécis, dans un mélange un peu flou entre l'envie et le refus de vendre le tableau. Mais le fait de discuter du monde de l'art et d'apprendre l'affection que portait de Mesmaeker à notre grand-oncle nous a conforté dans l'idée de vendre cette toile. La conversation a conduit à une décision ferme qui, à son tour, a permis qu'un historique de cette décision se distingue de l'incertitude initiale. Rétrospectivement, nous avons le sentiment que notre décision était prise depuis le début. Mais si nous ne nous étions pas entendu si bien avec de Mesmaeker, si nous n'avions pas acquis la certitude que le tableau serait entre de bonnes mains, nous aurions tout aussi bien pu décider de ne pas le vendre. Et, avec le récit du passé que nous aurions conté dans ce cas, nous aurions certainement reconnu que notre décision de ne pas le vendre était en fait prise depuis longtemps (quand bien même il eût été raisonnable de vendre la toile, au fond de nous-même, nous y étions trop attaché sentimentalement pour nous en séparer). Bien évidemment, le passé n'en a pas été changé pour autant. Mais une expérience différente nous aurait conduit à un récit différent du passé.

Dans le domaine psychologique, réécrire ou réinterpréter le passé est tout ce qu'il y a de commun ; notre histoire du passé est souvent étoffée de nos expériences du présent. Mais, dans le domaine de la physique (domaine que l'on considère généralement comme objectif), des contingences futures pour le passé font tourner la tête. Pis encore, Wheeler a imaginé une version céleste de l'expérience du choix retardé dans laquelle la source n'est plus un laser de laboratoire mais un quasar au fin fond de l'espace. Le séparateur n'est plus un gadget de laboratoire, mais une galaxie intermédiaire dont l'attraction gravitationnelle a un effet comparable à celui d'une lentille faisant converger les photons en direction de la Terre, comme l'indique la figure 7.3. Bien que personne n'ait encore réalisé cette expérience, en principe, si l'on parvenait à recueillir suffisamment de photons issus du quasar, ceux-ci devraient former, sur une plaque photographique à longue exposition, une figure d'interférence semblable à ce que l'on obtient en laboratoire avec l'expérience du séparateur. Mais, si l'on disposait un détecteur à la fin du trajet des photons sur l'un ou l'autre chemin, celui-ci permettrait de connaître le chemin suivi par

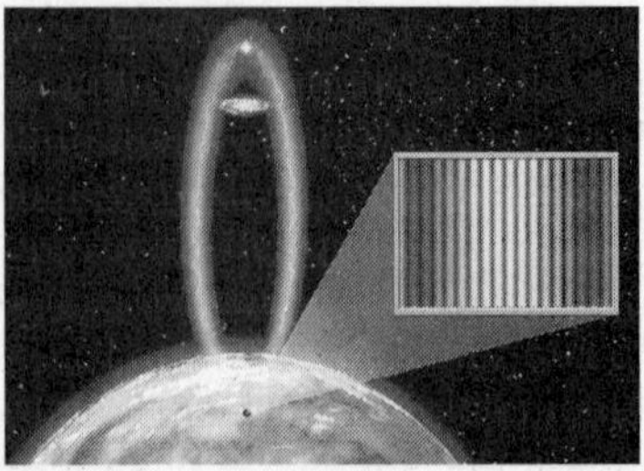

Figure 7.3 La lumière provenant d'un quasar lointain est scindée en deux faisceaux qui convergent vers la Terre par un effet de lentille gravitationnelle dû à la présence d'une galaxie intermédiaire. On obtient en principe une figure d'interférence. Si un détecteur permettant de déterminer le chemin suivi par chaque photon est allumé, les photons ne produisent plus la figure d'interférence.

chacun d'entre eux et détruirait donc la figure d'interférence.

Ce qui est frappant dans cette version de l'expérience, c'est que, de notre point de vue, les photons ont pu voyager pendant des milliards d'années. Leur décision de passer d'un côté ou de l'autre de la galaxie — comme une particule —, ou de passer des deux côtés — comme une onde — aurait donc été prise très, très longtemps avant que le détecteur, ou n'importe lequel d'entre nous (voire la Terre) ait même existé ! Et pourtant, des milliards d'années plus tard, le détecteur est construit, installé sur l'un ou l'autre des chemins qu'empruntent les photons jusqu'à la Terre, puis allumé. Tous ces événements récents garantissent d'une manière ou d'une autre que les photons observés se comportent comme des particules. Ils se comportent comme s'ils avaient parcouru l'un ou l'autre chemin en direction de la Terre. Mais, si l'on éteint le détecteur après quelques minutes, les photons qui atteignent ensuite la plaque photographique commenceront à construire une figure d'interférence, traduisant le fait que, depuis des milliards d'années, chacun chemine en tandem avec son partenaire fantôme, sur des chemins opposés, de part et d'autre de la galaxie intermédiaire.

Le fait qu'on ait allumé le détecteur au XXIe siècle a-t-il un effet sur le mouvement des photons quelques milliards d'années plus tôt ? Certainement pas. La mécanique quantique ne remet pas en question ce qui a eu lieu dans le passé. Le problème vient du fait que le concept quantique du *passé* est différent du concept de *passé* classique et intuitif. Notre éducation classique nous exhorte à dire d'un photon qu'il a *fait* ceci ou cela. Mais, dans le monde quantique qui est le nôtre, ce raisonnement impose au photon une réalité trop restrictive. Comme nous l'avons vu, en mécanique quantique, la norme est une réalité indéterminée, floue : un hybride constitué d'un grand nombre d'issues, qui ne se cristallisent pour donner une réalité ferme, plus familière, que lorsqu'on effectue des observations appropriées. Ce n'est pas tant que le photon, des milliards d'années plus tôt, aurait décidé de passer d'un côté ou de l'autre de la galaxie intermédiaire, ou des deux. En fait, depuis des milliards d'années, il obéit à la norme quantique — un hybride de toutes les possibilités.

C'est l'observation qui relie cette réalité quantique si peu familière à notre expérience classique de tous les jours. Les observations que l'on fait aujourd'hui permettent que se distingue, dans notre récit du passé, l'un des filons de l'historique quantique. Par conséquent, vues ainsi, bien que l'évolution quantique du passé au présent ne subisse aucunement l'influence de ce que l'on effectue aujourd'hui, nos actions au présent peuvent s'inscrire dans notre récit du passé. Lorsqu'on dispose un détecteur sur chacun des chemins que les photons empruntent pour atteindre l'écran, alors notre récit du passé inclut une description du chemin suivi par chacun des photons. En ajoutant les détecteurs, on garantit que la connaissance du chemin suivi soit un élément essentiel et décisif de notre récit. Mais, sans détecteurs, notre récit du passé sera nécessairement différent. Sans détecteurs, on ne peut rien savoir du chemin emprunté par chaque photon ; sans détecteurs, les détails sur le chemin suivi sont fondamentalement inaccessibles. Les deux récits sont valables. Les deux récits ont leur intérêt. Ils décrivent tout simplement des situations différentes.

Une observation aujourd'hui peut donc aider à compléter le récit d'un phénomène qui a débuté hier, avant-hier, ou même un milliard d'années plus tôt. Une observation aujourd'hui peut circonscrire le type de détails que l'on peut, et que l'on doit, introduire dans notre récit présent du passé.

Effacer le passé

Il est important de remarquer que, dans ces expériences, le passé n'est en aucun cas modifié par les actions du présent, et qu'aucun remaniement de ces expériences, aussi ingénieux soit-il, ne pourrait atteindre ce but inaccessible. Voilà qui soulève la question suivante : si l'on ne peut modifier quelque chose qui a déjà eu lieu, peut-on néanmoins parvenir à éliminer son *incidence* sur le présent ? Jusqu'à un certain degré, ce fantasme peut parfois être réalisé. Un joueur de base-ball, qui, avec deux balles sorties à la fin du neuvième tour, fait un lancer raté qui permet à l'équipe adverse de finir en un coup, peut réparer les conséquences de son erreur par un plongeon spectaculaire sur la balle frappée par le prochain batteur. Et, bien entendu, un exemple comme celui-ci n'a rien de bien mystérieux. Ce n'est que lorsqu'un événement du passé semble clairement exclure l'occurrence d'un autre événement dans le futur (comme le lancer raté exclut clairement la possibilité d'une partie parfaite) qu'on trouverait que quelque chose cloche si l'on apprenait par la suite que l'événement exclu a finalement eu lieu. La « gomme quantique », imaginée pour la première fois en 1982 par Marlan Scully et Kai Drühl, suggère que ce genre de bizarrerie est possible en mécanique quantique.

Une version simple de l'expérience de la gomme quantique utilise l'instrumentation de la double fente, modifiée de la manière suivante. On place devant chaque fente un dispositif de marquage ; celui-ci appose, sur chaque photon qu'il voit passer, une marque qui nous permettra, par la suite, de savoir quelle fente il a traversée. La question de savoir comment on peut apposer une marque sur un photon (comment faire l'équivalent d'un « G » sur un photon qui a traversé la fente de gauche et d'un « D » sur un photon qui a traversé la fente de droite) est une bonne question, mais les détails n'ont ici aucune importance. En gros, le processus fait appel à un dispositif qui laisse passer le photon à travers une fente, tout en forçant son spin à pointer dans une direction donnée. Si les dispositifs placés respectivement devant la fente de droite et la fente de gauche manipulent le spin du photon de manières précises mais différentes, alors un écran détecteur plus perfectionné que le précédent sera marqué d'un point à chaque impact d'un photon sur l'écran, mais révélera aussi l'orientation du spin des photons, indiquant ainsi quelle fente chaque photon a traversée en chemin vers l'écran.

Lorsqu'on effectue cette expérience des doubles fentes avec marquage, les photons ne construisent plus la figure d'interférence, comme l'indique la figure 7.4a. À présent, on commence à bien connaître l'explication : les nouveaux dispositifs de marquage nous permettent de recueillir l'information sur le chemin suivi, laquelle singularise l'un ou l'autre historique ; les données montrent que chacun des photons a traversé soit la fente de droite, soit la fente de gauche. Et, sans l'association des chemins par la droite et par la gauche, il n'y a plus de superposition d'ondes de probabilité et donc plus de figure d'interférence.

Voici maintenant l'idée de Scully et Drühl : que se passerait-il si, juste avant que le photon atteigne l'écran, on éliminait la possibilité de déterminer quel chemin il a suivi en effaçant la marque apposée par le dispositif de marquage ? N'ayant plus de moyen, en principe, d'extraire l'information sur le chemin suivi par le photon détecté, les deux classes d'historiques se remettront-elles en piste pour redonner une figure d'interférence ? Notez que ce type de « réparation » du passé serait nettement plus spectaculaire que le plongeon du joueur de base-ball au neuvième tour. Lorsque les appareils de marquage sont allumés, on imagine que le photon, docile, se comporte en particule et ne traverse que l'une *ou* l'autre des deux fentes. Ensuite, d'une manière ou d'une autre, juste avant qu'il atteigne l'écran, on efface la marque du chemin suivi qui lui a été apposée. N'est-il pas trop tard pour qu'une figure d'interférence puisse se former ? Pour qu'il y ait interférence, il faut que le photon se comporte comme une onde. Il doit traverser les deux fentes

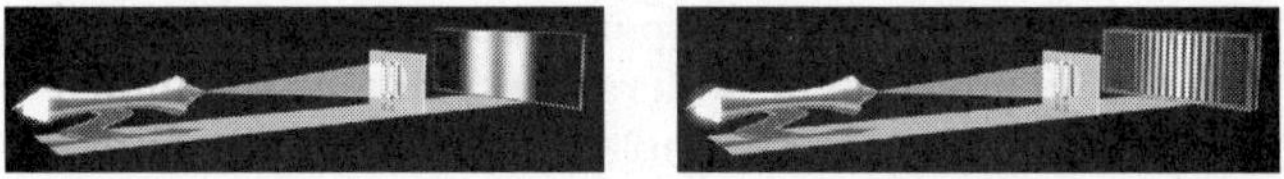

(a) (b)

Figure 7.4 Dans l'expérience de la gomme quantique, un dispositif placé devant chacune des deux fentes marque les photons de telle sorte qu'un examen ultérieur permet de déterminer par quelle fente est passé chacun d'eux. En (a), on voit que l'information du chemin suivi détruit la figure d'interférence. En (b), on place juste devant l'écran détecteur un dispositif permettant d'effacer la marque des photons. Parce qu'on a éliminé l'information sur le chemin suivi, la figure d'interférence réapparaît.

afin de pouvoir se superposer à lui-même avant d'arriver à l'écran détecteur. Mais le marquage qu'on lui a apposé précédemment semble garantir que celui-ci se comporte comme une particule et qu'il traverse l'une ou l'autre des deux fentes, excluant ainsi la figure d'interférence.

Dans une expérience menée par Raymond Chiao, Paul Kwiat et Aephraim Steinberg, l'appareillage était celui que représente schématiquement la figure 7.4, avec un dispositif d'effacement disposé juste avant l'écran détecteur. Ici encore, les détails importent peu, mais nous dirons en quelques mots que l'effacement consiste à garantir que, quelle que soit la fente par laquelle est passé le photon considéré, son spin sera orienté dans une seule et même direction fixée. Ainsi, un examen ultérieur de son spin ne fournira aucune information sur la fente qu'il a traversée et la marque du chemin suivi en est donc effacée. Tenez-vous bien : les photons détectés sur l'écran après cette opération d'effacement produisent bel et bien une figure d'interférence ! Lorsque le dispositif d'effacement est placé juste avant l'écran, il corrige (il gomme) l'effet du marquage effectué à la traversée des fentes. Comme dans l'expérience du choix retardé, ce type d'effacement pourrait en principe avoir lieu des milliards d'années après l'influence qu'il contrecarre, ayant pour effet de « défaire » le passé, même très reculé.

Comment donner un sens à tout cela ? Eh bien, gardons en tête que les données confirment parfaitement les prédictions théoriques de la mécanique quantique. Scully et Drühl avaient proposé cette expérience parce que leurs calculs de mécanique quantique les avaient convaincus qu'elle devait marcher. Et c'est le cas. Donc, comme d'habitude en mécanique quantique, le mystère n'oppose pas la théorie à l'expérience. Elle oppose plutôt la théorie, confirmée par l'expérience, à notre conception intuitive du temps et de la réalité. Pour faire baisser un peu la pression, notons que si l'on plaçait un détecteur devant chacune des deux fentes, les données recueillies établiraient avec certitude que le photon a traversé l'une ou l'autre fente, et il n'y aurait aucun moyen d'effacer ce type d'information définitive — aucun moyen de retrouver la figure d'interférence. Mais les dispositifs de marquage sont différents en ceci qu'ils n'offrent que la *possibilité* de déterminer le chemin suivi (et les possibilités sont justement le genre de chose que l'on peut effacer). En gros, un dispositif de marquage modifie le photon de telle sorte qu'il peut toujours emprunter les deux chemins, bien que la partie gauche de l'onde de probabilité soit perturbée par rapport à celle de droite, ou l'inverse. De ce fait, la succession ordonnée des crêtes et des creux qui émergent de chaque fente (comme à la figure 4.2b) est elle aussi perturbée, si bien qu'il ne se forme pas de figure d'interférence sur l'écran. Cependant, la chose importante à comprendre, c'est que les deux ondes, celle de droite et celle de gauche, sont toujours présentes. La gomme fonctionne parce qu'elle rectifie les ondes. Un peu comme une paire de lunettes, elle compense le flou, en redonnant aux deux ondes leur forme bien nette, et donc la possibilité de se combiner pour constituer une figure d'interférence. C'est un peu comme si, après que les dispositifs de marquage ont accompli leur tâche, la figure d'interférence disparaissait de notre vue, tout en restant patiemment dans l'attente que quelqu'un ou quelque chose la ressuscitent.

Peut-être cette explication rend-elle la gomme quantique un peu moins mystérieuse, mais nous n'arrivons que maintenant au bouquet final, avec une variante stupéfiante de l'expérience de la gomme quantique qui défie plus encore les notions conventionnelles de l'espace et du temps.

*Façonner le passé**

L'expérience de la « gomme quantique à choix retardé » fut elle aussi proposée par Scully et Drühl. Tout commence avec l'expérience du séparateur de la figure 7.1 que l'on modifie en introduisant, sur chaque chemin entre le séparateur et le détecteur, ce que l'on appelle des « convertisseurs bas ». Ce sont des dispositifs qui, à partir d'un seul photon en

* Si vous trouvez cette partie trop difficile, vous pourrez passer directement à la section suivante sans risque de perdre le fil de la discussion. Mais je vous encourage à tenter d'aller au bout, car les résultats valent vraiment le détour.

entrée, produisent deux photons en sortie, ayant chacun la moitié de l'énergie de l'original (ils sont « convertis bas »). L'un des deux photons (appelé le photon « signal ») est redirigé le long du chemin qu'aurait suivi le photon originel jusqu'à l'écran détecteur. L'autre photon produit par le convertisseur (le photon « passif ») est envoyé, quant à lui, dans une autre direction, comme l'indique la figure 7.5a. À chaque exécution de l'expérience, on peut déterminer le chemin suivi par le photon signal pour atteindre l'écran en regardant lequel des deux convertisseurs recrache un photon passif. Et, ici encore, la possibilité de recueillir l'information du chemin suivi sur le photon signal (bien que ce soit fait de manière tout à fait indirecte, puisque nous n'interagissons aucunement avec le photon signal) a pour effet d'empêcher qu'une figure d'interférence ne se forme.

Voici maintenant la partie vraiment bizarre : que se passe-t-il si l'on modifie l'expérience en sorte qu'il devienne impossible de déterminer de quel convertisseur un photon passif donné est issu ? Autrement dit, que se passe-t-il si l'on efface l'information sur le chemin suivi véhiculée par le photon passif ? Eh bien, il se passe quelque chose d'ahurissant : sans rien faire directement sur les photons signaux, si l'on efface l'information du chemin suivi véhiculée par leurs partenaires passifs, on retrouve la figure d'interférence pour les photons signaux. Permettez-moi de vous montrer comment ça marche parce que c'est vraiment extraordinaire.

La figure 7.5b résume les idées essentielles. Ne nous laissons pas intimider : elle est plus simple qu'il n'y paraît et nous allons la parcourir pas à pas. Le dispositif de la figure 7.5b se distingue de celui de la figure 7.5a par la manière dont on détecte les

(a)

(b)

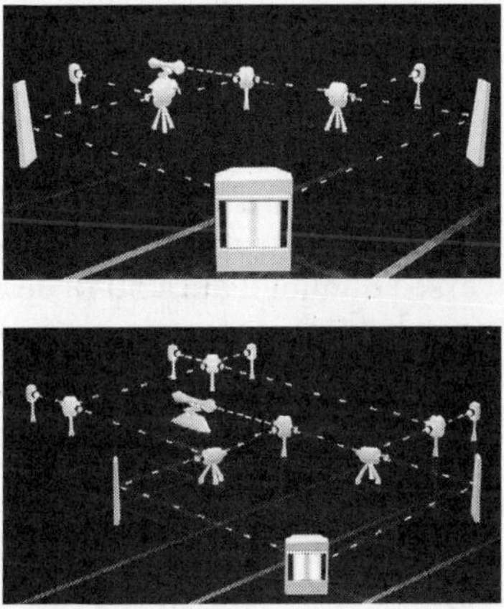

Figure 7.5 (a) L'expérience du séparateur agrémentée de convertisseurs ne donne pas de figure d'interférence car le photon passif fournit l'information sur le chemin suivi. (b) Si les photons passifs ne sont plus détectés directement, mais plutôt envoyés dans le labyrinthe ci-dessus, alors on peut extraire une figure d'interférence des données recueillies. Les photons passifs traversant les détecteurs 2 et 3 ne fournissent pas d'informations sur le chemin suivi et les photons signaux correspondants formeront donc une figure d'interférence.

photons passifs après leur émission. À la figure 7.5a, on les détectait directement, et l'on pouvait ainsi déterminer de quel convertisseur chacun d'eux était issu — et donc le chemin emprunté par le photon signal correspondant. Dans la nouvelle expérience, chaque photon passif est dirigé vers une sorte de labyrinthe, qui nous empêche de déterminer son origine. Imaginons, par exemple, qu'un photon passif soit émis par le convertisseur dénommé « L ». Plutôt que de pénétrer directement dans un détecteur (comme à la figure 7.5a), ce photon est envoyé vers un séparateur (noté « a »). Il a donc 50 % de chances de continuer le long du chemin noté « A » et 50 % de chances de continuer le long du chemin noté « B ». S'il se dirige sur la voie A, il rencontrera un détecteur (noté « 1 ») et son arrivée sera enregistrée comme il se doit. Si le photon passif emprunte plutôt la voie B, il subira d'autres tribulations. Il sera dirigé vers un autre séparateur (noté « c »), après la traversée duquel il aura 50 % de chances de poursuivre son chemin sur la voie notée « E » vers le détecteur noté « 2 », et 50 % de chances de continuer sur la voie notée « F » vers le détecteur noté « 3 ». Cela étant (ne baissez pas les bras : vous allez voir, tout cela a un sens), le même raisonnement, lorsqu'on l'applique à un photon passif émis par le convertisseur noté « R », indique que si le photon passif suit le chemin « D » il sera enregistré par le détecteur noté « 4 », mais, s'il se dirige le long de la voie « C », il sera détecté soit par le détecteur 3, soit par le détecteur 2, selon le chemin qu'il emprunte après avoir traversé le séparateur c.

Voyons maintenant pourquoi nous avons à ce point compliqué les choses. Notons que, lorsqu'un photon passif traverse le détecteur 1, on apprend alors que le photon signal correspondant a emprunté le chemin de gauche, car un photon passif émis par le convertisseur de droite n'a aucun moyen d'atteindre ce détecteur. De même, si le détecteur 4 détecte un photon passif, on en déduit que le photon signal correspondant a emprunté le chemin de droite. Mais lorsqu'un photon passif atteint le détecteur 2, cela ne nous renseigne en rien sur le chemin suivi par le photon signal, parce qu'il y a autant de chances que le photon passif détecté ait été émis par le convertisseur de gauche (et ait suivi le chemin B-E) que par le convertisseur de droite (et qu'il ait suivi le chemin C-E). De même, si un photon passif est détecté par le détecteur 3, il peut aussi bien être issu du convertisseur de droite et avoir suivi le chemin B-F qu'être issu du convertisseur de gauche et avoir suivi le chemin C-F. Ainsi, *pour les photons signaux dont les partenaires passifs sont détectés par les détecteurs 1 ou 4, nous avons l'information du chemin suivi, mais pour ceux dont les partenaires passifs sont détectés par les détecteurs 2 ou 3, l'information du chemin suivi est effacée.*

L'effacement d'une partie de l'information du chemin suivi (même si nous n'avons rien fait *directement* sur les photons signaux) signifie-t-il que l'on retrouve la figure d'interférence ? En effet — mais seulement pour les photons signaux dont les partenaires passifs finissent soit dans le détecteur 2, soit dans le détecteur 3. Plus précisément, l'ensemble des points d'impact de tous les photons signaux sur l'écran ressemblera aux données de la figure 7.5a, *sans qu'apparaisse la moindre trace d'interférence,* ce qui est caractéristique de photons qui ont cheminé selon l'une ou l'autre des deux voies. Mais, si l'on s'intéresse à certains *sous-ensembles* des points d'impact (par exemple ceux des photons dont les partenaires passifs ont pénétré dans le détecteur 2), alors ces sous-ensembles formeront bel et bien une figure d'interférence ! Ces photons signaux (dont les partenaires passifs ne peuvent plus transmettre l'information du chemin suivi) se comportent comme s'ils avaient emprunté les deux chemins ! Si l'on pouvait régler nos appareils en sorte que l'impact d'un photon signal dont le partenaire passif est détecté en 2 marque l'écran d'un point rouge, et tous les autres d'un point vert, alors une personne atteinte de daltonisme ne verrait pas de figure d'interférence, mais n'importe qui d'autre verrait que les points rouges s'organisent en une alternance de bandes sombres et de bandes brillantes (une figure d'interférence). Il en va de même pour le détecteur 3. Mais on n'a pas cette figure d'interférence si l'on repère plutôt les photons signaux dont les correspondants passifs finissent dans les détecteurs 1 ou 4, puisque ceux-ci sont les photons passifs qui véhiculent l'information du chemin suivi par leurs partenaires.

Ces résultats (confirmés expérimentalement[5]) sont ahurissants : en ajoutant des convertisseurs qui offrent la possibilité de fournir l'information du chemin suivi, on perd la figure d'interférence (figure 7.5a). Et sans interférence, on en conclut naturellement que chaque photon a parcouru soit le chemin de droite, soit le chemin de gauche. Mais l'on apprend en fait que cette conclusion est quelque peu hâtive. En éliminant soigneusement l'information potentiellement véhiculée par certains des photons passifs, on peut obtenir des données (en les caressant dans le sens du poil) qu'elles reforment une figure d'interférence, indiquant par là que certains des photons ont en fait emprunté les deux chemins.

Notez en outre le résultat qui est peut-être le plus stupéfiant de tous : les trois séparateurs supplémentaires et les quatre détecteurs de photons passifs peuvent être placés à l'autre bout du laboratoire, ou même à l'autre bout de l'Univers. En effet, rien dans notre exposé ne dépend du fait que les détecteurs reçoivent un photon passif donné avant ou après l'impact du photon signal correspondant sur l'écran. Imaginons alors que ces appareils soient placés très, très loin. Disons à une dizaine d'années-lumière. Réfléchissons alors à ce que cela implique. On réalise l'expérience de la figure 7.5b aujourd'hui, enregistrant sur l'écran les points d'impact (l'un après l'autre) d'un nombre énorme de photons signaux, et l'on observe qu'ils ne montrent aucun signe d'interférence. Si quelqu'un nous demandait d'expliquer les données, on serait tenté de dire que, du fait des photons passifs, l'information sur le chemin suivi est disponible, si bien que chaque photon signal a dû choisir de suivre l'un ou l'autre chemin, ce qui élimine toute possibilité d'interférer. Mais, comme précédemment, cette conclusion serait trop hâtive : ce serait une description prématurée du passé.

En effet, dix ans plus tard, les quatre détecteurs recevront les photons passifs (les uns après les autres). Imaginons que l'on nous indique alors quels photons passifs ont fini dans le détecteur 2, par exemple (disons, le premier, le septième, le huitième, le vingt-deuxième, etc.). On pourrait alors réexaminer les données recueillies dix ans auparavant et colorer les points d'impact des photons signaux correspondants (c'est-à-dire le premier, le septième, le huitième, le vingt-deuxième, etc.). On s'apercevrait alors que les points d'impact ainsi colorés forment une figure d'interférence, révélant ainsi que ces photons signaux devraient en fait être décrits comme ayant emprunté les deux chemins à la fois. Imaginons en outre que, 9 ans et 364 jours après avoir recueilli les photons signaux sur l'écran, un petit farceur s'avise de saboter l'expérience en ôtant les séparateurs « a » et « b » (garantissant ainsi que, le lendemain, les photons passifs arriveront tous aux détecteurs 1 ou 4, l'information sur le chemin suivi étant intégralement préservée). Alors, en recevant les données sur la détection des photons passifs, on en conclurait que *tous* les photons signaux ont suivi soit celui de gauche, soit celui de droite des deux chemins possibles, et qu'il n'y a donc pas de figure d'interférence à extraire des données. Ainsi, comme l'illustre cette discussion, le récit que l'on ferait, pour expliquer les données concernant les photons signaux, dépend de manière significative des mesures effectuées dix ans après l'acquisition des données.

Permettez-moi d'insister à nouveau sur le fait que les mesures futures ne modifient en aucun cas les événements qui ont lieu dans l'expérience menée maintenant. Les mesures à venir ne modifient en aucun cas les données recueillies maintenant. Mais elles ont effectivement une influence sur les détails que l'on invoquera ultérieurement pour décrire ce qui a lieu aujourd'hui. Avant de connaître le résultat de la détection des photons passifs, on ne peut rien dire de l'historique des photons signaux. Toutefois, dès lors qu'on dispose de ces résultats, on peut conclure que ceux des photons signaux dont les partenaires passifs ont pu être utilisés pour connaître l'information sur le chemin suivi *peuvent* être décrits comme ayant (des années auparavant) suivi l'un ou l'autre chemin. On peut également conclure que les photons signaux dont les partenaires passifs ont vu leur information sur le chemin suivi effacée ne peuvent pas être décrits comme ayant (des années plus tôt) suivi l'un des deux chemins (conclusion que l'on peut confirmer sans ambiguïté grâce aux données sur les photons passifs qui permettent d'extraire la figure d'interférence qui, jusqu'ici, était dissimulée). On voit que le futur aide à façonner le récit que l'on fait du passé.

Ces expériences portent un coup magistral à nos concepts conventionnels de l'espace et du temps. Un événement qui a lieu des années après un autre, et à une distance considérable, se révèle néanmoins essentiel à notre description de cet autre événement. Autant que l'on puisse en juger du point de vue classique (celui du sens commun), eh bien… c'est complètement dément ! Bien sûr, toute l'idée provient de ce que le jugement classique n'est pas le bon dans un univers quantique. La discussion autour des travaux d'Einstein, Podolsky et Rosen nous a enseigné que la physique quantique n'est pas locale dans l'espace. Si l'on a bien digéré cela (bien que ce soit déjà difficile à avaler), ces expériences, qui mettent en jeu une sorte d'interrelation à travers le temps *et* l'espace, peuvent sembler un peu moins bizarroïdes. Mais, avec nos références quotidiennes, elles le sont sans aucun doute.

Mécanique quantique et expérience

Quand j'ai eu vent de ces expériences, je me souviens d'avoir été enthousiaste pendant plusieurs jours. J'avais l'impression d'apercevoir furtivement une partie cachée de la réalité. L'expérience commune (celle de nos activités quotidiennes ordinaires) semblait tout à coup faire partie d'une devinette classique, dissimulant la véritable nature du monde quantique. Le monde de tous les jours semblait tout à coup n'être plus qu'un acte de magie inversée qui hypnotiserait son public en lui faisant croire aux conceptions de l'espace et du temps qui nous sont familières, tandis que, par un tour de passe-passe de la nature, l'incroyable vérité de la réalité quantique restait prudemment dissimulée.

Ces dernières années, les physiciens ont déployé beaucoup d'énergie à tenter d'expliquer cette ruse de la nature (à tenter de comprendre précisément comment les lois fondamentales de la physique quantique prenaient la forme des lois classiques qui décrivent avec un tel succès l'expérience commune). Ils cherchaient essentiellement à comprendre comment l'atomique et le subatomique se défont de leur étrangeté magique lorsqu'ils se combinent pour former des objets macroscopiques. Ces recherches sont toujours en cours, mais on a déjà appris beaucoup de choses. Voyons quelques aspects en rapport avec la question de la flèche du temps — mais du point de vue de la mécanique quantique, cette fois.

La mécanique classique s'appuie sur des équations que Newton a formulées vers la fin des années 1600. L'électromagnétisme s'appuie sur des équations que Maxwell a découvertes vers la fin des années 1800. La relativité restreinte s'appuie sur les équations qu'Einstein a écrites en 1905, et la relativité générale sur des équations qui datent de 1915. Ce que toutes ces équations ont en commun, et qui est central dans le dilemme de la flèche du temps (comme l'explique le précédent chapitre), c'est leur traitement parfaitement symétrique du passé et du futur. Rien, dans aucune de ces équations, ne permet de distinguer l'« avant » de l'« arrière » dans le temps. Passé et futur sont sur un pied d'égalité.

La mécanique quantique s'appuie sur une équation[6] formulée par Erwin Schrödinger en 1926. Il n'est pas nécessaire de connaître beaucoup de choses de cette équation, outre le fait qu'elle a pour donnée d'entrée l'onde de probabilité quantique prise à un instant donné (comme celle de la figure 4.5), et qu'elle permet de déterminer l'allure de l'onde de probabilité à tout instant choisi dans le passé ou dans le futur. Si l'onde de probabilité est celle d'une particule — un électron, par exemple —, on peut utiliser l'équation de Schrödinger pour prédire la probabilité de localiser l'électron en n'importe quel point et à n'importe quel instant choisis. Tout comme les lois classiques de Newton, Maxwell et Einstein, la loi quantique de Schrödinger adopte un traitement égalitaire du futur et du passé dans le temps.

Un film qui montrerait une onde de probabilité commençant comme *ceci* et finissant comme *cela* pourrait tout à fait être projeté dans le sens inverse (montrant donc une onde de probabilité commençant comme *cela* et finissant comme *ceci*) sans qu'il y ait aucun moyen de dire laquelle des deux évolutions est correcte. Elles seraient une solution aussi valable l'une que l'autre de l'équation de Schrödinger. Toutes deux représenteraient une évolution parfaitement sensée[7].

Bien évidemment, le film dont il est maintenant question est tout à fait différent de ceux que l'on avait utilisés au chapitre précédent pour étudier le mouvement d'une balle de tennis ou d'un œuf qui s'écrase au sol. On ne peut observer directement les ondes de probabilité ; aucune caméra ne parviendra jamais à immortaliser une onde de probabilité. Mais on peut décrire les ondes de probabilité à l'aide d'équations mathématiques et, dans notre cinéma intérieur, imaginer la plus simple d'entre elles — dont l'allure ressemble à celles des figures 4.5 et 4.6. Mais, par le processus de la mesure, on ne peut avoir qu'un accès indirect aux ondes de probabilité en général.

Autrement dit, comme on le soulignait dans le chapitre 4 et comme nous l'avons vu à maintes reprises avec les expériences précédentes, la formulation conventionnelle de la mécanique quantique décrit le déroulement des événements via *deux* étapes bien distinctes. À la première étape, l'évolution de l'onde de probabilité (ou plutôt la « fonction d'onde », pour adopter le langage consacré dans le milieu de la recherche) d'un objet comme un électron est dictée par l'équation de Schrödinger. Cette équation garantit que la forme de la fonction d'onde varie graduellement et de manière continue, un peu comme une vague sur un lac change de forme en se propageant d'une rive à l'autre*. Dans la description conventionnelle de la seconde étape, on reprend contact avec la réalité observable en mesurant la position de l'électron. Lorsqu'on fait cela, la forme de la fonction d'onde change complètement et brusquement. La fonction d'onde de l'électron ne ressemble à aucun des exemples d'ondes plus familiers telles les vagues sur l'océan ou les ondes sonores. Lorsqu'on mesure la position de l'électron, sa fonction d'onde se rassemble en un point ou, comme l'illustre la figure 4.7, elle s'effondre, donnant la probabilité 0 % en tout point à l'exception de celui où l'on observe la particule : en ce point-ci, la fonction d'onde passe à une probabilité de 100 %.

La première étape (l'évolution de la fonction d'onde donnée par l'équation de Schrödinger), mathématiquement rigoureuse, ne présente pas la moindre ambiguïté et s'avère totalement acceptée par la communauté scientifique. En revanche, la seconde étape (l'effondrement de la fonction d'onde par l'acte de mesure) a stupéfié un grand nombre de physiciens des huit dernières décennies, et même engendré problèmes, énigmes et paradoxes. Comme nous l'avons mentionné au chapitre 4, la difficulté provient de ce que, si l'on en croit l'équation de Schrödinger, la

* La physique quantique a la réputation, justifiée, d'être tout sauf continue et graduelle. En fait, comme nous le verrons explicitement dans les derniers chapitres, elle dévoile un univers microscopique turbulent et en perpétuelle effervescence. Cette agitation provient de la nature probabiliste de la fonction d'onde (bien que la situation puisse être telle ou telle à un moment donné, il y a une certaine probabilité qu'elle se révèle complètement différente un instant plus tard), mais pas d'une sorte d'agitation permanente inhérente à la fonction d'onde elle-même.

fonction d'onde ne s'effondre pas. L'effondrement de la fonction d'onde est une pièce rapportée, introduite après la découverte de son équation par Schrödinger pour tenter de rendre compte des observations expérimentales. La fonction d'onde pure, sans effondrement, symbolise l'idée étrange qu'une particule peut être ici et là, mais les expérimentateurs ne pourront jamais en témoigner. Ils observent toujours la particule dans telle ou telle position, mais jamais partiellement ici et partiellement là ; leurs instruments de mesure ne sont jamais pris au piège d'un quelconque mélange fantomatique oscillant entre deux valeurs différentes.

Bien sûr, il en va de même de nos observations quotidiennes du monde alentour. On ne voit jamais une chaise à la fois ici et là-bas ; on ne voit jamais la Lune à la fois dans une partie du ciel et dans une autre ; on ne voit jamais un chat à la fois mort et vivant. La notion d'effondrement de la fonction d'onde se concilie à nos expériences en postulant que les mesures imposent à la fonction d'onde d'abandonner le flou quantique pour la réalité de l'une des nombreuses possibilités (la particule ici ou la particule là).

Le mystère de la mesure quantique

Comment l'expérimentateur peut-il, en effectuant des mesures, provoquer l'effondrement de la fonction d'onde ? En fait, celui-ci se produit-il réellement ? Si oui, que se passe-t-il au niveau microscopique ? Quand l'effondrement a-t-il lieu et combien de temps dure-t-il ? Si l'on en croit l'équation de Schrödinger, les fonctions d'onde ne s'effondrent pas… quelle est alors l'équation qui prend le relais à la seconde étape quantique ? Comment cette nouvelle équation détrône-t-elle celle de Schrödinger, comment usurpe-t-elle le pouvoir avec lequel elle régit les phénomènes quantiques d'une main de fer ? Et, de première importance pour la question de la flèche du temps, l'équation de Schrödinger qui gouverne la première étape ne faisant aucune distinction entre passé et futur, l'équation de la seconde étape introduit-elle une asymétrie entre les instants avant et les instants après la mesure ? Autrement dit, la mécanique quantique, *pourvue de son interface avec le monde de tous les jours par le truchement des mesures et des observations,* introduit-elle une flèche du temps au cœur des lois fondamentales de la physique ? Après tout, nous avons vu plus haut à quel point le traitement quantique du passé se distinguait du traitement classique où, par *passé,* nous entendons « ce qui a lieu avant qu'une observation ou qu'une mesure ne soient effectuées ». En résumé, la mesure, incarnée par l'effondrement de la fonction d'onde (seconde étape), établit-elle une asymétrie entre passé et futur, entre ce qui a lieu avant et après la mesure ?

Ces questions ont résisté avec entêtement à toute résolution complète et restent, aujourd'hui encore, très controversées. Pourtant, au fil des années, le pouvoir prédictif de la théorie quantique n'a jamais été mis en défaut. La formulation en deux étapes de la théorie quantique, malgré le mystère qui enveloppe toujours la seconde étape, permet de prédire la probabilité d'observer telle ou telle issue. Et ces prédictions ont été confirmées, en renouvelant inlassablement les mêmes expériences et en regardant à quelle fréquence les différentes issues possibles apparaissent. Le succès expérimental de cette approche est sans précédent, et il compense largement l'inconfort de ne pas connaître précisément la manière dont la seconde étape s'articule.

Mais cet inconfort a toujours été. Ce n'est pas simplement que certains détails de l'effondrement de la fonction d'onde ne sont pas complètement clairs. Le « problème de la mesure quantique », comme on l'appelle, est une question qui concerne les limites et l'universalité de la mécanique quantique. On le comprend facilement : l'approche en deux étapes introduit une rupture entre *ce* que l'on observe (un électron, un photon ou un atome, par exemple) et *celui* qui observe. Avant que l'expérimentateur n'entre en scène, les fonctions d'onde vivent leur petite vie et évoluent tout en douceur selon l'équation de Schrödinger. Mais, dès que l'expérimentateur intervient en effectuant des mesures, les règles du jeu changent soudainement. L'équation de Schrödinger est destituée et la seconde étape — l'effondrement de la fonction d'onde — prend le relais. Il n'y a pourtant aucune différence entre les atomes, les protons et les électrons qui composent l'expérimentateur ou ses instruments de mesure, et les atomes, protons et électrons qu'il ou elle étudie. Alors pourquoi diable y a-t-il une telle rupture dans leur description quantique ? Si la mécanique quantique est une théorie universelle, censée s'appliquer à *tout* et sans limitations, alors elle devrait décrire observés et observateurs exactement de la même manière.

Niels Bohr n'était pas d'accord. Il affirmait qu'expérimentateurs et instruments sont bel et bien différents des particules élémentaires. Bien que les premiers soient composés des mêmes constituants, ce sont d'énormes « collections » de particules élémentaires, et ils sont donc gouvernés par les lois de la physique classique. Quelque part, entre le monde microscopique des atomes et des particules subatomiques pris isolément et le monde ordinaire des hommes et de leurs appareillages, les règles changent, parce que les tailles changent. L'idée sous-jacente est assez claire : si l'on en croit la mécanique quantique, une toute petite particule peut être localisée dans le flou mêlant ici et là, mais ce comportement n'apparaît pas dans le monde à plus grande échelle de tous les jours. Où se trouve cette limite ? Comment se fait l'interface entre ces deux ensembles de lois, là où le monde macroscopique de notre quotidien rencontre le monde microscopique des particules atomiques — par exemple lorsqu'on effectue des mesures ? Bohr soutenait avec ferveur que ces questions dépassaient les limites de ce que quiconque pourrait jamais comprendre. La théorie fait des prédictions d'une extraordinaire précision sans même aborder ces questions, et c'est pourquoi celles-ci furent longtemps reléguées en fin de liste sur l'inventaire des questions importantes à résoudre par les physiciens.

Mais pour comprendre la mécanique quantique complètement, pour déterminer tout ce qu'elle nous enseigne sur la réalité, et pour préciser le rôle qu'elle peut jouer dans l'orientation de la flèche du temps, nous devons nous attaquer au problème de la mesure quantique.

Dans les deux prochaines sections, nous décrirons certaines des tentatives les plus importantes et les plus prometteuses. Au cas où vous voudriez passer directement à la dernière, consacrée à la flèche du temps en mécanique quantique, sachez que les recherches sur le problème de la mesure quantique ont beaucoup progressé, mais qu'une solution consensuelle semble tout bonnement hors de notre portée. Pour beaucoup de chercheurs, cela représente la lacune la plus importante dans notre formulation des lois quantiques.

Réalité et problème de la mesure quantique

Au fil des années, beaucoup de propositions ont été faites pour résoudre le problème de la mesure quantique. Aussi ironique que cela puisse paraître, bien que celles-ci donnent des conceptions différentes de la réalité (certaines extrêmement différentes), lorsqu'il s'agit de prédire le résultat des mesures pour la plupart des expériences, toutes s'accordent et chacune fonctionne comme par magie. Toutes les propositions donnent la même représentation, mais si l'on jette un coup d'œil en coulisses, on s'aperçoit que leur *modus operandi* est complètement différent.

Lorsqu'on vient pour se distraire, on ne s'intéresse pas trop à ce qui se passe en coulisses ; on se contente très bien de ce qui se déroule sur scène. Mais s'il s'agit de comprendre l'Univers, on ne peut s'empêcher de tirer tous les rideaux, d'ouvrir toutes les portes et d'exposer au grand jour les rouages les plus fondamentaux de la réalité. Bohr considérait que c'était sans fondement et peu judicieux. Pour lui, le vrai spectacle, ce devait être la réalité. Il n'y a rien d'autre à voir que les mesures obtenues par l'expérimentateur. Si l'on en croit Bohr, il n'y aurait rien en coulisses. Tenter de comprendre comment, quand et pourquoi la fonction d'onde quantique abandonne toutes les possibilités à l'exception d'une seule — celle qui produira un nombre défini sur un appareil de mesure —, c'est passer à côté de la question. Seul le résultat des mesures mérite toute notre attention.

Pendant des dizaines d'années, ce point de vue fut dominant. Toutefois, malgré son effet sédatif sur les esprits aux prises avec la théorie quantique, on ne peut s'empêcher de penser que l'extraordinaire pouvoir prédictif de la mécanique quantique signifie bel et bien qu'elle puise dans une réalité cachée sous-jacente aux rouages de l'Univers. On ne peut s'empêcher d'aller plus loin et de chercher à comprendre comment se fait l'interface entre la mécanique quantique et l'expérience quotidienne — comment elle franchit le fossé qui sépare fonction d'onde et observation, et quelle est cette réalité cachée censée sous-tendre les observations. Au fil des années, nombre de chercheurs ont tenté de relever ce défi ; voici quelques-unes des propositions qu'ils ont concoctées.

L'une d'elles, dont les origines historiques remontent à Heisenberg, consiste à abandonner la vision selon laquelle les fonctions d'onde sont des données objectives de la réalité quantique, pour les envisager plutôt comme représentant simplement ce que l'on peut connaître de la réalité. Avant d'effectuer une mesure, on ne sait pas où se trouve l'électron, et ce que propose cette interprétation, c'est que la fonction d'onde de l'électron serait le reflet de notre ignorance de sa position et décrirait donc cet électron comme pouvant occuper toute une variété de positions différentes. Cependant, en mesurant sa position, on modifie soudainement notre connaissance de ses tribulations : on connaît maintenant sa position avec, en principe, une précision totale (et, en vertu du principe d'incertitude, si l'on connaît sa position, on ignore forcément tout de sa vitesse, mais là n'est pas la question qui nous occupe). Ce changement soudain de nos connaissances se reflète alors par un changement soudain de la fonction d'onde : ce n'est que la conséquence du fait que l'on en sait plus, dont on fait tous l'expérience dès lors qu'on apprend quelque chose de nouveau.

Une seconde proposition, initiée en 1957 par Hugli Everett (qui fut l'étudiant de Wheeler), refuse d'admettre l'effondrement de la fonction d'onde. Au lieu de cela, elle stipule que chacune de toutes les éventualités que réunit la fonction d'onde voit le jour, mais dans des univers distincts. Cette proposition, dite « interprétation des mondes multiples », généralise le concept « d'univers » pour inclure d'innombrables « univers parallèles » (autant de versions différentes du nôtre) : si la mécanique quantique prédit l'occurrence d'un événement, même avec une probabilité minuscule, alors celui-ci aura effectivement lieu, dans l'une au moins de ces multiples copies de notre univers. Si la fonction d'onde indique que l'électron peut être ici, là et tout là-bas, alors, dans un premier univers, une version de nous-même le trouvera ici ; dans un autre univers, une autre version de nous-même le trouvera là ; et, dans un troisième univers, une troisième copie de nous-même le trouvera tout là-bas. La succession de ce que chacun de nous observe d'une seconde à la suivante est donc le reflet d'une réalité qui se déroule dans une partie seulement de ce réseau infini d'univers, chacun d'eux étant peuplé de copies de vous et moi et de quiconque est en vie dans un univers où certaines observations ont donné certains résultats. Dans l'un de ces univers, vous êtes en train de lire ces lignes, dans un autre, vous êtes en train de surfer sur Internet, et, dans un troisième, vous attendez anxieusement le lever de rideau pour votre première à l'Opéra. C'est un peu comme s'il n'y avait pas un unique bloc d'espace-temps tel celui de la figure 5.1, mais un nombre infini, chacun d'entre eux réalisant un déroulement possible des événements. Ainsi, dans l'interprétation des mondes multiples, parmi toutes les possibilités, aucune ne demeure au stade de l'éventualité. Il n'y a pas d'effondrement de la fonction d'onde. Toute issue possible a lieu, dans l'un ou l'autre des univers parallèles.

Une troisième proposition, émise dans les années 1950 par David Bohm (le même David Bohm que celui rencontré au chapitre 4 au sujet du paradoxe Einstein-Podolsky-Rosen), interprète les choses de manière tout à fait différente[8]. Bohm propose que les particules — les électrons par exemple — possèdent bel et bien des positions et des vitesses définies, comme en physique classique, et comme l'espérait Einstein. Mais, en accord avec le principe d'incertitude, ces propriétés nous seraient dissimulées ; elles seraient des exemples des « propriétés cachées » mentionnées au chapitre 4. On ne peut déterminer position et vitesse simultanément, et, pour Bohm, cette incertitude représentait une limite quant à ce que l'on peut connaître, sans pour autant impliquer quoi que ce soit concernant les véritables propriétés des particules. Cette interprétation n'entre pas en conflit avec les résultats de Bell car, comme nous l'avons vu à la fin du chapitre 4, l'incertitude quantique n'exclut pas la possibilité que les particules possèdent des propriétés définies : seule la localité est remise en question, et l'interprétation de Bohm est non locale[9]. En fait, Bohm imaginait la fonction d'onde d'une particule comme un *autre élément distinct de la réalité*, existant *en plus de la particule elle-même*. Pour lui, il ne s'agit pas de particules *ou* d'ondes, contrairement à la vision complémentariste de Bohr, mais de particules *et* d'ondes. En outre, Bohm proposait que la fonction d'onde d'une particule interagisse avec la particule elle-même (elle la « guide » ou la « pousse » de-ci, de-là) d'une manière qui détermine son mouvement ultérieur. Cette interprétation est parfaitement en accord avec les prédictions excellentes de la mécanique quantique conventionnelle, mais Bohm déduisit que des changements de la fonction d'onde en un point pouvaient immédiatement déplacer la particule en un point éloigné, ce qui révèle explicitement la nonlocalité de son interprétation. Dans l'expérience des deux fentes, par exemple, chaque particule traverse l'une ou l'autre fente, tandis que sa fonction d'onde traverse les deux fentes à la fois et subit des interférences. Or, si la fonction d'onde guide le mouvement de la particule, les équations montrent, sans surprise, que la particule a plus de chances de finir aux points où la valeur de la fonction d'onde est plus élevée et moins de chances de finir là où sa valeur est plus faible, cela expliquant les données de la figure 4.4. Dans l'interprétation de Bohm, une étape distincte pour l'effondrement de la fonction d'onde n'a pas lieu d'être car, si nos mesures localisent une particule à tel endroit, alors c'est réellement la position qu'elle occupait à l'instant qui précédait la mesure.

Une quatrième interprétation, élaborée par les physiciens italiens Giancarlo Ghirardi, Alberto Rimini et Tullio Weber, prend le parti osé de modifier les équations de Schrödinger d'une manière astucieuse qui n'a pour ainsi dire aucun effet sur l'évolution de la fonction d'onde des particules individuelles, mais qui a des conséquences importantes pour l'évolution quantique des « gros » objets de notre quotidien. La modification proposée envisage que les fonctions d'onde soient instables par nature. Ainsi, ces chercheurs proposent que, sans même que l'on se mêle de faire des observations, toute fonction d'onde finira tôt ou tard par s'effondrer d'elle-même pour adopter une forme en pic. Pour une particule individuelle, Ghirardi, Rimini et Weber postulent que la fonction d'onde s'effondre spontanément, et de manière aléatoire, à peu près, en moyenne, une fois par milliard d'années[10]. C'est si peu fréquent que cela ne représente qu'un changement minime dans la description quantique habituelle des particules individuelles — et c'est une bonne chose, car la mécanique quantique décrit le monde microscopique avec une précision sans précédent. Mais pour des objets plus grands, comme les expérimentateurs et leurs machines qui sont constitués de milliards de milliards de particules, il y a une probabilité élevée qu'en une toute petite fraction de seconde l'effondrement spontané ait lieu pour une particule au moins. Et, comme le proposent Ghirardi, Rimini, Weber et quelques autres, la nature entremêlée des fonctions d'onde de tous les constituants individuels d'un objet macroscopique fera que cet effondrement provoquera une sorte d'effet domino, entraînant l'effondrement des fonctions d'onde de toutes les particules constituantes. Cela ayant lieu en une fraction de seconde, la modification qu'ils proposent garantit donc que les objets macroscopiques sont toujours dans une configuration définie : les appareils de mesure donnent toujours une même valeur définie ; la Lune est toujours en un seul et même endroit du ciel ; le cerveau des chercheurs expérimentent une seule et même chose ; les chats sont toujours soit morts, soit vivants.

Ces quatre interprétations, comme toutes celles qui ne sont pas présentées ici, possèdent chacune leurs défenseurs et leurs détracteurs. L'interprétation de la fonction d'onde comme tout ce que l'on peut connaître de la réalité esquive la question de son effondrement en niant la réalité de celle-ci, en la transformant en simple descripteur de ce que l'on connaît. Mais les détracteurs de cette manière de voir les choses pourraient demander pourquoi la physique fondamentale serait à ce point liée à la connaissance humaine. Si nous n'étions pas là pour observer le monde, les fonctions d'onde ne s'effondreraient peut-être jamais ou, peut-être aussi, le concept même de fonction d'onde n'existerait-il même pas. L'Univers était-il si différent avant l'évolution de la connaissance humaine sur la planète Terre ? Que se passerait-il si, plutôt que des expérimentateurs humains, les seuls observateurs étaient des souris, des fourmis, des amibes ou des ordinateurs ? L'évolution de leurs « connaissances » serait-elle adéquate pour être associée à l'effondrement d'une fonction d'onde [11] ?

Au contraire, l'interprétation des mondes multiples élude la question de l'effondrement de la fonction d'onde puisque, dans cette approche, les fonctions d'onde ne s'effondrent pas. Mais le prix à payer est une prolifération endémique d'univers différents, que beaucoup de détracteurs considèrent comme un prix exorbitant [12]. L'interprétation de Bohm évite elle aussi l'effondrement de la fonction d'onde, mais, comme le prétendent ses détracteurs, en accordant une réalité indépendante à la fois aux particules et aux ondes, la théorie ne se montre pas très économique. En outre, ses détracteurs avancent, très justement, que dans la formulation de Bohm, la fonction d'onde exerce une influence plus rapide que la lumière sur les particules qu'elle guide. Pour ses défenseurs, aucune de ces critiques n'est recevable : ils signalent que la première de ces récriminations n'est que subjective, et que la seconde est en accord avec la non-localité dont Bell a montré qu'elle est inévitable. Malgré cela, et c'est peut-être injustifié, l'interprétation de Bohm n'a pas eu beaucoup de succès[13]. L'interprétation de Ghirardi-Rimini-Weber prend directement en compte l'effondrement de la fonction d'onde, en modifiant les équations pour inclure un mécanisme d'effondrement spontané. Mais ses détracteurs signalent qu'il n'y a pas l'ombre d'une preuve expérimentale en faveur de cette modification qu'ils proposent à l'équation de Schrödinger.

Les recherches d'une connexion solide et transparente entre le formalisme de la mécanique quantique et l'expérience de tous les jours se poursuivront sans doute encore bien longtemps, et il est difficile de savoir si l'une des interprétations dont on dispose à ce jour finira par rassembler tous les suffrages. Si l'on faisait un sondage parmi les physiciens d'aujourd'hui, je ne pense pas qu'on verrait émerger un favori. Malheureusement, les données expérimentales ne sont d'aucune aide. Tandis que la proposition de Ghirardi, Rimini et Weber fait des prédictions qui, dans certains cas, diffèrent de la mécanique quantique conventionnelle orchestrée en deux étapes, les écarts proposés sont trop minimes pour que la technologie actuelle puisse les mettre en évidence. La situation des autres propositions est pire encore, car toutes trois sont dans une impasse expérimentale : elles sont en accord total avec l'approche conventionnelle, et donnent donc les mêmes prédictions pour les choses que l'on peut mesurer et observer. Elles ne différent que par ce qui se passe en coulisses. Elles ne diffèrent qu'en ce qui concerne les conséquences de la mécanique quantique pour la nature cachée de la réalité.

Bien que le problème de la mesure quantique reste non résolu, les recherches de ces dernières décennies ont donné naissance à une formulation qui, tout en étant encore incomplète, est néanmoins considérée par la plupart des chercheurs comme un ingrédient possible de toute solution viable. Il s'agit de ce que l'on appelle la « décohérence ».

Décohérence et réalité quantique

Lorsqu'on découvre pour la première fois l'aspect probabiliste de la mécanique quantique, une réaction naturelle est de penser qu'il n'est pas plus exotique que les probabilités qui régissent le jeu de pile ou face ou la roulette. Mais lorsqu'on entend parler d'interférence quantique, on s'aperçoit que les probabilités imprègnent la mécanique quantique de manière beaucoup plus fondamentale. Dans les exemples quotidiens, à chaque issue possible (pile ou face, rouge ou noir, tel ticket de loterie ou tel autre) est attribuée une probabilité, sachant que l'un ou l'autre résultat arrivera forcément, et que chaque résultat est la conséquence d'une histoire définie et indépendante. Lorsqu'on lance une pièce au jeu de pile ou face, le mouvement de la pièce est parfois celui qui donne pile et parfois celui qui donne face. Les probabilités 50-50 que l'on attribue à chacune des deux issues possibles ne correspondent pas uniquement au résultat final (pile ou face) mais aussi à l'histoire qui conduit à chacune de ces issues. Parmi toutes les manières de lancer la pièce, une moitié donne pile, l'autre moitié donne face. Les histoires sont pourtant des alternatives isolées et totalement indépendantes. Il n'y a aucune manière pour les différents mouvements de la pièce de se renforcer ou de se compenser mutuellement. Ils sont indépendants.

Mais, en mécanique quantique, c'est différent. Les chemins qu'un électron peut suivre depuis les fentes jusqu'au détecteur ne sont pas deux histoires isolées et indépendantes. Les possibles se combinent pour produire le résultat observé. Certains chemins se renforcent mutuellement, d'autres se compensent. C'est cette interférence quantique entre les diverses histoires possibles qui est responsable de l'alternance de bandes sombres et de bandes brillantes sur l'écran du détecteur. Ainsi, *la différence caractéristique entre les notions classique et quantique de probabilités est que les secondes sont sujettes aux interférences, mais pas les premières*.

La « décohérence » est un phénomène largement accepté, qui fait le lien entre la physique quantique du microscopique et la physique classique du macroscopique, en supprimant l'interférence quantique (c'est-à-dire en atténuant la différence essentielle entre les probabilités classiques et quantiques). L'importance de la décohérence fut comprise dès les premiers pas de la théorie quantique, mais son incarnation moderne date d'un article du physicien allemand Dieter Zeh[14]. Depuis la parution de cet article prolifique en 1970, beaucoup de chercheurs ont apporté leur contribution, par exemple Erich Joos en Allemagne et Wojciech Zurek au laboratoire de Los Alamos.

Voici l'idée. Lorsqu'on applique l'équation de Schrödinger à un cas simple comme celui de photons isolés traversant une paroi munie de deux fentes, on obtient la fameuse figure d'interférence. Mais deux aspects très particuliers de cet exemple de laboratoire ne sont pas caractéristiques des événements du monde réel. Premièrement, les choses que l'on rencontre dans la vie de tous les jours sont plus grandes et plus compliquées qu'un unique photon. Deuxièmement, les choses que l'on rencontre dans notre vie quotidienne ne sont pas isolées : elles interagissent avec nous et le milieu environnant. Le livre que vous tenez entre les mains est soumis au contact de celles-ci et, plus généralement, subit continuellement des collisions avec des photons et des molécules d'air. Il en va de même des appareils de mesure, des chats, de l'esprit humain, et d'à peu près tout ce que l'on peut rencontrer dans notre quotidien. À l'échelle du système solaire, la Terre, la Lune, les astéroïdes et les autres planètes sont bombardés en permanence par les photons provenant du Soleil. Même un minuscule grain de poussière flottant dans les profondeurs de l'espace intersidéral est constamment heurté par les photons de basse énergie (dans le domaine des micro-ondes) qui parcourent tout l'espace depuis les premiers instants après le big bang. Ainsi, pour comprendre ce que la mécanique quantique nous dit des événements du monde réel (et non pas de ceux des expériences bien nettes menées en laboratoire), c'est à ces situations plus compliquées et plus désordonnées que nous devons appliquer l'équation de Schrödinger.

C'est essentiellement cela que Zeh a mis en lumière ; ses travaux, et ceux de nombreux autres physiciens par la suite, ont révélé quelque chose d'assez extraordinaire. Bien que les photons et les molécules d'air soient trop petits pour avoir un effet notable sur le mouvement d'objets macroscopiques comme ce livre ou un chat, ils ont d'autres conséquences. Ils perturbent la fonction d'onde des objets macroscopiques ou, en langage de physicien, ils perturbent sa *cohérence* : ils troublent sa succession ordonnée de crêtes et de creux. Voilà qui est primordial, puisque l'allure ordonnée de la fonction d'onde est au cœur des effets d'interférence (voir la figure 4.2). Ainsi, un peu comme les dispositifs de marquage dans l'expérience de deux fentes troublent la fonction d'onde et détruisent donc les effets d'interférence, les collisions constantes entre les objets macroscopiques et les constituants de leur environnement anéantissent également toute possibilité d'interférence. Or, si l'interférence quantique n'est plus possible, les probabilités inhérentes à la mécanique quantique deviennent, en pratique, semblables aux probabilités qui régissent les jeux de hasard comme le pile ou face ou la roulette. Lorsque la décohérence environnementale trouble la fonction d'onde, la nature exotique des probabilités quantiques se fond dans celle, plus familière, des probabilités de la vie de tous les jours[15]. Voilà une manière de résoudre le problème de la mesure quantique qui, si elle se révèle correcte, serait la meilleure qu'on puisse espérer. Je la décrirai tout d'abord sous son jour le plus optimiste, puis je présenterai ce qu'il reste encore à faire.

Si la fonction d'onde d'un électron isolé montre que celui-ci a, mettons, 50 % de chances d'être ici et 50 % de chances d'être là-bas, on se doit d'interpréter ces probabilités avec toute la bizarrerie de la mécanique quantique. Puisque ces alternatives peuvent toutes deux se manifester en se combinant entre elles pour donner une figure d'interférence, alors on doit les envisager comme aussi réelles l'une que l'autre. Donc, en termes un peu vagues, on dira que l'électron occupe les deux positions. Que se passe-t-il alors si l'on mesure la position de l'électron avec un instrument de laboratoire de taille ordinaire qui, lui, n'est pas isolé ? Eh bien, d'après les tribulations ambiguës de l'électron, l'instrument a 50 % de chances d'indiquer telle valeur et 50 % de chances d'indiquer telle autre valeur. Mais, grâce au phénomène de décohérence, l'appareil ne sera pas dans un mélange fantomatique où il indiquerait les deux valeurs ; grâce à la décohérence, on peut interpréter ces probabilités au sens classique et ordinaire qu'elles revêtent au quotidien. Tout comme une pièce qui, avec 50 % de chances de donner face et 50 % de chances de donner pile, donne *soit* face, *soit* pile, l'appareil a 50 % de chances d'indiquer telle valeur et 50 % de chances d'indiquer telle autre, et il indiquera *soit* l'une, *soit* l'autre.

Le même type de raisonnement s'applique à d'autres objets complexes non isolés. Si le calcul révèle qu'un chat enfermé dans une boîte a 50 % de chances d'être vivant (parce qu'il y a 50 % de chances qu'un électron heurte un mécanisme qui libère du gaz empoisonné, et 50 % de chances que l'électron ne heurte pas le mécanisme piégé), la décohérence suggère que le chat ne sera pas dans un amalgame absurde des deux états possibles — à la fois mort et vivant. On a consacré des années de débat houleux à tenter d'élucider des questions comme : « Que signifie pour un chat d'être à la fois mort et vivant ? » ou : « Comment le fait d'ouvrir la boîte et d'observer le chat force le choix de l'un ou l'autre état, vivant ou mort ? » Mais la décohérence suggère que, bien avant que l'on ouvre la boîte, l'environnement aurait déjà effectué des milliards d'observations qui, en un rien de temps, auraient transformé les probabilités quantiques si mystérieuses en leurs analogues classiques, beaucoup moins obscures. Bien avant qu'on ne le regarde, l'environnement aurait contraint le chat à choisir un seul et unique état, parfaitement bien défini. La décohérence force une bonne part de l'étrangeté quantique à s'« échapper » des objets macroscopiques puisque, petit à petit, l'étrangeté quantique est atténuée par les innombrables collisions avec les particules du milieu environnant.

On peut difficilement imaginer une solution plus satisfaisante au problème de la mesure quantique. En étant plus réaliste, en abandonnant l'hypothèse simplifiée qui fait abstraction du milieu environnant (simplification qui s'avérait cruciale à l'avancement des recherches dans les premiers développements du domaine), on s'aperçoit que la mécanique quantique a une solution intégrée. La connaissance humaine, les expérimentateurs humains et leurs observations n'auraient donc plus aucun rôle à jouer puisqu'ils (nous !) ne seraient plus que des éléments de l'environnement qui, au même titre que les molécules d'air et les photons, interagissent avec tout système physique donné. Il n'y aurait plus de distinction entre les deux étapes de l'évolution quantique des objets et les mesures expérimentales. Tout — observé et observateur — serait sur un pied d'égalité. Tout — observé et observateur — serait soumis à la même loi quantique qu'exprime l'équation de Schrödinger. L'acte de mesure n'aurait plus rien de spécial ; il ne serait qu'un exemple parmi tant d'autres de contact avec le milieu environnant.

Serait-ce tout ? La décohérence résout-elle le problème de la mesure quantique ? La décohérence est-elle responsable du choix par la fonction d'onde de fermer la porte à toutes les issues à laquelle elle peut conduire, à l'exception d'une seule ? Certains pensent que oui. Des chercheurs, comme Robert Griffiths, Roland Omnès, le lauréat du prix Nobel Murray Gell-Mann et Jim Hartle ont fait d'énormes progrès dans cette voie et affirment avoir élaboré une description complète de la décohérence (appelée « histoires décohérentes ») qui résoudrait le problème de la mesure. D'autres, dont je fais partie, sont séduits mais pas complètement convaincus. Voyez-vous, le pouvoir de la décohérence est qu'elle gomme avec succès la barrière artificielle érigée par Bohr entre les petits et les grands systèmes physiques, et qu'elle permet donc d'appliquer les mêmes formules quantiques à tous. Cela représente un progrès important et je pense que Bohr aurait apprécié l'idée. Bien que le problème de la mesure quantique n'ait jamais empêché les physiciens de réconcilier les calculs théoriques avec les données expérimentales, il a conduit Bohr et ses collègues à articuler une mécanique quantique dotée d'étranges propriétés. Beaucoup trouvent déconcertant que cette théorie ait besoin de mots vagues comme l'« effondrement de la fonction d'onde » ou de notions imprécises comme le fait que les « grands » systèmes appartiennent au domaine de la physique classique. Dans une certaine mesure, avec la décohérence, ces idées vagues n'ont plus lieu d'être.

Il subsiste toutefois une question essentielle que j'ai esquivée dans la présentation ci-dessus : même si la décohérence supprime l'interférence quantique et apprivoise les étranges probabilités quantiques jusqu'à ce qu'elles se comportent comme leurs analogues classiques, *chacune des issues possibles qu'englobe la fonction d'onde n'attend qu'une chose, c'est d'être réalisée.* Et nous voilà encore face à la question de savoir comment une issue « gagne », et où « vont » alors toutes les autres possibilités. Lorsqu'on lance une pièce, la physique classique répond à cette question. Elle dit que, si l'on examine avec précision la manière dont on a envoyé la pièce, alors on peut, en principe, *prédire* si elle retombera sur pile ou face. Ainsi, en y regardant de plus près, l'occurrence d'une issue précise est déterminée par des détails que l'on avait ignorés en première analyse. On ne peut pas en dire autant de la physique quantique. La décohérence permet d'interpréter les probabilités quantiques à peu près comme les probabilités classiques, mais elle ne dévoile aucun des détails plus fins qui conduisent au choix, parmi toutes les possibilités, de celle qui se produira finalement.

Certains physiciens, un peu dans le même esprit que Bohr, considèrent qu'il est inutile de chercher à comprendre comment telle ou telle issue définie en vient à se produire. Ces physiciens considèrent que la mécanique quantique, avec ses mises à jour comme la décohérence, est une théorie formulée de manière précise et dont les prédictions rendent compte du comportement des appareils de mesure. Et, si l'on en croit ce point de vue, c'est cela le but de la science. Chercher à comprendre *ce qui se passe réellement*, s'acharner à découvrir *comment telle issue particulière a pu avoir lieu*, partir en quête d'un niveau de *réalité dépassant la portée de nos détecteurs et les capacités de nos ordinateurs*, c'est le signe d'une voracité intellectuelle irraisonnée.

Beaucoup d'autres, et j'en fais partie, ont un avis différent. Expliquer les données expérimentales, voilà ce qu'est la science. Mais beaucoup de physiciens estiment que la science concerne également les théories confirmées par les données et qu'elle se doit d'aller plus loin en les utilisant pour saisir au mieux la nature de la réalité. Quelque chose me dit que nous avons beaucoup à gagner à continuer de chercher une solution au problème de la mesure.

Cependant, bien que la décohérence induite par le milieu environnant soit considérée par une grande majorité de chercheurs comme un aspect essentiel de la passerelle entre physique quantique et physique classique, et bien que beaucoup d'entre eux espèrent que ces idées se préciseront un jour pour donner une relation complète et probante entre les deux, l'ensemble de la communauté des physiciens est loin d'être convaincue que cette passerelle est déjà entièrement construite.

Mécanique quantique et flèche du temps

Alors où en sommes-nous du problème de la mesure quantique et que signifie-t-il pour la flèche du temps ? En gros, il y a deux classes de propositions pour faire le lien entre l'expérience quotidienne et la réalité quantique. Dans la première (par exemple la fonction d'onde comme illustration de ce que l'on sait, l'interprétation des mondes multiples, la décohérence), l'équation de Schrödinger reste le fin mot de l'histoire, et les propositions considérées offrent diverses manières d'interpréter ce que signifie cette équation pour la réalité physique. Dans la seconde (par exemple l'interprétation de Bohm ou celle de Ghirardi, Rimini et Weber), l'équation de Schrödinger doit être assortie d'autres équations (dans l'interprétation de Bohm, il s'agit d'une équation qui montre comment la fonction d'onde guide la particule) ou doit être modifiée (dans l'interprétation de Ghirardi, Rimini, Weber, cette modification a pour but d'inclure le nouveau mécanisme d'effondrement explicite de la fonction d'onde). Une question-clé pour la flèche du temps est de savoir si ces propositions introduisent une asymétrie fondamentale entre les deux directions du temps. Souvenons-nous que l'équation de Schrödinger, comme celles de Newton, Maxwell et Einstein, traite les deux directions du temps de manière parfaitement équivalente. Elle n'introduit pas de flèche dans l'évolution temporelle des événements. Parmi toutes ces propositions, y en a-t-il qui modifient cela ?

Dans la première catégorie d'interprétations,

l'équation de Schrödinger est parfaitement intacte, si bien que la symétrie temporelle est préservée. Dans la seconde, la symétrie temporelle peut survivre ou pas, suivant les détails des propositions considérées. Par exemple, dans l'interprétation de Bohm, l'équation supplémentaire proposée met elle aussi les deux directions temporelles sur un pied d'égalité, elle n'introduit donc pas d'asymétrie temporelle. Au contraire, la proposition de Ghirardi, Rimini et Weber introduit un mécanisme d'effondrement qui présente bel et bien une flèche temporelle (une fonction d'onde qui se « déseffondrerait », passant d'une allure en pic à une forme plus étalée, ne satisferait pas les équations modifiées). Ainsi, suivant l'interprétation considérée, la mécanique quantique, accompagnée d'une manière de résoudre le problème de la mesure, peut ou non continuer de traiter les deux directions temporelles de la même manière. Voyons les conséquences des deux éventualités.

Si la symétrie temporelle est préservée (et j'ai dans l'idée que ce sera finalement le cas), le raisonnement et les conclusions du chapitre précédent peuvent être transposés au royaume quantique sans changements notables. Le cœur physique de notre discussion sur la flèche du temps était la symétrie sous l'inversion du temps de la physique classique. Même si le langage et le décor de la physique quantique sont différents de ceux de la physique classique (les fonctions d'onde remplacent les positions et les vitesses, l'équation de Schrödinger remplace les lois de Newton), la symétrie sous l'inversion du temps de toutes les équations quantiques garantit que le raisonnement sur la flèche du temps reste le même. On peut définir l'entropie dans le monde quantique à peu près comme en physique classique, pourvu que l'on décrive alors les particules en termes de leur fonction d'onde. Et la conclusion selon laquelle l'entropie devrait toujours augmenter (à la fois vers ce que l'on appelle le futur et vers ce que l'on appelle le passé) est donc toujours valable.

On arrive alors à la même énigme qu'au chapitre 6. Si l'on considère nos observations du monde comme sûres, comme indéniablement réelles, et si l'entropie doit augmenter aussi bien vers le futur que vers le passé, alors comment expliquer que le monde en soit arrivé à être tel qu'il est et comment expliquer son déroulement ultérieur ? De deux choses l'une : soit tout ce que nous voyons est apparu par un coup de chance statistique susceptible d'avoir lieu une fois de temps en temps dans un univers éternel qui passe la majeure partie de son temps dans un état de désordre total ; soit, pour une raison ou pour une autre, l'entropie juste après le big bang était extraordinairement basse, si bien que les ingrédients de l'Univers ont passé les derniers quatorze milliards d'années à se désorganiser progressivement, et continueront de le faire dans le futur. Comme au chapitre 6, pour éviter de s'embourber dans une situation où l'on ne peut se fier ni à notre mémoire, ni à nos enregistrements, ni aux lois de la physique, on adopte la seconde option (un big bang de très basse entropie) et l'on s'attelle à comprendre comment et pourquoi tout a commencé dans un état si particulier.

Si, d'un autre côté, la symétrie temporelle est perdue (si la solution au problème de la mesure quantique finalement adoptée révèle une asymétrie fondamentale entre futur et passé), alors cela pourra tout à fait donner l'explication la plus directe de la flèche du temps. Cela pourrait montrer, par exemple, que les œufs peuvent se casser mais pas se reformer car, contrairement à ce que l'on a trouvé à l'aide des lois de la physique classique, l'œuf qui se casse est une solution aux équations quantiques, contrairement à l'œuf qui se reforme. Le film d'un œuf qui se casse, projeté à l'envers, montrerait alors une évolution impossible dans le monde réel, ce qui expliquerait pourquoi nous ne l'observons jamais. Ce serait aussi simple que cela.

Peut-être. Mais, quand bien même cela semblerait fournir une explication très différente de la flèche du temps, en réalité, celle-ci ne serait pas aussi différente qu'il y paraît. Comme nous l'avons souligné au chapitre 6, pour que les pages de *Guerre et Paix* se mélangent de plus en plus, elles doivent avoir été initialement dans le bon ordre ; pour qu'un œuf accède au désordre en se cassant, il faut qu'il ait été un œuf tout neuf, bien ordonné ; pour que l'entropie augmente vers le futur, il faut qu'elle ait été plus faible dans le passé, afin de permettre l'accès à un plus grand désordre. Or ce n'est pas uniquement parce qu'une loi traite le passé et le futur de manières différentes que l'on peut être sûr que cette loi impose un passé d'entropie plus faible. Cette loi pourrait tout à fait impliquer que l'entropie était plus élevée dans le passé (l'entropie pourrait par exemple augmenter de manière asymétrique vers le passé et le futur). Il serait même possible que cette loi temporellement asymétrique n'ait absolument rien à nous dire sur le passé. C'est le cas de la proposition de Ghirardi, Rimini et Weber — l'une des seules propositions temporellement asymétriques sérieuses sur le marché. Une fois que leur mécanisme d'effondrement a fait son tour de passe-passe, il n'y a plus aucun moyen de le défaire (il n'y a aucun moyen, à partir d'une fonction d'onde effondrée, de la faire revenir vers sa forme précédente). Les détails de la forme de la fonction d'onde sont perdus dans l'effondrement (elle devient un pic) et il est donc impossible de dire, rétrospectivement, quel était l'état des choses auparavant.

Ainsi, quand bien même une loi temporellement asymétrique pourrait fournir une explication partielle à la raison pour laquelle les événements se déroulent dans un certain ordre temporel mais jamais dans l'autre, elle pourrait néanmoins avoir besoin du même ajout que celui qui se révèle essentiel aux lois temporellement symétriques : une explication de la raison pour laquelle l'entropie était si basse dans le passé. C'est certainement le cas des modifications temporellement asymétriques de la mécanique quantique qui ont été proposées jusqu'à présent. Et donc, à moins que des découvertes futures ne mettent en évidence deux aspects que je considère aussi peu probables l'un que l'autre — une solution temporellement asymétrique au problème de la mesure quantique qui, en outre, stipulerait que l'entropie diminue vers le passé —, nos efforts pour comprendre la flèche du temps nous ramènent, cette fois encore, à l'origine de l'Univers, sujet de la prochaine partie de cette ouvrage.

Comme cela deviendra plus clair dans les chapitres à venir, les considérations cosmologiques ont rencontré bien des mystères au cœur de l'espace, du temps et de la matière. Aussi, dans notre voyage vers les idées cosmologiques modernes sur la flèche du temps, vaut-il la peine de ne pas se précipiter sans admirer le paysage et de prendre le temps de se promener dans les méandres de l'histoire cosmique.

Troisième partie

ESPACE-TEMPS ET COSMOLOGIE

8

FLOCONS DE NEIGE ET ESPACE-TEMPS

Symétries et évolution de l'Univers

Richard Feynman a dit un jour que, s'il devait résumer la plus grande découverte de la science moderne en une seule phrase, il choisirait de dire : « Le monde est fait d'atomes. » Lorsqu'on s'aperçoit que notre compréhension de l'Univers dépend à ce point des propriétés et des interactions des atomes (depuis l'explication du fait que les étoiles brillent ou que le ciel est bleu, jusqu'à celle du fait que nous sentons ce livre entre nos mains ou que nous voyons ces lignes sous nos yeux), on comprend mieux pourquoi Feynman a choisi cette phrase pour résumer notre héritage scientifique. Beaucoup des plus grands chercheurs d'aujourd'hui conviennent que, si une seconde phrase leur était accordée, ils choisiraient : « Les symétries sont sous-jacentes aux lois de la nature. » Durant ces derniers siècles, beaucoup de progrès ont été accomplis, mais les découvertes scientifiques les plus durables partagent toutes une caractéristique commune : elles mettent en évidence des aspects du monde naturel qui demeurent inchangés sous une large gamme de transformations. Ces attributs invariables reflètent ce que les physiciens appellent les symétries. Ils ont joué un rôle de plus en plus important dans beaucoup de progrès majeurs et ont révélé à quel point les symétries (sous toutes leurs facettes subtiles et mystérieuses) illuminent les ténèbres dans lesquelles la vérité attend d'être découverte.

En fait, nous verrons que l'histoire de l'Univers est, dans une large mesure, une histoire de la symétrie. Les instants les plus déterminants dans l'évolution de l'Univers sont ceux lors desquels l'ordre et l'équilibre ont changé brusquement, pour laisser la place à un décor cosmique qualitativement différent de ceux des époques antérieures. La théorie actuellement en vigueur stipule que l'Univers a subi un certain nombre de ces transitions lors de ses premiers instants, et que *tout* ce que l'on a jamais rencontré ou observé n'est que vestiges d'une époque cosmique révolue, plus symétrique. Mais il existe un sens encore plus vaste, un « métasens », au fait que la symétrie réside au cœur de l'évolution cosmique. Le temps lui-même est intimement lié à la symétrie. Comme nous le verrons, la connotation pratique du temps comme mesure du changement, ainsi que l'existence d'une sorte de temps cosmique nous permettant de donner un sens à des paroles comme « l'âge et l'évolution de l'Univers dans son ensemble » s'appuient toutes deux sur des questions de symétrie. Et à mesure que les scientifiques étudiaient cette évolution, remontant aux premiers instants dans leur quête de la véritable nature de l'espace et du temps, la symétrie s'est révélée le guide le plus fiable, offrant des réponses qui, sans elle, seraient demeurées complètement hors de notre portée.

Symétries et lois de la physique

Les symétries abondent. Prenons une boule de billard au creux de notre main et tournons-la dans tous les sens (autour de n'importe quel axe), elle gardera toujours le même aspect. Disposons une assiette ronde toute blanche sur un set de table et faisons-la tourner autour de son centre : son aspect reste inchangé. Attrapons délicatement un flocon de neige fraîchement formé et tournons-le de telle sorte que chaque pointe prenne la place qu'occupait sa voisine au tour précédent, et nous pourrons nous empresser de remarquer que nous aurions aussi bien pu ne rien faire. Prenons la lettre « T », faisons-la basculer par rapport à un axe vertical passant par sa base et nous obtiendrons un sosie parfait de l'original.

Tous ces exemples illustrent que les symétries d'un objet sont les manipulations, réelles ou imaginées, auxquelles on peut le soumettre sans modifier son apparence. Plus un objet peut supporter de manipulations sans effet discernable, plus celui-ci est symétrique. Une sphère parfaite a un très haut degré de symétrie, puisque n'importe quelle rotation autour de son centre (autour d'un axe haut-bas, droite-gauche, ou même n'importe quel axe) laisse son apparence inchangée. Un cube est moins symétrique, puisque seules les rotations proportionnelles à 90° autour des axes passant par le centre de ses faces (et toutes les combinaisons de ces rotations) laissent son apparence inchangée. Bien sûr, après n'importe quelle autre rotation, comme celle de la figure 8.1c, on pourrait toujours reconnaître le cube, mais on remarquerait aussitôt que quelqu'un l'a manipulé. En revanche, les symétries sont les plus habiles des prestidigitateurs : elles sont des manipulations qui ne laissent absolument aucune trace.

Tous ces exemples sont des exemples de symétries *dans* l'espace. Les symétries sous-jacentes aux lois connues de la physique leur sont intimement liées, mais elles concernent une question plus abstraite : quelles manipulations (ici encore réelles ou imaginées) peut-on effectuer, sur nous ou sur notre environnement, qui n'auraient absolument aucun effet sur les *lois* qui expliquent les phénomènes physiques observés ? Notons que, pour être qualifiées de symétries, de telles manipulations ne doivent pas nécessairement laisser nos observations inchangées. En fait, nous nous intéressons à la question de savoir si les *lois* qui gouvernent ces observations (les lois qui expliquent ce que l'on voit avant et ce que l'on voit après une manipulation donnée) sont inchangées. Puisque c'est là l'idée centrale, voyons-la à l'œuvre avec quelques exemples.

Imaginons que nous soyons un gymnaste olympique. Pendant quatre ans, nous nous sommes entraîné sans relâche dans notre salle de gymnastique à Bruxelles. Après d'innombrables répétitions, nous connaissons à la perfection le moindre mouve-

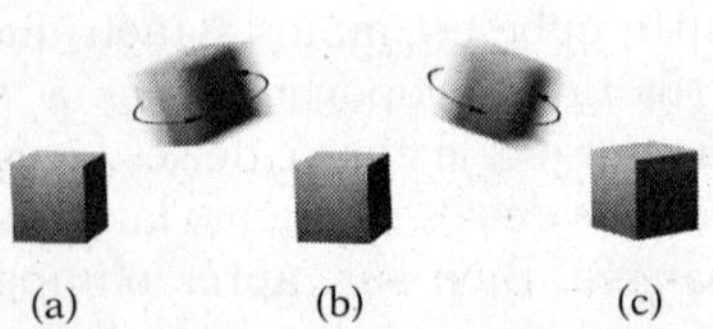

Figure 8.1 Lorsqu'on tourne un cube (a) d'un angle de 90°, ou d'un multiple de cette valeur, autour d'un des axes passant par l'une ou l'autre de ses faces, son aspect est inchangé, comme en (b). Toute autre rotation sera visible, comme en (c).

ment de chacune de nos figures — nous savons précisément à quelle hauteur sauter pour exécuter un saut périlleux arrière, à quelle vitesse se balancer sur les barres parallèles pour faire une sortie parfaite après un double salto, etc. En effet, notre corps a acquis un sens naturel des lois de Newton, puisque ce sont ces lois qui gouvernent le mouvement de notre corps. Ainsi, le jour de la compétition olympique, lorsque nous effectuons nos figures dans une salle comble de Londres, nous misons sur le fait que ces mêmes lois restent valables, puisque nous exécutons nos figures comme nous en avions pris l'habitude pendant l'entraînement. Tout ce que nous savons des lois de Newton joue en faveur de notre stratégie. Ces lois ne sont pas spécifiques à un endroit ou à un autre. Elles n'opèrent pas d'une certaine manière à Bruxelles et d'une autre manière à Londres. En fait, on pense qu'elles opèrent exactement de la même manière, où que l'on soit. Même si nous changeons de lieu, les lois qui gouvernent le mouvement de notre corps restent aussi identiques que l'apparence d'une boule de billard après une rotation.

Cette symétrie est connue sous le nom de « symétrie de translation » ou d'« invariance par translation ». Elle ne s'applique pas uniquement aux lois de Newton, mais aussi aux lois de l'électromagnétisme de Maxwell, aux relativités restreinte et générale d'Einstein, à la mécanique quantique et à toute autre théorie physique digne de ce nom.

Notons toutefois une chose importante. Les détails de nos observations et de nos expériences peuvent parfois varier d'un endroit à un autre. Si nous exécutions nos acrobaties sur la Lune, nous nous apercevrions que le mouvement de notre corps en réponse à une même impulsion de nos jambes serait tout à fait différent de celui dont nous avons l'habitude. Mais cette différence s'explique très bien, puisqu'elle fait même partie intégrante des lois elles-mêmes : la Lune étant moins massive que la Terre, son attraction gravitationnelle est inférieure, et notre corps y suit donc des trajectoires différentes. Et cela (le fait que l'attraction gravitationnelle d'un corps dépend de sa masse) fait partie intégrante des lois de la gravitation de Newton (ainsi que de la relativité générale d'Einstein). La différence entre nos expériences sur Terre et sur la Lune n'implique pas que les lois de la gravitation ont changé de l'une à l'autre. En fait, ce n'est que la manifestation d'une différence d'environnement que la loi de la gravitation prend en compte. Donc, lorsqu'on dit des lois connues de la physique qu'elles s'appliquent aussi bien à Bruxelles qu'à Londres (nous pouvons maintenant y ajouter la Lune), cela reste vrai, pourvu que l'on garde à l'esprit qu'il convient de préciser les différences d'environnement dont dépendent les lois considérées. Cela étant, et c'est la conclusion principale, les explications fournies par ces lois ne changent aucunement d'un endroit à l'autre. Un changement de lieu n'oblige pas les physiciens à repasser au tableau pour concocter de nouvelles lois.

Rien n'obligeait les lois de la physique à opérer de la sorte. On peut tout à fait imaginer un univers dans lequel les lois physiques seraient aussi variables que les gouvernements d'un pays à l'autre ; on peut tout à fait imaginer un univers dans lequel les lois de la physique qui nous sont familières ne nous donneraient aucune indication sur les lois de la physique en vigueur sur la Lune, ou dans la galaxie d'Andromède, ou dans la nébuleuse du Crabe, ou à l'autre bout de l'Univers. En fait, on n'a aucune certitude qu'aux quatre coins de l'Univers les lois de la physique sont bien les mêmes que celles qui fonctionnent chez nous. Mais l'on sait néanmoins que, si les lois devaient être différentes quelque part, ce quelque part serait très, très lointain, car nos observations astronomiques donnent de plus en plus d'indications que les lois de la physique sont uniformes dans l'espace, ou au moins dans la partie d'espace que l'on peut voir. Voilà qui illustre l'extraordinaire puissance des symétries. Nous sommes confinés à notre planète et à son voisinage. Et pourtant, grâce à l'invariance par translation, nous pouvons connaître les lois fondamentales en vigueur dans tout l'Univers, sans bouger de chez nous, parce que ces lois sont celles qui s'appliquent ici.

La « symétrie de rotation », ou « invariance par rotation », est une cousine de l'invariance par translation. Elle s'appuie sur l'idée qu'aucune direction spatiale n'est privilégiée par rapport à aucune autre. Ce que l'on observe depuis la Terre ne nous conduit certainement pas à cette conclusion. Lorsqu'on regarde vers le haut, on ne voit pas la même chose que lorsqu'on regarde vers le bas. Mais, ici encore, cela ne reflète que les détails de l'environnement, ce n'est pas une caractéristique des lois elles-mêmes. Si l'on s'éloigne de la Terre jusqu'à flotter librement dans l'espace intersidéral, loin de toute étoile, de toute galaxie ou de tout autre corps céleste, cette symétrie devient évidente : il n'y a rien dans ce vide obscur qui permette de distinguer une direction particulière d'une autre. Toutes sont équivalentes. Inutile de réfléchir, ne serait-ce qu'une seconde, à l'orientation à donner à un laboratoire construit dans le vide intersidéral pour étudier les propriétés de la matière : les lois considérées sont insensibles à ce choix. Si un petit malin s'avisait de modifier les réglages gyroscopiques de notre laboratoire, le faisant tourner de quelques degrés autour d'un axe donné, cela n'aurait aucune conséquence sur les lois de la physique à l'étude dans notre laboratoire. Toutes les mesures que l'on a pu effectuer confirment cela. Aussi pensons-nous que les lois qui gouvernent nos expériences et qui expliquent les résultats obtenus sont insensibles à la fois à l'endroit où l'on se trouve (c'est la symétrie de translation) et à notre orientation spatiale (c'est la symétrie de rotation)[1].

Comme nous l'avons vu au chapitre 3, Galilée et les autres connaissaient déjà bien une autre symétrie des lois de la physique. Si notre laboratoire intersidéral se déplace à vitesse constante (peu importe si celle-ci vaut cinq kilomètres à l'heure dans telle direction et cent mille kilomètres à l'heure dans telle autre), alors ce mouvement ne devrait avoir aucun effet sur les lois sous-jacentes à nos observations, parce qu'il est aussi légitime pour nous que pour n'importe qui d'affirmer que c'est nous qui sommes au repos par rapport à tout le reste. Einstein, comme nous l'avons vu, a exploité cette symétrie d'une manière complètement inattendue en érigeant la vitesse de la lumière au rang d'invariant qui ne serait affecté ni par le mouvement de l'observateur ni par celui de la source de lumière. C'était surprenant car on avait l'habitude de reléguer les particularités de la vitesse d'un objet dans la catégorie des détails environnementaux, puisque l'on supposait que toute vitesse observée devait dépendre du mouvement de l'observateur. Mais Einstein, voyant poindre la lumière de la symétrie par les craquelures de la façade newtonienne, a institué la vitesse de la lumière loi inviolable de la nature, affirmant ainsi qu'elle est insensible au mouvement comme la boule de billard l'est aux rotations.

La relativité générale, sa grande découverte suivante, s'insère parfaitement dans la succession des théories affichant de plus en plus de symétries. De même que l'on peut envisager la relativité restreinte comme stipulant une symétrie entre tous les observateurs en mouvement relatif à vitesse constante, on peut envisager la relativité générale comme allant un cran plus loin, en stipulant la symétrie entre tous les points de vue accélérés. Et c'est extraordinaire car, comme nous l'avons souligné, bien que l'on ne puisse pas ressentir le mouvement à vitesse constante, on peut tout à fait sentir le mouvement accéléré. On pourrait donc croire que, pour rendre compte des forces que l'on ressent, les lois de la physique devraient être différentes lorsqu'on accélère. C'est effectivement le cas de la théorie de Newton. Ses lois, qui apparaissent dans tous les livres de physique de première année d'université, doivent être modifiées lorsqu'elles sont utilisées par un observateur accéléré. Mais, avec le principe d'équivalence, présenté au chapitre 3, Einstein a compris que la force que l'on ressent lorsqu'on accélère est indiscernable de celle que l'on ressent dans un champ gravitationnel d'intensité bien choisie (à plus forte accélération, champ gravitationnel plus fort). Ainsi, en vertu de la théorie d'Einstein, les lois de la physique ne changent pas lorsqu'on accélère, tant que l'on inclut un champ gravitationnel approprié dans notre description de l'environnement. La relativité générale met tous les observateurs sur un pied d'égalité (de manière complètement symétrique), même ceux qui se déplacent à des vitesses variant arbitrairement, puisque chacun peut prétendre être au repos en attribuant les différentes forces qu'il ressent aux effets de différents champs de gravitation. Les différences d'observations entre un observateur accéléré et un autre ne sont donc pas plus surprenantes, et n'impliquent donc pas plus de variations dans la nature des lois physiques que les différences dont nous faisons l'expérience lorsque nous effectuons nos figures de gymnastique sur Terre ou sur la Lune[2].

Ces exemples donnent une idée de la raison pour laquelle beaucoup de chercheurs (et j'ai le sentiment que Feynman aurait été d'accord) considèrent les nombreuses symétries sous-jacentes aux lois naturelles comme bonnes deuxièmes, après l'hypothèse atomique, dans le classement des meilleurs résumés de nos découvertes scientifiques les plus importantes. Mais l'histoire ne s'arrête pas là. Ces dernières décennies, les physiciens ont érigé les principes de symétrie au plus haut niveau du classement explicatif. À toute proposition de loi fondamentale, une question naturelle qui vient à l'esprit est : pourquoi cette loi ? Pourquoi la relativité restreinte ? Pourquoi la relativité générale ? Pourquoi la théorie de Maxwell de l'électromagnétisme ? Pourquoi les théories de Yang-Mills des forces nucléaires faible et forte (que nous verrons sous peu) ? Une réponse importante est que ces théories font des prédictions de mieux en mieux confirmées par des expériences de haute précision. Certes, c'est un point essentiel pour que les physiciens aient confiance en leurs théories, mais cela laisse de côté un autre point capital.

Les physiciens pensent que ces théories sont sur la bonne voie également parce que, d'une manière qui est assez difficile à décrire, ils les *sentent* bien, et l'idée des symétries joue ici l'un des premiers rôles. Les physiciens *sentent* bien qu'aucun endroit dans l'Univers ne devrait être privilégié par rapport à aucun autre, ce qui les conforte dans l'idée que la symétrie de translation doit faire partie des symétries des lois de la nature. Les physiciens *sentent* bien qu'aucun mouvement à vitesse constante n'a quoi que ce soit de particulier par rapport à un autre, ce qui les conforte dans l'idée que la relativité restreinte représente un aspect essentiel des lois naturelles. En outre, ils sentent bien que *tout* point de vue (quel que soit le mouvement, même accéléré) est aussi valable qu'un autre, et c'est pour cela que les physiciens considèrent la relativité générale — la plus simple des théories possédant cette symétrie — comme une des vérités fondamentales au cœur des rouages de la nature. Et, comme nous le verrons sous peu, les théories des trois autres forces outre la gravitation (électromagnétisme, force nucléaire faible et force nucléaire forte) s'appuient sur d'autres principes de symétrie, plus abstraits mais tout aussi importants. Ainsi les symétries de la nature ne sont-elles pas de simples conséquences des lois naturelles. Si l'on en croit le point de vue moderne, les symétries sont les fondements dont découlent les lois.

Symétrie et temps

Outre leur rôle dans l'élaboration des lois qui gouvernent les forces de la nature, les symétries sont essentielles au concept du temps. Personne n'a encore trouvé de définition fondamentale du temps, mais une chose est sûre, c'est que l'un des rôles que joue le temps dans les rouages de l'Univers est celui d'intendant des changements. On s'aperçoit que le temps a passé car on remarque que les choses sont maintenant différentes de ce qu'elles étaient avant. La grande aiguille sur la pendule indique un chiffre différent, le Soleil n'occupe plus la même position dans le ciel, les pages de l'exemplaire sans reliure de *Guerre et Paix* sont encore plus en désordre, le dioxyde de carbone échappé de notre bouteille de Perrier s'est dispersé de plus en plus — tout cela rend manifeste le fait que des choses ont évolué, et c'est grâce au temps que ces changements peuvent avoir lieu. En paraphrasant John Wheeler, on peut dire que le temps est ce qui permet à la nature d'éviter que tout (c'est-à-dire tous les changements) n'ait lieu d'un seul coup.

L'existence du temps correspond donc à l'*absence* d'une certaine symétrie : tout dans l'Univers doit *changer* d'un instant à l'autre afin que l'on puisse ne serait-ce que définir une notion du passage d'*un instant à l'autre* qui ait quelque chose à voir avec notre conception quotidienne. S'il y avait une symétrie parfaite entre ce que sont les choses maintenant et ce qu'elles étaient avant, si le changement d'un instant à l'autre n'avait pas plus d'effet que le fait de faire tourner une boule de billard sur elle-même, alors le temps tel qu'on le conçoit normalement n'existerait pas[3]. Cela ne veut pas dire que l'expansion de l'espace-temps illustré sur la figure 5.1 n'existerait pas. Elle existerait bel et bien, mais, si tout était parfaitement uniforme le long de l'axe temporel, l'Univers ne pourrait ni changer ni évoluer. Le temps serait un aspect abstrait du théâtre de cette réalité (la quatrième dimension du continuum d'espace-temps), mais il serait méconnaissable.

Néanmoins, même si l'existence du temps correspond à l'absence d'une symétrie particulière, son influence à l'échelle cosmique requiert que l'Univers respecte une autre symétrie. L'idée est simple et répond à une question qui a pu vous effleurer l'esprit à la lecture du chapitre 3. Si la relativité nous enseigne que l'écoulement du temps dépend de la vitesse de notre mouvement et du champ gravitationnel auquel on est soumis, comment donner un sens à ce qu'astronomes et physiciens appellent l'âge de l'Univers (et qui, de nos jours, est estimé à quatorze milliards d'années) ? Quatorze milliards d'années du point de vue de qui ? Quatorze milliards d'années sur quelle horloge ? Des créatures extraterrestres vivant dans une galaxie à l'autre bout de l'Univers ; arriveraient-elles aussi à la conclusion que l'Univers est âgé de quatorze milliards d'années ? Si oui, qu'est-ce qui garantit que le tic-tac de leurs horloges est synchronisé avec celui des nôtres ? La réponse, c'est la symétrie — la symétrie dans l'espace.

Si nos yeux pouvaient voir la lumière à des longueurs d'onde dépassant largement celles de l'orange ou du rouge, non seulement pourrions-nous voir tout ce qui se passe à l'intérieur d'un four à micro-ondes en fonctionnement, mais nous verrions aussi les cieux nocturnes baignés d'une faible lueur, quasi uniforme, tandis que le commun des mortels ne verrait que la nuit noire. Voici maintenant plus de quarante ans, des chercheurs ont découvert que l'Univers était baigné d'un rayonnement micro-ondes (de la lumière de grande longueur d'onde), vestige refroidi des conditions torrides qui ont succédé au big bang[4]. Ce « fond de rayonnement cosmique » est tout à fait inoffensif. Dans le passé, il était extraordinairement chaud, mais, à mesure de l'évolution et de l'expansion de l'Univers, il s'est dilué et refroidi. Aujourd'hui, il ne dépasse le zéro absolu que de 2,7 degrés et sa seule malice est de contribuer pour une toute petite fraction à la neige qui emplit nos écrans de télévision lorsqu'ils sont réglés sur une fréquence qui ne correspond à aucune chaîne.

Mais ces parasites ténus représentent pour les

astronomes ce que des os de tyrannosaure sont aux paléontologues : une petite fenêtre ouvrant sur des époques révolues qui permet de reconstruire ce qui a eu lieu dans un passé reculé. Une propriété essentielle de ce rayonnement, mise en évidence grâce à des mesures satellite de haute précision effectuées ces dix dernières années, est son extraordinaire isotropie. La différence entre les températures du rayonnement dans deux régions distantes du ciel atteint à peine un millième de degré. S'il régnait une telle symétrie pour les températures sur Terre, les spots météo n'auraient plus le moindre intérêt. Avec 30° prévus à Jakarta, on saurait immédiatement qu'il ferait entre 29,999° et 30,001° à Melbourne, Shanghai, Montréal, Athènes et partout ailleurs. Au contraire, à l'échelle cosmique, l'isotropie de la température du rayonnement fossile est absolument passionnante et permet de comprendre deux choses essentielles.

Premièrement, elle donne des indices expérimentaux du fait que, lors des premières phases de l'Univers, celui-ci ne pouvait pas être peuplé de gros amas de matière hautement entropiques, comme les trous noirs, car un environnement aussi hétérogène aurait laissé des traces tout aussi hétérogènes sur le rayonnement. En fait, l'isotropie de la température du rayonnement fossile atteste un jeune univers homogène. Or, comme nous l'avons vu au chapitre 6, lorsque la gravitation a un rôle à jouer (comme c'était le cas dans l'univers dense des débuts), l'homogénéité implique une entropie faible. Et c'est une bonne chose, car toute notre discussion sur la flèche du temps s'appuyait sur le fait que l'entropie de l'Univers primordial devait être très faible. L'un des buts de cette partie du présent ouvrage est d'aller aussi loin que possible pour expliquer cette observation : nous chercherons à comprendre comment un univers homogène, de faible entropie, et donc très peu probable, a pu voir le jour. Nous franchirions alors un pas de géant pour notre compréhension de l'origine de la flèche du temps.

Deuxièmement, bien que l'Univers ait beaucoup évolué depuis le big bang, en moyenne, cette évolution a dû être pratiquement la même dans tout l'Univers. Pour que la température ici, dans la galaxie Whirpool, ou dans l'amas de Coma et partout ailleurs soit la même jusqu'à la quatrième décimale, il faut que les conditions physiques dans toutes les régions de l'espace aient évolué essentiellement de la même manière depuis le big bang. C'est une déduction importante, mais qu'il convient d'interpréter avec soin. Un coup d'œil au ciel d'une nuit d'été révèle un Univers varié : étoiles et planètes de toutes sortes sont disséminées ici et là à travers la voûte céleste. Toutefois, l'idée est que, dans notre analyse de l'évolution de l'Univers dans son ensemble, on adopte un point de vue « macroscopique », qui considère la moyenne de ces variations à « petite » échelle. Or ce sont ces moyennes à grande échelle qui se révèlent pratiquement uniformes. Imaginons un verre d'eau. À l'échelle des molécules, l'eau est complètement hétérogène : il y a une molécule d'H_2O ici, une partie d'espace libre, une autre molécule d'H_2O là, et ainsi de suite. Mais si l'on prend la moyenne de ces petits amas moléculaires à petite échelle pour étudier l'eau à plus « grande » échelle — à l'échelle quotidienne de ce que l'on peut voir à l'œil nu —, l'eau du verre apparaît parfaitement uniforme. La non-uniformité observée dans le ciel nocturne est comparable au point de vue microscopique d'une molécule d'H_2O. Mais, à l'instar du verre d'eau, l'Univers, lorsqu'on l'examine à des échelles suffisamment vastes (de l'ordre de centaines de millions d'années-lumière), affiche une homogénéité extraordinaire. L'uniformité du rayonnement de fond cosmique est donc un testament fossile de l'uniformité des lois de la physique, ainsi que des détails environnementaux à travers tout l'Univers.

Cette conclusion a de grandes conséquences, car c'est l'uniformité de l'Univers qui nous permet de définir un concept du temps applicable à l'Univers dans son ensemble. Si l'on prend la mesure du changement comme définition opérationnelle du temps qui passe, l'uniformité environnementale dans tout l'espace révèle l'uniformité du changement dans tout l'Univers, et implique donc également l'uniformité du temps qui passe. L'uniformité de la structure géologique de notre planète permet aux géologues européens, africains et asiatiques d'être en accord sur l'histoire et l'âge de la Terre. De même, l'uniformité de l'évolution cosmique dans tout l'espace permet aux physiciens de la Voie lactée, à ceux de la galaxie d'Andromède et à ceux de la galaxie Tadpole d'être en accord sur l'histoire et sur l'âge de l'Univers. Concrètement, l'évolution homogène de l'Univers signifie que des horloges situées sur Terre, dans la galaxie d'Andromède et dans la galaxie Tadpole seront toutes, en moyenne, soumises à des conditions physiques quasi identiques et auront donc égrené le temps à peu près de la même manière. L'homogénéité de l'espace garantit donc une synchronie cosmique.

Bien que j'aie laissé de côté certains détails importants (comme l'expansion de l'espace que nous aborderons à la prochaine section), la discussion illustre le cœur de la question : le temps est à la croisée des symétries. Si l'Univers avait une symétrie temporelle parfaite (s'il était parfaitement immuable), il serait difficile ne serait-ce que de donner une signification au temps. Mais, d'un autre côté, si l'Univers n'avait aucune symétrie dans l'espace (si, par exemple, le fond de rayonnement cosmique était distribué au petit bonheur la chance, avec des températures complètement différentes d'un endroit à l'autre), le temps, au sens cosmologique, n'aurait pas grande signification. Les tic-tac d'horloges situées en différents endroits auraient des rythmes différents, et la question de savoir comment était l'Univers trois milliards d'années plus tôt donnerait lieu à des réponses différentes selon l'horloge sur laquelle on mesure ces trois milliards d'années. Voilà qui serait fort compliqué. Heureusement, notre Univers n'a pas assez de symétrie pour ôter toute signification au temps, mais il en a suffisamment pour éviter ce type de complexité et nous permettre de parler de son âge et de son évolution globale dans le temps.

Tournons-nous maintenant vers cette évolution et remontons le fil de l'histoire de l'Univers.

Distension

L'histoire de l'Univers promet d'être un vaste sujet mais, dans les grandes lignes, elle se révèle étonnamment simple et s'appuie en majeure partie sur un seul fait essentiel : l'Univers est en expansion. Puisque c'est là le cœur de l'histoire cosmique, et certainement l'une des plus grandes découvertes de l'humanité, voyons rapidement comment on s'en est rendu compte.

En 1929, Edwin Hubble a découvert, avec le télescope de 2,5 mètres de l'observatoire du mont Wilson, en Californie, que les deux douzaines de galaxies qu'il pouvait observer s'éloignaient toutes de nous[5].

En outre, Hubble a découvert que les galaxies s'éloignaient d'autant plus rapidement qu'elles étaient plus éloignées. Pour se faire une idée des ordres de grandeur qui entrent en jeu, signalons que des versions plus perfectionnées des observations originales de Hubble (qui ont étudié des milliers de galaxies à l'aide, entre autres, du télescope spatial qui porte son nom) montrent que des galaxies distantes de cent millions d'années-lumière s'éloignent de nous à la vitesse d'environ 8,8 millions de kilomètres à l'heure ; celles qui sont situées deux fois plus loin, à deux cents millions d'années-lumière, s'éloignent deux fois plus vite, à la vitesse de 17,7 millions de kilomètres à l'heure ; à trois cents millions d'années-lumière de distance, les galaxies s'éloignent trois fois plus vite, à 26,5 millions de kilomètres à l'heure environ, et ainsi de suite. La découverte de Hubble était saisissante, parce que les préjugés scientifiques et philosophiques abondaient principalement dans le sens d'un univers qui serait, à grande échelle, statique, éternel, fixe et immuable. Et, d'un coup d'un seul, Hubble a bouleversé cette vision des choses. Or, à la croisée des chemins de l'expérience et de la théorie, la relativité générale d'Einstein fut capable de donner une très belle explication à la découverte de Hubble.

En fait, on pourrait penser qu'il ne devrait pas être trop difficile de trouver une explication. Après tout, si, en passant à côté d'une usine, on voyait toutes sortes de matériaux voler à vive allure dans toutes les directions, on serait naturellement enclin à penser qu'il y a eu une explosion. Et si l'on remontait les chemins suivis par tous les morceaux de métal et de béton épars, on verrait qu'ils convergent tous vers un même endroit, que l'on pourrait considérer comme le foyer de l'explosion. Avec le même raisonnement, puisque le point de vue que l'on a depuis la Terre (comme le confirment les observations de Hubble et de ses successeurs) montre que les galaxies sont en récession, on pourrait penser que notre position dans l'espace était le foyer d'une explosion ancestrale qui a éjecté de manière uniforme tout le matériau brut des étoiles et des galaxies. Toutefois, le problème de cette théorie est qu'elle privilégie une région de l'espace (la nôtre) en la consacrant berceau de l'Univers. Et, si c'était le cas, cela illustrerait une asymétrie flagrante : les conditions physiques dans des régions éloignées de l'explosion primordiale (et donc loin de nous) seraient très différentes de celles que l'on observe dans notre voisinage. Or rien, dans les données astronomiques, n'indique ce type d'asymétrie et, en outre, les explications anthropocentriques sont toujours accueillies avec défiance. Aussi, une interprétation plus sophistiquée de la découverte de Hubble s'impose, dans laquelle notre position n'aurait rien de particulier au sein de l'ordre cosmique.

La relativité générale propose une interprétation de ce type : Einstein a trouvé que l'espace et le temps ne sont ni rigides ni figés, mais souples et flexibles. Il a en outre proposé des équations indiquant explicitement comment l'espace et le temps répondent à la présence de matière et d'énergie. Dans les années 1920, le mathématicien et météorologue russe Alexander Friedmann et, indépendamment, le prêtre et astronome belge Georges Lemaître ont étudié les équations d'Einstein pour les appliquer à l'Univers dans son ensemble. Tous deux découvrirent quelque chose d'étonnant. L'attraction gravitationnelle de la Terre implique qu'une balle de tennis lancée vers le haut devra soit continuer de plus en plus loin dans le ciel, soit retomber vers le sol, mais qu'en aucun cas elle ne pourra s'immobiliser (sauf à l'instant précis où elle atteint son point le plus haut). De même, Friedmann et Lemaître ont découvert que l'attraction gravitationnelle de la matière et du rayonnement disséminés dans tout l'Univers impliquait que la structure de l'espace est soit en expansion, soit en contraction, mais qu'elle ne peut être fixe. En fait, c'est l'un des rares exemples pour lesquels la métaphore ne renferme pas seulement l'essence de la physique qui entre en jeu, mais aussi son contenu mathématique : il s'avère que les équations donnant l'altitude de la balle de tennis sont quasi identiques aux équations d'Einstein décrivant la taille de l'Univers[6].

La souplesse que la relativité générale confère à l'espace permet d'interpréter la découverte de Hubble de manière beaucoup plus profonde. Plutôt que d'expliquer le mouvement de récession des galaxies par une variante cosmique de l'explosion d'une usine, la relativité générale stipule que, depuis des milliards d'années, l'espace est en expansion. Et, en entraînant les galaxies dans son expansion, l'espace les fait s'éloigner les unes des autres, un peu comme des graines de pavot sur un petit pain qui gonfle en cuisant au four. Ainsi, l'origine de ce mouvement de récession n'est pas une explosion qui a eu lieu en un point donné de l'espace. En fait, la récession des galaxies provient de la croissance continuelle de l'espace lui-même.

Pour mieux saisir le cœur de cette idée, on peut se remémorer l'image bien utile du ballon de baudruche, que les physiciens évoquent souvent pour modéliser l'Univers en expansion (on peut pousser l'analogie au moins aussi loin que le petit dessin que vous trouverez dans les notes, qui accompagnait, dans un journal néerlandais publié en 1930, une interview de Willem de Sitter, un chercheur qui a beaucoup contribué à la recherche en cosmologie[7]). Cette analogie transpose notre espace tridimensionnel habituel à la surface bidimensionnelle d'un ballon de baudruche, plus facile à visualiser, que l'on gonflerait de plus en plus (figure 8.2a). Les galaxies sont représentées par des *cents**, ornés du portrait de Lincoln, répartis uniformément sur la surface du ballon. Notons qu'à mesure que le ballon enfle les pièces s'éloignent de plus en plus les unes des autres, de la même manière que les galaxies s'éloignent les unes des autres dans notre Univers en expansion.

Un aspect important de ce modèle est qu'il affiche une symétrie parfaite entre toutes les pièces, puisque

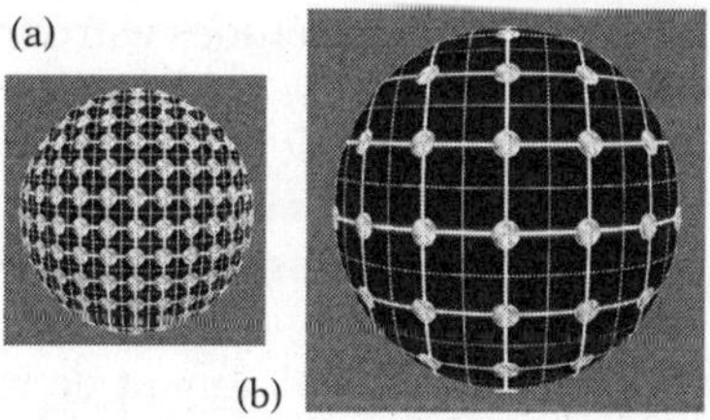

Figure 8.2 (a) Si l'on colle des *cents* en les espaçant régulièrement à la surface d'une sphère, le point de vue de n'importe quel Lincoln est le même que celui de n'importe quel autre. Voilà qui confirme la conviction qu'en moyenne, le point de vue depuis n'importe quelle galaxie de l'Univers est le même que depuis n'importe quelle autre. (b) Si la sphère enfle, la distance qui sépare les pièces augmente. En outre, plus deux pièces étaient éloignées en (a), plus l'expansion (b) va les séparer. Voilà qui correspond bien à nos observations, qui montrent que plus une galaxie est éloignée du point de vue choisi, plus elle s'en éloigne rapidement. Notons qu'aucune pièce n'est privilégiée par rapport à une autre, ce qui est en accord avec notre conviction que, dans l'Univers, aucune galaxie n'est plus spéciale qu'une autre et qu'aucune galaxie n'est le foyer de l'expansion de l'espace.

* Centimes du dollar américain (*N.d.T.*).

le point de vue de n'importe quel Lincoln est le même que celui de n'importe quel autre. Pour s'en convaincre, imaginons que nous rétrécissions à tel point que nous puissions nous asseoir sur l'une de ces pièces et regarder dans toutes les directions de la surface du ballon (souvenons-nous que, dans cette analogie, c'est la surface du ballon qui représente la totalité de l'espace : regarder au-delà de cette surface n'aurait donc aucun sens). Que verrions-nous ? Eh bien, nous verrions que tous les centimes autour de nous s'éloignent dans toutes les directions à mesure que le ballon enfle. Et si nous nous installions sur une autre pièce, que verrions-nous ? La symétrie garantit que nous verrions la même chose : des Lincoln en récession dans toutes les directions. Cette image concrète confirme notre conviction (étoffée par des études astronomiques de plus en plus précises) qu'un observateur situé dans l'une des cent milliards de galaxies de l'Univers aurait, en moyenne, la même vue de son ciel nocturne à travers le plus puissant des télescopes que celle que nous avons, nous, depuis la Terre : toutes les galaxies avoisinantes s'éloignent de lui.

Ainsi, contrairement à l'explosion d'un bâtiment dans un espace fixe et préexistant, si la récession procède de l'expansion de l'espace lui-même, alors il n'y a plus besoin d'un point particulier (pas de *cent* privilégié, pas de galaxie privilégiée) qui serait au centre du mouvement de récession. Chaque point (chaque *cent*, chaque galaxie) est exactement sur le même pied d'égalité que tout autre. Le point de vue depuis n'importe quel point ressemble à celui que l'on aurait depuis le foyer d'une explosion : chaque Lincoln voit tous les autres s'éloigner de lui ; un observateur situé dans une galaxie quelconque verra toutes les autres galaxies s'éloigner de lui. Mais, cela étant vrai pour tous les points, il n'y a pas d'endroit privilégié ou unique qui serait *le* centre dont émane tout le mouvement de récession.

En outre, non seulement cette explication rend-elle compte, qualitativement, de ce mouvement de récession spatialement homogène, mais elle explique également les détails quantitatifs qu'avait trouvés Hubble et qu'ont confirmés, avec une précision croissante, les observations ultérieures. Comme l'illustre la figure 8.2, si le ballon enfle pendant un certain intervalle de temps et qu'il double de taille, par exemple, alors toutes les distances spatiales seront doublées elles aussi : les *cents* qui étaient distants d'un centimètre seront maintenant distants de deux centimètres, les *cents* distants de deux centimètres le seront de quatre centimètres, les *cents* distants de trois centimètres le seront de six centimètres, et ainsi de suite. Donc, pour n'importe quel intervalle de temps donné, l'augmentation de la distance entre deux pièces est proportionnelle à la distance qui les séparait initialement. Et, puisqu'une plus grande augmentation de la distance pendant un intervalle de temps donné signifie une plus grande vitesse, on en déduit que les *cents* qui sont les plus éloignés les uns des autres s'éloignent aussi plus rapidement. Pour résumer, plus deux *cents* sont distants l'un de l'autre, plus il y a de surface de ballon entre les deux, et donc plus vite ils s'éloignent lorsque le ballon enfle. Lorsqu'on applique exactement le même raisonnement à l'espace en expansion et aux galaxies qu'il renferme, on aboutit à l'explication des observations de Hubble. Plus deux galaxies sont éloignées l'une de l'autre, plus il y a d'espace entre les deux, plus elles s'éloignent rapidement l'une de l'autre avec l'expansion de l'espace.

En attribuant le mouvement observé des galaxies

à l'expansion de l'espace, la relativité générale fournit une explication qui non seulement traite tous les points de l'espace de manière symétrique, mais rend également compte de toutes les données recueillies par Hubble. Voilà le type d'explication (qui sort élégamment du lot pour expliquer les observations de manière quantitativement précise et artistement symétrique) que les physiciens considèrent comme presque trop belle pour être fausse. L'expansion de la structure de l'espace réunit à peu près tous les suffrages.

Le temps dans un univers en expansion

Grâce à une légère variation sur le modèle du ballon, on peut mieux comprendre comment la symétrie dans l'espace, même si celui-ci est en expansion, conduit à une notion du temps qui s'applique uniformément à travers tout l'Univers. Imaginons que l'on remplace chacune des pièces par une horloge, comme à la figure 8.3. On sait grâce à la relativité que des horloges identiques, si elles sont sujettes à des influences physiques différentes (des mouvements différents ou des champs de gravitation différents), ont des tic-tac différents. Mais l'essentiel est de remarquer que la symétrie entre tous les Lincoln sur le ballon en expansion se translate en une symétrie complète entre toutes les horloges. Toutes les horloges sont soumises aux mêmes conditions physiques, si bien qu'elles égrènent toutes le temps au même rythme. De même, dans un univers en expansion dans lequel règne entre toutes les galaxies un très haut degré de symétrie, *des horloges se déplaçant avec une galaxie ou une autre auront toutes le même tic-tac et indiqueront donc une même valeur*

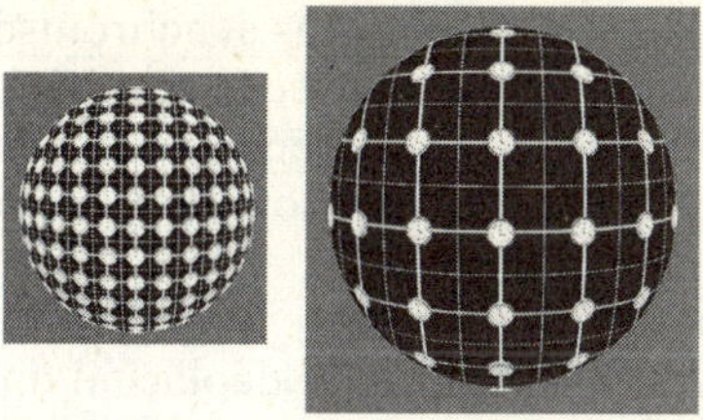

Figure 8.3 Des horloges qui se déplacent avec les galaxies (dont le mouvement, en moyenne, ne provient *que* de l'expansion de l'espace) donnent des mesures de temps cosmique universelles. Même si elles s'éloignent les unes des autres, elles restent synchronisées car elles se déplacent *avec* l'espace et non pas *dans* l'espace.

du temps écoulé entre deux événements. Comment pourrait-il en être autrement ? Toute horloge est sur un pied d'égalité avec toutes les autres, puisqu'elles ont, en moyenne, fait l'expérience des mêmes conditions physiques. Voilà qui montre une nouvelle fois l'incroyable pouvoir de la symétrie. Sans le moindre calcul, sans la moindre analyse détaillée, on s'aperçoit que l'uniformité de l'environnement physique révélée par l'uniformité du rayonnement de fond cosmique et par la distribution uniforme des galaxies dans l'espace[8] nous permet de déduire l'uniformité du temps.

Bien que le raisonnement soit tout simple, la conclusion peut néanmoins prêter à confusion. Puisque les galaxies s'éloignent toutes les unes des autres du fait de l'expansion de l'espace, les horloges en déplacement avec telle ou telle galaxie s'éloignent elles aussi les unes des autres. En outre, elles se déplacent les unes par rapport aux autres selon une grande variété de vitesses, celles-ci étant déterminées par les distances diverses qui les séparent. Ces mouvements n'auront-ils pas pour effet que les horloges ne seraient plus synchronisées, comme nous l'a montré Einstein avec la relativité restreinte ? Pour plusieurs raisons, la réponse est non. Voici une manière particulièrement commode de comprendre pourquoi.

Souvenons-nous (chapitre 3) qu'Einstein a découvert que des horloges qui se déplacent différemment *dans* l'espace ont des tic-tac différents — parce qu'elles consacrent des fractions différentes de leur mouvement dans le temps en mouvement dans l'espace (souvenons-nous de l'analogie avec Gaston Lagaffe, qui, sur son skateboard, se dirigeait tout d'abord vers le nord, pour dévier ensuite une partie de son mouvement vers l'est). Mais les horloges que l'on considère à présent ne se déplacent pas dans l'espace. De même que les *cents* étaient chacun collés en un point du ballon et ne se déplaçaient les uns par rapport aux autres que du fait du gonflement de la surface du ballon, les galaxies occupent chacune une région de l'espace et, pour la plupart, elles ne se déplacent les unes par rapport aux autres que du fait de l'expansion de l'espace. Et cela signifie que les horloges sont en fait stationnaires par rapport à l'espace lui-même, si bien qu'elles égrènent le temps au même rythme. Et ce sont précisément ces horloges (*les horloges dont le mouvement ne provient que de l'expansion de l'espace*) qui sont les horloges cosmiques synchronisées que l'on peut utiliser pour estimer l'âge de l'Univers.

Remarquons qu'on a évidemment la liberté d'embarquer notre propre horloge à bord d'une fusée et de l'envoyer filer à travers l'espace à des vitesses considérables, clairement supérieures à celles du flux cosmique dû à l'expansion spatiale. Dans ce cas, notre horloge aura bel et bien un rythme différent des autres, et elle indiquera effectivement une valeur différente pour le temps écoulé depuis le big bang. C'est un point de vue tout à fait valable, mais aussi complètement individualiste : le temps mesuré est lié à nos allées et venues particulières et à notre mouvement. Lorsque les physiciens parlent de l'âge de l'Univers, ils aspirent à quelque chose d'universel (ils cherchent une mesure qui ait la même signification partout). L'uniformité des changements à travers l'espace offre une manière d'y parvenir[9].

En fait, l'uniformité du fond de rayonnement cosmique est un test prêt à l'emploi permettant de vérifier que l'on se déplace bien dans le flot cosmique d'expansion spatiale. Voyez-vous, bien que le rayonnement de fond cosmique soit homogène dans tout l'espace, si l'on est en mouvement par rapport au flux spatial de l'Univers, on ne verra plus ce rayonnement homogène. De même que la sirène d'une voiture de police est plus aiguë à l'approche et plus grave quand elle s'éloigne, si l'on fuse dans l'espace dans une navette spatiale, les ondes du rayonnement de fond cosmique arrivant par l'avant de la navette l'atteindront à une fréquence plus élevée que celles arrivant par l'arrière de la navette. Or des micro-ondes de fréquence plus élevée correspondent à une température plus élevée. Ainsi, on trouverait, dans la direction de notre mouvement, un rayonnement de fond plus chaud que celui qui nous rejoint par l'arrière de la navette. Et il se trouve que, sur la « navette » Terre, les astronomes trouvent effectivement que le fond de rayonnement cosmique est légèrement plus chaud dans une certaine direction de l'espace que dans la direction opposée. La raison en est que non seulement la Terre tourne autour du Soleil, et le Soleil autour du centre de la galaxie, mais toute la Voie lactée possède un léger excès de vitesse par rapport à celle de l'expansion cosmique, dans la direction de la constellation de l'Hydre. Ce n'est que lorsque les astronomes corrigent les effets de ces mouvements relativement légers que le rayonnement de fond cosmique affiche véritablement des températures uniformes en différents endroits du ciel. C'est cette uniformité, cette symétrie d'ensemble entre un lieu et un autre, qui nous permet de donner un sens au temps lorsqu'on parle de l'Univers dans son ensemble.

Les subtilités d'un univers en expansion

Certaines subtilités, dans notre explication de l'expansion cosmique, méritent quelques éclaircissements. Premièrement, souvenons-nous que dans l'image du ballon, seule la *surface* du ballon joue un rôle, et cette surface est bidimensionnelle (chaque point peut être spécifié par la donnée de deux nombres, par exemple, la latitude et la longitude sur le globe terrestre), tandis que l'espace que l'on observe lorsqu'on regarde autour de nous possède trois dimensions. On utilise ce modèle de plus basse dimension parce qu'il illustre les concepts essentiels du cas réaliste à trois dimensions, tout en étant beaucoup plus facile à visualiser. Mais il est important de garder cela à l'esprit, surtout si l'on est tenté de dire qu'il existe bel et bien un point particulier dans le modèle du ballon : le point central, à l'intérieur du ballon, dont s'éloigne toute la surface. Cette observation est correcte, mais elle n'a aucune incidence car les points qui ne sont pas sur la surface du ballon ne jouent aucun rôle. La surface du ballon représente *tout* l'espace ; les points qui ne sont pas *sur* la surface ne sont que des produits dérivés qui n'ont aucune pertinence dans cette analogie, car ils ne correspondent à aucun des points dans l'Univers*.

Deuxièmement, la vitesse de récession étant d'autant plus élevée que les galaxies sont plus éloignées, cela ne signifie-t-il pas que des galaxies suffisamment distantes de nous s'éloignent de nous à des vitesses supérieures à la vitesse de la lumière ? La réponse est un « oui ! » clair et net. Et, pourtant, il n'y a là aucun conflit avec la relativité restreinte. Pourquoi ? Eh bien, c'est en rapport étroit avec la raison pour laquelle des horloges qui s'éloignent

* Aller au-delà de l'image bidimensionnelle de la surface d'un ballon pour décrire un modèle sphérique tridimensionnel est chose facile du point de vue mathématique, mais qui est très difficile à visualiser, même pour les mathématiciens et les physiciens. On pourrait tenter d'envisager une sphère tridimensionnelle pleine, comme une boule de bowling dénuée de trous. Mais cette forme géométrique n'est cependant pas adaptée : il faut que tous les points du modèle soient sur un pied d'égalité, puisque l'on pense que tout point de l'Univers est (en moyenne) semblable à tous les autres. Mais la boule de bowling a toutes sortes de points différents : certains sont sur la surface externe, d'autres à l'intérieur, et l'un d'eux est au centre. En fait, de même que la surface bidimensionnelle du ballon entoure une région sphérique à *trois* dimensions (l'air contenu dans le ballon), une forme tridimensionnelle acceptable devrait englober une région sphérique à *quatre* dimensions. Ainsi, la surface sphérique tridimensionnelle d'un ballon dans un espace à quatre dimensions ferait l'affaire. Mais si l'on a besoin d'une image visuelle, alors autant faire comme la plupart des chercheurs : contentons-nous d'analogies en plus basses dimensions, plus faciles à visualiser. Celles-ci illustrent les aspects essentiels. Dans la suite nous considérerons, plutôt que la forme courbe d'une sphère, l'espace plat à trois dimensions, qui pourra être visualisé.

par le flot d'expansion spatiale restent synchronisées. Comme nous l'avons souligné au chapitre 3, Einstein a montré que rien ne peut cheminer *dans* l'espace plus vite que la lumière. Mais les galaxies, en moyenne, se déplacent à peine dans l'espace. Leur mouvement est presque entièrement dû à l'expansion de *l'espace lui-même*. Et la théorie d'Einstein n'interdit en rien que l'espace soit en expansion de telle sorte que deux points (deux galaxies) s'éloignent l'un de l'autre à une vitesse supérieure à celle de la lumière. Son résultat ne concerne que les vitesses dont le mouvement dû à l'expansion spatiale a été soustrait ; il ne concerne que le mouvement qui s'additionne au mouvement dû à l'expansion de l'Univers. Les observations confirment que, pour des galaxies ordinaires entraînées dans le flot cosmique, ce mouvement additionnel est dérisoire et reste en accord avec la relativité restreinte, malgré le fait que leur mouvement relatif dû à l'expansion de l'espace lui-même puisse dépasser la limitation de vitesse imposée par la lumière*.

Troisièmement, si l'espace est en expansion, cela ne signifie-t-il pas qu'outre les galaxies qui s'éloignent les unes des autres l'espace en expansion au sein de chaque galaxie ferait que toutes ses étoiles s'éloignent également les unes des autres, et que l'espace en expansion au sein de chaque étoile, de

* Selon que le rythme de l'expansion de l'Univers accélère ou ralentit avec le temps, la lumière émise par ces galaxies pourrait livrer une bataille dont Zénon aurait été fier : leur lumière pourrait se précipiter vers nous à la vitesse de la lumière tandis que l'expansion de l'espace rendrait la distance à parcourir par la lumière de plus en plus importante, empêchant ainsi la lumière de nous atteindre. Je vous renvoie aux notes de fin pour plus de détails[10].

chaque planète, de vous, de moi et de tout le reste ferait s'éloigner tous les atomes constituants, et toutes les particules constituant les atomes, les uns des autres ? Pour résumer, l'expansion de l'espace n'implique-t-elle pas que *tout* augmente en taille, y compris nos mètres étalons, si bien que l'on ne pourrait jamais distinguer qu'une expansion a bel et bien eu lieu ? La réponse est non. Revenons à l'image du ballon et des *cents*. Lorsque la surface du ballon enfle, toutes les pièces s'éloignent les unes des autres, mais les pièces elles-mêmes n'augmentent aucunement en taille. Certes, si l'on avait représenté les galaxies par des petits cercles dessinés au feutre noir sur le ballon, alors en effet, les petits cercles auraient enflé en même temps que le ballon. Mais ce sont bien les pièces, et non pas les petits cercles dessinés, qui restituent ce qui se passe réellement. La taille de chaque pièce reste fixe parce que les forces qui maintiennent la cohésion de ses atomes de zinc et de cuivre sont beaucoup plus intenses que la force due à l'expansion du ballon sur lequel elles sont collées. De même, les forces nucléaires qui assurent la cohésion des atomes, la force électromagnétique qui maintient nos os et notre peau en place, et la force gravitationnelle qui assure la cohésion des étoiles et des planètes et qui les lie au sein des galaxies, sont plus intenses que l'expansion de l'espace, et aucun de ces objets n'augmente en taille. Ce n'est qu'aux échelles les plus vastes, largement supérieures à celles d'une galaxie individuelle, que l'expansion de l'espace ne rencontre que peu ou pas de résistance (l'attraction gravitationnelle entre galaxies très éloignées étant faible par comparaison, du fait des grandes distances mises en jeu) et ce n'est donc qu'à ces échelles supragalactiques que l'expansion de l'espace fait s'éloigner les objets les uns des autres.

Cosmologie, symétrie et forme de l'espace

Si quelqu'un venait nous réveiller au beau milieu de la nuit et nous tirait d'un sommeil profond pour nous demander quelle est la forme de l'Univers (la forme globale de l'espace), nous serions pressés de trouver à lui répondre. Malgré notre torpeur, nous savons qu'Einstein a montré que l'espace ressemblait un peu à cette pâte de silicone vendue sous le nom de Silly Putty et qu'il peut donc, en principe, adopter à peu près n'importe quelle forme. Alors, comment répondre à cette question ? Nous vivons sur une petite planète en orbite autour d'une étoile ordinaire dans la banlieue d'une galaxie quelconque parmi les centaines de milliards de galaxies disséminées dans tout l'espace... alors comment diable pourrions-nous espérer savoir quoi que ce soit de la forme de tout l'Univers ? Eh bien, à mesure que les vapeurs du sommeil se dissipent, nous nous rendons compte petit à petit que le pouvoir de la symétrie peut à nouveau nous tirer d'affaire.

Si nous nous souvenons de la conviction de la majorité des scientifiques selon laquelle, sur des moyennes à grande échelle, tous les points et toutes les directions de l'Univers sont liés les uns aux autres par symétrie, alors nous sommes sur la bonne voie pour trouver la réponse. La raison est que la plupart des formes ne satisfont pas ce critère de symétrie dès lors qu'une partie ou une région de la forme considérée est fondamentalement différente des autres. La base d'une poire est plus proéminente que son sommet ; un œuf est plus plat au milieu et plus pointu aux extrémités. Ces formes, bien qu'elles aient un certain degré de symétrie, n'en ont pas suffisamment. Si l'on élimine ces formes pour se limiter à celles dont chaque région et chaque direction est semblable à toutes les autres, on peut réduire amplement le nombre des possibilités.

Nous avons déjà rencontré une forme qui collait au cahier des charges. La forme sphérique du ballon était l'ingrédient-clé qui nous a permis d'établir la symétrie parfaite entre tous les Lincoln sur sa surface en expansion. La version tridimensionnelle de cette forme, que l'on appelle « tri-sphère » ou encore « 3-sphère », est donc un bon candidat pour la forme de l'espace. Mais ce n'est pas la seule forme géométrique possible. Continuons à raisonner grâce à des modèles bidimensionnels plus faciles à visualiser, et imaginons une feuille de caoutchouc *infiniment* large et *infiniment* longue, dénuée de toute courbure, avec des pièces collées sur sa surface et régulièrement espacées. L'expansion de cette feuille montre ici encore une symétrie spatiale complète et une parfaite cohérence avec la découverte de Hubble : chaque Lincoln voit chaque autre Lincoln s'éloigner avec une vitesse proportionnelle à son éloignement, comme sur la figure 8.4. Ainsi, sa version tridimensionnelle, un cube de caoutchouc transparent et infini, avec des galaxies réparties régulièrement à l'intérieur, est un autre candidat pour la forme de l'espace. (Pour ceux qui préfèrent les métaphores culinaires, on peut imaginer une variante infinie du petit pain au pavot mentionné plus haut, avec un pain de forme cubique — mais infinie —, les graines de pavot jouant le rôle des galaxies. Pendant la cuisson, le pain gonfle et toutes les graines de pavot dans la mie s'éloignent les unes des autres.) Cette forme est ce que l'on appelle

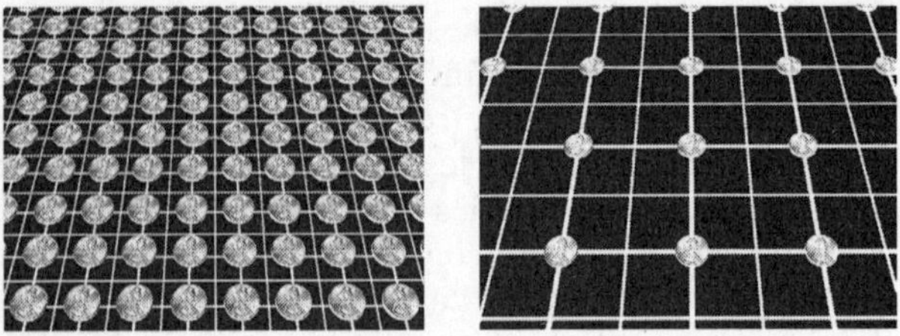

(a) (b)

Figure 8.4 (a) Le point de vue depuis une pièce sur un plan infini est le même que depuis n'importe quelle autre pièce. (b) Plus deux pièces sont éloignées l'une de l'autre à la figure (a), plus leur éloignement augmente à mesure de l'expansion du plan.

l'« espace plat » car, contrairement au cas de la sphère, elle est dénuée de courbure (c'est la signification du terme « plat » pour les mathématiciens et les physiciens, qui n'est pas la même que le « plat comme une crêpe » du langage courant)[11].

L'avantage de la sphère et du plan infini, c'est qu'on peut les parcourir sans jamais rencontrer ni bords ni frontières. Et c'est une bonne chose, car cela nous permet d'éviter toutes sortes de questions épineuses du type : Qu'y a-t-il au-delà des frontières de l'espace ? Qu'arrive-t-il si l'on atteint un bord de l'espace ? Dans un espace sans bord ni frontière, ces questions n'ont pas de sens. Notons toutefois que, si ces deux formes possèdent cette agréable propriété, chacune la réalise de manière différente. Si l'on marche droit devant soi dans un espace sphérique, on finira tôt ou tard, comme Magellan, par revenir à notre point de départ sans avoir jamais rencontré de bord. En revanche, si l'on avance droit devant soi dans un espace plat infini, on vérifiera, un peu comme le lapin Duracell, que l'on peut continuer encore et encore sans jamais rencontrer de bord, et sans jamais repasser par la case départ. Bien que cette différence entre les géométries dans un espace courbe et dans un espace plat semble fondamentale, il existe une variante simple de l'espace plat qui, de ce point de vue, ressemble étrangement à la sphère.

Pour visualiser cette variante, imaginons l'un de ces jeux vidéo dont l'écran semble avoir des bords, mais qui, en fin de compte, n'en a pas car on ne peut pas en sortir : si l'on franchit le bord de droite, on réapparaît à gauche ; si l'on sort par le bas, on réapparaît en haut. L'écran se boucle sur lui-même, identifie haut et bas ainsi que droite et gauche, si bien que cette forme est plate (dénuée de courbure) et de taille finie, mais sans bords. En mathématiques, cette forme est ce que l'on appelle un « tore bidimensionnel » ; elle est illustrée sur la figure 8.5a[12]. Sa version tridimensionnelle, appelée tore tridimensionnel, est un autre candidat possible à la forme de l'espace. On peut l'imaginer comme un énorme cube qui se boucle sur lui-même le long de ses trois axes : lorsqu'on traverse la face du haut, on réapparaît à celle du bas ; lorsqu'on traverse la face du fond, on réapparaît devant ; lorsqu'on traverse la face de gauche, on réapparaît à droite (figure 8.5b). Cette forme est plate (ici encore au sens où elle est dénuée de courbure, et non pas au sens où elle est plate comme une crêpe), tridimensionnelle, finie dans toutes les directions et pourtant sans bords ni frontières.

Outre ces possibilités, il existe une autre forme compatible avec l'expansion symétrique de l'espace expliquant la découverte de Hubble. Bien qu'elle soit difficile à visualiser en trois dimensions, comme pour le cas de la sphère, il existe un bon substitut

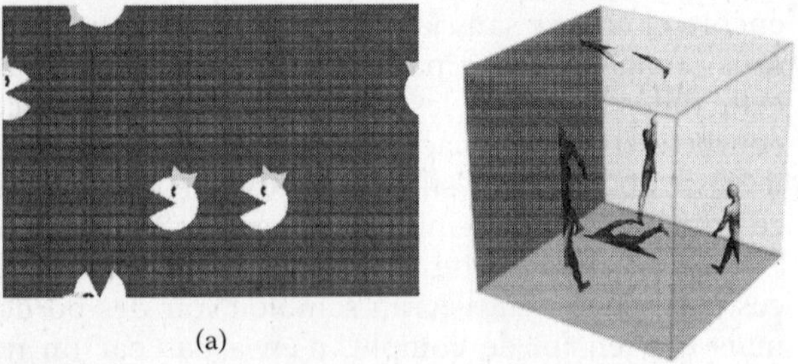

(a) (b)

Figure 8.5 (a) Un écran de jeu vidéo est plat (dans le sens « dénué de courbure ») et de taille finie, mais il n'a ni bords ni frontières car il se boucle sur lui-même. En mathématiques, cette forme est appelée « tore bidimensionnel ». (b) Une version tridimensionnelle de la même forme géométrique, appelée « tore tridimensionnel », est également plate (dénuée de courbure), de volume fini et dépourvue de bords ou de frontières, car elle se boucle sur elle-même. Si l'on sort par une face, on réapparaît par la face opposée.

bidimensionnel : une version infinie d'une chips de la marque Pringle's. Souvent appelée forme « en selle », c'est une sorte d'inversion de la sphère : tandis qu'une sphère est bombée de manière symétrique vers l'extérieur, la selle est creusée de manière symétrique vers l'intérieur, comme l'illustre la figure 8.6. Dans le jargon des mathématiciens, on dit de la sphère qu'elle a une *courbure positive* (bombée vers l'extérieure), que la selle est de *courbure négative* (creusée vers l'intérieur) et que l'espace plat (qu'il soit fini ou infini) a une *courbure nulle* (ni bombé, ni creusé)*.

* Tout comme un écran de jeu vidéo est une version de taille finie de l'espace plat sans bords ni frontières, il existe des versions de taille finie de la forme en selle qui n'ont

Figure 8.6 Avec l'analogie d'un espace à deux dimensions, il existe trois types de courbures complètement symétriques, c'est-à-dire dans lesquelles le point de vue depuis n'importe quel point est le même que depuis n'importe quel autre. La courbure peut être (a) *positive,* c'est-à-dire bombée uniformément vers l'extérieur, comme sur une sphère ; (b) *nulle,* c'est-à-dire non bombée, comme sur un plan infini ou sur un écran de jeu vidéo ; (c) *négative,* c'est-à-dire creusée uniformément vers l'intérieur, comme sur une selle.

Les chercheurs ont prouvé que cette liste (courbure uniformément positive, négative ou nulle) recensait toutes les courbures possibles pour l'espace qui soient compatibles avec la condition de la symétrie entre tous les points et toutes les directions. C'est fabuleux : il s'agit de la forme de *tout l'Univers,* et l'on aurait pu s'attendre à trouver une infinité de possibilités ! Et pourtant, grâce au formidable pouvoir de la symétrie, les chercheurs ont pu restreindre considérablement l'éventail des possibilités. Ainsi, en laissant la symétrie guider nos pas, et si notre intrus nocturne accepte de nous accorder plusieurs réponses, nous devrions parvenir à relever ce défi et surtout à nous rendormir[13].

également ni bords ni frontières. Je n'en dirai pas plus, sauf à remarquer que cela implique que les trois courbures possibles (positive, nulle, négative) peuvent être réalisées par des formes de taille finie, sans bords ni frontières. (Donc, en principe, un Magellan de l'espace pourrait reproduire une version cosmique de son voyage dans un univers dont la courbure correspondrait à l'une ou l'autre de ces trois possibilités.)

On pourrait tout aussi bien se demander pourquoi nous en arrivons à plusieurs formes possibles pour l'espace. Nous habitons un seul et unique univers, alors pourquoi ne pourrait-on pas lui attribuer avec certitude une seule et unique forme ? Eh bien, les formes de notre liste sont les seules qui soient compatibles avec notre conviction que tous les observateurs, quelles que soient leur positions dans l'Univers, devraient voir le même Univers à grande échelle. Mais ces considérations de symétrie, si elles sont très sélectives, ne nous permettent pas d'aller au bout et de parvenir à une réponse unique. Pour cela, nous avons besoin des équations de la relativité générale d'Einstein.

Les données d'entrée des équations d'Einstein sont la quantité de matière et d'énergie dans l'Univers (que l'on suppose, toujours selon des considérations de symétrie, être distribuées uniformément). À la sortie, les équations donnent la courbure de l'espace. Mais toute la difficulté réside dans le fait que, depuis plusieurs dizaines d'années, les astronomes ne parviennent pas à se mettre d'accord sur la quantité de matière et d'énergie qui peuple réellement l'Univers. Imaginons que l'on répartisse toute la matière et l'énergie de l'Univers de manière uniforme dans l'espace. Si, après cela, la densité obtenue était supérieure à ce que l'on appelle la « densité critique », valant 0,00000000000000000000001 gramme par mètre cube* (10^{-23} g/m^3, soit environ

* Dans l'Univers d'aujourd'hui, la matière est plus abondante que le rayonnement et il est donc plus commode d'exprimer la densité critique dans des unités correspondant à la masse (en grammes par mètre cube). Notons également que si 10^{-23} g/m^3 peut sembler n'être pas grand-chose, il y a *beaucoup* de mètres cubes d'espace tout là-bas dans l'Univers. En outre, plus on remonte dans le passé,

cinq atomes d'hydrogène par mètre cube), alors les équations d'Einstein conduiraient à une courbure positive de l'espace ; pour une densité inférieure à la densité critique, les équations aboutissent à une courbure négative ; une densité précisément égale à la valeur critique correspond à un espace sans courbure. Bien que cette question d'observation n'ait pas encore de réponse ferme et définitive, les données les plus abouties font pencher la balance du côté d'un espace sans courbure — la forme plate (mais la question de savoir si le lapin Duracell, en avançant toujours dans la même direction, irait se perdre dans l'infinie noirceur de l'espace, ou s'il reviendrait un jour par-derrière — c'est-à-dire la question de savoir si l'espace est infini ou s'il se boucle sur lui-même comme un écran de jeu vidéo —, reste ouverte)[14].

Malgré cela, même si l'on ne connaît pas la réponse finale concernant la forme de l'espace, une chose est claire, c'est que la symétrie est *la* considération essentielle qui nous permet de comprendre l'espace et le temps lorsqu'on les applique à l'Univers dans son ensemble. Sans le pouvoir de la symétrie, nous serions encore coincés au tout début.

Cosmologie et espace-temps

On peut maintenant illustrer l'histoire cosmique en combinant le concept de l'espace en expansion avec la description de l'espace-temps comme une miche donnée au chapitre 3. Souvenons-nous : dans l'image de la miche de pain, chaque tranche, bien

---

plus l'espace contenant toute cette masse-énergie était petit, et donc plus l'Univers était dense.

que bidimensionnelle, représente la totalité de l'espace tridimensionnel à un instant donné dans le temps, du point de vue d'un observateur particulier. Des observateurs différents découpent la miche avec des angles différents qui dépendent des détails de leur mouvement relatif. Dans les exemples rencontrés précédemment, nous n'avons pas pris en compte l'expansion de l'espace, mais nous avons plutôt imaginé que la structure de l'Univers était fixe et immuable à travers le temps. On peut maintenant affiner ces exemples en incluant l'évolution cosmologique.

Pour ce faire, nous adopterons le point de vue d'observateurs qui sont au repos dans l'espace, c'est-à-dire d'observateurs dont le seul mouvement provient de l'expansion cosmique, comme c'était le cas des Lincoln collés sur le ballon. Ici encore, même s'ils sont en mouvement les uns par rapport aux autres, il existe une symétrie entre tous ces observateurs (leurs observations concordent), si bien qu'ils découperont tous la miche d'espace-temps exactement de la même manière. Seul un mouvement relatif qui s'additionne au mouvement provenant de l'expansion cosmique, seul un mouvement relatif *dans* l'espace, et non pas *par* l'espace en expansion, aurait pour conséquence que leurs observations ne soient plus synchrones et qu'ils découpent l'espace-temps selon des angles différents. Nous devons également préciser la forme de l'espace, et, pour pouvoir faire des comparaisons, nous considérerons certaines des possibilités présentées plus haut.

L'exemple le plus facile à dessiner est celui de l'espace plat et fini, avec la forme d'un écran de jeu vidéo. À la figure 8.7a, on peut voir une tranche d'un tel univers, dont on envisage la représentation schématique comme une représentation de tout l'espace à l'instant présent. Pour simplifier, imaginons que notre galaxie, la Voie lactée, soit au milieu du dessin, mais gardons à l'esprit qu'aucun endroit n'est plus spécial qu'un autre. Même les bords sont illusoires. Le bord supérieur n'est pas un endroit où l'espace se termine, puisque l'on peut traverser pour réapparaître au bord inférieur. De même, le bord de gauche n'est pas un endroit où l'espace se termine puisque l'on peut passer au travers et réapparaître à droite. Pour rendre compte des observations astronomiques, la distance du centre à l'un des bords devrait atteindre au moins quatorze milliards d'années-lumière (environ cent trente mille milliards de milliards de kilomètres), mais cette distance pourrait aussi être bien supérieure.

Notons que nous ne pouvons pas voir littéralement les étoiles et les galaxies telles qu'elles sont

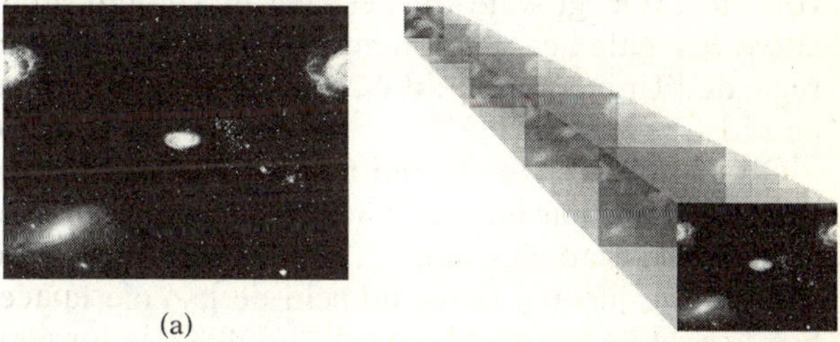

(a) (b)

Figure 8.7 (a) Description schématique de tout l'espace à l'instant présent, lorsqu'on le suppose plat et d'extension finie, avec une forme analogue à celle d'un écran de jeu vidéo. Notons que la galaxie représentée en haut à droite se continue à gauche. (b) Représentation schématique de tout l'espace au fur et à mesure de son évolution à travers le temps, où, par souci de clarté, ne sont représentées que quelques tranches à certains instants. Notons que la taille globale de l'espace et l'éloignement entre les galaxies décroissent lorsqu'on regarde plus loin vers le passé.

dessinées sur cette tranche de l'instant présent puisque, comme nous l'avons vu au chapitre 5, il faut un certain temps à la lumière émise *maintenant* par un objet pour parvenir jusqu'à nous. En fait, la lumière que l'on voit lorsqu'on regarde les cieux par une nuit sans lune a été émise il y a bien longtemps (des millions ou des milliards d'années plus tôt) et ce n'est qu'aujourd'hui qu'elle achève son long voyage jusqu'à la Terre pour pénétrer nos télescopes et nous permettre de nous émerveiller devant la beauté des profondeurs de l'espace. Celui-ci étant en expansion, lorsque cette lumière a été émise, il y a des millénaires de cela, l'Univers était beaucoup plus petit. Nous illustrons cela sur la figure 8.7b, dans laquelle nous avons placé notre tranche de l'instant présent à l'extrême droite de la miche, et ajouté une succession de tranches vers la gauche, qui décrivent notre Univers à des instants de plus en plus reculés dans le temps. Comme nous pouvons le voir, la taille globale de l'espace et l'éloignement entre les galaxies diminuent tous deux lorsqu'on regarde l'Univers tel qu'il était à des temps de plus en plus reculés.

On peut voir sur la figure 8.8 l'histoire de la lumière émise par une galaxie lointaine, par exemple un milliard d'années plus tôt, au fur et à mesure de son voyage jusqu'à nous, au sein de la Voie lactée. Sur la première tranche de la figure 8.8a, la lumière est tout d'abord émise, puis, sur les tranches suivantes, on peut voir la lumière se rapprocher de plus en plus même si l'Univers devient de plus en plus vaste, pour finalement arriver jusqu'à nous à la tranche la plus à droite. À la figure 8.8b, en reliant les endroits où est passée la lumière sur chaque tranche instantanée, on voit le chemin qu'elle a parcouru dans l'espace-temps. Puisque l'on reçoit de la lumière

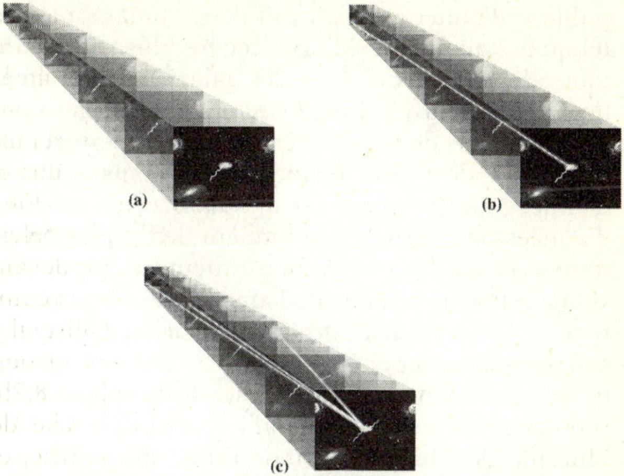

Figure 8.8 (a) Sur les tranches successives, on voit se rapprocher de plus en plus de la Voie lactée la lumière émise, voici bien longtemps, par une galaxie lointaine. (b) Lorsque nous voyons finalement cette galaxie lointaine, nous la voyons à travers l'espace *et* le temps, car la lumière que nous recevons a été émise longtemps auparavant. Le chemin parcouru par la lumière dans l'espace-temps est mis en évidence. (c) Les chemins spatio-temporels empruntés par la lumière émise, dans le passé, par divers corps astronomiques et que l'on reçoit aujourd'hui.

provenant de directions diverses, la figure 8.8c montre quelques trajectoires, dans l'espace et dans le temps, de rayons lumineux qui nous atteignent aujourd'hui.

Ces figures illustrent très clairement comment la lumière peut être utilisée comme indicateur de temps cosmique. Lorsqu'on regarde la galaxie d'Andromède, la lumière que l'on reçoit est celle qui fut émise quelque trois millions d'années plus tôt, et nous voyons donc Andromède telle qu'elle était à cette époque. Lorsqu'on regarde l'amas de Coma, la lumière reçue chemine depuis quelque trois cents millions d'années, et l'on voit donc l'amas de Coma tel qu'il était à cette époque encore plus reculée. Si toutes les étoiles de toutes les galaxies de cet amas devaient aujourd'hui exploser en supernovæ, nous continuerions de voir la même image imperturbable de l'amas de Coma pendant trois cents millions d'années encore ; ce n'est que trois cents millions d'années plus tard que la lumière de l'explosion de toutes ces étoiles pourra nous atteindre. De même, si une astrophysicienne de l'amas de Coma appartenant à notre tranche de l'instant présent dirigeait son mégatélescope vers la Terre, elle n'y verrait qu'une abondance de feuillages, d'arthropodes et de reptiles préhistoriques ; elle n'y verrait ni la Grande Muraille de Chine ni la tour Eiffel, du moins pas avant trois cents millions d'années. Bien sûr, cette astrophysicienne ayant de solides connaissances en cosmologie, elle comprendrait immédiatement qu'elle voit la lumière émise par la Terre longtemps auparavant, et pourrait attribuer les premières bactéries terrestres à l'époque correspondante, à la série de tranches de temps correspondantes.

Tout cela suppose que l'astrophysicienne de l'amas de Coma, tout comme nous, ne se déplace que du fait de l'expansion spatiale, puisque cela garantit que son découpage de la miche d'espace-temps coïncide avec le nôtre (cela garantit que ses « listes des instants présents » sont les mêmes que les nôtres). Toutefois, si elle devait sortir du rang et se déplacer dans l'espace de manière notable par rapport au flot cosmique, ses tranches seraient tournées par rapport aux nôtres, comme sur la figure 8.9. Dans ce cas, comme nous l'avions vu pour Gromit au chapitre 5, le *maintenant* de l'astrophysicienne coïncidera avec ce que l'on considère être notre futur ou

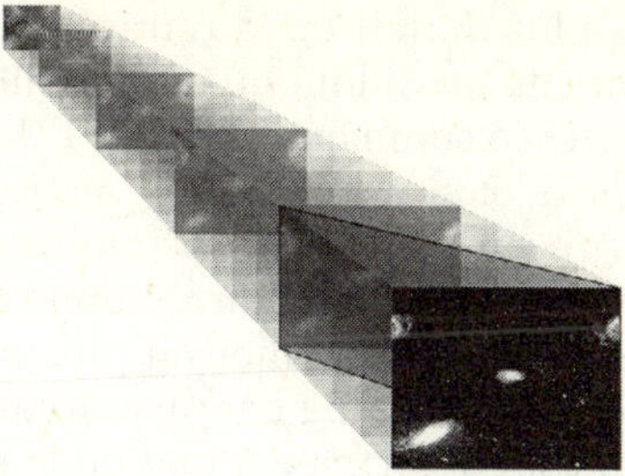

Figure 8.9 Tranches de l'instant présent pour un observateur en mouvement par rapport au flot cosmique de l'expansion spatiale.

notre passé (selon que son mouvement additionnel va vers nous ou dans la direction opposée). Notons toutefois que ses tranches ne seront plus spatialement homogènes. Chacune des tranches tournées de la figure 8.9 a une intersection à travers diverses époques, si bien que ces tranches sont loin d'être uniformes. Cela complique considérablement la description de l'histoire cosmique, et c'est pour cette raison qu'en général, physiciens et astronomes ne prennent pas en compte ce genre de point de vue. En fait, ils considèrent généralement le seul point de vue d'observateurs qui ne se déplacent que dans le flot cosmique de l'expansion de l'espace, puisque ce mouvement conduit à des tranches homogènes (mais, fondamentalement parlant, chaque point de vue est aussi valable qu'un autre).

Si l'on regarde plus loin vers la gauche de la miche d'espace-temps cosmique, on voit l'Univers rétrécir et se densifier de plus en plus. Et, tout comme une chambre à air de bicyclette s'échauffe de plus en plus lorsqu'on y confine de plus en plus d'air, l'Univers devient de plus en plus chaud à mesure que matière et rayonnement se compriment de plus en plus du fait de la rétraction de l'espace. Si l'on remonte aussi loin qu'un dix millionième de seconde après le commencement de l'Univers, celui-ci est si dense et si chaud que la matière ordinaire se désintègre en un plasma primordial de constituants élémentaires. Et, si l'on continue notre voyage dans le temps pour remonter au plus près de l'instant zéro (l'instant du big bang), la totalité de l'Univers connu est comprimée à une taille si petite que même le point qui conclut cette phrase semble gigantesque par comparaison. À cette époque si reculée, les densités étaient si considérables et les conditions si extrêmes que nos théories physiques même les plus perfectionnées sont incapables de nous donner une idée de ce qui a eu lieu. Pour des raisons qui deviendront plus claires par la suite, malgré leur succès sans précédent, les lois de la physique du XXe siècle s'effondrent lorsqu'on les applique à des conditions aussi extrêmes, et abandonnent à la dérive notre quête de la compréhension du commencement du temps. Nous verrons d'ici peu que certains travaux théoriques nous ont récemment redonné espoir, mais pour le moment on admet que notre compréhension de ce qui a eu lieu aux premiers instants n'est que partielle, et l'on se contente de représenter une zone floue à l'extrême gauche de la miche d'espace-temps (notre version de la *terra incognita* qui figurait sur les cartes anciennes). Avec cette touche finale, la figure 8.10 brosse une illustration sommaire de l'histoire cosmique.

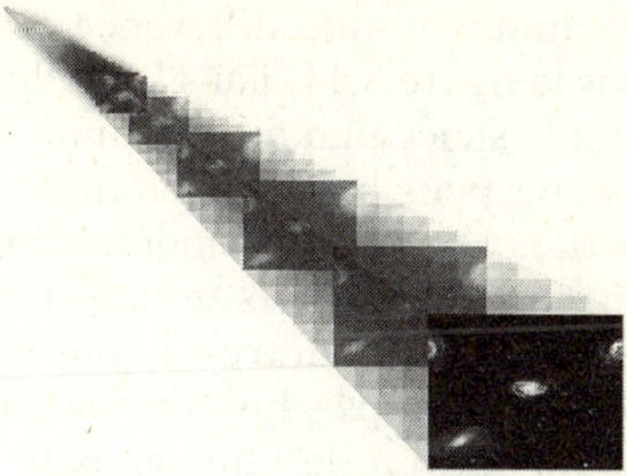

Figure 8.10 L'histoire cosmique (la « miche » d'espace-temps) pour un univers plat et d'extension spatiale finie. La zone de flou représentée en haut traduit le fait que notre compréhension des premiers instants de l'Univers demeure inachevée.

Formes alternatives

Jusqu'à présent, nous n'avons considéré que le cas d'un espace ayant la forme d'un écran de jeu vidéo, mais les diverses possibilités ont quelques points communs. Par exemple, si les données montraient finalement que l'espace est sphérique, alors, en remontant dans le temps, la taille de la sphère serait de plus en plus petite, l'Univers de plus en plus chaud et dense et, au temps zéro, on retrouverait à nouveau une sorte de commencement en big bang. Dessiner une illustration analogue à la figure 8.10 est un véritable défi, car on ne peut empiler les sphères les unes sur les autres (on peut par exemple imaginer une « miche sphérique », chaque tranche étant une sphère entourant la précédente), mais, outre les complications graphiques, la physique serait à peu près la même.

Le cas de l'espace plat infini et celui de l'espace en forme de selle infinie partagent également de nombreux aspects avec les deux formes précédentes, mais il y a toutefois une différence fondamentale. Considérons la figure 8.11, dans laquelle les tranches représentent l'espace plat qui continue à tout jamais (et dont on ne peut bien évidemment représenter qu'une partie). Lorsqu'on remonte dans le temps, l'espace rétrécit ; les galaxies se rapprochent de plus en plus les unes des autres à mesure que l'on regarde vers des temps plus reculés comme sur la figure 8.11b. Pourtant, la taille globale de tout l'espace reste la même. Pourquoi ? Eh bien, l'infini est un drôle d'oiseau. Si l'espace est infini et que l'on réduit toutes les distances d'un facteur deux, alors la taille de l'espace devient la moitié de l'infini, ce qui vaut toujours l'infini. Donc, même si tous les ingrédients de l'espace se rapprochent de plus en plus et que les densités augmentent de plus en plus lorsqu'on remonte plus loin dans le temps, la taille globale de l'Univers reste infinie ; tout est plus dense, partout dans une étendue spatiale infinie. Voilà qui conduit à une vision toute différente du big bang.

D'ordinaire, on imagine que l'Univers a commencé comme un point, un peu comme sur la figure 8.10, sans espace ni temps extérieurs. Du fait d'une certaine forme d'éruption, l'espace et le temps se sont déployés et l'Univers en expansion a pris son envol. Mais, dans un univers spatialement infini, *l'étendue spatiale était déjà infinie au moment du big bang*. À cet instant initial, la densité d'énergie est montée en flèche et une température absolument énorme fut atteinte, mais ces conditions extrêmes régnaient *partout*, pas uniquement en un point. Dans ce modèle, le big bang n'aurait pas eu lieu en un point, mais l'éruption primordiale en big bang aurait eu lieu *partout* dans cette étendue spatiale infinie. Pour relier cela au commencement conventionnel en un point, on pourrait dire que tout se passe comme s'il y avait eu une foultitude de big bang en chaque point de cette étendue spatiale infinie. Après l'explosion, l'espace a enflé, mais sans que sa taille globale augmente puisque quelque chose d'infini ne peut devenir plus vaste encore. Ce qui a augmenté, ce sont les distances entre objets, entre galaxies par exemple (après qu'elles furent formées), comme on peut le voir en parcourant la figure 8.11b de la gauche vers la droite. Un observateur comme vous et moi, regardant le cosmos depuis une galaxie ou une autre, verrait toutes les galaxies alentour s'éloigner de lui, comme l'a découvert Hubble.

Gardons à l'esprit que cet exemple de l'espace plat infini est loin de n'être qu'un modèle théorique. Nous verrons que les preuves s'accumulent en faveur d'un espace sans courbure, et, puisque nous n'avons à ce jour aucun indice que l'espace pourrait

(a)

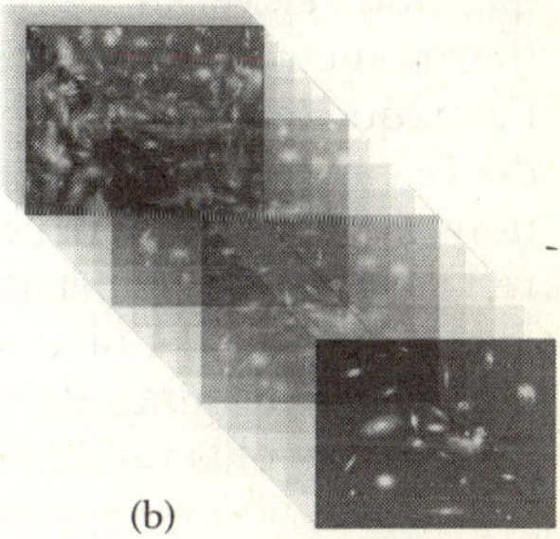

(b)

Figure 8.11 (a) Représentation schématique de l'espace infini, peuplé de galaxies. (b) L'espace rétrécit lorsqu'on remonte dans le temps (si bien que les galaxies sont de plus en plus proches les unes des autres et de plus en plus denses), mais la taille globale de l'espace infini reste infinie. Notre ignorance de ce qui a eu lieu lors des premiers instants est ici encore traduite par une zone de flou qui s'étend cette fois à toute l'étendue infinie de l'espace.

avoir la forme d'un écran de jeu vidéo, la forme plate infinie est aujourd'hui le meilleur candidat pour la structure à grande échelle de l'espace-temps.

Cosmologie et symétrie

Les considérations de symétrie se sont montrées clairement indispensables pour élaborer la théorie moderne de la cosmologie. La signification du temps, son application à l'Univers dans son ensemble, la forme globale de l'espace, et même la relativité générale, sous-jacente à tout cela, reposent toutes sur les fondements de la symétrie. Cela étant, la symétrie a pu nous renseigner d'une autre manière encore sur l'évolution du cosmos. Au fil de son histoire, la température de l'Univers a pris toutes sortes de valeurs, depuis les événements les plus torrides des premiers instants après le big bang jusqu'aux quelques degrés au-dessus du zéro absolu que l'on relèverait aujourd'hui si l'on plongeait un thermomètre au beau milieu de l'espace. Et, comme l'explique le prochain chapitre, par une interdépendance capitale entre chaleur et symétrie, nos observations actuelles ne sont certainement que les vestiges refroidis d'une symétrie beaucoup plus riche qui aurait modelé l'Univers des premiers instants et déterminé certaines de ses propriétés les plus familières et les plus fondamentales.

9

QUAND LE VIDE S'ÉVAPORE

Chaleur, néant et unification

Imaginons un journaliste du cosmos chargé d'enquêter sur la forme globale, d'ensemble de notre Univers. Pour 95 % des situations, celui-ci rapporterait à peu de chose près le même récit : « l'Univers est toujours en expansion » ; « l'expansion continue de diluer la matière » ; « la densité de l'Univers diminue toujours » ; « la température ne cesse de chuter » ; « aux échelles les plus vastes, l'Univers garde son apparence symétrique et homogène ». Mais de tels reportages sur l'Univers n'auraient pas toujours été si faciles. Ceux concernant les premiers instants auraient été incomparablement plus débridés, parce qu'à cette époque, l'Univers subissait des changements effrénés. Et nous savons maintenant que ce qui a eu lieu alors a joué par la suite un rôle capital pour ce que l'on observe aujourd'hui.

Dans ce chapitre, nous nous intéresserons aux instants décisifs de la première fraction de seconde après le big bang. On suppose qu'à l'époque, la symétrie qui régnait dans l'Univers a changé plusieurs fois de manière abrupte, chaque changement marquant le début d'une étape fondamentalement différente de l'histoire cosmique. Alors qu'aujourd'hui un journaliste pourrait se contenter d'envoyer le même texte après chaque milliard d'années écoulé, lors des premiers instants, durant lesquels la symétrie changeait sans arrêt, son boulot aurait été une véritable gageure, car la structure fondamentale de la matière et des forces responsables de ce comportement n'avait absolument rien de familier. La raison est en rapport direct avec le lien entre *chaleur* et *symétrie*, qui nécessite de repenser complètement ce que l'on entend par « espace vide » ou « néant ». Comme nous le verrons, non seulement cette reformulation conduit à un enrichissement appréciable de notre compréhension des premiers instants de l'Univers, mais elle nous rapproche de la réalisation d'un rêve qui remonte à Newton, à Maxwell et, plus particulièrement, à Einstein : le rêve de l'*unification*. Autre point d'égale importance, ces progrès plantent aussi le décor de la théorie moderne de la cosmologie, la « cosmologie inflationnaire », qui promet des réponses à certaines des questions les plus brûlantes et des énigmes les plus mystérieuses sur lesquelles le modèle standard du big bang restait muet.

Chaleur et symétrie

Parfois, lorsqu'un corps devient très chaud ou très froid, il peut se transformer. Et cette transformation est parfois si prononcée que l'on ne reconnaît même plus l'objet de départ. Les températures juste après le big bang étaient si torrides et elles ont diminué si vite avec l'expansion et le refroidissement de l'espace, qu'il est impératif de comprendre les effets de ces variations de température pour saisir l'histoire de l'Univers naissant. Mais commençons avec quelque chose de plus simple. Commençons avec de la glace.

Si l'on réchauffe un bloc de glace extrêmement froid, il ne se passe tout d'abord pas grand-chose. Même si sa température augmente, son apparence reste à peu près la même. Mais si l'on augmente la température jusqu'à 0° Celsius et que l'on continue de chauffer, il se passe soudainement quelque chose de remarquable : le bloc de glace, solide, commence à fondre pour se transformer en eau, liquide. Ne laissons pas le côté familier de cette transformation occulter l'importance de la scène. Sans aucune expérience préalable concernant la glace et l'eau, il serait difficile de comprendre le lien intime entre les deux. La première est un solide dur comme de la pierre, et la seconde est un liquide doté d'une certaine viscosité. L'observation pure et simple ne dévoile aucun indice du fait que leur structure moléculaire, H_2O, est la même. Si l'on n'avait jamais vu d'eau ni de glace auparavant et qu'on nous présentait un échantillon de chaque, on penserait à première vue que ces deux substances n'ont rien en commun. Et pourtant, lorsque leur température passe au-delà ou en deçà de 0° Celsius, une alchimie mystérieuse opère qui transmute l'une en l'autre.

Si l'on continue de chauffer l'eau (liquide), ici encore, il ne se passe pas grand-chose avant un bon moment, tant que la température n'a pas augmenté suffisamment. Mais après un certain temps, à 100° Celsius, une nouvelle métamorphose se produit : l'eau commence à bouillir et se transforme en vapeur, gaz chaud qui, lui non plus, n'a aucun rapport manifeste avec l'eau ou la glace. Bien sûr, nous savons que ces trois substances ont la même composition moléculaire. De telles transformations de solide à liquide et de liquide à gaz sont connues sous le nom de « transitions de phase ». La plupart des substances traversent ces transformations successives lorsque leur température varie sur une vaste gamme de valeurs[1].

La symétrie joue un rôle essentiel dans les transitions de phase. Dans presque tous les cas, si l'on compare une mesure appropriée de la symétrie d'une substance avant et après une transition de phase, on trouve un changement important. À l'échelle moléculaire, par exemple, la glace est sous forme cristalline, les molécules d'H_2O étant organisées sur un réseau hexagonal bien ordonné. Tout comme les symétries du cube de la figure 8.1, l'arrangement global des molécules de glace ne reste le même que pour certaines manipulations particulières, comme, par exemple, les rotations d'un angle proportionnel à 60° autour des axes du réseau hexagonal. En revanche, lorsqu'on chauffe la glace, son arrangement cristallin se fond en un amas uniforme et désordonné de molécules (l'eau sous forme liquide), insensible à toutes les rotations, quels que soient l'angle et l'axe de celles-ci. Donc, lorsqu'on chauffe la glace de telle sorte que s'opère la transition de la phase solide à la phase liquide, on la rend plus symétrique. (Souvenons-nous que, même si notre intuition pouvait nous laisser penser qu'une substance plus ordonnée, telle la glace, est plus symétrique, c'est en fait l'inverse : une substance a d'autant plus de symétries qu'elle peut être soumise à plus de transformations qui, comme les rotations ci-dessus, laissent son apparence inchangée).

De même si l'on chauffe l'eau liquide jusqu'à ce qu'elle se transforme en vapeur. Cette transition de phase correspondra ici encore à un plus haut degré de symétrie. Dans l'eau, les molécules d'H_2O individuelles sont, en moyenne, organisées les unes contre les autres, avec un hydrogène de l'une à côté de l'oxygène de sa voisine. Si l'on pouvait tourner l'une ou l'autre de ces molécules, cela modifierait cet arrangement moléculaire d'une manière notable. Mais, lorsque l'eau bout et se transforme en vapeur, les molécules volent librement de-ci, de-là : il n'y a plus aucune organisation dans les orientations des molécules d'H_2O, et donc, lorsqu'on fait tourner une molécule ou un groupe de molécules, le gaz garde la même apparence. Ainsi, de même que la transition glace-eau conduit à un plus haut degré de symétrie, il en va de même de la transition eau-vapeur. La plupart des substances (mais pas toutes[2]) se comportent de cette manière, la symétrie augmentant lors des transitions de phase du solide au liquide et du liquide au gaz.

On devine facilement ce qui se passe si l'on refroidit de l'eau, comme la plupart des substances : il se passe l'inverse. Par exemple, lorsqu'on refroidit de la vapeur d'eau, il ne se passe pas grand-chose au début, puis, lorsque la température descend à 100° Celsius, le gaz commence tout à coup à se condenser pour donner de l'eau sous forme liquide. Lorsqu'on refroidit l'eau sous forme liquide, il ne se passe pas grand-chose tant que la température n'atteint pas 0° Celsius, point auquel l'eau se solidifie tout à coup pour donner de la glace. Et, avec le même raisonnement concernant les symétries (mais inversé), on en conclut que ces deux transitions de phase s'accompagnent d'une *diminution* de la symétrie*.

Voilà pour l'eau, la glace, la vapeur d'eau et leurs

* Bien qu'une diminution de la symétrie signifie qu'un moins grand nombre de manipulations passeront inaperçues, la chaleur libérée dans le milieu environnant durant ces transformations assure que l'entropie globale (incluant celle du milieu environnant) augmente.

symétries. Quel est le rapport de tout cela avec la cosmologie ? Eh bien, dans les années 1970, les physiciens se sont aperçus que non seulement les objets *de* l'Univers pouvaient subir des transformations de phase, mais que c'était également le cas pour *l'Univers dans son ensemble*. Durant quatorze milliards d'années, l'Univers a subi une expansion et une décompression continuelles. Et, de même qu'un pneu de bicyclette en décompression refroidit, la température de l'Univers en expansion n'a cessé de décroître. Durant la majeure partie de cette diminution de la température, il ne s'est pas passé grand-chose. Mais on a des raisons de croire que lorsque l'Univers a atteint certaines températures critiques (les analogues des seuils à 100° Celsius et 0° Celsius pour la vapeur et l'eau), il fut le siège de changements draconiens et de réductions de symétrie considérables. Beaucoup de physiciens pensent que nous vivons aujourd'hui une phase « condensée » ou « gelée » de l'Univers, profondément différente des précédentes. Les transitions de phase cosmologiques ne font pas littéralement intervenir la condensation d'un gaz en liquide ou la solidification d'un liquide en solide, mais il y a toutefois beaucoup de points communs, au sens qualitatif, avec ces exemples plus familiers. En fait, la « substance » qui s'est condensée ou gelée lorsque l'Univers s'est refroidi jusqu'à ces températures particulières est un champ — appelé « champ de Higgs ». Voyons ce que cela signifie.

Forces, matière et champ de Higgs

Les champs constituent le décor de beaucoup des théories physiques modernes. Le champ électromagnétique, rencontré au chapitre 3, peut-être le plus simple et le mieux connu de tous les champs de la nature, est à l'œuvre dans les diffusions radio et télévisuelles, dans les communications par téléphones cellulaires ou la chaleur et la lumière émises par le Soleil. Nous sommes constamment baignés dans un océan de champs électromagnétiques. Les photons, qui sont les constituants élémentaires de ce champ, peuvent être envisagés comme les transmetteurs de la force électromagnétique. Lorsqu'on voit quelque chose, on peut expliquer le phénomène en termes d'ondes électromagnétiques qui pénètrent nos yeux et stimulent notre rétine, ou en termes de photons qui agissent de même. Pour cette raison, on parle souvent du photon comme de la « particule messagère » de la force électromagnétique.

Le champ gravitationnel est également bien connu puisque c'est lui qui maintient nos pieds sur Terre, ainsi que tout ce qui nous entoure. Comme pour les champs électromagnétiques, nous sommes tous immergés dans une mer de champs gravitationnels. Celui de la Terre est certes le plus important, mais l'on ressent aussi les champs gravitationnels du Soleil, de la Lune et des autres planètes. Tout comme les photons sont les particules du champ électromagnétique, les physiciens pensent que les « gravitons » sont les particules du champ gravitationnel. Les gravitons n'ont pas encore été mis en évidence expérimentalement, mais cela n'a rien de surprenant. La gravitation est de loin la plus faible de toutes les forces (par exemple, un aimant ordinaire, comme ceux qui ornent certains réfrigérateurs, peut soulever un trombone, surpassant ainsi la *totalité* de l'attraction gravitationnelle de la Terre) et il est donc compréhensible que les expérimentateurs n'aient pas encore pu détecter les plus petits constituants de la plus faible des forces. Toutefois, même sans confirmation expérimentale, la plupart des physiciens pensent que, comme les photons transmettent la force électromagnétique (ils sont les messagers de la force électromagnétique), les gravitons transmettent la force gravitationnelle (ils sont les particules messagères de la force gravitationnelle). Lorsqu'on lâche un verre, on peut envisager la suite des événements en termes de l'attraction qu'exerce sur le verre le champ gravitationnel de la Terre ou, grâce à la description géométrique plus raffinée qu'a donnée Einstein, en termes de sa chute le long d'une courbe de la structure de l'espace-temps due à la présence de la Terre. Mais on peut aussi (en admettant que les gravitons existent bel et bien) l'envisager en termes de gravitons faisant l'aller-retour entre la Terre et le verre, convoyant un « message » gravitationnel qui « intime » au verre de tomber au sol.

Outre ces deux champs de force bien connus, il existe deux autres forces naturelles, la force nucléaire forte et la force nucléaire faible, qui exercent elles aussi leur influence via des champs. Les forces nucléaires nous sont moins familières que l'électromagnétisme ou la gravitation parce qu'elles n'opèrent qu'aux échelles atomiques et subatomiques. Malgré cela, leur influence sur la vie de tous les jours, par la fusion nucléaire qui fait briller le Soleil, la fission nucléaire à l'œuvre dans les réacteurs nucléaires ou la désintégration radioactive d'éléments tels que l'uranium ou le plutonium, n'en est pas moins importante. Les champs des forces nucléaires faible et forte sont appelés « champs de Yang-Mills », des noms de Chen Ning Yang et Robert Mills, qui ont élaboré leurs description théorique dans les années 1950. Tout comme les champs électromagnétiques sont composés de photons et les champs gravitationnels certainement composés de gravitons, les champs fort et faible ont aussi leurs particules messagères. Les particules de la force forte sont appelées « gluons » et celles de la force faible sont appelées W et Z « bosons ». L'existence de ces particules fut confirmée par des expériences réalisées dans des accélérateurs en Allemagne et en Suisse vers la fin des années 1970 et le début des années 1980.

La description en termes de champs concerne aussi la matière. Grosso modo, les ondes de probabilité de la mécanique quantique peuvent elles aussi être envisagées comme des champs remplissant tout l'espace, donnant la probabilité que telle ou telle particule de matière se trouve à telle ou telle position. Un électron, par exemple, peut être envisagé comme une particule (capable de laisser une trace ponctuelle sur un écran phosphorescent, comme à la figure 4.4), mais on peut également (et l'on doit) l'envisager en termes de champ oscillant capable de contribuer à la figure d'interférence qui se dessine sur un écran phosphorescent, comme à la figure 4.3b[3]. En fait, sans entrer dans les détails[4], l'onde de probabilité d'un électron est intimement liée à ce que l'on appelle un *champ d'électron* — un champ qui ressemble par bien des aspects au champ électromagnétique mais dans lequel l'électron joue un rôle analogue à celui du photon, puisqu'il est le plus petit constituant de ce champ d'électron. Le même type de description vaut pour toutes les autres espèces de particules matérielles.

Puisque nous avons parlé des champs de force et des champs de matière, on pourrait penser que nous avons fait le tour de la question. Mais les physiciens conviennent à l'unanimité que ce récit est loin d'être complet. Beaucoup de chercheurs sont convaincus qu'il existe un troisième type de champ, encore jamais détecté expérimentalement, mais qui a néanmoins joué un rôle primordial durant ces vingt dernières années, à la fois en cosmologie et en physique des particules élémentaires. Il s'agit du « champ de Higgs », baptisé du nom du physicien irlandais Peter Higgs[5]. Si les idées présentées à la section suivante sont exactes, alors l'Univers entier serait imprégné d'un océan de champ de Higgs (vestige refroidi du big bang), responsable de beaucoup des propriétés des particules qui nous composent, nous et tout ce qu'il nous a jamais été donné de rencontrer.

Les champs dans un univers qui se refroidit

Les champs réagissent aux variations de température à peu près comme la matière ordinaire. Plus la température est élevée, plus la valeur du champ (comme la surface d'une casserole d'eau qui bout à gros bouillons) oscille de manière effrénée. Dans la fraîcheur aujourd'hui caractéristique de l'espace intersidéral (2,7° au-dessus du zéro absolu, ou encore 2,7 kelvins, comme on dit), ou même aux températures plus douces qui règnent sur Terre, les oscillations des champs sont dérisoires. Mais la température de l'Univers juste après le big bang était si énorme que tous les champs étaient complètement déchaînés (on pense que 10^{-43} seconde après le big bang, la température était de l'ordre de 10^{32} kelvins).

À mesure de l'expansion et du refroidissement de l'Univers, la densité de matière et de rayonnement, qui était initialement énorme, a diminué progressivement, l'étendue de plus en plus vaste de l'Univers se vidant de plus en plus, et les oscillations des champs s'atténuant petit à petit. Pour la plupart des champs, cela signifie que leurs valeurs, en moyenne, se sont rapprochées de zéro. À un moment donné, la valeur d'un champ particulier peut s'élever légèrement au-dessus de zéro (un pic) et repasser légèrement au-dessous de zéro à l'instant d'après (un creux), mais, en moyenne, la valeur de la plupart des champs s'est stabilisée à zéro (valeur que l'on associe intuitivement à la vacuité, à l'absence de toute chose).

C'est ici que le champ de Higgs entre en scène. Il s'agit d'une variété de champ qui avait des propriétés semblables aux autres champs lorsque la température était incroyablement élevée, comme ce fut le cas après le big bang : il fluctuait violemment de haut en bas. Mais les chercheurs pensent que (tout comme la vapeur se condense en eau si sa température est assez basse), lorsque la température de l'Univers a chuté suffisamment, le champ de Higgs s'est condensé à une certaine valeur *non nulle* à travers tout l'espace. C'est ce que les physiciens appellent la formation d'une *valeur moyenne dans le vide non nulle du champ de Higgs* — mais, trêve de jargon technique, je parlerai de la formation d'un *océan de Higgs*.

C'est un peu comme ce qui se passerait si l'on jetait une grenouille dans un bol métallique chaud avec un tas de vers grouillants en son centre (figure 9. 1a). Au départ, la grenouille saute en tous sens (très haut, tout en bas, de gauche, de droite, etc.) en tentant désespérément d'éviter de se brûler les pattes. Ainsi, en moyenne, elle resterait si loin des vers qu'elle n'aurait même pas conscience de leur existence. Mais, si le bol refroidit, la grenouille peut se détendre, n'a plus besoin de sauter en tous sens et peut au contraire se laisser doucement glisser jusqu'au point le plus stable, tout en bas du bol. Et là, s'étant rapprochée du centre du bol, elle fait finalement la rencontre de son dîner, comme sur la figure 9.1b.

Mais si le bol avait une forme différente, comme celle de la figure 9.1c, les choses prendraient une autre tournure. Imaginons ici encore que le bol soit au début extrêmement chaud et que le tas de vers soit toujours disposé au centre du bol, mais cette fois tout en haut de la bosse centrale. Si l'on y lâchait la grenouille, elle ferait encore des bonds effrénés dans tous les sens, inconsciente de la récompense perchée sur le sommet central. Puis, le bol refroidissant, la grenouille finirait par se calmer et ne plus sauter du tout pour se laisser glisser le long des parois lisses du bol. Mais, du fait de la nouvelle forme du bol, la grenouille n'atteindrait jamais le centre de celui-ci. Au contraire, elle glisserait le long des courbes du bol, toujours à une certaine distance du tas de vers, comme sur la figure 9.1d.

Imaginons que la distance entre la grenouille et les vers représente la valeur d'un champ (plus la grenouille est loin des vers, plus la valeur du champ est élevée) et que la hauteur à laquelle se trouve la grenouille représente l'énergie du champ pour cette valeur (plus la grenouille sera haut dans le bol, plus grande sera l'énergie du champ). Ces exemples donnent alors une bonne illustration du comportement des champs lorsque l'Univers a refroidi. Dans un univers chaud, les champs passent de manière effrénée d'une valeur à une autre, un peu comme la grenouille qui saute d'un point à un autre du bol. Lorsque l'Univers refroidit, les champs s'« apaisent », fluctuent moins souvent et de manière moins frénétique ; leurs valeurs glissent vers une plus basse énergie.

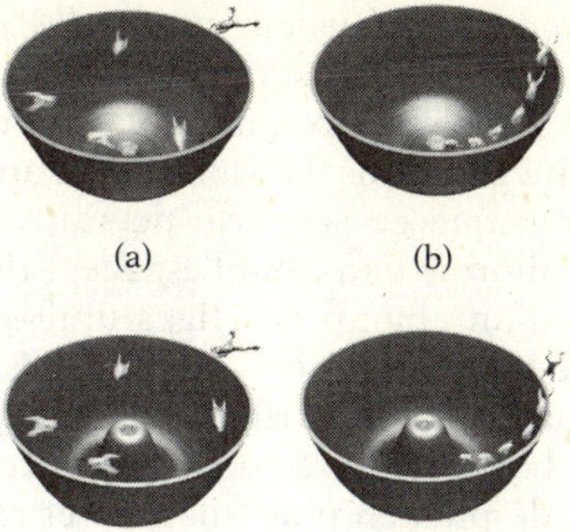

(a) (b) (c) (d)

Figure 9.1 (a) Une grenouille tombée dans un bol métallique chaud saute sans cesse en tous sens. (b) Lorsque le bol refroidit, la grenouille s'apaise, saute beaucoup moins et se laisse finalement glisser jusqu'au fond. (c) Comme en (a), mais avec un bol de forme différente. (d) Comme en (b), à ceci près que, lorsque le bol refroidit, la grenouille glisse jusqu'au fond de la vallée qui se trouve à une certaine distance du centre du bol (où se trouvent les vers).

Mais voici le plus important : comme dans l'exemple de la grenouille, il existe deux possibilités qualitativement différentes. Si la forme du bol d'énergie du champ — que l'on appelle son « énergie potentielle » — ressemble au bol de la figure 9.1a, alors la valeur du champ dans tout l'espace glissera jusqu'au centre du bol, c'est-à-dire jusqu'à zéro, tout comme la grenouille glisse jusqu'à son dîner. Cependant, si l'énergie potentielle du champ ressemble plutôt au bol de la figure 9.1c, alors la valeur du champ n'atteindra pas zéro car elle n'atteint pas le centre du bol. En fait, tout comme la grenouille glisse jusqu'au fond de la vallée située à une distance *non nulle* des vers, la valeur du champ glissera elle aussi jusqu'à la vallée — à une distance non nulle du centre du bol —, et cela signifie que le champ prendra une valeur *non nulle*[6]. Et ce comportement est caractéristique d'un champ de Higgs. Lorsque l'Univers refroidit, la valeur de Higgs se retrouve piégée dans la vallée et n'atteint jamais zéro. Et puisque ce scénario devrait avoir lieu de manière uniforme dans tout l'espace, l'Univers serait imprégné d'un champ de Higgs uniforme non nul — un océan de Higgs.

Voilà donc la particularité fondamentale du champ de Higgs. Lorsqu'une région de l'espace se refroidit et se vide de plus en plus (matière et rayonnement devenant de plus en plus rares), l'énergie de la région considérée devient de plus en plus basse. En poussant ce raisonnement à l'extrême, on sait que l'on a atteint l'ultime état de vacuité accessible à une région de l'espace donnée lorsqu'on a diminué son énergie autant que possible. Pour les champs ordinaires, la contribution énergétique est minimale lorsque leur valeur a glissé jusqu'au centre du bol, comme sur la figure 9.1b ; leur énergie est nulle lorsque leur valeur est à zéro. Voilà qui est satisfaisant du point de vue intuitif puisque l'on associe la vacuité dans une région de l'espace au fait d'annuler tout ce qui s'y trouve, y compris la valeur des champs.

Mais, pour le champ de Higgs, cela fonctionne différemment. Tout comme la grenouille ne peut atteindre le plateau central de la figure 9.1c, et donc les vers qui s'y trouvent, qu'à condition d'avoir suffisamment d'énergie pour y sauter depuis le fond de la vallée, le champ de Higgs ne peut atteindre le centre du bol et avoir une *valeur nulle* qu'à condition d'avoir suffisamment d'énergie pour franchir la bosse du centre du bol. Si, au contraire, la grenouille a peu ou pas d'énergie, elle glissera le long des bords jusqu'au fond de la vallée, comme à la figure 9.1d (à une distance *non nulle* du tas de vers). De la même manière, le champ de Higgs, s'il n'a que peu ou pas d'énergie, glissera jusqu'au fond de la vallée (à une distance non nulle du centre du bol) et prendra donc une valeur *non nulle*.

Pour forcer un champ de Higgs à prendre la valeur zéro — valeur qui semble être ce qui se fait de mieux pour atteindre l'état où l'on débarrasse la région du champ, c'est-à-dire la valeur qui se rapproche le plus de l'état de vide —, il faudrait accroître son énergie et, du point de vue énergétique, la région considérée ne serait plus « aussi vide que possible ». Bien que cela puisse sembler contradictoire, ôter le champ de Higgs — réduire sa valeur à zéro — équivaut à ajouter de l'énergie à la région considérée. En guise d'analogie grossière, on peut penser à ces écouteurs perfectionnés capables de réduire le bruit de fond en produisant des ondes sonores qui annulent celles provenant du milieu environnant et qui atteindraient sinon nos tympans. Si les écouteurs marchent bien, on n'entend que silence lorsqu'ils émettent, tandis qu'on entend le bruit ambiant lorsqu'on les éteint. Les chercheurs pensent aujourd'hui qu'à l'instar de ces écouteurs grâce auxquels on entend *moins* lorsqu'ils émettent les sons programmés, des régions de l'espace aussi froides et vides que possible ont la plus faible énergie possible lorsqu'elles sont baignées dans un océan de Higgs. Les physiciens appellent « vide » l'espace de plus grande vacuité, et l'on voit donc que le vide peut en fait être baigné d'un champ de Higgs uniforme.

Le processus par lequel le champ de Higgs prend une valeur non nulle dans tout l'espace — formant ainsi un océan de Higgs — est appelé « brisure spontanée de symétrie* » ; c'est l'une des idées les plus importantes de la physique théorique des deux dernières décennies du XXe siècle. Voyons pourquoi.

L'océan de Higgs et l'origine de la masse

S'il règne un champ de Higgs de valeur non nulle — si nous sommes tous immergés dans un océan de Higgs —, alors, ne devrions-nous pas le sentir, le voir ou en avoir conscience d'une manière ou d'une autre ? Absolument. C'est même ce qu'affirme la théorie en vigueur. Balayons l'espace de notre bras, de droite à gauche et retour. Nous sentons alors nos muscles en action lorsqu'ils dirigent la masse de notre bras d'un côté et de l'autre. Soulevons une boule de bowling, et nos muscles devront travailler plus encore, puisque, pour déplacer une masse plus élevée, ils devront exercer une force plus grande.

* La terminologie n'a pas grande importance, mais voici en quelques mots d'où elle vient. La vallée des figures 9.1c et 9.1d a une forme symétrique (elle est circulaire), chaque point étant équivalent à n'importe quel autre (chaque point représente la valeur d'un champ de Higgs doté de la plus basse énergie possible). Cependant, lorsque la valeur du champ de Higgs glisse au fond du bol, elle atteint un point particulier de cette vallée circulaire, ce qui singularise « spontanément » un de ses points. Ainsi, tous les points ne sont plus sur un pied d'égalité puisque l'un d'entre eux a été choisi, si bien que le champ de Higgs « brise » la symétrie qui régnait précédemment. Finalement, lorsque l'on rassemble tout cela, le procédé par lequel le champ de Higgs prend une valeur non nulle particulière du fond de la vallée s'appelle « brisure spontanée de symétrie ». Nous présenterons plus loin certains aspects plus tangibles de la réduction de symétrie associée à la formation de cet océan de Higgs[7].

En ce sens, la masse d'un objet représente la résistance qu'il oppose au mouvement. Plus précisément, la masse représente la résistance qu'un objet oppose aux *variations* de son mouvement — aux accélérations —, comme d'aller de droite à gauche puis de gauche à droite. Mais d'où vient cette résistance à l'accélération ? Ou, en langage de physicien, qu'est-ce qui confère aux objets leur inertie ?

Aux chapitres 2 et 3, nous avons rencontré plusieurs propositions, émises par Newton, Mach et Einstein, qui donnèrent des réponses *partielles* à cette question. Ces chercheurs espéraient trouver un référentiel au repos par rapport auquel on pourrait définir les accélérations comme celle qui intervient dans l'expérience du seau. Pour Newton, ce référentiel était l'espace absolu ; pour Mach, c'étaient les étoiles distantes ; et, pour Einstein, c'était tout d'abord l'espace-temps absolu (en relativité restreinte) puis le champ gravitationnel (en relativité générale). Mais après qu'ils eurent proposé un référentiel au repos et, en particulier, un point de repère pour définir les accélérations, aucun de ces scientifiques ne franchit l'étape suivante, qui consiste à expliquer *pourquoi* les objets s'opposent à l'accélération. Autrement dit, aucun d'eux ne précisa par quel mécanisme les objets acquièrent leur masse — leur inertie —, cet attribut qui leur permet de résister aux accélérations. Grâce au champ de Higgs, les physiciens peuvent aujourd'hui proposer une réponse à cette question.

Les atomes qui constituent notre bras, ou la boule de bowling, sont tous faits de protons, de neutrons et d'électrons. Les protons et les neutrons, mis en évidence expérimentalement vers la fin des années 1960, sont chacun composés de trois particules plus petites connues sous le nom de « quarks ». Donc, lorsque nous balayons l'air de notre bras, nous déplaçons en fait tous les quarks et tous les électrons qui le composent, et cela nous amène au cœur du raisonnement : l'océan de Higgs dans lequel nous sommes tous immergés en vertu de la théorie en vigueur *interagit* avec les quarks et les électrons ; il s'oppose à leur accélération un peu comme de la mélasse s'opposerait au mouvement d'une balle de ping-pong qui y serait plongée. Et cette résistance sur les constituants élémentaires contribue à la perception que l'on a de la masse de notre bras ou de la boule de bowling lorsqu'on les déplace, ou à la masse d'un objet qu'on lance, ou à la masse de tout notre corps lorsqu'on accélère vers la ligne d'arrivée d'un cent mètres. Nous ressentons donc bel et bien les effets de l'océan de Higgs. Les forces que chacun d'entre nous exerce des milliers de fois par jour pour modifier la vitesse d'un objet ou d'un autre — pour leur communiquer une accélération — sont des forces qui s'opposent à la résistance de l'océan de Higgs[8].

L'image de la mélasse illustre bien certains aspects de l'océan de Higgs : pour accélérer une balle de ping-pong qui y serait plongée, il nous faudrait la pousser beaucoup plus fortement que lors d'une partie de ping-pong au gymnase (elle opposera une résistance beaucoup plus forte à nos tentatives de faire changer sa vitesse que dans l'air ; elle se comporte donc comme si le fait de l'avoir plongée dans la mélasse avait augmenté sa masse). De même, l'un des résultats de leur interaction avec l'océan de Higgs omniprésent est que les particules élémentaires s'opposent alors aux variations de leur vitesse — elles acquièrent une masse. Cependant, l'image de la mélasse véhicule trois idées qui peuvent induire en erreur et dont il faut avoir conscience.

Premièrement, on peut toujours plonger le bras dans la mélasse, en ressortir la balle de ping-pong et vérifier que sa résistance à l'accélération a diminué ; cela n'est pas vrai pour les particules. On pense aujourd'hui que l'océan de Higgs remplit la totalité de l'espace, si bien qu'il n'y a aucun moyen de soustraire les particules à son influence ; toutes les particules ont les masses qu'elles ont, quel que soit l'endroit où elles se trouvent. Deuxièmement, la mélasse oppose une résistance à tous les mouvements, tandis que celle du champ de Higgs ne concerne que le mouvement accéléré. Contrairement à une balle de ping-pong évoluant dans de la mélasse, une particule fusant dans l'espace intersidéral à vitesse constante ne sera pas ralentie par une sorte de « frottement » dû à l'océan de Higgs. Au contraire, son mouvement se poursuivra sans être aucunement modifié. Ce n'est que lorsqu'on tente d'accélérer ou de ralentir la particule que l'océan de Higgs se manifeste, à travers la force que l'on doit exercer pour y parvenir. Troisièmement, lorsqu'on considère la matière ordinaire, composée d'agglomérats de particules fondamentales, il existe une autre source de masse importante. Les quarks constituant les protons et les neutrons sont confinés par la force nucléaire forte : les gluons (particules messagères de la force forte) fusent entre les quarks, les maintenant « glués » les uns aux autres. Les expérimentations ont montré que ces gluons sont hautement énergétiques, et la formule d'Einstein, $E = mc^2$, stipulant que l'énergie (E) peut se manifester comme de la masse (m), on en déduit donc que les gluons contenus dans les protons et les neutrons contribuent de manière significative à la masse totale de ces particules. Ainsi, une représentation plus exacte serait d'imaginer la force de résistance sirupeuse de l'océan de Higgs comme dotant les particules *fondamentales* (comme les électrons et les quarks) d'une masse, mais, lorsque ces particules se combinent pour donner des particules composites (comme les protons, les neutrons et les atomes), d'autres sources de masse — bien comprises — entrent en jeu.

Les physiciens supposent que le degré de résistance qu'oppose l'océan de Higgs à l'accélération d'une particule dépend de la particule considérée. C'est un point essentiel, car les particules fondamentales connues ont toutes des masses différentes. Par exemple, si protons et neutrons sont composés de deux espèces de quarks seulement (appelés quarks *u* et quarks *d* : un proton est constitué de deux quarks *u* et d'un quark *d* ; un neutron de deux quarks *d* et d'un quark *u*), au fil des années, grâce aux expériences menées dans les accélérateurs, les physiciens des particules ont découvert quatre autres espèces de quarks, dont les masses prennent une large gamme de valeurs (de 0,0047 à 189 fois la masse du proton). Les physiciens pensent que l'explication de ces masses si variées réside dans le fait que différentes sortes de particules interagissent différemment avec l'océan de Higgs, selon des intensités différentes. Une particule pouvant se déplacer dans l'océan de Higgs avec peu ou pas d'interaction avec lui ne subira que peu ou pas d'opposition et aura donc peu ou pas de masse. Le photon en est un bon exemple. Les photons traversent librement l'océan de Higgs et n'ont donc pas de masse. Au contraire, une particule qui interagit de manière significative avec l'océan de Higgs aura une masse élevée. Le plus lourd de tous les quarks (appelé quark *t*), avec une masse environ 350 000 fois supérieure à celle de l'électron, interagit 350 000 fois plus intensément avec l'océan de Higgs que l'électron ; il a beaucoup plus de difficulté à accélérer dans l'océan de Higgs, et c'est pourquoi sa masse est si élevée. Si l'on compare la masse d'une particule à la notoriété d'une célébrité, alors, l'océan de Higgs s'apparente à l'attroupement des paparazzi : les personnes les moins connues parviendront à traverser la nuée de photographes sans encombre, tandis que les hommes politiques et les acteurs les plus célèbres auront beaucoup plus à jouer des coudes pour parvenir à leur destination[9].

Voilà une manière agréable d'aborder la question de savoir pourquoi telle particule possède une masse si différente de telle autre. Cependant, il n'existe à ce jour aucune explication fondamentale de la manière précise dont chacune des différentes espèces de particules connues interagit avec l'océan de Higgs. En conséquence, il n'existe aucune explication fondamentale à la raison pour laquelle les particules connues ont les masses particulières qu'on leur observe expérimentalement. Toutefois, la plupart des physiciens pensent effectivement que, sans l'océan de Higgs, *toutes les particules fondamentales seraient semblables au photon et dépourvues de masse.* En fait, comme nous allons le voir maintenant, il est possible qu'il en ait été ainsi aux premiers instants de l'Univers.

L'unification dans un univers qui se refroidit

La vapeur d'eau se condense pour donner de l'eau à 100° Celsius, l'eau se solidifie pour donner de la glace à 0° Celsius, mais des études théoriques ont montré que le champ de Higgs, quant à lui, se condenserait pour atteindre une valeur non nulle à la température d'un million de milliards de degrés (10^{15} degrés) ! C'est à peu près cent millions de fois la température qui règne au cœur du Soleil, et c'est la température à laquelle on pense que l'Univers s'est refroidi, environ un centième de milliardième de seconde (10^{-11} s) après le big bang (ce que l'on note parfois ATB, pour l'anglais *after the bang*). Avant ces 10^{-1} s ATB, les valeurs du champ de Higgs auraient fluctué énormément, mais autour d'une valeur moyenne nulle ; un peu comme pour l'eau au-delà de 100° Celsius, à de telles températures, il faisait trop chaud pour que l'océan de Higgs puisse se former. Or, sans océan de Higgs, rien ne s'oppose à ce que les particules aient des mouvements accélérés (il n'y a plus de paparazzi), et cela implique que toutes les particules que l'on connaît (électrons, quarks *u*, quarks *d*, et les autres) avaient alors la même masse : zéro.

Cette remarque explique en partie pourquoi l'on décrit la formation de l'océan de Higgs comme une transition de phase cosmologique. Dans les transitions de phase de la vapeur à l'eau ou de l'eau à la glace, il se passe essentiellement deux choses. Il y a un changement qualitatif important de l'apparence, et la transition de phase s'accompagne d'une réduction de symétrie. On retrouve ces deux aspects dans la formation de l'océan de Higgs. Primo, il y eut un changement qualitatif important : des particules qui étaient auparavant dénuées de masse acquirent soudain une masse non nulle — les masses qu'on leur observe aujourd'hui. Secundo, ce changement s'accompagna d'une diminution de symétrie : avant la formation de l'océan de Higgs, toutes les particules avaient la même masse — zéro —, situation hautement symétrique. Si l'on avait pu intervertir les masses de deux espèces de particules, cela serait passé inaperçu, car toutes les masses étaient égales. Mais, après la condensation du champ de Higgs, les masses des particules transmutèrent vers des valeurs non nulles — et non égales —, si bien que cette symétrie fut perdue.

En fait, la réduction de symétrie due à la formation de l'océan de Higgs fut plus importante encore. Au-delà de 10^{15} degrés, avant la condensation du champ de Higgs, non seulement toutes les particules matérielles étaient dénuées de masse, mais, sans la résistance de l'océan de Higgs, c'était également le cas de toutes les particules messagères des forces (on sait aujourd'hui que les particules W et Z, messagères de la force nucléaire faible, ont des masses valant 86 et 97 fois celle du proton). Or, comme Sheldon Glashow, Steven Weinberg et Abdus Salam le découvrirent dans les années 1960, le fait que toutes les particules d'interaction étaient dénuées de masse s'accompagnait d'une autre symétrie, fabuleusement belle.

Vers la fin des années 1800, Maxwell comprit qu'électricité et magnétisme, bien qu'envisagées autrefois comme deux forces distinctes, ne sont en fait que deux facettes d'une même force — la force électromagnétique (voir le chapitre 3). Ses travaux montrèrent qu'électricité et magnétisme se complètent l'une l'autre ; elles sont le yin et le yang d'un tout unifié, plus symétrique. Glashow, Salam et Weinberg découvrirent le chapitre suivant de cette saga de l'unification. Ils comprirent qu'avant la formation de l'océan de Higgs non seulement toutes les particules d'interaction avaient des masses identiques — zéro — mais qu'en outre photons, bosons W et bosons Z étaient identiques aussi pour la majorité de leurs autres propriétés[10]. Tout comme le flocon de neige demeure inchangé sous les rotations particulières qui intervertissent les positions de ses branches, certaines interversions particulières des particules des forces électromagnétique et nucléaire faible — des interversions particulières entre photons et bosons W ou Z — n'auraient, en l'absence de l'océan de Higgs, aucun effet sur la physique. Et, tout comme l'invariance d'un flocon de neige sous certaines rotations est le reflet d'une symétrie (une symétrie de rotation), l'invariance sous l'échange de ces particules d'interaction est également le reflet d'une symétrie qui, pour des raisons techniques, s'appelle une « symétrie de jauge ». Elle a des conséquences fondamentales. Puisque ces particules sont les messagères de leur force respective, la symétrie qui règne entre elles signifie qu'il existe une symétrie entre les forces. Ainsi, à des températures suffisamment élevées (tellement élevées qu'elles suffiraient à faire s'évaporer l'océan de Higgs remplissant aujourd'hui le vide), rien ne distingue la force nucléaire faible de la force électromagnétique. Autrement dit, à des températures suffisamment élevées, l'océan de Higgs s'évapore, et avec lui la distinction entre les forces électromagnétique et nucléaire faible.

Glashow, Weinberg et Salam généralisèrent la découverte de Maxwell, datant de plus d'un siècle, en montrant que ces deux forces sont en fait deux parties d'une même interaction. Ils parvinrent à unifier leur description dans ce que l'on appelle la force « électrofaible ».

Aujourd'hui, la symétrie entre les forces électromagnétique et faible n'est plus apparente car, avec le refroidissement de l'Univers, s'est formé l'océan de Higgs et (point essentiel) les photons, bosons W et bosons Z interagissent tous différemment avec le champ de Higgs qui s'est condensé. Les photons traversent l'océan de Higgs aussi facilement que d'occultes acteurs de série B échappent aux paparazzi ; ils restent donc dépourvus de masse. Les bosons W et Z, quant à eux, ressemblent plus à Bill Clinton ou à Madonna : ils doivent péniblement se frayer un chemin dans la foule, et acquièrent alors des masses qui valent 86 et 97 fois celle du proton (notons que cette comparaison n'est pas à l'échelle). Voilà pourquoi les forces électromagnétique et nucléaire faible se manifestent si différemment dans le monde qui nous entoure. La symétrie sous-jacente est « brisée », occultée par l'océan de Higgs.

Voilà un résultat à couper le souffle ! Deux forces qui semblent si différentes aux températures d'aujourd'hui — la force électromagnétique, à l'origine de la lumière, de l'électricité et du magnétisme, et la force nucléaire faible, responsable des désintégrations radioactives — sont en fait, fondamentalement, deux facettes d'une même force. Elles ne semblent différentes que parce que le champ de Higgs, non nul, occulte la symétrie qui les lie. Ainsi, ce que nous envisageons comme un espace vide — le rien, le néant — a un rôle fondamental à jouer pour que notre monde soit tel qu'on l'observe. Ce n'est qu'en vaporisant le vide, qu'en augmentant radicalement la température à tel point que le champ de Higgs s'évapore — c'est-à-dire qu'il atteigne une valeur moyenne nulle dans tout l'espace —, que devient manifeste la symétrie sous-jacente aux lois de la physique.

Lorsque Glashow, Weinberg et Salam élaborèrent cette théorie, les bosons W et Z n'avaient pas encore été découverts expérimentalement. C'est la conviction profonde de ces physiciens en faveur de la théorie et de la beauté de la symétrie qui leur a permis de poursuivre leurs recherches en toute confiance.

Leur audace fut récompensée : les bosons W et Z furent finalement découverts et la théorie électrofaible fut confirmée par l'expérience. Glashow, Weinberg et Salam regardèrent au-delà des apparences — ils scrutèrent la brume obscure du néant — et parvinrent à mettre en évidence une symétrie fondamentale entre deux des quatre forces naturelles. Pour avoir unifié avec succès les forces électromagnétique et nucléaire faible, ils furent récompensés en 1979 par le prix Nobel.

Grande unification

Lorsque je suis entré à l'université, je passais régulièrement voir mon tuteur, le physicien Howard Georgi. Je n'avais généralement pas grand-chose à lui dire, mais cela n'avait aucune importance : Georgi, quant à lui, avait toujours quelque chose d'intéressant à partager avec les étudiants curieux. Je me souviens d'une fois où Georgi, particulièrement enthousiaste, parla à toute vitesse pendant plus d'une heure, tout en recouvrant plusieurs tableaux de symboles et d'équations. Du début à la fin, je ne pus qu'acquiescer avec entrain. Mais, en toute honnêteté, je n'ai pas compris un traître mot de ce qu'il m'a raconté ce jour-là. Des années plus tard, j'ai réalisé que Georgi m'avait entretenu d'un projet censé vérifier l'une de ses découvertes appelée théorie de « grande unification ».

Celle-ci aborde la question qui fait suite naturellement au succès de l'unification électrofaible : si deux des quatre forces fondamentales étaient des parties d'un même tout unifié lors des premiers instants de l'Univers, ne serait-il pas envisageable qu'à des températures encore plus élevées, à des temps encore plus reculés de l'histoire cosmique, la distinction entre trois des forces fondamentales, voire toutes les quatre, s'évapore de la même manière, laissant la place à une symétrie plus vaste encore ? Voilà qui propose une éventualité séduisante : peut-être n'y aurait-il en fait qu'une seule force fondamentale qui, par une succession de transitions de phases cosmologiques, se serait cristallisée pour donner les quatre forces apparemment différentes que l'on observe aujourd'hui. En 1974, Georgi et Glashow élaborèrent la première théorie à mi-chemin vers cette unification totale. Leur « théorie de grande unification », agrémentée des travaux ultérieurs de Georgi, Helen Quinn et Weinberg, suggère que trois des quatre forces — les forces forte, faible et électromagnétique — faisaient toutes parties d'une seule et même force unifiée, lorsque la température de l'Univers dépassait dix milliards de milliards de milliards de degrés (10^{28} degrés) — environ mille milliards de milliards de fois la température au cœur du Soleil —, c'est-à-dire dans les conditions qui régnaient avant 10^{-35} secondes ATB. Ces physiciens suggèrent qu'au-delà de ces températures, photons, gluons et bosons W et Z étaient tous interchangeables sans aucune conséquence observable — une symétrie de jauge plus vaste encore que celle de la théorie électrofaible. Georgi et Glashow en inféreront donc qu'il devait régner, à ces énergies et à ces températures si élevées, une symétrie complète entre les particules de toutes les interactions autres que gravitationnelles, et donc une symétrie complète entre les trois forces non gravitationnelles[11].

La théorie de grande unification de Glashow et Georgi poursuit en expliquant que l'on ne voit pas cette symétrie dans le monde qui nous entoure — la force nucléaire forte qui confine protons et neutrons au sein des atomes semble complètement différente des forces électromagnétique et faible — car, après que la température a chuté en deçà de 10^{28} degrés, un champ de Higgs d'une autre espèce est entré en scène. Ce champ de Higgs est connu sous le nom de « Higgs de grande unification » (pour éviter les confusions, on appelle parfois « Higgs électrofaible » le champ de Higgs qui intervient dans l'unification électrofaible). À l'instar de son cousin électrofaible, le champ de Higgs de grande unification a fluctué de manière effrénée au-dessus de 10^{28} degrés, et les calculs suggèrent qu'il se serait condensé à une valeur non nulle lorsque la température de l'Univers a baissé en deçà de cette valeur. Et, comme pour le Higgs électrofaible, lors de la formation de cet océan de Higgs de grande unification, l'Univers a subi une transition de phase et la réduction de symétrie qui l'accompagne. Or, les effets de l'océan de Higgs de grande unification étant différents pour les gluons et pour les autres particules d'interaction, la force forte se serait détachée de la force électrofaible, donnant deux interactions non gravitationnelles distinctes là où il n'y en avait auparavant qu'une seule. Après une fraction de seconde et quelques milliards de milliards de degrés en moins, ce fut au tour du champ de Higgs électrofaible de se condenser, avec pour conséquence la scission entre les forces faible et électromagnétique.

Bien que l'idée soit magnifique, la théorie de grande unification (contrairement à l'unification électrofaible) n'a pas reçu de confirmation expérimentale. La proposition originale de Georgi et Glashow prédisait une trace, une conséquence résiduelle de cette symétrie de l'Univers primordial qui devrait se manifester aujourd'hui, et qui permettrait aux protons de se désintégrer de temps à autre pour donner d'autres espèces de particules (des antiélectrons et des particules appelées « pions »). Mais malgré des années de recherches minutieuses pour mettre en évidence cette désintégration du proton par des expériences souterraines élaborées (l'expérience que Georgi m'avait décrite avec tant d'enthousiasme dans son bureau, voici des années), on n'en trouva aucune ; la proposition de Georgi et Glashow fut discréditée. Cependant, depuis cette époque, les physiciens ont élaboré plusieurs variantes du modèle originel, qui ne sont pas éliminées par de telles expériences ; toutefois, aucune de ces théories alternatives n'a encore été confirmée.

Le consensus actuel au sein des physiciens est que la grande unification fait partie des idées les plus grandioses de la physique des particules, quand bien même on n'est pas encore parvenu à la mener à bien. L'unification et les transitions de phase cosmologiques s'étant révélées si spectaculaires avec l'électromagnétisme et la force faible, beaucoup de chercheurs sont persuadés que ce n'est plus qu'une question de temps avant que l'on parvienne à réunir d'autres forces dans une théorie unifiée. Comme nous le verrons au chapitre 12, de gros progrès ont été faits dans cette voie, mais selon une approche différente — la « théorie des supercordes » — qui, pour la première fois, a pu rassembler *toutes* les forces, y compris la gravité, dans une théorie unique. À l'heure où j'écris ces lignes, cette théorie fait encore l'objet de recherches actives. Quoi qu'il en soit, il apparaît déjà clairement, même si l'on ne considère que la théorie électrofaible, que l'Univers tel qu'on l'observe aujourd'hui n'affiche que les vestiges des splendeurs de la symétrie de ses premiers instants.

Le retour de l'éther

Le concept de brisure de symétrie et sa concrétisation par le truchement du champ de Higgs électrofaible jouent manifestement un rôle capital en physique des particules et en cosmologie. Mais ce que nous avons présenté jusqu'ici vous inspire peut-être la question suivante : si l'océan de Higgs est un « quelque chose » invisible et qui remplit ce que l'on envisage d'ordinaire comme l'espace vide, ne représente-t-il pas simplement une autre incarnation de la notion d'éther abandonnée depuis longtemps ? La réponse : oui et non. L'explication : oui, effectivement, d'une certaine manière, l'océan de Higgs a bien un petit parfum d'éther. Comme lui, l'océan de Higgs condensé imprègne tout l'espace, est tout autour de nous, infiltre n'importe quel matériau et, en tant que caractéristique inéluctable de l'espace vide (à moins que l'on ne parvienne à réchauffer l'Univers au-dessus de 10^{15} degrés, ce qui est impossible), redéfinit notre conception du néant. Mais, contrairement à l'éther originel qui fut introduit comme un milieu invisible véhiculant les ondes lumineuses à la manière dont l'air porte les ondes sonores, l'océan de Higgs n'a rien à voir avec la propagation de la lumière ; il n'affecte en rien sa vitesse, et les expériences qui, à l'aube du XXe siècle, ont éliminé l'éventualité de l'éther en étudiant le mouvement des ondes lumineuses n'ont aucune incidence sur l'océan de Higgs.

En outre, puisque l'océan de Higgs n'a aucun effet sur ce qui se déplace à vitesse constante, il ne privilégie aucun point de vue, contrairement à l'éther. Même en présence d'un océan de Higgs, tous les observateurs en mouvement relatif à vitesse constante restent sur un pied d'égalité, si bien que l'océan de Higgs ne contredit pas la relativité restreinte. Bien sûr, ces observations ne prouvent en rien que les champs de Higgs existent ; en revanche, elles montrent que, malgré certaines similitudes avec l'éther, les champs de Higgs ne sont en conflit avec aucune théorie ni aucune expérience.

Cependant, s'il existe un océan de Higgs, celui-ci devrait avoir d'autres conséquences, que l'on pourrait aisément vérifier par l'expérience d'ici à quelques années. Pour commencer, de même que les champs électromagnétiques sont composés de photons, les champs de Higgs sont composés de particules appelées — cela ne devrait pas vous surprendre — « bosons de Higgs ». Les calculs théoriques ont montré que, s'il existe bien un océan de Higgs imprégnant tout l'espace, alors on devrait trouver des bosons de Higgs dans les débris de collisions à haute énergie du Grand Collisionneur de Hadrons (Large Hadron Collider ou LHC) du CERN (Laboratoire européen de physique des particules, baptisé à l'origine Conseil européen pour la recherche nucléaire, d'où son sigle, et situé à Genève, en Suisse), dont la mise en service est prévue pour 2007. Grosso modo, à très haute énergie, les collisions frontales entre protons devraient pouvoir extraire un boson de Higgs de l'océan de Higgs un peu comme des collisions énergétiques sous-marines peuvent extraire des molécules d'H_2O de l'Atlantique. En fin de compte, ces expériences devraient nous permettre de déterminer si cette variante moderne de l'éther existe ou si elle doit subir le même sort que sa précédente incarnation. C'est une question qu'il est important de résoudre car, comme nous l'avons vu, la condensation des champs de

Higgs joue un rôle capital dans notre formulation actuelle de la physique fondamentale.

Si l'océan de Higgs n'est pas mis en évidence, il faudra repenser sérieusement une théorie en vigueur depuis plus de trente ans. Mais, si on le trouve, ce sera un véritable triomphe pour la physique théorique : cela confirmera l'influence de la symétrie et nous permettra de façonner précisément notre raisonnement mathématique à mesure que nous progresserons vers l'inconnu. En outre, la confirmation de l'existence de l'océan de Higgs aura deux autres conséquences. La première, c'est qu'elle fournira des preuves directes d'une ère révolue, à l'époque où divers aspects de l'Univers qui semblent aujourd'hui différents étaient des éléments d'un tout symétrique. La seconde, c'est qu'elle confirmera que notre notion intuitive de l'espace vide — le résultat obtenu lorsque l'on enlève toute chose d'une région donnée, jusqu'à ce que son énergie et sa température atteignent des valeurs aussi basses que possible — est, depuis longtemps, beaucoup trop naïve. Le plus haut degré de vacuité d'un espace vide ne correspond pas forcément à un état de néant absolu. Sans pour autant avoir recours à des considérations spirituelles, on peut néanmoins, dans notre quête scientifique pour comprendre l'espace et le temps, se remémorer la pensée de Henry More (chapitre 2) : à ses yeux, le concept ordinaire d'espace vide est dénué de sens parce que l'espace est toujours rempli d'une spiritualité divine. Pour nous, le concept ordinaire d'espace vide apparaît tout aussi évasif, puisque l'espace vide tel qu'on l'entend généralement pourrait tout à fait être rempli d'un océan de Higgs.

Entropie et temps

La ligne temporelle représentée sur la figure 9.2 situe les transitions de phase dont nous avons parlé dans leur contexte historique, et donne ainsi une idée plus précise de la succession des événements qu'a traversés l'Univers depuis le big bang jusqu'à l'œuf gisant sur le plan de travail de la cuisine. Mais certaines informations capitales restent dans l'ombre de la zone de flou. Souvenons-nous qu'il est essentiel de connaître le commencement des choses — l'ordre initial des pages de *Guerre et Paix* ou l'état initial de l'Univers lors du big bang — pour comprendre leur évolution. L'entropie ne peut augmenter que si elle dispose de la possibilité de le faire. Elle ne peut croître que si elle commence très bas. Si les pages de *Guerre et Paix* gisent dans un désordre total, les lancer en l'air une nouvelle fois ne fera guère plus que les laisser en désordre ; si l'Univers avait débuté dans un état complètement désordonné de très haute entropie, alors l'évolution cosmologique ultérieure n'aurait fait qu'entretenir le désordre originel.

L'histoire qu'illustre la figure 9.2 n'est manifestement pas le récit d'un désordre permanent et immuable. Quand bien même certaines symétries auraient été perdues lors des transitions de phase cosmiques, l'entropie globale de l'Univers dans son ensemble n'a cessé d'augmenter. Ainsi, au tout début, l'Univers devait être extrêmement ordonné. Voilà qui nous permet d'associer la direction « vers l'avant » dans le temps à la direction dans laquelle l'entropie s'accroît, mais il nous reste encore à trouver une explication à la valeur si incroyablement faible de l'entropie — à l'état d'uniformité si extraordinaire — des premiers instants. Voilà qui nous impose de remonter dans le temps plus loin encore que ce que nous avons fait jusqu'ici, pour tenter d'en savoir plus sur les événements à la naissance de l'Univers — la zone floue de la figure 9.2. C'est ce vers quoi nous nous tournons maintenant.

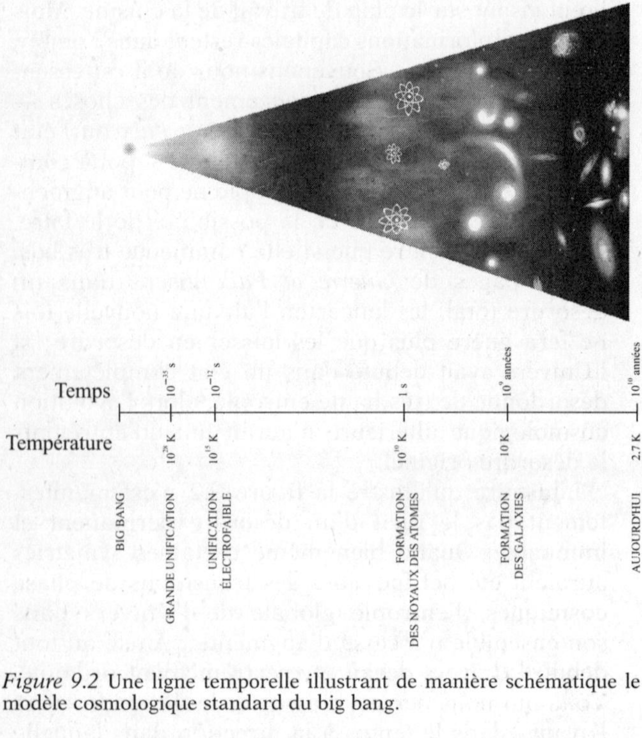

Figure 9.2 Une ligne temporelle illustrant de manière schématique le modèle cosmologique standard du big bang.

10

LE BIG BANG : DÉCONSTRUCTION

Qu'est-ce qui a fait « bang » ?

Une erreur commune consiste à penser que le big bang est une théorie des origines de l'Univers. Ce n'est pas le cas. Le big bang, que j'ai rapidement décrit dans les deux précédents chapitres, est une théorie qui retrace l'évolution cosmologique de l'Univers depuis une toute petite fraction de seconde *après* ce qui a pu lui donner naissance, *mais qui ne dit rien de l'instant zéro*. Or, si l'on en croit cette théorie, le fameux « bang » serait ce que l'on suppose avoir eu lieu au commencement. Or le modèle du big bang ne dit rien sur ce « bang ». Il ne dit rien sur ce qui a pu faire « bang », ni pourquoi, ni comment, ni même, à franchement parler, si quoi que ce soit a jamais fait « bang »[1]. En fait, si l'on y réfléchit un moment, on s'aperçoit que le big bang nous met face à une énigme. Aux densités de matière et d'énergie énormes caractéristiques des premiers instants de l'Univers, la gravité est, de loin, la force dominante. Mais elle est *attractive*. Elle contraint toute chose à se rassembler. Alors qu'est-ce qui a pu être responsable de la force, dirigée vers l'*extérieur*, qui a donné lieu à l'expansion de l'espace ? Il semblerait qu'une sorte de force répulsive extrêmement intense ait tenu un des premiers rôles à l'époque du big bang, mais de quelle force fondamentale s'agit-il ?

Cette question, parmi les plus élémentaires des questions cosmologiques, demeura sans réponse des dizaines d'années durant. Puis, dans les années 1980, une ancienne observation d'Einstein fut ressuscitée sous une forme flambant neuve, et donna naissance à ce qui devint la « cosmologie inflationnaire ». Grâce à cette découverte, le bang put finalement être mis au crédit de la force qui le méritait : la gravitation. Aussi surprenant que cela puisse paraître, les physiciens s'aperçurent que, dans un contexte très précis, la gravitation peut être répulsive. Or, si l'on en croit la théorie, les conditions nécessaires sont justement celles qui régnaient aux tout premiers instants de l'histoire cosmique. Pendant un intervalle de temps à côté duquel une nanoseconde semblerait durer une éternité, le jeune Univers fournit à la gravitation la scène requise pour exprimer son côté répulsif une bonne fois pour toutes, en éloignant chaque région de l'espace de toute autre avec une sauvagerie implacable. Cette répulsion gravitationnelle aurait été si intense qu'elle permit non seulement d'identifier le bang, mais aussi de lui accorder une importance bien supérieure à ce que quiconque avait jamais imaginé auparavant. Dans la théorie inflationnaire, l'Univers tout nouvellement formé aurait subi une expansion d'un facteur absolument énorme par rapport à ce qu'envisageait précédemment la théorie du big bang conventionnel. Notre vision du cosmos en fut transformée à tel point que, par comparaison, la découverte au siècle dernier du fait que la Voie lactée n'est qu'une galaxie parmi des centaines de milliards d'autres semblait dérisoire[2].

Nous présenterons la cosmologie inflationnaire dans le présent chapitre et le suivant. Nous verrons qu'elle apporte en quelque sorte un point de départ au modèle du big bang, en modifiant de manière importante certaines affirmations de la théorie conventionnelle concernant les premiers instants de l'Univers. Grâce à cela, la cosmologie inflationnaire résout quelques-unes des questions-clés qui demeuraient hors de portée du modèle conventionnel du big bang. Un certain nombre de ses prédictions ont déjà été vérifiées expérimentalement, et d'autres seront testées dans un futur proche. Peut-être le plus impressionnant est-il qu'elle montre comment les processus quantiques peuvent, à travers l'évolution cosmique, inscrire de minuscules replis dans la structure de l'espace, leur empreinte étant visible dans les cieux nocturnes. Outre tous ces succès, la cosmologie inflationnaire donne des pistes importantes sur la manière dont l'Univers primordial a pu accéder à une entropie si extraordinairement basse, et elle nous rapproche donc plus que jamais d'une explication de la flèche du temps.

Einstein et la gravitation répulsive

Après avoir apporté la touche finale à sa relativité générale en 1915, Einstein appliqua ses nouvelles équations pour la gravitation à divers problèmes. L'un d'eux était le problème, dont on savait de longue date que les équations de Newton ne pouvaient le résoudre exactement, concernant ce que l'on appelle la « précession du périhélie » de l'orbite de Mercure — le fait, observé, que la planète ne suit pas exactement la même trajectoire à chacune de ses orbites successives autour du Soleil : en fait, chacune est très légèrement décalée par rapport à la précédente. Lorsqu'il refit les calculs d'orbite à l'aide de ses nouvelles équations, Einstein obtint précisément la valeur mesurée pour la précession du périhélie, et son résultat lui parut si extraordinaire qu'il en eut des palpitations cardiaques[3]. Il appliqua également la relativité générale à la question de savoir dans quelle mesure la trajectoire de la lumière émise par une étoile lointaine serait modifiée par la courbure de l'espace-temps au voisinage du Soleil. En 1919, deux équipes d'astronomes — la première campait sur l'île de Principe, à l'ouest de l'Afrique, et la seconde au Brésil — testèrent ses prédictions durant une éclipse solaire. Ils comparèrent leurs observations des rayons lumineux qui frôlent la surface du Soleil sur leur chemin vers la Terre (ce sont ces rayons qui seront le plus affectés par la présence du Soleil, et l'on ne peut les voir que pendant une éclipse) avec des photographies obtenues lorsque la Terre était à une position de son orbite intermédiaire entre ces étoiles et le Soleil, garantissant ainsi que l'attraction gravitationnelle du Soleil n'ait aucun effet sur la trajectoire des rayons lumineux étudiés. La comparaison révéla un angle de déflexion qui, une fois encore, confirma les calculs d'Einstein. Lorsque la presse eut vent de ce résultat, Einstein devint une célébrité mondiale du jour au lendemain. Avec la relativité générale, le moins que l'on puisse dire, c'est qu'Einstein était lancé.

Et pourtant, malgré le succès grandissant de la relativité générale, des années après la première application de sa théorie au plus considérable de tous les défis scientifiques — celui de comprendre l'Univers dans son ensemble —, Einstein refusait d'accepter la réponse des mathématiques. Avant les travaux de Friedmann et Lemaître mentionnés au chapitre 8, Einstein s'était lui aussi rendu compte que les équations de la relativité générale dépeignaient un univers qui ne pouvait être statique. La structure de l'espace-temps pouvait se distendre ou se rétracter, mais elle ne pouvait pas se maintenir à une taille fixe. Cela laissait entendre que l'Univers aurait eu un début bien défini — lorsque l'espace-temps était compressé à son maximum —, et qu'il pourrait même avoir une fin tout aussi bien définie. Einstein s'opposait obstinément à cette conséquence de la relativité générale, persuadé que lui, et n'importe qui d'autre, « savait » que l'Univers est éternel et, à la plus grande des échelles, fixe et immuable. Aussi, passant outre la beauté et le succès de la relativité générale, Einstein rouvrit son cahier de notes et s'attela à trouver une modification à ses équations qui aurait permis un univers conforme à cette croyance dominante. Il ne lui fallut pas longtemps. En 1917, il atteignit son but en introduisant un nouveau terme aux équations de la relativité générale : la constante cosmologique[4].

Il n'est pas difficile de deviner quelle était la stratégie d'Einstein lorsqu'il introduisit cette modification. La force gravitationnelle entre deux objets quelconques, qu'il s'agisse de balles de tennis, de planètes, d'étoiles, de comètes ou de tout ce que l'on veut, est attractive. En conséquence, la gravitation agit toujours en rapprochant les objets les uns vers les autres. L'attraction gravitationnelle entre la Terre et un danseur qui s'élance dans les airs fait que celui-ci va ralentir, atteindre une hauteur maximale, puis redescendre. Si le chorégraphe rêve d'une situation plus statique dans laquelle le danseur flotterait dans les airs, il faudrait qu'une force répulsive s'exerce entre le danseur et la Terre qui équilibrerait exactement leur attraction gravitationnelle : une configuration statique n'est possible que s'il y a une compensation exacte entre l'attraction et la répulsion. Einstein comprit que l'on pouvait appliquer exactement le même raisonnement à l'Univers dans son ensemble. De la même manière que l'attraction de la gravité ralentit l'ascension du danseur, elle ralentit également l'expansion de l'espace. Et, tout comme le danseur ne peut atteindre l'immobilité — il ne peut rester suspendu à une hauteur fixée — sans une force répulsive pour équilibrer l'attraction ordinaire de la gravitation, l'espace ne peut être statique — il ne peut rester en suspens à une taille fixée — sans une autre force répulsive pour compenser. Einstein introduisit la constante cosmologique car il découvrit qu'avec ce nouveau terme dans ses équations la gravitation elle-même fournissait justement cette force répulsive.

Mais quelle est la physique sous-jacente à ce nouveau terme mathématique ? Qu'est cette constante cosmologique, de quoi est-elle faite, et comment se débrouille-t-elle pour contrecarrer la gravitation habituellement attractive et exercer une pression répulsive dirigée vers l'extérieur ? Eh bien, la lecture moderne des travaux d'Einstein — que l'on doit à Lemaître — interprète la constante cosmologique comme une forme d'énergie exotique qui remplirait tout l'espace de manière uniforme et homogène. J'ajoute « exotique » parce que l'analyse d'Einstein ne précisait pas quelle pourrait être l'origine de cette énergie et, comme nous le verrons sous peu, la description mathématique qu'il en fit garantissait qu'elle ne pouvait être composée d'aucune des particules ordinaires tels protons, neutrons, électrons ou photons. Les physiciens d'aujourd'hui parlent de l'« énergie de l'espace lui-même » ou d'« énergie noire » lorsqu'ils discutent de la signification de la constante cosmologique d'Einstein car, si tant est qu'elle existe, l'espace devrait être baigné d'une présence amorphe et transparente, impossible à voir directement : l'espace rempli d'une constante cosmologique nous apparaîtrait toujours aussi sombre. (Voilà qui rappelle la vieille notion de l'éther et celle, plus récente, d'un champ de Higgs prenant une valeur non nulle dans tout l'espace. Cette dernière ressemblance n'est pas une simple coïncidence : il existe une relation importante entre constante cosmologique et champ de Higgs, que nous présenterons plus loin.) Cependant, même sans préciser l'origine ou l'identité de la constante cosmologique, Einstein put déduire ses conséquences gravitationnelles, et son résultat fut remarquable.

Pour le comprendre, nous devons connaître un certain aspect de la gravitation qu'il nous reste à présenter. Dans l'approche newtonienne de la gravitation, l'intensité de l'attraction entre deux corps ne dépend que de deux choses seulement : leurs masses et la distance qui les sépare. Plus les objets considérés sont massifs, et plus ils sont proches, plus leur attraction gravitationnelle mutuelle sera intense. La situation est à peu près la même en relativité générale, à ceci près que les équations d'Einstein révèlent que l'intérêt porté par Newton à la masse était trop restrictif. Si l'on en croit la relativité générale, il n'y a pas que la masse des objets (et leur éloignement) qui contribue à l'intensité du champ gravitationnel ; il y a également *l'énergie et la pression*. C'est tellement important que nous consacrerons un peu de temps à comprendre ce que cela signifie.

Nous sommes au XXVe siècle, en garde à vue dans la toute nouvelle BCE (Brigade correctionnelle expérimentale), qui entend discipliner les criminels en col blanc par une approche méritocratique. À chaque prisonnier est proposée une énigme qui, s'il parvient à la résoudre, lui rendra sa liberté. Le gars de la cellule voisine de la nôtre doit expliquer pourquoi la rediffusion au XXIIe siècle de la série *Chapeau melon et bottes de cuir* a connu un succès aussi retentissant, au point d'être devenue la série la plus célèbre depuis lors... autant dire qu'il pourra considérer la BCE comme chez lui pendant un certain temps. Notre énigme est plus simple. On nous a donné deux cubes d'or identiques — ils sont de même taille et ont tous deux été fabriqués exactement avec la même quantité d'or. Il nous incombe de faire en sorte que les deux cubes affichent des poids différents lorsqu'on les pèse sur une balance d'une extrême précision, avec la seule condition de ne pas modifier la quantité de matière de chacun d'eux. Il nous est donc interdit de les limer, de les gratter, de les souder, de les poncer, de les raboter... Si l'on avait proposé cette énigme à Newton, celui-ci aurait immédiatement affirmé qu'elle n'a pas de solution. Si l'on en croit les lois de Newton, à deux quantités d'or identiques correspondent nécessairement des masses identiques. Et chaque cube étant pesé sur la même balance, l'attraction gravitationnelle de la Terre sur chacun d'eux sera la même. Newton en conclurait donc que les deux cubes doivent tous deux afficher le même poids, un point, c'est tout.

Grâce à la relativité générale que nous avons apprise sur les bancs de l'école comme tous les lycéens du XXVe siècle, il nous vient une idée pour nous sortir de là. La relativité générale montre que l'intensité de l'attraction gravitationnelle entre deux corps ne dépend pas uniquement de leur masse[5] (et de la distance qui les sépare) mais aussi de toutes les autres contributions possibles et imaginables à l'*énergie* totale de chacun. Or, jusqu'à présent, nous n'avons rien dit de la température des deux cubes. La température est une mesure de la rapidité moyenne des allées et venues des atomes d'or qui composent chaque cube — c'est une mesure de la quantité d'énergie *cinétique* de chaque atome. Nous réalisons alors qu'en chauffant l'un des deux cubes on devrait lui trouver un poids très légèrement supérieur à celui de son homologue plus froid. C'est un fait dont Newton n'avait pas conscience (une augmentation de température de 10° Celsius correspondrait, pour un cube de cinq cents grammes, à une augmentation de poids de l'ordre de deux milliardièmes de milliardième de gramme : l'effet est minuscule), et, grâce à cette résolution ingénieuse, nous gagnons l'absolution de la BCE.

Ou presque... Notre crime était si crapuleux que le juge exige, à la dernière minute, que nous résolvions une seconde énigme pour regagner notre liberté. Nous voilà maintenant avec deux de ces jouets d'antan appelés parfois « Jack in the box » (de petites boîtes renfermant un petit personnage monté sur ressort qui surgit lorsqu'on soulève le couvercle). Ce nouveau défi consiste à faire en sorte que les deux boîtes n'affichent pas le même poids. Mais, cette fois-ci, non seulement nous n'avons pas le droit de modifier la masse de chaque objet, mais nous devons également les maintenir tous les deux à la même température. Ici encore, face à cette énigme, Newton se serait immédiatement résigné à finir ses jours en cellule. Les deux boîtes ayant la même masse, il aurait conclu que les poids sont identiques et l'énigme insoluble. Mais, pour la seconde fois, nos connaissances en relativité générale viennent à notre secours : on peut comprimer le ressort de l'une des deux boîtes en enfermant son petit diable sous le couvercle, tout en laissant la seconde ouverte. Pourquoi cela ? Eh bien, il se trouve qu'un ressort comprimé possède plus d'énergie qu'un ressort qui ne l'est pas ; il nous faut lui fournir une certaine énergie pour le comprimer, et l'on voit le fruit de nos efforts dans le fait que le ressort ainsi comprimé exerce une certaine pression, celle qui fait surgir le petit diable à l'ouverture du couvercle. Or, à nouveau, si l'on en croit Einstein, *toute* contribution additionnelle à l'énergie affecte l'attraction gravitationnelle et se manifeste par une augmentation de poids. Ainsi, le jouet fermé, avec son ressort comprimé qui exerce une pression vers l'extérieur, pèse un chouia plus lourd que le jouet ouvert dont le ressort est libre. Cette résolution aurait échappé à Newton, et, grâce à elle, nous regagnons finalement notre liberté.

La solution à cette seconde énigme s'appuie sur l'aspect de la relativité générale qui nous intéresse. Dans son article présentant sa théorie, Einstein démontrait mathématiquement que la force gravitationnelle ne dépend pas uniquement de la masse, ni uniquement de l'énergie (comme la chaleur), mais aussi de toutes les *pressions* qui peuvent s'exercer. Et c'est cela l'essentiel de la physique permettant de comprendre la constante cosmologique. Voici pourquoi. La pression dirigée vers l'extérieur, comme celle qu'exerce un ressort comprimé, est appelée « pression positive ». Tout naturellement, la pression positive contribue positivement à l'attraction gravitationnelle. Mais, et c'est là l'argument charnière, il existe des situations dans lesquelles la pression, contrairement à la masse et à l'énergie totale, peut être *négative* dans une certaine région de l'espace, ce qui a pour conséquence que la pression aspire tout vers l'intérieur, plutôt que de tout pousser vers l'extérieur. Et, bien que cela puisse ne pas sembler si exotique que cela, une pression négative peut avoir un effet tout à fait extraordinaire du point de vue de la relativité générale : *tandis qu'une pression positive contribue à la gravitation attractive ordinaire, une pression négative contribue en revanche à une gravité « négative », c'est-à-dire à une gravité répulsive*[6] *!*

Avec cette découverte surprenante, la relativité d'Einstein ouvrait une brèche dans la certitude, ancrée depuis plus de deux siècles, selon laquelle la gravitation serait toujours attractive. Comme le montra correctement Newton, planètes, étoiles et galaxies exercent effectivement une influence gravitationnelle attractive. Mais lorsque la pression devient importante (pour la matière ordinaire soumise aux conditions gravitationnelles quotidiennes, la contribution de la pression est négligeable) et, en particulier, lorsqu'elle est négative (pour la matière ordinaire comme les protons et les électrons, la pression est positive et c'est pour cette raison que la constante cosmologique ne peut provenir de rien de familier), elle contribue à la gravitation d'une manière qui aurait choqué Newton : *sa contribution est répulsive.*

Ce résultat occupera le cœur de la discussion à venir, et il est facile de le comprendre de travers, aussi me permettrai-je d'insister à nouveau sur un point capital. Dans cette histoire, gravité et pression sont deux personnages en rapport étroit mais distincts. Les pressions ou, plus exactement, les différences de pression peuvent exercer leurs propres influences non gravitationnelles. En plongée sous-marine, nos tympans subissent la différence de pression entre l'eau qui exerce sa pression sur eux depuis l'extérieur et l'air qui exerce la sienne depuis l'intérieur. Tout cela reste vrai. Mais ce dont nous parlons à présent au sujet de la pression et de la gravitation est complètement différent. Si l'on en croit la relativité générale, la pression peut, indirectement, exercer une autre force — elle peut exercer une force gravitationnelle — parce que la pression contribue au champ gravitationnel. La pression, comme la masse et l'énergie, est une source de gravitation. Et, aussi étonnant que cela puisse paraître, si la pression d'une région donnée est négative, alors elle contribuera au champ gravitationnel imprégnant ladite région par une *poussée* gravitationnelle et non pas par une attraction gravitationnelle.

Cela signifie que, lorsque la pression est négative, il s'instaure une compétition entre la gravité attractive ordinaire due à la masse et à l'énergie ordinaires, et cette gravité répulsive exotique due à la pression négative. Si, dans une certaine région, la pression négative l'est suffisamment, alors c'est la gravitation répulsive qui l'emportera : elle dispersera les choses plutôt que de les rassembler. Et c'est ici que la constante cosmologique entre en scène. Le terme qu'Einstein ajouta aux équations de la relativité générale signifierait donc que l'espace est uniformément baigné d'une énergie dont les équations montrent — et c'est là le plus important — qu'elle possède une pression négative. En outre, la répulsion gravitationnelle due à la pression négative de la constante cosmologique surpasse l'attraction gravitationnelle provenant de son énergie positive, et c'est donc la gravité répulsive qui l'emporte : la *constante cosmologique produit une force gravitationnelle globalement répulsive*[7].

Pour Einstein, c'était exactement ce qu'il lui fallait. La matière et le rayonnement ordinaires, répartis dans tout l'Univers, exercent une force gravitationnelle attractive ayant pour effet de rapprocher toutes les régions de l'espace les unes des autres. Son nouveau terme cosmologique, qu'il envisageait comme étant lui aussi réparti uniformément dans tout l'Univers, exerce une force gravitationnelle répulsive ayant pour effet d'éloigner toutes les régions de l'espace les unes des autres. En choisissant soigneusement la valeur de ce nouveau terme, Einstein a pu équilibrer précisément les forces gravitationnelles attractive et répulsive, produisant ainsi un univers statique.

En outre, la nouvelle force répulsive découlant de l'énergie et de la pression de l'espace lui-même, Einstein découvrit que son intensité était cumulative : la force s'intensifie pour de plus vastes distances, puisqu'une plus grande portion d'espace intermédiaire entraîne une plus forte poussée vers l'extérieur. Aux échelles de distance de la Terre, voire du système solaire, cette nouvelle force gravitationnelle répulsive est si dérisoire qu'elle n'est pas mesurable. Elle ne devient importante que sur de plus vastes étendues cosmologiques, garantissant ainsi que soient préservées à la fois la théorie de Newton et la relativité générale, lorsqu'on les applique près de chez nous. En résumé, Einstein découvrit qu'il pouvait avoir le beurre et l'argent du beurre : il pouvait maintenir tous les aspects agréables — confirmés expérimentalement — de sa relativité générale, tout en savourant la quiétude éternelle d'un univers immuable, ne subissant ni expansion ni contraction.

Einstein accueillit sans doute ce résultat avec un soupir de soulagement. Quel déchirement c'eût été pour lui si les années de recherches harassantes consacrées à la formulation de la relativité générale s'étaient soldées par une théorie incompatible avec l'Univers statique qui se révélait à quiconque lève les yeux vers les cieux nocturnes. Mais, comme nous l'avons vu, une douzaine d'années plus tard, l'histoire prit une tout autre tournure. En 1929, Hubble a montré que nos visions hâtives de la voûte céleste s'avéraient trompeuses. Ses observations systématiques révélèrent que l'Univers n'est pas statique : il est bel et bien en expansion. Si Einstein s'était fié aux équations originelles de la relativité générale, il aurait pu prédire l'expansion de l'Univers plus de dix ans avant sa découverte par l'observation. Voilà qui aurait certainement mérité qu'elle soit considérée comme l'une des plus grandes découvertes de tous les temps — voire même comme *la* plus grande. Quant il eut connaissance des résultats de Hubble, Einstein regretta amèrement d'avoir introduit la constante cosmologique, et il l'effaça soigneusement des équations de la relativité générale... en espérant que tout le monde oublierait cet intermède fâcheux. Il tomba effectivement dans l'oubli plusieurs dizaines d'années durant.

Toutefois, dans les années 1980, la constante cosmologique refit surface sous une forme flambant neuve, et s'imposa comme l'un des progrès les plus spectaculaires de la pensée cosmologique depuis que l'humanité s'interroge sur l'Univers.

Grenouilles affolées et super-refroidissement

Si l'on apercevait une balle de tennis volant vers le ciel, on pourrait utiliser les lois de la gravitation de Newton (ou les équations perfectionnées d'Einstein) pour connaître l'évolution future de sa trajectoire. Et, en faisant les calculs adéquats, on pourrait comprendre parfaitement le mouvement de la balle.

Mais il resterait toujours une question sans réponse : qui ou quoi a bien pu, en premier lieu, envoyer cette balle dans les airs ? Comment la balle a-t-elle acquis cette impulsion initiale dirigée vers le haut, dont découle ensuite tout ce que l'on a établi mathématiquement ? Dans cet exemple, il suffit généralement de pousser l'enquête un petit peu plus loin pour trouver la réponse (à moins, évidemment, que les champions en herbe ne s'aperçoivent que leur balle se dirige droit vers le pare-brise d'une belle Mercedes garée à côté du terrain). C'est une version plus difficile de cette question qui ternit l'explication par la relativité générale de l'expansion de l'Univers.

Comme le montrèrent Einstein, le physicien danois Willem de Sitter et par la suite Friedmann et Lemaître, les équations de la relativité générale autorisent un univers en expansion. Mais, tout comme les équations de Newton ne nous disent rien de la manière dont a commencé le voyage de la balle de tennis, les équations d'Einstein ne nous renseignent pas sur la manière dont cette expansion a pu commencer. Pendant bien des années, les cosmologues prirent l'expansion initiale de l'espace comme une donnée inexpliquée, et ils se contentèrent de faire opérer les équations avec ce point de départ. C'est cela que je voulais dire, un peu plus haut, lorsque je prétendais que le big bang n'a rien à dire sur le bang.

Telle était la situation jusqu'à une nuit décisive de décembre 1979, lorsque Alan Guth (aujourd'hui professeur au MIT, Massachusetts Institute of Technology, il était à l'époque post-doc au SLAC, Stanford Linear Accelerator) montra que l'on pouvait faire mieux — beaucoup mieux. Bien qu'aujourd'hui encore, plus de vingt ans après, certains détails ne soient pas entièrement résolus, Guth fit une découverte qui combla finalement ce silence cosmologique en dotant le big bang d'un véritable bang, plus explosif que celui auquel quiconque aurait pu s'attendre.

Guth n'était pas un spécialiste de la cosmologie. Son domaine était la physique des particules et, vers la fin des années 1970, il étudiait certains aspects des champs de Higgs dans le cadre des théories de grande unification, en collaboration avec Henry Tye, de l'université Cornell. Souvenons-nous de la brisure spontanée de symétrie présentée au chapitre précédent, à laquelle le champ de Higgs contribue par la plus faible énergie possible dans une région de l'espace donnée, lorsqu'il se stabilise à une valeur non nulle (qui dépend des détails de l'allure de son énergie potentielle). Dans l'Univers primordial, alors que les températures étaient extraordinairement élevées, nous avons vu que le champ de Higgs devait fluctuer rapidement d'une valeur à une autre, à l'instar de la grenouille piégée dans un bol métallique chauffé au rouge et qui se brûle les pattes. Une fois l'Univers refroidi, le champ de Higgs a pu se laisser glisser le long des parois du bol jusqu'à une valeur qui aura minimisé son énergie.

Guth et Tye s'intéressèrent aux raisons susceptibles de retarder le champ de Higgs dans son accession à cette configuration de plus basse énergie (la vallée du bol sur la figure 9.1c). L'analogie de la grenouille appliquée à la question que posaient Guth et Tye reviendrait à se demander ce qui se passerait si, après que le bol a commencé à refroidir, l'un de ses premiers sauts l'avait fait atterrir sur le plateau central. Et que se passerait-il si, le bol continuant de refroidir, la grenouille avait pris ses aises sur le plateau central (s'empiffrant allégrement de vers) plutôt que de se laisser glisser jusqu'au fond de la vallée ? Ou, en termes plus physiques, que se passerait-il si, par une fluctuation plus heureuse que les autres, la valeur du champ de Higgs atteignait le plateau central du bol d'énergie et y restait pendant le refroidissement de l'Univers ? Dans ce cas, les physiciens disent du champ de Higgs qu'il a « super-refroidi », indiquant par là que, même si la température de l'Univers a baissé à tel point que l'on s'attendrait à ce que la valeur du champ de Higgs atteigne la vallée de plus basse énergie, celle-ci est restée piégée dans une configuration plus énergétique. (Cela rappelle l'eau extrêmement purifiée qui peut « super-refroidir » en deçà de 0° Celsius — température à laquelle on s'attendrait à ce qu'elle se transforme en glace — tout en restant pourtant à l'état liquide, car la solidification en glace nécessite la présence de petites impuretés autour desquelles les cristaux peuvent se former).

Guth et Tye s'intéressèrent à cette situation parce que leurs calculs laissaient à penser qu'elle pourrait avoir un rôle à jouer dans un problème (la question du « monopôle magnétique[8] ») que des chercheurs avaient rencontré dans diverses tentatives de grande unification. Mais Guth et Tye prirent conscience d'une autre conséquence possible et, rétrospectivement, c'est grâce à celle-ci que leurs travaux se révélèrent décisifs. Ils soupçonnaient que l'énergie d'un champ de Higgs super-refroidi pourrait avoir une influence sur l'expansion de l'Univers (souvenons-nous que l'altitude du champ représente son énergie, si bien que le champ n'a une énergie nulle que si sa valeur se stabilise au fond de la vallée). C'est dans cette voie que s'engagea Guth dans les premiers jours de décembre 1979… et voici ce qu'il a découvert.

Non seulement un champ de Higgs piégé sur un tel plateau imprègne tout l'espace d'une certaine énergie, mais, plus important encore, Guth réalisa qu'il se manifestait également par une *pression négative* uniforme. En fait, il découvrit qu'en ce qui concerne l'énergie et la pression le champ de Higgs piégé sur un plateau possédait les mêmes propriétés que la constante cosmologique : il imprègne tout l'espace d'énergie et de pression négative, dans des proportions qui correspondent exactement à celles d'une constante cosmologique. La découverte de Guth était donc qu'un champ de Higgs super-refroidi avait bel et bien un effet important sur l'expansion de l'espace : comme une constante cosmologique, il exerce une force gravitationnelle répulsive qui provoque cette expansion[9].

À ce stade, puisque pression négative et gravité répulsive nous sont déjà familières, nous pourrions nous dire : « Très bien, Guth a découvert un mécanisme physique précis pour donner corps à l'idée d'Einstein d'une constante cosmologique. C'est bon à savoir, et alors ? Quelle importance cela peut-il avoir sachant que le concept de constante cosmologique a été abandonné depuis longtemps déjà ? Son apparition sur la scène de la physique faisait honte à Einstein, alors à quoi bon s'évertuer à redécouvrir quelque chose qui fut discrédité plus de soixante ans plus tôt ? »

L'inflation

Voici la réponse. Bien qu'un champ de Higgs super-refroidi ait certains points communs avec une constante cosmologique, Guth comprit toutefois que tous deux ne sont pas parfaitement identiques. Il y a en fait deux différences essentielles — deux différences qui font toute la différence.

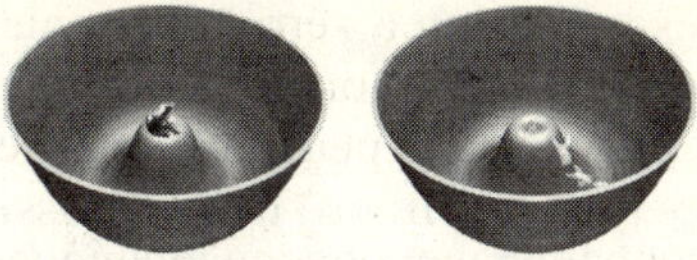

(a) (b)

Figure 10.1 (a) Un champ de Higgs super-refroidi voit sa valeur piégée sur le plateau hautement énergétique du bol d'énergie, comme la grenouille sur un promontoire. (b) Typiquement, un champ de Higgs super-refroidi trouvera rapidement son chemin pour s'extraire du plateau et chuter jusqu'à une valeur de plus basse énergie, tout comme la grenouille finirait par sauter de son promontoire.

Premièrement, tandis qu'une constante cosmologique est une constante — elle ne varie pas dans le temps et entraîne donc une poussée vers l'extérieur qui reste *constante*, qui ne varie pas —, un champ de Higgs super-refroidi n'est pas forcément constant. Pensons à la grenouille perchée sur le plateau de la figure 10.1a. Elle peut y rester un certain temps, mais, tôt ou tard, un saut aléatoire d'un côté ou de l'autre de son promontoire — non parce que le bol est chaud (puisqu'il ne l'est plus), mais simplement parce que la grenouille, repue, finit par trouver le temps long — enverra la grenouille loin du plateau, et celle-ci glissera finalement jusqu'au point le plus bas du bol, comme sur la figure 10.1b. Un champ de Higgs ferait de même. Sa valeur dans tout l'espace peut se maintenir sur cette bosse centrale de son énergie potentielle pendant que la température chute suffisamment pour que l'agitation thermique devienne dérisoire. Mais les processus quantiques feront varier la valeur du champ de Higgs de façon aléatoire, jusqu'à ce qu'un sursaut suffisamment important le fasse quitter le plateau, diminuant son énergie et sa pression à zéro[10]. Les calculs de Guth montrent que, selon la forme précise de la bosse au centre du bol, ce saut peut avoir eu lieu très rapidement, peut-être en un temps aussi court que 0,00000000000000000000000000000000001 seconde (10^{-35} s). Par la suite, Andrei Linde, qui travaillait alors au Lebedev Physical Institute de Moscou, et Paul Steinhardt, qui travaillait à l'époque avec son étudiant Andreas Albrecht à l'université de Pennsylvanie, découvrirent un moyen de faire en sorte que la relaxation à zéro de l'énergie et de la pression du champ de Higgs dans tout l'espace soit plus efficace encore et beaucoup plus uniforme (débarrassant ainsi la proposition originale de Guth de certains problèmes techniques[11]). Ils montrèrent que si l'énergie potentielle avait une forme plus douce et une pente plus graduelle, comme sur la figure 10.2, il ne serait pas nécessaire de faire appel aux sursauts quantiques : la valeur du champ de Higgs descendrait rapidement dans la vallée, un peu comme une balle roulerait sur la pente d'une colline. Le résultat, c'est que si un champ de Higgs s'est comporté comme

Figure 10.2 Un plateau plus graduel permet à la valeur du champ de Higgs de glisser plus facilement et plus uniformément, dans l'espace, vers la vallée d'énergie nulle.

une constante cosmologique, il n'a pu le faire qu'un court instant.

La seconde différence est la suivante: Einstein avait pris soin de choisir pour la constante cosmologique — pour sa contribution à la quantité d'énergie et de pression négative de chaque élément de volume spatial — une valeur arbitraire permettant à la force répulsive résultante d'équilibrer précisément la force attractive provenant de la matière et du rayonnement ordinaires. En revanche, Guth put estimer la contribution à l'énergie et à la pression négative des champs de Higgs que Tye et lui-même étudiaient. La réponse qu'il obtient était plus de 10000000000000000000000000000000000000000000000000000000000000000000000000000000000000000000000000000000 (10^{100}) fois supérieure à la valeur qu'avait choisie Einstein. Ce nombre est si énorme que la poussée vers l'extérieur occasionnée par la gravité répulsive du champ de Higgs est absolument colossale par rapport à ce qu'Einstein avait envisagé initialement avec la constante cosmologique.

Qu'obtient-on alors si l'on combine ces deux observations — le fait que le champ de Higgs reste sur le plateau (dans un état d'énergie et de pression négative élevées) seulement un bref instant, et le fait que, tant qu'il est dans cet état, la poussée répulsive qu'il engendre est énorme ? Eh bien, comme l'a compris Guth, on obtient une explosion phénoménale et très rapide. En d'autres termes, on trouve précisément ce qui manquait à la théorie du big bang : un « bang », et un gros ! Voilà pourquoi il y eut un tel engouement en faveur de la découverte de Guth[12].

Le modèle cosmologique qui découle de sa découverte est donc le suivant. Il y a fort longtemps, alors que l'Univers était extrêmement dense, son énergie provenait d'un champ de Higgs perché à une valeur très élevée au-dessus du point le plus bas de son énergie potentielle. On appelle généralement « inflaton* » ce champ de Higgs particulier, afin de le distinguer des autres (par exemple du champ de Higgs électrofaible responsable des différentes masses des particules que l'on connaît, ou du champ de Higgs qui apparaît dans les théories de grande unification[13]). Du fait de sa pression négative, l'inflaton a engendré une répulsion gravitationnelle considérable, qui a fait s'éloigner toutes les régions de l'espace les unes des autres à toute vitesse. Dans le langage de Guth, on dirait que l'inflaton a fait « inflater » l'Univers. Cette répulsion ne dura que 10^{-35} seconde environ, mais elle fut si intense que, même sur un laps de temps aussi bref, la taille de l'Univers fut augmentée d'un facteur énorme. Selon la forme précise de l'énergie potentielle de l'inflaton, ce facteur aurait pu atteindre 10^{30}, 10^{50} ou 10^{100}, voire plus.

Ces nombres sont époustouflants. Un facteur d'expansion de 10^{30} — estimation modérée, plus conservatrice — donnerait grosso modo à une molécule d'ADN la taille de la Voie lactée, en un temps plus rapide encore qu'un milliardième de milliardième de milliardième de battement de cils. Par comparaison, même ce facteur d'expansion modéré est plusieurs milliards de milliards de fois supérieur à l'expansion qui aurait eu lieu, durant le même intervalle de temps, en vertu du modèle standard du big bang, et il dépasse même le facteur d'expansion total cumulé sur les quatorze milliards d'années d'existence de l'Univers ! Dans les nombreux modèles

* On pourrait croire qu'il manque un « i » à « inflaton », mais il n'en est rien : les physiciens attribuent souvent aux champs des noms finissant par « on », comme photon ou gluon.

d'inflation pour lesquels le facteur d'expansion obtenu est supérieur à 10^{30}, l'expansion de l'espace est si considérable que la région d'Univers observable pour nous, même avec les télescopes les plus puissants, ne représente qu'une toute petite portion de tout l'Univers. Si l'on en croit ces modèles, la lumière émise par la grande majorité des astres n'aurait pas encore eu le temps de nous atteindre, et la plus grande partie n'arrivera jusqu'à nous que longtemps après que le Soleil et la Terre se seront éteints. Si la totalité de l'Univers était représentée à la taille de la Terre, la partie que nous pouvons observer serait plus petite qu'un grain de sable.

Environ 10^{-35} seconde après le début de l'explosion, l'inflaton put descendre de son plateau de haute énergie et sa valeur dans tout l'espace glissa jusqu'au fond du bol, mettant ainsi fin à la poussée répulsive. En descendant la colline, l'inflaton céda son énergie à la production de particules de matière et de rayonnement ordinaires — comme la buée du matin qui se condense sur l'herbe au lever du Soleil —, lesquelles emplirent alors uniformément toute l'étendue de l'espace en expansion[14]. À partir de là, l'histoire est à peu près celle que contait le modèle standard du big bang : en conséquence de l'explosion, l'espace continua son expansion tout en se refroidissant, permettant aux particules de matière de se regrouper pour former des structures comme les étoiles, les galaxies et les planètes, qui s'organisèrent ensuite petit à petit pour donner l'Univers que l'on observe aujourd'hui, comme l'illustre la figure 10.3.

La découverte de Guth — baptisée « cosmologie inflationnaire » agrémentée des contributions importantes de Linde, d'Albrecht et Steinhardt, offrait une explication sur ce qui a pu occasionner l'expansion de l'espace. Un champ de Higgs perché au-dessus de sa valeur d'énergie nulle peut conduire à une explosion responsable de l'expansion de l'espace. Guth a donné son bang au big bang.

Le cadre inflationnaire

La découverte de Guth fut rapidement considérée comme un progrès majeur et devint une valeur sûre pour la recherche en cosmologie. Notons toutefois deux choses. Premièrement, dans le modèle standard du big bang, le bang était supposé avoir eu lieu au temps zéro, au tout début de l'Univers, si bien qu'il était considéré comme l'événement créateur. Mais, tout comme un bâton de dynamite qui n'explose que lorsqu'il est correctement allumé, le bang de la cosmologie inflationnaire n'eut lieu que lorsque toutes les conditions furent réunies — lorsqu'il y eut un inflaton dont l'énergie et la pression négatives purent alimenter la poussée de la gravitation répulsive —, ce qui ne coïncide pas forcément avec la « création de l'Univers ». Pour cette raison, le bang inflationnaire est plutôt à considérer comme *un* événement dans l'Univers préexistant, et pas forcément comme *le* véritable événement qui aurait créé l'Univers. La figure 10.3 en fait mention en conservant la zone floue qui apparaissait déjà sur la figure 9.2, indiquant notre ignorance persistante de la nature fondamentale de l'origine : plus précisément, si tant est que la cosmologie inflationnaire soit correcte, cette zone indique que nous ne savons pas pourquoi il existe un inflaton, ni pourquoi son énergie potentielle a justement la forme adéquate pour que l'inflation ait eu lieu, ni pourquoi l'espace et le temps existent, formant la scène sur laquelle se

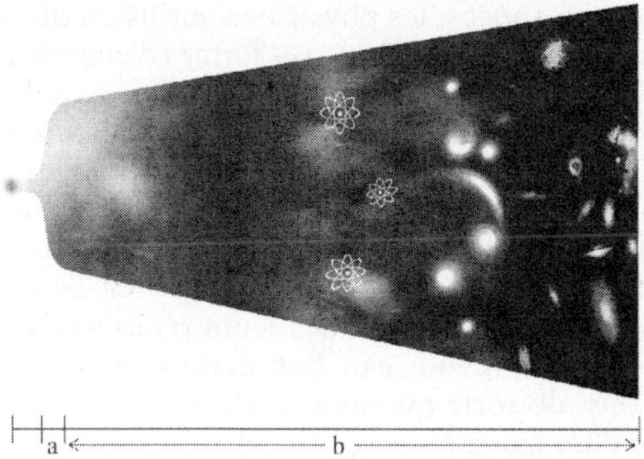

Figure 10.3 (a) La cosmologie inflationnaire initie une expansion de l'espace considérable et extrêmement rapide dans les premiers instants de l'histoire de l'Univers. (b) Après cette explosion, l'évolution de l'Univers rejoint celle de l'évolution conventionnelle décrite par le modèle standard du big bang.

déroule toute cette histoire ni, pour reprendre la formulation grandiose de Leibniz, pourquoi il y a quelque chose plutôt que rien du tout.

Une seconde observation, en rapport avec la première, est que la cosmologie inflationnaire n'est pas une seule et unique théorie. En fait, il s'agit plus d'un cadre pour la cosmologie, établi autour de l'idée que la gravitation peut être répulsive et donc provoquer l'expansion de l'espace. Les détails précis de l'explosion — quand elle a eu lieu et combien de temps elle a duré, quelle fut son intensité, le facteur d'expansion durant l'explosion, la quantité d'énergie cédée par l'inflaton à la matière ordinaire lorsque l'explosion touchait à sa fin, et ainsi de suite — dépendent d'autres détails — principalement la taille et la forme de l'énergie potentielle de l'inflaton — qui demeurent, à ce jour, hors de la portée de nos seules considérations théoriques. Ainsi, pendant plusieurs années, les physiciens ont-ils étudié toutes sortes de possibilités (diverses formes d'énergie potentielle, différents nombres d'inflatons travaillant en tandem, etc.) en vue de déterminer les choix qui conduisent à des théories compatibles avec les observations astronomiques. Le point important, c'est que certains aspects des théories cosmologiques inflationnaires transcendent les détails et sont donc communs à presque toutes leurs réalisations. L'explosion elle-même est, par définition, un de ces aspects, de sorte que tout modèle inflationnaire est doté d'un bang. Mais il existe d'autres aspects, inhérents à toute théorie inflationnaire, qui sont tout aussi importants car ils permettent de résoudre d'épineux problèmes sur lesquels la cosmologie du big bang standard restait muette.

L'inflation et le problème de l'horizon

L'un de ces épineux problèmes est appelé « problème de l'horizon » et concerne l'uniformité du fond de rayonnement micro-ondes que l'on a rencontré précédemment. Souvenons-nous que la température de ce rayonnement est la même, avec une précision extraordinaire (supérieure à un millième de degré), quelle que soit la direction depuis laquelle il nous arrive. Cette observation est primordiale car elle atteste une étonnante homogénéité à travers tout l'espace qui permet de simplifier énormément les modèles théoriques de l'Univers. Dans les chapitres précédents, nous avons exploité cette homogénéité pour restreindre de beaucoup les formes possibles de l'espace et apporter des arguments en faveur d'un temps cosmique uniforme. Or le problème de l'horizon surgit lorsqu'on tente d'expliquer *comment* l'Univers a pu devenir si homogène. Comment des régions extrêmement éloignées ont-elles pu se débrouiller pour afficher des températures quasi identiques ?

Souvenons-nous qu'au chapitre 4 une possibilité était que, l'intrication quantique non locale pouvant corréler les spins de deux particules même très éloignées, celle-ci pouvait peut-être corréler également les températures de deux régions de l'espace très distantes. Aussi intéressante soit-elle, comme nous l'avons vu à la fin dudit chapitre, cette proposition est exclue par le fait que cette intrication serait diluée de manière considérable et absolument incontrôlable. Bon... alors peut-être existe-t-il une explication plus simple. Peut-être que, voici bien longtemps, alors que toutes les régions de l'espace étaient beaucoup plus proches les unes des autres, leurs températures se seraient uniformisées du fait de leur contact mutuel, un peu comme une cuisine chaude et un salon froid accèdent à une même température lorsqu'on ouvre une porte entre les deux. Toutefois, dans le modèle standard du big bang, cette explication échoue aussi. Voici une manière de voir les choses.

Imaginons que nous regardions un film qui retrace toute l'évolution cosmique depuis les premiers instants jusqu'à nos jours. Mettons le film sur pause à un moment choisi au hasard et interrogeons-nous : deux régions données de l'espace ont-elles pu, comme la cuisine et le salon de l'exemple ci-dessus, avoir une influence sur leurs températures respectives ? Ont-elles pu échanger chaleur et énergie ? La réponse dépend de deux choses : de la distance qui sépare les deux régions, et du temps qui s'est écoulé depuis le bang. Si leur éloignement est inférieur à la distance qu'aurait pu parcourir la lumière depuis le bang, alors les régions ont pu s'influencer mutuellement ; dans le cas contraire, elles n'ont pu interagir. On pourrait penser que *toutes* les régions de l'Univers observable ont pu interférer les unes avec les autres voici fort longtemps, à l'époque des premiers instants, car, plus on remonte le film, plus les régions sont proches les unes des autres et donc plus il est facile pour elles d'interagir. Mais ce raisonnement est trop hâtif : plus on se rapproche du commencement, moins elles ont eu de temps pour communiquer.

En vue d'une analyse correcte, imaginons que l'on projette notre film cosmique à l'envers, tout en nous concentrant sur deux régions de l'espace aujourd'hui situées à deux extrémités de l'Univers observable — des régions qui sont donc si distantes qu'elles sont à ce jour hors de la portée de leur influence respective. Imaginons que l'on doive, pour réduire de moitié la distance qui les sépare, rembobiner le film cosmique plus loin que jusqu'à la moitié du temps écoulé depuis la naissance de l'Univers. Dans ce cas, même si ces régions sont alors plus proches l'une de l'autre, la communication entre elles n'en est pas pour autant possible : elles étaient deux fois moins éloignées, mais, le temps écoulé depuis le bang étant *inférieur* à la moitié du temps écoulé jusqu'à nos jours, la lumière n'a pu parcourir qu'une distance *inférieure* à la moitié de la distance actuelle. De même, si, pour réduire encore de moitié la distance entre nos deux régions depuis ce moment du film, nous devons revenir en arrière de moins de la moitié du temps jusqu'au big bang, alors la communication devient plus difficile encore. Avec ce type d'évolution cosmique, même si les régions étaient plus proches par le passé, il est d'autant plus étonnant — et pas moins — que leurs températures aient pu s'harmoniser. De par la vitesse de propagation de la lumière, les régions sont d'autant plus coupées les unes des autres que l'on remonte dans le temps.

C'est exactement la situation décrite dans le modèle standard du big bang. Dans celui-ci, la gravitation n'agit que de manière attractive et, depuis le commencement, son action est de ralentir l'expansion de l'espace. Or, si quelque chose ralentit, il lui faudra nécessairement un temps plus long pour parcourir une distance donnée. Imaginons par exemple qu'Ourasi quitte le box à une allure si spectaculaire qu'il franchit la première moitié de la piste en deux minutes. Mais, n'étant pas dans un bon jour, il ralentit notablement dans la seconde moitié et il lui faut trois minutes supplémentaires pour franchir la ligne d'arrivée. Si l'on visionnait un film de la course projeté à l'envers, il nous faudrait en rembobiner plus de la moitié pour voir Ourasi à mi-parcours (sur les cinq minutes que dure le film, il faudrait en rembobiner les trois cinquièmes, jusqu'à la deuxième minute après le signal du départ). De même, puisque, dans le modèle standard du big bang, la gravitation ralentit l'expansion de l'espace, à partir d'un moment donné du film cosmique, il nous faut rembobiner plus de la moitié du temps restant jusqu'au big bang pour diminuer de moitié la distance entre nos deux régions. Ainsi, comme ci-dessus, cela signifie que, même si les deux régions étaient alors plus proches à ces temps plus reculés, il était alors plus difficile pour elles — et non pas moins — de s'influencer mutuellement et il est donc plus surprenant — et non pas moins — qu'elles aient malgré tout atteint une même température.

Les physiciens définissent l'« horizon » d'une région comme les régions spatiales suffisamment proches pour avoir pu échanger des signaux lumineux avec la région initiale dans l'intervalle de temps écoulé depuis le bang. L'analogie correspond aux objets les plus éloignés que l'on peut voir à la surface de la Terre depuis un point de vue donné[15]. Ce que l'on appelle « problème de l'horizon » est donc l'énigme, émanant de nos observations, selon laquelle des régions dont les horizons ont toujours été séparés — des régions qui n'ont jamais eu la possibilité d'interagir, de communiquer ou d'exercer une influence mutuelle quelle qu'elle soit — affichent pourtant des températures quasi identiques.

Le problème de l'horizon n'implique pas que le modèle standard du big bang est erroné, mais il a grand besoin d'une explication. La cosmologie inflationnaire en propose une.

En cosmologie inflationnaire, il y eut un bref instant durant lequel la gravitation fut répulsive et provoqua une expansion de l'espace de plus en plus rapide. Durant cette séquence du film cosmique, il nous faudrait rembobiner moins de la moitié du temps restant jusqu'au big bang pour diminuer de moitié la distance séparant deux régions données. Imaginons cette fois une course dont Ourasi parcourt la première moitié en deux minutes et, parce qu'il est dans une forme olympique, accélère encore et franchit la ligne d'arrivée en une minute. Alors nous n'aurions plus qu'à rembobiner un tiers des trois minutes du film — moins de la moitié — pour le voir à mi-parcours. De même, l'éloignement de plus en plus rapide de deux régions spatiales quelconques durant la phase d'expansion inflationnaire implique que, pour réduire de moitié la distance qui les sépare, il faille rembobiner le film cosmique jusqu'à moins — beaucoup moins — de la moitié du temps écoulé depuis le big bang. Si l'on remonte plus loin dans le temps, il devient donc plus facile pour deux régions quelconques de l'espace de s'influencer mutuellement car, proportionnellement parlant, elles ont plus de temps pour communiquer. Si le facteur d'expansion de l'espace durant la phase inflationnaire était au moins égal à 10^{30}, valeur qui est d'ores et déjà en application dans certains modèles d'expansion inflationnaire, alors les calculs montrent que toutes les régions de l'espace que nous observons aujourd'hui — toutes les régions de l'espace dont nous avons mesuré la température — ont pu communiquer aussi facilement que la cuisine et le salon adjacents, et ont donc pu atteindre des températures égales dès les premiers instants de l'Univers[16]. Dans une coquille de noix, l'espace tout nouvellement formé a d'abord subi une expansion suffisamment lente pour que s'établisse une température uniforme puis, par une expansion intense et de plus en plus rapide, l'Univers a compensé ses débuts indolents en dispersant largement des régions auparavant voisines.

Voilà comment la cosmologie inflationnaire explique l'uniformité du rayonnement de fond cosmique qui, sans elle, serait restée nimbée de mystère.

L'inflation et le problème de la platitude de l'espace

Un second problème résolu par la cosmologie inflationnaire est en rapport avec la forme de l'espace. Au chapitre 8, en imposant le critère d'une symétrie spatiale uniforme, nous avons trouvé trois possibilités pour la courbure de l'espace. Ramenée à nos illustrations en deux dimensions, cette courbure a la possibilité d'être soit positive (donnant la surface d'une balle), soit négative (donnant une forme de selle), soit nulle (donnant un plan infini ou l'analogue d'un écran de jeu vidéo de taille finie). Depuis l'avènement de la relativité générale, les physiciens ont compris que la quantité totale de matière et d'énergie contenue dans chaque unité de volume de l'espace — autrement dit, la *densité de masse/énergie* — déterminait la courbure de l'espace. Si cette densité est élevée, l'espace se bouclera sur lui-même en adoptant une forme sphérique ; la courbure sera donc positive. Si la densité est faible, l'espace s'ouvrira en forme de selle ; la courbure sera négative. Enfin, comme nous l'avons vu au chapitre précédent, pour une valeur précise de la densité de masse/énergie — la densité critique, valant à peu près la masse de cinq atomes d'hydrogène par mètre cube (environ 10^{-23} gramme par mètre cube) —, la situation sera intermédiaire entre ces deux extrêmes et l'espace sera parfaitement plat, il n'aura pas de courbure.

Venons-en maintenant à l'énigme.

Les équations de la relativité générale, qui soustendent le modèle standard du big bang, montrent que, si la densité de matière et d'énergie avait été, dans le passé, *exactement* égale à la densité critique, alors elle serait restée égale à cette dernière en suivant l'expansion de l'espace[17]. Mais si la densité de matière et d'énergie était ne serait-ce qu'un tout petit peu supérieure ou inférieure à la densité critique, alors l'expansion ultérieure de l'espace n'aurait fait qu'accroître cette différence. Pour se faire une idée des nombres qui entrent en jeu, imaginons qu'à une seconde ATB l'Univers ait frisé la densité critique, avec une densité égale à 99,99 % de la valeur critique. Dans ce cas, les calculs montrent que, de nos jours, sa densité aurait été diminuée jusqu'à 0,0000000001 fois la densité critique. La situation est comparable à celle d'un alpiniste qui progresserait sur une arête montagneuse fine comme une lame de rasoir, cernée de part et d'autre par un ravin extrêmement profond. S'il met le pied exactement là où il faut, il pourra traverser. Mais un seul faux pas, même minuscule, déviant très légèrement vers la gauche ou vers la droite, sera amplifié au point de transformer radicalement la tournure de l'expédition. (Je ne résiste pas à la tentation de vous proposer une image de trop, car cette caractéristique du modèle standard du big bang me rappelle les douches communes à l'époque de mes années d'université : en réglant parfaitement le robinet, la température de l'eau était idéale ; mais un millimètre de trop ou de moins, et l'eau devenait bouillante ou glaciale, au choix. Certains étudiants en étaient arrivés à ne plus se doucher du tout !)

Pendant des dizaines d'années, les physiciens tentèrent de mesurer la densité de matière et d'énergie de l'Univers. Dès les années 1980, bien que les mesures fussent loin d'être complètes, une chose était certaine : la densité de matière et d'énergie de l'Univers n'est pas plusieurs milliers de fois supérieure ou inférieure à la densité critique. Autrement dit, la courbure de l'espace n'est pas très marquée, que ce soit positivement ou négativement. Cette découverte jeta un éclairage troublant sur le modèle standard du big bang. Afin que celui-ci soit en accord avec nos observations, cette découverte impliquait qu'un certain mécanisme — que personne ne pouvait ni identifier ni expliquer — devait avoir réglé la densité de matière et d'énergie de l'Univers primordial à une valeur *extraordinairement* proche de la densité critique. Par exemple, les calculs estimaient la densité de l'Univers, une seconde après le big bang, autour d'un millionième de millionième de pour cent de la densité critique. Que la densité de matière et d'énergie s'écarte de la valeur critique de plus que cet intervalle minuscule, et le modèle standard du big bang prédit pour l'époque actuelle une densité *très* différente de ce que l'on observe. Si l'on en croit le modèle standard du big bang, l'Univers primordial, comme l'alpiniste ci-dessus, aurait progressé sur une arête extrêmement étroite. Une toute petite variation des conditions qui régnaient des milliards d'années plus tôt aurait produit, à notre époque, un univers très différent de celui que mettent en évidence nos observations astronomiques. Voilà ce que l'on appelle le « problème de la platitude de l'espace ».

Bien que nous ayons présenté l'idée principale, il est important de comprendre pourquoi le problème de la platitude est un problème. Il ne montre absolument pas que le modèle standard du big bang est erroné. Un fervent défenseur de ce dernier hausserait les épaules et affirmerait simplement que « telle était la situation à l'époque », considérant comme une donnée inexpliquée l'ajustement si précis de la densité de l'Univers primordial — fait nécessaire pour que les prédictions du big bang correspondent à nos observations. Mais la plupart des physiciens renâclent à accepter cette réponse. Lorsque le succès d'une théorie tient à un ajustement trop précis d'aspects encore en attente d'explication fondamentale, les chercheurs ont vite fait de soupçonner que la théorie n'est pas naturelle. Sans explication à la raison pour laquelle la valeur de la densité de matière et d'énergie de l'Univers primordial était si proche de la valeur critique, beaucoup de physiciens trouvèrent le modèle standard du big bang trop contraint. Ainsi le problème de la platitude met-il en évidence l'extrême sensibilité du modèle standard du big bang envers les conditions qui régnaient dans un passé reculé, dont nous ne savons presque rien ; il montre que la théorie, pour fonctionner, doit *admettre* que l'Univers était ainsi.

Au contraire, les physiciens aspirent à des théories dont les prédictions sont insensibles à des grandeurs inconnues comme les conditions qui régnaient longtemps auparavant. De telles théories semblent solides et plus naturelles, parce que leurs prédictions n'ont pas de dépendance si sensible à des détails difficiles, voire impossibles à déterminer directement. C'est ce genre de théorie que fournit la cosmologie inflationnaire, et sa solution au problème de la platitude montre pourquoi.

L'observation principale est que, si la gravitation attractive amplifie tout écart à la densité critique, la gravitation répulsive de la théorie inflationnaire, quant à elle, a l'effet inverse : elle *atténue* les déviations possibles à la valeur critique. Pour comprendre pourquoi, il est plus facile de raisonner géométriquement grâce à la relation étroite qui lie la densité de masse/énergie de l'Univers à sa courbure. En particulier, notons que, même si la forme de l'Univers était beaucoup plus courbe dans le passé, après l'expansion inflationnaire, toute portion de l'espace suffisamment grande pour englober la totalité de l'Univers aujourd'hui observable semblerait presque plate. C'est une caractéristique géométrique que nous pouvons tous comprendre : la surface d'un ballon de foot est manifestement courbe, mais il aura fallu du temps et des penseurs de génie pour convaincre l'humanité que la surface de la Terre est courbe, elle aussi. La raison en est que, toutes choses étant égales par ailleurs, plus un objet est grand, plus sa courbure est graduelle et plus une petite zone ponctionnée sur sa surface semblera plate. Imaginons que l'on enveloppe l'État américain du Nebraska sur une sphère de quelques centaines de kilomètres de diamètre, comme sur la figure 10.4a ; il afficherait une certaine courbure, tandis qu'à la surface de la Terre, comme tous ses habitants en conviendront, l'État du Nebraska a l'air plat. Si on le disposait sur une sphère un milliard de fois plus grande que la Terre, il aurait l'air encore plus plat. Si l'on en croit la cosmologie inflationnaire, l'espace aurait été distendu d'un facteur tellement énorme que l'Univers observable (la partie que nous pouvons voir) n'est qu'une petite zone dans une gigantesque étendue cosmique. Ainsi, tout comme le Nebraska sur la sphère géante de la figure 10.4d, même si l'Univers dans son ensemble est fortement courbé, l'Univers *observable* sera quasiment plat[18].

Tout se passe comme si les chaussures de l'alpiniste et la fine arête qu'il franchit étaient dotées d'aimants très puissants et orientés en sorte de s'attirer mutuellement. Même si les pas de notre aventurier dévient quelque peu de la ligne, la forte attraction entre les aimants garantit que ses pieds finissent pile sur l'arête. De la même manière, même

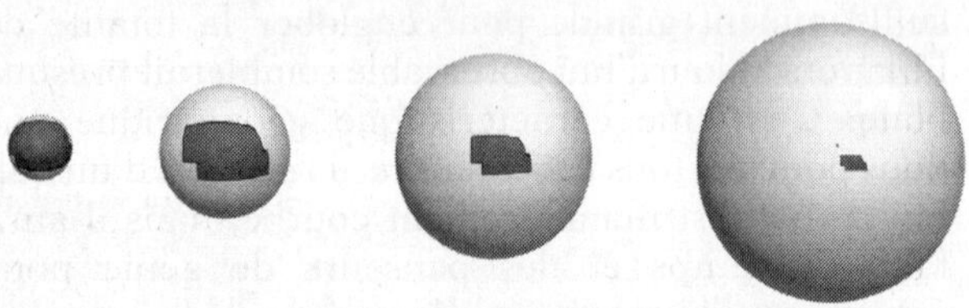

(a) (b) (c) (d)

Figure 10.4 Une forme de taille fixe, comme celle de l'État du Nebraska, apparaît de plus en plus plate lorsqu'on l'observe sur des sphères de plus en plus grosses. Dans cette analogie, les sphères représentent la totalité de l'Univers, et le Nebraska l'Univers *observable* — la partie contenue à l'intérieur de notre horizon.

si l'Univers primordial s'est quelque peu écarté de la densité critique, l'expansion inflationnaire a garanti que la partie de l'espace que l'on observe aujourd'hui a été guidée vers une forme plate et que la densité de matière et d'énergie aujourd'hui accessible a été guidée vers la valeur critique.

Progrès et prédiction

Les propositions de la cosmologie inflationnaire pour les problèmes de l'horizon et de la platitude de l'espace représentent un progrès considérable. Pour que l'évolution cosmologique ait pu conduire à un univers homogène dont la densité de matière et d'énergie tende un tant soit peu vers celle que l'on observe aujourd'hui, le modèle standard du big bang nécessitait un ajustement des conditions initiales extrêmement précis, complètement inexpliqué et presque inquiétant. On peut certes admettre cet ajustement, à la manière du fervent défenseur du big bang standard, mais l'absence d'explication fondamentale rend la théorie quelque peu artificielle. Au contraire, quelles que soient les propriétés détaillées de l'Univers primordial, l'évolution cosmologique inflationnaire *prédit* que la partie de l'Univers que l'on peut voir devra être quasiment plate ; autrement dit, elle *prédit* que la densité de matière et d'énergie observée aujourd'hui devra être très proche de 100 % de la valeur critique.

L'insensibilité aux détails des caractéristiques de l'Univers primordial est une propriété fantastique de la théorie inflationnaire, parce qu'elle permet des prédictions définitives indépendantes du fait que l'on ne sait rien des conditions qui régnaient il y a fort longtemps. Mais nous devons maintenant nous poser la question de savoir comment ces prédictions tiennent la route face aux résultats précis et détaillés de nos observations. Les données confirment-elles les prédictions de la cosmologie inflationnaire selon lesquelles nous devrions observer un univers plat à la densité critique ?

Pendant des années, la réponse semblait être « pas vraiment ». De nombreuses études astronomiques s'attelèrent à mesurer avec précision la quantité de matière et d'énergie que l'on peut voir dans le cosmos, et la réponse obtenue avoisinait 5 % de la valeur critique. Nous sommes loin des densités énormes ou minuscules auxquelles conduisait le modèle standard du big bang — sans ajustement artificiel —, et c'est ce à quoi je faisais référence plus haut en disant que nos observations établissent que la densité de l'Univers n'est pas des milliers de milliers de fois supérieure ou inférieure à la valeur critique. Malgré tout, 5 %, c'est bien loin des 100 % que prédit l'inflation. Mais les physiciens ont compris de longue date qu'il fallait évaluer les données avec soin. Les études astronomiques donnant ce résultat de 5 % ne prenaient en compte que la matière et l'énergie émettant de la lumière, et que l'on peut donc voir grâce à nos télescopes. Et depuis des dizaines d'années, avant même la découverte de la cosmologie inflationnaire, on a accumulé de plus en plus de preuves en faveur d'un côté sombre de l'Univers, pesant plutôt lourd dans la balance cosmique.

Sombre prédiction

Durant les années 1930, Fritz Zwicky, professeur d'astronomie à Caltech (scientifique célèbre à l'humour décapant, dont l'amour de la symétrie le conduisit à baptiser ses collègues d'« abrutis sphériques » car, comme il l'expliquait, « ils étaient abrutis de quelque côté qu'on les regardât »[19]), s'aperçut que les galaxies extérieures de l'amas Comas, un groupement de galaxies situé à quelque 370 millions d'années-lumière de notre planète, se déplaçaient trop rapidement pour que leur matière visible représente une force gravitationnelle suffisante à les maintenir au sein du groupe. Au contraire, son analyse montrait que beaucoup des galaxies les plus rapides auraient dû se voir libérées de l'amas, un peu comme des gouttes d'eau éjectées par un pneu de bicyclette en rotation. Et, pourtant, ce n'était le cas pour aucune. Zwicky en déduisit qu'il pourrait y avoir de la matière supplémentaire dans cet amas qui n'émettrait pas de lumière mais qui fournirait l'attraction gravitationnelle manquante, nécessaire pour maintenir la cohésion de l'amas. Ses calculs montrèrent que, si son explication était correcte, alors la plus grande majorité de la masse de l'amas devait être constituée de ce matériau non lumineux. Dès 1936, Sinclair Smith, de l'observatoire du mont Wilson, trouva des indices en faveur de cette hypothèse : en étudiant l'amas de la Vierge, il parvint à une conclusion semblable. Mais les observations des deux hommes, ainsi que les nombreuses autres qui suivirent, étant peuplées d'incertitudes diverses, peu de chercheurs furent convaincus par cette éventualité d'une importante quantité de matière invisible dont l'attraction gravitationnelle garantirait la cohésion de ces amas de galaxies.

Pendant les trente années qui suivirent, les indices en faveur de la matière invisible continuèrent de s'accumuler[20], mais c'est principalement grâce au travaux de l'astronome Vera Rubin, de la Carnegie Institution de Washington, et de Kent Frod et ses collaborateurs que la question fut définitivement tranchée. Rubin et ses collaborateurs étudièrent le mouvement des étoiles d'un grand nombre de galaxies tournantes et conclurent que, si l'on ne devait croire que ce que l'on voit, alors beaucoup des étoiles de ces galaxies devraient être couramment éjectées. Leurs observations montraient de manière concluante que la matière galactique visible ne pouvait en aucun cas exercer une attraction gravitationnelle suffisante pour empêcher les étoiles les plus rapides de se libérer. Leurs analyses détaillées montraient également que ces étoiles pourraient rester liées gravitationnellement aux autres si leurs galaxies étaient plongées dans une gigantesque bulle de matière non lumineuse (comme sur la figure 10.5), dont la masse totale dépasserait largement celle de la matière visible contenue dans la galaxie. Ainsi, de la même manière qu'un public devine la présence d'un mime dissimulé sous une cape noire même s'il n'en voit que les gants blancs voletant de-ci, de-là sur la scène obscure, les astronomes concluent que l'Univers doit être imprégné de « matière noire » — de matière qui ne s'accumule pas en étoiles et n'émet donc pas de lumière, mais qui exerce une attraction gravitationnelle sans se révéler de manière visible. Les composants lumineux de l'Univers — les étoiles — deviennent alors des balises flottant sur un vaste océan de matière sombre.

Admettons que la matière noire existe et rende compte du mouvement observé des étoiles et des galaxies ; mais de quoi est-elle faite ? À ce jour, personne ne le sait. L'identité de la matière noire reste un épais mystère, bien que les physiciens aient proposé différentes possibilités, allant de divers types de particules exotiques jusqu'à un bain de trous noirs miniatures. Même sans connaître sa compo-

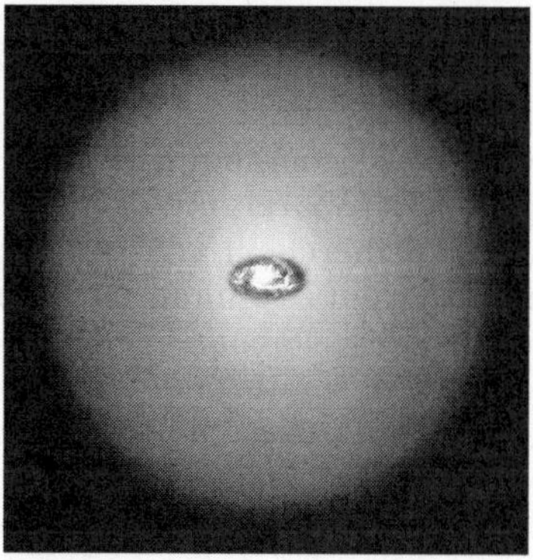

Figure 10.5 Une galaxie plongée dans une boule de matière noire (sur la figure, la matière noire a été éclaircie de manière artificielle afin d'être visible).

sition, les chercheurs purent déterminer avec une bonne précision la quantité de matière noire répartie à travers l'Univers, en analysant soigneusement ses effets gravitationnels. Et la réponse obtenue s'élève environ à 25 % de la densité critique[21]. Ainsi, additionnée aux 5 % obtenus pour la matière visible, la matière noire porte le chiffre à 30 % de ce que prédit la cosmologie inflationnaire.

Eh bien, c'est déjà un progrès. Mais, pendant bien longtemps, les scientifiques se sont gratté la tête en se demandant comment rendre compte des 70 % restants qui, si la cosmologie inflationnaire est correcte, seraient manifestement partis sans laisser d'adresse. C'est alors qu'en 1998 deux groupes d'astronomes parvinrent à une même conclusion stupéfiante nous ramenant une fois encore au point de départ et faisant à nouveau honneur à l'intuition extraordinaire d'Albert Einstein.

L'Univers fugitif

Tout comme nous cherchons souvent une seconde opinion pour corroborer un diagnostic médical, les physiciens recherchent eux aussi une seconde confirmation de leurs résultats lorsque leurs données ou leurs théories aboutissent à quelque chose de surprenant. De ces secondes opinions, les plus convaincantes sont celles qui arrivent à la même conclusion, mais en suivant un point de vue radicalement différent. Lorsque les flèches de l'explication convergent vers un même point mais avec des angles différents, il y a de grandes chances qu'elles mettent dans le mille. Ainsi, tout naturellement, la cosmologie inflationnaire suggérant quelque chose de tout à fait étrange — que 70 % de la masse/énergie de l'Univers n'avait pas encore été mesurée, ni même identifiée —, les physiciens aspirent à une confirmation indépendante. Or on savait depuis longtemps que des mesures du « paramètre de décélération » feraient l'affaire.

Depuis les premiers instants après l'explosion inflationnaire initiale, la gravitation attractive ordinaire n'a eu de cesse de ralentir l'expansion de l'espace. On appelle « paramètre de décélération » le rythme de ce ralentissement. Une mesure précise de ce paramètre fournirait une idée indépendante de la quantité totale de matière dans l'Univers : plus de matière, visible ou non, implique une plus grande attraction gravitationnelle et donc un ralentissement plus prononcé de l'expansion spatiale.

Pendant plusieurs dizaines d'années, les astronomes s'évertuèrent à mesurer la décélération de l'Univers, mais, bien que cela semble tout à fait simple en principe, cela relève, en pratique, d'un véritable exploit. Lorsque nous observons des astres lointains comme des galaxies ou des quasars, nous les voyons tels qu'ils étaient il y a très longtemps : plus ils sont éloignés, plus nous regardons loin dans le passé. Donc, si nous pouvions mesurer la vitesse à laquelle ces astres s'éloignent de nous, nous aurions une mesure de la vitesse de l'expansion de l'Univers dans un passé reculé. En outre, si nous pouvions effectuer de telles mesures pour des objets astronomiques situés à différentes distances de nous, nous pourrions mesurer le rythme de l'expansion cosmique à diverses époques du passé. En comparant ces résultats, nous pourrions alors déterminer à quel rythme l'expansion de l'espace a ralenti au fil du temps, et donc en déduire le paramètre de décélération.

Cette stratégie pour mesurer le paramètre de décélération requiert donc deux choses : un moyen de déterminer la distance des astres (afin de savoir jusqu'à quand on remonte dans le temps) et un moyen de déterminer la vitesse à laquelle les astres s'éloignent de nous (afin de connaître le rythme de l'expansion spatiale aux moments considérés dans le passé). Ce dernier ingrédient est le plus facile à obtenir. Tout comme la sirène d'une voiture de police devient de plus en plus grave lorsqu'elle s'éloigne de nous, la fréquence de vibration des ondes lumineuses émises par une source astronomique en récession diminue également. La lumière émise par des atomes comme l'hydrogène, l'hélium et l'oxygène — qui sont les principaux constituants des étoiles, des quasars et des galaxies — ayant été soigneusement étudiée en laboratoire, on peut déterminer avec précision la vitesse d'un astre en analysant les différences entre la lumière que l'on en reçoit et celle que l'on observe en laboratoire.

Mais le premier des deux ingrédients, c'est-à-dire la détermination de la distance, s'est révélé un véritable casse-tête pour astronome. Plus l'astre est éloigné, plus l'on s'attend à le voir sombre, mais il s'avère difficile de transformer cette observation simple en méthode de mesure quantitative. Pour pouvoir estimer la distance d'un astre à partir de sa luminosité apparente, il faut connaître sa luminosité intrinsèque — c'est-à-dire à quel point il serait lumineux s'il était tout proche de nous. Et la luminosité intrinsèque d'un objet situé à des milliards d'années-lumière d'ici est difficile à déterminer. La stratégie la plus communément utilisée jette son dévolu sur une catégorie d'objets célestes qui, pour des raisons fondamentales en astrophysique, brûlent toujours avec la même luminosité, à laquelle on peut toujours se fier. Si l'espace était ponctué de milliards d'ampoules de cent watts, la question serait réglée et l'on pourrait facilement déterminer la distance de n'importe laquelle d'entre elles grâce à la luminosité observée (à ceci près qu'il deviendrait rapidement difficile de voir une ampoule de cent watts de très loin). Cependant, l'espace n'étant pas ainsi peuplé, quels astres pourraient bien jouer le rôle de ces ampoules à luminosité standard ou, dans le langage des astronomes, celui de «chandelles standard»? Au fil des années, les astronomes ont étudié diverses possibilités, et les meilleurs candidats à ce jour sont une catégorie particulière d'explosions en supernova.

Lorsque les étoiles ont épuisé tout leur carburant nucléaire, la pression vers l'extérieur provenant de la fusion nucléaire en leur cœur diminue jusqu'à ce que l'étoile implose sous son propre poids. Lorsque son cœur s'effondre sur lui-même, sa température augmente très rapidement et conduit parfois à une explosion phénoménale qui expulse les couches externes de l'étoile, comme le bouquet final d'un feu d'artifice céleste. Une telle explosion est appelée « supernova » ; pendant une semaine, une seule étoile explosant de la sorte peut briller comme un milliard de soleils. C'est réellement hallucinant : une seule étoile qui brille avec la luminosité d'une galaxie entière ! Différents types d'étoiles — selon leur taille, l'abondance des différents éléments, etc. — donneront différentes sortes d'explosions en supernovæ, mais les astronomes savent depuis des années que certaines de ces explosions semblent toujours briller avec la même luminosité intrinsèque. Il s'agit des supernovæ dites « de type Ia ».

Dans une supernova de type Ia, une naine blanche — une étoile ayant épuisé toutes ses ressources nucléaires, mais dont la masse est suffisante pour allumer à elle seule une explosion en supernova — aspire la matière en périphérie d'une étoile voisine. Ensuite, lorsque la masse de la naine blanche atteint une certaine valeur critique — de l'ordre de 1,4 fois la masse du Soleil —, s'enclenchent les réactions nucléaires qui provoquent son explosion. Ces explosions en supernova ayant lieu lorsque la naine blanche atteint une masse critique, toujours la même, les caractéristiques de l'explosion, y compris sa luminosité globale intrinsèque, sont, dans une large mesure, identiques d'un cas à l'autre. En outre, contrairement à des ampoules de cent watts, les supernovæ étant si extraordinairement puissantes, non seulement ont-elles une luminosité standard fiable, mais peut-on également les voir même à l'autre bout de l'Univers. Elles représentent donc d'excellents candidats au titre de « chandelles standard »[22].

Dans les années 1990, deux groupes d'astronomes, l'un dirigé par Saul Perlmutter, du Lawrence Berkeley National Laboratory, et l'autre par Brian

Schmidt, de l'Australian National University, se sont attelés à déterminer la décélération de l'Univers — et donc la masse/énergie totale — en mesurant les vitesses de récession de supernovæ de type Ia. Identifier une supernova comme étant de type Ia est assez facile : sa courbe de lumière est aisément reconnaissable, l'intensité augmentant d'abord très abruptement, pour diminuer ensuite graduellement. Mais surprendre une supernova de type Ia dans le feu de l'action n'est pas une mince affaire, puisque, dans une galaxie ordinaire, elles n'adviennent qu'une fois par siècle environ. Néanmoins, grâce aux techniques innovantes permettant d'observer simultanément plusieurs milliers de galaxies avec des télescopes à grand angle, ces deux équipes purent trouver près d'une cinquantaine de supernovæ de type Ia à diverses distances de notre planète. Après avoir déterminé méticuleusement la distance et la vitesse de récession pour chacune d'elles, les équipes parvinrent toutes deux à une conclusion inattendue : depuis qu'il a atteint l'âge de sept milliards d'années, l'Univers n'a pas vu son expansion décélérer. En fait, son rythme d'expansion n'aurait cessé d'*accélérer*.

Les chercheurs conclurent que l'expansion de l'Univers aurait ralenti durant les sept milliards d'années après l'explosion initiale, un peu comme une voiture sur l'autoroute ralentit à l'approche d'un péage. Jusque-là, cela confirmait nos prévisions. Mais les données révèlent que, par la suite, à l'instar d'un conducteur qui repartirait pleins gaz après avoir franchi la barrière du péage en écrasant la pédale de l'accélérateur, l'expansion de l'Univers n'aurait plus cessé d'accélérer depuis lors. Le rythme d'expansion de l'espace sept milliards d'années ATB était *inférieur* à celui qui régnait huit milliards d'années ATB, lequel était lui-même *inférieur* à celui à neuf milliards d'années ATB, et ainsi de suite, tous étant *inférieurs* au rythme d'expansion actuel. La décélération tant attendue de l'expansion spatiale s'est révélée être une *accélération*.

Comment est-ce possible ? Eh bien, la réponse fournit la seconde opinion venant corroborer les 70 % de masse/énergie manquante que recherchent les physiciens.

Les 70 % manquants

Si l'on se remémore l'année 1917 et l'introduction par Einstein de la constante cosmologique, on dispose alors de suffisamment d'information pour proposer une explication à l'accélération de l'expansion de l'Univers. La matière et l'énergie ordinaires sont sources de gravitation attractive ordinaire, laquelle ralentit l'expansion. Mais, à mesure que l'Univers grossit et que les astres qui le peuplent s'éloignent de plus en plus les uns des autres, cette attraction gravitationnelle cosmique, si elle agit toujours pour ralentir l'expansion, devient plus faible. Voilà qui plante le décor de ce nouveau rebondissement. Si l'Univers avait une constante cosmologique — sa valeur ayant été précisément la bonne, et pas trop élevée — jusqu'à environ sept milliards d'années ATB, sa répulsion gravitationnelle aurait été surpassée par l'attraction gravitationnelle habituelle de la matière et de l'énergie ordinaires, donnant au final une expansion ralentie, en accord avec les données. Mais, à mesure que la matière ordinaire se disperse et que son attraction gravitationnelle diminue, la poussée répulsive de la constante cosmologique (dont l'intensité n'est pas modifiée par la dispersion de la matière et de l'énergie) l'emporterait de plus en plus, si bien que *l'ère de l'expansion spatiale décélérée aurait progressivement laissé la place à une nouvelle ère d'expansion accélérée.*

Dans la fin des années 1990, ce type de raisonnement ainsi que l'analyse minutieuse des données ont conduit les groupes de Perlmutter et de Schmidt à soumettre l'hypothèse qu'Einstein n'avait peut-être pas commis d'erreur, quatre-vingts années plus tôt, en introduisant une constante cosmologique dans les équations de la gravitation. L'Univers, proposèrent-ils, possède bel et bien une constante cosmologique[23]. Sa valeur n'est pas celle qu'avait proposée Einstein, puisque lui était à la recherche d'un univers statique dans lequel attraction et répulsion gravitationnelles s'équilibreraient exactement, tandis que ces astronomes avaient découvert que la répulsion mène la danse depuis des milliards d'années. Mais, outre les détails, si la découverte de ces deux groupes doit survivre à l'examen scrupuleux aujourd'hui en cours, alors Einstein aura, une fois encore, dévoilé un aspect fondamental de notre Univers qui aura, cette fois-ci, attendu plus de quatre-vingts ans pour se voir confirmé expérimentalement.

La vitesse de récession d'une supernova dépend de la différence entre l'attraction gravitationnelle de la matière ordinaire et la poussée gravitationnelle de l'« énergie noire » émanant de la constante cosmologique. En prenant la densité de matière, qu'elle soit visible ou invisible, égale à environ 30 % de la densité critique, les chercheurs de supernovæ conclurent que l'expansion accélérée qu'ils avaient mise en évidence pouvait s'expliquer grâce à une poussée vers l'extérieur due à une constante cosmologique dont l'énergie noire contribuerait à environ 70 % de la densité critique.

Voilà un nombre remarquable ! S'il est correct, alors non seulement la matière ordinaire — protons, neutrons, électrons, etc. — ne constituerait que 5 % de la masse et de l'énergie de l'Univers ; non seulement les formes encore non identifiées de matière noire représenteraient au moins *cinq fois* cette quantité, mais, surtout, la *majorité* de la masse/énergie de l'Univers proviendrait d'une forme d'énergie noire complètement différente, encore mystérieuse, imprégnant tout l'espace. Si ces idées sont exactes, alors elles donnent à la révolution de Copernic une tout autre ampleur : non seulement nous ne sommes pas le centre de l'Univers, mais ce dont nous sommes faits ne représente qu'une épave dérisoire sur l'océan cosmique. Si les protons, les neutrons et les électrons n'avaient eu aucun rôle à jouer, alors la diminution correspondante de la masse/énergie totale de l'Univers aurait été à peine perceptible.

Mais il existe une autre raison, tout aussi importante, pour laquelle 70 % est un nombre remarquable. Une constante cosmologique dont la contribution s'élève à 70 % de la densité critique pourrait, avec les 30 % provenant de la matière ordinaire et de la matière noire, amener la densité totale de masse/énergie de l'Univers exactement à la valeur de 100 % prédite par la cosmologie inflationnaire ! Ainsi la poussée vers l'extérieur mise en évidence grâce aux données sur les supernovæ s'expliquerait-elle précisément grâce à la même quantité d'énergie noire que celle pouvant rendre compte des 70 % manquants au sujet desquels les cosmologistes inflationnaires se grattaient la tête. Les mesures de supernovæ et la cosmologie inflationnaire sont extraordinairement complémentaires. Elles se confirment l'une l'autre. Chacune fournit à l'autre une seconde confirmation indépendante[24].

En associant les résultats sur les supernovæ aux idées théoriques sur l'inflation, on arrive donc à l'esquisse suivante de l'évolution cosmique, résumée par la figure 10.6. Il était une fois, il y a très, très longtemps, un univers dont l'énergie était portée par un champ nommé inflaton, lequel était perché loin au-dessus de son état de plus basse énergie. Du fait de sa pression négative, cet inflaton engendra un énorme sursaut d'expansion inflationnaire. Puis, 10^{-35} seconde plus tard, alors que l'inflaton glissait le long son énergie potentielle, cette explosion toucha à sa fin et l'inflaton libéra son énergie prisonnière pour produire la matière et le rayonnement ordinaires. Pendant des milliards d'années, ces constituants bien connus de notre Univers exercèrent une attraction gravitationnelle tout à fait ordinaire, elle aussi, qui ralentissait continuellement l'expansion spatiale. Mais, à mesure que l'Univers croissait et se diluait, l'attraction gravitationnelle diminuait. Tant et si bien que l'attraction gravitationnelle ordinaire, voici sept milliards d'années, devint suffisamment faible pour que la répulsion due à la constante cosmologique devienne dominante et, depuis lors, le rythme de l'expansion spatiale de l'Univers n'a cessé d'augmenter.

Environ cent milliards d'années avant notre ère, toutes les galaxies — sauf les plus proches — s'éloignaient les unes des autres du fait de l'expansion de l'espace plus rapidement que la lumière, et c'est pourquoi elles sont aujourd'hui impossibles à voir, malgré la puissance de nos télescopes. Si ce récit est réaliste, alors il faut s'attendre, dans un futur relativement proche, à ce que l'Univers devienne un endroit désolé, un vaste désert.

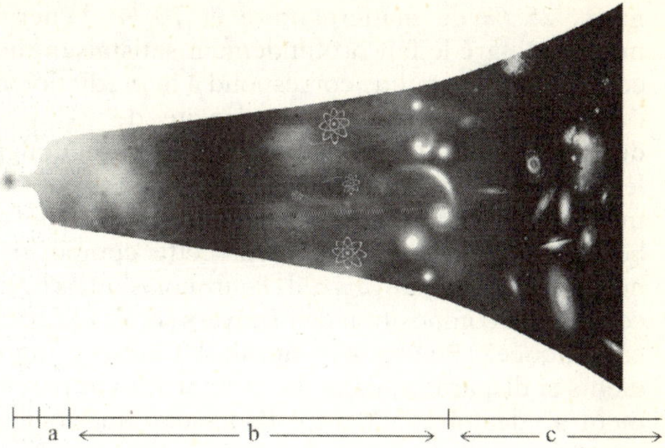

Figure 10.6 Sur une ligne temporelle retraçant l'évolution cosmique : (a) l'explosion inflationnaire ; (b) l'évolution décrite par le modèle standard du big bang, (c) l'ère d'expansion accélérée.

Problèmes et progrès

Grâce à ces découvertes, il semblait donc que les pièces du puzzle cosmologique trouvaient leur place une à une. La théorie inflationnaire répondait aux questions non résolues par le modèle standard du big bang — qu'est-ce qui a initié l'expansion de l'espace ? Pourquoi la température du rayonnement de fond cosmique est-elle si uniforme ? Pourquoi l'espace semble-t-il plat ? etc. Malgré cela, d'épais mystères concernant les origines fondamentales continuaient de s'accumuler : y a-t-il eu une ère avant l'explosion inflationnaire et, si oui, quelle était-elle ? Comment l'inflaton fut-il porté hors de son état de plus basse énergie, et donc responsable de l'expansion inflationnaire ? Et la plus récente de toutes : pourquoi l'Univers est-il apparemment composé d'un méli-mélo d'ingrédients divers — 5 % de matière ordinaire, 25 % de matière noire et 70 % d'énergie noire ? Malgré le fait profondément satisfaisant que cette recette cosmique correspond à la prédiction de l'inflation selon laquelle la densité de l'Univers devrait valoir 100 % de la densité critique, et malgré le fait qu'elle explique l'accélération de l'expansion mise en évidence par les études sur les supernovæ, beaucoup de physiciens voient cette composition hétéroclite d'un mauvais œil. Pourquoi, s'interrogent certains, la composition de l'Univers serait-elle aussi compliquée ? Pourquoi y aurait-il tous ces ingrédients si disparates, dans des proportions apparemment si aléatoires ? Y a-t-il là-dessous une logique sensée que nos théories ont encore à découvrir ?

Personne n'a jusque-là proposé de réponses convaincantes à toutes ces questions ; en tête de liste des problèmes à résoudre en cosmologie, celles-ci nous rappellent tous les nœuds serrés qu'il nous reste encore à dénouer avant de pouvoir prétendre à une compréhension aboutie de la naissance de notre Univers. Mais, malgré l'importance des défis qui subsistent, l'inflation est, de loin, le chef de file des théories cosmologiques. Une chose est sûre : si les physiciens ont confiance en l'inflation, c'est grâce aux accomplissements dont nous avons parlé jusqu'à présent. Mais cette confiance en la cosmologie inflationnaire s'enracine plus profondément encore. Comme nous le verrons au prochain chapitre, un certain nombre d'autres considérations — émanant à la fois de découvertes expérimentales et théoriques — sont parvenues à convaincre beaucoup des physiciens qui travaillent dans ce domaine que le cadre inflationnaire était la contribution à la science cosmologique la plus importante et la plus prometteuse de notre génération.

11

QUANTA IN THE SKY WITH DIAMONDS*

Inflation, agitation quantique et flèche du temps

La découverte du cadre inflationnaire a ouvert la voie à une nouvelle ère pour la recherche cosmologique, et, depuis lors, plusieurs milliers d'articles ont été publiés sur ce sujet. Les scientifiques ont exploré tous les coins et recoins possibles et imaginables de la théorie. Si beaucoup de ces travaux s'intéressaient à des détails techniques importants, d'autres ont été plus loin, jusqu'à montrer comment l'inflation résolvait non seulement des problèmes cosmologiques précis hors de la portée du big bang standard, mais représentait également une nouvelle manière d'aborder bon nombre de questions vieilles comme le monde. Parmi elles, on trouve trois domaines — en rapport avec la formation de structures comme les galaxies, avec la quantité d'énergie nécessaire pour donner naissance à l'Univers que l'on observe, et (le plus important pour notre histoire) l'origine de la flèche du temps — dans lesquels l'inflation a permis des progrès importants, voire spectaculaires.

Voyons cela de plus près.

* En référence à la chanson des Beatles, *Lucy in the Sky with Diamonds* (*N.d.T.*).

Cieux quantiques

Les solutions de la cosmologie inflationnaire aux problèmes de l'horizon et de la platitude de l'espace furent annonciatrices de son succès, et il y avait de quoi. Comme nous l'avons vu, les progrès accomplis furent considérables. Mais, depuis lors, beaucoup de physiciens finirent par estimer qu'une autre de ses conséquences fondamentales méritait d'apparaître en tête de la liste des plus grandes contributions de la théorie inflationnaire.

Ces louanges vont à une question que, jusqu'à présent, j'évitais d'instiller dans vos esprits : comment se fait-il qu'il existe des galaxies, des étoiles, des planètes et toutes sortes d'accumulation de matière comme celles-ci dans l'Univers ? Dans les trois chapitres précédents, nous n'avons raisonné qu'à de grandes échelles de distances astronomiques — auxquelles l'Univers apparaît homogène, et une galaxie ordinaire comparable à une molécule d'H_2O dans un verre d'eau. Mais, tôt ou tard, la cosmologie doit s'attaquer au fait que, lorsqu'on examine le cosmos à des échelles plus « petites », on découvre des structures en amas, telles les galaxies. Et là, une fois encore, on se retrouve face à une énigme.

Si l'Univers est effectivement continu, uniforme et homogène à grande échelle — ce que confirment nos observations et ce qui réside au cœur de toutes les théories cosmologiques —, d'où peuvent bien provenir tous ces amas à plus petite échelle ? Le fervent défenseur de la cosmologie du big bang standard pourrait ici encore éluder la question, en mentionnant de mystérieuses conditions, hautement favorables, satisfaites par l'Univers primordial : « Juste après le commencement, pourrait-il dire, l'Univers était homogène et uniforme, mais pas *parfaitement* uniforme. Comment en est-il arrivé là, je ne saurais le dire. Mais telle était la situation, à l'époque. Avec le temps, ces petits agglomérats grossirent, leur attraction gravitationnelle étant d'autant plus importante qu'ils étaient plus denses que leur milieu environnant ; ils attirèrent donc de plus en plus de matière dans leur voisinage et grossirent donc de plus en plus. Et, finalement, ces agglomérats devinrent suffisamment importants pour former des étoiles et des galaxies. » Cette histoire serait convaincante sans les deux inconvénients suivants : elle n'explique ni l'homogénéité globale ni ces petites « inhomogénéités » si importantes de l'Univers primordial. Or la cosmologie inflationnaire permet ici de progresser considérablement. Nous avons déjà vu que cette cosmologie offrait une explication à l'uniformité à grande échelle ; comme nous allons le voir maintenant, le pouvoir explicatif de cette théorie va plus loin encore. Fait remarquable, si l'on en croit la cosmologie inflationnaire, la non-uniformité primordiale ayant permis que se forment les étoiles et les galaxies s'explique grâce à la *mécanique quantique*.

Cette grande idée est le fruit de l'interface de deux branches apparemment distinctes de la physique : l'expansion inflationnaire de l'espace et le principe d'incertitude quantique. Ce dernier stipule qu'il y a toujours des compromis quant à la manière dont certaines caractéristiques physiques complémentaires du cosmos peuvent être déterminées. L'exemple le plus familier (voir le chapitre 4) concerne la matière : plus l'on détermine avec précision la position d'une particule, moins précise sera la détermination de sa vitesse. Mais le principe d'incertitude s'applique également aux champs. Avec un raisonnement très proche de celui que nous avions utilisé pour l'appliquer aux particules, le principe d'incertitude implique que plus on connaît précisément la valeur d'un champ en un point de l'espace, moins on pourra avoir de précision sur le taux de variation de la valeur du champ en ce point. (La position d'une particule et le taux de variation de celle-ci — sa vitesse — jouent, en mécanique quantique, des rôles analogues à ceux de la valeur d'un champ et du taux de variation de cette valeur.)

J'aime à résumer le principe d'incertitude en disant que, grosso modo, la mécanique quantique provoque agitation et turbulence. Si la vitesse d'une particule ne peut être estimée avec une précision totale, alors on ne peut savoir où se trouvera la particule même une fraction de seconde plus tard, puisque la vitesse *maintenant* détermine la position *après*. En un certain sens, la particule est libre d'adopter telle ou telle vitesse, et s'agitera donc frénétiquement, allant de-ci, de-là au petit bonheur la chance. Pour les champs, la situation est analogue. Si l'on ne peut connaître avec précision le taux de variation de la valeur d'un champ, alors on ne peut pas non plus connaître la valeur qu'il aura, en quel point que ce soit, même un instant plus tard. En un certain sens, le champ pourra fluctuer de haut en bas à tel ou tel rythme ou, plus précisément, il adoptera un hybride étrange de différents taux de variation, si bien que sa valeur sera soumise à une agitation effrénée, floue, aléatoire.

Dans notre vie quotidienne, nous n'avons pas directement conscience de cette agitation, que ce soit pour les champs ou les particules, car elle a lieu à des échelles subatomiques. Mais c'est là que l'inflation a un rôle à jouer. Le sursaut d'expansion inflationnaire a distendu l'espace d'un facteur tellement énorme que ce qui peuplait initialement le monde microscopique s'est vu projeté dans le macroscopique. L'un des exemples les plus importants est le fait, compris par les pionniers[1] de la cosmologie inflationnaire, que des différences aléatoires entre l'agitation quantique en deux points distants auraient provoqué de petites « inhomogénéités » dans le royaume microscopique : du fait de l'agitation quantique aléatoire, il y aurait eu des quantités d'énergie légèrement différentes d'un point à un autre. Ainsi, avec l'expansion inflationnaire qui suivit, ces petites différences auraient été étalées sur des distances beaucoup plus grandes que celles du domaine quantique, produisant de petits amas de-ci, de-là, un peu comme de petits zigzags dessinés au feutre sur un ballon de baudruche s'étirent sur sa surface lorsqu'on le gonfle. Voilà, selon les physiciens, l'origine de ces petits amas au sujet desquels le fervent défenseur du big bang standard dirait simplement, sans justification, que « telle était la situation à l'époque ». En justifiant l'étirement considérable de ces inévitables fluctuations quantiques, la cosmologie inflationnaire offre une explication : l'expansion inflationnaire a étiré les minuscules agitations quantiques « inhomogènes » et les a disséminées un peu partout dans les cieux.

Durant les quelques milliards d'années qui suivirent la fin de la phase d'inflation, ces petits amas continuèrent à croître par accumulation gravitationnelle. Comme dans la version standard du big bang, ces petits amas ayant une influence gravitationnelle légèrement supérieure à leur entourage, ils attirèrent la matière environnante et grossirent de plus en plus. Avec le temps, ils devinrent suffisamment gros pour produire les galaxies et les étoiles qui les peuplent. Certes, il y a de nombreuses étapes entre ces petites fluctuations et les galaxies, et beaucoup d'entre elles ne sont pas encore élucidées, mais l'idée générale est claire : dans un monde quantique, rien n'est jamais parfaitement uniforme du fait de l'agitation inhérente au principe d'incertitude. Or, dans un monde quantique soumis à l'expansion inflationnaire, une telle non-uniformité peut avoir été portée du monde microscopique aux plus grandes distances, produisant ainsi les semences pour la formation ultérieure de vastes corps astrophysiques comme les galaxies.

Voilà l'idée principale ; vous pouvez choisir de sauter ce qui suit, mais, pour ceux que cela intéresse, j'aimerais donner quelques précisions. Souvenons-nous que l'expansion inflationnaire toucha à sa fin lorsque la valeur de l'inflaton glissa le long de son énergie potentielle en cédant son énergie et sa pression négative. Nous avons décrit cela comme ayant eu lieu uniformément dans tout l'espace — la valeur de l'inflaton suivant la même évolution ici, là et partout ailleurs — puisque c'est ce qui ressort des équations en vigueur. Toutefois, cela n'est vrai au sens strict que si l'on néglige les effets quantiques. En *moyenne,* la valeur de l'inflaton a bel et bien diminué en glissant le long du bol, comme attendu quand on raisonne pour un objet classique simple comme une bille roulant le long d'un plan incliné. Mais, tout comme la grenouille glissant le long du bol est susceptible de sauter et de s'agiter en chemin, la mécanique quantique nous indique que l'inflaton sursaute et s'agite. En diminuant, sa valeur peut tout à coup fluctuer légèrement par ici ou par là, vers le haut ou vers le bas. Et, du fait de cette agitation, l'inflaton aurait atteint sa valeur de plus basse énergie en des instants différents selon les endroits. À son tour, l'expansion inflationnaire se serait alors arrêtée à des moments différents selon les points de l'espace, si bien que l'expansion de l'espace aurait été légèrement différente d'un endroit à l'autre, donnant lieu à des « inhomogénéités » — de petites vagues — qui rappellent celles que peut faire le *pizzaiolo* lorsqu'il étire sa pâte davantage en certains endroits qu'en d'autres, créant ainsi de petites irrégularités. Or, si l'on en croit notre intuition, nous aurions tendance à penser que cette agitation quantique serait trop minime pour jouer un rôle aux échelles astronomiques. Mais, avec l'inflation, le rythme de l'expansion de l'espace fut tellement prodigieux — la taille de l'espace étant multipliée par deux à chaque 10^{-37} seconde —, que même des durées d'inflation très légèrement différentes en des points voisins donnèrent en fin de compte des irrégularités notables. En fait, certains calculs, menés pour des applications particulières de la théorie inflationnaire, ont montré que les homogénéités ainsi créées se révèlent trop vastes, à tel point que les chercheurs doivent souvent ajuster certains détails de leur modèle d'inflation (la forme précise de l'énergie potentielle de l'inflaton) pour garantir que l'agitation quantique ne prédise pas un univers trop hétérogène. Ainsi la cosmologie inflationnaire offre-t-elle un mécanisme prêt à l'emploi, permettant de comprendre comment les non-uniformités à petite échelle, responsables de la formation des structures comme les étoiles et les galaxies, ont pu se constituer dans un univers qui semble, à très grande échelle, parfaitement homogène.

Si l'on en croit l'inflation, les centaines de milliards de galaxies qui illuminent les cieux comme des diamants célestes ne sont que l'expression de la mécanique quantique à travers l'étendue du cosmos. À mes yeux, c'est l'une des plus grandes merveilles de l'ère scientifique moderne.

L'âge d'or de la cosmologie

Des preuves flagrantes en faveur de ces idées proviennent des observations par satellite de la température du rayonnement de fond cosmique. J'ai insisté un certain nombre de fois sur le fait que la température de ce fond de micro-ondes dans une partie du ciel correspondait à sa température dans une autre région du ciel, avec une très bonne précision. Mais ce que je dois vous dire, c'est qu'à partir de la quatrième décimale les températures sont bel et bien différentes selon les endroits. En 1992, le satellite COBE (pour l'anglais Cosmic Background Explorer) et, plus récemment, le WMAP (pour l'anglais Wilkinson Microwave Anisotropy Probe) ont déterminé grâce à des mesures de haute précision que, si la température peut valoir 2,7249 kelvins en un point de l'espace, elle peut varier entre 2,7250 et 2,7251 kelvins en d'autres points.

Ce qui est merveilleux, c'est que ces variations de température extraordinairement faibles tracent dans le ciel un schéma que l'on peut expliquer en les attribuant au même mécanisme que celui que l'on a proposé pour expliquer la formation des galaxies : des fluctuations quantiques élargies par l'inflation. L'idée, en gros, c'est que de petites irrégularités quantiques étirées à travers l'espace rendent certaines régions plus chaudes et d'autres plus froides (les photons émanant d'une région légèrement plus dense doivent dépenser plus d'énergie pour échapper au champ de gravitation légèrement plus fort, si bien que leur énergie et leur température sont en fin de compte légèrement inférieures à celles des photons provenant de régions moins denses). Les physiciens ont effectué des calculs précis à partir de cette proposition, et en ont déduit des prédictions concernant la distribution des variations de température du rayonnement de fond cosmique dans le ciel (voir la figure 11.1a — les détails ne sont pas essentiels, mais notons tout de même que l'axe horizontal est relié à la séparation angulaire entre deux points du ciel, et l'axe vertical à leur différence de température). La figure 11.1b montre la comparaison entre ces prédictions et les observations des satellites représentées par de petits losanges. On voit que l'accord entre théorie et observations est excellent.

J'espère que cette concordance extraordinaire entre théorie et observation vous coupera le souffle — dans le cas contraire, je n'aurai qu'à en déduire que j'ai échoué à vous transmettre tout le côté merveilleux de ce résultat. Donc, juste au cas où, je me permets d'insister une nouvelle fois sur ce qui se trame ici : les télescopes à bord de divers satellites ont récemment mesuré la température des photons micro-ondes qui ont cheminé librement jusqu'à nous pendant près de quatorze milliards d'années. Ils ont

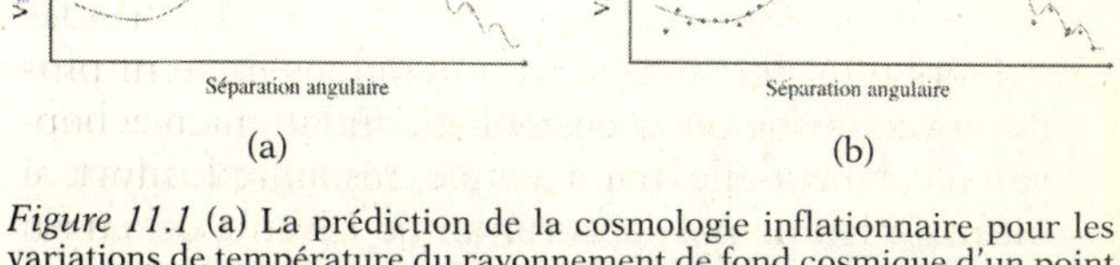

Figure 11.1 (a) La prédiction de la cosmologie inflationnaire pour les variations de température du rayonnement de fond cosmique d'un point à un autre dans le ciel. (b) Comparaison de ces prédictions avec les observations obtenues par satellite.

trouvé que les photons provenant de directions différentes dans le ciel affichaient des températures presque identiques, avec un écart n'excédant pas quelques dix millièmes de degré. En outre, les observations ont montré que ces petites différences de température affichaient une organisation particulière dans le ciel, illustrée par la progression ordonnée des points de la figure 11.1b. Et le fin du fin, c'est que les calculs d'aujourd'hui, utilisant le cadre inflationnaire, sont en mesure d'*expliquer* l'organisation de ces minuscules différences de température — qui datent de près de quatorze milliards d'années — et, en plus de cela, la clé de l'explication fait intervenir les irrégularités dues à l'incertitude quantique. Fabuleux !

Grâce à ce succès, beaucoup de physiciens furent convaincus de la validité des théories inflationnaires. Autre point d'égale importance, ces observations, ainsi que d'autres mesures astronomiques de haute précision n'ayant pu être menées que récemment, ont permis à la cosmologie de passer du stade de discipline spéculative fondée sur des conjectures à celui d'une théorie fondée sur les observations — maturation qui a conduit beaucoup des acteurs de ce domaine à considérer notre époque comme l'âge d'or de la cosmologie.

Comment créer un univers

Fiers d'un tel succès, les physiciens étaient décidés à voir jusqu'où la cosmologie inflationnaire pouvait aller. Peut-elle, par exemple, résoudre le mystère ultime, résumé par la question de Leibniz de savoir tout simplement pourquoi l'Univers existe ? Étant donné l'état actuel de nos connaissances, c'est trop en demander. Quand bien même une théorie cosmologique parviendrait-elle à quelque progrès dans cette voie, nous pourrions nous interroger sur la pertinence de cette théorie particulière — ses hypothèses, ses ingrédients et ses équations —, ce qui ne ferait que repousser la question des origines un pas en arrière. Si seule la logique permet d'expliquer l'existence de l'Univers et le fait qu'il soit gouverné par un ensemble unique de lois, avec des ingrédients uniques, alors peut-être parviendrons-nous un jour à conter un récit convaincant. Mais, aujourd'hui, ce ne sont que des châteaux en Espagne.

Une autre question, moins ambitieuse mais tout de même en rapport avec la précédente et qui a déjà été soulevée à plusieurs reprises au fil des âges, est la suivante : d'où viennent toute la masse et toute l'énergie de l'Univers ? Cette fois-ci, bien que la cosmologie inflationnaire ne fournisse pas une réponse complète, elle aborde néanmoins la question avec un éclairage tout à fait nouveau.

Pour le comprendre, imaginons une gigantesque boîte façonnée dans un matériau souple, remplie de milliers d'enfants serrés les uns contre les autres, chahutant constamment. Imaginons en outre que la boîte soit parfaitement imperméable, si bien que ni chaleur ni énergie ne peuvent s'en échapper, mais que, du fait de sa souplesse, ses parois peuvent se développer vers l'extérieur. Les enfants heurtant continuellement les parois de la boîte — par centaines à chaque fois, immédiatement suivis par des centaines d'autres —, la boîte grossit petit à petit. Or, sachant que les parois sont imperméables, on pourrait s'attendre à ce que l'énergie totale des enfants ainsi comprimés reste entièrement confinée à l'intérieur de la boîte en expansion. Après tout, où cette énergie pourrait-elle bien aller ? Eh bien, aussi raisonnable soit-elle, cette proposition n'est pas tout à fait correcte. L'énergie peut bel et bien aller ailleurs. Les enfants dépensent de l'énergie chaque fois qu'ils heurtent une paroi, et une bonne partie de cette énergie est transmise au *mouvement de la paroi*. L'expansion même de la boîte absorbe, et donc réduit, l'énergie des enfants.

Imaginons maintenant que, parmi les enfants, de petits farceurs décident de changer quelque peu les choses. Ils tendent de gigantesques élastiques entre les parois de la boîte en expansion. Les élastiques exercent sur les parois une pression négative dirigée vers l'intérieur, qui a exactement l'effet inverse de la pression positive, dirigée vers l'extérieur, qu'exercent les enfants. Plutôt que de transférer de l'énergie à l'expansion de la boîte, la pression négative des élastiques « sape » l'énergie dédiée à l'expansion. À mesure que la boîte grossit, les élastiques sont de plus en plus tendus, c'est-à-dire qu'ils accumulent de plus en plus d'énergie.

Bien évidemment, nous ne nous intéressons pas réellement à des boîtes en expansion, mais à l'expansion de l'Univers. Et nos théories nous indiquent que l'espace est rempli non pas d'une horde d'enfants agités et d'un tas d'élastiques, mais — selon l'époque cosmologique — d'un océan uniforme d'inflaton ou d'une soupe de particules ordinaires (électrons, protons, photons, etc.). Néanmoins, une observation simple nous permet de transposer à la cosmologie les conclusions qui valaient pour la boîte. Tout comme les enfants agités contrent la force dirigée vers l'intérieur qu'exercent les parois de la boîte en expansion, à mesure de l'expansion de l'espace, les particules rapides de notre Univers travaillent contre une force dirigée vers l'intérieur : elles travaillent contre la force de gravitation. Cela suggère (et les mathématiques le confirment) que l'on peut faire l'analogie entre l'Univers et la boîte, en substituant la force de gravitation aux parois de la boîte.

Ainsi, tout comme l'énergie totale des enfants diminue parce qu'elle est transmise en continu à l'énergie des parois de la boîte en expansion, l'énergie totale des particules de matière et de rayonnement ordinaires décroît parce qu'elle est continuellement *transférée à la gravitation* tandis que la taille de l'Univers augmente. En outre, nous avons appris que, tout comme les élastiques de nos petits malins exercent une pression négative à l'intérieur de la boîte en expansion, un champ uniforme, l'inflaton, exerce une pression négative à l'intérieur de l'Univers en expansion. Ainsi, tout comme l'énergie totale des élastiques augmente à mesure que la boîte grossit car ils extraient de l'énergie des parois de celle-ci, l'énergie totale de l'inflaton croît avec l'expansion de l'Univers parce qu'il *prend de l'énergie à la gravitation**.

En résumé : *à mesure de l'expansion de l'Univers, matière et rayonnement cèdent de l'énergie à la gravi-*

* Aussi utile soit-elle, l'analogie des élastiques n'est pas parfaite. La pression négative exercée vers l'intérieur par les élastiques freine l'expansion de la boîte, tandis que la pression négative exercée par l'inflaton provoque l'expansion de l'espace. Cette différence importante illustre la précision donnée page 465 : en cosmologie, ce n'est pas la pression négative uniforme qui induit l'expansion (seules les différences de pression engendrent des forces, et une pression uniforme, qu'elle soit positive ou négative, n'exerce aucune force). En revanche, la pression, comme la masse, produit une force gravitationnelle. Et une pression négative donne une force gravitationnelle répulsive, responsable de l'expansion. Tout cela n'a aucune incidence sur nos conclusions.

*tation tandis que l'inflaton prend de l'énergie à la gravitation**.

La nature décisive de ces observations devient claire lorsque l'on tente d'expliquer l'origine de la matière et du rayonnement qui forment les galaxies, les étoiles et tout ce qui peuple l'Univers. Dans le modèle standard du big bang, la masse/énergie de la matière et du rayonnement aurait diminué continuellement avec l'expansion de l'espace, si bien que la masse/énergie de l'Univers primordial aurait été très supérieure à celle que l'on observe aujourd'hui. Ainsi, plutôt que d'expliquer d'où peuvent provenir la masse et l'énergie actuelles, le big bang standard livre un combat sans fin et de plus en plus ardu : plus l'on remonte la théorie dans le temps, plus elle a de masse/énergie à expliquer.

En cosmologie inflationnaire, c'est plutôt l'inverse. Souvenons-nous que, si l'on en croit la théorie inflationnaire, matière et rayonnement ne furent produits qu'à la fin de la période d'inflation, à mesure que l'inflaton cédait de son énergie potentielle en passant du haut de son perchoir au fond de

* Avec l'expansion de l'Univers, la perte d'énergie des photons devient directement observable, car leur longueur d'onde s'allonge — ils subissent un « décalage vers le rouge » (ou *redshift*) — et plus longue est la longueur d'onde d'un photon, moins celui-ci a d'énergie. Les photons micro-ondes du rayonnement de fond cosmique se sont ainsi « décalés vers le rouge » durant près de quatorze milliards d'années, ce qui explique leur grande longueur d'onde (dans le domaine des micro-ondes) et leur faible température. La matière subit, de même, une perte d'énergie cinétique (l'énergie due au mouvement des particules), mais l'énergie totale liée à la masse des particules reste constante (leur « énergie de masse », encore appelée « énergie propre », est l'énergie équivalente à leur masse lorsqu'elles sont au repos).

la vallée. La question à se poser est donc de savoir si la théorie peut rendre compte de la quantité de masse/énergie *colossale* qu'aurait accumulée l'inflaton pour produire, à la fin de la phase d'inflation, la matière et le rayonnement de l'Univers d'aujourd'hui.

La réponse à cette question est oui : l'inflation peut expliquer cela, et sans le moindre effort. Comme nous venons de le voir, l'inflaton est un parasite gravitationnel — il se nourrit de la gravitation —, si bien que son énergie totale s'accroît à mesure que l'espace croît. Plus précisément, l'analyse mathématique montre que la *densité* d'énergie de l'inflaton serait restée constante durant toute la période inflationnaire, impliquant ainsi que son énergie totale aurait augmenté proportionnellement au volume d'espace qu'il occupait. Or nous avons vu au chapitre précédent que, durant la phase d'inflation, la taille de l'Univers avait augmenté d'un facteur au moins égal à 10^{30}, ce qui signifie que son volume aurait été multiplié par $(10^{30})^3 = 10^{90}$ au moins. En conséquence, l'énergie de l'inflaton aurait été augmentée de ce même facteur énorme : à la fin de la période d'inflation, à peine 10^{-35} seconde après son commencement, l'énergie de l'inflaton aurait été multipliée par un facteur de l'ordre de 10^{90}, voire plus. *Cela signifie qu'au début de l'inflation, l'inflaton n'avait pas nécessairement beaucoup d'énergie, puisque l'expansion colossale qu'il allait provoquer amplifierait énormément son énergie initiale.* Un calcul simple montre qu'une minuscule pépite d'environ 10^{-26} centimètre de diamètre, remplie d'un inflaton uniforme — et qui pèserait à peine dix kilos — aurait, après l'expansion inflationnaire, accumulé suffisamment d'énergie pour rendre compte de tout ce que l'on voit aujourd'hui dans l'Univers[2].

Ainsi, dans un contraste frappant avec le big bang

standard qui part d'un univers primordial doté d'une quantité de masse/énergie qui dépasse l'entendement, la cosmologie inflationnaire, en « pompant » la gravitation, peut produire toute la matière et tout le rayonnement ordinaires de l'Univers, à partir d'un petit grain d'espace de dix kilos rempli d'un inflaton bien choisi. Cela ne répond aucunement à la question de Leibniz de savoir pourquoi il y a quelque chose plutôt que rien du tout, car il nous reste à expliquer pourquoi l'inflaton a existé, voire même l'espace qu'il occupait. Mais ce qu'il nous reste maintenant à comprendre pèse bien moins lourd que Rocky — c'est mon chien —, et constitue sans aucun doute un point de départ fort différent de celui qu'envisageait le big bang standard*.

Inflation, continuité et flèche du temps

Peut-être mon enthousiasme a-t-il déjà trahi mon opinion sur la question, mais, de tous les progrès scientifiques accomplis à notre époque, ce sont ceux de la cosmologie qui m'inspirent le plus d'humilité et de respect. Il me semble n'avoir jamais perdu la

* Certains chercheurs, comme Alan Guth et Eddie Farhi, se sont penchés sur la question de savoir si l'on pourrait, hypothétiquement parlant, créer un univers en laboratoire, en synthétisant une pépite d'inflaton. Outre que nous n'avons à ce jour aucune confirmation expérimentale du fait qu'il existe un tel champ, notons que les dix kilos d'inflaton devraient être confinés dans un espace minuscule, de l'ordre de 10^{-26} centimètres de côté, si bien que la densité de cette pépite serait énorme — de l'ordre de 10^{67} fois la densité d'un noyau atomique — et dépasserait largement tout ce que l'on peut produire aujourd'hui, voire peut-être tout ce que l'on produira jamais.

fougue de mes premières années, ni l'excitation qui fut la mienne lorsque je compris, en étudiant les fondements de la relativité générale, que, de notre petit coin d'espace-temps, nous pouvions appliquer la théorie d'Einstein pour en savoir davantage sur l'évolution de tout l'Univers. Aujourd'hui, plusieurs dizaines d'années plus tard, les progrès techniques nous autorisant à soumettre ces propositions autrefois très abstraites sur le comportement de l'Univers primordial à des tests observationnels, nous vérifions que nos théories *marchent réellement*.

Souvenons-nous, toutefois, qu'outre l'importance globale de la cosmologie pour le récit de l'espace et du temps, les chapitres 6 et 7 nous ont conduits à étudier les premiers instants de l'Univers dans un but bien précis : celui de trouver l'origine de la flèche du temps. Souvenons-nous que la seule explication plausible que l'on ait trouvée à la flèche du temps était que l'Univers primordial devait être extrêmement ordonné, c'est-à-dire avoir une très faible entropie, afin de dresser le décor pour la scène future dans laquelle l'entropie ne cesse d'augmenter. Tout comme les pages de *Guerre et Paix* n'auraient pas eu la possibilité de se mélanger de plus en plus si elles n'avaient pas été parfaitement bien ordonnées à un certain moment, de même, l'Univers n'aurait pas eu la capacité de se désordonner de plus en plus — lait renversé, œufs cassés, humains prenant de l'âge — s'il n'avait pas été auparavant dans une configuration extrêmement ordonnée. L'énigme soulevée consistait à expliquer l'origine de ce point de départ de très faible entropie — de très haut degré d'ordonnance.

La cosmologie inflationnaire permet d'accomplir des progrès importants dans cette voie, mais, avant de vous les présenter, permettez-moi tout d'abord de récapituler l'énigme avec précision, afin de nous remettre en tête tous les détails.

Tout nous porte à croire qu'aux premiers instants de l'histoire de l'Univers la matière était distribuée uniformément dans l'espace. Ordinairement, cela serait caractérisé par une configuration de haute entropie — comme les molécules de dioxyde de carbone échappées d'une bouteille de Perrier qui sont uniformément réparties dans toute la pièce — et serait donc si ordinaire que cela n'aurait quasiment pas nécessité d'explication. Mais lorsque la gravitation occupe le devant de la scène, comme c'est le cas lorsqu'on étudie l'Univers dans son ensemble, une distribution de matière uniforme devient une configuration extrêmement ordonnée, rare et de faible entropie, parce que la gravitation agit sur la matière en la faisant se regrouper. De même, une courbure spatiale lisse et uniforme possède également une très faible entropie : c'est une configuration très ordonnée par comparaison à une courbure non uniforme occasionnant toutes sortes d'irrégularités. (De même qu'il y a de nombreuses manières pour les pages de *Guerre et Paix* d'être en désordre, contre une seule manière d'être dans le bon ordre, il y a de nombreuses manières pour l'espace d'avoir une forme désordonnée et non uniforme, contre un petit nombre de façons d'être totalement ordonné, lisse et uniforme.) Nous voici donc face à une énigme : pourquoi l'Univers primordial possède-t-il une distribution de matière si uniforme, de si faible entropie (il est dans une configuration hautement ordonnée), plutôt qu'une distribution de matière plus irrégulière, de plus haute entropie (une configuration plus désordonnée), comme une population diversifiée de toutes sortes de trous noirs ? Et pourquoi la courbure de l'espace est-elle ainsi lisse, ordonnée et uniforme, plutôt que d'être agitée de toutes sortes de distorsions aiguës, comme celle qu'engendrent les trous noirs ?

Comme Paul Davies et Don Page furent les premiers à l'expliquer en détail[3], la cosmologie inflationnaire ouvre des pistes importantes pour aborder ces questions. Pour les comprendre, gardons à l'esprit l'hypothèse principale, selon laquelle l'énigme est qu'une fois un agglomérat formé ici ou là, son attraction gravitationnelle plus importante attire de plus en plus de matière et contribue donc à la faire croître ; de même, lorsqu'une irrégularité se forme ici ou là dans l'espace, son attraction gravitationnelle plus importante tend à accroître encore l'irrégularité initiale, donnant finalement une courbure spatiale bosselée, plus du tout uniforme.

Mais notons le fait suivant : ce raisonnement s'appuie uniquement sur la nature *attractive* de la gravitation. Amas et bosses s'amplifient parce qu'ils *attirent* plus fortement la matière environnante, qui vient s'ajouter à l'amas existant. Cependant, durant la phase d'inflation très brève, la gravitation était *répulsive*, et cela fit toute la différence. Considérons la forme de l'espace. La poussée considérable de la gravitation répulsive engendra une expansion spatiale telle que les courbures et les distorsions initiales furent étendues jusqu'à devenir lisses, un peu comme le fait de gonfler un ballon plein de plis et de replis aplanit sa surface*. En outre, puisque le

* Évitons toute confusion : l'étirement inflationnaire des irrégularités quantiques présentées à la section précédente a produit d'inévitables « non-uniformités », dans des proportions de l'ordre de 1 sur 100 000. Mais ces minuscules irrégularités venaient s'ajouter à un univers autrement parfaitement lisse. Nous considérons maintenant l'origine de cela — cette uniformité globable.

volume de l'espace fut augmenté d'un facteur colossal durant la brève période inflationnaire, la densité de tout amas de matière fut complètement diluée, un peu comme la densité de poissons dans un aquarium domestique serait diluée si son volume augmentait tout à coup pour atteindre celui d'une piscine olympique. Ainsi, bien que la gravitation attractive accroisse les amas de matière et les replis de l'espace, la gravitation répulsive a l'effet inverse : elle les atténue, le rendant toujours plus lisse et plus uniforme.

Ainsi, dès la fin de l'explosion inflationnaire, la taille de l'Univers avait augmenté de manière spectaculaire, toute irrégularité dans la courbure de l'espace ayant été aplanie, et tout amas initial de quoi que ce fût ayant été dilué jusqu'à devenir négligeable. En outre, à mesure que l'inflaton descendait jusqu'au fond de sa vallée d'énergie potentielle, conduisant ainsi l'explosion inflationnaire à sa fin, le champ convertissait l'énergie accumulée jusqu'alors en un bain quasi uniforme de particules de matière et de rayonnement ordinaires (uniforme, abstraction faite des petites « inhomogénéités » essentielles provenant de l'agitation quantique). Au total, tout cela peut apparaître comme un progrès de taille. Ce à quoi nous mène l'inflation — *une gigantesque étendue spatiale lisse et uniforme, peuplée d'une distribution de matière quasi uniforme elle aussi* — est exactement ce que nous cherchions. C'est exactement la configuration de faible entropie qu'il nous faut pour expliquer la flèche du temps.

Entropie et inflation

En effet, c'est là un progrès important. Mais deux questions importantes subsistent.

Premièrement, nous semblons conclure que l'explosion inflationnaire aplanit les choses et, donc, diminue l'entropie totale, incarnant par là un mécanisme physique — et pas simplement un coup de chance statistique — apparemment en contradiction avec la seconde loi de la thermodynamique. Si tel était le cas, alors il faudrait revoir soit notre compréhension de la seconde loi de la thermodynamique, soit notre raisonnement. En fait, il se trouve que nous n'aurons à nous atteler à aucune de ces deux tâches, parce que l'inflation ne fait pas croître l'entropie. Ce qui se passe réellement durant l'explosion inflationnaire, c'est que l'entropie totale augmente en effet, mais *beaucoup moins* qu'elle n'aurait pu le faire. Avant la fin de la période d'inflation, l'espace était étiré et lisse, si bien que la contribution de la gravitation à l'entropie — l'entropie, associée à toutes les irrégularités et courbures non ordonnées de l'espace — était minimale. Toutefois, on estime que l'inflaton, en glissant jusqu'à son énergie potentielle minimale tout en cédant son énergie, aurait produit environ 10^{80} particules de matière et de rayonnement ordinaires. Un nombre de particules aussi énorme, un peu comme un livre volumineux, renferme une très grande entropie. Ainsi, même si l'entropie gravitationnelle a diminué, l'augmentation d'entropie due à la production de toutes ces particules compense largement cette diminution. L'entropie totale a bel et bien augmenté, comme nous nous y attendions d'après la seconde loi de la thermodynamique.

Mais, et c'est là le point important, l'explosion inflationnaire, en aplanissant tout l'espace et en laissant la place à un champ gravitationnel homogène, uniforme et de faible entropie, créa une différence énorme entre ce que fut la contribution gravitationnelle à l'entropie et ce qu'elle aurait pu être. L'entropie globale a augmenté durant l'inflation, mais d'une quantité dérisoire par rapport à ce dont elle *aurait pu* s'accroître. C'est en ce sens que l'inflation a donné naissance à un Univers de faible entropie : à la fin de la phase d'inflation, l'entropie avait augmenté, mais en aucun cas d'un facteur comparable à celui de l'expansion spatiale. En comparant l'entropie aux taxes foncières, cela reviendrait à adjoindre le désert du Sahara à la ville de Paris. La totalité des taxes foncières prélevées par l'État augmenterait, mais en proportions négligeables par comparaison à l'augmentation en superficie.

Depuis la fin de l'inflation, la gravitation tente de rattraper son retard entropique. Le moindre amas — qu'il s'agisse d'une galaxie, d'une étoile dans une galaxie, d'une planète ou d'un trou noir — que la gravité a pu extraire doucement de l'uniformité globale (grâce à la semence de l'agitation quantique) a augmenté son entropie et a conduit la gravitation un pas plus près de l'épanouissement de tout son potentiel entropique. Ainsi l'inflation est-elle, en ce sens, un mécanisme qui a produit un vaste Univers doté d'une entropie gravitationnelle relativement faible, ce qui a permis de dresser la scène pour les milliards d'années à venir d'accumulation gravitationnelle dont nous observons aujourd'hui les fruits. La cosmologie inflationnaire dote donc le temps d'une direction, en proposant un passé avec une entropie gravitationnelle extrêmement faible, le futur étant la direction dans laquelle celle-ci augmente[4].

Le second point se manifeste lorsqu'on poursuit la voie ouverte par l'étude de la flèche du temps initiée au chapitre 6. Depuis l'œuf, en passant par la poule qui l'a pondu, par les aliments qui l'ont nourrie, par le royaume des plantes, par la chaleur et la lumière du Soleil, jusqu'au gaz primordial uniformément distribué, nous retraçons l'évolution de l'Univers vers un passé qui se révèle de plus en plus ordonné, repoussant à chaque étape l'énigme de la faible entropie originelle un pas plus loin vers le passé. Ce que nous venons de voir, cette étape d'expansion inflationnaire plus ancienne encore, peut expliquer naturellement l'issue lisse et uniforme du bang. Mais qu'en est-il de l'inflation elle-même ? Peut-on expliquer le premier maillon de cette chaîne que nous avons remontée jusqu'aux origines ? Peut-on expliquer pourquoi les conditions étaient exactement celles qui étaient nécessaires pour provoquer une explosion inflationnaire plutôt que rien du tout ?

Voilà des questions d'une importance capitale. Peu importe combien d'énigmes la cosmologie inflationnaire parvient à résoudre sur le papier ; si la phase d'expansion inflationnaire n'a jamais eu lieu, tout cela n'a plus aucune pertinence. En outre, nous ne pouvons pas revenir à l'époque des premiers instants pour déterminer directement si oui ou non l'inflation a eu lieu. Aussi, pour savoir si nous avons réellement progressé en attribuant une direction à la flèche du temps, nous faut-il déterminer avec quelle *probabilité* les conditions requises pour l'explosion inflationnaire ont pu être réunies. Autrement dit, la dépendance du modèle standard du big bang envers des conditions initiales homogènes très précises, motivées par nos observations mais impossibles à expliquer théoriquement, horripilent les physiciens. Admettre simplement que l'Univers primordial était dans un état de basse entropie serait profondément insatisfaisant ; une flèche du temps que l'on imposerait simplement à l'Univers, sans aucune explication, nous laisserait sur notre faim. Au premier coup d'œil, l'inflation promet des progrès intéressants en montrant que ce qui était un parti pris pour le big bang standard s'explique grâce à l'évolution inflationnaire. Mais si le détonateur de l'inflation requiert à son tour d'autres conditions très spéciales, d'entropie extrêmement faible, autant dire que cela nous ramène à la case départ. Ainsi n'aurions-nous fait que transposer les conditions particulières nécessaires au big bang à celles nécessaires à l'inflation, et le mystère de la flèche du temps resterait-il aussi épais qu'auparavant.

Quelles sont les conditions nécessaires à l'inflation ? Nous avons vu que l'inflation est l'inévitable conséquence d'un inflaton dont la valeur est piégée à haute énergie, durant un bref instant et sur une toute petite région : le plateau de son énergie potentielle. Notre mission consiste donc à déterminer quelles sont les chances d'occurrence d'une telle configuration. Si amorcer l'inflation se révèle facile, alors tout ira pour le mieux. Mais si les conditions nécessaires s'avèrent extraordinairement peu probables, alors nous n'aurons fait que décaler la question de la flèche du temps d'un pas vers l'arrière — et il nous restera encore à trouver l'explication de cette configuration d'inflaton de si basse entropie ayant mis toute la machinerie en route.

Je présenterai tout d'abord le courant de pensée actuel sous son jour le plus optimiste, avant de revenir aux éléments qui restent brumeux.

Résurgences boltzmanniennes

Comme le mentionne le précédent chapitre, l'explosion inflationnaire est à envisager comme un événement ayant eu lieu dans un univers préexistant plutôt que comme la création de l'Univers lui-même. Bien que nous n'ayons pas de connaissance approfondie de ce qu'était l'Univers à l'ère préinflationnaire, voyons jusqu'où l'on peut aller en supposant que la situation était des plus ordinaires, c'est-à-dire dans un état de haute entropie. Plus précisément, imaginons que l'espace primordial préinflationnaire ait été déformé par de multiples plis et replis, et que l'inflaton était lui aussi hautement désordonné, sa valeur fluctuant de manière aléatoire comme la grenouille sautant de-ci, de-là dans le bol métallique trop chaud.

De même qu'en relançant inlassablement une machine à sous on peut s'attendre à voir finalement apparaître trois formes identiques, on s'attend à ce que tôt ou tard, dans cette arène turbulente et hautement énergétique de l'Univers primordial, une heureuse fluctuation fasse sauter l'inflaton à la bonne valeur, de manière uniforme dans une petite pépite d'espace, et provoque ainsi une explosion d'expansion inflationnaire. Comme l'explique ce qui précède, les calculs montrent qu'il suffit d'une toute petite pépite — d'une taille d'environ 10^{-26} centimètre — pour que l'expansion cosmologique ainsi induite (l'expansion inflationnaire, suivie par l'expansion du big bang standard) la transforme en l'Univers que l'on observe aujourd'hui. Ainsi, plutôt que d'admettre ou de déclarer simplement que les conditions de l'Univers primordial étaient précisément celles requises pour qu'ait lieu l'expansion inflationnaire, on imagine, avec cette manière de voir les choses, qu'une fluctuation ultramicroscopique, pesant dix kilos à peine, dans un environnement tout à fait banal où règne un désordre des plus ordinaires, aurait donné lieu aux conditions requises.

En outre, tout comme les machines à sous afficheront une énorme diversité dans les résultats perdants, dans d'autres régions de l'espace primordial, d'autres fluctuations de l'inflaton ont pu avoir lieu. Pour la plupart, la fluctuation n'aurait pas eu la bonne valeur, ou n'aurait pas été suffisamment uniforme pour provoquer une expansion inflationnaire (même dans une région pas plus large que 10^{-26} centimètre, la valeur d'un champ peut varier sur une vaste amplitude). Mais tout ce qui nous importe, c'est qu'il y ait eu *une* pépite capable d'engendrer l'explosion inflationnaire, de fournir ainsi le premier maillon à la chaîne entropique, et donc de conduire à notre Univers uniforme. Comme nous ne voyons que notre vaste Univers, nous n'attendons de notre machine à sous cosmique qu'un seul jackpot[5].

Nous remontons le fil de l'histoire de l'Univers jusqu'aux fluctuations statistiques du chaos primordial, et cette explication de la flèche du temps affiche certains points communs avec la proposition originelle de Boltzmann. Souvenons-nous du chapitre 6, où nous avons vu que Boltzmann proposait que tout ce que l'on voit aujourd'hui ne soit que le fruit d'une fluctuation extrêmement rare, mais possible de temps à autre, émanant d'un désordre total. Toutefois, le problème de cette formulation de Boltzmann était qu'elle ne pouvait pas expliquer pourquoi cette fluctuation chanceuse était aussi excessive et avait produit un Univers incommensurablement plus ordonné que ce qui eût été nécessaire pour donner la vie telle qu'on la connaît. Pourquoi l'Univers est-il aussi vaste, pourquoi contient-il autant de milliards de milliards de galaxies, contenant chacune des milliards de milliards d'étoiles, alors qu'il aurait pu se serrer la ceinture et ne comporter que quelques galaxies, voire même une seule ?

Du point de vue statistique, une fluctuation plus modeste, qui aurait produit un certain degré d'ordre, mais largement inférieur à celui que nous observons aujourd'hui, aurait été beaucoup plus probable. En outre, l'entropie étant, en moyenne, toujours croissante, le raisonnement de Boltzmann suggère qu'il serait beaucoup plus probable que tout ce que l'on voit aujourd'hui vienne *tout juste* d'accéder à l'existence par un sursaut statistique vers une plus basse entropie. Souvenons-nous : à fluctuation plus ancienne, entropie atteinte plus faible (l'entropie recommence à augmenter après chaque sursaut vers une plus faible entropie, comme sur la figure 6.4, et, si la fluctuation avait eu lieu hier, elle aurait eu à descendre jusqu'à l'entropie plus basse qui régnait hier ; si elle a eu lieu un milliard d'années plus tôt, elle a dû descendre à l'entropie plus basse encore qui régnait à cette époque). Ainsi, plus on remonte loin dans le passé, plus la fluctuation nécessaire devient radicale et improbable. Il est donc beaucoup plus probable que ce sursaut vienne tout juste d'avoir lieu. Mais, si nous acceptons cette conclusion, cela implique que nous ne puissions plus nous fier ni à nos souvenirs, ni à nos enregistrements, ni même aux lois de la physique qui sous-tendent jusqu'à cette discussion même — mais nous ne pouvons pas nous y résoudre.

L'énorme avantage de la version inflationnaire de l'idée de Boltzmann est qu'une *petite* fluctuation primordiale — un *modeste* saut vers des conditions favorables, au sein d'une *minuscule* portion d'espace — conduit inévitablement à l'Univers immensément vaste et ordonné que nous connaissons. Une fois l'expansion inflationnaire initiée, la petite portion d'espace concernée fut *implacablement* étirée jusqu'à des échelles au moins aussi vastes que l'Univers observable, et il n'y a donc plus rien de mystérieux dans le fait que l'Univers ne se soit pas serré la ceinture ; il n'y a plus rien de mystérieux dans le fait que l'Univers soit si vaste et peuplé d'un nombre si considérable de galaxies. Dès le départ, l'inflation a conclu avec l'Univers un marché incroyable. Un saut vers une entropie plus faible dans une toute petite portion de l'espace fut démultiplié par l'expansion inflationnaire jusqu'aux vastes étendues du cosmos d'aujourd'hui. Et, de première importance, cet étirement inflationnaire n'a pas simplement donné naissance à un univers quelconque. Il a engendré *notre* Univers — l'inflation explique la forme de l'espace, l'uniformité à grande échelle, et même les petites « inhomogénéités » à plus petite échelle comme les galaxies ou les variations de température du rayonnement de fond cosmique. L'inflation réunit, dans une fluctuation unique vers une plus faible entropie, un pouvoir explicatif et prédictif d'une richesse extraordinaire.

Ainsi, peut-être Boltzmann avait-il vu juste. Tout ce que l'on connaît pourrait n'être que le résultat d'une fluctuation aléatoire au sein d'un état de chaos primordial hautement désordonné. Toutefois, dans cette réalisation de ses idées, nous pouvons continuer à croire en nos souvenirs : la fluctuation n'a pas eu lieu à l'instant même. Le passé a réellement existé. Nos enregistrements sont bien la trace d'événements qui ont eu lieu. L'expansion inflationnaire aurait amplifié un minuscule « grain d'ordre » de l'Univers primordial — il « déballe » l'Univers jusqu'à une taille gigantesque, avec une entropie gravitationnelle minimale — à tel point que le déroulement des quatorze milliards d'années suivantes, avec la formation des galaxies, des étoiles et des planètes, n'a plus rien de mystérieux.

En fait, cette approche nous en dit même davantage. Tout comme il est possible de gagner le jackpot sur plusieurs des machines à sous du casino de Monte-Carlo, dans l'état primordial chaotique de haute entropie, rien n'exclut que les conditions requises pour l'expansion inflationnaire aient pu être réunies dans plusieurs portions d'espace. En fait, comme l'a proposé Andrei Linde, plusieurs pépites disséminées ici et là auraient pu subir l'expansion inflationnaire, et, dans ce cas, notre Univers ne serait qu'un exemplaire parmi tous ceux qui auraient ainsi éclos — et ceux qui éclosent peut-être aujourd'hui encore — dès lors qu'une fluctuation heureuse a permis que soient réunies les bonnes conditions pour une explosion inflationnaire, comme l'illustre la figure 11.2. Comme il y a de grandes chances pour que ces autres univers soient à tout jamais séparés du nôtre, il semble difficile qu'on parvienne jamais à confirmer la validité de cette idée de « multiunivers ». C'est toutefois un cadre conceptuel à la fois riche et très séduisant. Entre autres, il suggère un éventuel décalage dans notre manière d'envisager la cosmologie : au chapitre 10, nous avons présenté l'inflation comme un « nouveau souffle » pour la théorie standard du big bang, lequel identifie le bang comme une fulgurante explosion d'expansion extrêmement rapide. Mais si l'on envisage l'éclosion inflationnaire de chaque nouvel univers de la figure 11.2 comme son propre bang, alors peut-être l'inflation elle-même est-elle à envisager plutôt comme un cadre cosmologique plus vaste, qui

Figure 11.2 L'inflation peut se répéter, provoquant l'éclosion de nouveaux univers à partir d'univers plus anciens.

englobe les évolutions de type big bang bulle par bulle. Ainsi, plutôt que de considérer l'inflation comme incluse dans la théorie standard du big bang, dans cette approche, c'est le big bang standard qui ferait partie de l'inflation.

L'œuf et l'inflation

Alors ? Pourquoi peut-on voir des œufs qui se cassent, mais pas des œufs qui se reforment ? D'où vient la flèche du temps dont nous faisons tous quotidiennement l'expérience ? Voici l'état actuel de notre compréhension. Dans un état primordial chaotique très ordinaire, doté d'une très haute entropie, une fluctuation statistique favorable, liée au hasard mais à laquelle on peut s'attendre de temps à autre, permit à une petite portion d'espace de dix kilos de réunir toutes les conditions requises pour donner lieu à une explosion inflationnaire fulgurante. Cette incommensurable expansion eut pour effet d'étirer l'espace jusqu'à une taille gigantesque et avec une très faible courbure. Vers la fin de l'expansion, l'inflaton céda toute son énergie, grandement amplifiée, à de la matière et à du rayonnement, qui remplirent alors tout l'espace de manière quasi uniforme. La gravitation répulsive émanant de l'inflaton diminuant, la gravitation attractive ordinaire redevint dominante et, comme nous l'avons vu, exploita les petites « inhomogénéités » dues à l'agitation quantique en y accumulant suffisamment de matière pour former les galaxies, les étoiles et finalement le Soleil, la Terre, le reste du système solaire et tous les autres astres de notre Univers observable. (Comme nous l'avons vu, quelque sept milliards d'années ATB, la gravitation répulsive reprit le dessus, mais cela n'eut d'influence qu'aux plus grandes échelles cosmiques, et pas sur des entités plus petites comme les galaxies prises individuellement ou notre système solaire, où l'attraction gravitationnelle ordinaire est toujours en vigueur.) L'énergie de notre Soleil, d'entropie relativement basse, fut utilisée par les plantes et les premières formes de vie animales, de faible entropie, pour produire davantage de formes de vie de faible entropie, contribuant à une augmentation progressive de l'entropie totale en générant chaleur et déchets. Au dernier maillon de cette chaîne fut finalement produite une poule qui pondit un œuf... et nous connaissons maintenant la suite de l'histoire : l'œuf tomba du plan de travail de la cuisine pour venir s'écraser au sol, s'inscrivant ainsi dans le cadre de l'inéluctable augmentation d'entropie de l'Univers. C'est la nature uniforme, hautement ordonnée et faiblement entropique de la structure spatio-temporelle induite par l'expansion inflationnaire qui est le pendant du fait de trouver les pages de *Guerre et Paix* dans le bon ordre ; c'est cet état initial hautement ordonné — l'absence de distorsions trop importantes ou de trous noirs gargantuesques — qui amorça l'évolution ultérieure de l'Univers vers une entropie toujours supérieure, et qui fournit donc la flèche du temps dont nous faisons tous l'expérience. Dans l'état actuel de nos connaissances, c'est là l'explication la plus complète que l'on ait jamais donnée de la flèche du temps.

Un grain de sable dans l'engrenage ?

À mon sens, l'histoire de la cosmologie inflationnaire et de la flèche du temps telle que nous venons de la conter est charmante. D'un royaume chaotique primordial sous le signe de l'effervescence et de l'énergie aurait émergé une fluctuation ultramicroscopique de l'inflaton uniforme, pesant moins lourd que la limite en poids des bagages qu'imposent les compagnies aériennes. C'est cela qui aurait provoqué l'expansion inflationnaire, laquelle aurait doté le temps d'une flèche, et la suite coule de source.

Mais, en contant cette histoire, nous nous appuyons sur une hypothèse qui, jusqu'à présent, n'est pas encore justifiée. Pour estimer les chances du déclenchement de l'inflation, nous avons dû deviner les propriétés du royaume préinflationnaire. Le choix particulier que nous avons fait — chaotique, effréné, énergétique — paraît sensé mais reste hypothétique. Le plus important, c'est que nous ne savons pas quelles étaient les conditions qui régnaient dans ce supposé royaume préinflationnaire, représenté par la zone de flou sur la figure 10.3. Or, sans cette information, il nous est impossible de faire des estimations convaincantes sur les chances d'occurrence de l'inflation ; tout calcul en ce sens dépend sensiblement des hypothèses que l'on fait[6].

Avec cette lacune dans notre compréhension, le

résumé le plus correct serait de dire que l'inflation présente un cadre explicatif puissant, qui relie entre eux des problèmes apparemment différents — ceux de l'horizon, de la platitude de l'espace, de la formation des structures, de la faible entropie de l'Univers primordial — et offre une solution unique. Voilà qui est agréable. Mais pour poursuivre jusqu'à l'étape suivante, pour mettre toutes les chances de notre côté afin d'en savoir un peu plus sur les tout premiers instants du cosmos, il nous faudrait une théorie capable de survivre aux conditions extrêmes caractéristiques de la zone de flou — chaleur extrême et densité colossale.

Comme nous le verrons au chapitre suivant, cela nécessite une théorie qui puisse surmonter l'un des plus gros obstacles auxquels la physique théorique se heurte depuis quatre-vingts ans : le conflit fondamental entre la relativité générale et la mécanique quantique. Beaucoup de chercheurs pensent qu'une proposition relativement récente, baptisée du nom de « théorie des supercordes », ou tout simplement « théorie des cordes », pourrait réconcilier les deux théories. Mais si la théorie des cordes s'avère correcte, alors l'étoffe de l'Univers promet d'être beaucoup plus étrange que tout ce que quiconque a jamais imaginé.

Quatrième partie

ORIGINES ET UNIFICATION

12

LE MONDE EN CORDES

L'étoffe de l'Univers selon la théorie des cordes

Imaginons un univers dans lequel, pour comprendre quoi que ce soit, il nous faudrait *tout* comprendre. Un univers dans lequel, pour pouvoir décrire un tant soit peu l'orbite d'une planète autour d'une étoile, ou la trajectoire d'une balle de tennis, ou le fonctionnement d'un aimant ou d'une pile, ou le comportement de la lumière et de la gravitation, bref, un univers dans lequel, pour pouvoir dire quoi que ce soit sur quelque phénomène que ce soit, il faudrait connaître la plus fondamentale des lois et déterminer la manière dont elle agit sur les plus petits constituants de la matière. Fort heureusement, notre Univers n'est pas ainsi.

Dans un tel univers, on imagine difficilement comment la science aurait pu accomplir le moindre progrès. Au fil des siècles, si nous avons quelque peu étoffé nos connaissances, c'est grâce au fait que nous ayons pu travailler petit bout par petit bout, en levant le voile sur les mystères les uns après les autres, chaque nouvelle découverte étant plus profonde que les précédentes. Newton n'avait pas besoin de connaître l'existence des atomes pour franchir un pas de géant dans notre compréhension du mouvement et de la gravitation. Maxwell n'avait pas besoin de connaître l'existence des électrons et des autres particules chargées pour élaborer une théorie efficace de l'électromagnétisme. Einstein n'avait pas besoin de se soucier de ce qu'étaient l'espace et le temps à la naissance de l'Univers pour formuler une théorie décrivant la manière dont ils se courbent au service de la force de gravitation. En fait, chacune de ces découvertes, comme toutes celles qui sous-tendent notre conception actuelle de l'Univers, s'appliquait à un contexte restreint et laissait, sans scrupule, certaines questions élémentaires en suspens. Chaque découverte apportait sa contribution aux nombreuses pièces du puzzle, même si personne ne connaissait — et nous ne la connaissons toujours pas — l'image complète formée par tous ses éléments.

Dans le même ordre d'idées, quand bien même la science contemporaine se distingue nettement de celle qui se pratiquait il y a cinquante ans, il serait simpliste de résumer le progrès scientifique en ne considérant que celles des théories modernes qui ont détrôné leurs ancêtres. Une description plus correcte serait de dire que chaque nouvelle théorie perfectionne celle qui la précédait, en proposant un contexte à la fois plus vaste et plus précis. Certes, la théorie newtonienne de la gravitation a été supplantée par la relativité générale d'Einstein, mais il serait naïf de dire que Newton s'était trompé. Dans le domaine des objets qui sont loin de se déplacer aussi vite que la lumière et qui produisent des champs gravitationnels incomparablement plus faibles que ceux des trous noirs, la théorie de Newton est d'une précision extraordinaire. Cela n'implique pas pour autant que la théorie d'Einstein soit une variante mineure de celle de Newton ; en perfectionnant la vision newtonienne de la gravitation, Einstein a élaboré tout un nouveau schéma conceptuel, lequel a radicalement transformé notre entendement de l'espace et du temps. Mais la puissance de la découverte de Newton dans le domaine qui est le sien (le mouvement des planètes, celui des objets terrestres ordinaires, etc.) demeure irréfutable.

Nous envisageons chaque nouvelle théorie comme nous rapprochant du but évasif que représente la vérité, mais personne ne peut répondre à la question de savoir s'il existe une théorie ultime — une théorie qui, parce qu'elle aurait dévoilé les rouages de l'Univers au niveau le plus fondamental possible, ne pourrait être perfectionnée par aucune autre. Malgré cela, les découvertes des trois derniers siècles mettent en évidence des indices de plus en plus tentants en faveur d'une telle théorie. En résumé, disons que chaque nouvelle découverte a rassemblé un ensemble plus vaste de phénomènes physiques sous l'égide d'un nombre plus réduit de théories. Les découvertes de Newton ont montré que les forces qui régissent le mouvement des planètes sont les mêmes que celles responsables du mouvement des objets sur la Terre. Les découvertes de Maxwell ont révélé qu'électricité et magnétisme sont les deux faces d'une même médaille. Les découvertes d'Einstein ont dévoilé que l'espace et le temps sont aussi inséparables que le toucher et l'or de Midas. Les découvertes de toute une génération de physiciens du début du XXe siècle ont établi qu'une myriade de mystères provenant du monde microscopique pouvaient s'expliquer avec précision grâce à la mécanique quantique. Plus récemment, les découvertes de Glashow, Salam et Weinberg ont montré que l'électromagnétisme et la force nucléaire faible sont en fait deux manifestations d'une seule et même force — la force électrofaible —, et il y a de plus en plus d'éléments convaincants en faveur du fait que la force nucléaire forte et la force électrofaible pourraient être unifiées dans un cadre synthétique plus vaste encore[1]. En réunissant tout cela, on voit se dessiner une organisation allant de la complexité à la simplicité, de la diversité à l'unité. La flèche explicative semble donc dirigée vers une théorie plus puissante, encore à découvrir, qui pourrait unifier toutes les forces et toute la matière en une théorie unique capable de décrire tous les phénomènes physiques.

Albert Einstein, qui, pendant plus de trente années, s'évertua à combiner électromagnétisme et relativité générale en une seule théorie, est à juste titre considéré comme l'initiateur de cette quête moderne d'une théorie unifiée. Durant de longues périodes au cours de ces trente années, il fut le seul chercheur en quête d'une telle théorie, et sa quête passionnée et solitaire le mit à l'écart des courants dominants de la physique de l'époque. Depuis une vingtaine d'années, cette recherche d'une théorie unifiée connaît toutefois une résurgence importante ; le rêve solitaire d'Einstein est devenu le moteur de toute une génération de physiciens. Mais, à la lumière des découvertes ultérieures à l'époque d'Einstein, l'intérêt s'est recentré. Même si nous ne disposons toujours pas d'une théorie combinée de la force nucléaire forte et de la force électrofaible, nous avons pu décrire ces trois interactions (électromagnétique, faible et forte) grâce à un langage uniforme fondé sur la mécanique quantique. Mais la relativité générale, notre théorie la plus perfectionnée de la quatrième force, demeure hors de ce cadre. La relativité générale est une théorie classique : elle n'inclut aucun des concepts probabilistes de la théorie quantique. L'un des objectifs principaux de la quête moderne de l'unification est donc de parvenir à réconcilier la relativité générale et la mécanique quantique, afin de pouvoir décrire les quatre forces fondamentales grâce à une même théorie quantique. Or ce but s'est révélé l'un des problèmes les plus difficiles que la physique théorique ait jamais rencontrés.

Voyons pourquoi.

Agitation quantique et espace vide

Si je devais nommer l'aspect le plus représentatif de la mécanique quantique, je choisirais le principe d'incertitude. Certes, probabilités et fonctions d'onde dressent un décor complètement nouveau, mais le principe d'incertitude renferme à lui seul tout ce qui distingue la mécanique quantique de la mécanique classique. Souvenons-nous qu'aux XVIIe et XVIIIe siècles les scientifiques pensaient qu'une description complète de la réalité physique se résumait à la donnée des positions et des vitesses de tous les constituants matériels de l'Univers. Avec l'avènement du concept de champ au XIXe siècle, et ses applications ultérieures aux forces gravitationnelle et électromagnétique, cette vision des choses fut perfectionnée pour inclure également la valeur de chaque champ — c'est-à-dire son intensité — et le rythme de variation de celle-ci, en tout point de l'espace. Mais, dans les années 1930, le principe d'incertitude démantela complètement cette conception de la réalité en montrant que l'on ne peut jamais connaître à la fois la position et la vitesse d'une particule, ou la valeur d'un champ en un point donné de l'espace en même temps que ses variations. L'incertitude quantique l'interdit.

Comme nous l'avons vu au chapitre précédent, du fait de cette incertitude quantique, le monde microscopique est un royaume turbulent et agité. Nous avons considéré plus haut l'agitation quantique induite par le principe d'incertitude pour l'inflaton, mais l'incertitude quantique concerne tous les champs. Le champ électromagnétique, le champ des forces nucléaires faible et forte, le champ gravitationnel..., tous sont sujets, dans le royaume microscopique, à une agitation quantique effrénée. En fait, celle-ci existe même dans l'espace que l'on considérerait habituellement vide, car dénué de matière ou de champ. C'est là une idée particulièrement importante, mais, si vous ne l'avez encore jamais rencontrée, il est naturel que vous soyez un peu perplexe. Si une région de l'espace ne contient rien — que du vide —, cela ne signifie-t-il pas qu'il n'y a rien à agiter? Eh bien, nous savons déjà que le concept de vacuité est quelque peu subtil. Pensons à l'océan de Higgs dont la théorie moderne prétend qu'il imprègne tout l'espace. L'agitation quantique dont nous parlons à présent ne fait que rendre plus subtile encore la notion de «rien». Voici ce que j'entends par là.

En physique préquantique (et pré-Higgs), nous disions d'une région de l'espace qu'elle était complètement vide si elle ne contenait aucune particule et si la valeur de tous les champs était uniformément égale à zéro*[2]. Réfléchissons maintenant à

* Pour faciliter la rédaction, je ne considère que les champs dont l'énergie la plus basse correspond à la valeur zéro. La discussion pour les autres champs — les champs de Higgs — est analogue, à ceci près que l'agitation quantique fait fluctuer la valeur du champ autour de sa valeur, non nulle, de plus basse énergie. Si vous êtes toujours tenté de dire qu'une région de l'espace n'est vide que si

cette notion classique de vacuité à la lumière du principe d'incertitude quantique. Si un champ avait, et gardait, une valeur nulle, nous pourrions connaître sa valeur — zéro — ainsi que le taux de variation de celle-ci — zéro également. Or, si l'on en croit le principe d'incertitude, il est impossible que ces deux propriétés soient définies simultanément. En revanche, si un champ a une valeur bien définie à un instant donné, disons zéro dans le cas considéré, alors le principe d'incertitude stipule que le taux de variation de cette valeur sera complètement aléatoire. Or un tel taux de variation signifie qu'un instant plus tard la valeur du champ peut se mettre à fluctuer de manière effrénée et aléatoire, même dans ce que l'on envisage classiquement comme un espace complètement vide. Ainsi la notion intuitive de vacuité, dans laquelle tous les champs ont, et gardent, une valeur nulle, est-elle incompatible avec la mécanique quantique. *La valeur d'un champ peut fluctuer frénétiquement autour de la valeur zéro, mais elle ne peut être uniformément nulle dans toute une région de l'espace que durant un court instant*[3]. En termes plus techniques, les physiciens diraient que les champs sont soumis aux « fluctuations du vide ».

La nature aléatoire des fluctuations quantiques dans le vide garantit qu'il y ait, dans toutes les régions même les plus microscopiques, autant d'agitation « vers le haut » que « vers le bas », si bien que leur moyenne se maintient à zéro, un peu comme la surface du marbre semble parfaitement lisse lorsqu'on la regarde à l'œil nu, alors qu'un examen au microscope électronique révèle des irrégularités à très petite échelle. Cependant, même si nous ne

elle est dépourvue de matière et de champs, plutôt que de leur accorder la valeur zéro, consultez les notes[2].

pouvons pas les voir directement, la réalité de ces fluctuations quantiques des champs dans le vide fut confirmée expérimentalement, voici plus d'un siècle, grâce à une découverte simple mais fondamentale.

En 1948, le physicien néerlandais Hendrik Casimir imagina une manière de détecter expérimentalement les fluctuations quantiques du champ électromagnétique dans le vide. La théorie quantique stipule que l'agitation de ce champ dans le vide peut prendre diverses formes, comme l'illustre la figure 12.1a. La découverte de Casimir fut de comprendre qu'en plaçant deux plaques métalliques ordinaires dans une région vide de toute autre matière, comme sur la figure 12.1b, il pourrait induire une très légère modification à l'agitation du champ dans le vide. Plus précisément, les équations quantiques montrent qu'il y aura moins de fluctuations dans la région comprise entre les deux plaques (seules sont autorisées les fluctuations du champ dont les valeurs s'annulent à la position de chacune des deux plaques). Casimir analysa les conséquences de cette réduction de l'agitation quantique du champ et obtint un résultat extraordinaire. Un peu comme la réduction de la quantité d'air dans une région donnée crée un déséquilibre de pression (par exemple, à haute altitude, nous sentons que l'air raréfié exerce une pression inférieure sur la partie externe de nos tympans), la réduction de l'agitation quantique du champ entre les plaques induit elle aussi un déséquilibre de pression : l'agitation quantique du champ entre les plaques devient très légèrement plus faible que celle à l'extérieur des plaques, et ce déséquilibre fait se *rapprocher les deux plaques l'une de l'autre*.

C'est franchement étrange, non ? On dispose deux plaques conductrices non chargées l'une en face de l'autre, dans le *vide*. Leur masse étant dérisoire, leur

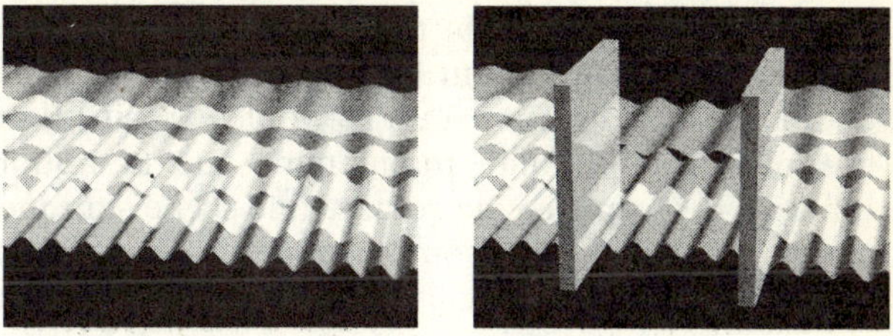

(a) (b)

Figure 12.1 (a) Fluctuations du champ électrogmagnétique dans le vide. (b) Fluctuations du champ électromagnétique dans le vide entre deux plaques métalliques et à l'extérieur de celles-ci.

attraction gravitationnelle mutuelle est si ténue qu'on peut la négliger. Puisqu'il n'y a rien d'autre alentour, on conclurait tout naturellement que les deux plaques devraient rester immobiles. Mais ce n'est pas ce que les calculs de Casimir prédisaient. Il conclut de ses calculs que les plaques devraient être légèrement guidées l'une vers l'autre par la poigne fantomatique des fluctuations quantiques dans le vide.

Lorsque Casimir présenta ses résultats théoriques pour la première fois, les appareils de mesure suffisamment sensibles pour vérifier ses prédictions n'existaient pas. Cependant, en moins de dix ans, un autre physicien néerlandais, Marcus Spaarnay, parvint à mettre en place les premiers tests rudimentaires de cet « effet Casimir » et, depuis lors, des expériences de plus en plus précises ont été menées. En 1997, par exemple, Steve Lamoreaux, alors à l'université de Washington, confirma les prédictions de Casimir avec une incertitude de 5 %[4]. (Pour des plaques de la taille d'une carte à jouer, séparées par une distance d'un dix millième de centimètre, la force exercée est de l'ordre du poids d'une petite larme ; cela montre à quel point l'obtention d'une mesure de la force de Casimir est un véritable exploit.) Il ne fait plus aucun doute maintenant que la notion intuitive de l'espace vide comme une scène statique, calme et déserte est complètement à côté de la plaque. Du fait de l'incertitude quantique, le vide regorge d'activité.

Il fallut aux scientifiques une bonne partie du XXe siècle pour élaborer le formalisme mathématique nécessaire à la description de cette activité quantique pour les champs des forces électromagnétique forte et faible. L'effort en valait la peine : les calculs qui découlent de ce formalisme mathématique se voient vérifiés expérimentalement avec une précision sans précédent (par exemple, les calculs sur l'effet des fluctuations dans le vide des propriétés magnétiques des électrons sont en accord avec les résultats expérimentaux avec une incertitude de un pour un milliard)[5].

Et pourtant, malgré ce succès considérable, depuis plusieurs dizaines d'années, les physiciens observent que ces fluctuations quantiques suscitent une réelle discorde au sein des lois de la physique.

Fluctuations quantiques et discorde théorique[6]

Jusqu'à présent, nous n'avons parlé que de l'agitation quantique pour des champs qui existent *dans* l'espace. Qu'en est-il de l'agitation quantique de l'espace lui-même ? Aussi mystérieux que cela puisse paraître, ce n'est en fait qu'un autre exemple de fluctuations quantiques — mais qui se révèle, lui, particulièrement problématique. Dans sa théorie de la relativité générale, Einstein a établi que la force gravitationnelle pouvait être décrite par les distorsions et les courbures de la structure de l'espace ; il a montré que les champs gravitationnels se manifestaient via la forme ou la géométrie de l'espace (et, plus généralement, de l'espace-temps). Or, comme tous ses semblables, le champ gravitationnel doit être sujet aux fluctuations quantiques : le principe d'incertitude stipule que, sur des échelles de distances minuscules, le champ gravitationnel augmente et diminue. Et, puisque le champ gravitationnel est synonyme de la forme de l'espace, ces fluctuations quantiques du champ signifient que l'espace serait lui aussi sujet à des fluctuations aléatoires. Ici encore, comme pour tous les exemples liés à l'incertitude quantique, ces fluctuations sont trop petites pour être perçues directement aux échelles de distances de notre quotidien, et notre environnement semble lisse, calme et prédictible. Mais plus on observe à petite échelle, plus l'incertitude est importante, et plus les fluctuations quantiques deviennent tumultueuses.

C'est ce qu'illustre la figure 12.2, sur laquelle nous représentons l'espace tel qu'on le verrait en le regardant de plus en plus près, jusqu'à révéler sa structure aux plus courtes distances. Le premier niveau de la figure montre les oscillations quantiques de l'espace aux échelles quotidiennes et, comme indiqué, il n'y a rien à voir — ces oscillations sont trop petites pour être observables, et l'espace semble donc parfaitement plat et calme. Mais si l'on se rapproche en grossissant de plus en plus la portion d'espace considérée, nous voyons que les oscillations deviennent de plus en plus frénétiques. Et ce jusqu'au dernier niveau de la figure, qui montre la structure de l'espace à des échelles inférieures à la longueur de Planck — un millionième de milliardième de milliardième de milliardième de centimètre (10^{-33} cm) —, où l'espace devient un chaudron bouillonnant de fluctuations effrénées. Comme l'illustre clairement ce dessin, les notions ordinaires droite/gauche, avant/arrière, haut/bas sont tellement emberlificotées par l'effervescence ultramicroscopique qu'elles en perdent tout leur sens. Même la notion si familière d'avant/après, que nous avions illustrée par les découpes successives de la miche d'espace-temps, n'a plus aucun sens aux échelles de temps inférieures au temps de Planck — environ un dixième de millionième de milliardième de milliardième de milliardième de milliardième de seconde (10^{-43} s), qui vaut à peu près le temps nécessaire à la lumière pour parcourir la longueur de Planck. Comme une photographie floue, l'effervescence des oscillations de la figure 12.2 empêche de distinguer clairement une tranche instantanée d'une autre lorsque l'intervalle de temps qui les sépare est inférieur au temps de Planck. La conséquence est qu'en deçà de la longueur et du temps de Planck, l'incertitude quantique tord et déforme l'étoffe du cosmos à tel point que les concepts usuels d'espace et de temps ne sont plus valables.

Bien que les détails soient plutôt exotiques, l'essentiel de la leçon esquissée par la figure 12.2 nous est déjà familier : les concepts et les conclusions valables à une certaine échelle ne sont pas forcément applicables à toutes les échelles. C'est un principe essentiel en physique, que l'on rencontre continuellement, même dans les contextes les plus prosaïques. Considérons un verre d'eau. Décrire l'eau qu'il contient comme un liquide uniforme et

Figure 12.2 Des grossissements successifs révèlent qu'en deçà de la longueur de Planck l'espace, méconnaissable, devient complètement effervescent du fait de l'agitation quantique (on imagine que les loupes ont chacune un grossissement entre dix et cent millions).

homogène est à la fois utile et pertinent aux échelles quotidiennes, mais c'est une approximation qui n'est plus valable dès lors que l'on étudie l'eau avec une précision microscopique. Aux plus petites échelles, cette image homogène laisse la place à une description complètement différente, faisant intervenir des molécules et des atomes distincts. De la même manière, la figure 12.2 montre que la conception qu'avait Einstein de l'espace et du temps géométriques lisses et doucement courbés, aussi efficace et précise soit-elle pour décrire l'Univers à grande échelle, n'est plus valable si l'on analyse l'Univers à des échelles de distance et de temps extrêmement petites. Les physiciens pensent que, comme c'était le cas pour l'eau, la description uniforme et homogène de l'espace et du temps est une approximation qui, aux échelles ultramicroscopiques, laisse la place à une autre, plus fondamentale. La question de savoir quelle est cette description — quels sont les « molécules » et les « atomes » de l'espace et du temps — est aujourd'hui le fruit de recherches intensives. Mais elle n'est pas encore élucidée.

Malgré cela, ce qui apparaît clairement sur la figure 12.2, c'est qu'à toute petite échelle l'aspect lisse et homogène qu'avaient l'espace et le temps en relativité générale est complètement évincé par la nature effervescente et agitée de la mécanique quantique. Le principe qui réside au cœur de la relativité générale d'Einstein — le fait que l'espace et le temps ont une forme géométrique à la courbure douce — est en opposition directe avec celui qui est au cœur de la mécanique quantique — le principe d'incertitude — car celui-ci implique, aux échelles les plus minuscules, un environnement agité, tumultueux et turbulent. Le conflit violent qui oppose le cœur de la relativité générale à celui de la mécanique quantique fait que l'union de ces deux théories représente l'un des défis les plus difficiles parmi tous ceux qu'ont rencontrés les physiciens durant ces quatre-vingts dernières années.

Après tout, quelle importance ?

En pratique, l'incompatibilité d'humeur entre la relativité générale et la mécanique quantique ne se manifeste que dans des situations très particulières. Si l'on combine les équations de la relativité générale et de la mécanique quantique, on obtient presque toujours le même résultat : l'infini. Et ça, c'est embêtant. Car ça n'a pas de sens. Les expérimentateurs ne mesurent jamais une quantité infinie de quoi que ce soit. Les indications d'un compteur ne vont jamais jusqu'à l'infini. Aucun mètre ruban n'atteint jamais une longueur « infinie ». Aucune calculette n'aboutit jamais à un résultat infini. Presque toujours, une réponse infinie est un non-sens. Tout ce que celle-ci nous indique, c'est que les équations de la relativité générale et de la mécanique quantique, lorsqu'on les mélange, déraillent complètement.

Notons que c'est tout à fait différent des tensions entre la relativité *restreinte* et la mécanique quantique qui, elles, découlaient de la non-localité quantique (voir le chapitre 4). Nous avions trouvé que les exigences de la relativité restreinte (en particulier, la symétrie entre tous les observateurs en mouvement relatif à vitesse constante) et le comportement des particules intriquées pouvaient être réconciliés grâce à une meilleure compréhension du problème de la mesure quantique (voir les pages 209 à 214). Mais cette question, même si elle n'est pas encore complètement résolue, ne conduit ni à des incohérences mathématiques ni à des équations dont les résultats sont dénués de sens. Bien au contraire, puisque la combinaison des équations de la relativité restreinte et de la mécanique quantique a pu être utilisée pour élaborer la prédiction qui, de toute l'histoire des sciences, a reçu la confirmation la plus précise. La légère tension entre relativité restreinte et mécanique quantique signale un domaine en attente d'explications théoriques plus poussées, mais n'a aucune incidence sur leur efficacité prédictive. On ne peut pas en dire autant de l'union explosive de la relativité générale et de la mécanique quantique, dans laquelle on perd toute possibilité de faire des prédictions.

Néanmoins, on peut toujours se poser la question

de savoir si cette incompatibilité a réellement une importance. Certes, la combinaison des équations de ces deux théories n'a aucun sens mais, finalement, dans quels cas avons-nous besoin de les utiliser ensemble ? Des années d'observations astronomiques ont montré que la relativité générale décrivait parfaitement le monde macroscopique des étoiles, des galaxies, et même de toute l'étendue du cosmos, avec une précision impressionnante. Des années d'expériences ont confirmé que la mécanique quantique était tout aussi efficace pour décrire le monde microscopique des molécules, des atomes et des particules subatomiques. Chaque théorie fonctionnant à merveille sur son propre domaine, pourquoi s'inquiéter de les combiner ? Pourquoi ne pas se contenter de les utiliser séparément ? Pourquoi ne pas utiliser la relativité générale pour les objets gros et massifs, et la mécanique quantique pour les objets petits et légers, et se réjouir de ce que l'humanité soit parvenue à une compréhension aussi aboutie pour une si vaste palette de phénomènes physiques ?

Il se trouve que c'est *effectivement* ce que beaucoup de physiciens ont fait depuis les premières années du xxe siècle, et il est incontestable que cette vision des choses a porté ses fruits, d'un côté comme de l'autre. Les progrès scientifiques accomplis en adoptant cette vision fractionnée sont impressionnants. Et, pourtant, un certain nombre de raisons font que l'antagonisme entre relativité générale et mécanique quantique doit être résolu. En voici deux.

Premièrement, au niveau intuitif, il est difficile d'admettre que la compréhension la plus profonde de l'Univers à laquelle on puisse parvenir se réduise à une union impossible entre deux théories extrêmement puissantes, mais mutuellement incompatibles. Ce n'est pas comme si l'Univers était doté d'une ligne bien nette telle qu'on pourrait la tracer dans le sable, délimitant le domaine d'action de la mécanique quantique de celui de la relativité générale. Scinder l'Univers en deux royaumes distincts s'avère aussi artificiel qu'absurde. Pour beaucoup de chercheurs, cela constitue une preuve suffisante qu'il doit exister une vérité unifiée, plus profonde, qui transcenderait la scission entre ces deux théories, et que l'on pourrait appliquer de manière *universelle*. Nous vivons dans un univers et, comme en sont convaincus certains, nous devrions n'avoir qu'*une* théorie.

Deuxièmement, la plupart les objets étant soit gros et lourds, soit petits et légers, ils peuvent donc, par commodité, être décrits soit par la relativité générale, soit par la mécanique quantique, mais ce n'est pas vrai de tous les objets. Les trous noirs en sont un bon exemple. Si l'on en croit la relativité générale, toute la matière qui compose un trou noir est compressée en un point minuscule en son centre[7]. Voilà qui rend le cœur d'un trou noir à la fois énormément massif et incroyablement minuscule, c'est-à-dire justement des deux côtés de la frontière supposée : nous avons besoin de la relativité générale parce que la masse colossale mise en jeu crée un champ gravitationnel conséquent, et nous avons également besoin de la mécanique quantique car toute cette masse est comprimée dans un volume minuscule. Mais, lorsqu'on les combine, les équations s'effondrent tant et si bien que personne n'a pu déterminer ce qui se passait au cœur d'un trou noir.

C'est un bon exemple, mais quelqu'un de vraiment sceptique pourrait se demander en quoi cela empêcherait qui que ce soit de dormir la nuit. En effet, nous ne pouvons pas voir l'intérieur d'un trou noir à moins d'y plonger, et, en outre, si nous y plongions, il nous serait impossible de faire part de nos observations au monde extérieur. Aussi, pourquoi notre méconnaissance de l'intérieur du trou noir serait-elle si problématique ? Eh bien, aux yeux des physiciens, l'existence même d'un royaume dans lequel nous savons que les lois de la physique ne sont plus valables — aussi ésotérique soit-il — est une véritable sonnette d'alarme. Si les lois connues de la physique s'effondrent, dans quelque circonstance que ce soit, alors cela traduit le fait que nous n'avons pas atteint la compréhension la plus profonde possible. Après tout, l'Univers fonctionne ; autant que l'on puisse dire, l'Univers ne s'effondre pas, lui. Une théorie correcte de l'Univers devrait donc satisfaire au moins cette condition.

Voilà qui semble tout à fait raisonnable. Mais, en ce qui me concerne, l'urgence à résoudre le conflit entre relativité générale et mécanique quantique ne devient réelle qu'à la lumière d'un autre exemple. Revenons à la figure 10.6. Comme nous le voyons, nous avons accompli de grandes choses en concoctant une histoire cohérente et prédictive de l'évolution cosmique, mais celle-ci demeure incomplète du fait de la petite zone floue autour de l'origine de l'Univers. Et, dans cette zone floue des tout premiers instants, se cache l'un des plus épais mystères : celui de l'origine et de la véritable nature de l'espace et du temps. Qu'est-ce qui nous empêche de dissiper ce flou ? Eh bien, la responsabilité incombe justement au conflit qui oppose la relativité générale à la mécanique quantique. C'est l'antagonisme entre les lois du macroscopique et celles du microscopique qui fait que cette zone floue reste obscure et que nous n'avons toujours pas la moindre idée de ce qui a pu avoir lieu au commencement de l'Univers.

Pour comprendre pourquoi, imaginons, comme au chapitre 10, que l'on visionne un film de l'Univers en expansion à l'envers, en remontant le temps jusqu'au big bang. Dans ce sens, tout ce qui est aujourd'hui en récession se rassemble, et, à mesure que l'on progresse vers l'arrière dans le film, l'Univers devient de plus en plus petit, de plus en plus chaud et de plus en plus dense. Lorsque l'on se rapproche de l'instant zéro, la *totalité* de l'Univers observable est compressée dans un volume de l'ordre de celui du Soleil, puis dans un volume de la taille de la Terre, puis d'une boule de bowling, d'un petit pois, d'un grain de sable... L'Univers devient de plus en plus petit à mesure que le film se rapproche des toutes premières séquences. Puis vient un moment dans ce film projeté à l'envers où tout l'Univers connu atteint une taille proche de la longueur de Planck — le millionième de milliardième de milliardième de milliardième de centimètre, longueur à laquelle la relativité restreinte et la mécanique quantique sont à couteaux tirés. À ce moment, toute la masse et toute l'énergie de l'Univers observable sont contenues dans un grain de poussière moins d'un centième de milliardième de milliardième de fois plus petit qu'un atome[8].

Ainsi, comme dans le cas du centre d'un trou noir, l'Univers primordial tombe en plein sur la frontière : la densité énorme de l'Univers primordial requiert que l'on utilise la relativité générale. Sa taille minuscule nécessite l'usage de la mécanique quantique. Mais, ici encore, la combinaison des deux lois s'effondre. Le projecteur se bloque, le film cosmique s'enflamme, et nous ne pouvons avoir accès aux premiers instants de l'Univers. Parce que le conflit fait rage entre la relativité générale et la mécanique quantique, nous ne savons rien de ce qui a eu lieu au commencement, et nous n'avons d'autre solution que de dessiner une zone floue comme sur la figure 10.6.

Si nous caressons l'espoir de comprendre un jour les origines de l'Univers — et c'est l'une des questions scientifiques les plus fondamentales —, alors nous devons résoudre le conflit entre relativité générale et mécanique quantique. Nous devons résoudre les différends entre les lois du royaume macroscopique et les lois du royaume microscopique, et unir ces deux lois en une théorie unique harmonieuse.

•

*La voie improbable vers une solution**

Comme le montrent les travaux de Newton et d'Einstein, les grandes découvertes scientifiques naissent parfois de l'intuition géniale d'un seul esprit, purement et simplement. Mais la chose est rare. Le plus souvent, les grandes découvertes sont le fruit de l'effort collectif de beaucoup de chercheurs, chacun ajoutant sa contribution à celle de ses prédécesseurs, accomplissant ce qu'aucun individu n'aurait pu accomplir isolément. Un scientifique peut proposer une idée qui fera réfléchir ses collègues, conduisant l'un d'eux à une observation qui dévoile une relation inattendue permettant un progrès important, ce qui ramène le cycle des découvertes au tout début. Connaissances solides, aisance mathématique,

* Le reste de ce chapitre relate la découverte de la théorie des supercordes et présente les idées principales de la théorie concernant l'unification et la structure de l'espace. Ceux des lecteurs qui ont lu *L'Univers élégant* (plus particulièrement les chapitres 6 à 8) connaissent déjà l'essentiel de cette histoire et pourront se permettre de passer ce chapitre et de poursuivre avec le suivant.

souplesse d'esprit, ouverture à toute connexion inattendue, immersion totale dans le flot des idées de la communauté internationale, travail acharné et bonne étoile ; voilà ce qui est essentiel aux découvertes scientifiques. Aucune des découvertes scientifiques les plus récentes n'illustre mieux mes propos que l'histoire de la théorie des supercordes.

La théorie des supercordes est une proposition pour l'union de la relativité générale et de la mécanique quantique en laquelle beaucoup de scientifiques croient. Comme nous le verrons, nous avons toutes les raisons d'en attendre plus encore que cela. Bien que les recherches dans ce domaine soient toujours en cours, on envisage déjà la théorie des supercordes comme une théorie unifiée de toutes les forces et de toute la matière, ce qui réaliserait ainsi le rêve d'Einstein et plus encore — une théorie qui, à mon avis et à celui de beaucoup d'autres physiciens, ouvre la voie qui nous mènera un jour aux lois les plus fondamentales de notre Univers. Mais, en réalité, la théorie des supercordes ne fut pas conçue comme un moyen ingénieux d'atteindre ces nobles causes ancestrales. En fait, l'histoire de la théorie des supercordes regorge de découvertes inopinées, de faux départs, d'opportunités ratées et de carrières presque anéanties. Elle est également, au sens propre du terme, l'histoire de la découverte de la bonne solution au mauvais problème.

En 1968, Gabriele Veneziano, à l'époque en postdoc au CERN, faisait partie des nombreux physiciens qui s'évertuaient à comprendre la force nucléaire forte à partir des résultats des collisions de particules de très haute énergie produites dans les accélérateurs à travers le monde. Après des mois d'analyse de l'organisation et des régularités apparaissant dans les données, Veneziano décela une connexion inattendue et franchement surprenante avec une branche ésotérique des mathématiques. Il se rendit compte que la formule découverte voici deux siècles par le mathématicien suisse Leonhard Euler (la « fonction bêta d'Euler ») semblait correspondre aux données sur la force nucléaire forte avec une bonne précision. Bien que cela puisse ne pas sembler particulièrement extraordinaire — les physiciens théoriciens manipulent des formules cabalistiques à longueur de journée —, c'était un exemple frappant du cas où la charrue prend des kilomètres d'avance sur les bœufs. Le plus souvent, les physiciens se fabriquent d'abord une intuition, une image mentale, une compréhension globale des principes physiques sous-jacents aux domaines qu'ils étudient, et alors seulement ils partent en quête des équations nécessaires pour ancrer leurs intuitions à des bases mathématiques rigoureuses. En revanche, Veneziano, quant à lui, a plongé directement dans les équations ; son éclair de génie fut de reconnaître un agencement inhabituel des données et de trouver le lien avec une formule inconnue, élaborée des siècles plus tôt dans un contexte purement mathématique.

Mais, après avoir mis la main sur la formule, Veneziano ne voyait aucune explication permettant de savoir pourquoi elle fonctionnait si bien. Il n'avait rien de physique à quoi se raccrocher pour justifier que la fonction bêta d'Euler ait un quelconque rapport avec les interactions entre particules dues à la force nucléaire forte. Or, en deux années, la situation fut radicalement transformée. En 1970, des articles de Leonard Susskind (Stanford), Holger Nielsen (Niels Bohr Institute) et Yoichiro Nambu (université de Chicago) révélèrent la physique sous-jacente à la découverte de Veneziano. Ces physiciens montrèrent que si la force forte entre deux particules était due à un minuscule brin de corde, comme un élastique extrêmement fin, alors les processus quantiques que Veneziano et les autres s'acharnaient à comprendre seraient mathématiquement décrits par la formule d'Euler. Ce petit brin d'élastique fut baptisé « corde » et, la charrue ayant repris sa place derrière les bœufs, la théorie des cordes était née.

Minute ! il est trop tôt pour sabrer le champagne... Pour ceux qui travaillaient dans ce domaine de recherche, comprendre l'origine physique de la découverte de Veneziano aurait dû être une bonne chose, puisque cela signifiait qu'ils étaient sur la bonne voie pour révéler les rouages de la force nucléaire forte. Et, pourtant, cette découverte ne fut pas accueillie avec un enthousiasme général ; pas vraiment. Vraiment pas. En fait, l'article de Susskind fut refusé par le journal auquel il avait été soumis pour publication, avec le commentaire que ce travail n'avait pas grand intérêt, ce dont Susskind se souvient fort bien : « J'étais abasourdi, anéanti, déprimé... alors je suis rentré chez moi et je me suis saoulé[9]. » En fin de compte, son article et les autres qui proposaient le concept de corde furent tous publiés, mais il ne fallut pas longtemps avant que ne se manifestent deux inconvénients implacables de cette théorie. Un examen minutieux des données les plus précises recueillies, au début des années 1970, au sujet de la force forte, montrait que l'explication par les cordes ne permettait pas de décrire ces nouveaux résultats avec suffisamment de précision. En outre, une autre proposition, la « chromodynamique quantique », qui puisait naturellement au sein des ingrédients traditionnels des particules et des champs — sans aucune corde —, parvenait à décrire toutes les données de manière satisfaisante. Ainsi, dès 1974, on avait réglé son compte à la théorie des cordes en deux temps, trois mouvements. Du moins… c'est ce que l'on croyait.

John Schwarz fut l'un des premiers que les cordes enthousiasmaient. Il m'a dit un jour que, depuis le début, il avait l'intime conviction que la théorie était profonde et fondamentale. Schwarz consacra de nombreuses années de sa vie à l'étudier sous ses divers aspects mathématiques ; entre autres choses, cela le conduisit à la découverte de la théorie des supercordes — comme nous le verrons, il s'agit d'un perfectionnement important de la proposition originale. Mais avec l'avènement de la chromodynamique quantique, et l'incapacité de la théorie des cordes à décrire la force forte, il n'y avait plus grand-chose pour justifier que l'on continuât à travailler sur la théorie des cordes. Pourtant, Schwarz était préoccupé par une certaine discordance particulière entre la théorie des cordes et la force nucléaire forte, et il ne pouvait se résoudre à l'oublier. Les équations quantiques de la théorie des cordes prédisaient qu'une particule tout à fait inhabituelle devrait être créée en abondance dans les collisions à haute énergie effectuées dans les accélérateurs de particules. Cette particule aurait une masse nulle, comme le photon, mais la théorie des cordes lui prédisait un spin égal à *deux*, ce qui signifierait, en gros, qu'elle « tourne sur elle-même deux fois plus vite » que le photon. Aucune des expériences réalisées jusqu'alors n'avait mis en évidence une telle particule, qui semblait donc appartenir aux prédictions erronées de la théorie des cordes.

Schwarz et son collaborateur Joël Scherk, qui s'interrogeaient sur cette particule manquante, firent le lien, dans un éclair de génie, avec un problème complètement différent. Bien que personne ne fût parvenu à réconcilier la relativité générale et la mécanique quantique, les physiciens avaient pu déterminer certains des aspects qui découleraient de leur union. Ainsi, comme nous l'avons vu au chapitre 9, un de ces aspects était le suivant : tout comme la force électromagnétique est véhiculée par les photons, la force gravitationnelle devrait être transmise, quant à elle, par une autre sorte de particule, appelée graviton (le plus petit paquet, ou quantum, de la gravitation). Les gravitons n'ont toujours pas été détectés expérimentalement, mais les études théoriques s'accordent toutes pour attribuer au graviton les deux propriétés suivantes : il doit avoir une masse nulle et un spin égal à deux. Voilà qui rappelait fortement quelque chose à Schwarz et Scherk — ces propriétés étaient justement celles de la particule clandestine prédite par la théorie des cordes —, qui firent alors une proposition hardie, susceptible de transformer l'échec de la théorie des cordes en un succès retentissant.

Ils proposèrent de ne pas envisager la théorie des cordes comme une théorie quantique de la force nucléaire forte. Ils avancèrent que, même si la théorie avait été découverte dans une tentative de comprendre cette force, elle était en réalité la solution à un autre problème. Elle serait en fait la première théorie quantique de la force *gravitationnelle*. Ils affirmèrent que la particule dénuée de masse et de spin deux prédite par la théorie des cordes était le graviton, et que les équations de la théorie des cordes incarnaient nécessairement une description quantique de la gravitation.

Schwarz et Scherk publièrent leur proposition en 1974. Ils s'attendaient à une réaction importante de la part de la communauté des physiciens, mais leur article passa complètement inaperçu. Rétrospectivement, on comprend aisément pourquoi. Certains pensaient que le concept de corde n'était plus qu'une théorie en quête d'une application. Après que les tentatives d'utiliser la théorie des cordes pour expliquer la force nucléaire forte se furent soldées par un échec, il leur semblait que ses partisans, ne pouvant accepter cette défaite, étaient fermement décidés à trouver ailleurs un intérêt à cette théorie. Ce point de vue fut étayé plus encore lorsqu'il apparut que Schwarz et Scherk avaient dû modifier radicalement la taille de la corde afin que la force transmise par les candidats au graviton ait bien l'intensité familière de la gravitation. Puisque la gravité est une force extrêmement faible* et la force transmise d'autant plus forte que la corde est plus longue, Schwarz et Scherk trouvèrent que les cordes devaient être extrêmement petites pour transmettre une force ayant la faible intensité de la gravitation ; leur taille devait être de l'ordre de la longueur de Planck, une centaine de milliards de milliards de fois plus petite que celles envisagées auparavant. Elles étaient si petites, se moquèrent les plus sceptiques, qu'aucun équipement ne pourrait les mettre en évidence, si bien que la théorie serait impossible à tester expérimentalement[10].

Parallèlement à cela, dans les années 1970, le succès des théories plus conventionnelles, formulées avec des particules ponctuelles et des champs plutôt que des cordes, était grandissant. Théoriciens et expérimentateurs regorgeaient d'idées concrètes

* Souvenons-nous, comme nous l'avons vu au chapitre 9, que même un simple aimant peut surpasser l'attraction gravitationnelle de la Terre entière et soulever un trombone. Numériquement, l'intensité de la force gravitationnelle vaut à peu près 10^{-42} fois celle de la force électromagnétique.

à creuser et de prédictions à vérifier. Pourquoi se tourner vers la théorie des cordes, si spéculative, alors qu'il y avait beaucoup de choses excitantes à faire avec une théorie déjà bien éprouvée ? Dans le même ordre d'idées, bien que les physiciens aient su au fond d'eux-mêmes que le problème de l'union de la gravitation et de la théorie quantique résistait à toute résolution par les méthodes conventionnelles, on n'y accorda pas beaucoup d'attention. Presque tous admettaient que c'était une question importante et qu'il faudrait s'y consacrer un jour ou l'autre, mais, avec l'étendue des recherches en cours sur les forces non gravitationnelles, le problème de la quantification de la gravité fut relégué aux oubliettes. Et, finalement, entre le milieu et la fin des années 1970, la théorie des cordes ne connut quasiment aucun développement. Le fait qu'elle renferme un candidat pour le graviton était un réel succès, mais il restait beaucoup de questions conceptuelles et techniques à résoudre. Tout portait à croire que la théorie serait incapable de surmonter toutes ces questions en suspens, à tel point que le fait de consacrer ses recherches à la théorie des cordes devint synonyme d'une énorme prise de risque. Les jours de la théorie des cordes semblaient comptés.

Mais Schwarz n'en démordait pas. Il était convaincu que la découverte de la théorie des cordes, la première théorie plausible pour décrire la gravitation dans le langage de la mécanique quantique, était une grande découverte. Si personne ne voulait se rendre à l'évidence, eh bien, tant pis : lui continuerait dans cette voie, développerait la théorie, et, lorsque le monde finirait par s'y intéresser, la théorie des cordes aurait déjà progressé d'autant. Sa détermination se révéla prémonitoire.

Vers la fin des années 1970 et le début des années

1980, Schwarz fit équipe avec Michael Green, alors au Queen Mary College de Londres, pour travailler sur certaines des difficultés techniques qu'affrontait la théorie des cordes. La première était le problème des *anomalies*. Les détails n'ont pas une importance capitale, mais disons, en gros, qu'une anomalie est un effet quantique pernicieux, parfois fatal à une théorie, car elle implique que celle-ci viole certains principes sacrés, comme la conservation de l'énergie. Pour être viable, une théorie doit être dénuée de toute anomalie. Les premières études avaient montré que la théorie des cordes en était farcie, et ce fut l'une des principales raisons techniques pour lesquelles elle ne fut pas accueillie avec grand enthousiasme. Les anomalies signifiaient que, même si la théorie des cordes avait toutes les apparences d'une théorie quantique de la gravitation puisqu'elle contenait des gravitons, celle-ci ne pouvait survivre à un examen scrupuleux du fait de ses propres incohérences mathématiques.

Toutefois, selon Schwarz, la situation n'était pas si désespérée. Il subsistait une chance — infime — qu'un calcul complet révèle que les diverses contributions quantiques des anomalies qui entachaient la théorie des cordes, si on les combinait correctement, s'annulent. Avec Green, Schwarz entreprit la lourde tâche de calculer toutes ces anomalies et, durant l'été 1984, ils remportèrent le gros lot. Cette nuit-là, pendant que l'orage grondait, tous deux travaillèrent tard au centre de physique d'Aspen, dans le Colorado, pour arriver finalement au bout de l'un des calculs les plus importants dans le domaine — un calcul prouvant que toutes les anomalies potentielles s'annulaient bel et bien, de manière quasi miraculeuse. Ils venaient de révéler que la théorie des cordes était bien dénuée d'anomalies et ne souffrait donc d'aucune incohérence mathématique. Ils venaient de démontrer que la théorie était irréfutablement viable au sens quantique.

Cette fois, les physiciens furent attentifs. C'était le milieu des années 1980, et le climat au sein de la communauté des physiciens s'était considérablement assombri. Beaucoup des propriétés principales des trois forces non gravitationnelles avaient été élaborées théoriquement et confirmées expérimentalement. Bien que certains détails importants soient restés sans solution — et c'est toujours le cas pour certains d'entre eux —, la communauté était prête à affronter le prochain problème sur la liste : celui de l'union de la relativité générale et de la mécanique quantique. C'est alors que, sortant d'un petit coin méconnu de la physique théorique, Green et Schwarz firent irruption sur la scène, avec une proposition claire, mathématiquement cohérente et, en outre, agréable du point de vue esthétique. Quasiment du jour au lendemain, le nombre de chercheurs travaillant sur la théorie des cordes passa de deux à plus d'un millier. La première révolution des cordes venait d'éclater.

La première révolution

J'ai commencé ma thèse à l'université d'Oxford à l'automne 1984, et je me souviens qu'en quelques mois les couloirs se sont mis à bourdonner d'une rumeur au sujet d'une révolution en physique. L'Internet n'était pas aussi répandu qu'aujourd'hui, aussi le bouche à oreille était-il la voie principale pour la circulation rapide des informations, et l'on entendait chaque jour parler d'une nouvelle découverte majeure. Les chercheurs d'ici et d'ailleurs racontent tous que l'atmosphère était chargée comme elle ne l'avait plus été depuis les premières découvertes en mécanique quantique, et l'on pensait sérieusement vivre les derniers jours de la physique théorique.

La théorie des cordes était une nouveauté pour la majorité des chercheurs, si bien qu'à cette époque ses détails n'étaient pas forcément connus de tous. Nous étions particulièrement bien lotis à Oxford : Michael Green, lors d'une visite récente, avait fait un séminaire sur la théorie des cordes, et la majorité d'entre nous avait pu se familiariser avec ses idées fondamentales et ses principales affirmations. Et celles-ci étaient impressionnantes. Voici, en résumé, ce que la théorie promettait.

Prenons un petit échantillon de matière — un cube de glace, un petit caillou, un morceau de fer — et imaginons qu'on le coupe en deux, puis que l'on coupe en deux chaque moitié, et ainsi de suite ; imaginons donc que l'on coupe cet échantillon en morceaux de plus en plus petits. Deux mille cinq cents ans plut tôt, les Grecs s'étaient posé la question de déterminer le composant ultime, indivisible, qui serait le produit final d'une telle procédure. De nos jours, nous savons tous que, tôt ou tard, nous en arriverions aux atomes, mais que ceux-ci ne répondent pas à la question des Grecs car ils peuvent être scindés en constituants plus petits encore. Les atomes sont divisibles. Nous avons appris qu'ils sont constitués d'électrons en orbite autour d'un noyau central, lui-même composé de particules plus petites — protons et neutrons. Et, vers la fin des années 1960, les expériences menées à l'accélérateur linéaire de Stanford ont révélé que même les protons et les neutrons procédaient de constituants plus élémentaires : chaque proton et chaque neutron est composé de trois particules appelées quarks, comme nous l'avons vu au chapitre 9 et comme l'illustre la figure 12.3a.

La théorie conventionnelle, confirmée par des expériences dernier cri, envisage les électrons et les quarks comme des particules ponctuelles, dénuées de toute extension spatiale. Ainsi, avec cette vision des choses, ceux-ci constituent donc la dernière étape — la dernière des poupées gigognes que renferme la nature au niveau le plus microscopique de la matière. C'est ici que la théorie des cordes fait son entrée. Elle défie la vision conventionnelle en proposant que les électrons et les quarks ne soient pas des particules ponctuelles. Si l'on en croit la théorie des cordes, le modèle conventionnel qui assimile les particules à des points est une approximation d'une description plus précise dans laquelle chaque particule est en fait un petit filament d'énergie vibrant, appelé « corde », comme l'illustre la figure 12.3b. Ces brins d'énergie en vibration sont considérés comme n'ayant aucune épaisseur, seulement une longueur, et les cordes sont donc des entités unidimensionnelles. Toutefois, les cordes étant si petites (10^{-33} centimètre, quelques centaines de milliards de milliards de fois plus petites qu'un noyau atomique), elles ressemblent à des points lorsqu'on

(a) (b)

Figure 12.3 (a) Pour la théorie conventionnelle, les constituants élémentaires de la matière sont les électrons et les quarks. (b) La théorie des cordes propose que chaque particule soit en fait une corde vibrante.

les observe même grâce aux plus perfectionnés de nos accélérateurs de particules.

Notre compréhension de la théorie des cordes étant loin d'être complète, personne ne sait avec certitude si l'histoire se termine ici — si les cordes, en supposant que la théorie soit correcte, sont bel et bien la dernière poupée russe ou si elles-mêmes sont constituées d'ingrédients plus petits encore. Nous reviendrons à cette question par la suite, mais suivons pour l'instant l'évolution historique de la théorie et imaginons que les cordes marquent bel et bien la fin du voyage ; imaginons les cordes comme les ingrédients les plus élémentaires de la nature.

Théorie des cordes et unification

Voilà en résumé ce qu'est la théorie des cordes. Mais, pour vous transmettre toute l'importance de cette nouvelle vision des choses, il me faut décrire la physique des particules plus avant. Durant les cent dernières années, les physiciens ont écrasé, décortiqué et pulvérisé la matière, à la recherche des constituants les plus élémentaires de l'Univers. Et ils ont effectivement découvert que, dans presque tout ce que quiconque a jamais rencontré, les ingrédients fondamentaux sont les électrons et les quarks que nous venons de mentionner — plus précisément, comme nous l'avons vu au chapitre 9, il s'agit des électrons et de deux types de quarks, les quarks *u* et *d*, qui se distinguent par leur masse et leur charge électrique différentes. Mais les expériences ont aussi révélé que l'Univers possédait d'autres espèces de particules, plus exotiques, que l'on ne trouve pas dans la matière ordinaire. Outre les quarks *u* et *d*, les expérimentateurs ont identifié quatre autres types de quarks (les quarks dits charmés — ou quarks *c* —, étranges — quarks *s* —, *bottom* — quarks *b* —, et *top* — quarks *t*) plus deux autres espèces de particules qui ressemblent beaucoup à l'électron, à ceci près qu'elles sont plus lourdes (les « muons » et les « taus »). Tout porte à croire que ces particules étaient très nombreuses juste après le big bang, mais, aujourd'hui, elles ne sont produites que comme des débris éphémères de collisions à haute énergie entre les particules qui nous sont familières. Enfin, les physiciens des particules ont également découvert trois types de particules fantomatiques, appelées « neutrinos » (le neutrino de l'électron, celui du muon et celui du tau), qui peuvent traverser une épaisseur de plomb de plusieurs milliers de milliards de kilomètres aussi facilement que nous nous déplaçons dans l'air. Toutes ces particules — l'électron et ses cousins plus massifs, les six quarks et les trois neutrinos — représentent la réponse des physiciens modernes à l'antique question des briques élémentaires de la matière[11].

La longue liste des différentes espèces de particules peut être organisée en trois « familles » ou « générations » de particules, comme le montre le tableau 12.1. Chaque famille comprend deux quarks, un neutrino et l'une des particules apparentées à l'électron ; la seule différence entre les particules correspondantes dans chaque famille est que leur masse augmente d'une génération à la suivante. Cette répartition en familles traduit très certainement une organisation sous-jacente, mais une telle pléthore de particules peut facilement faire tourner la tête (voire assommer complètement). Mais tenez bon, car l'un des plus beaux aspects de la théorie des cordes est qu'elle fournit un moyen de dompter cette complexité apparente.

FAMILLE 1		FAMILLE 2		FAMILLE 3	
Particule	*Masse*	*Particule*	*Masse*	*Particule*	*Masse*
électron	0,00054	muon	0,11	tau	1,9
neutrino de l'électron	$< 10^{-9}$	neutrino du muon	$< 10^{-4}$	neutrino du tau	$< 10^{-3}$
quark *u*	0,0047	quark *c*	1,6	quark *t*	189
quark *d*	0,0074	quark *s*	0,16	quark *b*	5,2

Tableau 12.1 Les trois familles de particules fondamentales et leurs masses (données comme multiples de celle du proton). Nous savons aujourd'hui que les neutrinos ont des masses non nulles, mais leurs valeurs exactes n'ont pas encore pu être déterminées expérimentalement.

Si l'on en croit la théorie des cordes, il n'y aurait qu'*un seul* ingrédient fondamental — la corde —, et toute cette diversité de particules ne serait que le reflet de ses différents modes de vibration. C'est un peu ce qui se passe avec les cordes plus familières d'un violon ou d'un violoncelle. Leurs cordes peuvent vibrer de multiples manières différentes, et l'on entend chaque mode vibratoire comme une note différente. De cette façon, une corde de violoncelle peut produire toute une gamme de sons différents. Mais, plutôt qu'à des notes musicales différentes, *les différents modes de vibration correspondent, en théorie des cordes, à des particules différentes*. L'idée-clé est que le détail du mode de vibration exécuté par une corde donnée produit une certaine masse, une certaine charge électrique, un certain spin, et ainsi de suite — c'est-à-dire une liste précise de propriétés qui permettent de distinguer un type de particule d'un autre. Une corde vibrant selon un mode donné pourra avoir les propriétés d'un électron ;

une autre corde, exécutant un autre mode vibratoire, pourra conduire aux propriétés d'un quark *u*, d'un quark *d* ou de n'importe quelle autre particule apparaissant dans le tableau 12.1. Ce n'est pas qu'une « corde électron » correspond à l'électron, ou qu'une « corde quark *u* » correspond au quark *u*, etc. En fait, *une seule* espèce de corde peut rendre compte d'une énorme diversité de particules parce que la corde a accès à une grande variété de modes de vibration.

Comme nous le voyons, cela pourrait représenter un pas de géant vers l'unification. Si la théorie des cordes est correcte, la liste des particules du tableau 12.1, qui fait tant tourner la tête, représenterait le répertoire des vibrations d'un seul élément fondamental. En termes imagés, nous dirions que les différentes notes que peut produire cette unique espèce de corde pourraient rendre compte de toutes les particules que nous avons détectées jusqu'à présent. Au niveau ultramicroscopique, la matière de l'Univers procéderait d'une symphonie de cordes vibrantes.

Voilà un modèle délicieusement élégant pour expliquer les particules du tableau 12. 1, et la théorie des cordes va plus loin encore. Au chapitre 9, et dans ce qui précède, nous avons vu qu'au niveau quantique les interactions fondamentales sont véhiculées par d'autres particules : les particules messagères regroupées dans le tableau 12.2. La théorie des cordes rend compte des particules messagères comme elle rend compte des particules matérielles. Plus précisément, chaque particule messagère est une corde qui vibre selon un mode particulier. Un photon est une corde vibrant d'une certaine manière, une particule W est cette même corde vibrant d'une autre manière, un gluon est toujours cette même corde, mais qui vibre encore différemment. Et le plus important c'est ce qu'avaient montré Schwarz et Scherk en 1974, c'est-à-dire qu'il existe un mode de vibration des cordes qui a les propriétés du graviton, si bien que la force gravitationnelle est naturellement incluse dans la théorie des cordes, qui est par ailleurs une théorie quantique. Ainsi, non seulement les particules de matière proviendraient-elles de cordes vibrantes, mais ce serait également le cas pour les particules messagères des interactions — gravité incluse.

FORCE	PARTICULE MESSAGÈRE	MASSE
forte	gluon	0
électromagnétique	photon	0
faible	W ; Z	86 ; 97
gravitation	graviton	0

Tableau 12.2 Les quatre forces de la nature, ainsi que leurs particules messagères et les masses de ces particules, données comme multiples de celle du proton. N.B. Il existe en fait deux particules W (l'une de charge électrique + 1, l'autre de charge électrique – 1) ayant toutes deux la même masse. Pour simplifier, nous ferons abstraction de ce détail et parlerons simplement de l'une ou de l'autre comme d'une particule W.

Ainsi, outre qu'elle promet une union harmonieuse de la gravité et de la mécanique quantique, la théorie des cordes révèle une capacité à décrire de manière unifiée toute la matière et toutes les interactions. C'est cette affirmation qui a fait tomber de leurs chaises bon nombre de physiciens au milieu des années 1980 ; le temps de se relever et de s'épousseter, beaucoup furent conquis.

Pourquoi la théorie des cordes fonctionne-t-elle ?

Avant le développement de la théorie des cordes, la voie du progrès scientifique était jonchée de nombreuses tentatives pour réconcilier la gravitation et la mécanique quantique. Alors qu'y a-t-il de si spécial dans la théorie des cordes qui lui a permis d'aller aussi loin ? Nous avons raconté comment Schwarz et Scherk se sont rendu compte, à leur plus grande surprise, que l'un des modes de vibration des cordes avait précisément les propriétés du graviton, et comment ils en ont conclu que la théorie des cordes offrait donc un cadre tout prêt pour unir les deux théories. Historiquement, ce fut effectivement cela le côté prometteur de la théorie des cordes, mais, pour expliquer que ses propositions réussissent là où toutes les tentatives avaient échoué, nous sommes toujours le bec dans l'eau... La figure 12.2 résume le conflit qui oppose la relativité générale et la mécanique quantique — aux échelles de distances (et de temps) ultracourtes, l'effervescence due à l'incertitude quantique devient si violente qu'elle détruit le modèle géométrique de l'espace-temps qu'établit la relativité générale —, et la question est donc : comment la théorie des cordes résout-elle le problème ? Comment apaise-t-elle les tumultueuses fluctuations de l'espace-temps aux distances ultramicroscopiques ?

La principale nouveauté de la théorie des cordes est que ses ingrédients élémentaires ne sont pas des particules ponctuelles — un simple point, sans épaisseur — mais plutôt un objet ayant une extension spatiale. Cette différence est la clé du succès de la théorie des cordes à réconcilier mécanique quantique et gravitation.

L'agitation effrénée représentée sur la figure 12.2 découle de l'application du principe d'incertitude au champ gravitationnel ; aux échelles de distances de plus en plus courtes, le principe d'incertitude implique que les fluctuations du champ gravitationnel deviennent de plus en plus importantes. Sur des distances aussi petites, nous devrions toutefois décrire le champ gravitationnel à l'aide de ses constituants élémentaires, les gravitons, de même qu'aux distances de l'ordre de la taille des molécules nous devons décrire l'eau dans un verre par les molécules d'H_2O. Dans ces termes, les fluctuations effrénées du champ gravitationnel sont à imaginer comme un nombre considérable de gravitons fusant de-ci, de-là et en tous sens, un peu comme des grains de sable et de poussière emportés par une violente tempête. Or, si les gravitons étaient des particules ponctuelles (telles qu'on les envisageait dans toutes les tentatives précédentes de quantification de la gravitation), la figure 12.2 refléterait correctement leur comportement collectif : à plus courte distance, agitation plus importante. Mais la théorie des cordes propose une autre conclusion.

Dans la théorie des cordes, chaque graviton est une corde vibrante — et non un point, puisqu'elle est à peu près longue de 10^{-33} centimètre (la longueur de Planck)[12]. Or, les gravitons étant les constituants les plus petits, les plus élémentaires du champ gravitationnel, quel sens y a-t-il à parler du comportement du champ gravitationnel en deçà de la longueur de Planck ? Tout comme la résolution d'un écran de télévision est limitée par la taille de chaque pixel, dans la théorie des cordes, la résolution du champ gravitationnel est limitée par la taille des gravitons. Ainsi, l'extension spatiale non nulle des gravitons (et de tout le reste) pose une limite, aux alentours de la longueur de Planck, à la finesse que peut atteindre la résolution du champ gravitationnel.

C'est là une découverte essentielle. Les fluctuations quantiques incontrôlables illustrées sur la figure 12.2 ne se manifestent que si l'on considère l'incertitude quantique à des distances arbitrairement courtes — inférieures à la longueur de Planck. Or, dans toute théorie de particules ponctuelles, c'est-à-dire sans extension spatiale, de telles applications du principe d'incertitude sont monnaie courante et, comme nous le voyons sur la figure, conduisent à un véritable déchaînement, dépassant complètement la portée de la relativité générale d'Einstein. Toutefois, une théorie de cordes est munie d'un système de protection intégré. Les cordes étant les ingrédients les plus petits, notre voyage au cœur du monde ultramicroscopique touche à sa fin lorsque l'on atteint la longueur de Planck — la taille des cordes elles-mêmes. Sur la figure 12.2, l'échelle de Planck est représentée au deuxième niveau en partant du haut. Comme nous le voyons, à cette échelle, il y a toujours des ondulations de l'espace-temps car le champ gravitationnel est encore soumis à l'agitation quantique. Mais cette agitation est suffisamment modérée pour que soit évité tout conflit majeur avec la mécanique quantique. Les mathématiques précises sous-jacentes à la relativité générale doivent être modifiées pour inclure ces ondulations quantiques, mais cela est possible à faire, et les maths qui en découlent restent sensées.

Ainsi, en posant une limite à la plus courte distance que l'on peut atteindre, la théorie des cordes limite l'ampleur des fluctuations du champ gravitationnel — et cette limite est précisément placée au bon endroit pour éviter l'affrontement catastrophique entre relativité générale et mécanique quantique.

De cette manière, la théorie des cordes apaise l'antagonisme entre ces deux théories et parvient, pour la première fois, à les réunir.

L'étoffe cosmique au royaume ultramicroscopique

Que signifie tout cela pour la nature ultramicroscopique de l'espace et de l'espace-temps ? Une chose est sûre, cela défie forcément la notion conventionnelle selon laquelle la structure de l'espace et du temps serait continue — c'est-à-dire que l'on peut toujours diviser encore et encore une distance ou une durée en unités de plus en plus petites, sans jamais rencontrer de limite. En fait, une fois arrivé à la longueur de Planck (la taille de la corde) ou au temps de Planck (le temps qu'il faudrait à la lumière pour parcourir la longueur de la corde), si l'on tentait de scinder l'espace et le temps en parties plus petites, nous découvririons que c'est impossible. Le concept de « plus petit » n'a plus de sens dès lors que l'on atteint la taille du *plus petit* ingrédient de l'Univers. Pour les particules ponctuelles, cela ne pose aucune limite, mais ce n'est pas le cas pour les cordes, puisque celles-ci ont une certaine taille. Si la théorie des cordes se révèle correcte, les concepts habituels d'espace et de temps, la scène sur laquelle se déroule toute notre vie quotidienne, ne pourraient tout bonnement pas s'appliquer à des distances inférieures à l'échelle de Planck — l'échelle typique des cordes elles-mêmes.

Quant à savoir quels sont les concepts qui prennent le relais, eh bien, il n'y a pas encore de consensus. Une possibilité, compatible avec les explications ci-dessus concernant la réconciliation de la relativité générale et de la mécanique quantique par la théorie des cordes, serait que la structure de l'espace à l'échelle de Planck ressemble à un réseau, ou à un quadrillage, l'« espace » libre contenu entre les lignes du réseau résidant hors des frontières de la réalité physique. Tout comme une fourmi minuscule qui se déplacerait sur un morceau d'étoffe ordinaire aurait à sauter de fil en fil, peut-être le mouvement dans l'espace, aux échelles ultramicroscopiques, nécessite-t-il des sauts discrets d'un « brin » d'espace au suivant. Le temps pourrait, lui aussi, avoir une structure discrète, les différents instants étant serrés les uns contre les autres sans pour autant se fondre en un continuum uniforme. Avec ce point de vue, les concepts d'intervalles de temps et d'espace de plus en plus petits n'auraient plus cours que jusqu'à l'échelle de Planck. De même qu'il n'existe pas de fraction d'euro de valeur inférieure à un centime, si l'espace-temps ultramicroscopique doit être discret, alors il n'existe pas de distance plus courte que la longueur de Planck ni de durée plus courte que le temps de Planck.

Une autre éventualité est que l'espace et le temps ne perdent pas brusquement tout leur sens à ces échelles extrêmement petites, mais qu'ils se transforment graduellement en d'autres concepts plus fondamentaux. Les rétrécir en deçà de l'échelle de Planck ne reviendrait plus à se heurter à un réseau fondamental, mais transformerait l'espace et le temps en des notions pour lesquelles « rétrécir plus » serait aussi dénué de sens que la question de savoir si le chiffre 9 est heureux ou pas. Autrement dit, l'espace et le temps macroscopiques qui nous sont familiers se transformant en leurs homologues ultramicroscopiques encore inconnus, nous pouvons supposer que beaucoup de leurs propriétés habituelles — comme les longueurs ou les durées — n'aient plus aucune pertinence ni aucun sens. Le fait d'analyser la température et la viscosité de l'eau — concepts qui s'appliquent aux propriétés macroscopiques d'un fluide — a certes un sens, mais plus à l'échelle des molécules d'H_2O. De la même manière, si l'on peut diviser des régions de l'espace et des intervalles de temps en fractions de plus en plus petites aux échelles qui nous sont quotidiennes, lorsqu'on franchit l'échelle de Planck, espace et temps se transforment de telle sorte que ces réductions n'ont plus aucune signification.

Beaucoup de théoriciens des cordes, y compris moi, soupçonnent qu'il doit y avoir quelque chose de ce genre. Mais, pour aller plus loin, il nous faudrait comprendre les concepts plus fondamentaux en lesquels se transforment l'espace et le temps*. À ce jour, cette question est encore ouverte, mais la recherche de pointe (qui fait l'objet du dernier chapitre) a quelques propositions à soumettre, dont les conséquences auraient une portée considérable.

Dans les moindres détails

Avec la description que j'en ai donnée jusqu'ici, il peut sembler inconcevable que tout physicien résiste à l'appel de la théorie des cordes. Voici enfin une théorie qui promet de réaliser le rêve d'Einstein...

* Je signale ici que les partisans d'une autre approche pour quantifier la gravitation, appelée « gravité quantique en boucles » et présentée brièvement au chapitre 16, adoptent un point de vue assez proche de notre première hypothèse — c'est-à-dire que l'espace-temps pourrait avoir une structure discrète aux échelles les plus courtes.

et plus encore ; une théorie susceptible d'apaiser la querelle qui oppose la relativité générale et la mécanique quantique ; une théorie capable d'unifier toutes les particules de matière et d'interaction en les décrivant toutes à partir de cordes vibrantes ; une théorie qui propose un royaume ultramicroscopique dans lequel l'espace et le temps tels qu'on les connaît auraient le charme désuet d'un téléphone à cadran rotatif ; bref, une théorie qui promet de porter notre compréhension de l'Univers à un tout autre niveau. Mais gardons toutefois à l'esprit que personne n'a jamais vu de corde et, outre les idées non conformistes présentées au prochain chapitre, il y a de grandes chances pour que personne n'en voie jamais, même si la théorie des cordes est correcte. Les cordes sont si minuscules qu'une observation directe reviendrait à tenter de lire le texte imprimé sur cette page depuis une distance de cent années-lumière : il faudrait une résolution près d'un milliard de milliards de fois supérieure à celle de notre technologie actuelle. Certains scientifiques vitupèrent en affirmant qu'une théorie aussi éloignée de toute possibilité de vérification empirique est du ressort de la philosophie ou de la théologie, mais certainement pas de celui de la physique.

Je considère ce point de vue peu perspicace et pour le moins prématuré. Certes, nos technologies ne nous permettront peut-être jamais de voir les cordes directement, mais l'histoire des sciences regorge de théories qui ont été testées expérimentalement de manière indirecte[13]. La théorie des cordes n'est pas modeste. Elle a de grands projets et fait de grandes promesses. Et c'est cela qui est si intéressant et si excitant, parce qu'une théorie qui se prétend *la* théorie de notre Univers ne peut se contenter de décrire le monde réel dans les grandes lignes que nous avons présentées jusqu'ici ; elle doit le faire dans les moindres détails. Comme nous nous apprêtons à le voir, c'est en eux que l'on peut espérer trouver les tests potentiels.

Durant les années 1960 et 1970, les physiciens des particules firent de grands progrès dans leur compréhension de la structure quantique de la matière et des forces non gravitationnelles qui régissent son comportement. Leurs résultats expérimentaux et leurs idées théoriques les menèrent finalement à ce que l'on appelle le « modèle standard » de la physique des particules, théorie quantique des particules matérielles du tableau 12.1 et des particules d'interaction du tableau 12.2 (à l'exception du graviton, puisque le modèle standard n'inclut pas la gravitation, mais avec, en plus, la particule de Higgs, qui ne figure pas dans les tableaux ci-dessus), toutes les particules étant considérées comme ponctuelles. Le modèle standard est capable d'expliquer à peu près toutes les données produites dans nos accélérateurs de particules de par le monde et, au fil des années, ses inventeurs se sont vus, à juste titre, récompensés par les plus grands honneurs. Malgré cela, le modèle standard a des limitations importantes. Nous avons déjà expliqué comment ce dernier, ainsi que toutes les autres tentatives avant la théorie des cordes, a échoué à réconcilier gravitation et mécanique quantique. Mais il a d'autres inconvénients.

Le modèle standard n'explique pas *pourquoi* les forces sont transmises par la liste précise des particules figurant au tableau 12.2, ni *pourquoi* la matière est composée de la liste précise des particules du tableau 12.1. Pourquoi existe-t-il trois familles de particules matérielles et pourquoi chaque famille contient-elle les particules qui la composent ? Pourquoi pas deux familles, voire même une seule ? Pourquoi l'électron a-t-il une charge électrique trois fois supérieure à celle du quark *d* ? Pourquoi la masse du muon vaut-elle 23,4 fois celle du quark *u*, et pourquoi le quark *t* a-t-il une masse trois cent cinquante mille fois supérieure à celle de l'électron ? Pourquoi l'Univers est-il construit sur la base de ces nombres apparemment aléatoires ? Le modèle standard prend les particules des tableaux 12.1 et 12.2 (toujours à l'exception du graviton) comme des *données d'entrée*, puis fait alors des prédictions d'une précision extraordinaire sur la manière dont ces particules interagissent et s'influencent mutuellement. Mais le modèle standard ne peut expliquer ses données d'entrée — les particules et leurs propriétés —, pas plus qu'une calculette ne peut expliquer les nombres entrés lors de sa dernière utilisation.

S'interroger sur les propriétés de ces particules n'est pas une simple question académique permettant de comprendre pourquoi tel ou tel détail ésotérique a eu lieu de telle ou telle manière. Durant le siècle passé, les scientifiques ont compris que l'Univers possédait les propriétés familières dont on fait l'expérience au quotidien, uniquement parce que les particules des tableaux 12.1 et 12.2 ont précisément les propriétés qui sont les leurs. Même des changements minimes de la masse ou de la charge électrique de certaines particules pourraient, par exemple, les rendre incapables d'intervenir dans les réactions nucléaires qui alimentent le cœur des étoiles. Or, sans étoiles, l'Univers serait drôlement différent. Aussi, les détails des propriétés des particules élémentaires sont intimement liés à ce que beaucoup considèrent comme étant la question la plus profonde de toute la science : *pourquoi les particules élémentaires ont-elles précisément les propriétés requises pour que les réactions nucléaires puissent avoir lieu, pour que les étoiles puissent briller et les planètes se former autour d'elles, et pour que, sur l'une au moins de ces planètes, la vie ait pu exister?*

Le modèle standard n'offre aucune piste pour répondre à cette question puisque les propriétés des particules font partie de ses indispensables données d'entrée. La théorie ne pourra pas se mettre en branle et sortir des résultats tant qu'on ne lui aura pas précisé les propriétés des particules. La théorie des cordes fonctionne différemment. Selon cette théorie, les propriétés des particules sont *déterminées* par les modes de vibration des cordes et c'est pourquoi cette théorie nous fait miroiter la promesse d'en avoir une explication.

Les propriétés des particules dans la théorie des cordes

Pour comprendre le nouveau cadre explicatif que représente la théorie des cordes, nous devons nous faire une idée plus précise de la manière dont les vibrations des cordes produisent les propriétés des particules. Considérons donc la plus simple de ces propriétés : la masse.

Nous savons, grâce à la formule $E = mc^2$, que masse et énergie sont interchangeables ; à l'instar des euros et des dollars, ce sont des devises convertibles (mais, contrairement aux cours des devises monétaires, celles-ci ont un taux de change fixe, donné par le carré de la vitesse de la lumière, c^2). Notre survie dépend de cette équation découverte par Einstein, car la chaleur et la lumière du Soleil, sources de vie, procèdent de la conversion en énergie de 4,3 millions de tonnes de matière par seconde ;

un jour ou l'autre, des réacteurs nucléaires sur Terre pourront imiter le Soleil, exploitant en toute sécurité l'équation d'Einstein pour fournir à l'humanité des ressources énergétiques quasi illimitées.

Dans ces exemples, la masse produit de l'énergie. Mais l'équation d'Einstein fonctionne tout aussi bien dans le sens inverse — celui dans lequel c'est l'énergie qui produit la masse — et c'est dans ce sens que la théorie des cordes utilise l'équation d'Einstein. La *masse* d'une particule n'est autre, en théorie des cordes, que l'*énergie* de sa corde en vibration. Par exemple, pour expliquer le fait qu'une particule soit plus massive qu'une autre, la théorie des cordes propose que la corde constitutive de la particule la plus massive vibre plus vite et plus frénétiquement que celle constituant la particule la moins massive. Des vibrations plus rapides et plus virulentes signifient plus d'énergie, et une énergie plus élevée se traduit, via l'équation d'Einstein, en une masse plus élevée. À l'inverse, une particule plus légère correspond à une corde qui vibre plus lentement et moins frénétiquement ; une particule dénuée de masse comme le photon ou le graviton correspond à une corde exécutant le mode de vibration le plus calme et le plus doux possible*[14].

D'autres propriétés des particules, comme leur charge électrique ou leur spin, sont encodées de manière plus subtile dans les vibrations des cordes. Par comparaison à la masse, ces propriétés sont plus difficiles à décrire sans avoir recours aux mathématiques, mais elles découlent de la même idée de base : le mode de vibration est l'empreinte digitale de la particule ; toutes les propriétés que l'on utilise

* Le rapport avec la masse provenant de l'océan de Higgs sera abordé plus loin dans ce chapitre.

pour distinguer une particule d'une autre sont déterminées par le mode de vibration des cordes pour les particules considérées.

Au début des années 1970, lorsque les physiciens analysèrent les modes de vibration dans le cadre de la première interprétation de la théorie des cordes — la « théorie des cordes bosoniques », comme on l'appelle — pour déterminer quelles propriétés des particules pouvaient être prédites par la théorie, ils tombèrent sur un os. Tous les modes vibratoires de cette théorie bosonique avaient un spin entier : spin 0, spin 1, spin 2, etc. Or c'était problématique car, si les particules d'interaction ont toutes un spin entier, ce n'est pas le cas des particules de matière (comme les électrons ou les quarks). Leur spin est fractionnaire, il vaut 1/2. En 1971, Pierre Ramond, de l'université de Floride, parvint à résoudre ce problème ; en gros, il trouva le moyen de modifier les équations de la théorie des cordes bosoniques pour inclure également des modes de vibration demi-entiers.

En fait, un examen plus attentif par Ramond, certains résultats obtenus par Schwarz et son collaborateur André Neveu ainsi que les travaux ultérieurs de Ferdinando Giozzi, Joël Scherk et David Olive ont révélé un équilibre parfait — une nouvelle symétrie — entre les modes de vibration des différents spins de cette nouvelle version de la théorie des cordes. Ces chercheurs ont découvert que les nouveaux modes vibratoires s'organisaient par paires, avec des valeurs du spin différant d'une demi-unité. À tout mode vibratoire de spin 1/2 est associé un mode de spin 0 ; à tout mode de vibration de spin 1 est associé un mode de spin 1/2, et ainsi de suite. La relation entre les valeurs entières et demi-entières des spins fut baptisée « supersymétrie » et, avec ces résultats, la « théorie des cordes supersymétriques » ou « théorie des supercordes » était née. Lorsque, près de dix ans plus tard, Schwarz et Green ont montré que les anomalies potentielles qui menaçaient la théorie des cordes s'annulaient toutes entre elles, ils travaillaient en fait sur la théorie des cordes supersymétriques. Aussi la révolution qu'initia leur article de 1984 devrait-elle plutôt s'appeler la première révolution des *super*cordes. (Dans la suite, nous parlerons souvent de « cordes » et de la « théorie des cordes », mais il ne faut y voir qu'une manière abrégée de parler des supercordes et de la théorie des supercordes, puisque ce sont toujours à elles que nous nous référerons.)

En gardant cela à l'esprit, nous pouvons maintenant voir dans quelle mesure ces quelques propriétés de la théorie des cordes pourraient lui permettre d'expliquer l'Univers en détail. Pour commencer, parmi les modes de vibration des cordes, certains doivent avoir des propriétés correspondant à celles des particules connues. La théorie a bien des modes de spin 1/2, mais ceux-ci doivent correspondre *précisément* aux particules matérielles que l'on connaît (tableau 12.1). La théorie possède des modes vibratoires de spin 1, mais elle doit en contenir qui correspondent *exactement* aux particules messagères que l'on connaît (tableau 12.2). Finalement, si nos expériences finissent par mettre en évidence des particules de spin 0 comme celles prédites pour le champ de Higgs, alors la théorie des cordes doit produire des modes de vibration qui correspondent *précisément* aux propriétés de ces particules. En résumé, pour que la théorie des cordes soit viable, ses modes de vibration doivent donner et expliquer les particules du modèle standard.

Et c'est là la plus grande opportunité pour la théorie des cordes. Si celle-ci est avérée, alors c'est qu'il existe bel et bien une explication aux propriétés mesurées des particules, laquelle est à trouver dans les modes de vibration accessibles aux cordes. Si les propriétés de ces modes vibratoires correspondent effectivement aux propriétés des particules des tableaux 12.1 et 12.2, alors je pense que cela devrait convaincre même les plus sceptiques que la théorie des cordes est correcte, indépendamment de la question de savoir si quiconque aura un jour la possibilité de voir directement la structure étendue de la corde ou pas. Outre le fait qu'elle s'imposerait alors elle-même comme la théorie unifiée tant attendue, avec une telle correspondance entre les données théoriques et expérimentales, la théorie des cordes pourrait fournir la première explication fondamentale à la question : « Pourquoi l'Univers est-il tel qu'il est ? »

Alors... comment la théorie des cordes s'en sort-elle avec ce premier test ?

Trop de vibrations

Eh bien, à première vue, la théorie n'y survit pas. Pour commencer, les différents modes de vibration des cordes sont en nombre infini, les premiers de cette série interminable étant illustrés schématiquement sur la figure 12.4. Cependant, les tableaux 12.1 et 12.2 dressent une liste finie pour les particules, si bien qu'au premier coup d'œil il semblerait qu'il y ait un décalage de taille entre la théorie des cordes et le monde physique. En outre, lorsqu'on analyse mathématiquement les énergies possibles — et donc les masses — de ces modes de vibration, on arrive à une autre dissonance entre théorie et observation : les masses des modes de vibration autorisés pour les

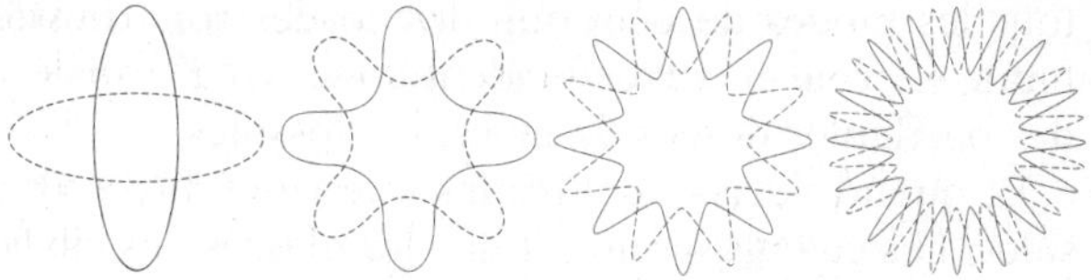

Figure 12.4 Exemples des tout premiers modes de vibration des cordes.

cordes ne ressemblent en rien aux masses mesurées expérimentalement pour les particules et reportées dans les tableaux 12.1 et 12.2. Et il n'est pas difficile de voir pourquoi.

Depuis l'aube de la théorie des cordes, les chercheurs ont compris que la tension de la corde est inversement proportionnelle à sa longueur (au carré de sa longueur, pour être précis) : les cordes longues sont souples, mais, plus elles sont courtes, plus elles deviennent rigides. En 1974, lorsque Schwarz et Scherk ont proposé de réduire la taille de la corde afin qu'elle puisse décrire la force gravitationnelle avec l'intensité requise, ils ont ainsi augmenté la tension de la corde — à tel point qu'elle atteint près d'un millier de milliards de milliards de milliards de milliards de tonnes (10^{39}), soit 100000000000000000000000000000000000000000 (10^{41}) fois la tension d'une corde de piano ordinaire. Or si l'on essaie, par la pensée, de courber ces minuscules cordes raides pour former l'un ou l'autre des modes vibratoires illustrés à la figure 12.4, on comprend que plus il y a de crêtes et de creux, plus il faudra dépenser d'énergie pour y parvenir. Et inversement, lorsqu'une corde vibre selon un mode compliqué, elle représente une énorme quantité d'énergie. Ainsi, à l'exception des tout premiers, tous les modes de vibration des cordes sont de très haute énergie et correspondent donc, via $E = mc^2$, à des particules dotées de masses colossales.

Et quand j'écris « colossales », je veux dire colossales. Les calculs montrent que les masses des vibrations de cordes suivent une série semblable aux harmoniques musicales : toutes sont des multiples d'une masse fondamentale, en l'occurrence la masse de Planck, un peu comme les harmoniques sont des multiples entiers de la fréquence fondamentale. Comparée aux ordres de grandeur typiques de la physique des particules, la masse de Planck est effectivement colossale — elle vaut quelque dix milliards de milliards de fois (10^{19}) la masse du proton, soit à peu près la masse d'un grain de poussière ou d'une bactérie. Ainsi, les masses des différents modes de vibration des cordes valent-elles 0 fois, 1 fois, 2 fois, 3 fois la masse de Planck et ainsi de suite, ce qui montre que celles-ci sont toutes gargantuesques, à l'exception du mode de masse nulle[15].

Comme nous le voyons, certaines des particules des tableaux 12.1 et 12.2 sont effectivement dénuées de masse, mais la plupart ne le sont pas. Et les masses non nulles qui apparaissent dans ces tableaux sont aussi loin de la masse de Planck que le sultan du Brunei de demander un prêt à la consommation. Aussi voit-on clairement que les masses des particules connues ne correspondent pas à celles qui proviennent de la théorie des cordes. Cela signifie-t-il que la théorie des cordes est à éliminer ? On pourrait le croire, mais ça n'est pourtant pas le cas. Cette liste interminable de modes de vibration dont les masses s'éloignent de plus en plus de celles des particules connues est un défi que la théorie doit surmonter. Des années de recherche ont révélé quelques stratégies prometteuses pour y parvenir.

Pour commencer, notons que les expériences effectuées sur les particules connues nous enseignent que les plus lourdes tendent à être instables ; typiquement, les particules lourdes se désintègrent rapidement en une pluie de particules de masse plus faible, donnant en fin de compte les particules les plus légères et les plus familières des tableaux 12.1 et 12.2 (par exemple, le quark *t* se désintègre en 10^{-24} seconde). Nous nous attendons à ce que cela soit vrai également pour les modes de vibration « superlourds » des cordes, ce qui expliquerait pourquoi, même s'ils ont pu être produits en abondance à l'époque de l'Univers primordial, très chaud, peu d'entre eux auraient survécu jusqu'à nos jours. Même si la théorie des cordes est correcte, notre seule chance de voir les vibrations superlourdes serait de les produire par des collisions d'extrêmement haute énergie dans nos accélérateurs. Toutefois, les accélérateurs actuels ne peuvent dépasser des énergies de l'ordre d'un millier de fois la masse du proton : ils sont donc loin de pouvoir exciter ne serait-ce que les premiers modes de vibration des cordes. Ainsi, la prédiction par la théorie des supercordes d'une tour de particules dotées de masses dont les plus faibles sont déjà des millions de milliards de fois supérieures à ce qui est accessible grâce à la technologie actuelle n'est-elle pas en contradiction avec les observations.

Voilà qui explique également que le contact entre la théorie des cordes et la physique des particules ne se fera que pour les modes de vibration de plus basse énergie — de masse nulle —, les autres dépassant de loin la portée de nos technologies actuelles. Mais qu'en est-il du fait que la majorité des particules des tableaux 12.1 et 12.2 ne sont pas dénuées de masse? C'est une question importante, mais pas aussi déstabilisante qu'on pourrait le croire. Puisque la masse de Planck est si colossale, même la plus massive de toutes les particules que l'on connaît, le quark *t*, ne correspond qu'à 0,00000000000000001 (environ 10^{-17}) fois la masse de Planck. Quant à l'électron, sa masse ne vaut que 0,00000000000000000000001 (10^{-23}) fois la masse de Planck. Donc, en première approximation — valable avec une précision meilleure que 1 pour 10^{17} —, toutes les particules des tableaux 12.1 et 12.2 ont bien des masses égales à zéro fois la masse de Planck (tout comme les économies de la plupart des gens correspondent, en première approximation, à zéro fois les richesses du sultan de Brunei), comme le «prédit» la théorie des cordes. Notre but est de parfaire cette approximation et de montrer que la théorie des cordes est capable d'expliquer les petites déviations à la valeur «zéro fois la masse de Planck» caractéristique des particules des tableaux 12.1 et 12.2. Mais les modes de vibration non massifs ne contredisent pas les données autant que l'on pouvait le croire au premier abord.

Voilà qui est encourageant, mais un examen minutieux révèle d'autres défis à résoudre. À l'aide des équations de la théorie des supercordes, les physiciens ont dressé la liste de tous les modes de vibration dénués de masse. L'un d'entre eux est le graviton, de spin 2, et c'est lui qui a fait que toute cette histoire a eu un tel succès; c'est lui qui garantit que la gravitation fait partie de cette théorie quantique des cordes. Mais les calculs montrent également qu'il existe *beaucoup* plus de modes non massifs de spin 1 que de particules dans le tableau 12.2, et *beaucoup* plus de modes non massifs de spin 1/2 que de particules dans le tableau 12.1. En outre, la liste des modes de vibration de spin 1/2 ne montre aucune trace de groupements répétitifs comme ceux de la structure en familles du tableau 12.1. Ainsi, en les regardant de plus près, il semble d'autant plus difficile de voir comment les modes de vibration des cordes pourraient correspondre aux particules connues.

Aussi, vers le milieu des années 1980, malgré toutes les raisons que l'on avait de s'emballer au sujet de la théorie des supercordes, il y avait aussi de bonnes raisons de douter. Il était indéniable que la théorie des cordes franchissait un pas considérable vers l'unification. Étant la première à proposer une manière cohérente de réunir la gravité et la mécanique quantique, elle était à la physique ce que les cent mètres de profondeur de Jacques Maillol furent en 1976 à la plongée en apnée : avec elle, l'impossible devenait possible. La théorie des cordes établissait avec certitude que l'on pouvait franchir la barrière apparemment impénétrable séparant les deux grands piliers de la physique du XXe siècle.

Et pourtant, en tentant d'aller plus loin et de montrer que la théorie des supercordes peut expliquer en détail les propriétés des particules matérielles et des interactions fondamentales, les physiciens ont rencontré bien des obstacles. Cela conduisit les plus sceptiques à affirmer que la théorie des cordes, malgré son potentiel si prometteur pour l'unification, n'était qu'un édifice mathématique sans rapport direct avec l'Univers physique.

Outre les problèmes présentés plus haut, pour les plus sceptiques, la tête de liste des défauts de la théorie des cordes était un aspect dont je n'ai pas encore parlé. La théorie des supercordes laisse effectivement présager une union de la gravitation et de la mécanique quantique dénuée de toutes les incohérences mathématiques qui entravaient nos précédentes tentatives. Toutefois, aussi étrange que cela puisse paraître, dans les premières années qui ont suivi sa découverte, les physiciens ont trouvé que ses équations n'avaient pas toutes ces propriétés alléchantes si les cordes évoluaient dans un univers à trois dimensions spatiales. En fait, les équations de la théorie des supercordes ne sont mathématiquement cohérentes que dans un univers ayant *neuf* dimensions spatiales ou, si l'on inclut la dimension temporelle, dans un univers à *dix* dimensions d'espace-temps.

Face à cette affirmation apparemment si étrange, la difficulté que l'on avait à faire correspondre les modes de vibration des cordes avec les particules connues devient franchement secondaire. La théorie des supercordes requiert l'existence de *six* dimensions d'espace que personne n'aurait jamais vues. Ça n'est pas un point de détail — c'est un *vrai* problème.

Vraiment ?

Certaines découvertes théoriques des premières décennies du XXe siècle, bien avant l'apparition de la théorie des cordes, suggéraient déjà que des dimensions supplémentaires ne seraient pas du tout un problème. Et, vers la fin du XXe siècle, les physiciens ont montré que ces dimensions supplémentaires pouvaient combler le fossé séparant les modes de vibration des cordes des particules élémentaires découvertes par l'expérience.

C'est l'une des avancées les plus séduisantes de la théorie des supercordes ; voyons comment elle opère.

L'unification en plus hautes dimensions

En 1919, Einstein reçut un article qu'il aurait pu aisément mettre sur le compte des élucubrations d'un esprit dérangé. Son auteur était un mathématicien allemand, peu connu à l'époque, du nom de Theodor Kaluza ; en quelques pages, celui-ci proposait une manière d'unifier les deux forces que l'on connaissait alors — la gravitation et l'électromagnétisme. Pour y parvenir, le point de départ de Kaluza était de remettre en question un aspect tellement élémentaire, qui semblait tellement évident, qu'on ne l'avait encore jamais remis en question. Il proposait que l'Univers n'ait pas trois dimensions d'espace. En fait, Kaluza demandait à Einstein et à toute la communauté des physiciens de l'époque d'envisager la possibilité que l'Univers ait *quatre* dimensions d'espace soit, avec le temps, un total de *cinq* dimensions spatio-temporelles.

Bon, avant tout : qu'est-ce que cela peut bien vouloir dire ? Eh bien, lorsque nous disons qu'il existe trois dimensions d'espace, nous entendons par là qu'il y a trois directions, ou trois axes indépendants le long desquels nous pouvons nous déplacer. Depuis notre position actuelle, nous pouvons aller dans la direction gauche/droite, ou avant/arrière, ou haut/bas. Dans un univers à trois dimensions spatiales, tous les mouvements sont des combinaisons du mouvement le long de ces trois directions indépendantes. De manière équivalente, dans un univers à trois dimensions d'espace, il faut se donner trois grandeurs pour définir une position. Lorsque nous invitons des amis à dîner, par exemple, nous devons, pour qu'ils arrivent à bon port, leur préciser le nom de la rue, le numéro de l'immeuble et l'étage de l'appartement. Si nous voulons en outre que nos convives sonnent à la porte avant que le repas n'ait refroidi, nous devrons également leur préciser une quatrième donnée : l'heure. Voilà ce que l'on entend par le fait que l'espace-temps est quadridimensionnel.

Kaluza proposa qu'outre les directions gauche/ droite, avant/ arrière, haut/bas *l'Univers ait en fait une dimension spatiale supplémentaire que, pour une raison ou pour une autre, personne n'aurait encore jamais vue.* En admettant que cela soit vrai, cela voudrait dire qu'il existe une quatrième direction indépendante dans laquelle les objets peuvent se déplacer, et donc que nous devrions préciser en tout quatre données pour définir une position dans l'espace, soit un total de cinq données en incluant le temps.

Très bien… C'est donc cela que proposait l'article reçu par Einstein en avril 1919. La question est : pourquoi Einstein ne l'a-t-il pas jeté à la poubelle ? Nous ne voyons aucune dimension d'espace supplémentaire — nous ne nous sommes jamais retrouvés à errer sans fin en cherchant notre point de chute sous prétexte que le nom d'une rue, un numéro d'immeuble et un étage ne suffisaient pas pour arriver à bon port — alors à quoi bon envisager une idée aussi bizarre ? Eh bien, la voici, la raison : Kaluza s'est aperçu que les équations de la relativité générale d'Einstein pouvaient aisément être généralisées (au sens mathématique) à un univers doté d'une dimension spatiale supplémentaire. Il mena à bien cette généralisation et trouva, assez naturellement, que cette version de la relativité générale en plus hautes dimensions incluait non seulement les équations ordinaires de la gravitation d'Einstein, mais aussi d'autres équations, découlant de la dimension spatiale supplémentaire. Et, lorsque Kaluza étudia ces équations additionnelles, il fit une découverte extraordinaire : celles-ci n'étaient autres que les équations formulées par Maxwell au XIXe siècle, décrivant le champ électromagnétique ! En imaginant un univers avec une dimension d'espace supplémentaire, Kaluza proposait une solution à ce qu'Einstein voyait comme l'un des problèmes les plus importants de toute la physique. *Kaluza avait trouvé une théorie capable de combiner les équations de la gravitation d'Einstein à celles de l'électromagnétisme de Maxwell.* Voilà pourquoi Einstein n'a pas jeté l'article de Kaluza.

Intuitivement, on peut envisager la proposition de Kaluza de la manière suivante : avec la relativité générale, Einstein éveilla l'espace et le temps. Ils se tordaient et se courbaient tant et si bien que le physicien réalisa qu'il avait trouvé l'incarnation géométrique de la force gravitationnelle. L'article de Kaluza suggérait que la portée géométrique de l'espace et du temps était plus grande encore. Tandis qu'Einstein avait compris que le champ gravitationnel pouvait être décrit par les courbures et les déformations des trois dimensions d'espace et de celle du temps, Kaluza comprit que, dans un univers doté d'une dimension spatiale supplémentaire, il y aurait davantage de courbures et de déformations, et celles-ci, comme le montra son analyse, seraient justement celles permettant de décrire les champs électromagnétiques. Dans les mains de Kaluza, l'interprétation géométrique d'Einstein se révélait suffisamment puissante pour unifier la gravitation et l'électromagnétisme.

Mais, bien évidemment, il y avait tout de même un petit problème. Les mathématiques avaient beau fonctionner, il n'y avait pas — et il n'y a toujours pas — de preuve de l'existence d'une dimension spatiale outre les trois que nous connaissons tous.

Alors ? la découverte de Kaluza n'était-elle qu'une curiosité intéressante ou révélait-elle un nouvel aspect de notre Univers ? Kaluza vouait une foi sans limites à la puissance de la théorie — il aurait appris à nager en commençant par lire un manuel de natation, avant de plonger dans l'océan —, mais l'idée d'une dimension spatiale invisible, aussi séduisante que soit la théorie qui en découle, était tout de même extravagante. C'est alors qu'en 1926 le physicien suédois Oskar Klein adjoignit une nouveauté à la théorie de Kaluza qui pouvait expliquer où se cachait cette dimension supplémentaire.

Dimensions cachées

Pour comprendre l'idée de Kaluza, imaginons le funambule Philippe Petit sur un long câble gainé de caoutchouc tendu entre l'Everest et le Lhotse. Comme sur la figure 12.5, vu depuis plusieurs kilomètres de distance, le câble ressemble à un objet unidimensionnel, comme une ligne — un objet qui n'a qu'une longueur et pas d'autre extension spatiale. Imaginons qu'on nous informe qu'un petit vermisseau précède Philippe Petit sur le câble ; notre première réaction serait alors de l'encourager vivement à devancer le funambule au maximum pour éviter la catastrophe. Bien sûr, après réflexion, nous réaliserions que la surface du câble a d'autres issues que la seule dimension gauche/droite que nous percevons directement. Bien que cela soit difficile à voir à l'œil nu à si grande distance, la surface du câble a une seconde dimension : celle qui s'« enroule » autour de lui, dans le sens direct/inverse des aiguilles d'une montre. Grâce à un modeste télescope, cette dimension circulaire devenant visible, nous ver-

Figure 12.5 De très loin, un câble semble unidimensionnel, mais, à l'aide d'un télescope suffisamment puissant, sa seconde dimension, circulaire, devient visible.

rions que le vermisseau peut se déplacer non seulement dans la direction gauche/droite, bien visible, mais aussi dans la direction « enroulée » direct/inverse. Autrement dit, en tout point du câble, le vermisseau peut se déplacer selon deux directions indépendantes (voilà pourquoi nous disons du câble qu'il est bidimensionnel*), et il peut donc survivre au passage de Philippe Petit soit en glissant loin devant lui comme on l'imaginait au début, soit en rampant le long de la petite dimension circulaire pour laisser passer le funambule.

* En considérant séparément le mouvement vers la gauche, vers la droite, dans le sens des aiguilles d'une montre et dans le sens inverse, on pourrait penser que le vermisseau peut se déplacer dans quatre directions. Mais, lorsqu'on parle de directions *indépendantes*, nous regroupons toujours celles qui appartiennent au même axe géométrique — comme la gauche et la droite, d'une part, et le sens des aiguilles d'une montre et le sens inverse, d'autre part.

L'exemple du câble illustre le fait qu'il existe deux sortes de dimensions — ou directions indépendantes le long desquelles on peut se déplacer — qualitativement distinctes. Elles peuvent être grandes et faciles à voir, comme la dimension gauche/droite le long du câble, ou minuscules et plus difficiles à discerner, comme la dimension direct/inverse qui s'enroule autour de sa surface. Dans cet exemple, distinguer la petite dimension circulaire n'était pas trop difficile. Il nous a suffi d'un instrument d'optique suffisamment grossissant. Mais, comme on peut s'y attendre, plus une dimension enroulée est petite, plus elle est difficile à détecter. C'est une chose de mettre en évidence la dimension enroulée d'un câble situé à quelques kilomètres, c'en est une tout autre que de déceler la dimension circulaire pour du fil dentaire ou un cheveu.

La contribution de Klein fut de proposer que ce qui est vrai pour un objet *dans* l'Univers puisse l'être aussi pour l'étoffe de l'Univers elle-même. Plus précisément, tout comme la surface du câble a une petite et une grande dimension, il en irait de même des dimensions de l'espace. Peut-être les trois dimensions que nous connaissons tous — gauche/droite, avant/arrière et haut/bas — sont-elles semblables à la dimension horizontale du câble, appartenant à la catégorie des grandes dimensions, faciles à voir ? Et, à l'instar de la surface du câble qui possède une dimension supplémentaire enroulée, plus petite et circulaire, peut-être l'espace a-t-il lui aussi une dimension supplémentaire enroulée, plus petite et circulaire, si minuscule qu'aucun de nos appareils n'est suffisamment grossissant pour révéler son existence. Le raisonnement de Klein consistait à dire que, du fait de sa toute petite taille, cette dimension supplémentaire serait cachée.

Mais petite à quel point ? Eh bien, en incluant certains aspects de la mécanique quantique à la proposition originale de Kaluza, l'analyse mathématique de Klein révélait que le rayon de cette dimension circulaire supplémentaire aurait toutes les chances d'être de l'ordre de la longueur de Planck[16], c'est-à-dire beaucoup trop petite pour être accessible expérimentalement (les plus perfectionnés des équipements actuels ne peuvent rien discerner en deçà du millième de la taille d'un noyau atomique, ce qui est encore loin de la longueur de Planck, un million de milliards de fois plus courte). Quoi qu'il en soit, aux yeux d'un vermisseau de la taille de la longueur de Planck, cette dimension, aussi petite et entortillée soit-elle, ouvrirait une nouvelle direction dans laquelle se promener aussi librement qu'un ver de taille ordinaire sur la dimension circulaire de la figure 12.5. Bien sûr, tout comme un ver ordinaire trouverait qu'il n'y a, dans la direction circulaire, pas grand-chose à explorer avant de revenir à son point de départ, un vermisseau « planckien » glissant le long d'une dimension enroulée de l'espace se retrouverait lui aussi à tourner en boucle en revenant continuellement à son point de départ. Mais, outre la brièveté des parcours possibles, une dimension enroulée offre toutefois une direction dans laquelle ce vermisseau minuscule peut se déplacer comme il le ferait dans les trois dimensions déployées qui nous sont familières.

Pour se faire une idée intuitive de ce à quoi ressemblerait cette dimension supplémentaire, remarquons que la dimension enroulée mise en évidence pour le câble du funambule — la direction direct/inverse du sens des aiguilles d'une montre — *existe en chaque point de sa grande dimension*. Le vermisseau peut faire le tour de la dimension circulaire du câble en n'importe quel point sur toute sa longueur : la surface du câble peut donc être décrite comme ayant une longue dimension, avec une toute petite dimension circulaire en chaque point, comme sur la figure 12.6. Il est utile de garder cette image en tête car elle illustre également la proposition de Klein pour les dimensions supplémentaires, cachées, de l'espace.

Pour voir cela, examinons à nouveau la structure de l'espace en révélant sa structure à des distances de plus en plus petites, comme sur la figure 12.7. Aux premiers niveaux de grossissement, rien de nouveau : l'espace semble toujours tridimensionnel (ce que l'on représente sur une page par un réseau bidimensionnel, comme d'habitude). Cependant, Klein proposa qu'à l'échelle de la longueur de Planck — le dernier niveau de grossissement de la figure —, une nouvelle dimension enroulée devienne visible.

Tout comme la dimension circulaire du câble existe en tout point de la grande dimension déployée, dans cette proposition, la dimension circulaire existe en tout point des trois dimensions étendues qui nous sont familières. La figure 12.7 illustre cela en montrant les dimensions circulaires additionnelles pour différents points le long de la dimension étendue (si

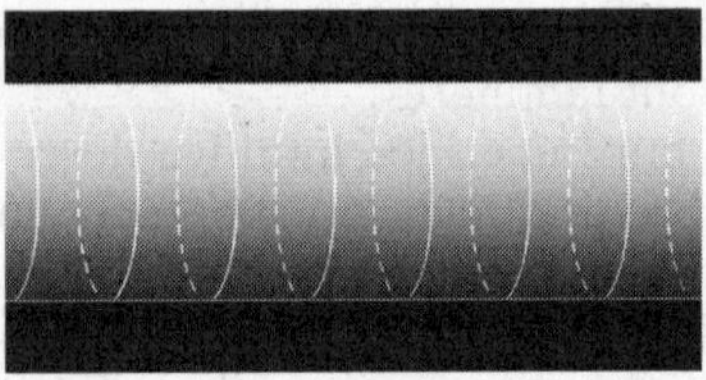

Figure 12.6 La surface d'un câble peut être envisagée comme une longue dimension avec une petite dimension circulaire en chaque point.

l'on n'a pas dessiné un cercle en chaque point, c'est simplement pour éviter de ne plus rien y voir), et l'on voit immédiatement la similitude avec le câble de la figure 12.6. Ainsi, dans la proposition de Klein, l'espace est-il à envisager comme ayant trois dimensions déroulées (nous n'en voyons que deux sur la figure 12.7) avec, en plus, une dimension circulaire ancrée en chaque point. Notons que la dimension supplémentaire n'est ni une bosse ni une boucle dans les trois dimensions spatiales ordinaires, contrairement à ce que l'on pourrait croire, du fait des limitations graphiques inhérentes à la réalisation de la figure. En fait, les dimensions supplémentaires sont une nouvelle direction, complètement différente des trois que l'on connaît, et qui existe en chaque point de notre espace tridimensionnel ordinaire, mais qui est si petite qu'elle échappe à toute

Figure 12.7 La proposition de Kaluza-Klein est qu'à toute petite échelle l'espace possède une dimension circulaire supplémentaire ancrée en chacun des points qui nous sont familiers.

tentative de détection, même avec les plus sophistiqués de nos instruments.

Avec cette précision apportée à l'idée originale de Kaluza, Klein a proposé une réponse à la question de savoir comment l'Univers pourrait avoir des dimensions cachées en plus des trois dimensions spatiales de notre expérience quotidienne. Depuis lors, on appelle cette théorie la « théorie de Kaluza-Klein ». Comme Kaluza n'avait besoin que d'une dimension spatiale supplémentaire pour réunir la relativité générale et l'électromagnétisme, la théorie de Kaluza-Klein semblait être justement ce qu'Einstein recherchait. En effet, Einstein et beaucoup d'autres s'intéressèrent de très près à cette possible unification via une nouvelle dimension cachée de l'espace, et un gros effort de recherche fut initié pour vérifier si cette approche pouvait véritablement fonctionner jusque dans les détails. Mais il ne fallut pas longtemps à la théorie de Kaluza-Klein pour rencontrer ses propres problèmes. Peut-être le plus important est-il que toutes les tentatives d'inclure l'électron dans ce modèle avec une dimension supplémentaire se soldèrent par un échec[17]. Einstein continua à bidouiller avec la théorie de Kaluza-Klein jusque dans les années 1940 au moins, mais les promesses que laissait présager la théorie ne se réalisèrent jamais et l'intérêt qu'on y porta s'éteignit peu à peu.

Cependant, quelques dizaines d'années plus tard, la théorie de Kaluza-Klein devait réapparaître en grande pompe.

La théorie des cordes et les dimensions cachées

Outre les difficultés que rencontrait la théorie de Kaluza-Klein à décrire le monde microscopique, il y avait une autre raison qui faisait hésiter les scientifiques. Beaucoup trouvaient arbitraire et extravagante l'idée de postuler l'existence d'une dimension cachée. Ce n'est pas comme si Kaluza avait dû introduire l'idée d'une nouvelle dimension comme résultat d'une série de déductions logiques. Au contraire, son idée sortait d'un chapeau, et c'est en étudiant ses conséquences qu'il découvrit un lien inattendu entre relativité générale et électromagnétisme. Aussi, bien que sa découverte fût extraordinaire en soi, il lui manquait un côté inévitable. Si l'on avait demandé à Kaluza et à Klein *pourquoi* l'Univers devrait posséder cinq dimensions d'espace-temps plutôt que quatre, six, sept ou même sept mille, ils n'auraient pas eu de réponse plus convaincante que « pourquoi pas ? ».

Plus de trente ans plus tard, la situation fut radicalement transformée. La théorie des cordes était devenue la première proposition viable pour unir relativité générale et mécanique quantique ; en outre, elle avait le potentiel d'unifier notre compréhension de toutes les forces et de toute la matière. Mais les équations quantiques de la théorie des cordes ne fonctionnent pas dans un espace-temps à quatre dimensions, ni cinq, ni six, ni sept, ni sept mille. En fait, pour des raisons qui seront expliquées dans la prochaine partie, les équations de la théorie des cordes ne fonctionnent que dans un espace-temps à dix dimensions — neuf dimensions d'espace, plus une de temps. La théorie des cordes *requiert* plus de dimensions.

C'est un résultat fondamentalement différent, que personne n'avait encore jamais rencontré dans l'histoire de la physique. Avant les cordes, aucune théorie n'avait jamais dit quoi que ce soit concernant le nombre de dimensions spatiales de l'Univers. Depuis Newton jusqu'à Einstein en passant par Maxwell, toutes les théories étaient parties du principe que l'Univers avait trois dimensions d'espace, un peu comme on part du principe que le Soleil se lève chaque matin. Kaluza et Klein avaient lancé un défi en proposant qu'il existe quatre dimensions d'espace, mais ce n'était qu'une hypothèse supplémentaire — une hypothèse différente, certes, mais une hypothèse quand même. Or, pour la première fois, la théorie des cordes affichait des équations qui *prédisaient* le nombre de dimensions de l'espace. Un calcul — ni hypothèse, ni supposition, ni prémonition — détermine le nombre de dimensions spatiales requis par la théorie des cordes, et ce qui est surprenant, c'est que le résultat du calcul n'est pas trois, mais neuf. La théorie des cordes nous projetant *inévitablement* dans un univers ayant six dimensions spatiales supplémentaires, elle contient un contexte implacable, prêt à l'emploi, qui requiert de mettre en œuvre les idées de Kaluza et de Klein.

La proposition originale de Kaluza et de Klein ne faisait l'hypothèse que d'une dimension cachée, mais on peut facilement la généraliser à deux ou trois dimensions supplémentaires, voire même aux six dimensions cachées requises par la théorie des cordes. Par exemple, sur la figure 12.8, nous avons remplacé la dimension circulaire de la figure 12.7, unidimensionnelle, par la surface d'une sphère, bidimensionnelle (souvenons-nous de ce que nous avons vu au chapitre 8 : la surface d'une sphère est bidimensionnelle car nous avons besoin de deux données pour définir une position — par exemple, à la surface de la Terre, la latitude et la longitude). Comme dans le cas du cercle, on imagine les sphères ancrées en chaque point des dimensions ordinaires, même si, pour que la figure soit lisible, nous n'avons dessiné sur la figure 12.8 que les sphères qui sont à l'intersection des lignes du réseau. Dans un tel univers, il faudrait au total cinq données pour définir une position dans l'espace : trois pour préciser la position dans les grandes dimensions (rue, numéro, étage) et deux pour la spécifier sur la sphère ancrée en ce point (latitude, longitude). Certes, si le rayon des sphères est minuscule — des milliards de fois plus petit qu'un atome — alors les deux dernières données n'auront pas grande incidence pour des créatures comparativement énormes telles que nous. Malgré cela, les dimensions supplémentaires feraient partie intégrante de la structure ultramicroscopique de l'espace. Un vermisseau ultramicroscopique aurait besoin de noter cinq données pour arriver au bon

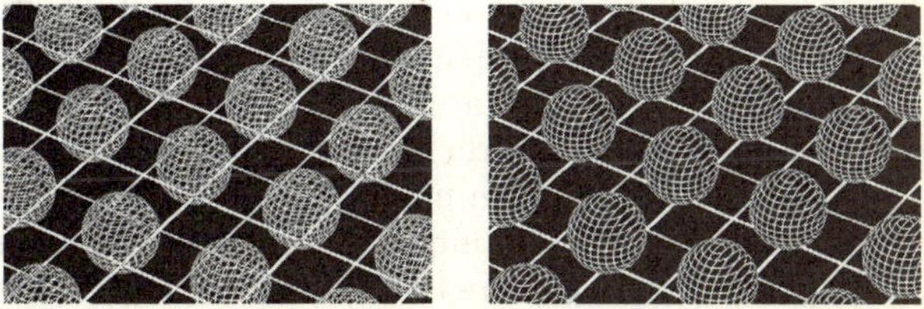

(a) (b)

Figure 12.8 Gros plan sur un univers doté des trois dimensions habituelles, représentées par le réseau, et (a) deux dimensions enroulées formant une sphère creuse et (b) trois dimensions enroulées formant une sphère pleine.

endroit, et même six, en incluant le temps, pour arriver à temps au dîner.

Ajoutons une dimension. Sur la figure 12.8 (a), nous n'avons considéré que la surface des sphères. Imaginons, comme sur la figure 12.8 (b), que l'espace contienne également l'intérieur des sphères — notre petit vermisseau planckien peut creuser dans la sphère, comme un ver ordinaire dans une pomme, et se frayer un chemin partout à l'intérieur. Pour préciser la position du vermisseau, il nous faut maintenant six données : trois pour définir sa position dans les trois dimensions étendues de l'espace ordinaire, plus trois autres pour définir sa position à l'intérieur de la boule ancrée en ce point (latitude, longitude, profondeur creusée). En incluant le temps, nous avons donc un exemple d'univers à *sept* dimensions spatio-temporelles.

Nous avons maintenant un grand pas à franchir. Bien que ce soit impossible à dessiner, imaginons qu'en chaque point des trois dimensions étendues de notre vie quotidienne l'Univers n'ait pas une dimension spatiale supplémentaire comme sur la figure 12.7, ni deux comme sur la figure 12.8a, ni trois comme sur la figure 12.8b, mais six. Personnellement, je suis absolument incapable de m'en faire une image mentale, et je n'ai jamais rencontré personne qui y parvienne. Mais la signification de cela est néanmoins claire : pour préciser la position spatiale d'un vermisseau planckien dans un tel univers, il nous faut *neuf* données ; trois pour définir sa position dans les dimensions étendues ordinaires, plus six autres pour la définir dans les dimensions enroulées ancrées en ce point. En considérant aussi le temps, nous avons donc un univers à dix dimensions spatio-temporelles, comme celui requis par la théorie des cordes. Si les six dimensions sont suffisamment enroulées et donc suffisamment petites, elles peuvent facilement échapper à toute tentative de détection.

La forme des dimensions cachées

Les équations de la théorie des cordes déterminent en fait plus de choses que simplement le nombre de dimensions de l'espace. Elles déterminent également le type de formes que peuvent avoir les dimensions supplémentaires[18]. Sur les figures précédentes, nous avons considéré les formes les plus simples — des cercles, des sphères creuses, des sphères pleines —, mais les équations de la théorie des cordes élisent une classe de formes hexadimensionnelles beaucoup plus compliquées, connues sous le nom d'« espaces de Calabi-Yau ». Ces formes ont été baptisées du nom des deux mathématiciens, Eugenio Calabi et Shing-Tung Yau, qui les ont découvertes bien avant que l'on mette en évidence leur importance en théorie des cordes. La figure 12.9a représente schématiquement un exemple d'espace de Calabi-Yau. Gardons à l'esprit que cette illustration est le dessin bidimensionnel d'un objet à six dimensions, ce qui engendre forcément toutes sortes de distorsions. Mais elle donne malgré tout une certaine idée de l'aspect de ces formes compliquées. Si la forme de Calabi-Yau représentée sur la figure 12.9a était celle des six dimensions supplémentaires de la théorie des cordes, l'espace aurait, aux échelles ultramicroscopiques, la forme illustrée sur la figure 12.9b. L'espace de Calabi-Yau étant ancré en chaque point de l'espace tridimensionnel ordinaire, vous et moi, comme n'importe qui, serions entourés et remplis de ces petites formes. Littérale-

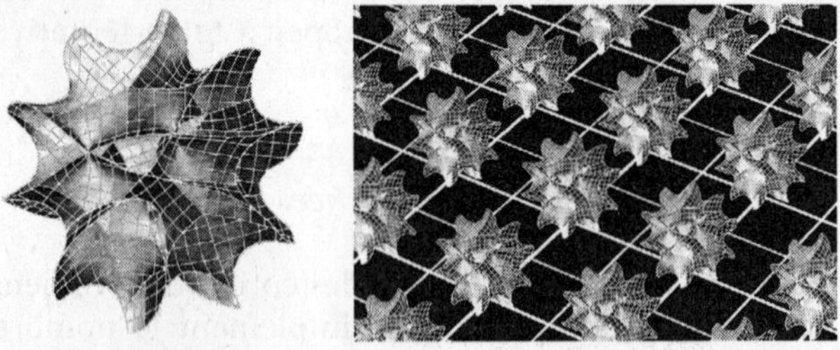

(a) (b)

Figure 12.9 (a) Un exemple d'espace de Calabi-Yau. (b) Gros plan sur une portion d'espace montrant les dimensions supplémentaires enroulées sous la forme d'un espace de Calabi-Yau.

ment, lors de nos déplacements d'un endroit à un autre, notre corps traverserait les neuf dimensions de l'espace, parcourant à toute vitesse et en chaque point la totalité de la forme de Calabi-Yau, tout se passant, en moyenne, comme si nous ne nous étions pas déplacés du tout dans ces six dimensions cachées.

Si l'on en croit ces idées, alors à l'étoffe ultramicroscopique de l'Univers serait brodée la plus riche des textures.

La physique des cordes et les dimensions supplémentaires

La beauté de la relativité générale réside dans le fait que la physique de la gravitation procède de la géométrie de l'espace. Avec les dimensions supplémentaires proposées par la théorie des cordes, on devine tout naturellement que le pouvoir de la géométrie à déterminer la physique devrait augmenter considérablement. Et c'est bien le cas. Pour commencer, voyons cela en abordant une question que j'ai esquivée jusqu'ici. Pourquoi la théorie des cordes nécessite-t-elle un espace-temps à dix dimensions ? Il est difficile de répondre à cette question sans avoir recours aux mathématiques, aussi tenterai-je de vous expliquer suffisamment de choses pour vous montrer comment elle se réduit à une relation entre la géométrie et la physique.

Imaginons une corde contrainte de ne vibrer que selon les deux dimensions de la surface plane d'une table. Celle-ci pourra exécuter toutes sortes de modes de vibration, mais seulement ceux qui correspondent à un mouvement dans les directions (gauche/droite et avant/arrière) confinées sur la surface de la table. Si l'on autorise alors la corde à vibrer aussi dans la troisième dimension, c'est-à-dire si l'on autorise le mouvement dans la dimension haut/bas en dehors de la surface de la table, alors la corde a accès à des modes de vibration supplémentaires. Or, bien que cela soit plus difficile à visualiser au-delà de trois dimensions, cette conclusion est tout à fait générale — plus de dimensions accessibles impliquent plus de vibrations autorisées. Si la corde peut vibrer aussi dans une quatrième dimension spatiale, elle pourra exécuter plus de modes de vibration qu'en trois dimensions ; si elle peut vibrer aussi dans une cinquième dimension, elle aura accès à plus de modes vibratoires qu'en quatre dimensions ; et ainsi de suite. Et cela est important, car l'une des équations de la théorie des cordes demande que le nombre de modes de vibration indépendants obéissent à une condition bien précise. Si cette condition n'est pas satisfaite, les mathématiques de la théorie des cordes s'effondrent et ses équations perdent tout leur sens. Dans un univers à trois dimensions spatiales, le nombre de modes de vibration est trop faible et cette condition n'est pas remplie ; avec quatre dimensions d'espace, le nombre de vibrations indépendantes est encore trop faible, de même qu'en six, sept ou huit dimensions. Mais, avec neuf dimensions spatiales, le nombre de modes de vibration indépendants satisfait parfaitement la condition requise. Et c'est ainsi que la théorie des cordes détermine le nombre de dimensions spatiales* [19].

Voilà qui illustre bien le lien entre géométrie et physique. La théorie des cordes le renforce et, en fait, fournit même un moyen de résoudre l'un des problèmes que nous avons rencontrés plus tôt. Souvenons-nous que, dans leurs tentatives d'établir la correspondance précise entre les modes de vibration des cordes et les particules connues, les physiciens avaient eu quelques déboires. Ils avaient trouvé beaucoup trop de modes non massifs et, en outre,

* Anticipons sur certains progrès récents que nous rencontrerons au prochain chapitre : les théoriciens des cordes savent depuis plusieurs dizaines d'années que les équations qu'ils utilisent pour étudier mathématiquement la théorie sont des approximations (les équations exactes se sont montrées très difficiles à comprendre et à identifier). Toutefois, la plupart d'entre eux pensent que ces équations approchées sont suffisamment précises pour permettre de déterminer le nombre de dimensions supplémentaires requis. Plus récemment (et à la grande surprise de beaucoup de chercheurs travaillant dans cette branche), certains théoriciens des cordes ont montré que ces équations approchées *oubliaient* une dimension ; il est aujourd'hui communément admis que la théorie requiert en fait *sept* dimensions supplémentaires. Comme nous le verrons, si cela ne compromet en rien les explications données dans le présent chapitre, cela montre qu'il existe une théorie plus vaste, plus unifiée encore[20].

que les détails des propriétés de ces modes de vibration ne correspondaient pas aux propriétés des particules de matière et d'interaction que l'on connaît. Mais ce que je n'ai pas précisé — car nous n'avions pas encore parlé des dimensions supplémentaires —, c'est que, même si ces calculs incluaient le bon nombre de dimensions supplémentaires (ce qui explique, en partie, pourquoi on trouvait tant de modes de vibration pour les cordes), ils ne prenaient pas en compte leur petite taille et leur *forme* compliquée — ces calculs supposaient que toutes les dimensions supplémentaires étaient plates et complètement déroulées. Or cela fait une grosse différence.

Les cordes sont si petites que, même si les six dimensions supplémentaires sont embobinées en un espace de Calabi-Yau, elles vibrent néanmoins dans toutes ces directions. Et deux raisons font que ce fait est extrêmement important. Premièrement, c'est ce qui garantit que les cordes vibrent toujours dans neuf dimensions d'espace, et donc que la condition sur le nombre de modes de vibration indépendants est toujours satisfaite, même si les dimensions supplémentaires sont enroulées très serré. Deuxièmement, tout comme les modes de vibration de l'air que l'on souffle dans un tuba sont conditionnés par les tours et les détours de l'instrument, les modes de vibration des cordes dépendent des courbes et des déformations de la géométrie des six dimensions cachées. Si l'on modifiait la forme d'un tuba en rétrécissant le diamètre de certaines parties ou en allongeant certaines autres, les modes de vibration de l'air, et donc le son produit par l'instrument, seraient différents. De même, si l'on modifiait la forme et la taille des six dimensions enroulées, les détails des propriétés de chaque mode de vibration possible pour la corde seraient considérablement différents. Or, les modes de vibration de la corde déterminant sa masse et sa charge, cela implique que les dimensions supplémentaires jouent un rôle capital pour les propriétés des particules.

C'est un point essentiel : *la forme précise et la taille des dimensions supplémentaires ont des conséquences profondes sur les modes de vibration des cordes, et donc sur les propriétés des particules.* La structure fondamentale de notre Univers — depuis la formation des galaxies et des étoiles jusqu'à l'émergence de la vie telle que nous la connaissons — étant conditionnée par les propriétés des particules, le code cosmique pourrait être inscrit dans la géométrie de l'espace de Calabi-Yau.

Nous avons vu un exemple de forme de Calabi-Yau avec la figure 12.9, mais il en existe des centaines de milliers d'autres. La question est donc de savoir quelle est la forme de Calabi-Yau, s'il doit y en avoir une, des dimensions supplémentaires de l'espace-temps. C'est l'une des questions les plus importantes qui se posent aujourd'hui à la théorie des cordes, puisque seul un choix précis d'espace de Calabi-Yau permettra de déterminer les détails des propriétés des modes vibratoires des cordes. À ce jour, la question demeure sans réponse. La raison en est que la compréhension que l'on a aujourd'hui de la théorie des cordes ne fournit aucun indice sur la manière de choisir une forme parmi toutes celles qui sont possibles. Du point de vue des équations dont nous disposons, tout espace de Calabi-Yau est aussi valable qu'un autre. Les équations ne déterminent même pas la taille des dimensions supplémentaires. Puisque nous ne pouvons les voir, ces dimensions doivent être petites, mais nous ne savons pas jusqu'à quel point.

Est-ce là un empêchement dirimant pour la théorie des cordes ? C'est possible. Mais ça n'est pas mon avis. Comme nous le verrons plus abondamment au chapitre suivant, les équations exactes de la théorie des cordes échappent aux théoriciens depuis des années, et tous les travaux effectués s'appuient donc sur des équations *approchées*. Elles ont permis de comprendre beaucoup d'aspects de la théorie des cordes, mais d'autres — comme la taille exacte et la forme précise des dimensions supplémentaires — résistent à ces approximations. À mesure que l'on continuera d'affûter notre étude mathématique et de perfectionner ces équations approchées, la détermination de la forme des dimensions cachées s'imposera de plus en plus comme un objectif de première importance — et, à mon avis, accessible. Jusqu'à présent, ce but est resté hors de notre portée.

Toutefois, nous pouvons toujours chercher s'il *existe* seulement, parmi les espaces de Calabi-Yau, des formes qui conduisent à des modes de vibration proches des particules connues. Et les résultats obtenus sont très encourageants.

Bien que l'on soit loin d'avoir étudié toutes les possibilités, on a trouvé des exemples de formes de Calabi-Yau qui donnent des modes de vibration en assez bon accord avec les tableaux 12.1 et 12.2. Par exemple, vers le milieu des années 1980, Philip Candelas, Gary Horowitz, Andrew Strominger et Edward Witten (l'équipe des physiciens qui ont compris l'importance des espaces de Calabi-Yau pour la théorie des cordes) ont découvert que chacun des trous — ce terme a un sens mathématique bien précis — de la forme de Calabi-Yau donnait une famille de modes vibratoires de plus basse énergie. Un espace de Calabi-Yau à trois trous pourrait donc expliquer la structure répétitive des trois familles de particules élémentaires du tableau 12.1. Et l'on a effectivement trouvé un certain nombre d'espaces de Calabi-Yau à trois trous. En outre, parmi ces favoris, certains donnent également le bon nombre de particules messagères, ainsi que les bonnes charges électriques et les bonnes propriétés vis-à-vis des interactions nucléaires pour correspondre aux particules des tableaux 12.1 et 12.2.

Ce résultat est extrêmement encourageant... alors que rien n'était moins sûr. On aurait tout à fait pu imaginer que la théorie des cordes, en réconciliant la relativité générale et la mécanique quantique, n'aurait atteint ce but que pour révéler ensuite qu'il lui est impossible de s'approcher de près ou de loin de l'objectif, tout aussi important, d'expliquer les propriétés des particules de matière et d'interaction que l'on connaît. Les chercheurs gardent confiance grâce au fait que la théorie a surmonté l'épreuve du feu que représentait cette possibilité décevante. Aller plus loin et calculer les masses précises des particules s'avère beaucoup plus difficile. Comme nous l'avons vu, les masses des particules recensées aux tableaux 12.1 et 12.2 s'écartent de celles des modes de vibration de plus basse énergie — zéro fois la masse de Planck — de moins d'un pour un million de milliard. Il faudrait donc, pour calculer des déviations aussi dérisoires, un niveau de précision qui dépasse largement le mieux que l'on puisse faire avec notre compréhension actuelle des équations de la théorie des cordes.

À vrai dire, je soupçonne, comme beaucoup d'autres théoriciens des cordes, que les masses minuscules qui figurent dans les tableaux 12.1 et 12.2 émergent, dans la théorie des cordes, de la même manière que dans le modèle standard de la physique des particules. Souvenons-nous (chapitre 9) que dans le modèle standard, un champ de Higgs prend une valeur non nulle dans tout l'espace, et que les masses des particules dépendent de l'intensité de la force qui les freine lorsqu'elles progressent dans l'océan de Higgs. Il y a de grandes chances qu'un même scénario se joue dans la théorie des cordes. Imaginons qu'une énorme quantité de cordes vibrent toutes de la même manière dans tout l'espace, elles produiraient alors un fond uniforme qui serait en tous points identique à l'océan de Higgs. Les vibrations de cordes qui avaient initialement une masse nulle accéderaient alors à une petite masse, très légèrement supérieure à zéro, par le truchement de la force qui s'exerce sur elles lorsqu'elles se déplacent et vibrent dans cette version cordée de l'océan de Higgs.

Remarquons toutefois que, dans le modèle standard, la force exercée sur une particule donnée — et donc la masse qu'elle acquiert — étant déterminée par le résultat de mesures expérimentales, elle est précisée comme une donnée d'entrée à la théorie. Dans la version de la théorie des cordes, cette force — et donc les masses des modes de vibration — serait imputable à des interactions entre cordes (l'océan de Higgs étant lui-même fait de cordes) et donc *calculable*. Aussi la théorie des cordes permet-elle, au moins en principe, de déterminer à elle seule toutes les propriétés des particules.

Personne n'a encore accompli tout cela mais, comme nous l'avons souligné, la théorie des cordes est toujours en cours d'élaboration. Avec le temps, les chercheurs espèrent exploiter pleinement tout le potentiel de cette voie vers l'unification. Leur motivation est forte, car le jeu semble en valoir largement la chandelle. Avec beaucoup de travail et un peu de chance, la théorie des cordes pourrait un jour expliquer les propriétés des particules fondamentales et, finalement, expliquer pourquoi l'Univers est tel qu'il est.

L'étoffe du cosmos selon la théorie des cordes

Bien que beaucoup d'aspects de la théorie des cordes nous échappent encore, celle-ci laisse déjà présager de nouveaux horizons spectaculaires. Peut-être le plus étonnant de tous est-il qu'en comblant le fossé qui séparait la relativité générale de la mécanique quantique la théorie des cordes a révélé que l'espace-temps pourrait avoir plus de dimensions que celles que l'on perçoit directement — et ces dimensions cachées pourraient être la clé de certains des plus épais mystères de notre Univers. En outre, la théorie stipule que les notions familières d'espace et de temps ne survivent pas dans le royaume subplanckien, ce qui suggère que l'espace et le temps tels que nous les comprenons aujourd'hui pourraient n'être que des approximations de concepts plus fondamentaux qu'il nous reste à découvrir.

Lors des premiers instants de l'Univers, ces aspects de la structure de l'espace-temps qui, pour nous, ne sont accessibles que par les mathématiques, auraient alors été manifestes. Il y a bien longtemps, alors que les trois dimensions spatiales ordinaires étaient petites elles aussi, tout porte à croire qu'il n'y aurait eu que peu (voire pas du tout) de différence entre ce que nous appelons aujourd'hui les dimensions « étendues » et « enroulées » de la théorie des cordes. L'écart actuel entre leurs tailles respectives serait dû à l'évolution cosmologique qui, d'une manière que nous ne comprenons pas encore, aurait choisi trois dimensions privilégiées pour les soumettre aux quatorze milliards d'années d'expansion que nous avons présentées dans les chapitres précédents. Si l'on remonte encore plus loin dans le temps, la totalité de l'Univers observable rétrécit jusqu'à une taille subplanckienne, et ce que nous avions représenté à la figure 10.6 comme une zone de flou s'interprète maintenant comme un domaine où l'espace et le temps familiers deviennent des entités plus fondamentales — quelles qu'elles puissent être — que la recherche actuelle s'efforce de déchiffrer.

Pour progresser plus avant dans notre compréhension de l'Univers primordial et de l'origine de l'espace, du temps et de la flèche du temps, nous devons donc aiguiser considérablement les outils théoriques que nous utilisons pour comprendre la théorie des cordes — objectif qui, il n'y a pas si longtemps que cela, paraissait aussi noble qu'inaccessible. Comme nous allons le voir à présent, avec l'avènement de la « théorie M », les progrès accomplis devancent les prédictions les plus optimistes des chercheurs les plus optimistes.

13

L'UNIVERS EN BRANES

L'espace et le temps : spéculations de la théorie M

De toutes les découvertes scientifiques, la théorie des cordes est celle dont l'histoire est la plus tortueuse. Même aujourd'hui, plus de trente ans après sa première apparition, la plupart des acteurs de ce domaine de recherches pensent que nous n'avons toujours pas de réponse claire à la question, pourtant élémentaire, « qu'est-ce que la théorie des cordes ? ». Nous savons beaucoup de choses *au sujet* de la théorie des cordes. Nous connaissons ses données de base et ses plus grands succès ; nous savons les promesses qu'elle présage et les défis qui lui sont lancés ; nous pouvons également utiliser ses équations pour faire des calculs précis sur la manière dont les cordes se comportent et interagissent dans des circonstances diverses et variées. Mais le sentiment de la plupart des chercheurs est qu'il manque toujours à notre formulation actuelle de la théorie des cordes le genre de principe fondamental que nous trouvons au cœur des plus grandes découvertes. Celui de la relativité restreinte est l'invariance de la vitesse de la lumière. Celui de la relativité générale est le principe d'équivalence. Celui de la mécanique quantique est le principe d'incertitude. Et les théoriciens des cordes continuent de tâtonner à la recherche d'un principe du même acabit qui résumerait à lui seul la quintessence de la théorie.

Dans une certaine mesure, cette lacune vient du fait que la théorie des cordes s'est développée par à-coups plutôt que de découler d'une vision d'ensemble, plus globale. Aussi noble soit l'*objectif* de la théorie des cordes — l'unification de toutes les forces et de toute la matière dans un cadre quantique unique —, son évolution théorique n'en fut pas moins fragmentée pour autant. Après sa découverte fortuite voici plus de trente ans, la théorie des cordes fut construite de bric et de broc, au hasard des découvertes de tel groupe de chercheurs travaillant sur ces équations-*ci*, et de tel autre groupe étudiant les conséquences de ces équations-*là*.

Les théoriciens des cordes m'inspirent l'image d'une société primitive qui aurait découvert une navette spatiale par hasard. À force de bricoler et de bidouiller, la tribu comprend petit à petit les rouages de la navette, et découvre finalement que tous les boutons et toutes les manettes fonctionnent de manière coordonnée et unifiée. C'est un peu le sentiment qui règne dans la communauté des théoriciens des cordes. Les résultats accumulés après des années de recherches concordent et convergent. Et cela accroît la confiance qu'ont ces scientifiques dans le fait que la théorie des cordes aboutira à un cadre puissant et cohérent — qui n'est pas encore au grand jour, mais qui dévoilera en fin de compte les rouages les plus fondamentaux de la nature, avec une clarté sans égale.

Ces derniers temps, la meilleure illustration de cela est ce qui a initié la « deuxième révolution des supercordes » — une révolution qui, entre autres choses, a dévoilé une nouvelle dimension cachée de l'espace-temps, a ouvert la voie à de nouvelles possibilités pour tester expérimentalement la théorie des cordes, a proposé que notre Univers pourrait être entouré d'autres univers voisins, a révélé que des trous noirs pourraient être créés dans la prochaine génération d'accélérateurs de particules, et a conduit à une nouvelle théorie cosmologique dans laquelle le temps et sa flèche tourneraient en boucle, encore et encore, avec la grâce des anneaux de Saturne.

La deuxième révolution des supercordes

Il y a un petit quelque chose de bizarre concernant la théorie des cordes que je n'ai pas encore mentionné, mais dont les lecteurs de mon précédent livre, *L'Univers élégant*, se souviennent peut-être. Durant les trente dernières années, on a élaboré non pas une mais *cinq* versions différentes de théories des cordes. Leur nom n'est pas primordial, mais sachez toutefois qu'on les appelle théories de type I, de type IIA, de type IIB, hétérotique O et hétérotique E. Toutes ont les caractéristiques présentées au chapitre précédent — leurs ingrédients fondamentaux sont des brins d'énergie en vibration — et, comme l'ont révélé des calculs menés dans les années 1970 et 1980, chacune requiert six dimensions spatiales supplémentaires. Mais, lorsqu'on les étudie en détail, on découvre qu'elles sont différentes. Par exemple, la théorie de type I contient les boucles vibrantes introduites au chapitre précédent, que l'on appelle des « cordes fermées », et, contrairement aux autres théories des cordes, elle contient également des « cordes ouvertes », petits brins de cordes vibrantes dont les deux extrémités sont libres. En outre, les calculs montrent que la liste des modes de vibration des cordes et la manière dont ceux-ci interagissent et s'influencent mutuellement diffère d'une formulation à l'autre.

Les théoriciens des cordes les plus optimistes proposèrent que, le jour où l'on sera capable de comparaisons précises entre théorie et données expérimentales, ces différences devraient permettre d'éliminer quatre versions parmi les cinq. Mais, très franchement, le seul fait qu'il existe cinq formulations différentes de la théorie des cordes était une situation inconfortable. Dans leurs rêves d'unification, les scientifiques accèdent à une théorie unique de l'Univers. Si la recherche parvient un jour à montrer qu'une seule théorie permet d'englober à la fois la mécanique quantique et la relativité générale, alors les théoriciens accéderont au nirvana de l'unification. Ils auront des arguments solides en faveur de la validité de leur théorie, même en l'absence de toute vérification expérimentale. Après tout, on dispose déjà d'une myriade de preuves expérimentales de la mécanique quantique et de la relativité générale, et il semble clair comme de l'eau de roche que les lois de l'Univers devraient être compatibles. Imaginons une théorie qui serait la seule passerelle mathématiquement cohérente entre ces deux piliers, confirmés par l'expérience, de la physique du XXe siècle ; alors ce simple fait constituerait une preuve solide, quoique indirecte, du caractère irréfutable de cette théorie.

Or il existe cinq versions de la théorie des cordes, identiques à première vue, mais dont les détails sont différents, et cela semble indiquer que la théorie des cordes ne survit pas au test de l'unicité. Même si la proposition des plus optimistes se voit un jour vérifiée, avec une seule des cinq théories confirmée par l'expérience, nous serions toujours préoccupés par la question tenace de savoir pourquoi il existe quatre autres formulations cohérentes. Ces quatre-là ne seraient-elles que des curiosités mathématiques? Ont-elles une quelconque signification pour le monde physique? Leur existence pourrait-elle être le haut d'un iceberg théorique au sein duquel des chercheurs géniaux trouveraient un jour cinq, six, sept ou même une infinité de variations mathématiques autour du même thème des cordes?

Durant la fin des années 1980 et le début des années 1990, ces modestes espoirs furent, quasiment sans préavis, largement surpassés. S'appuyant sur les travaux d'un certain nombre de théoriciens des cordes (parmi lesquels Chris Hull, Paul Townsend, Ashoke Sen, Michael Duff, John Schwarz et bien d'autres encore), Edward Witten — qui, depuis vingt ans, occupe le devant de la scène des supercordes — a révélé une unité cachée reliant entre elles les cinq théories des cordes. Witten a montré que ces cinq théories ne sont pas distinctes, mais sont en fait cinq manières différentes d'étudier mathématiquement une théorie *unique*. Un peu comme les traductions d'un ouvrage dans cinq langues différentes s'apparentent, aux yeux d'une personne monolingue, à cinq textes différents, les cinq formulations de la théorie des cordes ne semblaient distinctes que parce que Witten n'avait pas encore rédigé le dictionnaire permettant de faire la traduction de l'une à l'autre. Mais, une fois révélé au grand jour, ce dictionnaire démontre de manière convaincante qu'une seule théorie originale — comme le texte original unique à partir duquel sont rédigées les cinq traductions — fait le lien entre les cinq formulations. On a baptisé « théorie M » cette théorie unificatrice, le M étant un prête-nom quelque peu frustrant dont la signification — maîtresse? majestueuse ? mère ? magique ? mystère ? matrice ? — ne sera révélée que par l'issue de l'effort de recherche international aujourd'hui mis en œuvre pour compléter la nouvelle vision des choses instillée par le génie de Witten.

Cette découverte révolutionnaire représentait un pas en avant considérable et très encourageant. Witten avait démontré, dans l'un des articles les plus prisés de ce domaine de recherches (et juste après, dans un autre article écrit en collaboration avec Petr Hořava), que la théorie des cordes était bel et bien une théorie unique. Les théoriciens des cordes n'avaient plus à préciser, avec un embarras non dissimulé, que leur candidat à la théorie unifiée dont rêvait Einstein était une théorie en manque d'unité... parce qu'il en existait cinq versions différentes ! En revanche, quelle aubaine, pour la proposition allant un pas plus loin, que d'être elle-même responsable d'une telle unification. Grâce aux travaux de Witten, l'unité incarnée dans chacune des cinq théories des cordes s'étendait à l'ensemble de la théorie M.

La figure 13.1 présente le statut des cinq théories des cordes avant et après la découverte de Witten et c'est une bonne image à garder en tête. Elle illustre le fait que la théorie M n'est pas une nouvelle approche en soi, mais qu'en dissipant les nuages elle laisse présager une formulation plus complète et plus précise des lois physiques que ce que l'on obtient par l'une ou l'autre des cinq théories des cordes prise isolément. La théorie M relie et englobe ces cinq théories en montrant que chacune appartient à une synthèse théorique plus vaste.

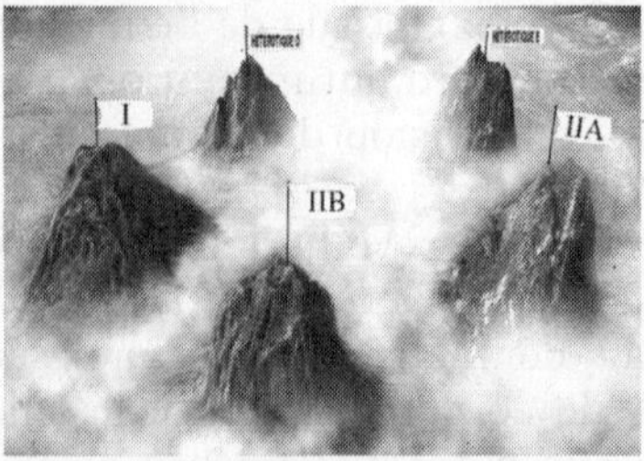

(a)

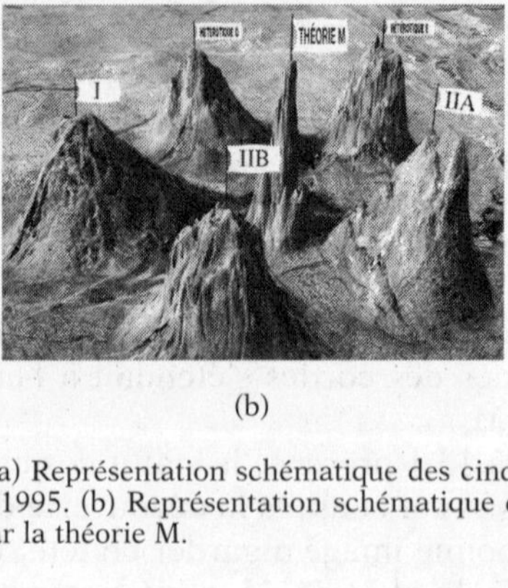

(b)

Figure 13.1 (a) Représentation schématique des cinq théories des cordes avant 1995. (b) Représentation schématique de leur méta-unification par la théorie M.

Le pouvoir de la traduction

La figure 13.1 a beau véhiculer l'essentiel du contenu de la découverte de Witten, présentée sous cette forme, il y a de grandes chances qu'elle ne vous impressionne pas plus que cela. Avant elle, les chercheurs pensaient qu'il existait cinq versions distinctes de la théorie des cordes ; après, ils ne voyaient plus les choses de la même manière. Mais, si nous n'avions jamais entendu parler de ces cinq versions différentes, nous n'aurions que faire de savoir que le plus génial de tous les théoriciens des cordes a réussi à montrer qu'en fait elles ne sont pas différentes. En d'autres termes, pourquoi la découverte de Witten est-elle à ce point révolutionnaire ?

Voici la raison : durant ces dernières années, les théoriciens des cordes butaient continuellement sur le même problème mathématique. Parce que les équations exactes de l'une ou l'autre des cinq théories des cordes se sont montrées si difficiles à extraire et à étudier, les théoriciens ont concentré l'essentiel de leurs recherches sur des équations approchées, beaucoup plus faciles à manipuler. Bien que tout porte à croire que ces équations approchées devraient, dans maintes circonstances, donner des réponses proches de celles des vraies équations, ces approximations — comme des traductions littéraires — passent forcément à côté de certaines choses. Pour cette raison, certains problèmes-clés se sont révélés mathématiquement hors de la portée de nos équations approchées, ce qui constituait un frein considérable à tout progrès.

En ce qui concerne les imprécisions inhérentes aux traductions littéraires, les lecteurs ont un certain nombre de solutions à leur disposition. La meilleure, pour les lecteurs qui en ont les possibilités linguistiques, est de consulter l'original. Mais, à ce jour, l'équivalent de cette solution n'est pas à la portée des théoriciens des cordes. Grâce au dictionnaire proposé par Witten et quelques autres, nous avons maintenant des indices solides en faveur du fait que les cinq théories des cordes sont en fait cinq descriptions différentes d'une théorie unique, la théorie M, mais les chercheurs ont encore à déchiffrer complètement cette correspondance formelle.

Nous avons appris beaucoup de choses sur la théorie M ces dernières années, mais nous avons encore beaucoup de chemin à parcourir avant de pouvoir affirmer catégoriquement que nous la comprenons réellement et complètement. Dans la théorie des cordes, tout se passe comme si nous disposions de cinq traductions différentes d'un même écrit, sans avoir encore découvert l'original.

Une autre solution utile, bien connue de ceux qui ont l'habitude de lire des traductions dont ils n'ont pas le texte original entre les mains (comme en théorie des cordes) ou, comme c'est le cas le plus souvent, dont ils ne parlent pas la langue de l'original, est de consulter plusieurs traductions du même texte dans différentes langues qu'ils connaissent. Les passages qui sont les mêmes dans les différentes traductions le mettent en confiance ; ceux qui ne le sont pas lui signalent des inexactitudes ou des interprétations différentes. C'est cette voie qu'a ouverte Witten lorsqu'il a découvert que les cinq théories des cordes sont des traductions différentes d'une même théorie sous-jacente. En fait, sa découverte met à notre disposition une version extrêmement efficace de cette idée, que nous comprendrons mieux en perfectionnant légèrement notre analogie avec les traductions littéraires.

Imaginons une prose originale fluide et cadencée, ponctuée d'une foultitude de jeux de mots et de calembours, de phrases rythmées et de blagues culturelles, à tel point que l'élégance du manuscrit original ne pourrait être retranscrite dans sa totalité dans aucune de ses cinq traductions. Certains passages seraient faciles à traduire en swahili, tandis que d'autres ne donneraient plus grand-chose dans cette langue. Les idées véhiculées par ces derniers pourraient être mieux cernées dans la traduction inuit, où d'autres parties deviendraient alors complètement obscures. Celles-ci pourraient par exemple devenir limpides en sanskrit, tandis que, pour les passages les plus problématiques, les cinq traductions seraient toutes tellement confuses que seul le texte original serait intelligible. Voilà qui est assez proche de la situation de nos cinq théories des cordes. Les théoriciens se sont aperçus que, pour certaines questions, seulement l'une des cinq théories donnait une description claire des conséquences physiques, tandis que celles des quatre autres s'avéraient mathématiquement trop compliquées pour être utiles. Et c'est là que réside tout le pouvoir de la découverte de Witten. Avant elle, les chercheurs en théorie des cordes qui rencontraient des équations impossibles à manipuler se retrouvaient coincés. Mais les travaux de Witten ont montré que chacune de ces questions admettait quatre autres traductions mathématiques — quatre reformulations mathématiques —, l'une d'elles pouvant parfois se révéler beaucoup plus simple à résoudre. Ainsi, *le dictionnaire pour naviguer d'une théorie à une autre permet parfois de traduire des questions impossibles à résoudre en questions comparativement beaucoup plus simples*.

Mais cela ne résout pas tout. De même que, pour certains passages de l'original, les cinq traductions peuvent toutes se révéler incompréhensibles, les descriptions mathématiques des cinq théories des cordes peuvent parfois se montrer aussi difficiles à comprendre les unes que les autres. Dans ce cas, de même que nous n'aurions plus qu'à consulter le manuscrit original, nous ne pouvons progresser sans comprendre parfaitement l'insaisissable théorie M. Mais malgré cela, dans maintes situations, le dictionnaire de Witten s'est révélé extraordinairement efficace pour étudier la théorie des cordes.

Aussi, tout comme les cinq traductions d'un même texte ont un rôle important à jouer, c'est également le cas des cinq formulations de la théorie des cordes. En combinant les idées que l'on peut glaner du point de vue de chacune d'elles, nous pouvons élucider un certain nombre de questions et dévoiler certains aspects qui auraient été hors de la portée de toutes ces formulations considérées isolément. La découverte de Witten a donc quintuplé la puissance de feu permettant de faire progresser la recherche en théorie des cordes. Et c'est en grande partie cela qui a fait éclater la révolution.

Onze dimensions

Alors... qu'est-il ressorti de ces nouveaux outils pour analyser la théorie des cordes ? Beaucoup de choses. Je m'intéresserai essentiellement aux idées qui ont eu le plus d'incidence sur l'histoire de l'espace et du temps.

Voici l'une des plus importantes : les travaux de Witten ont révélé que les équations approchées de la théorie des cordes, utilisées dans les années 1970 et 1980 pour conclure que l'Univers devait comporter neuf dimensions d'espace, *loupaient le bon résultat d'une unité*. La réponse exacte proposée par Witten est que l'Univers, selon la théorie M, a dix dimensions d'espace, c'est-à-dire onze dimensions d'espace-temps. Comme Kaluza, qui avait trouvé qu'un univers à cinq dimensions d'espace-temps permettait d'unifier l'électromagnétisme et la gravitation, comme les théoriciens des cordes, qui avaient montré que l'on pouvait unifier la relativité générale et la mécanique quantique dans un univers à dix dimensions d'espace-temps, Witten a montré qu'il était possible d'unifier toutes les théories des cordes, pourvu que l'univers ait onze dimensions d'espace-temps. De même que cinq villages, qui semblent complètement isolés les uns des autres depuis le sol, se révèlent connectés par tout un réseau de chemins et de routes lorsqu'on les observe à plus haute altitude — c'est-à-dire en exploitant une dimension supplémentaire, verticale —, la dimension spatiale additionnelle découlant des travaux de Witten fut l'un des éléments les plus importants qui lui permirent de relier les cinq théories.

Bien que la découverte de Witten s'inscrive tout naturellement dans l'histoire de l'unification par le biais de dimensions supplémentaires, lorsqu'il fit pour la première fois l'annonce de son résultat à la conférence internationale de 1995 sur la théorie des cordes, il provoqua un véritable séisme. Les physiciens, y compris moi, avaient beaucoup réfléchi aux équations approchées qu'ils utilisaient, et tous étaient convaincus que ces recherches avaient dit leur dernier mot concernant le nombre de dimensions. Mais, avec Witten, nous n'étions pas au bout de nos surprises.

Il montra que, jusqu'alors, toutes les analyses faisaient une simplification mathématique qui revenait *à partir du principe* qu'une dixième dimension spatiale, non encore découverte, serait extrêmement petite, beaucoup plus encore que toutes les autres. Si petite, en fait, que les équations approchées de la théorie des cordes qu'utilisaient tous les chercheurs de l'époque n'avaient pas la résolution suffisante pour discerner ne serait-ce qu'un simple indice (mathématique) de son existence. Voilà pourquoi tout le monde concluait que les cordes vivaient en neuf dimensions. Mais, avec la nouvelle théorie M, Witten était capable d'aller au-delà de ces approximations, d'accéder à une meilleure résolution, et de montrer qu'il manquait depuis le début une dimension d'espace. Witten montrait donc que les cinq théories décadimensionnelles, que les théoriciens élaboraient depuis plus de dix ans, n'étaient en fait que cinq descriptions approchées d'une unique théorie sous-jacente, possédant onze dimensions d'espace-temps.

On pourrait se demander si cette découverte inattendue met en défaut certains travaux antérieurs en théorie des cordes. Eh bien, pas du tout. La dixième dimension d'espace tout nouvellement découverte ajoutait un aspect inattendu à la théorie, mais si la théorie des cordes/théorie M est correcte, et si la dixième dimension se révèle effectivement beaucoup plus petite que les autres — ce que, pendant longtemps, on n'a pas remis en doute —, alors tous les travaux antérieurs restent valables. Toutefois, les équations connues n'étant toujours pas capables de préciser la taille et la forme des dimensions cachées, les théoriciens des cordes ont déployé des efforts considérables, ces dernières années, dans le but d'étudier l'éventualité que cette dixième dimension ne soit pas si petite que cela. Entre autres choses, ces travaux, dont les résultats sont divers et variés, ont permis d'étayer les fondements mathématiques du caractère unificateur de la théorie M (figure 13. 1).

Je soupçonne que la mise au jour de dix à onze dimensions — outre son importance capitale pour la structure mathématique de la théorie des cordes/théorie M — ne modifiera pas plus que cela l'image mentale que vous avez pu vous faire de cette théorie : pour tous ceux qui ne sont pas des experts, imaginer sept dimensions enroulées sur elles-mêmes est un exercice à peu près aussi difficile que celui qui consiste à en enrouler six.

Cette seconde révolution des supercordes contient cependant une autre idée, en rapport avec celle-ci, qui, elle, modifie bel et bien la vision intuitive que l'on a de la théorie des cordes. Les travaux collectifs d'un certain nombre de chercheurs — Witten, Duff, Hull, Townsend et beaucoup d'autres — ont établi que *la théorie des cordes n'était pas uniquement une théorie de cordes.*

Les branes

Une question naturelle, qui a pu vous effleurer l'esprit dans le chapitre précédent, est : « Pourquoi des cordes ? » Qu'ont de si particulier ces ingrédients unidimensionnels ? Nous avons vu que pour pouvoir réconcilier la mécanique quantique et la relativité générale, il était primordial que les cordes ne soient pas des points, mais qu'elles aient une certaine extension. Or cette condition est tout bien aussi remplie si l'on considère des ingrédients bidimensionnels — petits disques ou Freesbees miniatures —, ou des ingrédients tridimensionnels — balles de tennis ou boules de pâte à modeler. Ou, puisque la théorie a une telle abondance de dimensions spatiales, pourquoi ne pas imaginer des formes ayant encore plus de dimensions ? Pourquoi de tels ingrédients n'auraient-ils pas un rôle à jouer dans nos théories fondamentales ?

Dans les années 1980 et au début des années 1990, la plupart des théoriciens des cordes avaient une réponse qui semblait convaincante. Ils avançaient qu'il y avait bien eu des tentatives pour formuler une théorie fondamentale de la matière fondée sur de tels constituants, par des légendes de la physique du XXe siècle comme Werner Heisenberg et Paul Dirac. Mais leurs travaux, ainsi que ceux qui leur ont succédé, ont montré qu'il était extrêmement difficile d'élaborer une théorie fondée sur de telles formes, tout en satisfaisant aux exigences physiques les plus élémentaires — comme, par exemple, le fait que toutes les probabilités quantiques doivent être comprises entre 0 et 1 (des probabilités négatives ou supérieures à 1 n'ont aucun sens) ou que toute communication plus rapide que la lumière soit à exclure. En ce qui concerne les particules ponctuelles, il fallut cinquante années de recherches, initiées dans les années 1920, pour montrer que ces conditions étaient remplies (pourvu qu'on laissât la gravitation de côté). Et, dans les années 1980, il fallut à Schwarz, Scherk, Green et bien d'autres plus de dix années de recherches pour montrer, à la grande surprise de la plupart des physiciens, que ces conditions pouvaient aussi être satisfaites par des ingrédients unidimensionnel — les cordes (qui incluaient *nécessairement* la gravitation). Mais on pensait qu'il était impossible de poursuivre avec des ingrédients ayant deux dimensions spatiales ou plus. La raison, en quelques mots, en est que le nombre de symétries des équations est énorme pour les objets unidimensionnels (les cordes) mais diminue très rapidement au-delà. Les symétries en question sont plus abstraites que celles présentées au chapitre 8 (elles concernent la manière dont les équations sont modifiées si, en étudiant le mouvement d'une corde ou d'un ingrédient de plus haute dimension, nous décidions de le regarder de très près ou de très loin, faisant ainsi varier brusquement et arbitrairement la résolution de nos observations).

Ces transformations s'avèrent décisives pour la formulation d'un ensemble d'équations physiquement sensées, et il semble que pour tous les ingrédients, à l'exception des cordes, ces symétries indispensables soient absentes[1].

Ce fut donc un second choc pour la plupart des théoriciens des cordes lorsque l'article de Witten, suivi par une avalanche de nouveaux résultats[2], conduisit au fait que la théorie des cordes, et la théorie M dont elle découle, contient bel et bien d'autres ingrédients que les cordes. Ces travaux montraient qu'il existe des objets bidimensionnels appelés, assez naturellement, des « membranes » (une autre possibilité pour la signification du M de la théorie M) ou — par égards pour leurs cousins de plus haute dimension baptisés de manière plus systématique — « deux-branes ». Il existe également des objets à trois dimensions spatiales, appelés « trois-branes ». Et, bien que la visualisation devienne de plus en plus difficile, les recherches ont montré qu'il existait des « *p*-branes » — aucune dérogation n'est envisageable —, objets à *p* dimensions spatiales, *p* pouvant être n'importe quel nombre entier inférieur à 10. Ainsi les cordes ne sont-elles qu'un des ingrédients de la théorie des cordes, et en aucun cas le seul.

Tous ces autres ingrédients avaient échappé aux investigations théoriques pour la même raison que la dixième dimension d'espace était passée inaperçue : les équations approchées des cordes étaient trop grossières pour les mettre en évidence. Dans le contexte théorique que les chercheurs dans le domaine des cordes avaient étudié mathématiquement, il se trouve que toutes les *p*-branes sont considérablement plus lourdes que les cordes. Or plus un objet est massif, plus il faut d'énergie pour le produire. Mais l'une des limitations des équations approchées de la théorie des cordes — inhérente aux équations et bien connue de tous les acteurs du domaine — est que celles-ci deviennent de moins en moins précises lorsqu'elles décrivent des entités ou des processus de plus en plus énergétiques. Aux énergies extrêmes correspondant aux *p*-branes, les équations approchées manquent trop de précision pour pouvoir mettre en lumière les branes tapies dans l'ombre, et c'est pourquoi des dizaines d'années ont passé sans que les mathématiques décèlent leur présence. Mais, avec les reformulations diverses et les idées nouvelles apportées par la théorie M, les chercheurs purent surmonter certains obstacles techniques et, là, ils découvrirent, sous leurs yeux mathématiques ébahis, toute une panoplie de nouveaux ingrédients de plus haute dimension[3].

La révélation de l'existence, dans la théorie des cordes, d'autres ingrédients que les cordes ne contredit ni ne rend caduc aucun des travaux antérieurs, pas plus que la découverte de la dixième dimension spatiale. Les recherches montrent que si les branes sont beaucoup plus massives que les cordes — ce que les études antérieures à leur découverte supposaient sans le savoir —, elles ont des conséquences minimes pour une large gamme de calculs théoriques. Toutefois, de même que la dixième dimension ne doit pas nécessairement être plus petite que les autres, les branes ne doivent pas nécessairement être plus massives. Il existe toutes sortes de situations, toujours hypothétiques, dans lesquelles la masse d'une brane peut être comparable à celles des modes de vibration de plus basse énergie des cordes. Dans de tels cas, la brane a bel et bien un effet significatif sur la physique qui en découle, comme, par exemple, dans des travaux que j'ai effectués en collaboration avec Andrew Strominger et David Morrison : nous avons montré qu'une brane pouvait s'enrouler autour d'une portion sphérique d'un espace de Calabi-Yau — à la manière d'un emballage plastique sous vide autour d'un pamplemousse, par exemple —, et que cela avait pour conséquence de diminuer sa masse. Nous sommes parvenus à montrer que cette diminution de masse permettait à la portion d'espace considérée de s'effondrer complètement et de s'ouvrir — l'espace lui-même peut se déchirer —, la brane qui l'entoure garantissant qu'il n'y ait aucune conséquence physique catastrophique. J'avais présenté cela en détail dans *L'Univers élégant* et me contenterai d'y revenir brièvement lorsque nous aborderons, au chapitre 15, la question du voyage dans le temps. Je ne m'étendrai donc pas plus sur cette question pour l'instant, mais cet avant-goût donne déjà une idée de l'effet significatif que peuvent avoir, sur la physique de la théorie des cordes, les branes de plus hautes dimensions.

Concernant la question qui nous occupe pour l'instant, notons toutefois que les branes ont une autre influence considérable sur l'Univers tel que le décrit la théorie des cordes/théorie M. La vaste étendue du cosmos — la totalité de l'espace-temps dont nous avons conscience — pourrait n'être qu'une gigantesque brane. Notre monde pourrait être un « monde branaire ».

« *Monde branaire* »

Si les tests de la théorie des cordes relèvent du défi, c'est parce que les cordes sont littéralement minuscules. Mais souvenons-nous de la physique qui nous avait permis de déterminer leur taille. Les particules messagères de la gravitation — les gravitons — sont parmi les modes de vibration de plus basse énergie des cordes, et l'intensité de la force gravitationnelle qu'elles véhiculent est proportionnelle à la longueur de la corde. La gravitation étant si faible, la corde doit être très courte ; les calculs montrent que, pour qu'elle puisse transmettre une force gravitationnelle ayant l'intensité observée, elle ne doit pas dépasser une centaine de fois la longueur de Planck.

Munis de cette explication, nous voyons qu'une corde très énergétique n'est pas forcément minuscule, puisqu'elle n'a plus grand-chose à voir avec le graviton (le graviton étant de masse nulle, il correspond à un mode de vibration de *basse* énergie). En fait, lorsqu'on insuffle de plus en plus d'énergie à une corde, elle commence tout d'abord à vibrer de plus en plus frénétiquement. Mais, au-delà d'un certain point, l'énergie ajoutée n'a plus le même effet : elle fera s'allonger la corde, et il n'y a alors aucune limite à la longueur qu'elle peut atteindre. En insufflant suffisamment d'énergie à une corde, on pourrait même la faire croître jusqu'à une taille observable. Les technologies d'aujourd'hui ne nous laissent aucun espoir de nous approcher un tant soit peu de cela, mais il est possible que de longues cordes aient été produites, juste après le big bang, alors que l'Univers était extraordinairement chaud et extrêmement énergétique. Imaginons que certaines de ces cordes soient parvenues à survivre jusqu'à nos jours : elles seraient alors tellement étirées qu'elles traverseraient toute la voûte céleste. En allant plus loin, on pourrait même imaginer que ces longues cordes aient pu laisser une empreinte, infime mais détectable, au sein des données que nous recueillons dans l'espace et que celle-ci puisse, un jour, permettre de confirmer la théorie des cordes grâce à nos observations astronomiques.

Les *p*-branes, quant à elles, n'ont pas non plus besoin d'être minuscules, et, parce qu'elles comportent plus de dimensions que les cordes, une nouvelle possibilité s'ouvre à nous. Lorsque nous parlons d'une corde longue — voire infiniment longue —, nous imaginons un objet unidimensionnel évoluant dans les trois dimensions spatiales de notre quotidien. Une ligne à haute tension s'étendant jusqu'à l'horizon en donne une image assez fidèle. De la même manière, nous imaginons une vaste — voire infiniment vaste — deux-branes comme une grande surface bidimensionnelle plongée dans les trois dimensions étendues de l'espace que nous connaissons tous. Je n'ai aucune analogie réaliste à vous proposer, mais on peut imaginer un immense écran de cinéma en plein air, extrêmement fin, mais aussi haut et aussi large que l'on puisse voir. Considérons maintenant une trois-brane : nous nous trouvons maintenant dans une situation toute différente. Une trois-brane possède trois dimensions, et, à supposer qu'elle soit grande — voire infinie —, elle occuperait donc la totalité des trois dimensions spatiales étendues. La une-brane et la deux-brane, comme la ligne haute tension et l'écran de cinéma, sont des objets qui peuvent exister dans nos trois grandes dimensions spatiales, tandis qu'une trois-brane occuperait tout l'espace que nous connaissons.

Voilà qui laisse entrevoir une possibilité des plus fascinantes : serait-il possible que nous vivions en fait au sein d'une trois-brane ? Serait-il possible qu'à l'instar du monde de Blanche-Neige, qui n'existe que sur l'écran bidimensionnel — une deux-brane — d'une salle de cinéma de plus haute dimension (trois en l'occurrence), le nôtre existe en fait sur un écran tridimensionnel — une trois-brane —, lui-même plongé dans l'Univers de plus haute dimension de la théorie des cordes/théorie M ? Serait-il possible que l'espace que Newton, Leibniz, Mach et Einstein considéraient comme tridimensionnel soit en fait une entité tridimensionnelle particulière de la théorie des cordes/théorie M ? Ou, pour adopter le langage relativiste, serait-il possible que l'espace-temps quadridimensionnel qu'ont décrit Minkowski et Einstein soit en fait le sillage laissé par l'évolution d'une trois-brane au fil du temps ? En résumé, l'Univers tel que nous le connaissons pourrait-il être une brane[4] ?

La possibilité que nous vivions dans une trois-brane — que l'on appelle le « scénario du monde branaire » — est le dernier rebondissement en date du récit conté par la théorie des cordes/théorie M. Comme nous le verrons, ce scénario offre une manière qualitativement nouvelle d'envisager la théorie des cordes/théorie M, riche de multiples ramifications et de profondes conséquences. Le cœur de la physique véhiculée par cette idée est que les branes ressemblent à du Velcro cosmique ; comme nous allons le voir tout de suite, elles sont particulièrement collantes.

Branes collantes et cordes vibrantes

L'une des motivations pour l'introduction du terme « théorie M » est que la « théorie des cordes » ne dévoile qu'une catégorie d'ingrédients parmi tous ceux que contient la théorie. Les cordes unidimensionnelles sont nées des recherches théoriques bien des années avant que des travaux plus poussés ne découvrent les branes de plus haute dimension, si bien que l'appellation « théorie des cordes » n'est plus qu'un vestige de leur histoire. Cependant, même si la théorie M fait montre d'une certaine démocratie, dans laquelle sont représentés des objets étendus de toutes les dimensions possibles, les cordes jouent néanmoins un rôle particulier dans la formulation actuelle de la théorie. Et cela peut apparaître très clairement. Certes, on peut ignorer les *p*-branes de plus haute dimension lorsqu'elles sont beaucoup plus lourdes que les cordes, comme les chercheurs le faisaient, sans le savoir, depuis les années 1970. Mais il y a autre chose qui montre que les cordes sont particulières parmi leurs pairs.

En 1995, peu après l'annonce par Witten de sa découverte, Joe Polchinski, de l'université de Californie, à Santa Barbara, eut beaucoup à réfléchir. Quelques années plus tôt, dans un article écrit en collaboration avec Robert Leigh et Jian Dai, Polchinski avait découvert un aspect intéressant, mais assez obscur, de la théorie des cordes. Leur inspiration et leur raisonnement étaient assez techniques, et si les détails ne présentent pas d'intérêt pour nous, leurs résultats sont importants. Ils ont trouvé que, dans certaines situations, les extrémités des cordes ouvertes — souvenons-nous qu'il s'agit de brins de cordes dont les extrémités ne sont pas reliées — ne pourraient pas se déplacer en toute liberté. En fait, tout comme un pendentif sur une chaînette est libre de se déplacer mais doit suivre les contours de la chaînette, ou qu'une bille de flipper n'est libre de se déplacer qu'à l'intérieur de celui-ci, les extrémités d'une corde ouverte seraient libres de se déplacer, mais en suivant certaines formes ou certains contours dans l'espace. La corde serait toujours libre de vibrer, mais Polchinski et ses collaborateurs montraient que ses extrémités seraient « coincées » ou « piégées » dans certaines régions particulières.

Dans certaines situations, la région pouvait être unidimensionnelle, auquel cas les extrémités de la corde seraient comme deux pendentifs coulissant sur une chaînette, et reliés par la corde elle-même. Dans d'autres situations, la région pouvait être bidimensionnelle, auquel cas les extrémités de la corde seraient comme deux billes de flipper roulant sur le plan intérieur au flipper et reliées par la corde. Dans d'autres situations encore, la région pouvait avoir trois, quatre, cinq, ou tout nombre de dimensions spatiales inférieur à dix. Ces résultats, comme le montra Polchinski, ainsi que Petr Hořava et Michael Green, pouvaient aider à résoudre une énigme de longue date concernant la comparaison des cordes ouvertes et des cordes fermées, mais, au fil des années, ces travaux reçurent peu d'attention[5]. En octobre 1995, lorsque Polchinski eut réexaminé ces idées à la lumière des nouvelles découvertes de Witten, ce ne fut plus pareil.

Une question à laquelle l'article de Polchinski ne répondait pas complètement est une question qui a pu vous effleurer l'esprit à la lecture de ce dernier paragraphe : si les extrémités des cordes ouvertes sont confinées dans une certaine région de l'espace, *dans quoi sont-elles confinées* ? Chaînette et flipper ont une existence tangible indépendamment des pendentifs ou des billes qui sont restreints à se déplacer sur eux. Qu'en est-il des régions de l'espace auxquelles les extrémités de la corde sont restreintes ? Sont-elles un ingrédient fondamental et indépendant de la théorie des cordes qui accapare jalousement les extrémités des cordes ouvertes ? Jusqu'en 1995, puisqu'on envisageait la théorie des cordes comme une théorie de ces seuls ingrédients, il ne semblait y avoir aucun candidat à ce poste. Mais, après la découverte de Witten et l'avalanche de résultats qui s'ensuivit, la réponse apparut à Polchinski dans toute son évidence : si les extrémités des cordes ouvertes sont contraintes à se déplacer dans une région de l'espace ayant *p* dimensions, alors c'est que cette région de l'espace est occupée par une *p*-brane*. Ses calculs montraient que les *p*-branes nouvellement découvertes avaient exactement les bonnes propriétés pour jouer le rôle de ces objets qui exercent une poigne de fer sur les extrémités des cordes ouvertes et les contraignent à se déplacer au sein de la région à *p* dimensions qu'elles occupent.

Pour se faire une meilleure idée de ce que cela signifie, regardons la figure 13.2. En (a), nous voyons une paire de deux-branes avec quelques cordes ouvertes se déplaçant sur elles en vibrant, les mouvements de leurs extrémités étant confinés à leur propre brane. Bien que cela devienne impossible à dessiner, la situation est analogue pour des branes de plus haute dimension. Les extrémités des cordes ouvertes peuvent se déplacer librement sur la *p*-brane et dans celle ci, mais elles ne peuvent s'en libérer. Si l'on envisage leur mouvement hors de la brane, il faut se souvenir que les branes sont les objets les plus collants possibles et imaginables. On peut toutefois envisager que les deux extrémités d'une corde ouverte soient collées à deux *p*-branes différentes ayant le même nombre de dimensions (figure 13.2b) ou non (figure 13.2c).

* Le nom précis qui fut donné à ces entités est « *p*-branes de Dirichlet », ou « D-*p*-branes ». Nous continuerons ici d'utiliser le terme plus concis de « *p*-brane ».

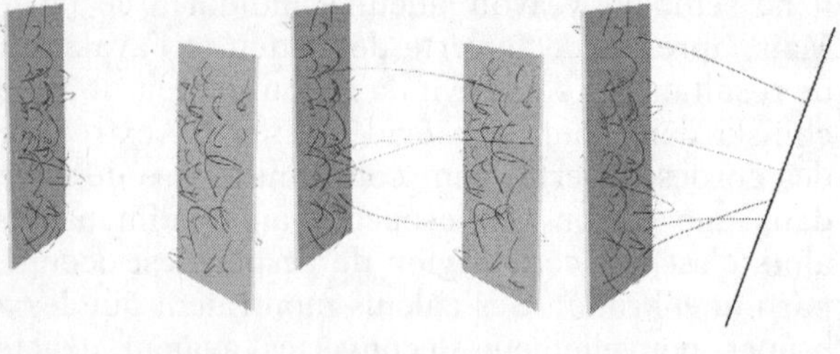

Figure 13.2 (a) Des cordes ouvertes dont les extrémités sont attachées à des branes à deux dimensions, ou deux-branes. (b) Des cordes ouvertes reliant une deux-brane à une autre. (c) Cordes ouvertes entre une deux-brane et une une-brane.

L'article de Polchinski fut, pour la découverte par Witten des relations entre les cinq théories des cordes, un véritable manifeste de la deuxième révolution des supercordes. Alors que, parmi les plus grands esprits du xxe siècle, certains s'étaient évertués, en vain, à formuler une théorie cohérente contenant des ingrédients fondamentaux possédant plus de dimensions que des particules (des points sans dimension) ou des cordes (une dimension), les résultats de Witten et Polchinski, ainsi que les travaux importants d'autres chercheurs parmi les plus grands théoriciens contemporains, ouvraient la voie du succès. Non seulement ces physiciens établissaient-ils que la théorie des cordes/théorie M contient des ingrédients de plus haute dimension, mais les travaux de Polchinski, en particulier, donnaient un moyen d'étudier théoriquement le détail de leurs propriétés (si tant est qu'ils existent). Si l'on en croit Polchinski, l'essentiel des propriétés d'une brane serait contenu dans les propriétés des cordes ouvertes dont elle accapare les extrémités. De même qu'en caressant les poils d'un tapis on devine beaucoup de choses à son sujet, on peut déterminer beaucoup de caractéristiques d'une brane en étudiant les cordes dont les extrémités y sont rattachées.

Et ce résultat était sensationnel. Il montrait que les dizaines d'années de recherche passées à élaborer les méthodes permettant d'étudier mathématiquement des objets unidimensionnels — les cordes — pouvaient servir à étudier des objets de plus haute dimension — les *p*-branes. C'était magnifique : grâce à Polchinski, l'analyse des objets de haute dimension se réduisait en grande partie à celle, hypothétique mais beaucoup plus familière, que l'on utilisait pour les cordes. C'est en ce sens que les cordes sont si particulières parmi leurs pairs. Si l'on comprend leur comportement, alors on est en très bonne voie pour comprendre celui des *p*-branes.

Forts de ces idées, revenons maintenant au scénario du monde branaire — la possibilité que nous vivions tous au sein d'une trois-brane.

Notre brane Univers

Si nous vivons au sein d'une trois-brane — si notre espace-temps quadridimensionnel n'est autre que le sillage d'une trois-brane dans le temps —, alors la grande question de savoir pourquoi l'espace-temps est un « quelque chose » prend une tout autre tournure. L'espace-temps qui nous est familier proviendrait d'une entité physique réelle de la théorie des cordes/théorie M (une trois-brane) plutôt que d'une idée abstraite. Sous cet angle, notre espace-temps quadridimensionnel serait aussi réel qu'un électron ou un quark. (Certes, nous pourrions toujours nous poser la question de savoir si l'espace-temps plus vaste, qui englobe cordes et branes — les onze dimensions de la théorie des cordes/théorie M —, est lui-même une entité ; ce n'est que la réalité de la scène spatio-temporelle des événements directement observables qui devient évidente.) Mais, si l'Univers que nous connaissons est réellement une trois-brane, ne pourrait-on pas s'attendre à ce qu'un simple coup d'œil suffise à révéler le fait que nous sommes immergés dans quelque chose — à l'intérieur de la trois-brane ?

Eh bien, ce n'est pas la première fois que la physique moderne nous plonge dans un élément qui n'est pas directement observable aux perceptions humaines — nous avons déjà rencontré l'océan de Higgs, l'énergie noire, l'effervescence des fluctuations de champs quantiques... Aussi ne devrions-nous pas être trop surpris d'apprendre que la théorie des cordes/théorie M ajoute un nouveau candidat à la liste des choses invisibles susceptibles de remplir tout le « vide ». Mais ne soyons pas trop lestes. Dans tous les cas précédents, nous avons compris leurs conséquences sur la physique et vu comment faire la preuve de leur existence. En effet, pour deux d'entre eux — l'énergie noire et les fluctuations quantiques —, nous avons déjà recueilli des indications solides en faveur de leur existence ; quant au champ de Higgs, nous le cherchons aujourd'hui activement et continuerons de le faire grâce à la prochaine génération d'accélérateurs. Alors, quel est l'équivalent pour la vie au sein d'une trois-brane ? Si ce scénario est correct, alors pourquoi ne voyons-nous pas cette trois-brane, et comment pourrions-nous confirmer son existence ?

La réponse souligne le fait que la théorie des cordes/théorie M est très différente, dans le contexte du monde branaire, de ce qu'elle était auparavant dans les scénarios sans branes. Considérons l'exemple, important s'il en est, de la lumière — des photons. Comme nous le savons, dans la théorie des cordes, un photon est un mode de vibration particulier des cordes. Mais les recherches ont montré que, dans le scénario du monde branaire, seules les cordes ouvertes produisent des photons, et non les cordes fermées. Et cela fait une très grosse différence. Les extrémités des cordes ouvertes sont contraintes de se déplacer au sein de la trois-brane, mais sont tout à fait libres par ailleurs. Cela implique que les photons (les cordes ouvertes vibrant selon le mode correspondant au photon) pourraient se propager sans aucune contrainte ni obstacle que ce soit dans toute notre trois-brane. Et cela conférerait à notre trois-brane une *transparence totale* (elle serait *complètement invisible*), nous empêchant donc de voir que nous y sommes immergés.

Autre point d'égale importance, les extrémités des cordes ouvertes ne pouvant quitter la brane, elles ne peuvent pas se déplacer dans les autres dimensions. Tout comme la chaînette contraint le pendentif, et le flipper la bille, notre trois-brane collante ne permettrait aux photons de ne se déplacer que dans nos trois dimensions spatiales. Or, les photons étant les particules messagères de la force électromagnétique, cela impliquerait que cette interaction, et donc la lumière, serait piégée au sein de nos trois dimensions, comme l'illustre (en deux dimensions, afin que le dessin soit réalisable) la figure 13.3.

C'est une découverte fabuleuse, riche de conséquences importantes. Précédemment, nous avions imposé aux dimensions supplémentaires de la théorie des cordes/théorie M d'être finement enroulées sur elles-mêmes. La raison en était simplement que,

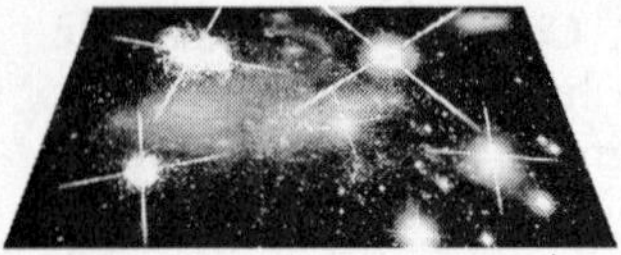

(a)

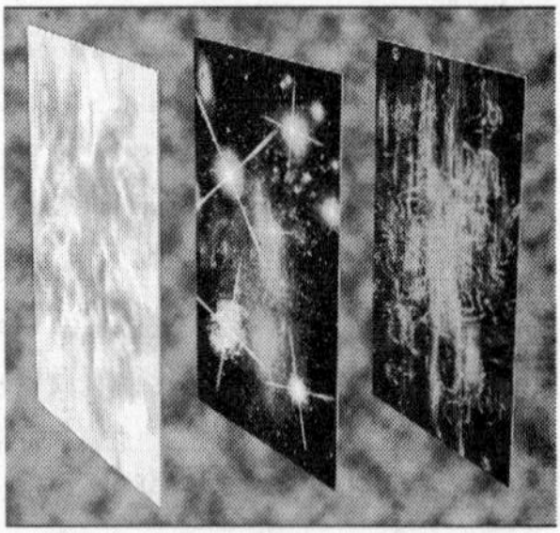

(b)

Figure 13.3 (a) Dans le scénario du monde branaire, les photons sont des cordes ouvertes dont les extrémités sont collées à la brane, aussi ne peuvent-ils pas quitter la brane elle-même. (b) Notre monde branaire pourrait flotter dans une vaste étendue de plus grande dimension, invisible pour nous car la lumière que nous voyons ne peut quitter notre brane. D'autres mondes branaires pourraient exister, flottant autour du nôtre.

ne voyant pas ces dimensions supplémentaires, nous en déduisions qu'elles devaient nous être cachées. Or une manière de les cacher est de les rendre trop petites pour que nous ou nos appareils puissions les détecter. Étudions à nouveau la question dans un monde branaire. Quels sont nos moyens de détection ? Eh bien, si nous utilisons nos yeux, nous utilisons la force électromagnétique ; si nous utilisons des instruments plus puissants, comme un microscope électronique, nous utilisons aussi la force électromagnétique ; si nous utilisons nos accélérateurs de particules, une fois encore, l'une des forces que nous utilisons pour sonder le microcosme subatomique est la force électromagnétique. Mais, si cette force électromagnétique est confinée à l'intérieur de l'espace tridimensionnel de notre trois-brane, elle ne peut en aucun cas sonder les dimensions supplémentaires, quelle que soit leur taille. Les photons ne pouvant pas sortir de nos trois dimensions pour pénétrer dans les autres dimensions et revenir heurter nos yeux ou nos appareillages, nous ne pouvons pas détecter les dimensions supplémentaires, *quand bien même celles-ci seraient aussi grandes que nos trois dimensions spatiales familières*.

Avec l'hypothèse que nous vivons dans une trois-brane, nous avons donc une autre explication au fait que nous n'ayons pas conscience des dimensions supplémentaires. Il n'est pas nécessaire que ces dimensions soient extrêmement petites. Elles pourraient être grandes. Si nous ne les voyons pas, c'est uniquement lié à notre *manière* de voir. Nous voyons par le truchement de la force électromagnétique, qui n'a accès à aucune autre dimension que les trois dimensions que nous connaissons. À l'instar d'une fourmi sur un nénuphar, qui n'a aucune idée de la profondeur de l'eau dissimulée sous sa surface visible, nous flotterions dans un gigantesque espace de haute dimension comme celui de la figure 13.3b, mais la force électromagnétique — piégée pour l'éternité dans nos trois dimensions — serait incapable de nous le révéler.

Vous pourriez me dire : « D'accord, mais la force électromagnétique n'est que l'une des quatre forces fondamentales. Qu'en est-il des trois autres ? Peuvent-elles sonder les autres dimensions et nous révéler leur existence ? » Pour les forces nucléaires forte et faible, la réponse est la même : non. Dans le scénario du monde branaire, les calculs montrent que les particules messagères de ces deux forces — les gluons et les bosons W et Z — proviennent elles aussi de modes de vibration des cordes ouvertes, et sont donc piégées dans nos trois dimensions au même titre que les photons : les processus faisant intervenir les forces nucléaires forte et faible sont tout aussi aveugles aux dimensions supplémentaires. Il en va de même pour les particules de matière. Électrons, quarks et toutes les autres particules proviennent de vibrations de cordes ouvertes dont les extrémités sont confinées dans notre brane. *Ainsi, dans le scénario du monde branaire, vous, moi et tout ce que l'on a jamais vu sommes prisonniers pour l'éternité de notre trois-brane*. En ajoutant le temps, disons que tout est confiné à notre tranche quadridimensionnelle d'espace-temps.

Disons plutôt : presque tout. Pour la force de gravitation, la situation est différente. Les études mathématiques du scénario du monde branaire montrent que les gravitons proviennent des modes de vibration des cordes fermées, à peu près comme dans les scénarios sans branes abordés plus haut. Or les cordes fermées — des cordes sans extrémités libres — ne sont pas piégées dans les branes. Elles ont la liberté de la quitter comme de parcourir son intérieur ou sa surface. Donc, en admettant que nous vivions sur une brane, cela signifie que nous ne serions pas complètement isolés des autres dimensions. Par le truchement de la force gravitationnelle, nous pourrions aussi bien influencer et être influencés par les autres dimensions. Dans un tel scénario, la gravitation serait donc notre seul moyen d'interagir au-delà de nos trois dimensions d'espace.

Quelle serait la taille maximale que pourraient avoir les autres dimensions avant que nous n'ayons conscience de leur existence via la force gravitationnelle ? C'est une question intéressante et décisive, alors allons y voir de plus près.

Gravité et grandes dimensions supplémentaires

En 1687, lorsque Newton proposa sa loi universelle de la gravitation, il faisait en réalité une hypothèse importante concernant le nombre de dimensions de l'espace. Newton ne dit pas seulement que l'attraction entre deux corps diminue lorsque leur distance augmente. Il propose une relation mathématique, *une loi en l'inverse du carré,* décrivant précisément comment l'attraction gravitationnelle diminue avec la distance séparant les deux corps considérés. D'après cette formule, si l'on double la distance entre les corps, leur attraction gravitationnelle mutuelle sera diminuée d'un facteur 4 (2^2) ; si l'on multiplie par trois la distance qui les sépare, leur attraction sera diminuée d'un facteur 9 (3^2) ; elle sera diminuée d'un facteur 16 (4^2) si l'on multiplie la distance par 4 et ainsi de suite, la force gravitationnelle diminuant proportionnellement au carré de la distance. Comme nous avons pu le vérifier à maintes reprises au fil des siècles, cette formule fonctionne.

Mais *pourquoi* la force gravitationnelle dépend-elle du carré de la distance ? Pourquoi n'est-elle pas proportionnelle à l'inverse de la distance au cube (si bien que, pour une distance double, l'attraction serait diminuée d'un facteur 8), ou à la puissance 4 (pour une distance double, l'attraction serait diminuée d'un facteur 16), ou même, plus simplement, directement proportionnelle à l'inverse de la distance (une distance multipliée par deux réduirait de moitié l'attraction gravitationnelle) ? La réponse vient tout droit du nombre de dimensions de l'espace.

Pour voir cela, on peut par exemple considérer la manière dont le nombre de gravitons émis et absor-

(a) (b) (c)

Figure 13.4 (a) La force gravitationnelle exercée par le Soleil sur un objet tel qu'un satellite est inversement proportionnelle au carré de la distance qui les sépare. La raison en est que les lignes du champ gravitationnel du Soleil partent uniformément dans toutes les directions comme en (b) et ont donc, à une distance *d*, une densité inversement proportionnelle à l'aire d'une sphère imaginaire de rayon *d* — schématiquement représentée en (c) — dont on sait, grâce à la géométrie ordinaire, qu'elle est proportionnelle à d^2.

bés par les deux corps en interaction dépend de la distance qui les sépare, ou encore penser à la manière dont la courbure de l'espace-temps qu'expérimente chacun des deux corps diminue lorsque la distance augmente. Mais adoptons un point de vue plus simple et moins moderne, qui nous mènera rapidement et de manière intuitive à la bonne réponse. Illustrons schématiquement (figure 13.4a) le champ gravitationnel produit par un objet massif — le Soleil, par exemple —, comme nous avions dessiné sur la figure 3.1 les lignes du champ magnétique autour d'un aimant. Si les lignes du champ magnétique vont du pôle nord au pôle sud de l'aimant, remarquons que celles du champ gravitationnel émergent radialement et s'étendent vers l'extérieur dans toutes les directions. L'intensité de l'attraction gravitationnelle que ressentirait un autre objet — imaginons un satellite en orbite autour de l'astre — situé à une distance donnée est proportionnelle à la densité des lignes de champ au point considéré. Plus le nombre de lignes de champ arrivant au satellite est élevé, comme à la figure 13.4b, plus celui-ci sera soumis à une force de gravitation intense.

Nous pouvons maintenant expliquer l'origine de la loi en l'inverse du carré proposée par Newton. Une sphère imaginaire centrée sur le Soleil et passant par la position du satellite (figure 13.4c) a une surface dont l'aire, comme celle de toute sphère dans l'espace tridimensionnel, est proportionnelle au *carré* de son rayon, c'est-à-dire, dans le cas présent, au *carré de la distance* entre le Soleil et le satellite. Cela signifie que la densité des lignes de champ traversant cette sphère — le nombre total de lignes de champ divisé par la surface de la sphère — diminue comme le carré de la distance Soleil-satellite. Si l'on double cette distance, le même nombre de lignes de champ est alors uniformément réparti sur une sphère dont la surface est quatre fois supérieure : l'attraction gravitationnelle à cette distance est donc divisée par un facteur 4. La loi en l'inverse du carré proposée par Newton pour la gravitation est donc le reflet d'une propriété géométrique des sphères dans l'espace tridimensionnel.

Comment la formule de Newton serait-elle modifiée dans un univers ayant seulement deux, voire même une seule dimension spatiale ? Eh bien, la figure 13.5a montre une version bidimensionnelle du Soleil et de son satellite en orbite. Comme nous le voyons, à une distance donnée, les lignes du champ gravitationnel du Soleil sont distribuées uniformément sur un cercle, l'analogue de la sphère avec une dimension en moins. La circonférence du cercle étant proportionnelle à son rayon (et non pas au carré de celui-ci), si l'on double la distance Soleil-satellite, la densité des lignes de champ sera

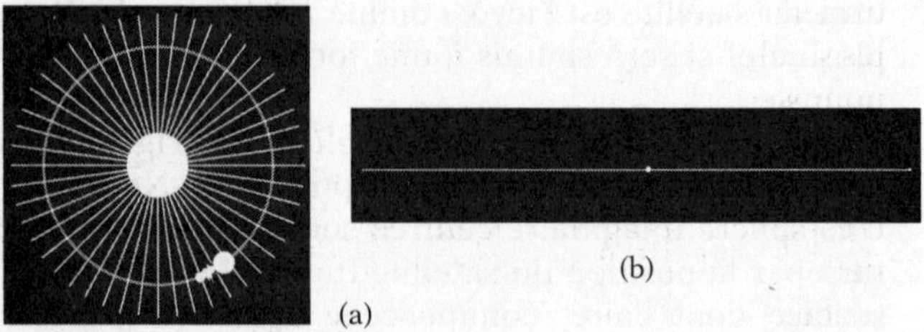

Figure 13.5 (a) Dans un univers ayant seulement deux dimensions spatiales, la force gravitationnelle s'atténue comme l'inverse de la distance, car les lignes du champ gravitationnel sont uniformément distribuées sur un cercle dont la circonférence est proportionnelle à son rayon (la distance Soleil-satellite). (b) Dans un univers n'ayant plus qu'une seule dimension d'espace, les lignes du champ gravitationnel ne peuvent se distribuer nulle part, si bien que la force gravitationnelle serait constante, la même quelle que soit la distance.

donc diminuée d'un facteur 2 (et non pas 4) et l'intensité de l'attraction gravitationnelle du Soleil sera donc divisée par 2 (non par 4). Si l'Univers n'avait que deux dimensions d'espace, alors l'attraction gravitationnelle serait inversement proportionnelle à la distance plutôt qu'à son carré.

Si l'Univers n'avait qu'une seule dimension, comme sur la figure 13.5b, la loi de la gravitation serait encore plus simple. Les lignes du champ n'auraient nulle part où se distribuer et la force ne diminuerait donc pas avec la distance. Si l'on multipliait par 2 la distance entre le Soleil et le satellite (en admettant que des versions de ceux-ci puissent exister dans un univers à une seule dimension), le nombre de lignes de champ arrivant au satellite ne serait pas modifié, si bien que l'interaction gravitationnelle entre le Soleil et le satellite resterait constante.

Bien que cela soit impossible à dessiner, on peut généraliser les figures 13.4 et 13.5 à un univers ayant quatre, cinq, six ou n'importe quel nombre de dimensions spatiales. Plus il y a de dimensions, plus les lignes du champ gravitationnel ont de place pour se distribuer dans l'espace, et donc plus l'intensité de la force gravitationnelle diminuera rapidement avec la distance. En quatre dimensions d'espace, la loi de Newton serait une loi proportionnelle à l'inverse de la distance au cube (si la distance est doublée, la force est divisée par 8) ; en cinq dimensions, elle devient inversement proportionnelle à la distance à la puissance quatre (à distance multipliée par 2, force divisée par 16) ; en six dimensions spatiales, la loi diminue comme l'inverse de la puissance cinq de la distance (à distance multipliée par 2, force divisée par 32) ; et ainsi de suite.

On pourrait penser que le succès avec lequel la loi de Newton explique pléthore de données — depuis le mouvement des planètes jusqu'aux trajectoires des comètes — confirme le fait que nous vivons dans un univers ayant précisément trois dimensions spatiales. Mais ce raisonnement serait trop hâtif. Nous savons que la loi en l'inverse du carré fonctionne bien aux échelles astronomiques[6], comme aux échelles terrestres, et cela colle bien avec le fait qu'à ces échelles nous voyons trois dimensions d'espace. Mais savons-nous si elle fonctionne à plus petite échelle ? Jusqu'à quel point, dans le monde microscopique, la loi inversement proportionnelle au carré de la distance a-t-elle été testée ? Il se trouve que des expérimentateurs ont confirmé sa validité jusqu'à un dixième de millimètre seulement ; on a vérifié qu'en diminuant la distance entre deux objets jusqu'à un dixième de millimètre, l'intensité de leur attraction gravitationnelle obéissait toujours aux prédictions de la loi de Newton. Mais, jusqu'à présent, la tester à courte distance s'est révélé un véritable défi technologique (les effets quantiques et la faible intensité de la gravitation compliquent notablement les expériences). Or c'est là une question essentielle, car toute déviation à la loi en l'inverse du carré de la distance serait un indice convaincant en faveur des dimensions supplémentaires.

Pour voir cela explicitement, amusons-nous avec un exemple en plus basse dimension, facile à dessiner et à analyser. Imaginons que nous vivions dans un univers à une dimension d'espace — ou, tout au moins, c'est ce que nous croyons parce qu'une seule dimension d'espace est visible, et des siècles d'expérimentation ont montré que la force de gravitation ne dépend pas de la distance entre les corps. Mais imaginons en outre que, durant toutes ces années, les expérimentateurs ne purent tester la gravitation que jusqu'à des distances de l'ordre du dixième de millimètre : personne ne recueillit la moindre donnée en deçà de cette distance. Maintenant, imaginons qu'à l'insu de tous, sauf d'une petite poignée de théoriciens, l'univers ait en fait une seconde dimension spatiale enroulée, si bien que l'espace ressemblerait à la surface du câble de Philippe Petit (figure 12.5). Quelles en seraient les conséquences sur les expériences plus perfectionnées réalisées pour tester la gravitation ? Nous pouvons deviner la réponse grâce à la figure 13.6 : si l'on approche suffisamment deux petits objets l'un de l'autre — à une distance inférieure à la taille de la dimension enroulée —, le caractère bidimensionnel de l'espace se manifestera immédiatement car, à si petite distance, les lignes du champ gravitationnel *auront* la possibilité de se distribuer comme sur la figure 13.6a. Pour des objets suffisamment proches les uns des autres, la force de gravitation, plutôt que d'être

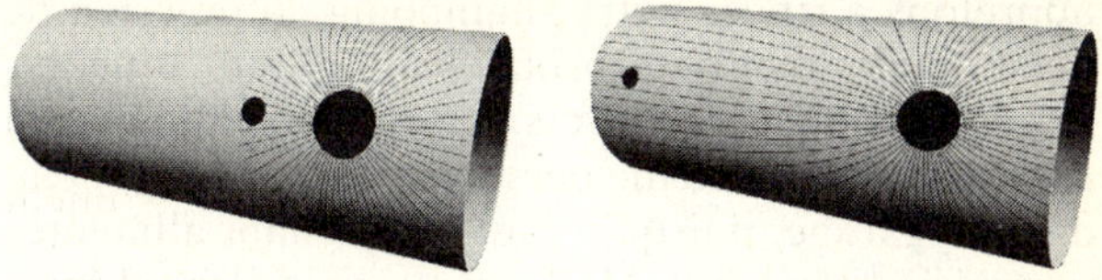

(a) (b)

Figure 13.6 (a) Lorsque les objets sont suffisamment proches l'un de l'autre, l'attraction gravitationnelle varie comme il se doit dans un espace à deux dimensions. (b) Lorsque les objets sont plus éloignés, l'attraction gravitationnelle se comporte comme elle le fait dans un espace à une dimension : elle est constante.

indépendante de la distance, variera comme l'inverse de celle-ci.

Imaginons donc que nous soyons, dans cet univers, un expérimentateur qui aurait élaboré des méthodes particulièrement précises pour mesurer l'attraction gravitationnelle. Nos résultats seraient les suivants : lorsque deux objets sont extrêmement proches l'un de l'autre, beaucoup plus proches que la taille de la dimension enroulée, leur attraction gravitationnelle diminuera en proportion de la distance qui les sépare, comme l'on s'y attend dans un univers en deux dimensions. Mais, dès que la distance séparant les deux corps atteint la taille de la dimension enroulée, les choses changent : au-delà de cette distance, les lignes du champ gravitationnel n'ont plus la possibilité de se distribuer davantage, ayant été aussi loin qu'elles le pouvaient dans la seconde dimension — jusqu'à saturation —, si bien qu'au-delà de cette distance la force gravitationnelle ne diminuera plus, comme l'illustre la figure 13.6b. Cette situation peut être comparée à la plomberie d'une maison ancienne : si quelqu'un fait couler de l'eau dans la cuisine au moment où nous nous apprêtons à rincer notre shampoing, la pression de l'eau pourra diminuer brutalement afin d'alimenter les deux robinets à la fois. La pression diminuera encore si une troisième personne fait couler de l'eau dans le garage, puisqu'il faut maintenant alimenter un troisième robinet. Mais, une fois tous les robinets de la maison ouverts, la pression restera constante. Bien que la douche ne soit pas aussi relaxante et agréable que celle dont nous rêvions, une fois tous les robinets supplémentaires ouverts, l'eau sera entièrement distribuée entre eux et la pression dans la douche ne diminuera plus. De même, une fois le champ de gravitation complètement distribué dans la dimension supplémentaire enroulée, il ne diminuera pas plus si la distance augmente.

De nos données, nous pouvons déduire deux choses. Premièrement, sachant que la force gravitationnelle diminue proportionnellement à l'inverse de la distance lorsque les objets sont très proches, nous en déduisons que l'espace possède non pas une mais *deux* dimensions spatiales. Deuxièmement, étant donné que la force gravitationnelle devient constante — ce que confirmaient jusqu'alors plusieurs siècles d'expériences — au-delà d'une certaine distance, nous en déduisons que l'une des deux dimensions est enroulée, avec une taille à peu près égale à la distance à laquelle on observe cette transition. Et, avec ce résultat, nous bouleversons des convictions ancrées depuis des siècles, voire des millénaires, concernant un aspect si élémentaire — le nombre de dimensions de l'espace — qu'il semblait parfaitement à l'abri de toute remise en question.

Bien que j'aie situé cette histoire dans un univers de plus basse dimension que le nôtre dans le but d'en faciliter la visualisation, notre situation pourrait être tout à fait semblable. Des centaines d'années d'expérience ont confirmé que la gravitation variait selon l'inverse du carré de la distance, ce qui représente une preuve solide en faveur de l'existence de trois dimensions spatiales. Mais, jusqu'en 1998, aucune expérience n'avait jamais mesuré l'intensité de la gravitation pour des distances inférieures au millimètre (comme nous l'avons vu, cette limite atteint aujourd'hui le dixième de millimètre). Cela conduisit Savas Dimopoulos, de Stanford, Nima Arkani-Hamed, maintenant à Harvard, et Gia Dvali, de l'université de New York, à proposer que, *dans le scénario du monde branaire, certaines dimensions supplémentaires pourraient être aussi grandes qu'un millimètre et n'avoir toujours pas été mises en évidence.* Cette proposition hardie a inspiré plusieurs groupes d'expérimentateurs pour mettre en place des analyses de la gravitation aux distances submillimétriques, dans l'espoir de découvrir des infractions à la loi en l'inverse du carré ; jusqu'à présent, aucun écart n'a été trouvé, et ce jusqu'au dixième de millimètre. Ainsi, même avec les expériences les plus perfectionnées du moment, *si nous vivions sur une trois-brane, les dimensions supplémentaires pourraient atteindre un dixième de millimètre sans que nous puissions les discerner.*

C'est l'une des découvertes les plus impressionnantes de ces dix dernières années. À l'aide des trois forces non gravitationnelles, nous avons pu sonder la matière jusqu'à un milliardième de milliardième de mètre (10^{-18} m), sans que personne ne trouve le moindre indice de l'existence de dimensions supplémentaires. Mais, dans le scénario du monde branaire, les forces non gravitationnelles sont incapables de dévoiler des dimensions supplémentaires, puisque ces interactions restent confinées au sein de notre brane. Seule la gravitation peut nous permettre de trouver des indices sur la nature des dimensions supplémentaires et, à ce jour, nous savons que celles-ci peuvent être aussi épaisses qu'un des cheveux sur ma tête et échapper malgré cela à nos instruments les plus sophistiqués. À cet instant précis, juste à côté de vous, de moi et de n'importe qui, pourrait se trouver une autre dimension spatiale encore hors de notre portée — une dimension en plus des dimensions gauche/droite, haut/bas, avant/arrière, qui serait enroulée mais toutefois suffisamment grande pour contenir l'épaisseur de cette page*.

Longues cordes et grandes dimensions supplémentaires

Par son emprise sur trois des quatre forces fondamentales, le scénario du monde branaire assouplit considérablement les contraintes imposées à la taille des dimensions supplémentaires. Or celles-ci ne sont pas les seuls objets qui, dans ce scénario, accèdent à une plus grande taille. S'inspirant d'idées émanant de Witten, Joe Lykken, Constantin Bachas et quelques autres, Ignatios Antoniadis, Nima Arkani-Hamed, Savas Dimopoulos et Georgi Dvali réalisèrent qu'avec ce scénario même les cordes non excitées, de plus basse énergie, peuvent être *beaucoup*

* D'autres travaux, effectués par Lisa Randall, de Harvard, et Raman Sundrum, de Johns Hopkins, proposent même que la gravitation puisse elle aussi être piégée, non pas sur une brane collante, mais dans des dimensions supplémentaires qui auraient juste la bonne courbure, ce qui assouplirait plus encore les contraintes concernant leur taille.

plus longues que ce que l'on pensait initialement. En fait, les deux échelles — la taille des dimensions supplémentaires et la taille des cordes — sont intimement liées.

Souvenons-nous de ce que nous avons vu au chapitre précédent : la taille typique des cordes est déterminée par la condition que son mode de vibration pour le graviton communique une force gravitationnelle ayant l'intensité observée. La faiblesse de la gravitation confère aux cordes une longueur très courte, de l'ordre de celle de Planck (10^{-33} cm). Mais cette conclusion dépend de manière cruciale de la taille des dimensions supplémentaires. La raison en est que dans la théorie des cordes/théorie M l'intensité de la force gravitationnelle observée dans nos trois dimensions étendues est le reflet d'un équilibre entre deux facteurs. Le premier est l'intensité intrinsèque, fondamentale, de la force gravitationnelle ; le second est la taille des dimensions supplémentaires. Plus celles-ci sont grandes, plus la gravité se répartit en elles et plus la force *apparaîtra* faible dans les dimensions ordinaires. Tout comme des tuyaux plus gros conduiront à une pression plus faible parce que l'eau a plus d'espace pour se distribuer, des dimensions supplémentaires plus grandes conduiront à une gravitation plus faible parce que celle-ci a plus d'espace pour se distribuer.

Les premiers calculs qui avaient déterminé la longueur de la corde partaient du principe que les dimensions supplémentaires étaient si minuscules — de l'ordre de la longueur de Planck — que la gravitation ne s'y propageait pas du tout. Avec cette hypothèse, la gravitation nous apparaît donc faible parce qu'elle *est* faible. Or, si l'on adopte le scénario du monde branaire et que l'on autorise les dimensions supplémentaires à être beaucoup plus vastes que ce que l'on envisageait initialement, la faible intensité observée pour la gravitation perd son caractère intrinsèque. En fait, la gravitation pourrait être une force relativement puissante qui nous apparaîtrait faible uniquement parce que les dimensions supplémentaires relativement grandes, comme des tuyaux plus gros, diluent son intensité intrinsèque. En suivant ce raisonnement, si la gravitation se révèle plus intense que ce que l'on croyait, les cordes pourraient être beaucoup plus longues qu'on ne le pensait.

À ce jour, la question de leur longueur exacte n'a pas encore trouvé de réponse unique et définitive. Avec cette liberté nouvellement découverte qui nous permet de faire varier la taille des cordes et celle des dimensions supplémentaires avec beaucoup plus de souplesse, un grand nombre de possibilités s'ouvrent à nous. Dimopoulos et ses collaborateurs ont proposé que les résultats expérimentaux existants, issus de la physique des particules ainsi que de l'astrophysique, puissent montrer que la longueur des cordes non excitées ne pourrait dépasser un milliardième de milliardième de mètre (10^{-18} m). Cette valeur, aussi petite soit-elle par comparaison aux échelles quotidiennes, est près de cent millions de milliards de fois (10^{17} fois) supérieure à la longueur de Planck — *près de cent millions de milliards de fois supérieure à ce que l'on pensait au départ*. Comme nous allons le voir maintenant, cela suffirait pour que la prochaine génération d'accélérateurs de particules puisse déceler des signes de l'existence des cordes.

Théorie des cordes et expérience : confrontation

L'éventualité que nous vivions sur une vaste trois-brane n'est évidemment rien de plus qu'une éventualité. Et, dans ce scénario, la possibilité que les dimensions supplémentaires puissent être beaucoup plus grandes que ce que l'on imaginait auparavant — et la possibilité que les cordes puissent elles aussi être beaucoup plus longues que ce que l'on croyait — n'est guère plus qu'une possibilité. *Mais elle est extraordinairement séduisante.* Certes, même si le scénario du monde branaire est correct, la taille des cordes et des dimensions supplémentaires pourrait toujours être aussi petite que la longueur de Planck. Mais la possibilité que les cordes et les dimensions supplémentaires soient beaucoup plus grandes — presque à la portée des technologies actuelles — est sensationnelle. Grâce à elle, peut-être subsiste-t-il au moins une chance que, dans les cinq années à venir, la théorie des cordes/théorie M puisse être confrontée à la physique observable et devenir ainsi une science expérimentale.

Quelles en sont les chances ? Je n'en ai pas la moindre idée, ni personne d'autre. Mon intuition me dit que c'est peu probable, mais elle découle d'une quinzaine d'années de recherches dans le domaine plus conventionnel des cordes et des dimensions à la taille de Planck. Peut-être mon intuition est-elle déjà caduque. Fort heureusement, la question sera élucidée sans que l'on se soucie le moins du monde de l'intuition de quiconque. Si les cordes ou certaines des dimensions supplémentaires sont grandes, cela aura des conséquences spectaculaires pour les expériences à venir.

Je présenterai plusieurs expériences destinées à tester, entre autres, l'idée que les cordes et les dimensions supplémentaires puissent être relativement grandes, mais il faudra attendre le prochain chapitre : pour l'instant, je me contenterai de vous mettre en appétit. Si les cordes sont longues d'un milliardième de milliardième de mètre (10^{-18} m), les particules correspondant aux plus grandes harmoniques de la figure 12.4 n'auront pas les masses énormes, plusieurs fois supérieures à la masse de Planck, que prédit le scénario conventionnel. En fait, leurs masses s'échelonneront entre un millier et quelques centaines de fois la masse du proton seulement : elles seraient donc suffisamment faibles pour être à la portée du grand collisionneur de hadrons (LHC pour l'anglais Large Hadron Collider), aujourd'hui en construction au CERN. Si ces modes de vibration des cordes pouvaient être excités par des collisions à très haute énergie, les détecteurs de l'accélérateur s'allumeraient comme s'illumine pour le nouvel an à New York la fameuse boule de cristal de Times Square. Une myriade de particules nouvelles, encore jamais observées, seraient produites, avec des masses reliées les unes aux autres comme le sont les harmoniques d'un violoncelle. La signature de la théorie des cordes s'inscrirait sur les données dans toute sa splendeur. Aucun chercheur ne pourrait les louper, même sans lunettes.

En outre, dans le scénario du monde branaire, les collisions à très haute énergie pourraient même produire — tenez-vous bien — des trous noirs miniatures. Bien que nous imaginions généralement les trous noirs comme des objets gargantuesques perdus au fin fond de l'espace intersidéral, nous savons depuis l'aube de la relativité générale que, si l'on parvenait à rassembler suffisamment de matière dans la paume de notre main, nous pourrions créer un mini-trou noir. Cela ne s'est jamais produit parce que notre poigne — ou celle de n'importe quel engin mécanique — n'est pas assez forte pour exercer la force de compression requise. Ainsi, le seul procédé communément admis pour la production d'un trou noir fait-il intervenir l'attraction gravitationnelle d'une étoile si extraordinairement massive qu'elle surmonte la pression dirigée vers l'extérieur qu'exercent normalement les réactions nucléaires en son cœur, si bien que l'étoile s'effondre sur elle-même. Mais si l'intensité intrinsèque de la gravitation est beaucoup plus forte à petite échelle que ce que l'on pensait auparavant, alors de minuscules trous noirs pourraient être produits avec une force de compression nettement inférieure à ce que l'on croyait. Les calculs montrent que le LHC pourrait avoir suffisamment de puissance pour créer des trous noirs microscopiques en abondance, à l'issue de collisions de très haute énergie entre protons[7]. Ce serait fantastique ! Le LHC pourrait devenir une usine de production de mini-trous noirs ! Ces trous noirs, si petits et si éphémères, ne représenteraient aucune menace pour nous (il y a des années de cela, Stephen Hawking a montré que tous les trous noirs finissaient par se désintégrer par le biais de processus quantiques — au bout d'un temps très long pour les plus gros, et d'un temps très court pour les plus petits), et leur production apporterait la confirmation de l'une des idées les plus exotiques que l'on ait jamais envisagées !

Cosmologie branaire

L'un des premiers objectifs de la recherche actuelle qui alimente la flamme de bon nombre de scientifiques de par le monde (dont la mienne) est de formuler une théorie cosmologique qui inclue les idées nouvelles issues de la théorie des cordes/théorie M. La raison en est claire. Certes, la cosmologie aborde les questions les plus magistrales et les plus viscérales de la physique ; certes, nous avons compris que certains aspects de notre expérience quotidienne — comme ceux liés à la flèche du temps — dépendaient des conditions qui régnaient à la naissance de l'Univers ; mais la cosmologie promet aussi au théoricien d'être ce que New York fut pour Sinatra : la zone test par excellence. Si une théorie survit aux conditions extrêmes caractéristiques des premiers instants de l'Univers, alors elle peut survivre partout ailleurs.

À ce jour, la cosmologie selon la théorie des cordes/théorie M est encore en cours d'élaboration, les chercheurs étant engagés principalement dans deux voies. La première, la plus conventionnelle, imagine que, tout comme l'inflation apporta un nouveau souffle au modèle standard du big bang, la théorie des cordes/théorie M pourrait conduire à un remaniement encore plus profond du modèle inflationnaire, s'appliquant à des temps encore plus reculés. L'idée est que la théorie des cordes/théorie M devrait permettre de lever le voile sur la zone de flou que nous avions utilisée pour indiquer notre ignorance des premiers instants de l'Univers ; au-delà de cette zone, l'évolution cosmologique se déroulerait dans le respect du scénario remarquablement efficace de la théorie inflationnaire relaté dans les précédents chapitres.

Bien que certains progrès aient été accomplis dans cette voie (concernant des détails précis nécessaires à la recherche, comme les tentatives pour comprendre pourquoi l'expansion de l'espace ne devrait concerner que trois des dimensions spatiales de l'Univers, ou l'élaboration de méthodes mathématiques qui pourraient se révéler utiles pour étudier le royaume préinflationnaire, hors du temps et de l'espace), les « Eurêka ! » se font toujours attendre. Dans les grandes lignes, si la cosmologie inflationnaire imagine l'Univers observable de plus en plus petit lorsqu'on remonte dans le passé — et donc de plus en plus dense, chaud et énergétique —, la théorie des cordes/théorie M dompte ce comportement turbulent (ou ce que l'on appelle, en langage de physiciens, les « singularités ») en introduisant une taille minimale (comme aux pages 419-420) en deçà de laquelle de nouvelles grandeurs physiques, moins sujettes aux singularités, prennent le relais. Ce raisonnement réside au cœur de l'union réussie de la relativité générale et de la mécanique quantique par la théorie des cordes/théorie M, et, au fond de moi, je pense que nous devrions rapidement parvenir à appliquer le même raisonnement dans un contexte propre à la cosmologie. Mais, dans l'état actuel des recherches, la zone de flou est toujours aussi floue et personne ne peut prédire quand elle se dissipera.

La seconde approche exploite le scénario du monde branaire, et son incarnation la plus radicale pose les bases d'une cosmologie tout à fait nouvelle. Nous n'avons aucune certitude que cette proposition survivra à un examen mathématique scrupuleux, mais elle fournit un bon exemple de la manière dont les découvertes en physique fondamentale peuvent ouvrir de nouvelles voies sur des sentiers déjà bien tracés. Cette proposition porte le nom de « modèle cyclique ».

Cosmologie cyclique

En ce qui concerne le temps, nous rencontrons dans notre expérience quotidienne deux types de phénomènes : ceux qui ont un début, un milieu et une fin clairement définis (ce livre, un match de tennis, une vie humaine), et ceux qui sont cycliques, qui recommencent encore et encore (le cycle des saisons, le lever et le coucher du Soleil, les mariages du présentateur de la CNN, Larry King). Bien sûr, en les examinant attentivement, nous apprenons que ces phénomènes cycliques ont également un début et une fin, puisque, en général, les cycles ne continuent pas à tout jamais. Le Soleil se lève et se couche — ou, plutôt, la Terre tourne autour de son axe en même temps qu'elle tourne autour du Soleil — tous les jours depuis quelque cinq milliards d'années. Mais, bien avant cela, le Soleil et le système solaire n'étaient pas formés. Et un de ces jours, d'ici à cinq autres milliards d'années, notre étoile se transformera en géante rouge, engloutissant jusqu'aux planètes les plus proches — dont la Terre —, et le simple concept de Soleil se levant et se couchant n'aura tout bonnement plus de sens… tout au moins plus par ici.

Mais nous ne savons tout cela que depuis peu. Aux yeux des anciens, les phénomènes cycliques semblaient recommencer éternellement. Et, pour beaucoup d'entre eux, les phénomènes cycliques, qui suivent leur cours et recommencent continuellement, étaient les phénomènes les plus importants. Les cycles des jours et des saisons rythment la vie, et l'on comprend facilement que les cosmologies les plus anciennes voyaient le déroulement du monde comme un phénomène cyclique. Plutôt que d'énoncer commencement, déroulement et fin, les cosmologies cycliques imaginent que le monde change au fil du temps comme la Lune au cours de ses phases successives : après une séquence complète, les conditions sont parfaites pour que tout recommence à nouveau suivant un nouveau cycle.

Depuis la découverte de la relativité générale, plusieurs modèles de cosmologie cyclique ont été proposés. Le plus connu fut élaboré dans les années 1930 par Richard Tolman, de Caltech. Tolman proposait que l'expansion observée de l'Univers pourrait ralentir, s'arrêter, et se voir suivie par une période de contraction, dans laquelle l'univers redeviendrait de plus en plus petit. Mais, plutôt que de finir en implosant sur lui-même dans un bouquet final flamboyant, l'Univers se rétrécirait jusqu'à une certaine taille, relativement petite, puis rebondirait, initiant ainsi un nouveau cycle d'expansion, qui serait à nouveau suivi par un cycle de contraction. Un univers qui suivrait ce cycle encore et encore — expansion, contraction, rebond, nouvelle expansion, etc. — éviterait avec élégance les épineuses questions de l'origine : dans un tel scénario, le concept même de l'origine n'aurait plus de sens, puisque l'Univers aurait toujours été et serait toujours ainsi.

Mais Tolman s'est rendu compte qu'en remontant dans le temps depuis nos jours les cycles pouvaient se répéter pendant un certain temps, mais pas indéfiniment. La raison en est que, durant chaque cycle, la seconde loi de la thermodynamique stipule qu'en moyenne l'entropie doit augmenter[8]. Et, si l'on en croit la relativité générale, la quantité d'entropie au début de chaque nouveau cycle déterminerait la durée dudit cycle. Davantage d'entropie conduit à une période d'expansion plus longue avant que l'expansion ne s'arrête pour laisser la place à la contraction. Chaque cycle durerait donc beaucoup plus longtemps que ses prédécesseurs, les cycles antérieurs étant de plus en plus courts dans le passé. Mathématiquement, le raccourcissement constant des cycles élimine la possibilité qu'ils se succèdent ainsi depuis un passé infiniment lointain. Même dans le cadre de la cosmologie cyclique de Tolman, l'Univers aurait bel et bien eu une origine.

La proposition de Tolman s'appliquait à un univers sphérique qui, comme nous l'avons vu, a été éliminé par les observations. Mais on a récemment élaboré, au sein de la théorie des cordes/théorie M, une version complètement nouvelle de cette cosmologie cyclique qui s'applique à un univers plat. L'idée, due à Paul Steinhardt et à son collaborateur Neil Turok, de l'université de Cambridge (tous deux s'inspirèrent énormément des résultats qu'ils avaient découverts au cours de leur collaboration avec Burt Ovrut, Nathan Seiberg et Justin Khoury), propose un mécanisme d'évolution cosmique inédit[9]. Grosso modo, ils émettent l'hypothèse que nous vivons dans une trois-brane qui, avec une périodicité de quelques millions de milliards d'années, entrerait en collision avec une autre trois-brane avoisinante, parallèle à la nôtre. Et c'est le « bang » dû à cette collision qui initierait chaque nouveau cycle cosmologique.

Le décor pour cette mise en scène est celui que dresse la figure 13.7 et qui fut proposé quelques années plus tôt par Hořava et Witten, dans un contexte non cosmologique. Hořava et Witten découvrirent, en tentant de finaliser l'unité parmi les cinq théories des cordes proposée par Witten, que si l'une des sept dimensions supplémentaires de la théorie M avait une forme très simple — non pas un cercle, comme sur la figure 12.7, mais un petit segment de ligne droite, comme sur la figure 13.7 — et était bornée par ce que l'on appelle les « branes des bouts-du-monde », disposées comme des serre-livres, alors on pouvait relier directement la théorie des cordes hétérotiques E à toutes les autres. Les détails du raisonnement qui les a conduits à ces relations ne sont ni évidents ni prioritaires pour nous (si cela vous intéresse, je vous invite à consulter le chapitre 12 de *L'Univers élégant*). Ce qui importe ici, c'est qu'il s'agit d'un point de départ qui émerge naturellement de la théorie. Steinhardt et Turok l'ont adopté pour leur proposition en cosmologie.

Plus précisément, Steinhardt et Turok ont imaginé que chacune des branes de la figure 13.7 a trois

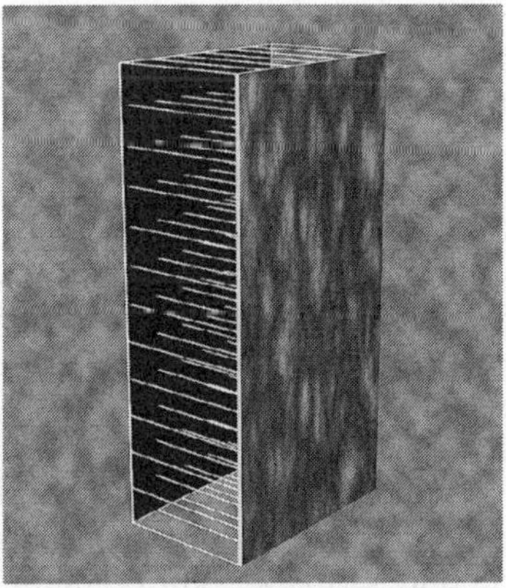

Figure 13.7 Deux trois-branes, séparées par une courte distance.

dimensions d'espace, les lignes qui les relient représentant une quatrième dimension. Les six dimensions d'espace restantes sont enroulées en un espace de Calabi-Yau (qui n'est pas représenté sur la figure) ayant exactement la forme requise pour que les modes de vibration des cordes puissent rendre compte des particules observées[10]. L'Univers que nous observons directement correspond à l'une de ces trois-branes ; on peut, si l'on veut, imaginer la seconde comme un autre univers dont les habitants, si tant est qu'il y en ait, n'auraient eux aussi conscience que de trois dimensions d'espace (à supposer que leurs compétences expérimentales et l'avancement de leur technologie soient du même ordre que les nôtres). Ainsi, dans cette proposition, il y aurait une autre trois-brane — un autre univers — à deux pas de la nôtre. Celle-ci serait placée à une toute petite fraction de millimètre (la distance étant à prendre dans la quatrième dimension, comme sur la figure 13.7), mais, notre trois-brane étant particulièrement collante et la gravitation telle que nous l'observons étant si faible, nous n'avons aucun indice direct de son existence, et ses hypothétiques habitants n'ont réciproquement aucun signe de la nôtre.

Mais, si l'on en croit le modèle cosmologique cyclique de Steinhardt et Turok, la figure 13.7 n'est pas représentative d'une situation qui aurait toujours été ainsi ni qui perdurera à tout jamais. En fait, dans leur modèle, les deux trois-branes s'attirent l'une l'autre — un peu comme si elles étaient reliées par de petits élastiques — et cela implique que chacune régit l'évolution cosmologique de l'autre : les branes sont engagées dans un cycle sans fin de collision, rebond, collision, qui régénère continuellement leur monde tridimensionnel en expansion.

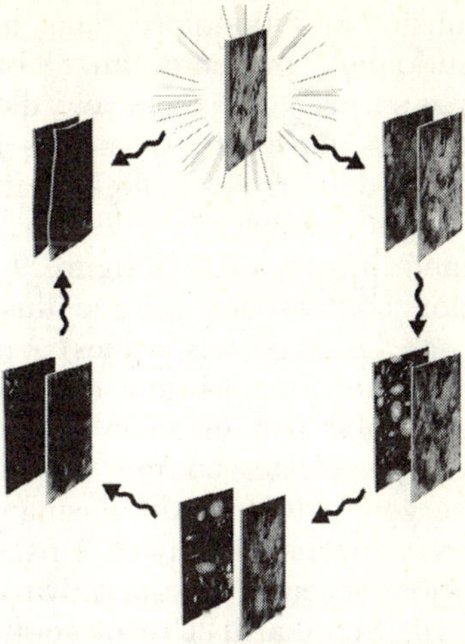

Figure 13.8 Les diverses étapes du modèle cosmologique cyclique pour le monde branaire.

Pour voir comment cela fonctionne, regardons la figure 13.8, qui montre un cycle complet, étape par étape.

À l'étape 1, juste après une collision, les deux trois-branes rebondissent. L'énergie considérable mise en jeu durant la collision met au crédit de chacune des deux branes une quantité importante de rayonnement et de matière de très haute énergie, et — voici la clé de toute l'histoire — Steinhardt et Turok avancent que *les propriétés détaillées de cette matière et de ce rayonnement ressemblent de très près à celles produites dans les modèles inflationnaires*. Bien que ce point soit toujours controversé, Steinhardt et Turok en déduisent que la collision entre les deux trois-brane conduit à des conditions physiques extrêmement proches de celles qui régneraient après le sursaut d'expansion inflationnaire dans les modèles plus conventionnels présentés au chapitre 10. Il n'est donc pas surprenant qu'aux yeux d'un observateur vivant dans notre trois-brane les étapes suivantes de ce modèle de cosmologie cyclique soient essentiellement les mêmes que celles du modèle plus conventionnel, illustrées sur la figure 9.2 (où cette figure est alors à interpréter comme illustrant l'évolution sur l'une des deux trois-branes). À proprement parler, lorsque notre trois-brane rebondit après la collision, elle subit expansion et refroidissement, et les structures célestes comme les étoiles et les galaxies émergent peu à peu du plasma primordial, comme nous le voyons à l'étape 2. Ainsi, s'inspirant des observations récentes de supernovæ (présentées au chapitre 10), Steinhardt et Turok configurent leur modèle de telle sorte que, sept milliards d'années après le début du cycle — étape 3 —, l'énergie de la matière et du rayonnement ordinaires soit suffisamment diluée par l'expansion de la brane pour qu'un composant de l'énergie noire l'emporte et, par sa pression négative, enclenche une ère d'expansion inflationnaire. (Cela nécessite un ajustement extrêmement fin de multiples détails, mais permet au modèle de coller aux observations, ce qui, d'après les partisans de cette cosmologie cyclique, est une motivation suffisante.) Environ sept milliards d'années plus tard, nous, humains, nous trouvons ici sur Terre (ou, tout au moins, c'est le cas pour le cycle actuellement en cours) et faisons l'expérience des premières étapes de la phase accélérée. Ensuite, durant plusieurs *milliers de milliards* d'années, il ne se passe pas grand-chose outre le fait que notre trois-brane continue son expansion accélérée. Voilà qui laisse suffisamment de temps à notre espace tridimensionnel pour grossir d'un facteur tellement énorme que matière et rayonnement seraient dilués à tel point que notre monde branaire semblerait presque totalement vide et uniforme : étape 4.

À ce point, notre trois-brane a terminé son rebond dû à la collision initiale, et commence à se rapprocher à nouveau de la seconde trois-brane. Plus la collision est proche, plus l'agitation quantique des cordes attachées à notre brane peuple sa vacuité uniforme de petites fluctuations : étape 5. Plus notre vitesse d'approche augmente, plus ces plis et replis se creusent. Puis, dans une collision cataclysmique, nous heurtons la seconde trois-brane, avant de rebondir pour entamer un nouveau cycle. Les fluctuations quantiques confèrent de petites « inhomogénéités » au rayonnement et à la matière produits durant la collision et, un peu comme dans le scénario inflationnaire, ces petites déviations à l'uniformité grossissent jusqu'à former des amas responsables de la formation ultérieure des étoiles et des galaxies.

Voilà donc les principales étapes du modèle cyclique (aussi connu sous le tendre nom de « big splat* »). Ses prémices — la collision des deux mondes branaires — sont très différents de ceux de la théorie inflationnaire qui fonctionne si bien, mais il y a toutefois un certain nombre de points communs entre les deux modèles. L'une des similitudes essentielles est que tous deux font appel à l'agitation quantique pour produire les non-uniformités initiales. En fait, Steinhardt et Turok avancent que les équations régissant les fluctuations quantiques du modèle cyclique sont presque identiques à celles du modèle inflationnaire, si bien que les non-uniformi-

* Le « splat » anglo-saxon pouvant être traduit en français par l'onomatopée « flac » (*N.d.T.*).

tés résultantes prédites par les deux théories sont elles aussi presque identiques[11]. En outre, s'il n'y a pas d'explosion inflationnaire dans le modèle cyclique, il y a toutefois une période d'expansion accélérée d'un millier de milliards d'années (commençant à l'étape 3). Mais ce n'est qu'une question de temps : ce que le modèle inflationnaire accomplit en un éclair, le modèle cyclique le réalise en un temps qui, par comparaison, semble durer une éternité. La collision du modèle cyclique ne marquant pas le commencement de l'Univers, cela nous laisse tout le loisir de résoudre les questions cosmologiques (comme le problème de l'horizon ou de la platitude de l'espace) durant le millier de milliards d'années à la fin de chaque cycle *précédent*. Une expansion accélérée, modérée mais régulière durant une éternité à la fin de chaque cycle, étire notre trois-brane jusqu'à ce qu'elle soit bien plate et bien uniforme, à l'exception des petites (et néanmoins importantes) fluctuations quantiques. C'est ainsi que la longue phase finale de chaque cycle, suivie par le « splat » marquant le début du cycle suivant, conduit à un environnement très semblable à celui qui découle du sursaut d'expansion fugace prédit par le modèle inflationnaire.

Le point sur la situation : survol rapide

Dans leur état actuel, les modèles de cosmologie inflationnaire et cyclique donnent un bon aperçu de ce que pourrait être la cosmologie, mais aucun des deux n'est encore une théorie complète. Puisque l'on ne connaît pas les conditions qui régnaient lors des premiers instants de l'Univers, les partisans de la cosmologie inflationnaire sont contraints d'admettre, sans justification théorique, que les conditions nécessaires à l'inflation ont bien été réunies. Si ce fut effectivement le cas, alors la théorie résout bon nombre d'énigmes cosmologiques et explique la flèche du temps. Mais tous ces succès dépendent avant toute chose du fait que l'inflation a bel et bien eu lieu. En outre, la cosmologie inflationnaire n'étant pas facilement absorbée par la théorie des cordes, celle-ci n'appartient donc pas encore à une union cohérente de la mécanique quantique et de la relativité générale.

Le modèle cyclique possède lui aussi son lot d'inconvénients. Comme dans le modèle de Tolman, les considérations entropiques (ainsi que la mécanique quantique[12]) assurent que les cycles du modèle ne peuvent avoir existé depuis toujours. En fait, ceux-ci auraient commencé à un certain moment dans le passé et, comme pour l'inflation, nous devons encore expliquer comment le premier cycle a pu démarrer. S'il a effectivement eu lieu, alors la théorie, à nouveau, comme l'inflation, résout les problèmes cosmologiques les plus importants et oriente la flèche du temps depuis le « splat » de plus basse entropie jusqu'aux étapes suivantes du cycle, illustrées sur la figure 13.8. Mais, tel qu'on le conçoit aujourd'hui, le modèle cyclique n'offre aucune explication sur la manière ou la raison pour laquelle l'Univers s'est trouvé dans les conditions nécessaires pour enclencher le cycle de la figure 13.8. Par exemple, pourquoi six dimensions s'enroulent-elles en Calabi-Yau tandis qu'une autre adopte consciencieusement la forme d'un segment spatial séparant les deux trois-branes ? Comment se fait-il que les deux trois-branes des bouts-du-monde s'alignent de manière si parfaite, et qu'elles s'attirent l'une l'autre précisément avec la force nécessaire pour que les étapes de la figure 13.8 se succèdent comme nous les avons décrites ? Et, question de première importance : que se passe-t-il exactement dans la version cyclique du bang, lorsque les deux trois-branes se heurtent ?

Concernant cette dernière question, nous caressons l'espoir que le « splat » du modèle cyclique soit moins problématique que la singularité que l'on rencontre au temps zéro dans les modèles de cosmologie inflationnaire. Dans le modèle cyclique, ce n'est pas tout l'espace qui est infiniment compressé, mais seulement la dimension entre les branes qui se trouve écrasée, durant chaque cycle, les branes elles-mêmes sont toujours globalement en expansion, pas en contraction. Et cela, si l'on en croit les arguments avancés par Steinhardt, Turok et leurs collaborateurs, implique que les branes aient une température *finie* et des densités *finies*. Mais rien n'est encore sûr car, jusqu'à présent, personne n'est parvenu à vaincre les équations et à se faire une idée plus précise de ce qui se passe lorsque les branes se heurtent. En fait, les analyses réalisées jusqu'à présent semblent indiquer que le « splat » serait sujet aux mêmes problèmes que ceux de la théorie inflationnaire au temps zéro : les mathématiques s'effondrent. Ainsi la cosmologie est-elle toujours en attente d'une résolution rigoureuse des singularités de ses débuts — qu'il s'agisse du véritable commencement de l'Univers ou de celui du cycle actuel.

L'aspect le plus séduisant du modèle cyclique est la manière dont il inclut l'énergie noire et l'expansion accélérée que l'on observe. En 1998, lorsqu'on a découvert que l'Univers subissait une expansion accélérée, ce fut une surprise pour la majorité des physiciens et des astronomes. Bien que l'on puisse en rendre compte dans les cosmologies inflationnaires en supposant que l'Univers contient précisément la bonne quantité d'énergie noire, cette explication à l'expansion accélérée prenait la tournure d'une pièce rapportée. En revanche, dans le modèle cyclique, le rôle de l'énergie noire est naturel et décisif. Les mille milliards d'années d'expansion accélérée lente mais régulière sont essentielles pour faire table rase, diluer l'Univers observable jusqu'à une vacuité quasi totale et remettre toutes les conditions à leur point de départ en vue du prochain cycle. De ce point de vue, aussi bien le modèle inflationnaire que le modèle cyclique reposent sur l'expansion accélérée — dans les premiers instants pour le modèle inflationnaire et à la fin de chaque cycle pour le modèle cyclique —, mais seul le second bénéficie de l'appui d'observations directes (souvenons-nous que le modèle cyclique est tel que nous entrons tout juste dans la phase d'expansion accélérée de mille milliards d'années, et nous avons tout récemment observé une telle expansion). C'est un point qui joue en faveur du modèle cyclique, mais qui signifie également que, si cette expansion accélérée n'était pas confirmée en tous points par les observations futures, le modèle inflationnaire pourrait survivre (bien que se pose à nouveau la question des 70 % manquants dans le budget énergétique de l'Univers), mais pas le modèle cyclique.

Nouvelles visions de l'espace-temps

Le scénario du monde branaire et le modèle de cosmologie cyclique qui en découle sont tous deux très spéculatifs. Si je les ai présentés ici, ce n'est pas tant parce que j'ai la conviction qu'ils sont corrects, mais surtout parce que je tiens à montrer comment la théorie des cordes/théorie M nous inspire des manières radicalement nouvelles de penser l'espace que nous habitons et son évolution. Si nous vivions bel et bien sur une trois-brane, la question vieille comme le temps de la réalité matérielle de notre espace tridimensionnel serait clairement résolue : l'espace serait une brane, et serait donc une bonne fois pour toutes « quelque chose ». Il pourrait aussi n'avoir aucun caractère particulier puisqu'il pourrait y avoir d'autres branes de diverses dimensions, flottant dans les multiples dimensions spatiales de la théorie des cordes/théorie M. Et, si l'évolution cosmologique de notre trois-brane procédait de collisions répétées avec une autre brane voisine, alors le temps tel que nous le connaissons ne parcourrait que l'un des nombreux cycles de l'Univers, chaque big bang étant suivi par un autre, puis un autre, puis un autre…

À mon sens, c'est un point de vue passionnant, qui m'inspire toutefois une grande humilité. L'espace et le temps pourraient représenter beaucoup plus que ce que nous imaginions ; et, si c'est le cas, ce que nous pensions être « tout » pourrait n'être qu'un petit élément d'une réalité beaucoup plus riche.

Cinquième partie

RÉALITÉ ET FICTION

14

LÀ-HAUT DANS LE CIEL ET ICI-BAS SUR TERRE

Expériences sur l'espace et le temps

Nous avons parcouru bien du chemin depuis l'époque d'Empédocle, qui expliquait l'Univers à l'aide de la terre, de l'air, du feu et de l'eau. Et beaucoup des progrès accomplis, depuis Newton jusqu'aux découvertes révolutionnaires du XXe siècle, ont été entérinés de manière spectaculaire par la confirmation expérimentale de prédictions théoriques précises et détaillées. Mais, depuis le milieu des années 1980, nous sommes victimes de notre propre succès. Constamment mus par le désir de repousser toujours plus les limites de nos connaissances, nous avons pénétré par nos théories des royaumes qui résident au-delà de notre portée technologique.

Néanmoins, si la chance nous sourit et si nous soutenons nos efforts, beaucoup des idées qui occupent aujourd'hui le devant de la scène théorique pourront être confrontées à l'expérience durant les dizaines d'années à venir. Comme nous allons le voir dans le présent chapitre, des expériences programmées ou déjà en cours pourraient nous renseigner considérablement sur l'existence de dimensions supplémentaires, sur la composition de la matière et de l'énergie noires, sur l'origine de la masse des particules et l'océan de Higgs, sur la cosmologie de l'Univers primordial, sur la validité de la supersymétrie et peut-être même sur celle de la théorie des cordes. Ainsi, avec un peu plus de chance encore, certaines des idées les plus innovantes concernant l'unification, la nature de l'espace et du temps ou nos origines cosmiques pourraient finalement être testées.

Einstein pris dans le mouvement

Dans son combat de plus de dix ans pour formuler la théorie de la relativité générale, Einstein s'est inspiré de diverses sources. Les plus importantes puisaient dans les mathématiques des formes courbes, développées au XIXe siècle par des sommités en la matière tels que Carl Friedrich Gauss, János Bolyai, Nikolaï Lobatchevsky et Georg Bernhard Riemann. Comme nous l'avons vu au chapitre 3, Einstein s'inspira également des idées d'Ernst Mach. Souvenons-nous que ce dernier préconisait une vision relationniste de l'espace : pour lui, l'espace était le langage qui nous permet de préciser la position d'un objet par rapport à un autre, sans être en soi une entité indépendante. Au départ, Einstein était enthousiasmé par les idées de Mach parce qu'elles représentaient le plus haut degré de relativité que l'on pouvait espérer pour une théorie relativiste. Mais, à mesure que sa compréhension de la relativité générale s'étoffait, il s'aperçut qu'il ne pouvait pas y inclure totalement les idées de Mach. Si l'on en croit la relativité générale, l'eau contenue dans le seau de Newton en rotation dans un univers vide de toute autre chose prendrait une forme concave, incompatible avec le point de vue purement relationniste de Mach, puisque cela implique une notion d'accélération absolue. Malgré cela, la relativité générale inclut tout de même certains aspects de la conception qu'avait Mach de l'espace, et, dans les cinq années à venir, une expérience initiée voici près de quarante ans, qui aura coûté plus de six cents millions d'euros, pourra tester l'un des aspects les plus importants de ce point de vue machien.

La physique sous-jacente est connue depuis 1918, lorsque les chercheurs autrichiens Joseph Lense et Hans Thirring utilisèrent la relativité générale pour montrer que, tout comme un corps massif courbe l'espace et le temps — comme une boule de bowling posée sur la toile d'un trampoline —, un corps en rotation devrait entraîner l'espace (et le temps) dans son mouvement — comme une pierre en rotation qui serait plongée dans de la mélasse. Cet effet, connu sous le nom d'« entraînement des repères », impliquerait par exemple qu'un astéroïde en chute libre vers une étoile à neutron ou un trou noir en rotation rapide serait happé dans une spirale spatiale et tomberait en tourbillonnant vers l'astre. On parle d'entraînement des repères car, du point de vue de l'astéroïde — dans son référentiel —, il ne tourbillonne absolument pas : il est en chute libre et tombe tout droit vers l'astre, en suivant les courbes de l'espace. Mais l'espace lui-même étant en spirale (voir la figure 14.1), les courbes se déforment, et « tomber tout droit » n'a plus le même sens que ce que l'on imagine d'un point de vue distant et non tourbillonnant.

Pour voir le rapport avec les idées de Mach, imaginons une version de cet effet d'entraînement des repères dans laquelle le corps massif en rotation serait une énorme sphère creuse. Des calculs, initiés en 1912 par Einstein (avant même qu'il eût achevé la relativité générale), puis étoffés en 1965 par Die-

Figure 14.1 Un corps massif en rotation entraîne l'espace-temps — les repères en chute libre — dans son mouvement.

ter Brill et Jeffrey Cohen et finalement achevés en 1985 par les physiciens allemands Herber Pfister et Karl Braun, montrent que l'espace à l'intérieur de la sphère creuse serait entraîné par son mouvement de rotation et se mettrait à tourbillonner[1]. Si l'on plaçait à l'intérieur d'une telle sphère un seau stationnaire rempli d'eau — stationnaire du point de vue d'un observateur éloigné —, les calculs montrent que l'espace tourbillonnant exercerait une force sur l'eau stationnaire qui lui conférerait une forme concave.

Ce résultat aurait beaucoup plu à Mach. Bien qu'il n'eût sans doute pas apprécié de formuler les choses en disant de l'espace qu'il « tourbillonne » — puisque cela décrit l'espace comme un « quelque chose » —, il aurait certainement trouvé très satisfaisant le fait que le mouvement de rotation *relatif* entre la sphère et le seau provoque le changement de forme de l'eau. En réalité, pour une sphère creuse contenant suffisamment de masse, de l'ordre de celle de la totalité de l'Univers, les calculs montrent que l'imaginer tournant autour du seau plutôt que d'imaginer le seau tournant à l'intérieur n'a aucune espèce d'importance. Comme le préconisait

Mach, la seule chose qui compte, c'est leur mouvement relatif. Or, les calculs dont je parle n'utilisant que la relativité générale, ils donnent un exemple explicite d'un aspect clairement machien de la théorie d'Einstein. (Cependant, tandis que le raisonnement purement machien aurait affirmé que l'eau resterait plate si le seau tournait dans un univers vide et infini, la conclusion de la relativité générale est différente. Ce que montre le résultat de Pfister et de Braun, c'est qu'une sphère en rotation suffisamment massive peut contrecarrer l'influence habituelle de l'espace situé au-delà.)

En 1960, Leonard Schiff, de l'université de Stanford, et, indépendamment, George Pugh, de l'US Department of Défense, proposèrent que la prédiction par la relativité générale de l'entraînement des repères pût être testée expérimentalement avec le mouvement de rotation de la Terre. Schiff et Pugh réalisèrent qu'en vertu de la physique newtonienne, un gyroscope en rotation — une roue libre de tourner autour d'un axe — mis en orbite à haute altitude au-dessus de la surface de la Terre, pointerait vers une direction fixe et invariable. En revanche, si l'on en croit la relativité générale, l'axe du gyroscope s'écarterait très lentement de cette direction du fait de l'entraînement des repères dû à la rotation de la Terre. La masse de notre planète étant dérisoire par comparaison à la sphère creuse hypothétique du calcul de Pfister et Braun, l'effet d'entraînement de la Terre serait minuscule. Des calculs détaillés montrent que, si l'axe du gyroscope pointe initialement vers une étoile lointaine choisie à l'avance, en un an, l'orientation de son axe devrait, du fait de l'entraînement des repères, varier de sept dix millièmes de degré. Cela correspond à l'angle dont se déplace la petite aiguille d'une montre en deux millionièmes de seconde, et sa détection représente donc un défi scientifique et technique majeur.

Quarante années de recherches et près de cent thèses de doctorat plus tard, une équipe de Stanford, dirigée par Francis Everitt et financée par la NASA, est aujourd'hui prête à mener l'expérience. Durant les quelques années à venir, leur satellite, le *Gravity Probe B*, flottant à six cent cinquante kilomètres d'altitude et muni de quatre gyroscopes parmi les plus stables que l'on ait jamais construits, tentera de mesurer l'entraînement des repères causé par la rotation de la Terre. Si l'expérience réussit, elle sera l'une des confirmations de plus haute précision de la relativité générale et fournira la première preuve directe d'un effet machien[2].

Une autre possibilité tout aussi séduisante serait que l'expérience détecte une déviation à la prédiction de la relativité générale. Une telle faille dans les fondements de cette théorie pourrait être précisément ce dont nous aurions besoin pour faire pencher la balance expérimentale en faveur des caractéristiques cachées de l'espace-temps.

Saisir la vague au bon moment

Une des principales leçons que nous enseigne la relativité générale est que masse et énergie courbent l'espace-temps ; nous avions illustré cela sur la figure 3.10 en montrant la courbure de l'espace aux alentours du Soleil. Toutefois, les figures immobiles ont certains inconvénients, et en particulier le fait qu'elles ne peuvent pas montrer l'évolution des courbes et des déformations de l'espace lorsque la masse ou l'énergie dont elles sont issues se déplacent ou changent leur configuration d'une manière ou d'une autre[3]. La relativité générale prédit que, tout comme la toile d'un trampoline prend une forme courbe mais figée si l'on s'y tient parfaitement immobile, mais qu'elle ondule dès que l'on saute de haut en bas, l'espace peut prendre une forme courbe et fixe pourvu que la matière soit parfaitement immobile, comme le suppose la figure 3.10, mais sa courbure ondulera lorsque la matière bougera de-ci, de-là. Einstein comprit cela entre 1916 et 1918, lorsqu'il utilisa les équations nouvellement remaniées de la relativité générale pour montrer que — à l'instar des charges électriques qui, circulant le long d'une antenne, produisent des ondes électromagnétiques (c'est ainsi que sont transmis les programmes radiophoniques ou télévisés) — la matière circulant de-ci, de-là (comme lors d'une explosion en supernova) produit des ondes gravitationnelles. Or, la gravitation étant synonyme de courbure, une onde gravitationnelle est donc une onde de courbure. Tout comme le fait de lancer un caillou dans une mare produit sur l'eau des vagues circulaires se propageant en s'éloignant de leur centre, faire tourner la matière produit des vagues spatiales analogues. Si l'on en croit la relativité générale, une explosion lointaine en supernova s'apparente à un caillou jeté dans une mare cosmique, comme l'illustre la figure 14.2. Celle-ci montre un aspect important qui distingue les ondes gravitationnelles des autres : contrairement à la lumière, au son ou aux vagues sur l'eau — autant d'ondes qui se propagent *à travers* l'espace —, les ondes gravitationnelles se propagent *au sein* de l'espace. Elles sont des déformations ambulantes de la géométrie de l'espace lui-même.

Les ondes gravitationnelles sont maintenant une prédiction bien acceptée de la relativité générale, mais, pendant des années, le sujet fut entaché de

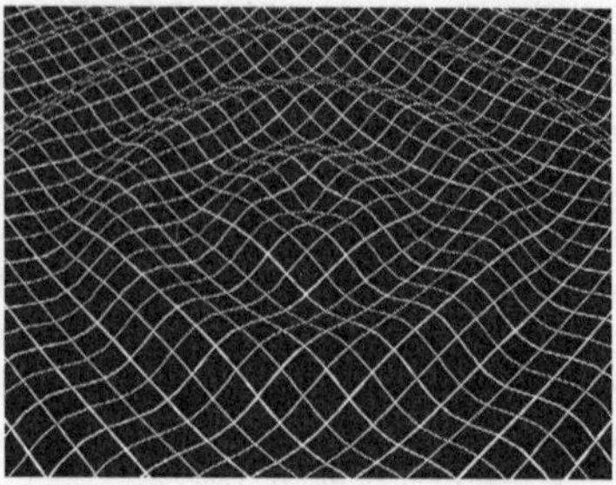

Figure 14.2 Les ondes gravitationnelles sont des vagues dans la structure de l'espace-temps.

quiproquos et de controverses, en partie dus à un assentiment général à la philosophie de Mach. Si la relativité générale incluait totalement les idées de Mach, alors la « géométrie de l'espace » ne serait qu'un langage commode pour définir la position et le mouvement d'un corps massif par rapport à un autre. Avec cette manière de penser, l'espace vide étant un concept vide, comment pourrait-on décemment parler des ondulations de l'espace vide ? Beaucoup de physiciens tentèrent de montrer que ces supposées ondes d'espace n'étaient que le résultat d'une mauvaise interprétation des mathématiques de la relativité générale. Mais, en fin de compte, les analyses théoriques convergent toutes vers la bonne conclusion : les ondes gravitationnelles sont réelles, et l'espace peut bel et bien former des vagues.

Au passage de chaque crête et de chaque creux, la géométrie déformée d'une onde gravitationnelle peut étirer l'espace — et tout ce qu'il contient — dans une certaine direction, puis le comprimer — lui et tout ce qu'il contient — dans la direction perpendiculaire, comme sur la figure 14.3, qui en donne une représentation très exagérée. En principe, on pourrait détecter le passage d'une onde gravitationnelle en mettant en évidence, par des mesures répétées des distances séparant diverses positions, que les rapports entre ces distances ont été momentanément modifiés.

En pratique, personne n'y est encore parvenu, si bien que personne n'a encore détecté directement une onde gravitationnelle (mais il existe toutefois certaines manifestations indirectes qu'il est très tentant d'imputer aux ondes gravitationnelles[4]). Toute la difficulté provient du fait que la distorsion due au passage d'une onde gravitationnelle est typiquement infime. Le 16 juin 1945, au Nouveau-Mexique, le premier essai de la bombe atomique Trinity, équivalente à l'explosion de vingt mille tonnes de TNT, était si lumineux que, dans un périmètre de plusieurs kilomètres, tous les témoins durent se protéger les yeux pour éviter les dégâts sérieux qu'auraient pu provoquer les ondes électromagnétiques émises. Et pourtant, même si nous avions pu rester juste en dessous de la tour haute de trente mètres sur laquelle était installée la bombe, les ondes gravitationnelles produites par son explosion auraient étiré notre corps dans un sens ou dans l'autre d'une toute petite fraction du diamètre d'un atome. Cela donne

Figure 14.3 Au passage d'une onde gravitationnelle, un objet est étiré dans un sens, puis dans l'autre. (Sur cette image, la déformation due à une onde gravitationnelle typique est exagérément accentuée.)

une idée de la faible intensité de ces déformations gravitationnelles, et du défi technologique que représente leur détection. (Une onde gravitationnelle pouvant également s'interpréter comme un nombre gigantesque de gravitons se propageant de concert — tout comme une onde électromagnétique est composée d'un nombre colossal de photons —, cela donne aussi une idée de la difficulté que l'on peut avoir à détecter *un seul* graviton.)

Bien entendu, les ondes gravitationnelles produites par les armes nucléaires ne nous intéressent pas, mais la situation est assez semblable pour les sources astrophysiques. Plus la source est proche et massive, plus son mouvement est énergétique et violent, plus les ondes gravitationnelles reçues seront fortes. Cela étant, même si une étoile située à dix mille années-lumière de distance devait exploser en supernova, à son passage sur Terre, l'onde gravitationnelle étirerait un mètre étalon d'un millionième de milliardième de centimètre seulement (10^{-15} cm), à peine un centième de la taille d'un noyau atomique. Donc, à moins que ne survienne un événement astronomique inattendu ayant des proportions littéralement cataclysmiques, nous ne sommes pas près de pouvoir détecter une onde gravitationnelle sans disposer d'une machine capable de déceler des variations de longueur aussi dérisoires.

Les scientifiques qui ont conçu et construit le LIGO (le Laser Interferometer Gravitational wave Observatory, utilisé conjointement par les chercheurs de Caltech et du MIT, et financé par la National Science Foundation) ont relevé le défi. L'interféromètre LIGO est impressionnant et promet une sensibilité exceptionnelle. Il est composé de deux cylindres creux longs de quatre kilomètres et larges d'un peu plus d'un mètre, disposés en L. Des faisceaux lasers, envoyés simultanément dans des tubes à vide contenus dans ces deux cylindres, puis réfléchis par des miroirs de très haute qualité, sont utilisés pour mesurer la longueur relative de chacun des cylindres avec une précision extraordinaire. L'idée est que, si une onde gravitationnelle passe par là, elle étirera l'un des deux cylindres, qui deviendra donc plus long que l'autre, et, si cet écart est suffisant, les scientifiques pourront le détecter.

Les cylindres sont si longs parce que les élongations et les contractions dues à une onde gravitationnelle sont cumulatives. Si une onde gravitationnelle étire un objet long de quatre mètres de 10^{-20} mètre, par exemple, alors l'élongation d'un objet long de quatre kilomètres est mille fois supérieure, c'est-à-dire de 10^{-17} mètre. Donc, plus longue est la distance envisagée, plus on a de chances de détecter une variation de longueur. Pour mettre toutes les chances de leur côté, les expérimentateurs du LIGO ont en fait conçu l'interféromètre de telle sorte que les rayons laser fassent plus de cent allers-retours entre deux miroirs disposés à chaque extrémité des deux tubes, ce qui augmente la distance totale enregistrée jusqu'à huit cents kilomètres pour chaque faisceau. Grâce à de telles astuces et à de véritables exploits technologiques, LIGO devrait pouvoir détecter la moindre variation de longueur supérieure à un millième de milliardième de l'épaisseur d'un cheveu humain — une centaine de millionième de la taille d'un atome.

Et il y a même deux de ces interféromètres en L aux États-Unis : le premier se trouve à Livingston, en Louisiane, et le second à trois mille kilomètres de là, à Hanford, dans l'État de Washington. Si une onde gravitationnelle provenant d'un quelconque chambardement astrophysique lointain passait par là, elle agirait de la même manière sur les deux détecteurs. Aussi toute onde détectée par l'un des interféromètres devra-t-elle se manifester également sur l'autre. C'est un test de cohérence important car, malgré toutes les précautions prises pour isoler les détecteurs, toutes sortes de perturbations émanant de la vie quotidienne (le passage d'un camion à proximité, le bruit d'une tronçonneuse, la chute d'un arbre, etc.) pourraient faire croire à une onde gravitationnelle. Imposer la coïncidence entre deux détecteurs relativement éloignés permet d'éliminer ces faux résultats.

Les chercheurs ont également calculé avec précision les fréquences des ondes gravitationnelles — le nombre de crêtes et de creux qui devraient traverser le détecteur à chaque seconde — attendues pour tout un éventail de phénomènes astrophysiques, incluant explosions en supernovæ, rotation d'étoiles à neutrons non sphériques ou collisions entre trous noirs. Sans cette information, l'expérience reviendrait à chercher une aiguille dans une botte de foin ; grâce à elle, les expérimentateurs peuvent ajuster leurs détecteurs sur la fine bande de fréquences ayant un intérêt physique. Curieusement, les calculs révèlent que, pour certaines ondes gravitationnelles, les fréquences correspondent à quelques milliers de cycles par seconde ; s'il s'agissait d'ondes sonores, celles-ci correspondraient exactement aux fréquences audibles par l'homme. Des étoiles à neutrons coalescentes feraient des gazouillis de plus en plus aigus, deux trous noirs en collision ressembleraient aux trilles d'un moineau enroué. C'est une véritable cacophonie d'ondes gravitationnelles qui remplit l'étoffe spatio-temporelle et, si le plan se déroule comme prévu, le LIGO devrait être le premier appareil à l'écoute[5].

Ce qui est si excitant, dans tout ça, c'est que les ondes gravitationnelles illustrent deux des principales caractéristiques de la gravitation : sa faiblesse et son ubiquité. Des quatre forces fondamentales, c'est la gravitation qui interagit le plus faiblement avec la matière. Cela implique que des ondes gravitationnelles puissent traverser un matériau opaque à la lumière, et donc nous ouvrir à des royaumes astrophysiques non encore explorés. En outre, *tout* étant soumis à la gravitation (contrairement au cas de la force électromagnétique, par exemple, qui n'agit que sur les objets chargés électriquement), toute chose a également la capacité de produire des ondes gravitationnelles et donc de laisser une signature observable. Le LIGO marque donc un tournant important dans notre manière d'étudier l'Univers.

Il fut un temps où nous ne pouvions guère faire plus que de lever les yeux et admirer les cieux. Au XVIIe siècle, Hans Lippershey et Galilée changèrent cela : grâce au télescope, l'immensité du cosmos fut à la portée de l'humanité. Mais, avec le temps, nous avons compris que la lumière visible n'ouvrait qu'une toute petite fenêtre sur l'étendue du spectre des ondes électromagnétiques. Au XXe siècle, grâce à des télescopes dans le domaine des infrarouges, des ondes radio, des rayons X et des rayons gamma, une nouvelle facette du cosmos s'est ouverte à nous, qui recèle des merveilles imperceptibles pour nos yeux — dont l'évolution a décidé qu'ils ne verraient que les longueurs d'onde de la lumière visible. Et aujourd'hui, au XXIe siècle, l'Univers s'ouvre à nous de manière différente encore. Grâce au LIGO et aux autres interféromètres du même type* nous verrons

* L'un d'eux est le projet LISA (Laser Interferometer Space Antenna), une version spatiale du LIGO comprenant plusieurs paires de satellites distants de six millions de kilomètres, jouant le même rôle que les tubes de quatre

le cosmos sous un angle radicalement nouveau. Au lieu des ondes électromagnétiques, nous utiliserons les ondes gravitationnelles ; plutôt que la force électromagnétique, nous exploiterons la force gravitationnelle.

Pour apprécier le caractère révolutionnaire de la technologie mise en jeu, imaginons un monde dans lequel des scientifiques extraterrestres viendraient tout juste de découvrir un moyen de détecter les ondes électromagnétiques — la lumière —, et imaginons à quel point leur vision de l'Univers en serait bouleversée. Nous sommes sur le point de détecter pour la première fois des ondes gravitationnelles et nous pourrions tout à fait être dans une situation semblable. Nous regardons le cosmos depuis des millénaires ; aujourd'hui, pour la première fois dans toute l'histoire de l'humanité, c'est un peu comme si nous nous apprêtions à l'écouter.

La chasse aux dimensions cachées

Avant 1996, la plupart des modèles théoriques qui incluaient des dimensions supplémentaires imaginaient que leur taille était de l'ordre de la longueur de Planck (10^{-33} cm). Cette valeur étant inférieure de dix-sept ordres de grandeur à ce que l'on est capable de détecter avec les instruments disponibles aujourd'hui, sans la découverte miraculeuse d'une technologie nouvelle, cette physique planckienne restera hors de notre portée. Mais si les dimensions supplé-

---

kilomètres du LIGO. Parmi les autres projets les plus prometteurs de la recherche d'ondes gravitationnelles, citons le détecteur anglo-allemand GEO 600, le détecteur franco-italien VIRGO et le détecteur japonais TAMA 300.

mentaires sont « grandes », c'est-à-dire si elles dépassent le centième de milliardième de milliardième de mètre (10^{-20} m), soit un millionième de la taille d'un noyau atomique, alors une lueur d'espoir subsiste.

Comme nous l'avons vu au chapitre 13, si une seule de ces dimensions s'avère « très grande » — de l'ordre du millimètre, à quelques ordres de grandeur près —, son existence pourrait être révélée grâce à des mesures de haute précision de l'intensité de la gravitation. Des projets expérimentaux sont en cours depuis quelques années et les techniques se perfectionnent à toute vitesse. À ce jour, nous n'avons trouvé aucun écart à la loi en l'inverse du carré caractéristique de trois dimensions spatiales, et les chercheurs font tout leur possible pour atteindre de plus courtes distances. Le moins que l'on puisse dire, c'est qu'un petit indice positif suffirait à ébranler tous les fondements de la physique. Ce serait une indication très séduisante de l'existence de dimensions supplémentaires accessibles uniquement à la gravitation, et cela pourrait faire pencher la balance en faveur du scénario du monde branaire de la théorie des cordes/théorie M.

Si les dimensions supplémentaires sont grandes, mais pas *très* grandes, il y a peu de chances que ces expériences de précision sur la gravitation parviennent à les détecter, mais d'autres approches indirectes restent envisageables. Par exemple, comme nous l'avons mentionné plus haut, de grandes dimensions supplémentaires auraient pour effet que l'intensité intrinsèque de la gravitation serait plus grande que prévu. La faible intensité observée serait alors attribuée au fait qu'elle s'infiltre également dans les dimensions cachées, plutôt qu'à une caractéristique intrinsèque. À très petite échelle, la gravitation serait donc plus intense. Entre autres conséquences, cela impliquerait que la création de mini-trous noirs nécessiterait beaucoup moins de masse et d'énergie que dans un univers où la gravitation serait intrinsèquement beaucoup plus faible. Au chapitre 13, nous avons envisagé la possibilité que de tels trous noirs microscopiques puissent être produits dans les collisions proton-proton de très haute énergie du LHC, l'accélérateur de particules en construction au CERN, à Genève, prévu pour démarrer en 2007. C'est une perspective très attirante. Mais il en existe une autre, émise par Alfred Shapere, de l'université du Kentucky, et Jonathan Feng, de l'université de Californie, à Irwin. Ces chercheurs ont remarqué que les rayons cosmiques — des particules élémentaires qui fusent dans l'espace et bombardent notre atmosphère en permanence — pourraient aussi produire de tels trous noirs microscopiques.

Les particules des rayons cosmiques furent découvertes en 1912 par l'Autrichien Victor Hess ; plus de quatre-vingt-dix ans plus tard, elles sont encore nimbées de mystère. Chaque seconde, des rayons cosmiques percutent notre atmosphère et produisent une pluie de milliards de particules qui tombent en rafale vers la Terre et nous traversent tous ; certaines furent détectées grâce à divers instruments des laboratoires du monde entier. Mais personne n'est sûr à cent pour cent du type de particule qui constitue les rayons cosmiques incidents (toutefois, le candidat qui rassemble la majorité des suffrages serait le proton) et, outre la proposition que certaines de ces particules de très haute énergie proviendraient d'explosions en supernovæ, personne n'a la moindre idée de l'origine des plus énergétiques de ces particules de rayons cosmiques. Par exemple, le 15 octobre 1991, le détecteur de rayon cosmique Fly Eye, installé dans le désert près de

Salt Lake City, mesura une éruption de particules dotée d'une énergie correspondant à trente milliards de fois la masse du proton. Soit, dans une seule particule, l'énergie correspondant à la puissance d'un service de Steffi Graf*, une énergie près de cent millions de fois supérieure à celle des particules qui seront produites au LHC[6]. Ce qui reste un mystère, c'est qu'aucun processus astrophysique connu ne pourrait produire de particules aussi énergétiques ; les expérimentateurs rassemblent de plus en plus de données, grâce à des détecteurs de plus en plus sensibles, dans l'espoir d'élucider cette affaire.

Pour Shapere et Feng, l'origine de ces particules cosmiques hyperénergétiques était secondaire. Ils ont découvert que, d'où qu'elles viennent, si la gravitation est beaucoup plus intense aux échelles microscopiques qu'on ne le pensait auparavant, alors les particules cosmiques les plus énergétiques pourraient avoir suffisamment de pêche pour produire des mini-trous noirs lorsqu'elles percutent violemment la haute atmosphère.

Comme dans le cas où ils seraient produits dans des accélérateurs de particules, ces mini-trous noirs ne représenteraient absolument aucun danger, ni pour les expérimentateurs ni pour notre planète. Après leur création, ils se désintégreraient très rapidement, libérant un flot caractéristique peuplé de particules plus ordinaires. En fait, ces trous noirs seraient si éphémères que l'on ne pourrait pas les détecter directement, si bien que les expérimentateurs chercheraient plutôt des indices de leur brève existence en étudiant soigneusement les jets de particules résultants qui inonderaient leurs détecteurs.

* On doit cette amusante comparaison à Murat Boratav, de l'université de Paris-VI (*N.d.T.*).

L'observatoire Pierre Auger, en cours de construction dans la pampa argentine, est le plus grand détecteur de rayons cosmiques du monde, par la taille (superficie de 3 000 kilomètres carrés en 2005) et la précision des mesures. Shapere et Feng estiment que, si toutes les dimensions supplémentaires atteignent 10^{-14} mètre, alors, après une année à recueillir des données, l'observatoire Pierre Auger devrait déceler les particules caractéristiques des résidus d'une douzaine de mini-trous noirs produits dans la haute atmosphère. Si l'on ne trouve aucune signature de ces trous noirs, on pourra conclure que les dimensions cachées sont plus petites. La détection des débris de trous noirs produits lors des collisions de rayons cosmiques mérite d'être tentée car, si elle porte ses fruits, elle ouvrira la première fenêtre expérimentale sur les dimensions cachées, les trous noirs, la théorie des cordes et la gravité quantique.

Outre la production de trous noirs, les chercheurs ont une autre possibilité pour rechercher des signes des dimensions cachées dans leurs accélérateurs. Des pièces dans votre poche qui disparaissent entre les coussins d'un canapé, ça vous rappelle quelque chose ? Eh bien, l'idée de ces expériences en est une variante sophistiquée.

L'un des principes les plus importants de la physique est la conservation de l'énergie. L'énergie peut se manifester sous de nombreuses formes — l'énergie cinétique de la balle de service de Steffi Graf, l'énergie potentielle, gravitationnelle, de la balle qui s'élève dans les airs, le bruit et l'énergie calorifique dus à l'excitation de toutes sortes de mouvements vibratoires lorsque la balle retombe au sol, l'énergie de masse de la balle elle-même, et ainsi de suite —, mais, lorsqu'on prend en compte toutes les formes possibles d'énergie, on finit toujours avec la même quantité d'énergie qu'au départ[7]. À ce jour, aucune expérience ne contredit cette loi de l'équilibre énergétique parfait.

Mais, selon la taille précise de ces dimensions supplémentaires hypothétiques, les expériences à très haute énergie que l'on pourra bientôt réaliser avec l'accélérateur récemment remis à jour du Fermilab ou grâce au LHC pourraient révéler des processus affichant une apparente non-conservation de l'énergie : l'énergie recueillie après la collision pourrait être inférieure à l'énergie initiale. La raison en est qu'à l'instar des pièces disparaissant de votre poche, de l'énergie (celle des gravitons) peut s'échapper par les fentes — l'espace minuscule — des dimensions supplémentaires et donc échapper aux calculs des comptes énergétiques. La possibilité d'un tel « signal d'énergie manquante » offre donc un autre moyen de vérifier que l'étoffe du cosmos est beaucoup plus complexe que ce que nous pouvons voir directement.

Une chose est sûre, en ce qui concerne les dimensions supplémentaires, mon avis est très subjectif : ayant travaillé sur les dimensions cachées pendant plus de quinze ans, je les affectionne tout particulièrement. Cela dit, j'imagine difficilement une découverte plus excitante que celle d'autres dimensions que les trois qui nous sont familières. À mon sens, il n'y a aujourd'hui aucune autre proposition sérieuse dont la confirmation ébranlerait à ce point les fondements de la physique et nécessiterait que nous nous résolvions à remettre en question même les aspects de la réalité les plus élémentaires et les plus évidents en apparence.

Le Higgs, la supersymétrie et la théorie des cordes

Outre les grands défis scientifiques consistant à farfouiller dans l'inconnu ou à révéler l'existence de dimensions supplémentaires, la récente remise en état de l'accélérateur du Fermilab et la construction du colossal LHC furent motivées par deux objectifs principaux. Le premier est de découvrir le boson de Higgs. Comme nous l'avons vu au chapitre 9, la mystérieuse particule de Higgs serait le plus petit constituant du champ de Higgs — le champ qui, si l'on en croit les théories en vigueur, forme l'océan de Higgs et confère donc aux autres particules fondamentales les masses qu'on leur mesure. Des études aussi bien théoriques qu'expérimentales montrent aujourd'hui que la masse de Higgs devrait valoir entre cent et mille fois la masse du proton. Si la limite inférieure s'avère la bonne, le Fermilab devrait avoir de bonnes chances de découvrir un boson de Higgs dans un futur proche. Et si le Fermilab n'y parvient pas, en admettant que l'intervalle estimé soit le bon, le LHC devrait produire des particules de Higgs en abondance avant 2010. La détection des bosons de Higgs serait une étape majeure dans l'histoire de la physique ; elle confirmerait l'existence d'un champ dont les théoriciens en physique des particules et en cosmologie parlent depuis des années, malgré l'absence d'indices expérimentaux.

Un autre des principaux objectifs du Fermilab et du LHC est de mettre en évidence la supersymétrie. Souvenons-nous du chapitre 12, dans lequel nous avons vu que la supersymétrie, qui apparie des particules dont les spins diffèrent d'une demi-unité, est une idée qui fut proposée pour la première fois au début des années 1970, dans le contexte de la théorie des cordes. Si la supersymétrie a bien quelque chose à voir avec le monde réel, alors, à chaque particule de spin 1/2 que l'on connaît serait associée une particule partenaire de spin 0 ; à chaque particule connue de spin 1 serait associée une particule de spin 1/2. Par exemple, à l'électron, de spin 1/2, correspondrait un « électron supersymétrique », encore appelé « sélectron », de spin 0 ; aux quarks, de spin 1/2 eux aussi, devraient correspondre des « quarks supersymétriques », ou « squarks », de spin nul ; aux neutrinos, toujours de spin 1/2, devraient correspondre des « sneutrinos », de spin 0 ; aux gluons, photons, particules Z et W, tous de spin 1, correspondraient les « gluinos », « photinos », « winos », et « zinos », tous de spin 1/2. (Oui, d'accord, parfois les physiciens s'emballent un peu.)

Aucune de ces particules, semblables au Horla de Maupassant, n'a encore été détectée, et l'explication que les physiciens avancent en croisant les doigts serait que ces particules supersymétriques soient notablement plus massives que leurs partenaires plus familiers. Des considérations théoriques suggèrent que les particules supersymétriques pourraient être un millier de fois plus massives que le proton, ce qui expliquerait pourquoi aucune n'est encore apparue dans nos données expérimentales : les accélérateurs existants ne sont pas suffisamment puissants pour les produire. Mais cela devrait changer au cours des dix années à venir. Peut-être l'accélérateur du Fermilab nouvellement réactualisé aura-t-il quelque chance de découvrir des particules supersymétriques. Et, comme pour le Higgs, si le Fermilab ne parvenait pas à mettre en évidence la supersymétrie mais que les masses attendues étaient néanmoins correctes, alors, le LHC pourrait les produire facilement.

La confirmation de la supersymétrie serait la consécration de l'un des progrès les plus importants de ces vingt dernières années de recherche en physique des particules élémentaires. Cela consoliderait la prochaine étape de nos recherches au-delà du succès du modèle standard de la physique des particules, et fournirait des preuves solides que la théorie des cordes est sur la bonne voie. Notons toutefois que cela ne confirmerait pas pour autant cette dernière. Même si la supersymétrie a jalonné son élaboration, les physiciens savent de longue date qu'il s'agit d'un principe beaucoup plus général, aisément adaptable aux modèles traditionnels de particules ponctuelles. La confirmation de la supersymétrie pourrait consolider l'un des éléments essentiels de la théorie des cordes et guider ainsi nos recherches futures, sans pour autant être une pièce à conviction en sa faveur.

D'un autre côté, si le scénario du monde branaire est correct, les expériences à venir *pourront* confirmer la théorie des cordes. Comme nous l'avons mentionné rapidement au chapitre 13, si les dimensions supplémentaires du scénario branaire atteignaient 10^{-16} centimètre, non seulement la gravitation serait intrinsèquement plus intense que ce que l'on pensait initialement, mais les cordes seraient également plus longues. Or, des cordes plus longues ayant une tension moindre, il faut moins d'énergie pour exciter leurs modes de vibration. Dans la théorie des cordes conventionnelle, les modes de vibration ont des énergies plus d'un million de milliards de fois supérieures à la portée de nos accélérateurs, mais, dans le scénario branaire, les énergies des modes vibratoires des cordes pourraient être ramenées à un *millier* de fois la masse du proton. Et, si ces valeurs sont les bonnes, les collisions de très haute énergie réalisées dans le LHC pourraient avoir un effet comparable à une balle de golf qui ferait ricochet à l'intérieur d'un piano : ces collisions auraient une énergie suffisante pour exciter plusieurs « octaves » des cordes. Les expérimentateurs détecteraient alors toute une panoplie de nouvelles particules — c'est-à-dire de nouveaux modes de vibration de cordes encore jamais observés — avec des énergies correspondant aux harmoniques de la théorie des cordes.

Les propriétés de ces particules et les relations entre elles montreraient sans le moindre doute qu'elles appartiennent au même thème cosmique, qu'elles sont toutes des notes différentes mais harmonisées, qu'elles sont toutes des modes de vibration différents d'un seul et unique objet : une corde. Voilà le scénario le plus probable, dans un futur proche, de la confirmation de la théorie des cordes.

Origines cosmiques

Comme nous l'avons vu dans les chapitres précédents, le rayonnement de fond cosmique a joué un rôle de première importance pour la recherche cosmologique depuis sa découverte au milieu des années 1960. La raison en est claire : durant les premières phases de l'Univers, l'espace était rempli d'un bain de particules chargées électriquement — électrons et protons — qui, par le truchement de la force électromagnétique, interrompaient continuellement les photons dans leur course. Mais, à peine trois cent mille ans après le bang (ATB), l'Univers avait refroidi suffisamment pour permettre la formation d'atomes électriquement neutres et, depuis ce moment, le rayonnement s'est propagé presque librement dans tout l'espace, et fournit aujourd'hui un cliché fidèle de l'Univers primordial. Dans chaque mètre cube de l'espace, on trouve environ quatre cents millions de ces photons cosmiques, vestiges de l'Univers primordial.

Les premières mesures du fond de rayonnement micro-ondes ont révélé que sa température est remarquablement uniforme. Mais, comme nous l'avons présenté au chapitre 11, un examen plus minutieux réalisé en 1992 par le satellite COBE (Cosmic Background Explorer), puis perfectionné ensuite par de nombreuses observations, a mis en évidence de petites variations de température, illustrées sur la figure 14.4a. Les données sont représentées en différents niveaux de gris, les zones claires et sombres indiquant des variations de la température de quelques dix millièmes de degrés. L'aspect moucheté de la figure montre la non-uniformité très légère mais incontestablement réelle de la température du rayonnement de fond cosmique à travers l'espace.

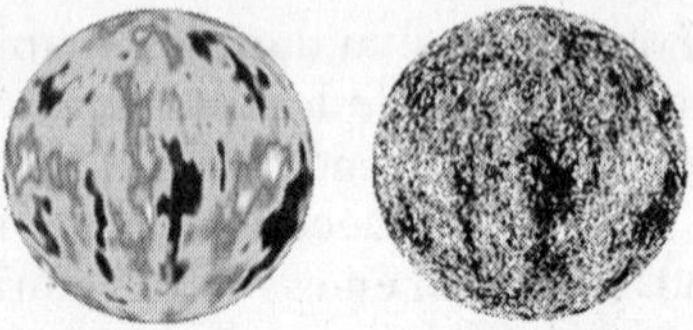

(a) (b)

Figure 14.4 (a) Les données concernant le fond de rayonnement cosmique recueillies par le satellite COBE. Le rayonnement chemine librement dans tout l'espace depuis environ trois cent mille ans ATB, si bien que ce cliché rend compte des minuscules variations de température dans l'Univers d'il y a quatorze milliards d'années. (b) Les données étoffées recueillies par le satellite WMAP.

Bien que la découverte soit impressionnante en elle-même, l'expérience COBE fut un tournant fondamental pour la recherche en cosmologie. Avant COBE, les données cosmologiques étaient rudimentaires. Or une théorie cosmologique était considérée viable si elle pouvait rendre compte des grandes lignes de nos observations astronomiques. Les théoriciens pouvaient proposer des modèles à la pelle, sans trop se soucier des contraintes observationnelles à satisfaire. Il n'y avait tout bonnement pas beaucoup de telles contraintes, et celles existantes n'étaient pas très précises. Mais COBE marqua le début d'une nouvelle ère, dotée de règles beaucoup plus strictes. Il y a maintenant une accumulation de données toujours croissante, dont toute théorie doit rendre compte, ne serait-ce que pour que l'on consente à la considérer. Le satellite WMAP (Wilkinson Microwave Anisotropy Probe), fruit des recherches de la NASA et de l'université de Princeton, fut lancé en 2001 pour mesurer la température du rayonnement de fond cosmique avec une résolution et une sensibilité quarante fois supérieures à celles de COBE. En comparant les premiers résultats du WMAP (figure 14.4b) avec ceux de COBE (figure 14.4a), on voit immédiatement la finesse et la précision des données fournies par le WMAP. Un autre satellite, dénommé *Planck*, élaboré par l'Agence spatiale européenne, et dont le lancement est prévu pour 2007, devrait, si tout marche comme prévu, mesurer les fluctuations de température avec une résolution angulaire dix fois supérieure à celle du WMAP.

L'afflux de données de haute précision a permis de faire le tri des propositions cosmologiques, le modèle inflationnaire étant, de loin, le candidat le plus prometteur. Mais, comme nous l'avons vu au chapitre 10, la cosmologie inflationnaire n'est pas une théorie unique. Les chercheurs en ont proposé *beaucoup* de versions différentes — inflation ancienne, inflation chaude, inflation hybride, nouvelle inflation, hyperinflation, inflation assistée, inflation éternelle, inflation étendue, inflation chaotique, double inflation, inflation hypernaturelle, pour n'en citer que quelques-unes. Cette diversité conduit à des prédictions légèrement différentes pour les propriétés des micro-ondes du rayonnement de fond cosmique (les fluctuations quantiques de champs différents, ayant des énergies différentes, sont légèrement différentes). Les données des satellites WMAP et *Planck* devraient permettre d'éliminer certaines propositions et d'affiner considérablement nos connaissances.

En fait, les données pourraient même rétrécir encore plus l'étendue de ce domaine de recherche. L'expansion inflationnaire des fluctuations quantiques est une explication très satisfaisante pour les variations de température observées, mais elle a un adversaire à sa mesure. Le modèle cosmologique cyclique de Steinhardt et Turok (chapitre 13) offre une autre explication. Lorsque les deux trois-branes du modèle cyclique se dirigent l'une vers l'autre, les fluctuations quantiques ont pour effet que certaines parties s'approchent plus ou moins rapidement. Et finalement, lorsque les branes se percutent mille milliards d'années plus tard, des points différents sur les branes entrent en contact à des moments légèrement différents, un peu comme si l'on tapait l'une contre l'autre deux feuilles de papier de verre à gros grain. Ces petits écarts par rapport à une collision uniforme font que l'évolution sur chaque brane n'est pas parfaitement uniforme. Puisque l'une de ces branes est censée être notre espace tridimensionnel, il devrait être possible de détecter ces fluctuations autour de l'uniformité parfaite. Steinhardt, Turok et leurs collaborateurs ont proposé l'idée que les « inhomogénéités » auraient provoqué des variations de température de même nature que celles qui émergent du cadre inflationnaire. Aussi, avec les données dont on dispose aujourd'hui, le modèle cyclique offre-t-il une autre explication plausible à nos observations.

Toutefois, les données que l'on espère réunir dans les dix prochaines années pourraient permettre de faire la distinction entre les deux approches. Dans le cadre inflationnaire, non seulement les fluctuations quantiques de l'inflaton sont étendues par l'inflation exponentielle, mais de petites fluctuations quantiques de la structure de l'espace sont également produites par cette expansion colossale. Or, des fluctuations dans l'espace n'étant rien d'autre que des ondes gravitationnelles (je vous renvoie à notre présentation de l'interféromètre LIGO), le cadre inflationnaire prédit que des ondes gravitationnelles auraient été produites dans l'Univers primordial[8]. On les appelle souvent « ondes gravitationnelles primordiales », pour les distinguer de celles qui auraient été produites plus récemment par des événements astrophysiques violents. En revanche, dans le modèle cyclique, les fluctuations autour de l'uniformité parfaite apparaissent petit à petit, sur une durée inimaginable, s'échelonnant doucement durant les mille milliards d'années pendant lesquelles les branes se rapprochent lentement l'une de l'autre en vue de leur prochaine collision. L'absence de rupture ou de changement brusque dans la géométrie des branes, et dans la géométrie de l'espace, signifie qu'aucune fluctuation spatiale n'est produite. Le modèle cyclique prédit donc l'absence d'ondes gravitationnelles primordiales. Donc, si l'on devait en détecter, ce serait une nouvelle victoire pour le cadre inflationnaire, qui éliminerait définitivement le modèle cyclique.

S'il y a peu de chances que le LIGO soit assez sensible pour détecter les ondes gravitationnelles prédites par l'inflation, peut-être celles-ci pourront-elles être observées indirectement par le satellite *Planck*, ou par un autre projet spatial, l'expérience CMBPol (Cosmic Microwave Background Polarization). Le *Planck* et plus particulièrement le CMBPol ne se consacreront pas uniquement à mesurer les variations de température du rayonnement de fond cosmique : ils mesureront également sa « polarisation », c'est-à-dire la direction moyenne des spins des photons micro-ondes détectés. D'après un raisonnement trop complexe pour être explicité ici, il se trouve que des ondes gravitationnelles provenant du bang laisseraient une empreinte distincte sur la polarisation des photons du rayonnement de fond cosmique, et peut-être cette empreinte serait-elle assez nette pour qu'on la détecte.

Ainsi devrions-nous, dans une dizaine d'années, avoir une idée beaucoup plus précise sur la question de savoir si le bang était un « splat » et si l'Univers dont nous avons conscience est réellement une trois-brane. À l'avènement de l'âge d'or de la cosmologie, même les idées les plus folles pourraient être testées.

La matière noire, l'énergie noire et l'avenir de l'Univers

Nous avons vu au chapitre 10 les indices théoriques et observationnels indiquant qu'à peine 5 %

de la masse de l'Univers provient des constituants de la matière ordinaire — protons et neutrons (les électrons ne correspondant qu'à moins de 0,05 % de la masse de la matière ordinaire) —, tandis que 25 % proviendrait de la matière noire et 70 % de l'énergie noire. Mais l'identité précise de ces « trucs » noirs reste mystérieuse. Une possibilité serait de proposer tout naturellement que la matière noire soit elle aussi composée de protons et de neutrons, ceux-ci ayant trouvé le moyen d'éviter de s'acoquiner pour former des étoiles émettrices de lumière. Mais certaines considérations théoriques rendent cette possibilité très peu probable.

Grâce à leurs observations détaillées, les astronomes ont une connaissance précise de l'abondance relative moyenne des éléments les plus légers dispersés dans l'Univers — hydrogène, hélium, deutérium et lithium. Cette abondance correspond avec une très bonne précision aux estimations théoriques effectuées pour les processus dont on pense qu'ils ont permis de synthétiser ces noyaux durant les trois premières minutes de l'Univers. Cet accord très précis est l'un des plus grands succès de la cosmologie théorique contemporaine. Cependant, ces calculs supposent que la majeure partie de la matière noire n'est pas composée de protons et de neutrons ; si, aux échelles cosmologiques, protons et neutrons étaient des ingrédients dominants, la recette cosmique serait bonne à mettre à la poubelle et les résultats des calculs ne seraient plus confirmés par nos observations.

Donc, s'il ne s'agit pas de protons et de neutrons, de quoi la matière noire est-elle faite ? Personne ne connaît la réponse, mais les propositions ne manquent pas. Les noms des candidats passent par toute la gamme entre axions et zinos, et, si quelqu'un trouve un jour la réponse, il ira sûrement faire un petit tour par Stockholm. Le fait que l'on n'ait encore jamais détecté de particule de matière noire impose des contraintes strictes à toutes les propositions que l'on avance. La raison en est que la matière noire n'est pas seulement à trouver dans les profondeurs de l'espace ; elle est disséminée partout dans l'Univers et donc aussi à côté de nous, ici-bas, sur Terre. Si l'on en croit bon nombre des propositions qui ont été faites, chaque seconde, des milliards de particules de matière noire traverseraient notre corps, aussi les seuls candidats viables sont-ils ceux capables de traverser de gros blocs de matière sans laisser de traces observables.

Les neutrinos ont cette faculté. Les calculs estiment l'abondance résiduelle des neutrinos produits lors du big bang à environ cinquante-cinq millions par mètre cube d'espace ; donc, si une seule des trois espèces de neutrinos avait une masse de l'ordre d'un centième de millionième (10^{-8}) de celle du proton, ceux-ci pourraient rendre compte de la totalité de la matière noire. Bien que des expériences récentes aient apporté des indices solides en faveur d'une masse non nulle pour les neutrinos, si l'on en croit les données actuelles, ils seraient néanmoins trop légers, à un facteur mille près, pour être de bons candidats à la matière noire.

Une autre proposition prometteuse est celle des particules supersymétriques, plus particulièrement le « photino », le « zino » et le « higgsino » (respectivement les partenaires du photon, du Z et du Higgs). Celles-ci seraient les plus discrètes des particules supersymétriques — pouvant nonchalamment traverser la Terre entière sans le plus petit effet sur leur mouvement — et auraient donc échappé facilement à toutes nos tentatives de détection[9]. Par des calculs sur le nombre de ces particules produites lors du big bang, ayant survécu jusqu'à notre époque, les physiciens parviennent à estimer que leur masse, pour en faire de bons candidats à la matière noire, devrait s'échelonner entre cent et mille fois celle du proton. Or ces valeurs nous arrêtent, car divers modèles de particules supersymétriques ou de supercordes aboutissent au même intervalle pour les masses de ces particules, sans se soucier aucunement de la matière noire ou de la cosmologie. Cela pourrait être une corrélation surprenante et complètement inexpliquée, à moins, bien évidemment, que la matière noire ne soit effectivement composée de ces particules supersymétriques. Ainsi, la recherche des particules supersymétriques dans les accélérateurs d'aujourd'hui et de demain pourrait aussi s'interpréter comme la recherche d'un des meilleurs candidats à la matière noire.

Depuis quelque temps, on a entrepris de rechercher de manière plus directe les particules de matière noire censées traverser la Terre, mais il s'agit d'expériences extrêmement délicates. Pour un million de ces particules qui traverseraient chaque seconde une surface de la taille d'une pièce de un euro, seulement une par jour laisserait un indice de son passage dans les détecteurs spécialement conçus pour les mettre en évidence. À ce jour, nous n'avons aucun événement confirmant la détection d'une particule de matière noire[10]. Le prix Nobel étant dans l'air, les chercheurs s'activent avec beaucoup de ferveur. Il est tout à fait possible que d'ici à quelques années la véritable identité de la matière noire soit révélée au grand jour.

La confirmation définitive de l'existence de la matière noire et la détermination directe de sa composition représenteraient des progrès majeurs. Pour la première fois dans l'histoire de la physique, nous découvririons un aspect à la fois parfaitement élémentaire et étonnamment insaisissable : la composition de la grande majorité de la matière de l'Univers.

Parallèlement à cela, comme nous l'avons vu au chapitre 10, des données récentes suggèrent avec insistance que, même après l'identification de la matière noire, il subsiste sur nos courbes un écart en attente de confirmation expérimentale : les études sur les supernovæ mettent en évidence l'existence d'une constante cosmologique représentant 70 % de l'énergie totale de l'Univers. Cet indice en faveur d'une constante cosmologique — une énergie imprégnant tout l'espace —, une découverte parmi les plus excitantes et les plus inattendues de ces dix dernières années, requiert une confirmation solide et à toute épreuve. Diverses expériences sont aujourd'hui en cours ou en projet.

Les expériences sur le rayonnement de fond cosmique ont ici aussi un rôle important à jouer. La taille des mouchetures de la figure 14.4 — où, redisons-le, chaque flocon est une région de température uniforme — illustre la forme globale de l'espace. Si celui-ci avait la forme d'une sphère, comme sur la figure 8.6a, le fait qu'il soit bombé vers l'extérieur conduirait à des mouchetures un peu plus grosses que sur la figure 14.4b. Si l'espace était en forme de selle, comme sur la figure 8.6c, le fait qu'il soit creusé vers l'intérieur conduirait à des mouchetures plus petites ; et si l'espace était plat, comme sur la figure 8.6b, leur taille serait intermédiaire. Les mesures de précision initiées par COBE et perfectionnées par le WMAP abondent dans le sens de la proposition d'un espace *plat*. Non seulement cette proposition correspond aux prédictions théoriques des modèles inflationnaires, mais elle colle aussi parfaitement avec les résultats sur les supernovæ. Comme nous l'avons vu, un univers spatialement plat requiert que la densité totale de masse/énergie soit à la valeur critique. Avec les contributions à hauteur de 30 % pour la matière ordinaire et la matière noire, et 70 % pour l'énergie noire, tout se tient à merveille.

L'expérience spatiale SNAP (SuperNova Acceleration Probe satellite) vise à donner une confirmation plus directe des résultats obtenus par les précédentes études de supernovæ. Proposé par les chercheurs du laboratoire américain Lawrence Berkeley, le SNAP serait un télescope spatial grand champ capable d'observer et de mesurer plus de vingt fois le nombre de supernovæ étudiées jusqu'à présent. Non seulement le SNAP pourrait confirmer les résultats précédents selon lesquels l'Univers recèlerait de l'énergie noire à hauteur de 70 %, mais il pourrait également permettre de préciser davantage la nature de cette énergie noire.

Bien que j'aie présenté l'énergie noire comme une variante de la constante cosmologique d'Einstein — une énergie fixe, constante, qui provoque l'expansion de l'espace —, nous voyons poindre une autre possibilité. Souvenons-nous de notre présentation de la cosmologie inflationnaire (et de la grenouille remuante) : un champ dont la valeur est perchée au-dessus de son état de plus basse énergie peut agir comme une constante cosmologique, mais seulement pendant une courte durée. Tôt ou tard, le champ se fraiera un chemin jusqu'au fond de son bol d'énergie potentielle, et la pression vers l'extérieur qu'il occasionnait disparaîtra. En cosmologie inflationnaire, tout cela se déroule en une minuscule fraction de seconde. Mais, en introduisant un nouveau champ et en ajustant avec soin la forme de son énergie potentielle, les physiciens ont trouvé le moyen de modéliser une expansion accélérée soumise à une pression beaucoup plus modeste, mais durant plus longtemps — le champ pourrait donc provoquer une phase d'expansion accélérée comparativement plus lente et plus progressive, qui ne durerait pas une fraction de seconde mais plusieurs milliards d'années, le temps nécessaire au champ pour redescendre jusqu'à sa valeur de plus basse énergie. Voilà qui laisse présager la possibilité que nous vivions, aujourd'hui même, une variante beaucoup plus douce de la phase d'explosion inflationnaire censée avoir eu lieu dans les premiers instants de l'Univers primordial.

La différence entre la véritable constante cosmologique et cette dernière possibilité, connue sous le nom de « quintessence », n'est pas très importante aujourd'hui, mais pourrait avoir des conséquences considérables sur le futur à long terme de notre Univers. Comme son nom l'indique, la constante cosmologique est *constante* — elle provoque une expansion accélérée éternelle, et laisse donc présager un univers enflant de plus en plus rapidement, devenant de plus en plus vaste, dilué et désertique. Pour sa part, la quintessence provoque une expansion accélérée destinée à s'arrêter un jour, ce qui augure un futur lointain moins morne et moins désolé que celui d'une expansion sans fin. En mesurant les variations de l'accélération de l'espace sur de grands intervalles de temps (grâce aux observations de supernovæ à diverses distances et donc à divers moments dans le passé), le SNAP pourrait permettre de trancher entre ces deux possibilités. En déterminant si l'énergie noire est véritablement une constante cosmologique ou pas, le SNAP nous donnerait alors une idée du sort, à long terme, de notre Univers.

Espace et temps : spéculations

Le voyage entrepris pour dévoiler la nature de l'espace et du temps se révèle long et ponctué de bien des surprises ; rien d'étonnant à ce qu'il n'en soit encore qu'au début. Ces derniers siècles, nos grandes découvertes ont, les unes après les autres, transformé radicalement notre conception de l'espace et du temps, et c'est toujours le cas aujourd'hui. Les idées théoriques et les propositions expérimentales présentées dans ce livre illustrent ces idées telles que les envisagent les physiciens contemporains, et elles occuperont certainement une place importante dans notre héritage scientifique. Le chapitre 16 présentera l'un des progrès parmi les plus récents et les plus sujets à spéculations accompli dans le but de lever le voile sur ce que pourraient être les dernières étapes de ce long périple. Mais tout d'abord, au chapitre 15, nous partirons dans une autre direction.

Bien que les découvertes scientifiques ne suivent aucun schéma répétitif, l'histoire montre néanmoins qu'une compréhension approfondie d'un domaine donné est souvent le premier pas vers une certaine habileté technologique. La compréhension que l'on a acquise, dans les années 1800, de la force électromagnétique a conduit ultérieurement au télégraphe, à la radio, à la télévision... Grâce à cela et à l'approfondissement d'autres domaines, comme la mécanique quantique, nous avons pu fabriquer des ordinateurs, des lasers et des gadgets électroniques en si grand nombre qu'on ne pourrait les citer tous. En levant le voile sur les rouages des forces nucléaires, nous avons acquis une maîtrise dangereuse des armes les plus destructrices que le monde ait jamais connues, mais aussi des technologies qui pourraient un jour permettre de subvenir aux besoins énergétiques planétaires grâce à rien de plus que de l'eau salée. Quant à notre compréhension toujours plus approfondie de l'espace et du temps, représentera-t-elle, elle aussi, un premier pas vers une telle succession de découvertes et de développements technologiques ? Accéderons-nous un jour à une maîtrise de l'espace et du temps telle que ce qui s'apparente aujourd'hui à de la science-fiction pourrait être à notre portée ?

Personne ne le sait. Mais voyons où nous en sommes arrivés et ce qu'il nous faudrait de plus pour y parvenir.

15

TÉLÉPORTEURS ET MACHINES À REMONTER LE TEMPS

Voyages dans l'espace et dans le temps

Peut-être n'avais-je pas beaucoup d'imagination à l'époque, mais quand je repense aux années 1960, je me souviens que le truc qui me semblait incroyable, c'était l'ordinateur de bord de l'*Enterprise*, dans *Star Trek*. Au lycée, mes affinités à l'égard de cet univers peuplé d'extraterrestres parlant couramment l'anglais faisaient que j'accordais un caractère poétique au *warp drive*, cet appareil « supraluminique » permettant d'aller plus vite que la lumière. Une machine capable — à la demande — de fournir immédiatement la photo de n'importe quel personnage historique ayant existé, de donner les détails techniques concernant n'importe quel appareil jamais construit ou de permettre l'accès à n'importe quel livre jamais écrit ? *Ça*, ça mettait à rude épreuve mes capacités à mettre mon scepticisme de côté. Vers la fin des années 1960, le préado que j'étais avait l'intime conviction qu'on ne parviendrait jamais à réunir, à stocker et à mettre en accès libre autant d'informations. Et pourtant, moins de cinquante ans plus tard, je peux m'installer dans ma cuisine avec mon portable, sa connexion sans fil à Internet, son programme de reconnaissance vocale et m'imaginer dans la peau du capitaine Kirk, avec une montagne de connaissances à ma portée — allant de l'essentiel au superflu — sans avoir à lever le petit doigt. Certes, la vitesse et l'efficacité des ordinateurs du XXIIIe siècle décrits dans le monde de *Star Trek* font toujours rêver, mais on peut imaginer que, le jour où nous les aurons atteintes, notre technologie aura aussi largement dépassé nos attentes.

Cet exemple n'est qu'un des nombreux parmi ceux qui ont contribué à fabriquer le cliché sur la capacité qu'a la science-fiction d'être une anticipation. Mais qu'en est-il de la plus séduisante de toutes ses trouvailles — celle où l'un des personnages entre dans une pièce, actionne une manette et se retrouve dans un autre lieu ou à une autre époque ? Serait-il possible que l'on parvienne un jour à s'évader de la petite région spatiale et de la zone temporelle auxquelles nous sommes confinés depuis toujours, pour explorer l'immensité de l'espace et du temps ? Ou cette distinction entre science-fiction et réalité perdurera-t-elle à tout jamais ? Maintenant que je vous ai révélé mes piètres prestations d'enfant à anticiper sur la révolution de l'information, vous pourriez douter de mon aptitude à émettre des pronostics sur nos futures découvertes technologiques. Donc, plutôt que de spéculer sur les probabilités de ce qui pourrait arriver, je décrirai, dans ce chapitre, l'état actuel de la théorie et de la pratique des téléporteurs et des machines à voyager dans le temps, ainsi que ce qui nous serait nécessaire pour aller plus loin et accéder à une véritable maîtrise de l'espace et du temps.

La téléportation dans un monde quantique

Dans les récits de science-fiction conventionnels, un « téléporteur » (ou, dans le jargon de *Star Trek*, un « transporteur ») analyse la composition d'un objet et envoie l'information en un endroit distant, où l'objet sera reconstitué. Soit l'objet lui-même est « dématérialisé », ses atomes et ses molécules étant envoyés avec les instructions d'assemblage, soit les atomes et les molécules déjà présents à l'arrivée servent à reconstruire une réplique parfaite de l'original. On rencontre dans les récits de science-fiction l'une ou l'autre possibilité. Comme nous le verrons, les recherches scientifiques sur la téléportation, initiées voilà une dizaine d'années, s'apparentent plus au dernier exemple, ce qui soulève deux questions essentielles. La première est une énigme philosophique classique mais particulièrement délicate : dans quelle mesure une copie peut-elle être identifiée à l'original, considérée et traitée comme lui ? La seconde est la question de savoir s'il serait possible, même en principe, d'analyser un objet et de déterminer sa composition avec une précision si parfaite que nous pourrions en déduire des instructions d'assemblage suffisamment précises pour le reconstituer.

Dans un univers gouverné par les lois de la physique classique, la réponse à cette seconde question pourrait être oui. En principe, les caractéristiques de chaque particule composant un objet — son identité, sa position, sa vitesse, etc. — peuvent être mesurées avec une précision parfaite, transmises en un endroit lointain, et utilisées pour recréer l'objet. Y parvenir pour un objet composé d'une poignée de particules élémentaires ou davantage est tellement inaccessible que cela fait sourire, mais dans un univers classique, le seul obstacle réside dans la complexité, pas dans la physique.

Dans un univers gouverné par les lois de la physique quantique — c'est-à-dire dans le nôtre —, la situation est beaucoup plus subtile. Nous avons appris que le simple fait d'effectuer des mesures amène l'une des nombreuses possibilités pour les propriétés de l'objet à s'extraire du flou quantique pour adopter une certaine valeur. Par exemple, lorsqu'on observe une particule, ses caractéristiques bien définies observées ne reflètent généralement pas le mélange quantique effervescent qui était en vigueur jusqu'à l'instant précédant nos mesures[1]. Donc, si l'on veut fabriquer la reproduction parfaite d'un objet donné, on se retrouve face à un équivalent quantique de la fameuse clause militaire *Catch-22* qui tient du cercle vicieux. Pour faire une copie, nous devons faire des observations, ne serait-ce que pour savoir quoi dupliquer. Mais le fait d'observer induit des changements, donc, si nous dupliquons ce que nous voyons, nous n'aurons pas un double de ce qu'était l'objet avant qu'on l'observe. Voilà qui laisse à penser que, dans un univers quantique, la téléportation serait impossible, pas tant du fait des limitations pratiques dues à la complexité de l'opération, mais des limitations fondamentales inhérentes à la physique quantique. Toutefois, comme nous le verrons dans le prochain sous-chapitre, une équipe internationale de physiciens a découvert, au début des années 1990, un moyen ingénieux de contourner ces objections.

En ce qui concerne la première question, celle de la relation entre l'original et la copie, la physique quantique donne une réponse à la fois précise et encourageante. Si l'on en croit la mécanique quantique, tout électron de l'Univers est identique à n'importe quel autre, en ce sens que tous ont exactement la même masse, la même charge électrique, les mêmes propriétés pour les interactions nucléaires et le même spin. En outre, notre théorie quantique, si bien confirmée par l'expérience, stipule que cette liste des propriétés d'un électron est *exhaustive* : tous les électrons sont identiques vis-à-vis de ces propriétés, et il n'y en a aucune autre à considérer. De la même manière, tout quark *u* est identique à n'importe quel autre, tout quark *d* est identique à tout autre, tout photon est identique à tout autre, et ainsi de suite pour toutes les autres espèces de particules. Comme l'ont découvert les acteurs de la théorie quantique voilà plusieurs dizaines d'années, on peut envisager les particules comme les plus petits composants d'un champ (par exemple, les photons sont les plus petits paquets du champ électromagnétique), et la physique quantique montre que les plus petits composants d'un même champ sont toujours identiques (ou, dans le cadre de la théorie des cordes, les particules d'une même espèce ont des propriétés identiques parce qu'elles sont des modes de vibration identiques d'une seule espèce de corde).

Seules les probabilités concernant leur position, la direction de leur spin et leur vitesse ou leur énergie permettent de distinguer deux particules d'une même espèce. C'est-à-dire, comme le dirait plus brièvement un physicien, seul leur « état quantique » permet de les distinguer. Mais, si deux particules de la même espèce sont dans le même état quantique — à l'exception, éventuellement, du fait qu'une des particules pourrait avoir de grandes chances de se trouver *ici*, tandis que l'autre aurait de grandes chances de se trouver *là* —, les lois de la mécanique quantique garantissent qu'elles sont indiscernables, non seulement en pratique, mais aussi en principe. Elles sont de parfaites jumelles. Si quelqu'un pouvait intervertir les positions des deux particules (ou, plus précisément, échanger toutes leurs probabilités de se trouver en une position donnée), il n'y aurait aucun moyen de s'en rendre compte.

Donc, si nous imaginons de commencer avec une particule située ici*, et de trouver le moyen de placer une autre particule de la même espèce exactement dans le même état quantique (mêmes probabilités pour l'orientation du spin, l'énergie, et ainsi de suite), mais en une position éloignée, la seconde particule serait indiscernable de l'original, et l'opération pourrait être qualifiée de téléportation quantique. Certes, si la particule originale ressort de ce processus parfaitement intacte, on pourrait être tenté de la qualifier plutôt de clonage, voire même de « fax quantique ». Mais, comme nous le verrons, l'incarnation scientifique de ces idées ne préserve pas la particule originale — elle est inévitablement modifiée durant le processus de téléportation —, et nous n'aurons pas à résoudre ce dilemme terminologique.

Une question plus pressante, que maints philosophes ont étudiée sous diverses formes, est celle de savoir si ce qui est vrai pour une particule isolée l'est pour un agglomérat de particules. Si l'on pou-

* Le but de la téléportation étant de dupliquer un objet situé ici pour le faire apparaître dans un endroit éloigné, je m'exprimerai souvent, dans cette partie, comme si les particules avaient des positions définies. Pour être précis, je devrais toujours écrire « nous commençons avec une particule ayant une très grande probabilité de se trouver ici », ou encore « avec une particule ayant 99 % de chances d'être située ici », et de même pour la particule téléportée. Mais par souci de brièveté, je m'autoriserai cet abus de langage.

vait téléporter chacune des particules de notre coupé Maserati d'un point à un autre, en s'assurant que l'état quantique de chacune ainsi que sa relation aux autres soient reproduits en toute fidélité, aurions-nous réussi à téléporter l'engin ? Même sans aucun indice empirique pour guider nos pas, les pièces à conviction théoriques en faveur de la téléportation de la voiture sont solides. Ce sont les arrangements atomiques et moléculaires qui déterminent l'allure et la forme, l'odeur et le son, et même le goût d'un objet. Ainsi l'engin reproduit serait-il identique à la Maserati originale — avec ses moindres bosses et ses moindres rayures, l'odeur du chien à l'arrière : absolument tout —, et le coupé négocierait les virages exactement comme l'original. La question de savoir si l'engin est en fait l'original ou au contraire une copie parfaite n'entre pas en ligne de compte. Si nous demandions à un transporteur de convoyer l'auto par cargo de Paris à New York, mais qu'à notre insu celui-ci le téléportait comme nous l'avons décrit plus haut, nous ne pourrions pas voir la différence — pas même en principe.

Et si le transporteur faisait la même chose pour notre chat ? Et si, las de la gastronomie aérienne, nous faisions le choix de la téléportation pour notre propre voyage transatlantique ? À l'arrivée, le chat ou la personne téléportée seraient-ils les mêmes que ceux au départ ? Personnellement, je pense que oui. Mais, ici encore, puisque nous n'avons aucune donnée pour confirmer cela, ni moi ni personne d'autre ne peut faire guère mieux que des spéculations. À mon sens, un être vivant dont tous les atomes et toutes les molécules seraient exactement dans le même état quantique que les miens serait bel et bien moi. Même si le moi « original » existait toujours après qu'on en aurait fait la « copie », je pourrais (nous pourrions) dire sans hésitation que chacun des deux est moi. Nous dirions comme un seul homme — littéralement — qu'aucun de nous deux n'a la priorité sur l'autre. Pensées, souvenirs, émotions et jugements ont tous un fondement physique à trouver dans les propriétés atomiques et moléculaires du corps humain ; deux états quantiques identiques de ces constituants élémentaires donneraient donc deux êtres conscients identiques. Certes, le temps passant, nos expériences finiraient par nous différencier, mais, au fond de moi, je suis convaincu qu'il y aurait alors deux copies de moi-même, et non pas un original qui aurait été « véritablement » moi, et une copie qui ne le serait pas vraiment.

En fait, je suis prêt à mettre de l'eau dans mon vin. Notre composition physique subit continuellement toutes sortes de transformations — certaines sont mineures, d'autres capitales —, mais nous restons néanmoins la même personne. Depuis la glace Häagen Dazs qui inonde nos vaisseaux sanguins de lipides et de glucides jusqu'à l'IRM qui réoriente les axes des spins de divers noyaux atomiques de notre corps, depuis la liposuccion jusqu'aux greffes d'organes en passant par le renouvellement naturel de plusieurs milliers de milliards d'atomes du corps humain à chaque millionième de seconde, nous sommes sujets à des changements constants sans pour autant que notre identité en soit affectée. Donc, même si la créature téléportée ne correspondait pas exactement à mon état physique, elle pourrait néanmoins être complètement indiscernable de moi-même. Et, dans mon livre, elle pourrait tout à fait *être* moi.

Certes, pour ceux qui pensent que la vie et tout particulièrement les formes de vie conscientes ne se résument pas à un agencement physiologique, les conditions d'une téléportation réussie seront plus compliquées que les miennes. Cette question délicate — jusqu'à quel point notre identité personnelle est liée à notre incarnation physique — a été débattue pendant des années et sous de multiples traits, sans qu'on ait trouvé de réponse qui fasse l'unanimité. Si je pense que notre identité procède entièrement de la physique, d'aucuns pensent autrement, et personne ne peut prétendre détenir la vérité.

Quel que soit votre point de vue sur la question hypothétique de la téléportation d'êtres vivants, sachez que les scientifiques ont aujourd'hui la certitude que, grâce aux prodiges de la mécanique quantiques, *des particules isolées peuvent être téléportées — et l'ont été.*

Voyons comment.

De l'intrication quantique à la téléportation quantique

En 1997, deux équipes de chercheurs, l'une dirigée par Anton Zeilinger (à l'époque à l'université d'Innsbruck, en Autriche) et l'autre par Francesco De Martini (université de Rome)[2], ont réalisé la première téléportation réussie d'un photon isolé. Dans les deux expériences, le photon initial, dans un état quantique particulier, fut téléporté à une courte distance d'un point à un autre du laboratoire, mais on a toutes les raisons de penser que l'opération aurait fonctionné tout aussi bien pour n'importe quelle distance. La technique utilisée, pour les deux équipes, s'inspirait de travaux théoriques sur le phénomène de l'intrication quantique (voir le chapitre 4) publiés en 1993 par une équipe de physiciens — Charles Bennet, du centre de recherche IBM ; Gilles Brassard, Claude Crépeau et Richard Josza de l'université de Montréal ; Asher Peres de l'Israel Institute of Technology ; et William Wooters du Williams College, dans le Massachusetts.

Souvenons-nous : deux particules intriquées, disons deux photons, sont liées par une relation aussi étrange qu'étroite. Ces deux particules ont chacune une probabilité donnée de tourner dans tel ou tel sens, et chacune, lorsqu'on l'observe, semble « choisir » arbitrairement entre tous les possibles, mais le « choix » de l'une se répercutera aussitôt sur celui de l'autre, quelle que soit la distance qui les sépare. Nous avons expliqué au chapitre 4 qu'il était impossible d'utiliser les particules intriquées pour transmettre un message d'un endroit à un autre à une vitesse supérieure à celle de la lumière. Si l'on mesurait les propriétés de toute une série de paires de photons intriqués séparés par une grande distance, les données recueillies dans l'un ou l'autre détecteur formeraient une série aléatoire de résultats (où, en moyenne, l'occurrence de telle ou telle valeur du spin correspond aux ondes de probabilités des particules). On ne peut mettre en évidence l'intrication qu'en comparant les deux listes de résultats, ce qui révèle qu'elles sont identiques. Mais cette comparaison nécessite de mettre en œuvre des moyens de communication ordinaires, moins rapides que la lumière. Or, aucune trace de l'intrication ne pouvant être détectée avant de réaliser cette comparaison, aucun signal plus rapide que la lumière ne peut être envoyé.

Néanmoins, même si l'on ne peut utiliser l'intrication quantique pour des communications plus rapides que la lumière, on ne peut s'empêcher de penser que ces corrélations à longue distance entre particules sont si étranges qu'on devrait bien pouvoir les utiliser à quelque fin extraordinaire. En 1993, Bennett et ses collaborateurs ont trouvé quelque chose. Ils ont montré que l'intrication quantique pourrait servir à la téléportation quantique. On ne peut pas transmettre un message plus rapidement que la lumière, mais, si l'on opte pour la téléportation d'une particule à une vitesse inférieure à celle de la lumière, alors c'est l'intrication qu'il nous faut !

Le raisonnement sous-jacent à ce résultat, s'il est mathématiquement simple, est aussi inventif et astucieux. En voici un aperçu.

Imaginons que l'on veuille téléporter un photon donné, appelons-le photon A, de mon appartement new-yorkais à celui de mon ami Nicolas, à Bruxelles. Pour simplifier, voyons comment je pourrais procéder pour téléporter exactement l'état quantique du spin de mon photon — c'est-à-dire, comment faire en sorte que Nicolas récupère un photon dont les valeurs de spin afficheraient les mêmes probabilités que celles du photon A.

Je ne peux me contenter de mesurer le spin du photon A et de téléphoner à Nicolas en lui demandant de manipuler un photon chez lui jusqu'à ce que son spin corresponde à mes observations. Le résultat que j'obtiendrais serait affecté par mon observation et ne refléterait donc pas l'état qui était véritablement celui du photon A avant que je ne l'observe. Alors, que puis-je faire ? Eh bien, si l'on en croit Bennett et ses collaborateurs, la première étape est de s'assurer que Nicolas et moi avons chacun un photon parmi une paire de photons intriqués, appelons-les photons B et C — peu importe la manière dont on se les procure. Supposons simplement que Nicolas et moi, même séparés par l'océan Atlantique, sommes certains du fait que, si je mesure le spin du photon B autour d'un axe donné et qu'il en fait autant pour le photon C, nous trouverons le même résultat.

L'étape suivante, si l'on en croit Bennett et les autres, n'est pas de mesurer directement l'état du photon A — celui que j'espère téléporter — car cette intervention s'avérerait trop radicale. En fait, c'est une caractéristique *commune* aux photons A et B que je dois mesurer. Par exemple, la théorie quantique me permet de savoir si les photons A et B ont, ou non, le même spin autour de l'axe vertical, sans pour autant mesurer le spin de chacun. De même, la théorie quantique me permet de savoir si les deux photons ont un même spin autour de l'axe horizontal, sans mesurer leur spin individuellement. Grâce à une telle mesure commune, je ne connais pas la valeur du spin du photon A, mais je sais comment celle-ci est reliée à celle du photon B. Voilà l'information qui me sera utile.

Le photon C est intriqué au photon B. Donc, si je sais comment les photons A et B sont reliés, je peux en déduire la façon dont le photon A est relié au photon C. Si j'en informe Nicolas par téléphone, en lui disant comment le photon A tourne par rapport au photon C, il saura comment manipuler le photon C pour que son état quantique corresponde exactement à celui du photon A. Après avoir fait ce qu'il a à faire, l'état de son photon sera identique à celui du photon A, et cela me suffit pour affirmer que j'ai réussi à téléporter mon photon à Bruxelles. Dans le cas le plus simple, par exemple, si mes mesures révèlent que le spin du photon B est identique à celui du photon A, nous en conclurons que le spin du photon C est lui aussi identique au spin du photon A et, sans plus de cérémonie, la téléportation serait terminée. Le photon C serait d'ores et déjà dans le même état que le photon A, comme nous le voulions.

Bon... c'est presque cela. Voilà les grandes lignes. Mais, pour expliquer la téléportation quantique de manière intelligible, j'ai dû laisser de côté un élément absolument essentiel à cette histoire, que je m'empresse d'ajouter maintenant. Lorsque j'effectue la mesure conjointement sur les photons A et B, je me renseigne effectivement sur la relation entre le spin du photon A et celui du photon B. Mais, comme c'est le cas pour toutes les observations, la mesure elle-même affecte les photons. Je n'apprends donc pas comment le spin du photon A était relié à celui du photon B avant la mesure. En fait, je m'informe de leur relation après que tous deux ont été perturbés par la mesure. Donc, à première vue, on pourrait penser se heurter au même obstacle que celui correspondant à la duplication directe du photon A : la perturbation inévitable due au processus de mesure. C'est là que le photon C vient à notre rescousse : parce que les photons B et C sont intriqués, la perturbation subie à New York par le photon B *se reflétera également sur l'état du photon C situé à Bruxelles*. C'est là tout le côté magique de l'intrication quantique, comme nous l'avons vu au chapitre 4. En fait, Bennett et ses collaborateurs ont montré rigoureusement que, par le biais de son intrication avec le photon B, *la perturbation due à ma mesure marque le photon C, aussi distant soit-il.*

C'est fantastiquement intéressant ! Par ma mesure, nous pouvons savoir comment le spin du photon A est relié à celui du photon B, mais avec l'épineux problème que les deux photons seront perturbés par mon intervention. Toutefois, via l'intrication, le photon C est relié à ma mesure — même s'il est à des milliers de kilomètres —, et cela nous permet d'isoler l'effet de cette perturbation et donc d'avoir accès à l'information généralement perdue dans le processus de mesure. Donc, si j'appelle Nicolas au téléphone pour lui communiquer le résultat de mes mesures, il pourra connaître la relation entre les spins des photons A et B après la perturbation et, via le photon C, il aura accès aux *conséquences de cette perturbation*. Cela permet à Nicolas d'utiliser le photon C pour, grosso modo, soustraire la perturbation due à ma mesure, et esquiver l'obstacle de la duplication directe du photon A. En fait, comme l'ont montré en détail Bennett et ses collaborateurs, il suffit au plus d'une manipulation sur le spin du photon C (selon mon coup de téléphone donnant la relation entre les spins des photon A et B) pour que Nicolas s'assure que le photon C soit une copie exacte, au moins en ce qui concerne son spin, de l'état quantique du photon A *avant ma mesure*. En outre, bien que le spin ne soit qu'une des caractéristiques d'un photon, d'autres aspects de l'état quantique du photon A (comme la probabilité qu'il ait telle ou telle énergie) peuvent être dupliqués de la même manière. Aussi pouvons-nous, grâce à cette procédure, téléporter le photon A de New York à Bruxelles[3].

Comme nous le voyons, la téléportation quantique se déroule en deux étapes, correspondant à la transmission d'informations essentielles et complémentaires. Tout d'abord, nous effectuons une mesure conjointement sur le photon que nous voulons téléporter et sur l'un des membres d'une paire de photons intriqués. La perturbation qu'occasionne cette mesure se reflète sur le membre distant de cette paire intriquée par toute la bizarrerie de la non-localité quantique. Voilà l'étape 1, la partie proprement quantique du processus de téléportation. L'étape 2, dans laquelle le résultat de la mesure est transmis au lieu de réception distant par les moyens conventionnels (téléphone, fax, courrier électronique), peut être qualifiée d'étape classique du processus de téléportation. La combinaison de ces deux étapes permet de reproduire exactement l'état quantique du photon que l'on cherche à téléporter, par une opération simple (comme une rotation d'un certain angle autour de certains axes) effectuée sur le membre distant de la paire intriquée.

Remarquons par ailleurs certains éléments-clés de cette téléportation quantique. L'état quantique initial du photon A ayant été perturbé par ma mesure, *le photon C à Bruxelles est finalement le seul* à *se trouver dans cet état initial*. On n'aboutit pas à deux copies du photon A. Ainsi, plutôt que de qualifier cette opération de fax quantique, il est effectivement plus correct de l'appeler téléportation quantique[4]. En outre, bien que nous ayons téléporté le photon A de New York à Bruxelles — même si le photon à Bruxelles devient indiscernable du photon que j'avais initialement à New York —, nous n'avons pas connaissance de l'état quantique du photon A. Le photon à Bruxelles a exactement la même probabilité de tourner dans un sens ou dans l'autre que le photon A avant mon intervention, mais nous ne connaissons pas cette probabilité. En fait, c'est là toute l'astuce de la téléportation quantique. La perturbation due à la mesure nous empêche de déterminer l'état quantique du photon A, mais, dans le processus que nous avons décrit, *nous n'avons pas besoin de connaître l'état quantique du photon pour le téléporter*. Il nous suffit de connaître seulement un aspect de son état quantique — ce que nous apprenons de la mesure effectuée conjointement sur le photon B. L'intrication quantique avec le photon C distant fait le reste.

Mettre en pratique cette stratégie de téléportation quantique n'était pas une mince affaire. Au début des années 1990, on savait créer une paire de photons intriqués, mais on n'était pas encore parvenu à effectuer une mesure conjointement sur deux photons (la mesure concernant les photons A et B, que l'on appelle en termes techniques une « mesure de l'état de Bell »). L'exploit des équipes de Zeilinger et de De Martini fut d'inventer des techniques expérimentales ingénieuses pour réaliser cette mesure, et de les mettre en pratique en laboratoire[5]. Dès 1997, ils avaient atteint leur objectif et furent ainsi le premier groupe à avoir réussi la téléportation d'une particule isolée.

Téléportation : du rêve à la réalité ?

Puisque vous, moi, le chat, la Maserati et n'importe quoi d'autre sommes composés d'un très grand nombre de particules, on imagine tout naturellement que l'étape suivante consiste à appliquer la téléportation quantique à de tels groupements de particules pour « zapper » des objets macroscopiques d'un endroit à un autre. Mais le pas à franchir pour passer de la téléportation d'une seule particule à celle d'une collection macroscopique de particules est étourdissant, très loin de ce que les scientifiques arrivent à faire aujourd'hui et même de ce que les têtes de file dans ce domaine espèrent accomplir dans le futur. Mais voici tout de même, juste pour le plaisir, comment Zeilinger rêve que nous y parvenions un jour.

Imaginons que je veuille téléporter ma Maserati

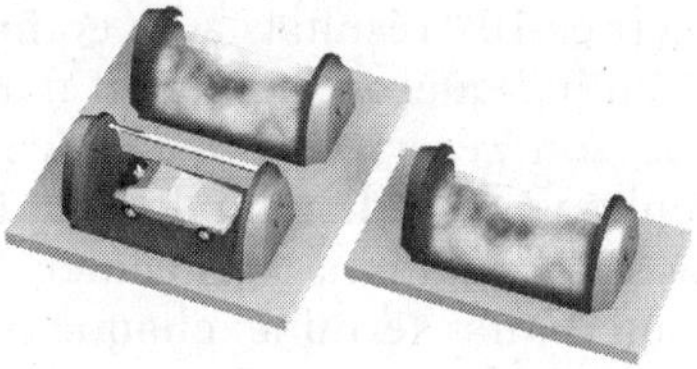

Figure 15.1 Une description imaginaire de la téléportation : on envisage deux réservoirs de particules intriquées, situés à une certaine distance l'un de l'autre, et un moyen d'effectuer des mesures adéquates, conjointement sur toutes les particules composant l'objet à téléporter et sur les particules de l'un des réservoirs. Le résultat de ces mesures procurerait donc les informations nécessaires pour manipuler les particules du second réservoir en sorte qu'elles reproduisent l'objet original, achevant ainsi sa téléportation.

de New York à Bruxelles. Plutôt que de se procurer chacun un membre d'une paire de photons intriqués (ce qu'il nous faut pour téléporter un photon isolé), Nicolas et moi devons disposer d'un réservoir de particules contenant suffisamment de protons, de neutrons, d'électrons et de tout ce qu'il nous faut pour construire une Maserati, toutes les particules de mon réservoir étant intriquées avec celles de celui de Nicolas (voir la figure 15.1). Il me faut également un appareil me permettant de mesurer les propriétés communes de toutes les particules de ma voiture et de toutes celles qui s'agitent dans mon réservoir (l'analogue de la mesure de l'état de Bell pour les photons A et B). Grâce à l'intrication des particules des deux réservoirs, l'effet des mesures communes que j'effectue à New York influe sur les particules du réservoir de Nicolas à Bruxelles (l'analogue du fait que l'état du photon C reflète le résultat de la mesure de l'état de Bell pour A et B). Si j'appelle Nicolas pour lui communiquer les résultats de mes mesures (cet appel me coûtera cher, car j'aurai à peu près 10^{30} résultats à lui communiquer), les données lui indiqueront comment manipuler les particules de son réservoir (un peu comme mon coup de téléphone précédent lui donnait les instructions sur les manipulations à effectuer sur le photon C). Lorsqu'il aura terminé, chaque particule de son réservoir se trouvera exactement dans le même état quantique que chacune des particules de ma Maserati (avant que je ne la soumette à mes mesures), et donc, en vertu de notre exposé précédent, Nicolas aura bel et bien en face de lui la Maserati*. Nous aurons réussi sa téléportation de New York à Bruxelles.

Notons toutefois qu'à ce jour chacune des étapes de cette version macroscopique de téléportation quantique relève du fantastique. Un objet comme notre Maserati est composé de plusieurs milliards de milliards de milliards de particules. Même si les expérimentateurs maîtrisent de mieux en mieux l'intrication d'un nombre de particules supérieur à deux, ils sont encore bien loin d'atteindre le nombre colossal des particules qui intervient dans la composition d'objets macroscopiques[6]. Préparer les deux réservoirs de particules intriquées est tellement hors de la portée des expériences actuelles que c'en est presque absurde. En outre, la mesure *conjointe* de deux photons était déjà un exploit en soi. La

* Pour des ensembles de particules — par opposition à des particules isolées —, l'état quantique encode également les relations de chaque particule avec toutes les autres. Donc, en reproduisant exactement l'état quantique de toutes les particules composant la Maserati, nous nous assurons qu'elles sont toujours reliées entre elles par les mêmes relations ; la seule différence sera que leur position globale n'est plus à New York, mais à Bruxelles.

généraliser à une mesure conjointe pour des milliards et des milliards de particules est, à ce jour, tout à fait inimaginable. De notre point de vue actuel, on peut raisonnablement conclure que nous ne serons pas prêts à téléporter un objet macroscopique de la même manière qu'une particule isolée avant des siècles, voire une éternité.

Toutefois, la transcendance de telles prophéties étant une constante en science et en technologie, je dirai tout bonnement que la téléportation d'objets macroscopiques semble improbable. Mais qui sait ? Il y a quarante ans, l'ordinateur de bord de l'*Enterprise* paraissait tout à fait improbable lui aussi[7].

Les énigmes du voyage dans le temps

On ne peut contester le fait que la vie serait fort différente si l'on pouvait téléporter des objets macroscopiques aussi facilement que l'on envoie un Chronopost ou que l'on prend le métro. Des voyages qui sont pour nous impossibles ou inimaginables deviendraient accessibles, et le concept de déplacement dans l'espace serait révolutionné à tel point que ce pas de géant bien pratique s'accompagnerait d'un changement radical de notre vision du monde.

Malgré cela, les conséquences de la téléportation sur notre vision de l'Univers seraient modestes par comparaison à la révolution que représenteraient les voyages dans le temps. Chacun sait qu'en y mettant du sien on peut, au moins en principe, aller d'un endroit à un autre. Bien qu'il existe des limitations techniques pour nos voyages dans l'espace, mis à part ces contraintes, nous nous déplaçons selon notre bon vouloir. Et pour aller de maintenant à alors ? Nos expériences quotidiennes concordent toutes en faveur d'un seul et unique moyen : nous devons attendre — chaque seconde suit la précédente, comme le tac suit le tic et « maintenant » laisse méthodiquement la place à « alors ». Et cela sous-entend qu'« alors » est après « maintenant ». Si « alors » précède « maintenant », nos expériences stipulent qu'il n'y a aucun moyen de l'atteindre ; voyager dans le passé ne semble pas faire partie des possibles. Contrairement aux déplacements dans l'espace, le voyage dans le temps serait tout sauf dépendant de notre bon vouloir. Lorsqu'on en vient au temps, nous sommes entraînés dans une seule direction, qu'on le veuille ou non.

Si nous pouvions nous déplacer dans le temps aussi facilement que dans l'espace, notre vision du monde n'en serait pas seulement modifiée, mais elle subirait la transformation la plus radicale de toute l'histoire de l'humanité. Ayant conscience des conséquences d'un tel bouleversement, je suis souvent étonné du peu de gens qui savent que les fondements théoriques du voyage dans le temps — celui vers le futur — sont déjà bien en place depuis le début du siècle dernier.

Lorsque Einstein a révélé la nature de l'espace-temps de la relativité restreinte, il a rédigé le mode d'emploi pour accéder au futur. Imaginons que nous voulions voir ce qui se déroulera sur la Terre dans mille, dix mille ou dix millions d'années. Ce sont alors les lois de la physique einsteinienne qui nous disent comment procéder : il faut tout d'abord construire un engin dont la vitesse peut atteindre, disons 99,9999999996 % de la vitesse de la lumière. À pleins gaz, nous partons pour un voyage intersidéral de vingt-quatre heures, dix jours ou un peu plus de vingt-sept années sur l'horloge de bord, puis nous faisons brusquement demi-tour pour revenir sur Terre, toujours pleins gaz. À notre retour, mille, dix mille ou dix millions d'années se seront écoulées sur Terre. C'est là une prédiction indiscutable de la relativité restreinte, qui a été confirmée expérimentalement ; c'est un exemple de l'effet de dilatation du temps avec l'augmentation de la vitesse décrit au chapitre 3[8]. Bien évidemment, puisqu'on est bien incapable de construire un engin susceptible d'atteindre de telles vitesses, personne n'a encore testé ces prédictions à la lettre. Mais, comme nous l'avons vu plus haut, des chercheurs ont confirmé la prédiction de la dilatation du temps à bord d'avions de ligne naviguant à une petite fraction de la vitesse de la lumière, ainsi que pour des particules élémentaires comme les muons, fusant dans nos accélérateurs à des vitesses proches de *c* (au repos, les muons se désintègrent pour donner d'autres particules en deux millionièmes de seconde environ, mais, lorsqu'ils sont en mouvement, plus leur vitesse est élevée, plus leur horloge interne est ralentie, et plus ils nous semblent vivre longtemps). Nous avons toutes les raisons de croire, et aucune raison de ne pas croire, que la relativité restreinte est correcte, et que la stratégie qu'elle propose pour voyager dans le futur devrait fonctionner comme prévu. C'est la technologie, pas la physique, qui nous retient à notre époque*.

* La fragilité du corps humain est une autre limitation pratique : l'accélération requise pour atteindre de telles vitesses en un laps de temps raisonnable dépasse largement ce que le corps peut supporter. Notons en outre que le ralentissement du temps offre une stratégie, en principe, pour atteindre des endroits très éloignés dans l'espace. Si une navette pouvait quitter la Terre en direction de la galaxie d'Andromède à 99,99999999999999999 % de la vitesse de la lumière, nous devrions attendre, sur Terre,

Toutefois, d'autres questions plus épineuses se posent lorsqu'on envisage l'autre type de voyage dans le temps : le voyage dans le passé. Nous connaissons tous certains de ses paradoxes. Par exemple, le scénario classique dans lequel un personnage remonte dans le passé et empêche sa propre naissance. Dans bien des fictions, cela est fait avec beaucoup de violence, mais on peut tout à fait imaginer des interventions moins drastiques et tout aussi efficaces — comme d'empêcher les parents de se rencontrer. Le paradoxe est clair : si le personnage n'est pas né, comment peut-il exister et, en particulier, comment peut-il voyager dans le passé et empêcher ses parents de se rencontrer ? Pour voyager dans le passé et empêcher nos parents de se rencontrer, nous devons être né ; mais si nous avons vu le jour, puis voyagé dans le passé pour empêcher la rencontre de nos parents, nous n'aurions pas pu naître. Nous nous dirigeons droit vers une impasse de la logique.

Un paradoxe similaire, proposé par le philosophe britannique Michael Dummett et étoffé par son collègue David Deutsch, taquine les méninges de manière un peu différente, mais encore plus troublante. En voici une version romancée. Imaginons que je construise une machine à voyager dans le temps et que je me transporte dix ans dans le futur. Après un déjeuner rapide chez Fou d'Tofu (la chaîne qui a racheté McDonald's après que l'épidémie mon-

---

près de six millions d'années avant qu'elle revienne. Mais à cette vitesse le temps s'écoule, à bord de la navette, plus lentement que sur Terre, à tel point qu'à leur retour les astronautes n'auraient vieilli que de huit heures (en admettant qu'ils aient survécu aux accélérations nécessaires pour atteindre la vitesse de croisière, faire demi-tour et s'arrêter).

diale de vache folle a définitivement entamé l'enthousiasme du public envers le Big Mac), je m'installe au premier cybercafé venu pour voir quels sont les progrès récents en théorie des cordes. Et quelle n'est pas ma surprise ! Je m'aperçois que toutes les questions ont été résolues. La théorie est maintenant complète et on l'utilise avec succès pour expliquer toutes les propriétés des particules connues. On a trouvé des preuves indiscutables en faveur des dimensions supplémentaires, et les prédictions de la théorie concernant les partenaires supersymétriques — leurs masses, charges électriques, et le reste — viennent tout juste d'être confirmées, tenez-vous bien, par le LHC. Cela ne fait plus aucun doute : la théorie des cordes est *la* théorie unifiée de l'Univers.

En cherchant un peu plus pour voir qui est responsable de tous ces progrès, je suis encore plus surpris. L'article-clé fut écrit un an plus tôt par... Rita Greene. Ma mère ! Je suis sous le choc. Sauf tout le respect que je lui dois, ma mère est une personne extraordinaire, mais elle n'est pas une scientifique, elle ne comprend pas que quiconque veuille l'être et, par exemple, n'a lu que quelques pages de *L'Univers élégant* avant de le refermer à tout jamais en décrétant que sa lecture lui avait donné mal au crâne. Alors comment diable a-t-elle pu écrire le papier-clé de la théorie des cordes ? À la lecture de l'article, je suis absolument ébloui par son raisonnement, simple mais extrêmement judicieux, et je m'aperçois à la fin qu'elle me remercie, moi, pour les années d'enseignement intense que je lui aurais dispensé en mathématiques et en physique après qu'elle eut assisté à un séminaire du gourou Tony Robbins l'ayant persuadée de surmonter ses peurs et de poursuivre sa voie naturelle de physicienne. Nom d'un petit bonhomme, me dis-je — elle venait tout juste de s'inscrire à ce séminaire lorsque je me préparais à partir vers le futur. Je ferais bien de me dépêcher de rentrer à mon époque pour commencer mes enseignements.

Donc, je reviens en 2005 et commence les cours de théorie des cordes pour ma mère. Mais cela ne se passe pas très bien. Une année passe. Puis deux. Et, malgré toute sa bonne volonté, elle n'arrive pas à s'y faire. Je commence à m'inquiéter. Nous continuons néanmoins durant deux années supplémentaires, mais ses progrès sont minimes. Et là je m'inquiète sérieusement. Il ne reste plus tellement de temps avant que son article doive voir le jour. Comment va-t-elle l'écrire ? Finalement, je prends une décision irrévocable. En lisant son article dans le futur, il m'a fait un tel effet que je m'en souviens comme si c'était hier. Ainsi, plutôt que de la laisser le découvrir par elle-même — ce qui m'apparaît comme étant de moins en moins probable —, je lui dis quoi écrire, m'assurant qu'elle inclut exactement tout ce dont je me souviens. Elle publie l'article et, en moins de temps qu'il ne faut pour le dire, le monde de la physique s'enflamme. Tout ce que j'ai pu lire durant mon séjour dans le futur se réalise.

Voici maintenant le paradoxe. À qui doit-on l'article révolutionnaire de ma mère ? Certainement pas à moi. J'ai lu les résultats dans son article. Mais comment pourrait-on l'attribuer à ma mère puisqu'elle n'a écrit que ce que je lui ai dicté ? Bien sûr, la vraie question n'est pas de savoir à qui on le doit, mais d'où viennent les connaissances nouvelles et les idées nouvelles que présente l'article de ma mère. Dans quelle mesure puis-je dire : « telle personne ou tel ordinateur a pondu ces nouveaux résultats » ? Si ce n'est pas moi qui ai eu ces idées, ni ma mère, il n'y avait personne d'autre dans cette histoire, et nous n'avons pas utilisé d'ordinateur. Et, pourtant, ces résultats remarquables figurent tous dans son article. Apparemment, dans un monde où le voyage temporel est possible aussi bien vers le futur que vers le passé, les connaissances peuvent se matérialiser à partir de rien. Bien que ce ne soit pas aussi paradoxal que d'empêcher sa propre naissance, c'est tout de même très bizarre.

Que dire de tels paradoxes et de telles bizarreries ? Devons-nous conclure que, si le voyage vers le futur est autorisé par les lois de la physique, toute tentative de retour vers le passé est vouée à l'échec ? D'aucuns ont certainement été de cet avis. Mais, comme nous allons le voir maintenant, il y a des moyens de se sortir de ces questions troublantes. Cela ne signifie pas que voyager dans le passé soit possible — c'est une question distincte que nous aborderons d'ici peu —, mais cela montre bel et bien que l'on ne peut exclure la possibilité de remonter le temps en invoquant simplement les casse-tête que nous venons de voir.

Repensons les casse-tête

Souvenons-nous que nous avons abordé, au chapitre 5, la question de l'écoulement du temps du point de vue de la physique classique, et que nous avons rencontré une image substantiellement différente de notre vision intuitive. En y réfléchissant, nous avons finalement envisagé l'espace-temps comme un bloc de glace dans lequel chaque instant serait comme figé par le froid, contrairement à l'image plus familière du temps comme une rivière nous emportant vers l'avant, d'un moment au suivant. Ces instants congelés sont regroupés en divers

« maintenant » — regroupant tous les événements ayant eu lieu au même instant — de manières différentes selon les différents mouvements des observateurs. Et, pour préserver cette souplesse nous permettant de découper le bloc d'espace-temps en différents « maintenant », nous avons introduit une autre métaphore dans laquelle l'espace-temps est vu comme une miche de pain que l'on peut découper selon différents angles.

Mais quelle que soit l'image choisie, la principale leçon du chapitre 5 est que les instants — les événements qui constituent la miche d'espace-temps — *sont*, tout simplement. Ils n'ont pas de durée. Chaque instant — chaque événement — existe, tout comme chaque point de l'espace existe. Les instants ne viennent pas momentanément à la vie lorsqu'ils sont illuminés par le « projecteur » du présent d'un observateur donné — cette image correspond bien à notre intuition, mais ne résiste pas à un examen logique. Les instants ne changent pas. Ils sont. Le fait qu'ils soient illuminés n'est qu'une des nombreuses caractéristiques inhérentes à l'instant. Cela est particulièrement évident avec le point de vue imaginaire mais riche d'enseignements de la figure 5.1, dans laquelle tous les événements de l'histoire de l'Univers sont visibles ; ils sont tous là, statiques et immuables. Des observateurs différents ne s'accorderont pas forcément sur le temps auquel chacun de ces événements s'est déroulé — ils découpent la miche d'espace-temps selon des angles différents —, mais la miche totale et les événements qui la composent sont universels, littéralement.

La mécanique quantique apporte certaines modifications à cette vision classique du temps. Par exemple, nous avons vu au chapitre 12 qu'à très petite échelle, l'espace et l'espace-temps deviennent inévitablement effervescents. Mais (chapitre 7), pour pouvoir parler de la mécanique quantique et du temps, nous devons résoudre le problème de la mesure quantique. L'une des propositions pour ce faire, l'interprétation des mondes multiples, est particulièrement adaptée pour aborder les paradoxes qui découlent du voyage dans le temps, ce que nous verrons dans le sous-chapitre suivant. Mais, pour le moment, restons classiques et mettons à contribution la description de l'espace-temps en termes de bloc de glace et de miche de pain.

Prenons l'exemple paradoxal du type qui remonte dans le passé pour empêcher la rencontre de ses parents. Intuitivement, nous savons tous ce que cela est censé vouloir dire. Avant d'aller dans le passé, nos parents s'étaient rencontrés — disons au douzième coup de minuit le 31 décembre 1965*, lors d'une fête pour le nouvel an — et, après un certain temps, notre mère nous a donné naissance. Puis, des années après, nous décidons de voyager dans le passé — jusqu'au 31 décembre 1965 — et, une fois arrivés, nous modifions le cours des événements : en particulier, nous maintenons nos parents à distance l'un de l'autre, empêchant ainsi notre conception et notre naissance. Mais relatons maintenant cette description intuitive à la lumière de notre description plus rationnelle du temps faisant intervenir la miche d'espace-temps.

Le cœur de la description intuitive n'a pas de sens parce qu'elle part du principe que les instants peuvent changer. Cette vision intuitive considère le douzième coup de minuit, le 31 décembre 1965 (selon le découpage temporel conventionnellement utilisé

* Certes, je devrais plutôt dire le 1er janvier 1966, mais ne nous soucions pas de cela.

sur Terre), comme étant « initialement » l'instant de la rencontre de nos parents, mais envisage en outre que notre intervention puisse « ultérieurement » modifier les choses de telle sorte qu'au douzième coup de minuit, le 31 décembre 1965, nos parents soient séparés par des kilomètres, si ce n'est carrément par un continent entier. Toutefois, le problème, avec cette manière de relater les événements, est que les instants ne changent pas ; comme nous l'avons vu, ils sont, tout simplement. La miche d'espace-temps existe, fixe et immuable. Dire d'un instant qu'il était « initialement » comme ceci et qu'il sera « ultérieurement » comme cela n'a pas de sens.

Si nous remontons dans le temps jusqu'au 31 décembre 1965, alors nous y étions, nous y avons toujours été, nous y serons toujours et nous n'avons jamais été absents. Le 31 décembre 1965 n'a pas eu lieu deux fois et nous n'avons ni manqué le début ni assisté au rappel. Du point de vue temporel décrit sur la figure 5.1, nous existons — fixe et immuable — en divers endroits de la miche d'espace-temps. Si nous réglons aujourd'hui notre machine à remonter le temps sur 23 h 50 le 31 décembre 1965, alors cet instant fera partie des points de l'espace-temps où l'on peut nous trouver. Mais notre présence à la fête du nouvel an 1966 sera un élément fixe et immuable de l'espace-temps.

Comprendre cela nous conduit toujours à des conclusions farfelues, mais c'est ce qui permet d'éviter le paradoxe. Par exemple, nous apparaîtrions sur la miche d'espace-temps à 23 h 50 le 31 décembre 1965, mais, avant ce moment, il n'y aurait aucune trace de notre existence. C'est étrange, certes, mais pas paradoxal. Si un type nous voyait apparaître à 23 h 50 et, terrorisé, nous demandait d'où nous venons, nous pourrions calmement lui répondre :

« du futur ». Dans ce scénario, tout au moins jusqu'ici, nous ne sommes pas piégés dans une impasse logique. Certes, les choses deviennent plus intéressantes si nous tentons alors d'accomplir notre mission et d'empêcher nos parents de se rencontrer. Que se passe-t-il ? Eh bien, si l'on se cantonne soigneusement à la description en termes de miche d'espace-temps, on conclut inévitablement que nous ne pourrions pas mener à bien cette mission. Quoi que nous fassions lors de cette fameuse fête du nouvel an, nous échouerions. Garder nos parents à distance — bien que cela puisse sembler appartenir au domaine des choses possibles — se révèle en fait être un véritable imbroglio. Vos parents se sont rencontrés au douzième coup de minuit. Vous y étiez. Et vous y serez « toujours ». Chaque instant est, tout simplement ; il ne change pas. Appliquer le concept de changement à un instant a autant de sens que de faire suivre une psychanalyse à un bloc de granit. Vos parents se sont rencontrés au douzième coup de minuit, le 31 décembre 1965, et *rien* ne peut changer cela, parce que leur rencontre est un événement immuable et inaltérable qui occupe pour toujours sa place dans la miche d'espace-temps.

En fait, maintenant que nous y réfléchissons, nous nous souvenons que dans notre jeune âge, lorsque nous demandions à notre père comment il a demandé à notre mère de l'épouser, il nous répondait qu'il n'avait rien planifié. Il venait tout juste de la rencontrer lorsqu'il lui a demandé sa main. En fait, à peu près dix minutes avant minuit, à une fête pour le nouvel an, il avait eu si peur en voyant un type apparaître tout d'un coup — un type qui prétendait venir du futur — qu'en rencontrant notre mère il a décidé de la demander en mariage sur-le-champ.

Le fait est que le déroulement des événements

dans l'espace-temps s'arrange en un tout cohérent. L'Univers a un sens. Si nous remontons dans le temps jusqu'au 31 décembre 1965, nous ne faisons qu'obéir à notre propre destin. Dans la miche d'espace-temps, quelqu'un est présent à 23 h 50 qui ne l'était à aucun des instants précédents. Du point de vue extérieur, imaginaire, de la figure 5.1, nous pourrions le voir directement ; nous verrions également, incontestablement, que la personne en question, c'est *nous*, à l'âge que nous avons aujourd'hui. Pour que ces événements, ayant eu lieu des dizaines d'années auparavant, aient un sens, nous *devons* voyager dans le temps jusqu'en 1965. En outre, de notre point de vue extérieur, nous verrions également, juste après 23 h 50, le 31 décembre 1965, notre géniteur, l'air apeuré, qui nous pose une question et s'enfuit en courant ; à minuit, nous verrions sa rencontre avec notre mère puis, plus tard, leur mariage, notre naissance, notre enfance et, plus tard encore, nous-même qui franchissons le seuil de la machine à remonter le temps. Si les voyages dans le passé étaient possibles, nous ne pourrions plus expliquer les événements d'une certaine époque uniquement à partir des événements antérieurs (quel que soit le point de vue) : la totalité des événements de la miche d'espace-temps formeraient un récit sensé, cohérent et exempt de contradictions.

Comme le souligne le sous-chapitre précédent, cela ne signifie en aucun cas que les voyages temporels vers le passé seraient possibles. Mais cela suggère fortement que les paradoxes censés en découler, comme d'empêcher notre naissance, sont eux-mêmes nés d'erreurs de logique. Si l'on remonte le temps vers le passé, on ne peut pas le changer, pas plus que l'on ne peut changer la valeur du nombre pi. Si l'on remonte le temps vers le passé, nous faisons, ferons et avons toujours fait partie du passé, ce même passé qui nous a conduit à voyager jusqu'à lui.

Du point de vue extérieur de la figure 5.1, cette explication est à la fois stricte et cohérente. En surveillant tous les événements de la miche d'espace-temps, nous verrions qu'ils s'emboîtent avec la justesse et la parcimonie d'un jeu de mots croisés cosmiques. Et pourtant, de notre point de vue le 31 décembre 1965, les choses n'en sont pas moins surprenantes. J'ai décrété plus haut qu'aussi déterminé que nous soyons à empêcher la rencontre de nos parents nous ne pourrions y parvenir, si l'on en croit le raisonnement classique appliqué à ce problème. Nous pouvons les voir se rencontrer. Nous pouvons même faciliter leur rencontre, peut-être sans le vouloir, comme dans l'histoire que j'ai imaginée. Nous pouvons même voyager dans le passé à plusieurs reprises, si bien que nous serions très présent, chaque fois avec l'intention d'empêcher l'union de nos parents. Mais y parvenir impliquerait de pouvoir changer des éléments pour lesquels le concept même de changement n'a pas de sens.

Et pourtant, même fort de ces observations abstraites, nous ne pouvons nous empêcher de nous poser la question : qu'est-ce qui nous en empêche ? Si nous sommes présent à la fête dès 23 h 50 et que nous reconnaissons notre mère, qu'est-ce qui nous empêche de l'enlever ? Ou, si nous avisons notre père, qu'est-ce qui nous empêche de... — oh, et puis, après tout, je le dis quand même — le tuer ? N'avons-nous pas notre libre arbitre ? C'est ici, comme le soupçonnent certains, que la mécanique quantique pourrait entrer en scène.

Libre arbitre, mondes multiples et voyages dans le temps

Le libre arbitre est une question subtile, même sans les complications inhérentes au voyage dans le temps. Les lois de la physique classique sont déterministes. Comme nous l'avons vu plus haut, si nous pouvions connaître avec précision l'état actuel des choses (la position et la vitesse de la moindre des particules de l'Univers), les lois de la physique classique nous indiqueraient exactement quel était l'état des choses dans le passé ou ce qu'il sera, à tout moment choisi. Les équations sont indifférentes à la supposée liberté de la volonté humaine. Certains ont été jusqu'à dire que, dans un univers classique, le libre arbitre ne serait qu'une illusion. Nous sommes composés d'un agencement de particules, et, si les lois de la physique classique peuvent déterminer tout ce qui les concerne à n'importe quel moment — où elles sont, comment elles se déplacent et ainsi de suite —, notre aptitude à déterminer nos propres actions, à laquelle nous tenons tant, semble plutôt compromise. Ce raisonnement me convainc, mais ceux qui pensent que l'être humain est plus qu'une simple collection de particules ne seraient pas d'accord.

Quoi qu'il en soit, ces remarques ont leurs limites, puisque notre Univers est quantique et non pas classique. En physique quantique (la physique du monde réel), il a quelques similitudes avec ce point de vue classique, mais il y a également des différences qui peuvent être déterminantes. Comme nous l'avons vu au chapitre 7, si nous connaissons la fonction d'onde quantique de toutes les particules de l'Univers à l'instant présent, l'équation de Schrödinger nous indique comment était la fonction d'onde ou comment elle sera à tout instant choisi. C'est un aspect complètement déterministe de la physique quantique, comme en physique classique. Toutefois, le fait d'effectuer des observations complique notablement l'histoire quantique et, comme nous l'avons vu, le débat sur le problème de la mesure quantique fait rage encore aujourd'hui. Si les physiciens concluent un jour que l'équation de Schrödinger renferme toute la mécanique quantique, alors la physique quantique, dans son ensemble, serait en tous points aussi déterministe que la physique classique. Comme c'était le cas pour le déterminisme classique, d'aucuns diraient que cela implique que le libre arbitre n'est qu'une illusion, tandis que d'autres verraient les choses autrement. Mais s'il s'avère que nous passons aujourd'hui à côté de tout un pan de la physique quantique — si le passage des probabilités aux issues bien définies requiert plus que le cadre quantique conventionnel —, alors il est possible que le libre arbitre trouve une incarnation concrète au sein des lois physiques. Nous pourrions trouver un jour, comme l'ont proposé certains physiciens, que le fait d'effectuer des observations en toute conscience est partie intégrante de la mécanique quantique, représentant le catalyseur qui sélectionne, parmi toutes les issues possibles du remous quantique, celle qui se réalisera[9]. Personnellement, je trouve cela très peu probable, mais je ne connais aucun moyen de l'exclure.

En fin de compte, le statut du libre arbitre et son rôle au sein des lois de la physique ne sont pas résolus. Alors considérons les deux possibilités : le libre arbitre qui est illusoire et le libre arbitre qui est réel.

Si le libre arbitre n'est qu'une illusion, et s'il est possible de remonter dans le passé, alors notre incapacité à empêcher nos parents de se rencontrer n'a rien de mystérieux. Bien que nous pensions avoir le contrôle de nos actions, ce sont en réalité les lois de la physique qui tirent les ficelles. Lorsque nous mijotons d'enlever notre mère ou de tuer notre père, les lois de la physique s'interposent. La machine à remonter le temps nous dépose à l'autre bout de la ville et nous arrivons après la rencontre entre nos parents ; ou, lorsque nous tentons d'appuyer sur la détente, le pistolet s'enraye ; ou nous enfonçons effectivement la gâchette, mais nous ratons notre cible... pour occire à la place le seul autre prétendant à la main de notre mère, libérant ainsi la voie de leur union ; ou, peut-être qu'en sortant de la machine à remonter le temps, nous n'avons tout bonnement plus envie d'empêcher la rencontre de nos parents. Les lois de la physique coupent court à toute tentative de contrarier la logique. Tout ce que nous faisons s'inscrit dans cette logique. Cela a toujours été le cas et le sera toujours. On ne peut changer l'inchangeable.

Si le libre arbitre n'est pas une illusion, et s'il est possible de remonter dans le temps, la physique quantique a d'autres propositions pour ce qui pourrait avoir lieu, et elle se révèle clairement différente de la formulation de la physique classique. Une proposition particulièrement séduisante, que l'on doit à David Deutsch, s'inspire de l'interprétation des mondes multiples. Souvenons-nous de ce que nous avons vu au chapitre 7 : dans l'interprétation de la mécanique quantique par les mondes multiples, chaque issue possible incarnée dans la fonction d'onde — le fait qu'une particule tourne dans tel ou tel sens, ou qu'une autre particule soit ici ou là — se réalise dans son propre univers parallèle. L'Univers dont nous avons conscience à tout instant n'est qu'un univers parmi une infinité dans laquelle chaque évolution possible en vertu des lois de la physique quantique se réalise séparément. Dans ce cadre, il est tentant de proposer que notre liberté de faire tel ou tel choix reflète la possibilité pour nous de pénétrer tel ou tel univers parallèle à un moment ultérieur. Bien sûr, puisqu'une infinité de copies de chacun de nous est disséminée dans ces univers parallèles, les concepts d'identité personnelle et de libre arbitre sont à interpréter dans ce contexte plus vaste.

En ce qui concerne le voyage dans le temps et ses paradoxes potentiels, l'interprétation des mondes multiples propose une nouvelle résolution. Lorsque nous arrivons à 23 h 50 le 31 décembre 1965, que nous dégainons, mettons notre père en joue, pressons la détente, la balle part et atteint la cible voulue. Mais puisque cela n'a pu avoir lieu dans l'Univers dans lequel nous avons entrepris notre odyssée temporelle, nous n'avons pas seulement voyagé dans le temps, *mais aussi d'un univers parallèle à un autre*. L'univers parallèle dans lequel nous nous trouvons à présent en est un dans lequel nos parents ne se sont jamais rencontrés — un univers dont l'interprétation des mondes multiples nous garantit qu'il existe quelque part (puisque tout univers compatible avec les lois de la physique quantique existe quelque part). Et donc, avec cette interprétation, nous ne rencontrons aucun paradoxe logique, car il existe plusieurs versions d'un même instant, se déroulant chacune dans un univers parallèle ; dans l'interprétation des mondes multiples, tout se passe comme s'il y avait une infinité de miches d'espace-temps, plutôt qu'une seule. Dans l'univers où nous avons vu le jour, nos parents se sont rencontrés le 31 décembre 1965, nous sommes né, avons grandi puis gardé une dent contre notre père et nous sommes pris de passion pour le voyage temporel, jusqu'à embarquer pour un voyage jusqu'au 31 décembre 1965. Dans l'univers dans lequel nous arrivons, notre père est assassiné le 31 décembre 1965, avant de rencontrer notre mère, par un homme armé prétendant être son fils venu du futur. Une version de nous n'est jamais née dans cet univers, mais pas de panique : le nous qui a pressé la gâchette a bel et bien des parents. Il se trouve simplement qu'ils vivent dans un univers parallèle différent. Quant à savoir si quiconque, dans cet univers, croit en notre histoire ou, au contraire, nous considère comme fou à lier, je ne saurais le dire. Mais ce qui est clair, c'est que dans chacun de ces deux univers — celui duquel nous sommes partis et celui dans lequel nous sommes arrivés — nous évitons les incohérences contradictoires.

En outre, même dans ce contexte élargi, notre expédition temporelle ne change pas le passé. C'est évident dans l'univers que nous avons quitté, puisque nous n'explorons pas son passé. Dans l'univers que nous visitons, notre présence à 23 h 50 le 31 décembre 1965 ne modifie pas cet instant : dans cet univers, nous étions, sommes et serons toujours présents à cet instant. Je le répète, dans l'interprétation des mondes multiples, toute succession d'événements physiquement cohérente se déroule dans l'un des univers parallèles. L'univers dans lequel nous arrivons est un univers dans lequel le crime que nous avons décidé de commettre se réalise. Notre présence le 31 décembre 1965, et tout le tohu-bohu qui s'ensuit, fait partie de la réalité immuable de cet univers.

L'interprétation des mondes multiples offre une résolution semblable à la question des connaissances qui semblent se matérialiser à partir de rien, comme dans l'exemple de l'article décisif pour la théorie des cordes écrit par ma mère. En vertu de l'interprétation des mondes multiples, dans l'un des nombreux univers parallèles, ma mère devient effectivement rapidement experte en théorie des cordes et découvre par elle-même tout ce que je lis dans son article. Lorsque j'entreprends mon excursion dans le futur, ma machine temporelle m'envoie dans cet univers particulier. Les résultats que je découvre alors en lisant l'article de ma mère furent bel et bien découverts par une version d'elle-même vivant dans ce monde-là. Puis, lorsque je reviens à notre époque, je reparais dans un autre de ces univers parallèles dans lequel ma mère a beaucoup de difficultés à apprendre la physique. Après des années à tenter de l'instruire, je capitule et me résous à lui dicter son article. Mais, dans ce scénario, il n'y a plus de paradoxe sur la personne responsable de cette grande découverte. Elle est due à une version de ma mère habitant l'univers dans lequel elle devient un génie de la physique. Tout ce que provoquent mes allées et venues dans le temps, c'est que ses découvertes sont communiquées à une autre version d'elle-même vivant dans un autre univers. Pour ceux qui ont moins de mal à avaler les univers parallèles que les découvertes sans découvreur — une opinion fort subjective —, voilà qui offre une explication moins troublante de l'interaction entre connaissances et voyages dans le temps.

Aucune des propositions présentées ici ou dans le sous-chapitre précédent n'est à coup sûr *la* résolution aux énigmes et aux paradoxes émanant des voyages dans le temps. En fait, ces propositions montrent simplement que les énigmes et les paradoxes n'éliminent pas la possibilité de remonter le temps vers le passé, puisque, dans l'état actuel de notre compréhension, la physique ouvre certaines voies pour se tirer d'affaire. Mais le fait de ne pas exclure une éventualité ne veut pas dire que celle-ci soit possible. Nous en arrivons maintenant à la grande question.

Est-il possible de remonter le temps ?

La plupart des physiciens qui se respectent diraient non. Moi-même je répondrais non. Mais contrairement au non ferme et définitif que l'on répondrait à la question de savoir si la relativité restreinte autorise qu'un corps massif accélère jusqu'à la vitesse de la lumière et au-delà, ou à celle de savoir si la théorie de Maxwell autorise à une particule portant une unité de charge électrique de se désintégrer en particules portant deux unités de charge, ce non est un non modéré.

Le fait est que personne n'a montré que les lois de la physique excluaient la possibilité de remonter dans le temps. Au contraire, certains physiciens ont même rédigé des instructions hypothétiques sur la manière dont une civilisation dotée d'une technologie sans limites, régie uniquement pas les lois de la physique, pourrait procéder pour construire une machine à remonter le temps (par machine à remonter le temps, nous entendrons toujours une machine capable de nous transporter vers le futur comme vers le passé). Leurs propositions n'ont pas grand-chose en commun avec les engins tournants imaginés par H. G. Wells ou la voiture customisée du film *Retour vers le futur*. Elles ne s'éloignent pas tant que cela des limites de la physique connue, si bien que certains chercheurs soupçonnent qu'après quelques progrès dans notre maîtrise des lois de la nature, les propositions existantes ou futures de machines à explorer le temps pourraient être ramenées à l'intérieur des limites de ce qui est physiquement possible. Mais, à ce jour, ce sentiment n'est qu'une intuition s'appuyant sur des indices séduisants, pas sur des preuves solides.

Einstein lui-même s'était posé la question des voyages dans le passé durant les dix années de recherches intenses qui ont précédé la publication de sa théorie de la relativité générale[10]. Franchement, l'inverse eût été surprenant. Ses remaniements drastiques de l'espace et du temps invalidant des croyances acceptées depuis bien longtemps, la question se posait en permanence de savoir jusqu'où pouvait aller ce bouleversement. Parmi tous les aspects du temps familier, quotidien, intuitif, lesquels, s'il devait y en avoir, survivraient ? Einstein n'a pas écrit grand-chose sur la question du voyage dans le temps car, comme il le dit lui-même, il ne progressait pas beaucoup. Mais dans les années qui suivirent la publication de son article sur la relativité générale, lentement mais sûrement, d'autres physiciens s'y attelèrent.

Parmi les premiers articles de relativité générale en rapport avec les machines à explorer le temps, on trouve en 1937 ceux du physicien écossais Willem Jacob Van Stockum[11] et, en 1949, ceux de Kurt Gödel, qui était un collègue d'Einstein à Princeton. Van Stockum étudiait un problème hypothétique en relativité générale, dans lequel un cylindre très dense et infiniment long était mis en rotation autour de son axe (infini). Bien que, du point de vue physique, un cylindre infini ne soit pas très réaliste, l'analyse qu'en fit Van Stockum le conduisit à une intéressante découverte. Comme nous l'avons vu au chapitre 14, les objets massifs en rotation entraînent l'espace dans un tourbillon en spirale. Dans le cas considéré, l'entraînement est si fort que, d'après les calculs, non seulement l'espace tourbillonne, mais le temps aussi. Grosso modo, la rotation courbe la direction du temps d'un côté, de sorte qu'un mouvement circulaire autour du cylindre nous emmènerait dans le passé. En faisant le tour, notre navette pourrait nous ramener à notre point de départ dans l'espace, *avant* même que nous soyons monté à bord. Certes, personne ne peut construire un tel cylindre infiniment long, mais ces travaux apportèrent le premier indice en faveur du fait que la relativité générale pourrait ne pas interdire les voyages temporels vers le passé.

L'article de Gödel étudiait lui aussi une situation faisant intervenir un mouvement de rotation. Mais, plutôt que de s'intéresser à un objet en rotation dans l'espace, Gödel étudia les conséquences d'un mouvement de rotation de tout l'espace dans son ensemble. Si tout l'Univers est en rotation, alors il n'y a rien par rapport à quoi comparer cette supposée rotation. Mach en aurait conclu qu'un univers en rotation et un univers stationnaire ne sont qu'un seul et même univers. Mais c'est là un autre exemple dans lequel l'espace selon la relativité générale ne correspond pas tout à fait à la conception relationniste de Mach. Si l'on en croit la relativité générale, parler de la rotation de tout l'Univers a effectivement un sens, ainsi que des conséquences observationnelles simples. Par exemple, si l'on pointe un rayon laser dans un univers en rotation, la relativité générale montre que celui-ci cheminera le long d'une spirale plutôt que d'une ligne droite (à l'instar de la trajectoire d'une balle tirée à petite vitesse depuis un manège). La surprise contenue dans les travaux de Gödel était sa découverte que, dans un univers en rotation, si notre navette spatiale suivait certaines trajectoires précises, alors nous pourrions également revenir à notre point de départ spatial *avant* l'instant du départ. Un univers en rotation serait donc en soi une immense machine temporelle.

Einstein avait félicité Gödel pour sa découverte mais lui avait suggéré qu'une analyse plus approfondie montrerait certainement que les solutions aux équations de la relativité générale permettant de remonter dans le temps se heurtaient à d'autres exigences physiques essentielles qui les relégueraient au rang de simples curiosités mathématiques. En ce qui concerne la solution de Gödel, des observations extrêmement précises ont minimisé l'importance de ses travaux, puisqu'elles ont montré que notre Univers n'était pas en rotation. Mais Van Stockum et Gödel avaient libéré le génie de sa bouteille et, en une vingtaine d'années, d'autres solutions aux équations d'Einstein furent trouvées qui permettraient de remonter dans le temps.

Ces dernières décennies, l'intérêt pour la conception hypothétique de machines temporelles s'est accru. Dans les années 1970, Frank Tipler s'est penché à nouveau sur la solution de Van Stockum pour la remanier et, en 1991, Richard Gott, de l'université de Princeton, a découvert une autre méthode pour concevoir une machine à remonter le temps, s'inspirant de ce que l'on appelle les cordes cosmiques (il s'agit d'hypothétiques filaments, infiniment longs, qui seraient des vestiges des transitions de phase de l'Univers). Ces contributions sont importantes, mais la proposition la plus simple à décrire, à l'aide des concepts présentés dans les précédents chapitres, est celle de Kip Thorne et de ses étudiants de Caltech. Elle utilise les « trous de vers ».

Comment explorer le temps grâce aux trous de vers

Je présenterai tout d'abord la stratégie proposée par Thorne pour la construction de sa machine temporelle utilisant les trous de vers, et je signalerai ensuite dans la section suivante les difficultés que rencontrerait toute personne embauchée par Thorne pour exécuter ses plans.

Un « trou de ver » est un tunnel hypothétique dans l'espace. Un tunnel ordinaire, comme ceux que l'on perce sur les flancs d'une montagne, sert de raccourci pour se rendre d'un endroit à un autre. Les trous de vers servent à la même chose, mais ils se distinguent toutefois des tunnels ordinaires par un aspect important. Si les tunnels ordinaires ouvrent un nouveau chemin dans l'espace existant — la montagne et l'espace qu'elle occupe existent avant la construction du tunnel —, le trou de ver perce un tunnel d'un point de l'espace à un autre, le long d'un tube d'espace nouveau qui n'existait pas auparavant. Si l'on pouvait ôter un tunnel d'une montagne, l'espace qu'il occupait existerait toujours. En revanche, si l'on ôtait un trou de ver, l'espace qu'il occupait disparaîtrait.

La figure 5.2a montre un trou de ver reliant le supermarché à la centrale nucléaire, mais le dessin induit forcément en erreur car le trou de ver semble s'étendre dans les airs au-dessus de la ville. Plus exactement, ce trou de ver est à envisager comme une nouvelle région de l'espace qui n'a d'interface avec l'espace ordinaire qu'à ses extrémités — ses bouches. Si, en arpentant les rues de la ville, nous scrutions les cieux à la recherche du trou de ver, nous ne verrions rien. Notre seule chance de le voir

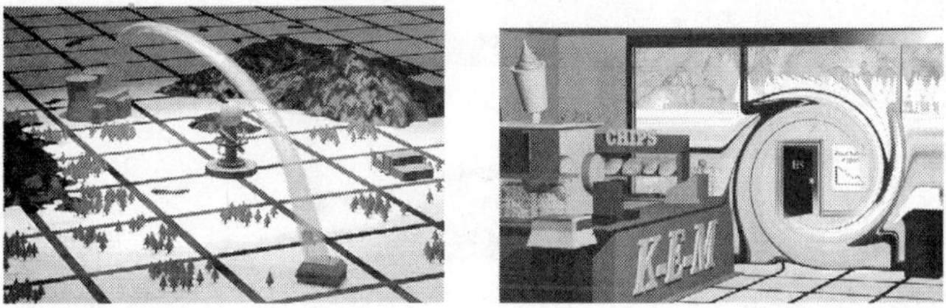

(a) (a)

Figure 15.2 (a) Un trou de ver reliant le supermarché à la centrale nucléaire. (b) Vue au cœur du trou de ver, depuis la bouche donnant dans le supermarché vers la bouche donnant dans la centrale.

serait de nous engouffrer dans le supermarché, où nous trouverions une ouverture dans l'espace ordinaire — l'une des bouches du trou de ver. En regardant par le trou, nous verrions l'intérieur de la centrale nucléaire, à l'endroit de la seconde embouchure, comme le montre la figure 15.2b. Un autre aspect de la figure 15.2a qui peut être trompeur est le fait que l'on n'y voit pas le trou de ver comme un raccourci. Pour y remédier, modifions l'illustration comme sur la figure 15.3 : ainsi que nous pouvons le voir, le chemin habituel pour aller de la centrale au supermarché est effectivement plus long que le nouveau passage ouvert par le trou de ver. Les contorsions dessinées sur la figure 15.3 sont le reflet des difficultés que l'on rencontre si l'on tente de dessiner la géométrie de la relativité générale sur une feuille de papier, mais la figure donne une idée de la nouvelle possibilité qu'offre le trou de ver.

Personne ne sait si les trous de vers existent, mais des physiciens ont montré, voici plusieurs dizaines d'années, qu'ils sont possibles, si l'on en croit les mathématiques de la relativité générale. Ils devin-

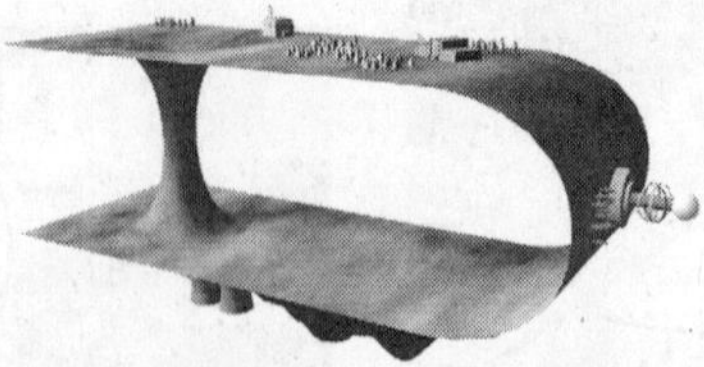

Figure 15.3 Géométrie montrant plus clairement que le trou de ver est un raccourci. (Les bouches du trou de vers sont bien à l'intérieur du supermarché et de la centrale nucléaire, bien que ce soit difficile à voir sur cette représentation.)

rent donc un sujet idéal pour les études théoriques. Dans les années 1950, John Wheeler et ses collaborateurs furent parmi les premiers à étudier les trous de vers, et ils découvrirent beaucoup de leurs propriétés théoriques. Toutefois, plus récemment, ce furent Thorne et ses collègues qui révélèrent toute leur richesse, en comprenant qu'ils représentaient des raccourcis non seulement à travers l'espace, mais aussi à travers le temps.

Voici l'idée. Imaginons Wallace et Gromit, placés chacun à l'une des deux extrémités du trou de ver — Wallace dans la centrale, et Gromit dans le supermarché —, qui discutent tranquillement de ce qu'ils pourraient cuisiner pour le dîner, lorsque Wallace décide tout à coup de s'offrir une rapide excursion transgalactique pour rapporter à Gromit les sushis de poisson d'Andromède qu'il aime tant. Gromit ne se sent pas trop de participer à la balade, mais, comme il a toujours rêvé de voir Andromède, il persuade Wallace d'embarquer son extrémité du trou de ver à bord de la navette et de l'emmener partout avec lui pour qu'il puisse profiter lui aussi du paysage. On pourrait s'attendre à ce que Wallace doive étirer le trou de ver à mesure qu'il avance dans son voyage, mais cela suppose que le trou de ver relie le supermarché au vaisseau de Wallace à travers l'espace ordinaire. Or ce n'est pas le cas. Comme l'illustre la figure 15.4, grâce à la magie de la géométrie de la relativité générale, la longueur du trou de ver peut rester la même durant tout le voyage. C'est important. Même si Wallace file à toute vitesse en direction d'Andromède, la distance qui le sépare de Gromit via le trou de ver ne varie pas. Cela illustre le rôle du trou de ver comme raccourci dans l'espace.

Soyons précis, et disons que Wallace navigue à 99,99999999999999999 % de la vitesse de la

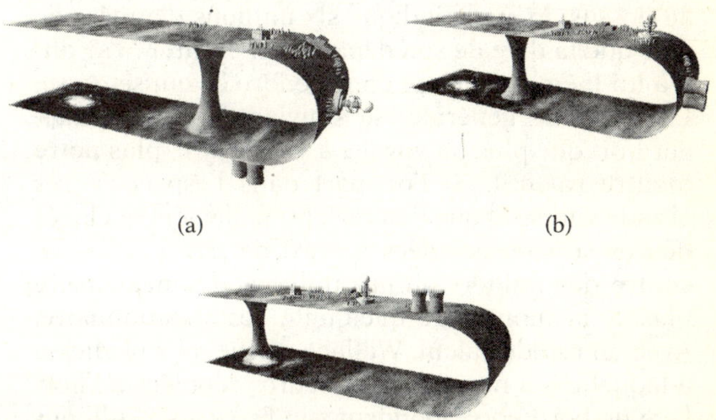

Figure 15.4 (a) Un trou de ver reliant le supermarché et la centrale nucléaire. (b) L'embouchure inférieure du trou de ver (celle qui était dans la centrale) est emportée dans l'espace intersidéral (à bord d'un vaisseau qui n'est pas représenté). (c) L'embouchure inférieure du trou de ver arrive dans la galaxie d'Andromède, l'autre étant toujours dans le supermarché. La longueur du trou de ver reste la même durant tout le voyage.

lumière, et qu'il voyage pendant quatre heures tout en continuant de discuter avec Gromit à travers le trou de ver, comme avant son départ. Lorsque le vaisseau atteint Andromède, Gromit demande à Wallace de bien vouloir se taire pour qu'il puisse admirer pleinement la vue. Il s'exaspère de l'empressement de Wallace à rentrer après avoir acheté un plateau de sushis à emporter mais finit par accepter de continuer à papoter pendant le voyage de retour. Quatre heures et plusieurs douzaines de tours de cadran plus tard, Wallace stabilise le vaisseau d'une main de maître sur une pelouse des collines de la ville.

Mais, en regardant par le hublot, il reste sous le choc. Les bâtiments sont complètement différents et la date qu'indique le panneau d'information flottant au-dessus du stade indique six millions d'années de plus que la date de son départ ! « M'enfin ! ? ! » se dit-il à lui-même, avant de comprendre ce qui se passe. La relativité générale, se souvient-il tout à coup, garantit que plus on voyage à vive allure, plus notre montre ralentit. Si l'on part dans l'espace à très grande vitesse et que l'on revient, seulement quelques heures se sont écoulées à bord de notre vaisseau, contre des milliers ou des millions d'années, voire plus, à la montre de quelqu'un resté stationnaire. Avec un rapide calcul, Wallace vérifie qu'à la vitesse à laquelle il a navigué, huit heures écoulées à l'horloge de bord correspondent sur Terre à six millions d'années. La date affichée sur le panneau d'information est la bonne ; Wallace comprend qu'il est loin dans le futur.

« Wallace ! Ho, Wallace ! crie Gromit à travers le trou de ver. Tu m'écoutes ? Dépêche ! Je ne veux pas être en retard pour le dîner. » Wallace jette un œil par le trou de ver et crie à Gromit qu'il vient d'atterrir sur la colline. En regardant plus attentivement à travers le trou de ver, Gromit voit que Wallace dit vrai, mais, en regardant vers la colline par les baies vitrées du supermarché, il ne voit pas son vaisseau sur la pelouse. « Je ne comprends pas, dit-il.

— En fait, c'est tout ce qu'il y a de plus normal, répond fièrement Wallace. J'ai atterri sur la colline, mais six millions d'années dans le futur. Tu ne peux pas me voir depuis le supermarché. Même si tu regardes au bon endroit, tu ne regardes pas au bon moment. Tu regardes six millions d'années trop tôt.

— Ah... oui, cette fameuse histoire de dilatation du temps en relativité restreinte, acquiesce Gromit. Super. Bon, quoi qu'il en soit, je voudrais rentrer à temps pour dîner, alors passe par le trou de ver et dépêchons-nous.

— D'accord, dit Wallace en rampant dans le trou de ver. Wallace et Gromit finissent leurs courses et rentrent chez eux.

Notons toutefois que, s'il n'a fallu qu'un instant à Wallace pour traverser le trou de ver, *celui-ci l'a transporté six millions d'années plus tôt dans le passé.* Son vaisseau et lui ainsi que son embouchure du trou de ver avaient atterri dans un futur lointain. S'il était sorti du vaisseau, avait parlé à des gens ou consulté le journal, tout aurait confirmé cela. Et pourtant, en traversant le trou de ver pour rejoindre Gromit, il se retrouve à nouveau dans le présent. Il en irait de même pour quiconque suivrait Wallace dans l'embouchure du trou de ver : il ferait lui aussi un voyage de six millions d'années dans le passé. De même, quiconque traverserait le trou de ver depuis l'embouchure du supermarché serait projeté six millions d'années plus tard dans le futur. Ce qui est important, c'est que Wallace n'a pas seulement emporté l'une des extrémités du trou de ver en voyage dans l'espace. Son excursion l'a aussi transporté dans le temps. *Le voyage de Wallace les a emmenés, lui et l'embouchure du trou de ver, dans le futur. En résumé, Wallace a transformé un tunnel à travers l'espace en tunnel à travers le temps ; il a transformé un trou de ver en machine à explorer le temps.*

La figure 15.5 en donne une illustration rudimentaire. Nous voyons sur la figure 15.5a un trou de ver reliant un endroit de l'espace à un autre, le trou de ver étant dessiné en sorte de souligner qu'il est en dehors de l'espace ordinaire. Sur la figure 15.5b, nous voyons l'évolution de ce trou de ver dans le temps lorsque l'on suppose ses deux extrémités stationnaires (les tranches instantanées sont celles d'un observateur stationnaire). Sur la figure 15.5c, nous montrons ce qui se passe lorsque l'une des extrémités du trou de ver est embarquée à bord d'un vaisseau spatial qui l'emmène pour un voyage aller-retour. Pour l'extrémité en mouvement, comme pour une horloge en mouvement, le temps est ralenti, si bien que l'embouchure en mouvement est transportée dans le futur. (Si une heure s'est écoulée sur une horloge en mouvement, contre un millier d'années sur les horloges stationnaires, l'horloge en mouvement aura fait un saut dans le futur de l'horloge stationnaire.) Donc, si deux embouchures stationnaires sont reliées par le tunnel du trou de ver sur la même tranche instantanée, l'embouchure en mouvement relie la première à une tranche *future*, comme sur la figure 15.5c. Tant que l'on ne déplace plus les deux extrémités, la différence de temps entre elles restera fixe. À tout moment, si l'on entre par un bout pour ressortir par l'autre, nous aurons voyagé dans le temps.

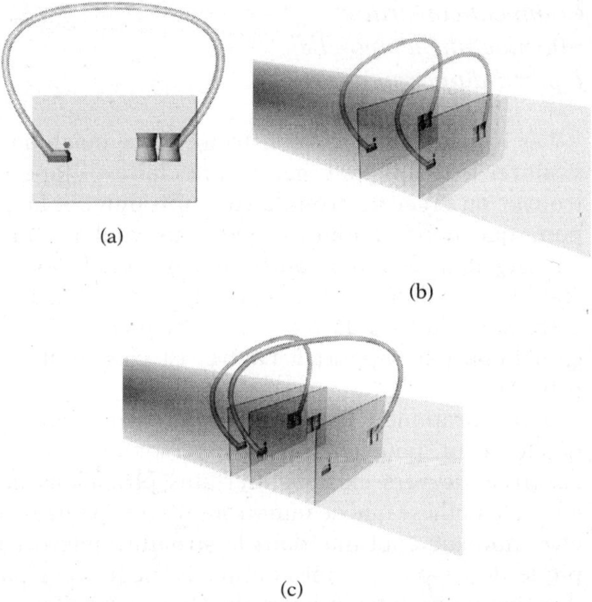

Figure 15.5 (a) Un trou de ver, créé à un certain moment dans le temps, relie un point de l'espace à un autre. (b) Si les embouchures du trou de ver ne se déplacent pas l'une par rapport à l'autre, elles égrènent le temps au même rythme, si bien que le tunnel relie toujours deux régions au même instant. (c) Si l'une des extrémités du trou de ver est embarquée pour un voyage aller-retour (qui n'est pas représenté), alors il s'écoulera moins de temps pour elle que pour l'autre, et le tunnel reliera alors les deux régions de l'espace à différents moments dans le temps. Le trou de ver devient une machine à explorer le temps.

Comment construire une machine temporelle à partir d'un trou de ver

Les instructions pour construire notre machine à explorer le temps sont maintenant claires. Étape 1 : trouver ou créer un trou de ver suffisamment large pour que nous et tout ce que nous voulons faire voyager dans le temps puissent y passer. Étape 2 : établir une différence temporelle entre les deux extrémités du trou de ver — par exemple en déplaçant l'une par rapport à l'autre. Et c'est tout. En principe.

Et en pratique ? Eh bien, comme je l'ai précisé dès le début, pour commencer, personne ne sait si les trous de vers existent. Certains physiciens ont émis l'hypothèse que de mini-trous de vers pourraient être monnaie courante dans la structure microscopique de l'espace, étant continuellement créés par des fluctuations quantiques du champ gravitationnel. Si c'est bien le cas, alors le défi consisterait à élargir l'un d'eux jusqu'à une taille macroscopique. On a proposé des manières de réaliser cela, mais elles s'apparentent plutôt au fantastique. D'autres physiciens ont imaginé la création de grands trous de vers comme un projet technologique de relativité générale appliquée. Nous savons que dans l'espace est distribuée une certaine quantité de matière et d'énergie, et avec une bonne maîtrise de celles-ci, peut-être pourrions-nous contraindre une région de l'espace à percer un trou de ver. Il y a toutefois un certain degré de complication car, tout comme on doit creuser dans la montagne pour y installer l'ouverture d'un tunnel, nous devons déchirer l'espace pour y installer celle d'un trou de ver[12]. Personne ne sait si de tels accrocs pratiqués dans l'espace sont autorisés par les lois de la physique. Dans des travaux en théorie des cordes auxquels j'ai participé (voir p. 641), il a été montré que certaines formes de déchirures de l'espace seraient possibles, mais, jusqu'à présent, nous ne savons absolument pas si celles-ci pourraient permettre la création de trous de vers. La morale de tout cela est que l'utilisation délibérée d'un trou de ver reste un pur produit de notre imagination qui, dans le meilleur des cas, serait *très* loin d'être réalisé.

En outre, même en imaginant qu'on ait trouvé le moyen de mettre la main sur un trou de ver macroscopique, nous ne serions pas au bout de nos peines ; il nous resterait encore à surmonter un certain nombre d'obstacles de taille. Primo, dans les années 1960, John Wheeler et Robert Fuller ont montré, à l'aide des équations de la relativité générale, que les trous de vers étaient instables. Leurs parois tendent à s'effondrer sur elles-mêmes en une fraction de seconde, ce qui les rendrait inutilisables pour voyager dans le temps. Toutefois, plus récemment, certains physiciens (dont Thorne et Morris, ainsi que Matt Visser) ont trouvé un moyen éventuel de contourner ce problème. Si le trou de ver n'est pas vide mais qu'il contient au contraire de la matière — dite *exotique* —, celle-ci peut exercer sur ses parois une pression dirigée vers l'extérieur qui pourrait garantir que le trou de ver reste ouvert et stable. Bien que ses effets soient semblables à ceux d'une constante cosmologique, la gravitation répulsive de cette matière exotique est à attribuer à son énergie négative (et pas seulement à la pression négative caractéristique d'une constante cosmologique[13]). Sous certaines conditions très particulières, la mécanique quantique autorise l'énergie négative[14], mais parvenir à fabriquer suffisamment de matière exotique pour maintenir ouvert un trou de ver macroscopique serait néanmoins un véritable exploit. Par exemple, Visser a calculé que la quantité d'énergie négative nécessaire pour maintenir ouvert un trou de ver d'un mètre de large serait à peu près égale, en ordre de grandeur, à l'énergie totale produite par le Soleil durant dix milliards d'années[15].

Deuxièmement, même si quelqu'un trouvait ou créait un trou de ver macroscopique, même si l'on trouvait le moyen d'empêcher ses parois de s'effondrer immédiatement, et même si l'on pouvait induire une différence de temps entre ses deux extrémités (par exemple en envoyant l'une d'elles faire une balade à très grande vitesse), on aurait encore un gros obstacle à franchir avant de détenir une machine à explorer le temps. Un certain nombre de physiciens, dont Stephen Hawking, ont suggéré que les fluctuations du vide — l'agitation issue de l'incertitude quantique inhérente à tous les champs, même dans le vide (chapitre 12) — pourraient détruire un trou de ver alors qu'il s'apprêtait tout juste à devenir une machine à remonter le temps. La raison en est que, juste au moment où le voyage temporel à travers le trou de ver devient possible, un mécanisme de rétroaction dévastateur interviendrait, ressemblant à peu près au grésillement que l'on entend lorsque l'amplificateur et le haut-parleur d'une chaîne stéréo ne sont pas réglés correctement. Les fluctuations du vide venant du futur peuvent voyager vers le passé à travers le trou de ver, d'où elles peuvent alors voyager dans l'espace ou dans le temps, vers le futur, entrer à nouveau dans le trou de ver, revenir dans le passé, créant ainsi un cycle sans fin à travers le trou de ver, le remplissant d'une énergie sans cesse croissante. On pense qu'une telle accumulation d'énergie le détruirait. Les recherches théoriques proposent cela comme une possibilité, mais les calculs nécessaires pour s'en assurer sont hors de notre portée dans l'état actuel de notre compréhension de la relativité générale et de la mécanique quantique en espace courbe. Il n'y a donc pas de conclusion définitive.

Les défis à relever pour construire une machine à explorer le temps grâce aux trous de vers sont clairement colossaux. Mais la physique n'aura pas dit son dernier mot tant que l'on n'aura pas plus d'aisance à manier la mécanique quantique et la gravitation, peut-être grâce à la théorie des cordes. Bien qu'intuitivement les physiciens s'accordent généralement pour dire que remonter le temps vers le passé est impossible, à ce jour, le dossier n'est toujours pas clos.

Tourisme cosmique

À propos des voyages dans le temps, Stephen Hawking a soulevé une question intéressante. En admettant que les voyages dans le temps sont possibles, pourquoi, demande-t-il, n'avons-nous pas été envahis de visiteurs provenant du futur ? Eh bien, pourrions-nous répondre, peut-être est-ce le cas. Et nous pourrions même aller plus loin en disant qu'aujourd'hui il y a tellement de ces voyageurs du futur sous les verrous que les autres, pour la plupart, n'osent plus dire de quand ils viennent. Bien sûr, Hawking plaisante à moitié, et moi aussi, mais sa question est tout de même sérieuse. Si, comme moi, vous pensez que nous n'avons pas reçu de visites de créatures venant du futur, est-ce suffisant pour se convaincre que les voyages dans le temps sont impossibles? Imaginons que l'on parvienne, dans le futur, à construire des machines à remonter le temps: il y aura bien un historien qui se verra attribuer une bourse pour étudier, de près et en personne, l'élaboration de la première bombe atomique ou le premier voyage sur la Lune. Donc, avec notre conviction que nous n'avons reçu aucun voyageur venu du futur, peut-être disons-nous implicitement que nous pensons qu'aucune machine à remonter le temps ne pourra jamais être construite.

Et, pourtant, ce n'est pas une condition nécessaire. *Les machines temporelles que l'on a proposées jusqu'ici ne permettent pas de remonter le temps au-delà de la construction de la machine elle-même.* Pour la machine à trou de ver, on voit cela facilement sur la figure 15.5. Bien qu'il y ait une différence temporelle entre les deux extrémités du trou de ver, et bien que cette différence permette de voyager dans le temps vers le futur comme vers le passé, il est impossible d'atteindre les instants qui sont antérieurs à l'établissement de la différence temporelle. Le trou de ver lui-même n'existe pas à l'extrême gauche de la miche spatio-temporelle et il n'y a donc aucun moyen de l'utiliser pour atteindre cette partie. Ainsi, imaginons que la première machine soit construite, par exemple, d'ici à dix mille ans. Alors ce moment-là attirera sans doute des foules de touristes temporels, mais toutes les époques antérieures, comme la nôtre, resteront inaccessibles.

Je trouve curieux et troublant le fait que notre compréhension actuelle des lois de la nature ne nous suggère pas seulement comment éviter les paradoxes des voyages dans le temps, mais offre aussi des moyens d'imaginer comment parvenir à explorer le temps. Ne vous méprenez pas : je compte parmi les physiciens sérieux qui ont l'intime conviction que nous parviendrons un jour ou l'autre à exclure définitivement la possibilité de voyager dans le temps. Mais tant que nous n'en détenons pas la preuve, je pense qu'il est justifié et approprié de garder une certaine ouverture d'esprit. Au pire, les chercheurs travaillant à ces questions pourront approfondir notre compréhension de l'espace et du temps dans des contextes extrêmes. Au mieux, ils pourraient faire les premiers pas pour nous permettre de nous glisser dans la circulation sur l'autoroute spatio-temporelle. Après tout, que l'on soit parvenu à construire une machine à explorer le temps ou pas, chaque instant qui passe sera pour toujours à notre portée et à celle de tous nos successeurs.

16

L'AVENIR D'UNE ALLUSION

Perspectives pour l'espace et le temps

Les physiciens passent une bonne partie de leur vie dans un état de confusion. Ce sont les risques du métier. Exceller dans le domaine de la physique implique de composer avec le doute, tout en parcourant les voies tortueuses de la clarté. C'est l'inconfort frustrant de la perplexité qui donne à des hommes et à des femmes, ordinaires par ailleurs, l'inspiration leur permettant de déployer de véritables trésors d'ingéniosité et de créativité ; rien n'accapare plus l'esprit que des détails dissonants en attente d'une résolution harmonieuse. Mais, sur la voie de l'explication — par leur recherche de nouvelles théories capables de répondre aux questions en suspens —, les théoriciens doivent progresser à pas mesurés à travers cette jungle d'incertitude, guidés essentiellement par des intuitions, des présages, des indices et des calculs. Et la majorité des chercheurs ayant tendance à recouvrir leurs traces, les grandes découvertes sont souvent peu représentatives du chemin parcouru. Mais n'oublions pas que l'on n'a rien sans rien… La nature ne dévoile pas ses secrets si facilement.

Dans cet ouvrage, nous nous sommes penchés sur de nombreux chapitres de l'histoire de l'humanité et ses tentatives pour comprendre l'espace et le temps. Et, bien que nous ayons rencontré quelques idées aussi profondes que stupéfiantes, nous attendons toujours l'ultime « Eurêka ! », celui qui dissipera toute la confusion et dévoilera une clarté parfaite. Sûrement errons-nous encore au beau milieu de la jungle. Alors, comment s'orienter à partir d'ici ? Quel est le prochain chapitre de l'histoire de l'espace-temps ? Bien entendu, personne ne connaît la réponse à coup sûr. Mais, ces dernières années, un certain nombre d'indices sont apparus. Bien qu'il faille encore les intégrer au sein d'une théorie cohérente, beaucoup de physiciens pensent qu'ils pointent vers le grand chambardement que sera notre future compréhension de l'Univers. En temps voulu, l'espace et le temps tels qu'on les conçoit aujourd'hui pourraient être compris comme de simples allusions à des principes sous-jacents à la réalité physique. Ces derniers seraient à la fois plus fins, plus profonds et plus fondamentaux. Dans le dernier chapitre de notre récit, étudions certains de ces indices et voyons brièvement où ils pourraient nous mener dans notre quête pour que se révèle l'étoffe de l'Univers.

L'espace et le temps sont-ils des concepts fondamentaux ?

Le philosophe allemand Emmanuel Kant considérait qu'il ne serait pas simplement difficile, mais tout bonnement impossible de débrouiller les mystères de l'espace et du temps dans nos descriptions de l'Univers. Franchement, je comprends ses raisons. Si je m'assois, que je ferme les yeux et que je tente de penser à certaines choses sans les décrire comme résidant dans l'espace ou subissant l'écoulement du temps, je m'aperçois que j'en suis incapable. Absolument incapable. L'espace, par le contexte, ou le temps, par le changement, s'arrangent toujours pour s'immiscer. Aussi ironique que cela puisse paraître, c'est lorsque je suis plongé dans un calcul mathématique (qui a souvent à voir avec l'espace-temps !) que je parviens le mieux à débarrasser mes pensées d'une association directe avec l'espace-temps. La nature de l'exercice semble alors capable de les confiner, même momentanément, dans un cadre abstrait qui semble libéré de l'espace et du temps. Mais les pensées elles-mêmes et le corps dans lequel elles prennent forme appartiennent malgré tout à l'espace et au temps qui nous sont familiers. S'affranchir véritablement de l'espace et du temps, c'est laisser son ombre échapper à un ragtime.

Quoi qu'il en soit, beaucoup de physiciens soupçonnent aujourd'hui que l'espace et le temps, aussi omniprésents soient-ils, pourraient ne pas être véritablement fondamentaux. La dureté d'un boulet de canon provient des propriétés collectives de ses atomes ; le doux parfum d'une rose découle des propriétés collectives de ses molécules ; la rapidité d'un guépard procède de celles de ses muscles, de ses nerfs et de son squelette. De la même manière, les propriétés de l'espace et du temps — l'essentiel de notre préoccupation au fil de ces pages — pourraient, elles aussi, découler du comportement collectif d'autres composants plus fondamentaux qu'il nous reste à identifier.

Les physiciens résument souvent cette éventualité en disant que l'espace-temps pourrait n'être qu'une illusion — une description attirante, mais dont la signification est en attente d'une véritable interprétation. Après tout, si nous devions être touchés par un boulet de canon lancé à grande vitesse, humions le parfum enivrant d'une rose, ou apercevions un guépard dans sa course, nous ne remettrions pas en cause leur existence pour la simple raison que chacun d'eux est composé d'entités plus petites, plus élémentaires. Je pense au contraire que la plupart d'entre nous conviendraient que ces groupements de matière existent, et que nous avons même beaucoup à apprendre en étudiant l'émergence de leurs caractéristiques connues à partir de leur composition élémentaire. Mais ces objets étant composites, ce que nous ne ferions pas, c'est tenter de construire une théorie de l'Univers à partir de boulets de canon, de roses ou de guépards. De la même manière, si l'espace et le temps se révélaient être des entités composites, cela ne signifierait pas que leurs manifestations connues, depuis le seau de Newton jusqu'à la gravitation selon Einstein, soient pour autant illusoires ; il ne fait aucun doute que l'espace et le temps conserveront leur suprématie pour la réalité dont nous faisons l'expérience, indépendamment de l'évolution future de notre compréhension. En revanche, un espace-temps composite signifierait qu'une description plus fondamentale de l'Univers — qui serait dénuée d'espace et de temps — resterait à découvrir. L'illusion proviendrait alors de nous seuls, de notre conviction erronée que nous n'accéderons à une compréhension achevée de l'Univers qu'en portant sur l'espace et le temps le plus fin des regards. Tout comme la dureté du boulet de canon, le parfum de la rose et la vitesse du guépard disparaissent dès lors qu'on étudie la matière au niveau atomique ou subatomique, l'espace et le temps pourraient se démanteler lorsqu'on les examine à la lumière de la formulation la plus fondamentale des lois de la nature.

Que l'espace-temps ne fasse pas partie des ingrédients fondamentaux de l'Univers pourrait vous sembler quelque peu tiré par les cheveux. Vous avez peut-être raison. Mais les rumeurs selon lesquelles il pourrait quitter précipitamment les lois physiques fondamentales ne sont pas nées de théories farfelues. En fait, ce sont certaines considérations tout à fait sensées qui ont fait germer cette idée. Tournons-nous vers l'une des plus importantes.

Moyenne quantique

Au chapitre 12, nous avons vu que l'incertitude quantique provoquait l'agitation de l'étoffe de l'espace, et de toutes les caractéristiques d'un univers quantique tel que le nôtre. Ce sont ces fluctuations, souvenons-nous-en, qui barrent la route aux théories de particules ponctuelles et les empêchent d'évoluer vers une théorie quantique sensée de la gravitation. En remplaçant les particules ponctuelles par des boucles et des brins, la théorie des cordes permet aux fluctuations de se diffuser — réduisant notablement leur amplitude. Ce qui conduit alors à une unification réussie de la mécanique quantique et de la relativité générale. Néanmoins, les fluctuations de l'espace-temps, même atténuées, existent toujours (comme l'illustre l'avant-dernier niveau de grossissement de la figure 12.2), et nous y trouvons d'importants indices quant au sort de l'espace-temps.

Premièrement, nous apprenons que l'espace et le temps familiers qui imprègnent nos pensées et sous-tendent nos équations proviennent d'un certain type de moyenne. Pensons à l'image pixellisée que nous voyons lorsque nous nous approchons à quelques centimètres d'un écran de télévision. Cette image est fort différente de celle obtenue à une distance plus confortable car, ne pouvant alors plus distinguer les pixels, nos yeux les interprètent en prenant une moyenne qui donne l'illusion de la continuité. Notons que c'est uniquement par le truchement de ce processus de moyenne que les pixels forment la familière image continue. Dans le même ordre d'idées, la structure microscopique de l'espace-temps est criblée d'ondulations aléatoires, mais nous n'en avons pas conscience directement car nous sommes incapables de distinguer les détails de l'espace-temps à des échelles aussi infimes. En fait, nos yeux et même nos appareils les plus perfectionnés prennent la moyenne de ces fluctuations, un peu comme ce qui se passe avec les pixels d'un écran télévisé. Parce que les fluctuations sont aléatoires, il y a, dans une petite portion donnée, typiquement autant de fluctuations « vers le haut » que « vers le bas », si bien que la moyenne tend à les annuler pour donner l'illusion d'un espace-temps calme. Mais, comme dans l'analogie de l'écran télévisé, *ce n'est que par le truchement du processus de moyenne que l'on aboutit à un espace-temps lisse et paisible.*

La moyenne quantique offre une interprétation concrète de l'affirmation selon laquelle l'espace-temps pourrait n'être qu'illusoire. Les moyennes sont utiles à bien des fins mais, par définition, elles ne donnent pas une image précise des détails sous-jacents. Si la famille française moyenne a 1,88 enfant, nous ne sommes pas près de rencontrer une telle famille ! Et, bien que le prix moyen d'un litre de lait frais soit d'environ un euro, je vous mets au défi de trouver un magasin qui le vende exactement à ce prix. De même, l'espace-temps familier étant lui-même le résultat d'une moyenne, il pourrait ne pas décrire les détails d'un « quelque chose » que nous aimerions qualifier de fondamental. L'espace et le temps pourraient n'être que des approximations, des concepts collectifs, extrêmement utiles pour analyser l'Univers à toutes les échelles autres qu'ultramicroscopiques, mais pourtant aussi illusoires qu'une famille de 1,88 enfant.

Une seconde idée en rapport avec la précédente concerne l'apparition de nouvelles impossibilités aux alentours de la longueur de Planck (10^{-33} cm) et du temps de Planck (10^{-43} s) : à cause de l'agitation quantique de plus en plus intense qui se manifeste aux échelles de plus en plus petites, il ne serait plus possible de diviser les distances ou les durées en unités de plus en plus courtes. Nous avons rencontré cette idée au chapitre 12. Nous avions alors souligné que, même si le concept est aux antipodes de notre expérience quotidienne de l'espace et du temps, il n'est pas particulièrement surprenant qu'une propriété évidente au quotidien ne survive pas à une projection dans le royaume microscopique. Et puisque leur divisibilité arbitraire est l'une des propriétés les plus familières de l'espace et du temps au sens quotidien, le fait que ce concept ne puisse être appliqué aux échelles ultramicroscopiques apporte un autre indice : quelque chose d'autre se tapit dans les micro-profondeurs, l'entité sous-jacente à la notion familière d'espace-temps — un « quelque chose » que l'on pourrait appeler le substrat, l'essence, de l'espace-temps. On soupçonne que cet ingrédient, ce « truc d'espace-temps » fondamental, n'autorise aucune dissection en plus petits morceaux du fait des fluctuations violentes que l'on rencontrerait alors, si bien qu'il serait fort différent de l'espace-temps à grande échelle tel que l'on en fait l'expérience directement. Aussi est-il probable que l'apparence des constituants élémentaires de l'espace-temps, quels qu'ils puissent être, soit considérablement altérée par les processus de moyenne qui conduisent à l'espace-temps de l'expérience ordinaire.

Ainsi, chercher l'espace-temps qui nous est familier dans les lois les plus fondamentales de la nature pourrait s'apparenter à une tentative d'apprécier la *Neuvième* de Beethoven uniquement note par note, ou les toiles de Monet coup de pinceau par coup de pinceau. Comme ces chefs-d'œuvre de l'expression humaine, l'espace-temps dans sa globalité pourrait être si différent de ses parties que rien de semblable n'existerait au niveau le plus fondamental.

Traduction géométrique

Il existe un autre argument en faveur d'un espace-temps qui ne serait pas fondamental, partant d'un point de vue tout à fait différent et que les physiciens appellent « dualité géométrique ». Sa description est un peu plus technique que celle de la moyenne quantique, alors n'hésitez pas à passer à tout moment à une lecture plus sélective si les choses deviennent trop difficiles. Beaucoup de chercheurs considérant ces aspects comme parmi les plus emblématiques de la théorie des cordes, il vaut toutefois la peine de tenter de s'en faire une idée.

Au chapitre 13, nous avons vu comment les cinq théories des cordes supposées distinctes se sont en fait révélées comme cinq traductions différentes d'une seule et même théorie. Entre autres choses, nous avons insisté sur la puissance de cette découverte car, par le biais de la traduction, il devient parfois beaucoup plus simple de répondre à certaines questions éminemment difficiles. Mais, jusqu'à présent, je n'ai pas fait mention d'un certain aspect du dictionnaire permettant d'unifier ces cinq théories. Tout comme le degré de difficulté d'une question peut se voir radicalement transformé grâce à la traduction permettant de passer d'une théorie des cordes à une autre, il en va de même pour la description de la géométrie de l'espace. Voici ce que je veux dire.

Parce que la théorie des cordes requiert plus que les trois dimensions d'espace plus une de temps de l'expérience ordinaire, nous nous sommes intéressés aux chapitres 12 et 13 à la question de savoir où les dimensions supplémentaires pourraient se cacher. La réponse est qu'elles pourraient être enroulées à une taille telle que, jusqu'à présent, elles auraient échappé à toute détection, étant plus petites que la résolution de nos instruments expérimentaux. Nous avons également découvert que, dans nos grandes dimensions habituelles, la physique dépendait de la taille et de la forme précises des dimensions supplémentaires, car leurs propriétés géométriques influent sur les modes de vibration autorisés pour les cordes. Bien. Passons maintenant à ce que j'avais laissé de côté.

Le dictionnaire — permettant de traduire les questions formulées dans une théorie des cordes par une autre question formulée dans une autre théorie des cordes — *traduit également la géométrie des dimensions supplémentaires selon la première théorie, en une autre géométrie dans la seconde théorie.* Si, par exemple, nous étudions les conséquences physiques de la théorie, mettons, de type IIA, avec les dimensions supplémentaires enroulées sous une certaine forme et une certaine taille, alors toutes les conclusions auxquelles nous pourrions aboutir peuvent, en principe, être obtenues en étudiant des questions traduites de manière appropriée dans la théorie, disons, de type IIB. Mais le dictionnaire permettant de faire la traduction *exige* que les dimensions supplémentaires de la théorie des cordes de type IIB soient enroulées selon une forme géométrique précise, qui dépend — *tout en étant généralement différente* — de celle donnée par la théorie de type IIA. En résumé, une théorie des cordes donnée, avec des dimensions enroulées selon une certaine forme géométrique, est équivalente à — est une traduction de — une autre théorie des cordes, avec les dimensions supplémentaires enroulées selon une *autre* forme géométrique.

Et les différences entre ces géométries d'espace-temps ne sont pas nécessairement mineures. Par exemple, si l'une des dimensions enroulées de la théorie de type IIA, disons, se boucle en cercle, comme sur la figure 12.7, alors le dictionnaire de traduction montre que cette situation est rigoureusement équivalente à la théorie de type IIB avec une des dimensions supplémentaires enroulée en cercle elle aussi, mais avec un rayon *inversement* proportionnel à l'original. Si l'un des cercles est minuscule, l'autre sera énorme, et vice versa — et pourtant il n'y a aucun moyen de distinguer les deux géométries. (Avec des longueurs données comme multiples de la longueur de Planck, si l'un des cercles a un rayon *R*, le dictionnaire mathématique montre que l'autre cercle a un rayon 1/*R*.) Nous pourrions penser qu'il serait facile de faire immédiatement la distinction entre une petite et une grande dimension, mais cela n'est pas toujours le cas dans la théorie des cordes. Toutes les observations découlent des interactions entre les cordes, et ces théories, celle de type IIA, avec une grande dimension circulaire, et celle de type IIB, avec une petite dimension en cercle, ne sont que des traductions différentes de — différentes manières d'exprimer — la même physique. Toute observation que l'on décrirait dans l'une de ces deux théories des cordes correspond à une description alternative tout aussi valable au sein de l'autre théorie, quand bien même le langage de chacune d'elles et l'interprétation qu'elles donnent peuvent être différents. (Cela est possible car il existe deux configurations qualitativement différentes pour les cordes évoluant dans une dimension circulaire : celle pour laquelle la corde est enroulée autour du cercle comme un élastique autour d'une canette de bière, et celle pour laquelle la corde occupe une partie du cercle sans en faire le tour. Les premières possèdent des énergies *proportionnelles* au rayon du cercle (plus le rayon est grand, plus les cordes enroulées sont étirées, et plus elles renferment d'énergie), tandis que les secondes ont des énergies *inversement proportionnelles* au rayon (plus le rayon est petit, plus les cordes sont entassées, si bien qu'elles s'agitent avec d'autant plus d'énergie du fait de l'incertitude quantique). Notons que si nous pouvions remplacer le cercle original par un autre de rayon *inverse*, tout en intervertissant également les cordes « enroulées » et les « non enroulées », les énergies physiques — et par conséquent la physique, plus généralement — n'en seraient pas affectées. Voilà exactement ce qu'exige le dictionnaire pour la traduction de la théorie de type IIA à la théorie de type IIB, et c'est la raison pour laquelle deux géométries apparemment différentes — une petite et une grande dimension circulaire — peuvent être équivalentes.)

Une idée du même genre vaut également lorsque l'on remplace des dimensions circulaires par les formes de Calabi-Yau plus compliquées que nous avions introduites au chapitre 12. Une théorie des cordes donnée, avec les dimensions supplémentaires enroulées en une forme de Calabi-Yau particulière, se traduit dans le dictionnaire par une autre théorie des cordes avec les dimensions supplémentaires enroulées en une autre forme de Calabi-Yau (appelée forme *miroir* ou *duale* de l'originale). Dans ces situations, non seulement les tailles des Calabi-Yau peuvent être différentes, mais aussi leur forme, y compris le nombre et la nature des trous qu'elles comportent. Mais le dictionnaire garantit que leurs différences sont précisément celles qui conviennent de façon que, même si les dimensions supplémentaires ont des tailles et des formes différentes, la physique découlant de chaque théorie est absolument identique. (Il existe deux types de trous dans une forme de Calabi-Yau donnée, mais il se trouve que les modes de vibration des cordes — et donc leurs conséquences physiques — ne sont sensibles qu'à la *différence* des nombres de trous de chaque type. Donc, si le premier Calabi-Yau possède, disons, deux trous du premier type et cinq du second, tandis que l'autre Calabi-Yau a cinq trous du premier type et deux du second, alors, même s'ils sont différents de par leur forme géométrique, ils peuvent produire la même physique*.)

Voilà donc un autre point de vue qui renforce le soupçon selon lequel l'espace ne serait pas un concept fondamental. Un observateur décrivant l'Univers à l'aide de l'une des cinq théories des cordes affirmerait que l'espace, dimensions supplémentaires incluses, possède une certaine forme et une certaine taille, tandis qu'un autre qui utiliserait une autre des

* Pour plus de détails concernant la dualité géométrique des cercles ou des formes de Calabi-Yau, je vous invite à consulter le chapitre 10 de *L'Univers élégant*.

cinq théories conférerait à l'espace, dimensions supplémentaires incluses, une autre forme et une autre taille. Ces deux observateurs utilisant simplement deux descriptions *mathématiques* alternatives du *même* univers *physique*, il n'est pas question de dire que l'un aurait raison et l'autre tort. Tous deux auraient raison, même si leurs conclusions pour l'espace — sa taille et sa forme — étaient différentes. Notons en outre qu'ils ne découperaient pas l'espace-temps de deux manières aussi valables l'une que l'autre, comme en relativité restreinte. Ces deux observateurs ne parviendraient pas à se mettre d'accord quant à la structure globale de l'espace-temps lui-même. Et c'est là le cœur de toute l'affaire. Si l'espace-temps était réellement fondamental, la plupart des physiciens s'attendraient à ce que tout un chacun, indépendamment du point de vue — indépendamment du langage ou de la théorie utilisés —, s'accorde sur ses propriétés géométriques. Mais le fait que cela ne soit pas forcément le cas, tout au moins dans la théorie des cordes, suggère que l'espace-temps pourrait être un phénomène secondaire.

Cela nous mène à la question suivante : si les indices décrits dans les deux dernières sections nous mettent sur la bonne voie, et si l'espace-temps qui nous est familier n'est que la manifestation à grande échelle de quelque entité plus fondamentale, alors quelle est cette entité et quelles sont ses principales propriétés ? À ce jour, personne ne le sait. Mais, dans leur quête de réponses, les chercheurs ont découvert d'autres indices, les plus importants émanant de travaux sur les trous noirs.

Qu'en est-il de l'entropie des trous noirs ?

Les trous noirs sont les figures les plus impassibles et les plus impénétrables de l'Univers. De l'extérieur, ils semblent aussi simples que possible. Les trois caractéristiques typiques d'un trou noir sont sa masse (qui détermine sa taille — la distance depuis son « centre » jusqu'à son horizon, qui marque la zone de non-retour), sa charge électrique et son moment angulaire. Et c'est tout. Il n'y a aucun autre détail à glaner en observant le masque que le trou noir présente au cosmos. Les physiciens disent en résumé que « les trous noirs n'ont pas de cheveux ». Ils entendent par là qu'ils n'affichent aucune caractéristique individuelle. Si vous en avez vu un (trou noir de telle masse, telle charge et tel moment angulaire), vous les avez tous vus. (À noter : les trous noirs étant noirs, on ne peut connaître leurs caractéristiques qu'indirectement, par leurs effets sur les étoiles et le gaz environnants.)

Néanmoins, sous leur aplomb imperturbable, les trous noirs abritent le plus grand barda que l'Univers ait jamais connu. De tous les systèmes physiques de taille donnée, ayant toutes les compositions possibles, les trous noirs sont ceux qui contiennent la plus grande entropie. Souvenons-nous du chapitre 6 : une manière de s'en faire une idée découle directement de la définition de l'entropie. Il s'agit de la mesure du nombre de réarrangements des composants internes d'un objet qui n'ont pas d'incidence sur son aspect extérieur. Lorsqu'il s'agit des trous noirs, même si l'on ne peut pas dire de quoi ils sont constitués — puisque nous ne savons pas ce qui se passe lorsque la matière est comprimée au sein du trou noir —, nous pouvons en toute confiance émettre cette affirmation : les réarrangements des constituants du trou noir n'affecteront pas plus sa masse, sa charge et son spin que le réarrangement des pages de *Guerre et Paix* n'auront d'incidence sur le poids de l'ouvrage. Or, la masse, la charge et le spin suffisant à définir le visage qu'un trou noir affiche au monde extérieur, *toutes* ces manipulations passeraient inaperçues et l'on peut dire qu'un trou noir possède l'entropie maximale.

Malgré cela, nous pourrions penser surpasser l'entropie d'un trou noir de la manière suivante. Construisons une coquille sphérique de même taille qu'un trou noir donné et remplissons-la de gaz (hydrogène, hélium, dioxyde de carbone, tout ce que l'on veut) qu'on laisse se répandre à l'intérieur. Plus on injecte de gaz, plus l'entropie sera importante, puisqu'à un plus grand nombre de constituants, correspond un plus grand nombre de réarrangements possibles. On imagine alors qu'en continuant d'injecter du gaz encore et encore, son entropie augmentera continuellement et finira par dépasser celle du trou noir considéré. C'est une stratégie ingénieuse, mais la relativité générale montre qu'elle est vouée à l'échec. Plus on injecte de gaz, plus le contenu de la sphère devient massif. Et, avant d'atteindre l'entropie du trou noir de taille équivalente,. l'énorme masse toujours croissante contenue au sein de la sphère creuse atteindra une valeur critique au-delà de laquelle la sphère et son contenu *deviendront un trou noir*. Et il n'y a pas moyen d'y échapper. Les trous noirs détiennent le monopole du plus grand désordre.

Et si l'on tentait d'augmenter encore l'entropie à l'intérieur du trou noir lui-même en continuant d'injecter du gaz ? Certes, l'entropie continuerait de croître, mais nous aurions alors changé les règles du jeu. Lorsque la matière traverse l'horizon vorace d'un trou noir, non seulement son entropie augmente, mais *sa taille augmente elle aussi*. La taille d'un trou noir étant proportionnelle à sa masse, lorsqu'on y jette plus de matière, celui-ci devient plus lourd et plus gros. Ainsi, ayant atteint le maximum d'entropie dans une région donnée en créant un trou noir, toute tentative d'augmenter plus encore l'entropie de ladite région est vouée à l'échec. La région ne peut tout bonnement pas renfermer un plus grand désordre. Elle est entropiquement saturée. Quoi que l'on fasse, que l'on y injecte du gaz ou que l'on y bazarde un semi-remorque, cela aura nécessairement comme conséquence d'augmenter la taille du trou noir et donc d'englober une plus grande région de l'espace. Ainsi l'entropie à l'intérieur d'un trou noir est-elle non seulement une caractéristique fondamentale du trou noir, mais elle nous indique aussi quelque chose de fondamental au sujet de l'espace lui-même : *l'entropie maximale que l'on peut accumuler dans une région de l'espace donnée — n'importe quelle région de l'espace, à n'importe quel endroit ou n'importe quel moment — est égale à l'entropie contenue dans un trou noir de même taille que la région considérée.*

Alors quelle est l'entropie d'un trou noir de taille donnée ? C'est là que les choses deviennent intéressantes. Pour raisonner de manière intuitive, commençons par quelque chose qui soit plus facile à visualiser, comme l'air contenu dans un bocal. En rassemblant deux bocaux, on double le volume total et le nombre de molécules d'air, et l'on s'attendrait donc à ce que l'entropie double elle aussi. Des calculs précis confirment[1] cette conclusion et montrent, toutes choses étant égales par ailleurs (à température, densité, etc. constantes), que les entropies des systèmes physiques ordinaires sont proportionnelles à leur volume. On serait alors enclin à proposer simplement que la même conclusion s'applique aussi aux objets moins familiers, tels les trous noirs, et l'on en arrive alors à supposer que l'entropie d'un trou noir est elle aussi proportionnelle à son volume.

Mais, dans les années 1970, Jacob Bekenstein et Stephen Hawking ont découvert que cela n'était pas le cas. Leurs calculs ont montré que l'entropie d'un trou noir n'était pas proportionnelle à son volume, mais plutôt à l'*aire* de son horizon — grosso modo, à sa surface. C'est là une réponse toute différente. Si l'on doublait le rayon d'un trou noir, son volume serait multiplié par huit (2^3) et sa surface par quatre (2^2) seulement ; si son rayon était multiplié par cent, son volume le serait par un million (100^3), et son aire par dix mille (100^2). Les grands trous noirs ont beaucoup plus de volume que de surface[2]. Par conséquent, même si les trous noirs renferment l'entropie la plus importante de tous les objets de taille donnée, Bekenstein et Hawking ont montré que la quantité d'entropie qu'ils contiennent est inférieure à celle que nous aurions proposée à première vue.

Le fait que l'entropie soit proportionnelle à l'aire n'est pas une simple curiosité distinguant les trous noirs des bocaux, dont nous pourrions prendre note avant de passer à autre chose. Nous avons vu que les trous noirs posaient une limite à la quantité d'entropie qui peut, même en principe, être accumulée dans une région de l'espace : prenons un trou noir dont la taille est exactement égale à celle de la région considérée, estimons l'entropie de ce trou noir, et nous obtenons *la* limite absolue pour la quantité d'entropie que la région peut contenir. Cette entropie, si l'on en croit les travaux de Bekenstein et Hawking, étant proportionnelle à l'aire du trou noir — qui est égale à celle de la région considérée, puisque nous les avons choisis de même taille —, nous en déduisons que l'entropie maximale que peut contenir une région de l'espace donnée est proportionnelle à l'*aire* de cette région[3].

On voit aisément d'où vient la divergence entre cette conclusion et celle obtenue au sujet de l'air piégé dans un bocal (nous avions trouvé que l'entropie était proportionnelle au *volume* du bocal, pas à l'aire de sa surface) : puisque nous avons supposé l'air uniformément distribué dans le bocal, ce raisonnement faisait abstraction de la gravitation ; or, souvenons-nous-en, en présence de gravité, les objets s'agglutinent. Ignorer la gravitation ne pose aucun problème lorsque les densités sont faibles, mais, pour une entropie élevée, les densités sont importantes, la gravitation entre en ligne de compte, et le raisonnement des bocaux n'est plus valable. En revanche, de telles conditions extrêmes nécessitent les calculs incluant la gravitation de Bekenstein et Hawking, avec la conclusion que l'entropie maximale possible dans toute région de l'espace est proportionnelle à sa surface, pas à son volume.

Très bien, mais pourquoi est-ce important ? Voici deux raisons.

Premièrement, la limite de l'entropie fournit un autre indice en faveur du fait que l'espace ultramicroscopique possède une structure discrète. Pour entrer dans les détails, Bekenstein et Hawking ont découvert que, si l'on imagine un damier représenté sur l'horizon d'un trou noir, l'arête de chaque carré valant une longueur de Planck (si bien que l'aire de chaque « carré de Planck » vaut environ 10^{-66} centimètre carré), alors l'entropie du trou noir est égale au nombre de tels carrés que l'on peut disposer sur sa surface[4]. Il est difficile de passer à côté de la conclusion clairement indiquée par ce résultat : chaque carré de Planck serait une unité d'espace minimale, fondamentale, et chacun d'eux porterait une seule unité minimale d'entropie. Cela suggère qu'il ne peut rien y avoir, même en principe, à l'*intérieur* d'un carré de Planck, parce que toute activité quelle qu'elle soit contribuerait au désordre, si bien que le carré de Planck pourrait alors contenir plus d'entropie que la seule unité trouvée par Bekenstein et Hawking. Une fois encore, d'un point de vue complètement différent, nous aboutissons à la notion d'entité spatiale élémentaire[5].

Deuxièmement, aux yeux d'un physicien, la limite supérieure à l'entropie d'une région d'espace est une grandeur essentielle, presque sacrée. Pour comprendre pourquoi, imaginons que nous travaillons dans un laboratoire de psychiatrie comportementale, et que notre tâche consiste à tenir un registre détaillé, d'instant en instant, des interactions dans des groupes de jeunes enfants fortement hyperactifs. Chaque matin, nous prions pour que le groupe du jour se comporte correctement, car plus les enfants chahutent, plus notre tâche se complique. Intuitivement, la raison est évidente, mais mieux vaut le dire explicitement : plus les enfants sont indisciplinés, plus nous avons d'éléments à noter. L'Univers lance aux physiciens à peu près le même défi. Une théorie de physique fondamentale est censée décrire tout ce qui se passe — ou pourrait se passer, même en principe — dans une région d'espace donnée. Or, comme avec les enfants, plus la région peut contenir de désordre — même en principe —, plus la théorie a de choses à prendre en compte. Ainsi, l'entropie maximale que peut contenir une région donnée offre un test décisif simple mais efficace : les physiciens attendent d'une théorie véritablement fondamentale qu'elle soit en adéquation parfaite avec l'entropie maximale possible de toute région spatiale donnée. L'accord de la théorie avec la nature devrait être tel que ses capacités maximales pour rendre compte du désordre devraient être exactement égales au désordre maximal possible pour toute région de l'espace, ni plus ni moins.

Le fait est que, si la conclusion obtenue pour le bocal avait été valable de manière universelle, une théorie fondamentale aurait dû avoir la capacité de rendre compte du désordre correspondant au volume de toute région considérée. Mais puisque ce raisonnement ne vaut plus dès lors qu'on inclut la gravitation — et puisqu'une théorie fondamentale doit décrire la gravité —, nous apprenons qu'une telle théorie doit seulement être capable de rendre compte du désordre correspondant à l'aire de la surface de toute région considérée. Et comme nous l'avons montré par des exemples numériques quelques paragraphes plus haut, pour de vastes régions de l'espace, l'entropie dans ce dernier cas est beaucoup plus faible que dans le premier cas.

Ainsi, le résultat de Bekenstein et Hawking nous indique qu'une théorie qui inclut la gravitation est, en quelque sorte, plus simple qu'une théorie qui ne l'inclut pas. Elle a moins de « degrés de liberté » à décrire — moins de choses susceptibles de changer et de contribuer au désordre. C'est une découverte importante en soi, mais, si nous suivons le fil de ce raisonnement un pas plus loin, il semble indiquer quelque chose d'extrêmement étrange. Si l'entropie maximale dans toute région donnée de l'espace est proportionnelle à la surface de ladite région plutôt qu'à son volume, alors peut-être les degrés de liberté fondamentaux — les attributs pouvant donner lieu à un tel désordre — *occupent-ils la surface de la région considérée et non pas son volume*. Autrement dit, peut-être les véritables phénomènes physiques de l'Univers ne se déroulent-ils que sur une fine surface qui nous entourerait à grande distance, et tout ce que nous voyons et expérimentons ne serait alors qu'une projection de ces processus. Autrement dit, peut-être l'Univers ressemble-t-il à un hologramme.

C'est une idée étrange, mais, comme nous allons le voir maintenant, elle a récemment été corroborée par d'importantes recherches.

L'Univers est-il un hologramme ?

Un hologramme est une plaque de plastique gravée qui, lorsqu'on l'éclaire avec une lumière laser bien choisie, projette une image tridimensionnelle[6]. Au début des années 1990, Gerard 't Hooft, lauréat du prix Nobel, et Leonard Susskind, l'un des coinventeurs de la théorie des cordes, ont proposé que l'Univers lui-même pourrait s'expliquer comme un hologramme. Ils proposaient l'idée géniale que les événements que nous observons dans les trois dimensions de notre vie quotidienne puissent être des projections holographiques de phénomènes physiques se déroulant sur une surface bidimensionnelle éloignée. Selon ce point de vue nouveau et surprenant, nous, tout ce que nous faisons et tout ce que nous observons, serions semblables à des images holographiques. Alors que Platon envisageait nos perceptions comme ne révélant que l'ombre de la réalité, le principe holographique acquiesce, mais inverse la métaphore. Les ombres — les objets qui, sont aplatis et peuplent donc une surface de plus basse dimension — sont réelles, tandis que les entités de plus haute dimension, qui nous paraissent plus structurées (nous, le monde qui nous entoure, etc.) sont des projections évanescentes de ces ombres*.

Une fois encore, si cette idée est incroyablement étrange, et si le rôle qu'elle aurait à jouer dans la compréhension aboutie de l'espace-temps est loin d'être clair, le « principe holographique » de 't Hooft et Susskind s'appuie sur des bases solides. Car, comme nous l'avons vu dans le sous-chapitre précédent, l'entropie maximale que peut contenir une région donnée est proportionnelle à sa surface, pas à son volume. Il est alors naturel d'émettre l'hypothèse que les ingrédients les plus fondamentaux de l'Univers, ses degrés de liberté les plus élémentaires — les entités susceptibles de contenir l'entropie de l'Univers, à la manière dont les pages de *Guerre et Paix* contiennent celle de l'ouvrage — occupent une surface frontière plutôt que l'intérieur de l'Univers. Ce que l'on observe dans le « volume » de l'Univers — dans ce que les physiciens appellent souvent le *bulk* — découlerait de ce qui a lieu sur la surface frontière, un peu comme ce que nous voyons dans une projection holographique est déterminé par l'information contenue dans le morceau de plastique. Les lois de la physique joueraient pour l'Univers le rôle du laser, éclairant les phénomènes

* Si l'idée de revisiter Platon vous déplaît, le scénario du monde branaire donne une version de l'holographie dans laquelle les ombres reprennent leur place. Imaginons que nous vivions sur une trois-brane qui entoure une région à quatre dimensions (un peu comme la peau bidimensionnelle d'une pomme entoure l'intérieur tridimensionnel du fruit). Dans ce cadre, le principe holographique énoncerait que nos perceptions tridimensionnelles sont les ombres de la physique quadridimensionnelle de la région entourée par notre brane.

cosmiques — les phénomènes se déroulant sur une fine surface distante — et produisant les illusions holographiques de la vie quotidienne.

Nous ne savons pas encore comment ce principe holographique pourrait être mis en pratique dans le monde réel. L'une des principales difficultés vient du fait que nos descriptions conventionnelles de l'Univers envisagent qu'il est infini, ou bouclé sur lui-même comme une sphère ou un écran de jeu vidéo ; il n'aurait donc ni bords ni frontières. Dans ce cas, où la supposée « surface holographique frontière » pourrait-elle se trouver ? En outre, il semble que nous contrôlions parfaitement les phénomènes physiques ici-bas, au fin fond de l'Univers. Il ne semble pas qu'il y ait, sur une frontière difficile à localiser, un « quelque chose » qui tire les ficelles de ce qui se passe ici, dans le *bulk*. Le principe holographique implique-t-il que c'est *cette* idée de contrôle et d'autonomie qui est une illusion ? Ou vaut-il mieux imaginer l'holographie comme articulant une certaine forme de dualité qui permettrait à chacun, suivant ses goûts — pas la physique —, de choisir une description familière dans laquelle les lois fondamentales opèrent dans le *bulk* (le cas qui correspond à notre intuition et à nos perceptions) ? Ou bien choisir au contraire une description pas du tout familière, dans laquelle la physique fondamentale se déroule sur une certaine surface frontière de l'Univers, chaque point de vue étant aussi valable que l'autre ? Voilà autant de questions primordiales, toujours controversées.

Mais en 1997, s'inspirant de travaux antérieurs d'un certain nombre de théoriciens des cordes, le physicien argentin Juan Maldacena fit une découverte, source de progrès considérables. Elle n'était pas directement liée au rôle de l'holographie dans notre Univers mais, comme souvent dans l'histoire de la physique, le physicien trouva par la suite un contexte hypothétique — un univers hypothétique — permettant de rendre ces rêveries holographiques à la fois concrètes et précises, grâce aux mathématiques. Pour des raisons techniques, Maldacena étudia un univers hypothétique doté de quatre grandes dimensions spatiales et d'une dimension de temps, avec une courbure négative uniforme — c'est une version à plus haute dimension de la chips Pringle's représentée sur la figure 8.6c. L'analyse mathématique révèle que cet espace-temps à cinq dimensions possède une frontière[7] qui, comme toutes les frontières, a une dimension de moins que la forme qu'elle entoure : trois dimensions spatiales et une de temps. (Comme toujours, les espaces de plus haute dimension sont difficiles à visualiser et, en guise d'image mentale, on peut s'imaginer une boîte de coulis de tomate — le coulis tridimensionnel étant l'analogue de l'espace-temps à cinq dimensions, et la surface bidimensionnelle de la boîte de conserve l'analogue de la frontière spatio-temporelle à quatre dimensions.) Après avoir ajouté les petites dimensions enroulées que requiert la théorie des cordes, Maldacena a proposé, avec un raisonnement convaincant, que la physique observée par un occupant de cet univers (vivant dans le « coulis ») pourrait être décrite complètement à partir de la physique sur la frontière de l'univers (la physique à la surface de la boîte de conserve).

Bien qu'ils ne soient pas réalistes, ces travaux représentent le premier exemple concret et mathématiquement soluble dans lequel le principe holographique a pu être appliqué explicitement[8]. Cela a permis de clarifier amplement la notion de l'holographie appliquée à l'Univers dans son ensemble.

Par exemple, dans les travaux de Maldacena, la description dans le *bulk* et à la frontière sont sur un pied d'égalité. Aucune ne prime sur l'autre. Dans la même veine que la relation entre les cinq théories des cordes, les théories dans le *bulk* et à la frontière sont des traductions l'une de l'autre. Cependant, l'aspect inhabituel de cette traduction particulière est que la théorie dans le *bulk* possède plus de dimensions que la théorie équivalente formulée sur la frontière. En outre, si la théorie dans le bulk contient la gravitation (puisque Maldacena l'a élaborée à l'aide de la théorie des cordes), les calculs montrent que la théorie sur la frontière ne l'inclut pas. Quoi qu'il en soit, toute question posée ou tout calcul effectué dans l'une des deux théories peut être traduit en une question ou un calcul équivalents dans la seconde. Quelqu'un qui ne connaîtrait pas le dictionnaire pourrait penser que lesdites questions ou lesdits calculs n'ont absolument rien en commun (puisque, par exemple, la théorie à la frontière n'inclut pas la gravitation, les questions à son sujet formulées dans le cadre de la théorie du *bulk* sont traduites, dans le cadre de la théorie frontière, en questions apparemment complètement différentes, exemptes de gravitation). Quelqu'un qui maîtriserait bien les deux langues — un expert des deux théories — reconnaîtrait leur correspondance et comprendrait que les réponses aux deux questions ou les résultats des deux calculs doivent concorder. En effet, tous les calculs effectués à ce jour — et il y en a eu beaucoup — confirment cette hypothèse.

Saisir tous les détails relève du défi, mais cela ne doit pas occulter le cœur de cette histoire. Le résultat de Maldacena est extraordinaire. Il a trouvé une application concrète, quoique hypothétique, du principe holographique au sein de la théorie des cordes. Il a montré qu'une théorie quantique particulière dénuée de gravitation était une traduction — donc indiscernable — d'une autre théorie quantique incluant la gravitation, mais formulée avec une dimension d'espace supplémentaire. Des programmes de recherches actives sont aujourd'hui en cours pour savoir si ces idées peuvent s'appliquer à un univers plus réaliste — le nôtre —, mais les progrès sont lents car les calculs regorgent d'obstacles techniques à surmonter. (Si Maldacena a choisi l'exemple hypothétique mentionné, c'est parce qu'il s'est révélé relativement aisé à étudier mathématiquement ; les exemples plus réalistes sont beaucoup plus difficiles à traiter.) Quoi qu'il en soit, nous savons maintenant que la théorie des cordes, au moins dans certains contextes, peut appuyer le concept d'holographie. Et, comme pour les traductions géométriques présentées plus haut, cela fournit un nouvel indice en faveur du fait que l'espace-temps ne serait pas fondamental. Non seulement la taille et la forme de l'espace-temps changent de par la traduction d'une théorie à une autre, équivalente, mais le *nombre* de dimensions de l'espace peut changer lui aussi.

Ces indices nous orientent de plus en plus vers la conclusion que la forme de l'espace-temps est un détail ornemental qui varie d'une théorie physique à une autre formulée différemment, plutôt qu'un élément fondamental de la réalité. Tout comme le nombre de lettres, de syllabes et de voyelles sont différents pour le mot *chapeau* et pour la traduction anglaise *hat*, l'espace-temps — sa forme, sa taille, et même le nombre de ses dimensions — est lui aussi changé par la traduction. Pour tout observateur qui utiliserait l'une de ces formulations pour étudier l'Univers, l'espace-temps pourrait sembler réel et indispensable. Mais si cet observateur changeait la formulation de la théorie qu'il ou elle utilisait en faveur d'une version traduite, équivalente, ce qui semblait auparavant réel et indispensable changerait nécessairement. Par conséquent, si ces idées sont correctes — et j'insiste sur le fait qu'il reste encore à les démontrer de manière rigoureuse, même si les théoriciens ont accumulé un grand nombre d'indices en leur faveur —, elles remettent en question la suprématie de l'espace et du temps.

De tous les indices présentés jusqu'ici, c'est le principe holographique que je choisirais comme le plus à même de jouer un rôle important dans les recherches futures. Il provient d'un aspect élémentaire des trous noirs — leur entropie —, dont la compréhension, si l'on en croit bon nombre de physiciens, repose sur de solides bases théoriques. Même si les détails de nos théories sont amenés à changer, nous nous attendons à ce que toute description cohérente de la gravitation laisse une place aux trous noirs, si bien que la limite universelle d'entropie, fil conducteur de notre discussion, vaudra toujours, et que le principe holographique sera en vigueur. Le fait que la théorie des cordes inclue naturellement le principe holographique — au moins dans des exemples accessibles à l'analyse mathématique — est un autre indice important en faveur de ce principe. Où que nous mènent nos recherches futures sur les fondements de l'espace et du temps, quelles que soient les modifications à la théorie des cordes/théorie M qui nous attendent au tournant, je m'attends à ce que l'holographie demeure un concept phare.

Les constituants de l'espace-temps

Tout au long de cet ouvrage, nous avons régulièrement fait allusion aux constituants ultramicroscopiques de l'espace-temps, mais, bien que nous ayons donné des arguments indirects en faveur de leur existence, nous n'avons encore rien dit de ce qu'ils pourraient être. Et pour de bonnes raisons : nous n'avons absolument aucune idée de ce qu'ils sont. Peut-être devrais-je plutôt dire que nous n'avons aucune idée en laquelle nous aurions toute confiance pour identifier les ingrédients élémentaires de l'espace-temps. C'est une lacune importante dans notre compréhension, mais cela vaut la peine de situer le problème dans son contexte historique.

Si nous avions pu faire un sondage auprès des scientifiques du XIXe siècle pour connaître leurs opinions sur les constituants élémentaires de la matière, nous n'aurions pas abouti à un consensus universel. Il y a moins d'un siècle, l'hypothèse atomique était controversée ; certains scientifiques de renom — dont Ernst Mach — pensaient qu'elle était fausse. En outre, depuis l'avènement de l'hypothèse atomique au début du XXe siècle, les scientifiques n'ont cessé de perfectionner le modèle qui en découle, en imaginant peu à peu de nouveaux ingrédients élémentaires (par exemple, les protons et les neutrons d'abord, puis les quarks). La théorie des cordes est la dernière étape en date dans cette voie, mais tant qu'elle ne sera pas confirmée expérimentalement (et quand bien même elle le serait, cela n'exclurait pas l'existence d'une théorie plus perfectionnée encore, en attente d'être découverte), nous serons contraints d'admettre que la quête des constituants les plus élémentaires de la nature est toujours en cours.

L'introduction de l'espace et du temps dans le contexte scientifique moderne remonte à Newton, dans les années 1600, mais les premiers questionnements concernant leur nature microscopique durent attendre le XXe siècle, avec la découverte de la relativité générale et de la mécanique quantique. Ainsi, à l'échelle de l'histoire des sciences, nous commençons tout juste à étudier l'espace-temps, et l'absence d'une proposition précise de ce que pourraient être ses « atomes » — ses constituants élémentaires — ne joue pas forcément en défaveur de ce domaine de recherche. Loin de là. Le fait que nous soyons arrivés aussi loin — que nous ayons dévoilé de nombreux aspects de l'espace et du temps qui dépassent largement l'expérience quotidienne — atteste de progrès qui auraient été inimaginables même un siècle plus tôt. La quête des ingrédients les plus fondamentaux de la nature, qu'il s'agisse de la matière ou de l'espace-temps, est un formidable défi qui devrait probablement nous occuper encore un certain temps.

Actuellement, en ce qui concerne l'espace-temps, deux directions prometteuses se dessinent. L'une de ces propositions vient de la théorie des cordes, et l'autre d'une théorie connue sous le nom de « gravitation quantique à boucles ».

La proposition de la théorie des cordes, selon le degré auquel on y réfléchit, est soit intuitivement agréable, soit complètement déconcertante. Puisque nous parlons de l'« étoffe » de l'espace-temps, dit le raisonnement, pourquoi ne pas imaginer que celui-ci soit constitué de cordes comme une chemise est tissée à partir de fils de coton ? Autrement dit, un peu comme le fait d'entrelacer un grand nombre de brins produit l'étoffe de la chemise, peut-être l'assemblage d'un grand nombre de cordes produit-il ce que l'on appelle généralement l'étoffe de l'espace-temps. La matière, comme vous et moi, serait alors constituée d'entrelacs supplémentaires de cordes vibrantes — à l'instar d'une musique sonore ajoutée à un fond atténué, ou d'un motif élaboré brodé sur un morceau d'étoffe unie — se déplaçant tout en étant maintenues par les cordes de l'espace-temps.

Je trouve cette idée séduisante et très tentante, mais, à ce jour, personne n'a encore transformé ces mots en proposition mathématique précise. Autant que je le sache, les obstacles sont loin d'être négligeables. Par exemple, si le tissage de ma chemise se défaisait complètement, je me retrouverais avec un tas de fils — situation que, selon les circonstances, je pourrais trouver gênante ou agaçante, sans qu'elle revête pour autant aucun caractère mystérieux. Mais c'est un véritable casse-tête (au moins pour la mienne) que d'imaginer une telle situation dans le cas des cordes — les brins d'espace-temps de cette proposition. Que ferions-nous d'un « tas » de cordes issues de l'étoffe complètement effilochée de l'espace-temps ou, pis encore, qui n'auraient pas encore été réunies pour la former ? On pourrait être tenté de les envisager un peu comme les fils de ma chemise — des brins bruts que l'on doit tisser ensemble —, mais cela passe à côté d'une subtilité absolument essentielle. Nous imaginons les cordes comme vibrant dans l'espace et dans le temps, mais, sans l'étoffe de l'espace-temps que l'on imagine formée par le tissage des cordes elles-mêmes, *il n'y a ni espace ni temps*. Selon cette proposition, les concepts d'espace et de temps n'ont plus de sens tant qu'un nombre incalculable de cordes ne se sont pas entrelacées pour les produire.

Ainsi, pour que cette idée ait un sens, il nous faudrait un cadre permettant de décrire les cordes qui ne partirait pas du principe qu'elles vibrent dans un espace-temps préexistant. Il nous faudrait une formulation de la théorie des cordes dépourvue d'espace, dépourvue de temps, dans laquelle l'espace-temps pourrait provenir du comportement collectif des cordes.

Bien que l'on ait accompli quelques progrès dans cette voie, personne n'a encore proposé une telle formulation sans temps ni espace de la théorie des cordes — que les physiciens appellent une formulation « indépendante de l'arrière-plan » ou, en anglais, du *background* (le terme provient de la notion vague de l'espace-temps comme d'une toile de fond sur laquelle se dérouleraient les phénomènes physiques). En fait, quasiment toutes les approches envisagent les cordes comme se déplaçant et vibrant dans un espace-temps qui est introduit dans la théorie « à la main » ; l'espace-temps n'émane pas de la théorie, comme ce que les physiciens attendent d'une formulation indépendante de l'arrière-plan : c'est le théoricien qui le fournit à la théorie. Beaucoup de chercheurs considèrent que l'élaboration d'une formulation indépendante de l'arrière-plan est *le* principal problème non résolu de la théorie des cordes. Non seulement une telle formulation nous permettrait-elle d'en savoir plus sur les origines de l'espace-temps, mais elle contribuerait probablement à résoudre la difficulté la plus importante, présentée à la fin du chapitre 12 — le fait que, dans son état actuel, la théorie ne permette pas de sélectionner la forme géométrique des dimensions supplémentaires. Si l'on parvient à dissocier son formalisme mathématique élémentaire de tout espace-temps particulier, continue le raisonnement, alors la théorie des cordes devrait être capable de donner une vue d'ensemble de toutes les possibilités, et peut-être même de choisir parmi celles-ci.

Une autre difficulté à surmonter pour cette proposition des cordes comme fils d'espace-temps est que la théorie des cordes, comme nous l'avons appris au chapitre 13, recèle d'autres ingrédients. Quel rôle ont-ils à jouer en ce qui concerne la nature de l'espace-temps ? Cette question est particulièrement allégée par le scénario du monde branaire. Si l'espace tridimensionnel que nous connaissons est une trois-brane, cette dernière est-elle insécable ou au contraire obtenue en combinant les autres ingrédients de la théorie ? Les branes, par exemple, sont-elles faites de cordes, ou les cordes et les branes sont-elles toutes deux élémentaires ? Peut-être devrions-nous considérer une autre possibilité : celle que les branes et les cordes puissent procéder d'ingrédients plus élémentaires encore. Ces questions occupent aujourd'hui le devant de la scène de la recherche, et, puisque ce chapitre concerne idées et indices, je me permets de signaler une proposition qui a particulièrement retenu l'attention.

Nous avons précédemment parlé des diverses branes que l'on trouve en théorie des cordes/théorie M : une-branes, deux-branes, trois-branes, quatre-branes et ainsi de suite. Bien que je ne l'aie pas signalé plus haut, la théorie contient aussi des *zéro*-branes — des ingrédients qui n'ont aucune étendue spatiale, un peu comme des particules ponctuelles. Cela pourrait sembler en contradiction avec l'esprit même de la théorie des cordes/théorie M, puisqu'elle s'est affranchie du cadre des particules ponctuelles en s'efforçant de dompter les ondulations effrénées du champ de gravitation. Toutefois, les zéro-branes, tout comme leurs cousins de plus haute dimension représentés sur la figure 13.2, ont des cordes qui leur sont attachées, littéralement, et leurs interactions sont donc régies par celles-ci. Ainsi, n'est-il pas surprenant que les zéro-branes se comportent très différemment des particules ponctuelles conventionnelles et, plus important encore, qu'elles participent pleinement à la dilution et à l'atténuation de l'agitation de l'espace-temps ultramicroscopique ; les zéro-branes n'ont pas pour effet de réintroduire les inconvénients qui entachaient les tentatives d'unification de la mécanique quantique et de la relativité générale à partir de particules ponctuelles.

En fait, Tom Banks (de l'université Rutgers) et Willy Fischler (de l'université du Texas, à Austin) ont formulé, en collaboration avec Leonard Susskind et Stephen Shenker (aujourd'hui tous deux à Stanford), une version de la théorie des cordes/théorie M dans laquelle les zéro-branes sont les ingrédients fondamentaux, que l'on peut combiner ensemble pour produire les cordes et les autres branes de plus haute dimension. Cette proposition, connue sous le nom de « théorie des matrices » — une autre des significations possibles du « M » de la théorie M —, a provoqué une avalanche de recherches ultérieures, mais les mathématiques qui interviennent, difficiles, ont jusqu'à présent empêché les scientifiques de peaufiner cette idée. Cela étant, les calculs que les physiciens sont parvenus à mener à bien semblent aller en faveur de cette proposition. Si la théorie des matrices est correcte, cela pourrait vouloir dire que tout — les cordes, les branes, voire peut-être l'espace et le temps eux-mêmes — serait composé d'agglomérats bien choisis de zéro-branes. C'est une éventualité captivante, et les chercheurs, relativement optimistes, estiment que les travaux des prochaines années à venir devraient permettre d'en savoir un peu plus sur sa validité.

Nous avons jusqu'à présent survolé le chemin qu'ont emprunté les théoriciens des cordes dans leur quête des ingrédients de l'espace-temps, mais, comme je l'ai mentionné plus haut, il existe une seconde voie, issue du principal concurrent de la théorie des cordes : la gravitation quantique à boucles. Cette théorie, datant du milieu des années 1980, est une autre proposition prometteuse de l'union de la relativité générale et de la mécanique quantique. Je ne m'essaierai pas à la décrire en détail (ceux que cela intéresse pourront consulter l'excellent ouvrage de Lee Smolin, *Three Roads to Quantum Gravity*, Perseus Books, 2002), et je mentionnerai plutôt quelques points-clés particulièrement intéressants pour la question qui nous occupe.

La théorie des cordes et la gravitation quantique à boucles prétendent toutes deux être parvenues au bout de la longue quête d'une théorie quantique de la gravitation, mais de deux manières très différentes. La théorie des cordes s'est construite à partir de la tradition de la physique des particules, couronnée de succès, qui sonde les ingrédients élémentaires de la matière depuis des dizaines d'années ; pour la plupart des premiers chercheurs en théorie des cordes, la gravitation était une préoccupation lointaine, au mieux secondaire. En revanche, la gravitation quantique à boucles provient d'une tradition profondément ancrée dans la théorie de la relativité générale ; pour la plupart des praticiens de cette approche, la gravitation a toujours été prioritaire. Pour les comparer en une phrase, nous pourrions dire que les théoriciens des cordes commencent avec le petit (la théorie quantique) et progressent pour englober le grand (la gravitation), tandis que les partisans de la gravitation quantique à boucles commencent avec le grand (la gravitation) et progressent jusqu'à englober le petit (la théorie quantique)[9]. En fait, comme nous l'avons vu au chapitre 12, la théorie des cordes fut initialement élaborée comme une théorie quantique de la force nucléaire forte, laquelle opère au sein du noyau atomique ; on n'a compris que plus tard, par chance, que la théorie incluait en fait la gravitation. La gravitation quantique à boucles, en revanche, prend la relativité générale d'Einstein comme point de départ et cherche à incorporer la mécanique quantique.

Ces démarrages aux deux extrémités du spectre se reflètent dans la façon dont chacune des deux théories s'est étoffée jusqu'à présent. Dans une certaine mesure, les plus grandes découvertes de l'une se révèlent être les plus grandes failles de l'autre et vice versa. Par exemple, la théorie des cordes réunit toutes les forces et toute la matière, y compris la gravitation (une unification complète, qui échappe à la gravitation quantique à boucles), en décrivant tout dans le langage des cordes vibrantes. La particule de l'interaction gravitationnelle, le graviton, n'est autre qu'un mode de vibration de corde particulier, si bien que la théorie décrit naturellement le mouvement et les interactions quantiques de ces brins de gravitation élémentaires. Toutefois, comme nous venons de le mentionner, la plus grande faille des formulations actuelles de la théorie des cordes est qu'elle présuppose l'existence d'un espace-temps comme toile de fond, sur laquelle les cordes vibrent et se déplacent. Au contraire, l'une des plus grandes réalisations de la gravitation quantique à boucles — et elle est impressionnante — est que cette théorie ne se construit pas sur un espace-temps préexistant. La gravitation quantique à boucles est un modèle indépendant de l'arrière-plan. Cependant, avec ce point de départ dépourvu d'espace et de temps, si peu familier, l'extraction de l'espace et du temps ordinaires, ainsi que des aspects habituels si bien vérifiés de la relativité générale appliquée aux grandes échelles de distance (qui est facile avec nos formulations actuelles de la théorie des cordes), est un problème loin d'être trivial, que les chercheurs s'efforcent de résoudre. En outre, par comparaison à la théorie des cordes, la gravitation quantique à boucles a accompli beaucoup moins de progrès pour la compréhension de la dynamique des gravitons.

Une possibilité élégante serait que les adeptes des cordes et les inconditionnels de la gravitation quantique à boucles construisent en fait la même théorie, mais avec des points de départ complètement différents. Le fait que les deux théories contiennent des boucles — dans la théorie des cordes, il existe des boucles de cordes ; dans la gravitation quantique à boucles, elles sont plus difficiles à décrire sans avoir recours aux mathématiques, mais disons grosso modo qu'il s'agit de boucles élémentaires d'espace — laisse présager une telle relation. Cette possibilité est étayée par le fait que, pour les quelques problèmes accessibles aux deux théories, comme l'entropie des trous noirs, par exemple, celles-ci concordent parfaitement[10]. En outre, pour ce qui concerne les constituants de l'espace-temps, les deux théories proposent qu'il existe une structure plus fine. Nous avons déjà vu les indices en faveur de cette conclusion qui émanent de la théorie des cordes ; ceux provenant de la gravitation quantique à boucles sont implacables et encore plus explicites. Les chercheurs dans ce domaine ont montré qu'en gravitation quantique à boucles de nombreuses boucles peuvent s'entrelacer (un peu comme de petites boucles de laine crochetées sur un chandail) et produisent alors des structures qui semblent, aux plus grandes échelles, être des approximations de régions d'espace-temps. Le plus convaincant, dans tout cela, c'est que les chercheurs en ont calculé l'aire possible. Et, de même que l'on peut avoir 1, 2 ou 202 électrons mais pas 1,6 électron, ni aucune autre fraction, leurs calculs montrent que l'aire de ces surfaces peut valoir 1 fois, 2 fois ou 202 fois la longueur de Planck au carré, mais aucune fraction n'est possible. Voilà, ici encore, un indice théorique solide en faveur du fait que l'espace, comme les électrons, serait discret, composé de petits amas indivisibles[11].

Si je m'essayais à faire des prévisions sur les développements futurs, j'imaginerais volontiers que les techniques indépendantes de l'arrière-plan, élaborées par la communauté de la gravitation quantique à boucles, s'adapteront à la théorie des cordes, ouvrant ainsi la voie à une formulation des cordes indépendante de l'arrière-plan. C'est elle, l'étincelle qui, à mon avis, embrasera la troisième révolution des supercordes, laquelle, je l'espère, conduira à la résolution de certains des plus épais mystères. Il y a de grandes chances qu'une telle évolution ramène la longue histoire de l'espace-temps à son point de départ. Au fil des premiers chapitres, nous avons suivi les oscillations des convictions qui passaient de la vision relationniste à la vision absolutiste de l'espace, du temps, puis de l'espace-temps. Nous nous posions la question : l'espace est-il un « quelque chose » ou pas ? L'espace-temps est-il un « quelque chose » ou pas ? Et, à travers l'évolution des pensées au cours des siècles, nous avons rencontré des points de vue différents. Je pense qu'une union de la relativité générale et de la mécanique quantique indépendante de l'arrière-plan et confirmée expérimentalement répondrait élégamment à cette question. Grâce à l'indépendance envers l'arrière-plan, les ingrédients de la théorie pourraient être reliés, mais, en l'absence d'un espace-temps introduit d'entrée de jeu, il n'y aurait aucune toile de fond dans laquelle eux-mêmes seraient plongés. Seules les relations relatives compteraient, une solution dans le plus pur esprit relationniste de Leibniz ou de Mach. Ainsi, alors que les ingrédients de la théorie — qu'il s'agisse de cordes, de branes, de boucles ou d'autre chose que les recherches futures pourraient découvrir — s'uniraient pour produire un espace-temps à grande échelle (le nôtre ou l'un des exemples hypothétiques utiles à nos expériences de pensée), celui-ci redeviendrait un « quelque chose », un peu comme dans notre présentation de la relativité générale : dans un espace-temps infini, plat et vide de tout autre chose (l'un de nos exemples hypothétiques), l'eau contenue dans le seau en rotation de Newton prendrait une forme concave. L'idée centrale serait que la distinction entre l'espace-temps et des entités matérielles plus tangibles s'évanouirait, les deux émanant alors d'agrégats bien choisis des ingrédients les plus élémentaires d'une théorie complètement relationniste, dépourvue d'espace et de temps. Si les choses prennent cette tournure, Leibniz, Newton, Mach et Einstein auront tous contribué à cette victoire.

Espace interne, espace externe

Faire des spéculations sur l'avenir des sciences est un exercice amusant et constructif. Cela permet de situer nos réussites actuelles dans un contexte plus vaste et met en valeur les grands objectifs vers lesquels nous nous tournons, lentement mais sûrement. Mais, quand ces spéculations concernent le futur de l'espace-temps, elles prennent une tournure quasi mystique : nous nous penchons sur le destin des éléments qui sous-tendent notre perception de la réalité. Ici encore, il ne fait aucun doute que, quelles que soient les découvertes futures, l'espace et le temps continueront à forger notre expérience individuelle ; l'espace et le temps, du point de vue de notre vie quotidienne, sont destinés à perdurer. Ce qui continuera à changer, et qui changera probablement beaucoup, c'est notre compréhension du cadre qu'ils fournissent — c'est-à-dire de la scène de la réalité dont nous faisons l'expérience. Après plusieurs siècles de recherches, nous en sommes toujours à décrire l'espace et le temps comme les plus familiers des inconnus. Imperturbables, ils se fraient un chemin dans nos vies, influencent nos perceptions tout en dissimulant adroitement leurs rouages fondamentaux.

Au cours du siècle dernier, nous sommes devenus des experts ès certains aspects précédemment cachés de l'espace et du temps, grâce aux deux théories de la relativité d'Einstein et à la mécanique quantique. La dilatation du temps, la relativité de la simultanéité, les découpages variables de l'espace-temps, la gravitation comme courbure et déformation de l'espace et du temps, la nature probabiliste de la réalité, l'intrication quantique à grande distance sont autant de découvertes qui n'auraient jamais pu figurer sur la liste de ce que les meilleurs physiciens du XIXe siècle auraient pu s'attendre à trouver au tournant. Et pourtant elles y étaient, comme l'ont démontré les résultats expérimentaux autant que les explications théoriques.

Quant à notre époque, nous avons découvert toute une panoplie d'idées inattendues : la matière et l'énergie noires qui semblent, de très loin, les principaux constituants de l'Univers. Les ondes gravitationnelles — ces petites vaguelettes sur l'étoffe de l'espace-temps — prédites par la relativité générale d'Einstein, qui pourraient un jour nous permettre de voir dans des temps plus reculés que tout ce que nous avons pu faire jusqu'à présent. L'océan de Higgs, qui imprègne tout l'espace et qui, si son existence se voit confirmée, nous aidera à comprendre comment les particules acquièrent leur masse. L'expansion inflationnaire, qui pourrait expliquer la forme du cosmos, résout le mystère de son étonnante uniformité à grande échelle, et donne une direction à la flèche du temps. La théorie des cordes, qui remplace les particules ponctuelles par des brins et des boucles d'énergie, laisse présager une version encore plus hardie du rêve d'Einstein, dans lequel toutes les particules et toutes les forces se combineraient en une seule théorie. Les dimensions spatiales supplémentaires, émanant des mathématiques de la théorie des cordes, que l'on pourrait détecter dans nos accélérateurs au cours des dix années à venir. Un monde branaire, dans lequel nos trois dimensions d'espace pourraient ne correspondre qu'à un univers parmi tant d'autres, flottant dans un espace-temps de plus haute dimension. Et peut-être même un espace-temps dans lequel l'étoffe même de l'espace et du temps serait composée d'entités plus fondamentales, dénuées d'espace et de temps.

Dans les dix années à venir, des accélérateurs de plus en plus puissants nous permettront de recueillir des données expérimentales indispensables, et beaucoup de physiciens ont la conviction que les données issues de ces collisions à très haute énergie devraient confirmer un certain nombre de ces constructions théoriques primordiales. Je partage cet enthousiasme et attends les résultats avec impatience. Tant que nos théories ne seront pas en contact avec les phénomènes observables, testables, elles resteront dans l'ombre — n'étant qu'une collection d'idées prometteuses qui auront quelque chose à voir avec le monde réel ou pas. Les nouveaux accélérateurs étofferont considérablement la correspondance entre théorie et expérience, et nous, les physiciens, espérons qu'ils porteront ces idées au royaume de la science confirmée.

Mais il existe une autre approche qui, si elle relève plutôt d'un espoir à long terme, m'émerveille comme aucune autre. Nous avons vu au chapitre 11 que l'on peut distinguer, dans un ciel nocturne dégagé, les effets d'une agitation quantique ténue considérablement étirée par l'expansion cosmique et qui a donné lieu à la formation des étoiles et des galaxies. (Souvenons-nous de l'analogie des petits gribouillis dessinés sur un ballon de baudruche qui, lorsque l'on gonfle le ballon, s'étirent sur sa surface.) Cette découverte nous ouvre à la physique quantique par le biais des observations astronomiques. Et s'il était possible de la pousser un peu plus loin ? Peut-être l'expansion cosmique peut-elle étirer les empreintes de phénomènes ou de propriétés correspondant à une échelle plus petite encore — la physique des cordes ou, plus généralement, la gravitation quantique, voire la structure fondamentale de l'espace-temps microscopique — et disséminer leur influence à travers les cieux, d'une manière très discrète mais néanmoins observable. Autrement dit, peut-être l'Univers a-t-il déjà déployé les fibres de l'étoffe du cosmos à travers les cieux, auquel cas il ne nous resterait plus qu'à comprendre comment les interpréter.

Afin d'élaborer des modèles ultimes pour les lois les plus fondamentales de la physique, il pourrait être nécessaire de faire appel à la terrible puissance d'accélérateurs de particules capables de recréer des conditions extrêmes qui n'ont régné qu'à la seule époque du big bang. Toutefois, à mes yeux, rien ne serait plus poétique, aucun dénouement ne serait plus élégant, aucune unification plus complète que de parvenir à confirmer nos théories de l'ultra-petit — nos théories des rouages ultramicroscopiques de l'espace, du temps et de la matière — en pointant nos plus puissants télescopes vers les cieux pour admirer silencieusement les étoiles.

APPENDICES

NOTES

CHAPITRE 1

1. Lord Kelvin fut cité par le physicien Albert Michelson lors de son intervention en 1894 au laboratoire Ryerson de l'université de Chicago (voir l'article de D. Kleppner dans la revue *Physics Today* de novembre 1998).

2. Lord Kelvin, « Nineteenth Century Clouds over the Dynamical Theory of Heat and Light », *Phil. Mag.* Ii-6th series, 1 (1901).

3. Albert Einstein, Nathan Rosen et Boris Podolsky, *Phys. Rev.* 47, 777(1935).

4. Sir Arthur Eddington, *The Nature of the Physical World*, Cambridge University Press, Cambridge, Eng., 1928.

5. Comme le décrit plus abondamment la note 2 du chapitre 6, cette affirmation est quelque peu exagérée, car on connaît quelques exemples, faisant intervenir des particules plutôt ésotériques (comme les mésons K et les mésons B), qui montrent que la force nucléaire dite faible n'est pas parfaitement symétrique entre passé et futur. Toutefois, à mes yeux et si l'on en croit bon nombre de chercheurs qui ont réfléchi à la question, puisque ces particules ne jouent aucun rôle essentiel dans la détermination des propriétés des objets matériels du quotidien, il y a peu de chances qu'elles jouent un rôle important pour élucider le mystère de la flèche du temps (mais je m'empresse toutefois d'ajouter que personne n'en est complètement sûr). Ainsi, même si c'est une affirmation un peu excessive du point de vue technique, je supposerai à tout moment qu'on ne commet qu'une erreur minime en affirmant que les lois de la physique traitent le passé et le futur sur un pied

d'égalité (tout au moins en ce qui concerne l'explication du mystère de la flèche du temps).

6. Timothy Ferris, *Histoire du cosmos de l'Antiquité au big bang*, Hachette Littérature, coll. « Pluriel », Paris, 1999.

CHAPITRE 2

1. Isaac Newton, *Principes mathématiques de la philosophie naturelle*, traduction de Mme du Chastellet, Éd. Jacques Gabay, Sceaux, 1990, vol. I, p. 13.

2. *Ibid.*, p. 8.

3. *Ibid.*, p. 7.

4. *Ibid.*, p. 15.

5. Albert Einstein, en préface de l'ouvrage de Max Jammer, *Concepts of Space: The Histories of Theories of Space in Physics*, Dover, New York, 1993.

6. A. Rupert Hall, *Isaac Newton, Adventurer in Thought*, Cambridge University Press, Cambridge, Eng., 1992, p. 27.

7. *Ibid.*

8. *Correspondance Leibniz-Clarke*, présentée d'après les manuscrits originaux des bibliothèques de Hanovre et de Londres par André Robinet, Presses universitaires de France, Paris, 1991, p. 149.

9. Je considère Leibniz comme représentant tous ceux qui se sont opposés au point de vue d'un espace existant indépendamment des objets qui le peuplent, mais beaucoup d'autres ont défendu cette cause avec autant d'ardeur, par exemple Christiaan Huygens et Bishop Berkeley.

10. Consulter par exemple Max Jammer, *Concepts of Space...*, *op. cit.*, p. 116.

11. V. I. Lenin, *Materialism and Empirocriticism: Critical Comments on a Reactionary Philosophy*, International Publications, New York, 1909 ; deuxième édition anglophone de *Materializm'i Empirokrititsizm': Kriticheskia Zametki ob'Odnoi Reaktsionnoi Filosofii*, Zveno Press, Moscou, 1909.

CHAPITRE 3

1. À l'attention des lecteurs ayant des connaissances mathématiques, voici ces quatre équations :
$\nabla \,.\, E = \rho/\varepsilon_0$, $B = 0$, $\nabla \times E + \partial B/\partial t = 0$, $\nabla \times B - \varepsilon_0\mu_0\, \partial E/\partial t = \mu_0 J$, où $E, B, \rho, J, \varepsilon_0, \mu_0$ désignent respectivement le champ électrique, le

champ magnétique, la densité de charge électrique, la densité de courant électrique, la permittivité et la perméabilité du vide. On voit que les équations de Maxwell relient les variations des champs électrique et magnétique en présence de charges et de courant électrique. Il n'est pas difficile de montrer que ces équations impliquent une vitesse de propagation des ondes électromagnétiques donnée par $1/\sqrt{\varepsilon_0\mu_0}$, qui s'élève, quand on fait le calcul, à la valeur de la vitesse de la lumière.

2. Les avis sont partagés quant au rôle qu'auraient joué ces expériences dans les travaux d'Einstein sur la relativité restreinte. Dans sa biographie sur Einstein, *Albert Einstein. La vie et l'œuvre*, InterÉditions, Paris, 1993, p. 113-117, Abraham Pais avance, en s'appuyant sur les propres remarques que fit Einstein dans ses dernières années, qu'il connaissait les résultats de Michelson et Morley. Albrecht Fölsing, dans *Albert Einstein: A Biography*, Viking Press, New York, 1997, p. 217-220, précise également qu'Einstein avait connaissance du résultat de Michelson et Morley, ainsi que d'autres résultats non concluants, d'expériences antérieures cherchant à mettre en évidence l'existence de l'éther (par exemple, les travaux d'Armand Fizeau). Mais Fölsing, comme d'autres historiens des sciences, a également avancé que ces expériences n'auraient joué, au mieux, qu'un rôle tout à fait secondaire dans le raisonnement d'Einstein. Celui-ci aurait été guidé en premier lieu par des considérations de symétrie, de simplicité mathématique, et par une intuition physique déconcertante.

3. Pour que nous puissions voir tout ce qui nous entoure, il faut que la lumière chemine jusqu'à nos yeux; aussi, de la même manière, pour voir la lumière, celle-ci aurait à faire le déplacement. Donc, lorsque je dis de Lagaffe qu'il a vu la lumière s'éloigner de lui, c'est une façon de parler. J'imagine que Lagaffe a une petite armée d'acolytes, se déplaçant tous à la même vitesse que lui, mais situés à divers endroits de la trajectoire que Lagaffe et le rayon laser empruntent. Ces acolytes donnent à Lagaffe des nouvelles fraîches de la distance parcourue par la lumière et du temps qui lui a été nécessaire pour atteindre telle ou telle distance. Ensuite, à l'aide de ces informations, Lagaffe peut calculer à quelle vitesse la lumière s'est éloignée de lui.

4. Il existe plusieurs manières d'obtenir les détails mathématiques des idées d'Einstein sur l'espace et le temps issues de la relativité restreinte. Si cela vous intéresse, vous pourrez par exemple consulter le second chapitre de *L'Univers élégant* (ainsi que les détails mathématiques donnés dans les notes de

ce chapitre). Vous trouverez en outre un exposé de tout cela, plus technique mais extrêmement clair, dans l'ouvrage d'Edwin Taylor et John Archibald Wheeler, *Spacetime Physics: Introduction to Special Relativity*, W. H. Freeman & Co., New York, 1992.

5. Le fait que le temps s'arrête pour qui ou quoi voyage dans l'espace à la vitesse de la lumière est un aspect intéressant, mais il est important de ne pas prendre cela trop au pied de la lettre. La relativité restreinte montre qu'aucun objet matériel ne peut atteindre la vitesse de la lumière : plus un objet matériel va vite, plus il est difficile d'augmenter sa vitesse. À deux doigts de la vitesse de la lumière, il faudrait lui communiquer une quantité d'énergie infinie pour le faire aller plus vite, ce qui est impossible. En fait, le point de vue du photon, pour qui le temps ne s'écoule pas, est l'apanage des objets *dénués de masse* (dont le photon est un exemple), si bien que l'« atemporalité » n'est à la portée de rien ni personne, à l'exception du petit nombre des particules non massives. Certes, il est intéressant et enrichissant de s'essayer à imaginer à quoi ressemblerait l'Univers si l'on pouvait voyager à la vitesse de la lumière, mais on devra finalement se contenter du point de vue accessible aux objets matériels, dont nous faisons partie, si l'on espère tirer des conséquences sur la manière dont la relativité restreinte modifie notre perception quotidienne du temps.

6. Voir Abraham Pais, *Albert Einstein. La vie et l'œuvre*, *op. cit.*, p. 111-112.

7. Pour être plus précis, on *définit* l'eau en rotation par le fait qu'elle prend une forme concave et l'eau qui n'est pas en rotation par le fait que sa surface n'a pas cette forme. D'un point de vue machien, dans un univers complètement vide, la rotation n'a plus de sens, si bien que la surface de l'eau serait toujours plate (ou, pour éviter d'aborder le fait qu'aucune force de gravité ne s'exerce sur la surface de l'eau, on peut dire que la corde qui relie les deux pierres sera toujours souple). Ce qu'on affirme ici, c'est qu'au contraire, en relativité restreinte, la rotation a bel et bien un sens, même dans un univers vide, si bien que la surface de l'eau peut être concave (et la corde reliant les deux pierres peut être tendue). Dans ce sens, la relativité restreinte contredit les idées de Mach.

8. Albrecht Fölsing, *Albert Einstein*, Viking Press, New York, 1997, p. 208-210.

9. Le lecteur féru de mathématiques pourra noter que si l'on choisit les unités en sorte que la vitesse de la lumière s'écrit comme une unité d'espace sur une unité de temps (en

l'exprimant par exemple en années-lumière par an ou en secondes-lumière par seconde, une année-lumière valant environ 9 500 milliards de kilomètres et une seconde-lumière environ 300 000 kilomètres), alors la lumière se déplace dans l'espace-temps selon des rayons inclinés à 45° (car ces lignes diagonales sont celles dont la pente correspond à une unité d'espace pour une unité de temps). Puisque rien ne peut aller plus vite que la lumière, les objets matériels doivent parcourir des distances spatiales plus courtes, pendant un même intervalle de temps, que ne le ferait un rayon lumineux. Ainsi, leur chemin dans l'espace-temps doit faire avec la ligne centrale du diagramme (la ligne passant par le centre de la miche et joignant les deux croûtons) un angle inférieur à 45°. En outre, Einstein a montré que les tranches instantanées pour un observateur se déplaçant à la vitesse n'étaient données par l'équation (on ne considère pour simplifier qu'une seule dimension spatiale) $t_{\text{mouvement}} = \gamma(t_{\text{stationnaire}} - (v/c^2)x_{\text{stationnaire}})$ où $\gamma = (1 - v^2/c^2)^{-1/2}$ et c dénote la vitesse de la lumière. Dans des unités choisies telles que $c = 1$, on remarque que $v<1$ si bien qu'une tranche instantanée pour l'observateur en mouvement (le point auquel le temps $t_{\text{mouvement}}$ prend une valeur donnée) est de la forme $(t_{\text{stationnaire}} - vx_{\text{stationnaire}})$ = constante. Ces tranches sont orientées selon un angle donné par rapport aux tranches d'un observateur stationnaire (les points pour lesquels $t_{\text{stationnaire}}$ = constante), et comme $v<1$, l'angle en question est nécessairement inférieur à 45°.

10. À l'attention des lecteurs férus de mathématiques, le fait énoncé ici est que les géodésiques de l'espace-temps de Minkowski (les chemins de longueur spatio-temporelle extrémale entre deux points donnés) sont des entités géométriques qui ne dépendent pas du choix des coordonnées ou du référentiel. C'est une donnée géométrique spatio-temporelle intrinsèque et absolue. Plus explicitement, dans la métrique de Minkowski, les géodésiques (du genre temps) sont des lignes droites (dont l'angle par rapport à l'axe temporel est inférieur à 45°, puisque la vitesse est nécessairement inférieure à celle de la lumière).

11. Il existe un autre point important sur lequel tous les observateurs, quel que soit leur mouvement, seront toujours d'accord. C'est implicite dans ce que nous avons vu jusqu'à présent, mais il vaut la peine de le préciser directement. Si un événement est la cause d'un autre (je jette un caillou qui provoque le bris d'une vitre), tous les observateurs s'accorderont pour dire que la cause a eu lieu *avant* l'effet (tous les observateurs sont d'accord sur le fait que j'ai lancé le caillou *avant*

que la vitre ne tombe en morceaux). Pour le lecteur enclin aux mathématiques, il n'est pas difficile de comprendre cela à l'aide de notre description schématique de l'espace-temps. Si l'événement A est la cause de l'événement B, alors une ligne reliant A et B croise chacune des tranches instantanées (celles d'un observateur au repos par rapport à A) avec un angle *supérieur* à 45° (l'angle entre les axes d'espace — sur chacune des tranches instantanées — et la ligne reliant A et B est supérieur à 45°). Par exemple, si A et B ont lieu au même endroit de l'espace (un élastique enroulé autour de mon doigt [A] a pour effet que mon doigt devient tout blanc [B]), alors la ligne reliant A et B fait un angle de 90' relativement aux tranches de temps. Si A et B ont lieu en différents endroits de l'espace, quoi qu'ait pu parcourir la distance entre A et B pour transmettre la relation de cause à effet (mon caillou, allant du lance-pierre à la fenêtre), il l'aura fait à une vitesse qui ne peut dépasser celle de la lumière. Cela signifie que la différence entre 90° (l'angle lorsqu'il n'y a aucune vitesse mise en jeu) et l'angle considéré dans ce cas ne peut être supérieure à 45°, c'est-à-dire que l'angle par rapport aux tranches instantanées (les axes d'espace) est supérieur à 45°. (Souvenons-nous de la note 9 du présent chapitre, qui précisait que la vitesse de la lumière pose la limite, puisque le mouvement de la lumière correspond aux lignes à 45°.) Cela étant, comme à la note 9, le découpage temporel d'un observateur en mouvement présente un angle, par rapport à celui d'un observateur au repos, qui sera toujours *inférieur* à 45° (puisque le mouvement relatif entre deux observateurs matériels se fait nécessairement à une vitesse inférieure à celle de la lumière). Et puisque l'angle associé à des événements liés par causalité est toujours *supérieur* à 45°, les tranches instantanées d'un observateur (qui chemine forcément à une vitesse inférieure à celle de la lumière) ne peuvent jamais rencontrer l'effet avant la cause. Pour tous les observateurs, la cause précède toujours l'effet.

12. La relation de causalité, c'est-à-dire le fait que la cause précède toujours l'effet (consultez la note précédente), serait, entre autres choses, mise en défaut si certaines influences pouvaient cheminer plus vite que la lumière.

13. Isaac Newton, *Principes mathématiques de la philosophie naturelle*, *op. cit.*, p. 424.

14. Parce que l'attraction gravitationnelle de la Terre est différente d'un point à un autre, un observateur au corps spatialement étendu, en chute libre, pourrait encore détecter une influence gravitationnelle résiduelle. Plus précisément, si, dans

sa chute, l'observateur lâche deux balles de tennis de chacun de ses deux bras tendus, chaque balle suivra le plus court chemin vers le centre de la Terre. Donc, du point de vue dudit observateur, lui-même tombera directement vers le centre de la Terre, tandis que la balle qu'il a lâchée de sa main gauche tombera vers le bas avec un léger décalage vers la droite, et la balle lâchée de sa main droite tombera avec un léger décalage vers la gauche. S'il procède à des mesures soigneuses, l'observateur verra donc que la distance entre les deux balles diminue petit à petit : elles se déplacent l'une vers l'autre. Les balles ont été lâchées depuis deux positions spatiales légèrement différentes, si bien que les trajectoires de leur chute libre en direction du centre de la Terre sont également légèrement différentes. Ainsi, peut-on énoncer plus précisément ce qu'a compris Einstein en disant que plus petite est l'extension spatiale d'un objet, plus complètement celui-ci pourra éliminer la gravitation en tombant en chute libre. C'est une question de principe importante, mais l'on peut en toute sécurité ignorer cette complication dans toute la discussion principale.

15. Pour un exposé plus détaillé, quoiqu'à un niveau plus général, sur la courbure de l'espace et du temps, je vous invite à consulter le chapitre 3 de *L'Univers élégant*.

16. À l'attention des lecteurs ayant quelques connaissances mathématiques, voici les équations d'Einstein : $G_{\mu\nu}$, = $(8\pi G/c^4)T_{\mu\nu}$, le terme de gauche décrivant la courbure de l'espace-temps *via* le tenseur d'Einstein, et celui de droite la distribution de matière et d'énergie de l'Univers *via* le tenseur énergie-impulsion.

17. Charles Misner, Kip Thorne et John Archibald Wheeler, *Gravitation*, W. H. Freeman and Co., San Francisco, 1973, p. 544-545.

18. En 1954, Einstein écrivit à un collègue « on ne doit en vérité absolument plus parler du principe de Mach » (cité par Abraham Pais, dans *Albert Einstein. La vie et l'œuvre, op. cit.*, p. 283).

19. Comme je l'ai signalé plus haut, plusieurs générations de physiciens ont attribué les idées suivantes à Mach bien que ses propres écrits ne présentent pas explicitement les choses de la sorte.

20. Exception faite des objets qui sont tellement distants qu'il ne s'est pas écoulé suffisamment de temps depuis le commencement de l'Univers pour que leur lumière (ou leur influence gravitationnelle) ait pu nous atteindre : ils ne contribuent pas au champ gravitationnel auquel on est soumis.

21. Ceux des lecteurs qui sont experts en la matière reconnaîtront que cette affirmation, d'un point de vue technique, est excessive, puisqu'il existe des solutions non triviales (c'est-à-dire autres que l'espace de Minkowski) à la relativité générale pour l'espace vide. Ici, j'utilise simplement le fait que la relativité restreinte peut être envisagée comme un cas particulier de la relativité générale lorsqu'on ignore la gravitation.

22. Permettez-moi de signaler que certains physiciens et philosophes ne sont pas d'accord avec cette conclusion. Bien qu'Einstein ait finalement abandonné le principe de Mach, celui-ci a pris son propre envol durant ces trente dernières années. On a proposé diverses interprétations des idées de Mach. Par exemple, certains physiciens ont avancé que la relativité générale engloberait bel et bien les idées de Mach, mais pas certaines formes particulières que peut prendre l'espace-temps (comme l'espace-temps plat infini d'un univers vide). Peut-être, avancent-ils, tout espace-temps un tant soi peu réaliste (et donc peuplé d'étoiles, de galaxies et tutti quanti) satisfait-il bien le principe de Mach. D'autres ont proposé de nouvelles formulations de celui-ci, dans lesquelles la question ne porte plus sur la manière dont des objets (comme les pierres reliées par une corde ou le seau rempli d'eau) se comportent dans un univers vide, mais plutôt sur la manière dont différents découpages temporels (les diverses géométries spatiales tridimensionnelles) sont reliés les uns aux autres au fil du temps. Une référence riche des réflexions modernes autour de ces idées est l'ouvrage *Mach's Principle: From Newton's bucket to Quantum Gravity*, sous la direction éditoriale de Julian Barbour et Herbert Pfister, aux éditions Birkhäuser, Berlin, 1995 ; il rassemble plusieurs articles sur le sujet. Un aspect intéressant de cet ouvrage est qu'il contient un sondage des opinions d'une quarantaine de physiciens et de philosophes sur la question du principe de Mach. La plupart (plus de 90 %) sont d'accord sur le fait que la relativité générale ne correspond pas exactement aux idées de Mach. Un autre exposé de qualité, digne d'intérêt et adapté à un large public, prend le parti d'adopter clairement le point de vue machien ; il s'agit de l'ouvrage de Julian Barbour, *The End of Time: The Next Revolution in Physics*, Oxford University Press, Oxford, 1999.

23. Les lecteurs possédant quelques connaissances mathématiques pourront trouver instructif d'apprendre qu'Einstein pensait que l'espace-temps n'avait pas d'existence indépendamment de sa métrique (l'objet mathématique qui définit les relations de distance dans l'espace-temps), si bien que, si l'on devait

tout enlever (y compris la métrique), l'espace-temps ne serait plus un « quelque chose ». Par « espace-temps », j'entends partout une variété munie d'une métrique solution aux équations d'Einstein, si bien que la conclusion, en termes mathématiques, est que l'espace-temps *muni de sa métrique* est un « quelque chose ».

24. Max Jammer, *Concepts of Space, op. cit.*, p. xvii.

CHAPITRE 4

1. Plus précisément, il semblerait que cette vision des choses date du Moyen Âge, avec des racines historiques qui remontent à Aristote.

2. Comme nous le verrons plus loin, certains cas (comme ceux du big bang ou des trous noirs) présentent toujours beaucoup d'énigmes, dues au moins en partie à des conditions extrêmes — densité énorme ou taille minuscule —, qui font que même la théorie d'Einstein s'effondre. Ainsi, l'affirmation du texte principal vaut dans tous les contextes, à l'exception de ceux qui sont tellement exceptionnels que même les lois bien connues deviennent suspectes.

3. Aussi étrange que cela puisse paraître, une des premières personnes qui ait lu ces pages avait une connaissance particulièrement experte du vaudou, et m'a informé du fait que l'on *imagine* que quelque chose va d'un point à un autre pour transmettre les intentions du sorcier — un esprit, plus exactement. Mon exemple extravagant de phénomène non local peut donc, selon votre connaissance du vaudou, tomber à l'eau. Quoi qu'il en soit, on en saisit néanmoins l'idée.

4. Pour éviter toute confusion, permettez-moi d'insister à nouveau sur le fait que, en écrivant « l'Univers n'est pas local » ou « ce que l'on fait ici peut être relié à ce qui a lieu là », je ne me réfère pas à la possibilité d'exercer un contrôle intentionnel instantané sur un objet distant. Mais plutôt, et cela deviendra clair d'ici peu, l'effet auquel je pense se manifeste comme des *corrélations* (habituellement entre les résultats de mesures) entre événements ayant lieu à des endroits distants (séparés par une distance telle que même la lumière n'aurait pas eu le temps de la parcourir). Ainsi, je fais référence à ce que les physiciens appellent des « corrélations non locales ». À première vue, ces corrélations peuvent ne pas surprendre plus que cela. Si quelqu'un nous envoie un paquet contenant un gant, et qu'il envoie le second à l'un de nos amis vivant à l'autre bout du monde, il y aura une corrélation entre le gant que chacun voit

en ouvrant son paquet : si nous voyons le gant gauche, notre ami voit le droit ; si nous voyons le droit, notre ami voit le gauche. Et, manifestement, il n'y a rien de mystérieux dans ces corrélations-là. Mais, comme nous le verrons pas à pas, les corrélations qui apparaissent dans le monde quantique semblent être d'une tout autre nature. Un peu comme si nous avions une paire de gants « quantiques », dont chacun peut être soit le droit, soit le gauche, et ne se décide à être l'un ou l'autre que lorsque nous l'observons ou que nous interagissons avec lui de manière adéquate. Toute la bizarrerie provient du fait que, bien que chaque gant semble choisir son sens (droit ou gauche) de manière aléatoire lorsque nous l'observons, les gants vont par paires même s'ils sont séparés par de grandes distances : si l'un des deux choisit d'être gauche, l'autre choisit d'être droit, et vice versa.

5. Les prédictions de la mécanique quantique concernant le monde microscopique sont confirmées avec une précision extraordinaire par les observations expérimentales. Et cela fait l'unanimité. Cependant, les détails de la mécanique quantique (que nous présenterons dans ce chapitre) étant à ce point éloignés de notre expérience quotidienne, et la théorie ayant plusieurs formulations mathématiques différentes (et différentes formulations de la manière dont est franchi le fossé entre les phénomènes du monde microscopique et les résultats des mesures du monde macroscopique), il n'y a toujours pas de consensus sur la manière d'*interpréter* plusieurs des aspects de la théorie (ou certaines données particulièrement bizarres, que la théorie est néanmoins capable de justifier mathématiquement), comme par exemple la question de la non-localité. Dans ce chapitre, j'ai choisi d'adopter un point de vue particulier, celui qui me convainc le plus au vu de la compréhension théorique actuelle et des résultats expérimentaux. Mais je souligne malgré tout que ce point de vue n'est pas partagé par tous et, après l'avoir expliqué plus avant, je mentionnerai certains des autres points de vue dans une prochaine note en vous indiquant où trouver de plus amples informations à leur sujet. Je souligne également, comme nous le verrons par la suite, que les expériences contredisent la conviction d'Einstein que l'on pourrait expliquer les données en considérant simplement que les particules possèdent toujours des propriétés définies, mais cachées, *sans qu'il soit nécessaire d'avoir recours à un imbroglio non local*. Cependant, l'échec de ce point de vue ne fait qu'éliminer la possibilité que l'Univers soit local, et pas celle que les particules possèdent ces propriétés cachées.

6. À l'attention des lecteurs à la tournure d'esprit plus mathématique, permettez-moi de signaler un aspect de cette description qui peut induire en erreur. Pour des systèmes à grand nombre de particules, l'onde de probabilité (appelée fonction d'onde dans le jargon habituel) possède essentiellement la même interprétation que celle donnée dans le texte principal, à ceci près qu'elle est définie comme une fonction de l'*espace des configurations* des particules (pour une particule unique, l'espace des configurations est isomorphe à l'espace réel, mais pour un système à N particules, il possède 3N dimensions). C'est un point important à garder à l'esprit lorsqu'on aborde la question de savoir si la fonction d'onde est une véritable entité physique ou simplement un outil mathématique. En effet, si l'on adopte le premier point de vue, on doit également prendre en compte la réalité de l'espace des configurations (voilà une variation intéressante sur les thèmes des chapitres 2 et 3). En théorie quantique des champs relativistes, ces champs peuvent être définis dans l'espace-temps ordinaire à quatre dimensions, mais d'autres formulations moins communément utilisées sont possibles, qui font appel à des fonctions d'ondes généralisées (des « fonctionnelles », comme on les appelle, définies sur un espace plus abstrait encore, dit « espace des champs »).

7. Les expériences auxquelles je fais référence sont celles mettant en évidence l'« effet photoélectrique », dans lequel la lumière éclairant plusieurs métaux différents provoque l'éjection d'un électron de la surface du métal. Les expérimentateurs découvrirent que plus l'intensité de la lumière était élevée, plus le nombre d'électrons émis était important. En outre, les expériences ont révélé que l'énergie de chaque électron éjecté était déterminée par la couleur — la fréquence de la lumière. Cela, comme l'expliqua Einstein, est facile à comprendre si l'on envisage le faisceau lumineux comme un flux de particules. En effet, une intensité importante se traduit par un nombre plus élevé de particules de lumière (les photons), et plus il y a de photons, plus élevé sera le nombre d'électrons heurtés et donc éjectés de la surface du métal. En outre, la fréquence de la lumière correspondrait à l'énergie de chaque photon, en correspondance avec l'énergie des électrons émis, et en accord précis avec les données recueillies. Les propriétés corpusculaires des photons furent finalement confirmées par Arthur Compton en 1923, grâce à des expériences mettant en évidence la diffusion élastique entre électrons et photons.

8. Institut international de physique Solvay, *Rapport et discussion du* Ve *Conseil*, Paris, 1928, p. 253 ff.

9. *Correspondance 1916-1955, Albert Einstein, Max Born, Hedwig Born*, traduit de l'allemand par Pierre Lecia, Le Seuil, Paris, 1969, p. 235-236.

10. Henry Stapp, *Nuovo Cimento* 40B, 1977, p. 191-204.

11. David Bohra fut l'un des chercheurs les plus créatifs parmi ceux qui, au XXe siècle, ont travaillé sur la mécanique quantique. Né en Pennsylvanie en 1917, il fut un étudiant de Robert Oppenheimer à Berkeley. Lorsqu'il enseignait à l'université de Princeton, il fut appelé à comparaître devant le House Un-American Activities Committee (Commission d'enquêtes sur les activités anti-américaines), mais il refusa de témoigner. Il choisit plutôt de quitter les États-Unis et devint professeur à l'université de São Paulo, au Brésil, puis à l'institut Technion, en Israël, et finalement au Birkbeck College de l'université de Londres. Il vécut à Londres jusqu'à sa mort, en 1992.

12. Certes, si l'on attend suffisamment longtemps, ce que l'on fait subir à l'une des deux particules peut, en principe, affecter la seconde : la première particule pourrait envoyer un signal pour informer la seconde qu'elle a fait l'objet de mesures, et ce signal pourrait avoir une influence sur la particule qui le reçoit. Cependant, aucun signal ne pouvant cheminer plus vite que la lumière, ce type d'influence n'est pas instantané. La clé de la présente discussion réside dans le fait qu'à l'instant où l'on mesure le spin d'une des deux particules autour d'un axe choisi, on en déduit le spin de la seconde autour de ce même axe. Ainsi, toute communication « directe » entre les particules (par des signaux lumineux ou autres) est hors de cause.

13. Dans ce paragraphe et le suivant, la présentation que je fais de la découverte de Bell est une version « romancée » inspirée des fabuleux articles de David Mermin : « Quantum Mysteries for Anyone », *Journal of Philosophy*, n° 78, 1981, p. 397-408 ; « Can You Help Your Team Tonight by Watching on TV ? », dans *Philosophical Consequences of Quantum Theory : Reflections on Bell's Theorem*, sous la direction éditoriale de James T. Cushing et Ernan McMullin (University of Notre Dame Press, 1989) ; « Spooky Actions at Distance : Mysteries of the Quantum Theory », dans *The Great Ideas Today* (Encyclopaedia Britannica, Inc. 1988). Ces articles sont rassemblés dans l'ouvrage de N. David Mermin, *Boojums All the Way Through*, Cambridge University Press, 1990. Pour ceux que les aspects techniques de ces idées intéressent, il n'y a pas de meilleur

point de départ que les articles de Bell lui-même, dont la plupart sont réunis dans l'ouvrage de John Stuart Bell, *Speakable and Unspeakable in Quantum Mechanics*, Cambridge University Press, 1997.

14. Bien que l'hypothèse de la localité soit centrale au raisonnement d'Einstein, Podolsky et Rosen, certains chercheurs ont tenté de trouver des failles à d'autres étapes de leur raisonnement, dans l'espoir d'éviter la conclusion que l'Univers admettait des aspects non locaux. Par exemple, d'aucuns affirment parfois que toutes les données recueillies nécessitent que l'on abandonne l'idée de ce que l'on appelle le réalisme (idée selon laquelle tout objet possède les propriétés qu'on lui attribue par la mesure, indépendamment du processus de mesure). Toutefois, dans ce contexte, la proposition passe à côté du sujet. Si le raisonnement de EPR avait été confirmé par l'expérience, il n'y aurait rien de mystérieux dans les corrélations à longue portée de la mécanique quantique. Elles ne seraient pas plus surprenantes que les corrélations à longue portée classiques, pas plus que le fait de trouver un gant droit ici qui nous garantit que celui envoyé là-bas est le gauche. Mais les résultats de Bell-Aspect réfutent cela. Si, en réponse à cette réfutation des arguments EPR, on abandonne le réalisme (comme on le fait habituellement en mécanique quantique), cela n'atténue pas pour autant l'étonnante étrangeté des corrélations à longue portée entre des processus *aléatoires* séparés dans l'espace. Lorsqu'on laisse le réalisme de côté, les gants, comme à la note 4, deviennent des « gants quantiques ». Abandonner le réalisme ne rend en aucun cas les corrélations non locales moins bizarres. Il est vrai que si, à la lumière des résultats de EPR, Bell et Aspect, on tente de préserver le réalisme (comme par exemple dans la théorie de Bohm présentée plus loin dans ce chapitre), alors le type de non-localité nécessaire pour être en accord avec les données s'avère plus fort encore et fait intervenir des *interactions* non locales, et pas seulement des *corrélations* non locales. Beaucoup de physiciens, ne pouvant accepter cette option, ont donc abandonné le réalisme.

15. Vous pourrez consulter par exemple l'ouvrage de Murray Gell-Mann, *Le Quark et le jaguar*, Flammarion, Paris, 1999 ; ou celui de Huw Price, *Time's Arrow and Archimedes' Point*, Oxford University Press, Oxford, 1996.

16. La relativité restreinte interdit à quelque objet que ce soit qui a toujours cheminé plus lentement que la lumière de franchir la limitation de vitesse posée par celle-ci. Mais s'il

existe un « quelque chose » qui ait toujours cheminé plus vite que la lumière, alors ce quelque chose ne serait pas éliminé par la relativité restreinte. Ce type de particules hypothétiques sont appelées « tachyons ». La majorité des physiciens ne croit pas à l'existence des tachyons, mais quelques-uns aiment à jouer avec l'éventualité qu'il pourrait y en avoir. Toutefois, jusqu'à présent, du fait des étranges propriétés qu'auraient ces particules plus rapides que la lumière en vertu des équations de la relativité restreinte, personne ne leur a encore trouvé une utilité particulière (même hypothétique). Dans les travaux récents, une théorie qui fait apparaître des tachyons est généralement considérée comme souffrant d'un certain type d'instabilité.

17. Les lecteurs férus de mathématiques pourront remarquer que le cœur de la relativité restreinte affirme que les lois de la physique doivent être invariantes de Lorentz, c'est-à-dire invariantes sous les transformations SO (3,1) des coordonnées de l'espace-temps de Minkowski. La conclusion est alors que la mécanique quantique pourrait cadrer avec la relativité restreinte pourvu qu'elle puisse être formulée sous une forme invariante sous les transformations de Lorentz. La mécanique quantique relativiste et la théorie des champs quantique et relativiste ont certes fait un bon bout de chemin dans cette direction, mais, à ce jour, il n'y a toujours pas de consensus quant à savoir si elles ont résolu le problème de la mesure quantique dans un cadre invariant de Lorentz. En théorie quantique et relativiste des champs, par exemple, on peut calculer directement, de manière parfaitement invariante sous les transformations de Lorentz, les amplitudes de probabilité et les probabilités concernant l'issue de diverses expériences. Mais le formalisme ordinaire s'arrête tout net dès qu'il s'agit de décrire la manière dont une issue ou une autre émergent de l'éventail des possibilités quantiques (c'est-à-dire pour savoir ce qui a lieu pendant le processus de mesure). C'est une question particulièrement importante pour le phénomène de l'intrication, puisque ce dernier dépend de l'effet qu'a l'expérience (le fait de mesurer l'une des propriétés des particules intriquées). Pour une discussion plus poussée, je vous invite à consulter l'ouvrage de Tim Maudlin, *Quantum Non-Locality and Relativity*, Blackwell, Oxford, 2002.

18. Voici, à l'attention des lecteurs possédant de solides connaissances mathématiques, le calcul de mécanique quantique dont les prédictions sont en accord avec les résultats expérimentaux. Supposons que les axes selon lesquels les détec-

teurs peuvent mesurer le spin soient l'axe vertical, et les deux axes faisant un angle de 120° avec la verticale (comme les aiguilles d'une montre indiquant midi, quatre heures et huit heures, pour chacun des deux détecteurs qui se font face). Considérons en outre, pour faciliter le raisonnement, que deux électrons soient émis dos à dos et filent chacun en direction d'un détecteur, le système étant dans l'état que l'on appelle « singlet ». C'est un état dont le spin total vaut zéro, garantissant que, si l'on trouve un des électrons dans l'état de spin « haut », l'autre sera dans l'état de spin « bas » pour l'axe considéré, et vice versa. (Souvenons-nous que, dans le texte principal, j'ai décrit, pour simplifier la discussion, la corrélation entre les électrons comme garantissant que, si l'un avait son spin dans l'état haut, l'autre aussi, et si l'un avait son spin dans l'état bas, l'autre aussi. Le fait est que la véritable corrélation est telle que les spins pointent dans des directions opposées. Pour faire le lien avec le texte principal, on peut toujours imaginer les deux détecteurs calibrés de manière opposée, si bien que l'un appelle spin haut ce que l'autre appelle spin bas.) Un résultat standard de mécanique quantique élémentaire montre alors que si l'angle entre les axes le long desquels nos deux détecteurs mesurent le spin des électrons vaut θ, alors la probabilité qu'ils mesurent des valeurs de spin opposées vaut $\cos^2(\theta/2)$. Ainsi, dans le cas où les axes des détecteurs sont alignés ($\theta=0$), ils mesurent nécessairement des valeurs de spin opposées (cela correspond, dans le texte principal, au cas où les deux détecteurs mesurent la même valeur s'ils sont réglés selon le même axe). Si les axes des deux détecteurs font un angle $\theta=+120°$ ou $\theta=-120°$, la probabilité qu'ils mesurent des spins de valeur opposée vaut $\cos^2(+120°/2$ ou $-120°/2) = \cos^2(\pm 60°) = 1/4$. Cela étant, si les détecteurs sont réglés de manière aléatoire, ils pointeront dans la même direction dans 1/3 des cas et pointeront dans des directions différentes dans 2/3 des cas. Ainsi, sur l'ensemble des répétitions de l'expérience, on s'attend à trouver des spins opposés dans $(1/3)(1) + (2/3)(1/4) = 1/2$ des cas, comme le montrent les données.

On pourrait trouver étrange le fait que l'hypothèse de localité donne des corrélations plus fréquentes (dans plus de 50 % des cas) que ce que l'on trouve à l'aide des équations de la mécanique quantique conventionnelle (exactement 50 %). On pourrait penser que l'intrication à longue portée de la mécanique quantique devrait donner une corrélation plus importante encore. En fait, c'est bien le cas. Une manière de le comprendre est la suivante : avec une corrélation de 50 % seulement sur toutes les mesures, la mécanique quantique donne 100 % de corrélation pour les mesures dans lesquelles les axes des deux détecteurs sont réglés dans la même direction. Dans l'univers local d'Einstein, Podolsky et Rosen, il faudrait plus de 55 % de corrélation dans toutes les mesures pour garantir 100 % de corrélation lorsque les axes sont les mêmes. Donc, en gros, dans un univers local, 50 % de corrélation sur toutes les mesures conduirait à *moins* de 100 % de corrélation lorsqu'on choisit les mêmes axes — et donc à moins de corrélations que ce que l'on trouve dans notre Univers quantique non local.

19. On pourrait penser que cet effondrement instantané enfreint nécessairement la limitation de vitesse posée par la lumière et entre donc en conflit direct avec la relativité restreinte. Si les ondes de probabilité étaient effectivement semblables à des vagues sur l'océan, cet argument serait irréfutable. Le fait que la valeur d'une onde de probabilité chute soudainement à zéro à travers des distances énormes serait beaucoup plus choquant que le fait que tout l'Atlantique devienne tout à coup parfaitement plat, sans la moindre vague. Mais, si l'on en croit les défenseurs de la mécanique quantique, les ondes de probabilité ne sont *pas* comme des vagues sur l'océan. Une onde de probabilité, bien qu'elle décrive la matière, n'est pas en soi une chose matérielle. Et, continuent les défenseurs de la théorie quantique, la limite de la vitesse de la lumière ne s'applique qu'aux objets matériels, dont on peut directement observer, sentir ou détecter le mouvement. Si l'onde de probabilité d'un électron chute à zéro dans la galaxie d'Andromède, il y a 100 % de chances qu'un physicien d'Andromède ne parviendra pas à détecter l'électron. Rien, dans les observations dans la galaxie d'Andromède, ne révèle le changement soudain de l'onde de probabilité associé à la détection de l'électron dans les détecteurs du CERN à Genève, par exemple. Tant que l'électron lui-même ne va pas d'un point à un autre à une vitesse supérieure à celle de la lumière, il n'y a pas de conflit avec la relativité restreinte. Et, comme nous le voyons, tout ce qui s'est passé, c'est simplement que l'on a observé l'électron à Genève et nulle part ailleurs. Sa vitesse n'a même jamais été mentionnée dans la discussion. Donc, même si l'effondrement instantané du paquet d'onde s'accompagne d'un tas d'énigmes et de questions (que l'on abordera au chapitre 7), il n'implique pas forcément un conflit avec la relativité restreinte.

20. Pour une présentation de ces propositions, consultez

l'ouvrage de Tim Maudlin, *Quantum Non-Locality and Relativity, op. cit.*

CHAPITRE 5

1. À l'attention des lecteurs férus de mathématiques, disons qu'à partir de l'équation présentée à la note 9 du chapitre 3, $t_{\text{mouvement}} = \gamma(t_{\text{stationnaire}} - (v/c^2)_{\text{stationnaire}})$, on trouve que la liste de l'instant présent de Gromit contiendra à tout instant des événements qu'un observateur resté sur Terre considère comme ayant eu lieu $(v/c^2)x_{\text{Terre}}$ plus tôt, où x_{Terre} est la distance qui sépare Gromit de la Terre. Cela vaut lorsqu'on considère que Gromit s'éloigne de la Terre. Si son mouvement est dirigé vers la Terre, alors sa vitesse v est de signe opposé, si bien que les observateurs sur Terre diraient de ces événements qu'ils ont eu lieu $(v/c^2)x_{\text{Terre}}$ plus tard. Avec $v = 10$ kilomètres à l'heure et $x_{\text{Terre}} = 10^{10}$ années-lumière, on trouve que $(v/c^2)x_{\text{Terre}}$ est de l'ordre de 90 ans.

2. Cette valeur — et celle du même ordre donnée plus loin pour décrire le mouvement de Gromit en direction de la Terre — était la bonne à l'époque de la publication de ce livre. Mais le temps passant ici-bas, sur Terre, ces valeurs deviendront de moins en moins précises.

3. Les lecteurs possédant quelques connaissances mathématiques devraient remarquer que l'image du découpage de la miche d'espace-temps selon des angles différents correspond au concept habituel des « diagrammes d'espace-temps » enseignés dans les cours de relativité restreinte. Sur les diagrammes d'espace-temps, l'espace tridimensionnel à un instant donné selon un observateur considéré stationnaire, est représenté par une ligne horizontale (ou, pour les diagrammes les plus perfectionnés, par un plan horizontal) tandis que le temps est représenté par l'axe vertical. (Dans notre description, chaque « tranche de pain » — un plan — représente tout l'espace à un instant donné dans le temps, tandis que l'axe traversant la miche en son centre, d'un croûton à l'autre, représente l'axe temporel.) Les diagrammes d'espace-temps sont une manière claire d'illustrer l'idée des tranches d'instant présent de Wallace et Gromit.

Les lignes pleines fines sont les différentes tranches instantanées (les tranches de l'instant présent) pour les observateurs au repos par rapport à la Terre (pour simplifier, nous imaginons que la Terre n'est pas en rotation et ne subit aucune accé-

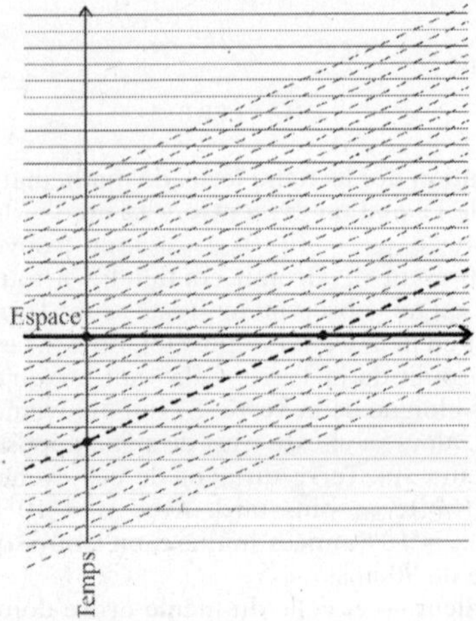

lération, car ce sont là des complications qui n'apportent rien au raisonnement) et les lignes fines en pointillé sont les différentes tranches instantanées pour des observateurs s'éloignant de la Terre, par exemple à la vitesse de 10,4 kilomètres à l'heure. Lorsque Gromit est au repos par rapport à la Terre, les premières représentent ses tranches de l'instant présent (et, puisque Wallace est au repos sur Terre durant toute la scène, les lignes pleines fines représentent également ses propres tranches d'instant présent), et la ligne épaisse montre la tranche d'instant présent contenant Wallace, sur Terre, au XXIe siècle, absorbé dans la lecture de ces lignes, et Gromit, lui aussi plongé dans un livre. Lorsque Gromit se met en marche et s'éloigne de la Terre, les lignes en pointillé représentent ses tranches d'instant présent, et la ligne pointillée épaisse montre la tranche d'instant présent contenant Gromit (qui vient de se lever pour commencer à courir) et Charlotte Corday (le point en gras en bas à gauche). Notez également que l'une des tranches pointillées suivantes contiendra Gromit en marche (s'il est toujours dans le coin) et Wallace, au XXIe siècle, toujours installé sur Terre, toujours plongé dans son livre. Ainsi, un seul et même instant pour Wallace apparaîtra sur deux des listes d'instant présent de Gromit (l'une pour l'instant précédant celui où il commence à courir et l'autre pour l'instant suivant celui où il commence à courir). C'est une autre manière de montrer que la notion intuitive de l'instant présent — lorsqu'on l'envisage dans tout l'espace — est transformée par la relativité restreinte en un concept plein d'aspects hautement inhabituels. Notons également que, dans ce scénario, Wallace et Gromit jouent des rôles très différents. Les tranches instantanées de Wallace sont toujours données par les lignes pleines, tandis que celles de Gromit passent des lignes pleines aux lignes pointillées. L'asymétrie provient du changement dans le mouvement de Gromit (il accélère, pas Wallace).

4. Les experts parmi les lecteurs reconnaîtront que je suppose l'espace-temps minkowskien. Le même raisonnement appliqué à d'autres formes possibles d'espace-temps ne redonnera pas forcément tout l'espace.

5. *Correspondance 1903-1955 — Albert Einstein et Michele Besso*, traduction, notes et introduction de Pierre Speziali, Hermann, Paris, 1972.

6. Le texte principal a pour but d'offrir une idée qualitative de la manière dont un événement *maintenant*, associé aux souvenirs qu'on a *maintenant*, est à l'origine du sentiment que l'on a d'avoir vécu notre vie à travers nos souvenirs. Mais si, par exemple, notre esprit et notre corps pouvaient être placés exactement dans le même état que maintenant, on aurait le même sentiment d'avoir vécu la vie qu'attestent nos souvenirs (en partant, comme je le fais, du principe que tout ce que l'on a expérimenté dans notre vie se retrouve dans l'état physique de notre corps et de notre esprit), même si ces événements n'avaient jamais eu lieu mais avaient plutôt été imprimés en nous. Pour simplifier la discussion, on a supposé qu'on peut sentir ou faire l'expérience d'événements qui ont lieu au même instant, alors qu'en réalité il faut un certain temps à l'esprit pour analyser, reconnaître et interpréter les stimuli qu'il reçoit. C'est une réalité, mais cela n'a pas d'incidence sur ce que l'on explique ici ; c'est une complication intéressante mais inutile, issue d'une analyse du temps directement reliée à l'expérience humaine. Comme nous l'avons vu plus haut, les exemples faisant intervenir l'être humain peuvent rendre l'exposé plus concret et viscéral, mais imposent néanmoins que l'on mette de côté certains aspects qui sont plus intéressants du point de vue biologique que du point de vue physique.

7. Peut-être vous interrogez-vous sur la manière dont cette présentation se rattache à la description faite au chapitre 3 d'objets « en mouvement » dans l'espace-temps à la vitesse de

la lumière. Pour les lecteurs n'ayant pas de connaissances mathématiques, la réponse serait que l'histoire d'un objet est représentée comme une courbe dans l'espace-temps (un chemin dans la miche d'espace-temps qui éclaire chaque endroit qu'a occupé l'objet à l'instant où il y est passé — un peu comme ce que l'on voit sur la figure 5.1). La notion intuitive de « mouvement » dans l'espace-temps peut alors être reformulée, dans ce langage « sans écoulement », par la simple donnée du tracé global de ce chemin (sans imaginer qu'on le dessine sous nos yeux). La « vitesse » associée à ce chemin est alors une mesure de la longueur du chemin (d'un point choisi à un autre) que divise la différence de temps relevée sur une horloge transportée par quelqu'un ou quelque chose entre les deux points choisis dudit chemin. Je le répète, cette manière de voir les choses n'implique pas que le temps passe : on regarde simplement ce que l'horloge en question indique aux deux points considérés. Il se trouve que la vitesse ainsi obtenue, pour *n'importe quel* mouvement, est égale à la vitesse de la lumière. Les lecteurs ayant des connaissances mathématiques comprendront que la raison est évidente : dans l'espace-temps de Minkowski, la métrique s'écrit $ds^2 = c^2dt^2 - dx^2$ (où dx^2 est l'élément de longueur euclidien $dx_1^2 + dx_2^2 + dx_3^2$), tandis que le temps indiqué par l'horloge (dit « temps propre ») est donné par $d\tau^2 = ds^2/c^2$. Il apparaît clairement qu'ainsi définie, la vitesse dans l'espace-temps est donnée par la formule $ds/d\tau$, qui vaut bien c.

8. Rudolf Carnap, « Autobiography », dans *The Philosophy of Rudolf Carnap*, par P. A. Schilpp, Library of Living Philosophers, Chicago, 1963, p. 37.

CHAPITRE 6

1. Notons que l'asymétrie que l'on considère ici (la flèche du temps) provient de l'ordre dans lequel les événements ont lieu *dans* le temps. On pourrait aussi s'interroger sur les asymétries du temps lui-même (par exemple, comme nous le verrons dans les derniers chapitres, si l'on en croit certaines théories cosmologiques, le temps pourrait avoir une origine, mais pourrait ne pas avoir de fin). Ces deux notions d'asymétrie temporelle sont à distinguer, et nous nous intéressons ici à la première. Cela étant, nous parviendrons, d'ici à la fin de ce chapitre, à la conclusion que l'asymétrie temporelle des événements dans le temps s'appuie sur des conditions particu-

lières des tout débuts de l'histoire de l'Univers, et relient donc la flèche du temps à des considérations cosmologiques.

2. À l'attention des lecteurs férus de mathématiques, permettez-moi de préciser ce que l'on entend par cette symétrie d'inversion du temps et de signaler une exception curieuse dont la signification pour le contenu de ce chapitre reste à définir. La notion la plus simple de cette symétrie consiste à affirmer qu'un ensemble de lois physiques est symétrique par rapport à l'inversion du temps si, pour toute solution $S(t)$ des équations, $S(-t)$ est également solution des mêmes équations. Par exemple, en mécanique newtonienne, avec des forces qui dépendent de la position des particules, si $\boldsymbol{x}(t) = (x_1(t), x_2(t), \ldots, x_n(t))$ sont les positions de n particules dans l'espace à trois dimensions, alors le fait que $\boldsymbol{x}(t)$ soit solution de $d^2x(t)/dt^2 = F(x(t))$ implique que $\boldsymbol{x}(-t)$ est également solution des équations de Newton, c'est-à-dire de $d^2x(-t)/dt^2 = F(x(-t))$. Notez que $\boldsymbol{x}(-t)$ représente le mouvement des particules qui passent par les mêmes positions que $\boldsymbol{x}(t)$, mais dans l'ordre inverse, avec des vitesses opposées.

De manière plus générale, un ensemble de lois physiques procure un algorithme permettant de faire évoluer l'état d'un système physique depuis son état initial au temps t_0, jusqu'à son état final au temps $t + t_0$. Concrètement, on peut envisager cet algorithme comme donnant l'application $U(t)$ qui, à partir de la donnée $S(t_0)$ produit $S(t + t_0)$, c'est-à-dire $S(t + t_0) = U(t)S(t_0)$. On dit des lois qui donnent $U(t)$ qu'elles sont symétriques sous l'inversion du temps s'il existe une application $\mathbf{T}$ telle que $U(-t) = \mathbf{T}^{-1}U(t)\mathbf{T}$. En français, cette équation dit qu'en manipulant correctement l'état du système à un instant donné (par le truchement de $\mathbf{T}$), l'évolution après t unités de temps dictée par les lois de la théorie (par le truchement de $U(t)$) est équivalente à l'évolution du système en revenant en arrière de t unités de temps (par $U(-t)$). Par exemple, si l'on précise l'état d'un système de particules à un instant donné par leurs positions et leurs vitesses, alors $\mathbf{T}$ garderait fixées toutes les positions des particules et inverserait toutes les vitesses. Faire évoluer cette configuration de t unités de temps est équivalent à faire évoluer la configuration initiale des particules en arrière dans le temps, toujours de t unités de temps. (Le terme $\mathbf{T}^{-1}$ neutralise l'inversion des vitesses si bien qu'au final non seulement les positions des particules sont celles qu'elles auraient été t unités de temps plus tôt, mais c'est également le cas de leur vitesse.)

Pour certains ensembles de lois, l'opération $\mathbf{T}$ est plus compliquée qu'elle ne l'est pour la mécanique newtonienne. Par exemple, si l'on étudie le mouvement de particules chargées en présence d'un champ électromagnétique, l'inversion des vitesses des particules dans les équations ne suffit pas à donner une évolution dans laquelle les particules reviennent sur leurs pas. En fait, il faut également inverser le sens du champ magnétique (c'est nécessaire, afin que le terme $v \times B$ de la force de Lorentz reste inchangé). Aussi, dans ce cas, l'opération **T** englobe ces deux transformations. Le fait que nous ayons plus à faire qu'inverser simplement la vitesse de toutes les particules n'a pas de conséquence sur tout ce qui suit dans la partie principale du texte. Tout ce qui compte, c'est que le mouvement des particules dans une direction est tout aussi cohérent avec les lois de la physique que le mouvement des particules dans l'autre direction. Qu'on doive, pour y parvenir, inverser le champ magnétique qui règne dans telle ou telle situation n'a aucune incidence sur la question.

Les choses se compliquent quelque peu avec l'interaction nucléaire faible. Celle-ci est décrite par une théorie quantique des champs particulière (que l'on présentera brièvement au chapitre 9). Or un théorème général montre que les théories quantiques des champs (tant qu'elles sont locales, unitaires et invariantes de Lorentz — les seules qui aient un intérêt) sont toujours symétriques sous la *combinaison* des opérations de conjugaison de charge *C* (qui intervertit particules et antiparticules), de parité *P* (qui inverse les positions par rapport à l'origine des coordonnées) et d'inversion du temps *T* (qui remplace *t* par *–t*). Ainsi, pourrait-on définir une opération **T** qui soit le produit *CPT*, mais si l'invariance sous **T** impose qu'elle inclue l'opération *CP*, alors on ne peut plus interpréter **T** comme faisant revenir les particules sur leurs pas (puisque, par exemple, l'identité des particules serait modifiée par ce **T** — les particules étant remplacées par leurs antiparticules — et donc ce ne seraient pas les particules originelles qui reviendraient sur leurs pas). Or il se trouve que certaines situations expérimentales exotiques nous mettent au pied de ce mur. Il existe certaines espèces de particules (appelées mésons K et mésons B) dont le comportement est invariant sous *CPT* mais pas sous *T* seul. Cela fut établi de manière indirecte en 1964 par James Cronin, Val Fitch et leurs collaborateurs (Cronin et Fitch reçurent pour cela le prix Nobel en 1980), par des expériences qui montraient que les mésons K violaient la symétrie *CP* (ils devaient donc violer la symétrie *T* pour ne pas violer *CPT*). Plus récemment, l'expérience CPLEAR, menée au CERN, et l'expérience KTEV, au Fermilab, ont mis en évidence un exemple direct de la violation de la symétrie *T*. Grosso modo, ces expériences montrent que si l'on projetait un enregistrement de certains processus faisant intervenir ces mésons, on pourrait déterminer si le film est passé dans le bon sens ou pas. En d'autres termes, ces particules hors du commun peuvent faire la distinction entre passé et futur. Ce qui reste toutefois moins clair, c'est la question de savoir si cela a quelque chose à voir avec la flèche du temps que l'on expérimente au quotidien. Après tout, ces particules sont des particules exotiques, que l'on peut produire pendant des temps très brefs dans des collisions de très haute énergie, mais ce ne sont pas des constituants des objets matériels qui nous sont familiers. Pour beaucoup de physiciens, dont je partage l'opinion, il semble peu probable que la non-invariance sous l'inversion du temps que ces particules mettent en évidence ait un rôle à jouer dans l'énigme de la flèche du temps, et je ne mentionnerai donc plus cet exemple exceptionnel. Mais, pour dire vrai, personne n'est sûr de rien.

3. J'observe parfois que l'on rechigne à accepter l'affirmation théorique selon laquelle les différentes parties de la coquille devraient réellement se ressouder pour redonner une coquille toute lisse et flambant neuve. Mais la symétrie sous l'inversion du temps des lois de la nature, telle qu'elle est présentée avec précision à la note précédente, garantit que c'est bien ainsi que cela se passerait. Du point de vue microscopique, un œuf qui se casse est un processus physique qui fait intervenir toutes les molécules constituant la coquille. Des fêlures apparaissent et la coquille se brise parce que des groupes de molécules sont contraints de se séparer de par l'impact que subit l'œuf. Si ces mouvements de molécules devaient avoir lieu dans l'autre sens, les molécules se rejoindraient et reformeraient la coquille selon sa forme initiale.

4. Pour orienter la discussion vers la vision moderne de ces idées, je laisse de côté une partie très intéressante de l'histoire. Le propre point de vue de Boltzmann sur l'entropie suivit un certain nombre de remaniements dans les années 1870 et 1880, grâce à ses interactions avec de nombreux physiciens, comme James Clerk Maxwell, lord Kelvin, Josef Loschmidt, Josiah Willard Gibbs, Henri Poincaré, S. H. Burbury et Ernest Zermelo. En fait, au départ, Boltzmann pensait pouvoir prouver que l'entropie d'un système physique isolé ne pouvait jamais décroître, et non pas qu'il était hautement improbable que l'entropie diminue. Mais les objections qu'émirent ces physiciens, et quelques autres, conduisirent Boltzmann à pri-

vilégier finalement l'approche statistique/probabiliste du sujet, toujours en vigueur aujourd'hui.

5. J'imagine que l'on utilise pour cela les 1 386 pages de l'édition américaine de l'ouvrage de Tolstoï, dans la traduction de Constance Garnett, éditée dans la collection des Modern Library Classics.

6. Les lecteurs à la tournure d'esprit plus mathématique remarqueront que les nombres considérés peuvent atteindre de telles proportions que l'on définit en fait l'entropie comme le logarithme du nombre des arrangements possibles, mais c'est un détail qui n'a pas d'incidence pour nous ici. Toutefois, c'est une question de principe importante car il est commode que l'entropie soit une grandeur que l'on appelle *extensive*. Cela signifie que la réunion de deux systèmes physiques a une entropie donnée par la somme des entropies des deux systèmes pris isolément. Cela n'est vrai que pour la forme logarithmique de l'entropie, car le nombre de combinaisons possibles dans ce cas est donné par le produit des combinaisons de chaque système pris isolément, si bien que les logarithmes du nombre de combinaisons s'additionnent.

7. Certes, on peut *en principe* prédire où chaque page finira en retombant au sol, mais un autre élément détermine l'ordre final des pages : c'est la manière dont on les rassemble pour former la pile. Et cet aspect n'est pas du domaine de la physique que l'on considère. Mais si cela vous chagrine vraiment, alors imaginons que l'on ramasse les pages une par une, en commençant par la page la plus proche de nous, puis la plus proche de celle-ci, et ainsi de suite. (Où l'on convient par exemple de mesurer la distance en partant du coin le plus proche de la page considérée.)

8. Imaginer que l'on puisse calculer le mouvement ne serait-ce que de quelques pages, avec la précision nécessaire pour pouvoir prédire leur ordre (en utilisant un algorithme précis pour les réunir en une pile bien nette, comme à la note précédente) est déjà *extrêmement* optimiste. Selon la qualité et le poids du papier, ce calcul comparativement « plus simple » dépasserait déjà les capacités des ordinateurs d'aujourd'hui.

9. On pourrait s'inquiéter de savoir s'il existe une différence fondamentale entre la définition de l'entropie pour l'ordre des pages d'un livre et la définition de celle d'un ensemble de molécules. Après tout, les différentes combinaisons des pages d'un livre sont une grandeur discrète — on peut les compter une par une et, bien que le nombre total de possibilités puisse être énorme, il reste néanmoins fini. Au contraire, le mouve-

ment et la position ne serait-ce que d'une seule molécule sont continus — on ne peut les compter un par un et les possibilités sont donc en nombre infini (tout au moins si l'on en croit la physique classique). Alors comment effectuer un compte précis des réarrangements moléculaires possibles ? Eh bien, la version courte de la réponse est que c'est une bonne question, mais qu'elle a déjà été complètement élucidée (donc, si cela suffit à apaiser vos inquiétudes, n'hésitez pas à vous dispenser de lire ce qui suit). La version longue nécessite quelques calculs mathématiques et, pour ceux qui n'ont pas les connaissances requises, la réponse risque d'être difficile à suivre jusqu'au bout. Pour décrire des systèmes classiques comportant un grand nombre de particules, les physiciens utilisent ce que l'on appelle l'« espace des phases ». Il s'agit d'un espace à 6 N dimensions (N étant le nombre de particules du système) dans lequel chaque point représente les positions et les vitesses de toutes les particules (chacune de ces grandeurs, positions ou vitesses, requiert trois nombres, ce qui justifie que cet espace ait 6 N dimensions). Ce qui est important, c'est que l'espace des phases peut être scindé en diverses régions, dans lesquelles tous les points correspondent aux réarrangements des vitesses et des positions des particules qui laissent inchangées l'apparence et les propriétés globales de l'ensemble du système. Si la configuration des particules passe d'un point d'une région donnée de l'espace des phases à un autre point de la même région, alors les deux configurations sont indiscernables du point de vue macroscopique. Or, plutôt que de compter le nombre de points contenus dans une région donnée (l'analogue le plus direct du décompte du nombre de réarrangements des pages, mais qui donnerait certainement un résultat infini), les physiciens définissent l'entropie en termes du *volume* de chacune de ces régions de l'espace des phases. Un plus grand volume revient à un plus grand nombre de points et donc à une entropie plus élevée. Et le volume d'une région, même dans un espace de haute dimension, est une grandeur qui admet une définition mathématique rigoureuse. (En termes mathématiques, cela implique que l'on choisisse ce que l'on appelle une « mesure » et, à l'attention des lecteurs ayant de solides connaissances en mathématiques, je signale que l'on choisit généralement la mesure qui sera uniforme sur l'ensemble des états microscopiques compatibles avec un état macroscopique donné — c'est-à-dire que toutes les configurations microscopiques associées à un ensemble donné de propriétés macroscopiques sont considérées équiprobables.)

10. Plus précisément, on connaît une situation dans laquelle cela *peut* arriver : si le CO_2 était dans la bouteille quelques jours plus tôt, alors on sait, d'après ce que l'on vient de dire, que si l'on pouvait inverser simultanément la vitesse de toutes les molécules du CO_2, et celle de toutes les molécules et de tous les atomes avec lesquels elle a interagi d'une manière ou d'une autre, après le même nombre de jours, les molécules reviendraient bel et bien se rassembler dans la bouteille. Mais cette inversion des vitesses n'est pas une opération que l'on peut effectuer en pratique, et encore moins un phénomène susceptible de se produire de lui-même. Je noterai toutefois que l'on peut prouver en toute rigueur mathématique que, si l'on attend suffisamment longtemps, les molécules de CO_2 finiront par retrouver d'elles-mêmes le chemin de la bouteille. On peut utiliser un résultat obtenu dans les années 1800 par le mathématicien français Joseph Liouville pour montrer ce que l'on appelle le « théorème de récurrence de Poincaré ». Ce théorème montre que, si l'on attend suffisamment longtemps, un système d'énergie finie confiné dans un volume spatial fini (comme les molécules de CO_2 dans une pièce fermée) reviendra à un état aussi proche que possible de son état initial (soit, dans notre cas, l'état dans lequel toutes les molécules de CO_2 sont contenues dans la bouteille de Perrier). La clé, c'est le temps qu'il faut attendre avant que cela ait lieu. Pour des systèmes n'ayant qu'un petit nombre de constituants, le théorème montre qu'il faudrait, pour que les constituants reviennent d'eux-mêmes à leur configuration initiale, un temps plus long encore que l'âge estimé de l'Univers. Malgré cela, il est intéressant de noter, même si ce n'est qu'une question de principe, qu'en s'armant d'une patience (et d'une longévité !) infinie on verrait tout système physique spatialement confiné revenir à sa configuration initiale.

11. On pourrait alors se demander comment l'eau peut bien se transformer en glace, puisque cela implique que les molécules d'H_2O s'organisent de manière plus ordonnée, et que le système atteint donc un état de plus *basse* entropie (et non pas de plus haute entropie). Eh bien, en gros, la réponse est que, lorsque l'eau se transforme en glace, elle libère de l'énergie dans le milieu environnant (c'est l'inverse lorsque la glace fond : elle prend de l'énergie au milieu environnant), ce qui augmente l'entropie du milieu. Pourvu que la température ambiante soit suffisamment basse, c'est-à-dire en deçà de 0° Celsius, l'augmentation d'entropie du milieu environnant sera supérieure à la diminution d'entropie de l'eau, si bien que la

solidification de l'eau se révèle plus favorable du point de vue entropique. Voilà pourquoi l'eau se transforme en glace en hiver. De la même manière, lorsque l'eau se transforme en glace dans notre congélateur, son entropie diminue, mais le congélateur puise de la chaleur du milieu environnant et, si l'on prend cela en compte, il y a, globalement, augmentation de l'entropie. La réponse plus précise, donnée ici à l'attention des lecteurs ayant quelques connaissances scientifiques, est que les phénomènes spontanés de ce type sont régis par ce que l'on appelle l'*énergie libre*. Intuitivement, l'énergie libre est la partie de l'énergie d'un système qui peut être utilisée pour fournir un travail. Mathématiquement, l'énergie libre, F, est définie par $F = U — TS$, où U représente l'énergie totale, T la température, et S l'entropie. Un système sera soumis à un changement d'état spontané si celui-ci conduit à une diminution de son énergie libre. Aux basses températures, la diminution de U associée à la solidification de l'eau dépasse la diminution de S (dépasse l'augmentation de $-TS$) et l'eau se transformera donc en glace. Aux températures élevées (audessus de 0° Celsius), c'est la transformation de la glace en eau ou en vapeur qui devient plus favorable du point de vue entropique (l'augmentation de S dépasse les variations de U) et ce sont ces changements de phase qui auront lieu spontanément.

12. Un des premiers exposés sur la manière dont une application directe du raisonnement entropique nous conduirait à conclure que mémoire et archives historiques ne sont pas fidèles au passé est celui de Carl Friedrich von Weizsäcker, *The Unity of Nature*, Farrar, Straus and Giroux, New York, 1980, p. 138-146 (initialement publié dans *Annalen der Physik*, nº 36, 1939). Pour une excellente présentation plus récente, je vous renvoie à David Albert dans *Time and Chance*, Harvard University Press, Cambridge, Mass., 2000.

13. En fait, puisque les lois de la physique ne font pas la distinction entre avancer et reculer dans le temps, l'explication partant, à 22 heures, de cubes de glace parfaitement formés, serait *précisément* aussi absurde (du point de vue entropique) que la prédiction qu'une heure plus tard, à 23 heures, des glaçons parfaitement formés se seraient reconstitués à partir des petits morceaux de glace observés à 22 h 30. À l'inverse, l'explication partant à 22 heures d'un verre d'eau pure, sans glace, qui donne progressivement des petits morceaux de glace en formation est tout aussi sensée que la prédiction qu'à 23 heures, les petits morceaux de glace auront fondu dans l'eau, ce qui est aussi habituel qu'attendu. Cette dernière expli-

cation, du point de vue de l'observation faite à 22 h 30, est parfaitement symétrique dans le temps et, en outre, est en accord avec nos observations ultérieures.

14. Les lecteurs les plus méticuleux pourraient penser que je biaise la discussion en utilisant le mot « précédemment », puisqu'il introduit une asymétrie temporelle. En termes plus précis, ce que j'ai en tête, c'est que nous aurons besoin que des conditions très spéciales se soient imposées (au moins) à une extrémité de la dimension temporelle. Cela deviendra plus clair dans la suite : ces conditions spéciales correspondent à des conditions aux limites de faible entropie, et j'appellerai « passé » la direction dans laquelle ces conditions sont satisfaites.

15. L'idée que la flèche du temps s'appuie sur un passé de faible entropie est une longue histoire, qui remonte à l'époque de Boltzmann et de ses contemporains. Elle fut présentée en détail par Hans Reichenbach dans *The Direction of Time*, Dover Publications, Mineola, N.Y. 1984, et fut mise en avant quantitativement de manière particulièrement intéressante par Roger Penrose dans *L'Esprit, l'ordinateur et les lois de la physique*, Dunod, Paris, 1993, p. 345sq.

16. Souvenons-nous que tout ce que l'on aborde dans ce chapitre ne tient pas compte de la mécanique quantique. Stephen Hawking a montré dans les années 1970 que, lorsqu'on considère les effets quantiques, on s'aperçoit que les trous noirs laissent bel et bien échapper de petites quantités de rayonnement, mais cela ne remet pas en question le fait qu'ils soient, dans l'Univers, les objets possédant l'entropie la plus élevée.

17. Une question naturelle à se poser est celle de savoir comment l'on sait qu'il n'y aura pas d'entraves futures qui pourraient avoir des conséquences sur l'entropie. En fait, on ne le sait pas, et certains physiciens ont même proposé des expériences pour détecter l'influence possible qu'une contrainte future pourrait avoir sur ce que l'on observe aujourd'hui. Pour une présentation intéressante des éventualités de contraintes futures ou passées sur l'entropie, je vous invite à consulter l'article de Murray Gell-Mann et James Hartle, « Time Symmetry and Asymmetry in Quantum Mechanics and Quantum Cosmology », paru dans *Physical Origins of Time Asymmetry*, sous la direction éditoriale de J. J. Halliwell, J. Pérez-Mercader, W. H. Zurek, Cambridge University Press, Cambridge, Angleterre, 1996, ainsi que d'autres articles des parties 4 et 5 de ce même recueil.

18. Dans tout ce chapitre, nous avons parlé de *la* flèche du

temps, en nous appuyant sur le fait apparent qu'il régnait une certaine asymétrie le long de l'axe temporel (de tout observateur) de l'espace-temps : une vaste collection de successions d'événements se déroulent dans un certain ordre le long de l'axe temporel, mais l'ordre inverse n'arrive que très rarement, voire pas du tout. Au fil des années, physiciens et philosophes ont réparti ces suites d'événements en sous-catégories dont on pourrait, en principe, expliquer les asymétries temporelles de manière indépendante. Par exemple, la chaleur se transmet des objets chauds aux objets froids, mais jamais des objets froids aux objets chauds. Les ondes électromagnétiques rayonnent à partir de leurs sources, ampoules ou étoiles, mais ne semblent jamais converger vers ces sources. L'Univers semble soumis à une expansion uniforme, mais ne se contracte pas. Enfin, on se souvient du passé, mais pas du futur. Ces différentes flèches du temps sont, respectivement, les flèches thermodynamique, électromagnétique, cosmologique et psychologique. Tous ces phénomènes affichent une asymétrie temporelle, celle-ci pouvant provenir de principes physiques complètement différents. Mon point de vue, qui est celui de beaucoup de chercheurs (mais pas tous), c'est qu'à l'exception de la flèche cosmologique, ces phénomènes temporellement asymétriques ne sont pas fondamentalement différents les uns des autres, et qu'ils devraient en fin de compte découler d'une seule et même explication (celle que l'on a décrite dans ce chapitre). Par exemple, pourquoi les radiations électromagnétiques ne rayonnent qu'en ondes sortantes plutôt qu'en ondes entrantes, alors que toutes deux sont des solutions parfaitement correctes aux équations de l'électromagnétisme de Maxwell ? Eh bien, notre Univers est pourvu de sources ordonnées, cohérentes, de faible entropie (étoiles ou ampoules, pour n'en citer que deux), et ces sources hautement ordonnées proviennent d'un environnement plus ordonné encore à la naissance de l'Univers, comme nous l'avons vu dans la partie principale du texte. La flèche du temps psychologique est plus difficile, car nous avons encore beaucoup de choses à apprendre sur les fondements microphysiques de la pensée humaine. Mais on a déjà beaucoup progressé dans notre compréhension de la flèche du temps en ce qui concerne les ordinateurs (le fait d'entreprendre un calcul, de l'exécuter et d'en faire un enregistrement représente une série d'étapes informatiques dont les propriétés entropiques sont bien connues, grâce aux travaux de Charles Bennett et Rolf Landauer, entre autres, et collent parfaitement à la seconde loi de la thermodynamique).

Par conséquent, si l'on peut comparer le raisonnement humain aux opérations informatiques, alors le même type d'explication thermodynamique ferait l'affaire. Notez en outre que l'asymétrie associée au fait que l'Univers est en expansion et pas en contraction est en rapport avec (tout en étant logiquement distinct de) la flèche du temps que l'on a étudiée. Si l'expansion de l'Univers devait ralentir et s'arrêter pour finalement s'inverser et laisser la place à la contraction de notre Univers, eh bien, la flèche du temps pointerait toujours dans la même direction. Les phénomènes physiques (les œufs qui se cassent, les êtres vivants qui vieillissent, etc.) se dérouleraient toujours dans la même direction, même si l'expansion de l'Univers devait s'inverser.

19. À l'attention des lecteurs férus de mathématiques, je précise que ce type d'affirmation statistique s'appuie sur l'hypothèse d'une mesure de probabilité particulière : celle qui est uniforme sur tous les micro-états compatibles avec ce que l'on observe à l'instant présent. On peut, bien entendu, faire appel à d'autres mesures. Par exemple, dans *Time and Chance*, David Albert propose d'utiliser une mesure uniforme sur tous les micro-états compatibles avec ce que l'on observe *maintenant* et ce qu'il appelle l'*hypothèse du passé* (le fait apparent que l'Univers aurait commencé dans un état de très basse entropie). Avec cette mesure, on élimine toutes les histoires, sauf celles qui sont compatibles avec le passé de faible entropie qu'attestent nos souvenirs, nos enregistrements et les théories cosmologiques. Avec cette manière de voir les choses, il n'y a plus d'énigme probabiliste autour de l'Univers de faible entropie ; par hypothèse, il a commencé dans cet état, avec la probabilité 1. Certes, l'épais mystère de savoir *pourquoi* il a commencé ainsi subsiste, mais il n'est plus exprimé dans un contexte probabiliste.

20. On pourrait être tenté de proposer que, si l'Univers connu avait auparavant une entropie si faible, c'est simplement parce qu'il était beaucoup plus petit, en taille, qu'aujourd'hui. Ainsi, à l'instar d'un livre ayant moins de pages, il y aurait eu beaucoup moins de réarrangements possibles de ses constituants. Mais cela ne suffit pas à lever le voile. Même un tout petit univers peut avoir une entropie énorme. Par exemple, un des destins possibles (mais peu probable) de notre Univers serait que l'expansion actuelle s'arrête un jour pour s'inverser, si bien que l'Univers finirait par imploser dans ce que l'on appelle un « big crunch ». Les calculs montrent que, malgré la diminution de la taille de l'Univers durant cette phase d'im-

plosion, l'entropie continuerait à augmenter, ce qui prouve qu'une petite taille ne garantit pas une faible entropie. Toutefois, nous verrons au chapitre 11 que la petite taille initiale de l'Univers a bel et bien un rôle à jouer dans ce que l'on a de mieux, à ce jour, pour expliquer ses débuts de si faible entropie.

CHAPITRE 7

1. Le fait que les équations de la physique classique ne peuvent être résolues exactement dès lors qu'on étudie le mouvement de plus de trois corps en interaction est très bien connu. Donc, même en physique classique, toute prédiction sur le mouvement d'un grand nombre de particules sera nécessairement approximative. Toutefois, l'idée est qu'il n'y a pas de limite fondamentale à la précision de cette approximation. Si le monde était gouverné par la physique classique, alors, avec des ordinateurs toujours plus puissants et des données toujours plus précises sur les positions et les vitesses, on obtiendrait un résultat toujours plus proche de la réponse exacte.

2. J'ai signalé, à la fin du chapitre 4, que les résultats de Bell, d'Aspect et de beaucoup d'autres n'éliminent pas la possibilité que les particules aient toujours des positions et des vitesses définies, même si l'on ne peut jamais les déterminer simultanément. En outre, l'interprétation de la mécanique quantique par Bohm adopte explicitement ce point de vue. Certes, la vision la plus répandue est celle selon laquelle un électron n'a de position qu'une fois qu'on l'observe. Bien que cela soit un aspect standard de l'approche conventionnelle de la mécanique quantique, c'est, au sens strict, une affirmation trop forte. Gardons à l'esprit que, dans l'interprétation de Bohm, comme nous le verrons plus loin dans ce chapitre, les particules seraient « accompagnées » par leur onde de probabilité ; autrement dit, la théorie selon Bohm parle toujours de particules *et* d'ondes, tandis que l'approche plus conventionnelle envisage une complémentarité que l'on peut, grosso modo, résumer en parlant de particules *ou* d'ondes. Ainsi, la conclusion vers laquelle on chemine (que la description quantique du passé serait tout à fait incomplète si l'on parlait exclusivement du passage d'une particule en un point unique de l'espace à chaque instant — ce que l'on fait en mécanique classique) reste vraie. Dans l'approche conventionnelle de la mécanique quantique, on doit prendre en compte la pléthore des autres positions que la particule aurait pu occuper à

chaque instant donné, tandis que, dans la version de Bohm, on doit considérer l'onde « pilote », qui est également répartie sur toutes ces autres positions. (Les lecteurs experts remarqueront que l'onde pilote n'est autre que la fonction d'onde de la mécanique quantique conventionnelle, bien que son incarnation soit différente dans l'interprétation de Bohm.) Pour éviter d'avoir continuellement à préciser cela, nous choisirons le point de vue de la mécanique quantique conventionnelle (l'approche la plus communément utilisée), en réservant pour la dernière partie du chapitre les remarques concernant les autres approches, comme celle de Bohm.

3. Pour un exposé mathématique mais également très pédagogique, je vous invite à consulter R. P. Feynman et A. R. Hibbs, *Quantum Mechanics and Path Integrals*, McGraw-Hill Higher Education, Burr Ridge, Illinois, 1965.

4. On pourrait être tenté d'avoir recours à la discussion du chapitre 3, dans laquelle on a vu qu'à la vitesse de la lumière le temps semble s'arrêter, pour proposer que, du point de vue du photon, tous les instants sont un seul et même moment, si bien que le photon « sait », lorsqu'il traverse le séparateur, si le détecteur sera allumé ou éteint. Cependant, lorsqu'on réalise ces expériences avec des particules qui cheminent moins vite que la lumière (comme des électrons), les résultats restent les mêmes. Cette proposition ne permet donc pas de lever le voile sur la physique qui entre en jeu ici.

5. Le dispositif expérimental présenté ici, ainsi que la véritable confirmation expérimentale de ce résultat, provient de l'article de Y. Kim, R. Yu, S. Kulik, Y. Shih, M. Scully, *Phys. Rev. Lett*, vol. 84, n° 1, p. 1-5.

6. La mécanique quantique peut aussi être développée à partir d'une autre équation, équivalente à celle-ci, mais qui se présente sous une autre forme (il s'agit de la mécanique des matrices) ; cette dernière est due à Werner Heisenberg (1925). Notons, à l'attention des lecteurs mathématiquement les plus chevronnés, que l'équation de Schrödinger s'écrit :

$$H\Psi(\mathrm{x,t}) = \mathrm{i}\,\hbar\,(\mathrm{d}\Psi(\mathrm{x,t})/\mathrm{dt})$$

où H représente le hamiltonien, $\hbar$ la fonction d'onde et Ψ la constante de Planck.

7. Les lecteurs experts remarqueront que j'ai fait abstraction d'un détail plus subtil : pour être précis, il nous faudrait prendre le *conjugué complexe* de la fonction d'onde de la particule pour qu'elle puisse être solution de la version inversée

dans le temps de l'équation de Schrödinger. Autrement dit, l'opération décrite T à la note 2 du chapitre 6 donne, à partir d'une fonction d'onde Ψ(x,t), la fonction d'onde Ψ*(x,t). Cela n'a toutefois pas grande incidence sur la discussion du texte principal.

8. Bohm a en fait redécouvert et étoffé une interprétation qui remonte au prince Louis de Broglie, si bien qu'on l'appelle parfois l'interprétation de Broglie-Bohm.

9. À l'attention des lecteurs ayant certaines connaissances mathématiques, signalons que l'interprétation de Bohm est locale dans l'espace des *configurations*, mais *non locale* dans l'espace réel. Toute modification de la fonction d'onde en un point donné de l'espace réel a un effet immédiat sur des particules situées en d'autres points, même à grande distance.

10. Vous trouverez une description exceptionnellement claire de l'interprétation de Ghirardi, Rimini et Weber et de son influence pour notre compréhension du monde quantique dans l'article de J. S. Bell, « Are There Quantum Jumps ? », dans *Speakable and Unspeakable in Quantum Mechanics*, *op. cit.*

11. Certains physiciens considèrent ces questions comme des effets secondaires de confusions antérieures concernant la mécanique quantique. Selon cette vision des choses, la fonction d'onde ne serait qu'un outil théorique pour faire des prédictions (probabilistes) et l'on ne devrait lui accorder aucune autre réalité outre sa réalité mathématique. (Cette manière de voir est souvent appelée « Tais-toi et calcule », car elle encourage à utiliser la mécanique quantique et les fonctions d'onde pour faire des prédictions, sans trop se creuser la tête pour savoir ce que les fonctions d'onde font réellement ni ce qu'elles signifient.) Une des variantes de ce thème propose que les fonctions d'onde ne s'effondrent jamais, mais que les interactions avec le milieu environnant donnent l'*impression* qu'elles s'effondrent. (Nous verrons sous peu une version de cette interprétation.) Ces idées me séduisent et, en fait, je suis intimement convaincu que l'on finira tôt ou tard par abandonner la notion d'effondrement de la fonction d'onde. Mais je n'adhère pas à la première de ces interprétations, car je ne suis pas prêt à abandonner toute tentative de comprendre ce qui se passe dans le monde quand on « regarde ailleurs ». Quant à la seconde, qui, de mon point de vue, prend la bonne direction, je pense qu'elle nécessite d'être étoffée au sens mathématique. La conclusion, c'est que la mesure provoque quelque chose qui est, qui ressemble ou qui simule l'effondrement de la fonc-

tion d'onde. Que ce soit par une meilleure compréhension de l'influence du milieu environnant ou par une autre approche encore inconnue, cet effet qui se manifeste à nous se doit d'être explicité, et pas simplement mis de côté.

12. Il existe d'autres aspects de l'interprétation des mondes multiples qui sont sujets à controverse, au-delà de sa simple extravagance. Se pose par exemple le problème de définir la notion de probabilité dans un contexte faisant intervenir une infinité de copies de chacun des observateurs dont les mesures sont censées être sous le couvert de ces probabilités. Si un observateur donné est effectivement un exemplaire parmi une infinité de copies, quel sens donner à l'affirmation qu'il ou elle a telle ou telle probabilité d'observer telle ou telle issue ? *Qui* est il ou elle ? Chaque copie de l'observateur mesurera (avec une probabilité égale à 1) celle des issues possibles qui correspond à la copie d'univers qu'il ou elle occupe. C'est donc tout le cadre de l'interprétation probabiliste qu'il convient d'examiner avec soin (ce travail est en cours). En outre, d'un point de vue plus technique, les lecteurs ayant des connaissances mathématiques réaliseront que, selon la précision avec laquelle on définit les mondes multiples, il faut choisir une base propre privilégiée. Mais comment la choisir ? Ces questions ont initié beaucoup de discussions et fait couler beaucoup d'encre, mais il n'y a pas encore de solution qui fasse l'unanimité. L'approche qui s'appuie sur la décohérence, que nous présenterons sous peu, a jeté un éclairage nouveau sur ces questions et fourni des pistes pour le choix de la base propre.

13. L'interprétation de Bohm, ou de de Broglie-Bohm, n'a jamais reçu beaucoup d'attention. L'une des raisons possibles, comme le signale John Bell dans son article « The Impossible Pilot Wave », publié dans *Speakable and Unspeakable in Quantum Mechanics, op. cit.*, est peut-être que ni Bohm ni de Broglie ne furent sincèrement convaincus de ce qu'eux-mêmes avaient élaboré. Mais, comme le signale encore Bell, l'interprétation de Broglie-Bohm supprime une bonne partie du flou et de la subjectivité de l'interprétation plus conventionnelle. Quand bien même cette interprétation serait erronée, il vaut la peine de savoir que les particules *peuvent* avoir des positions et des vitesses définies à tout instant (en principe, hors de la portée de nos mesures) tout en obéissant parfaitement aux prédictions de la mécanique quantique conventionnelle — l'incertitude et le reste. Un autre argument, celui-ci en défaveur de l'interprétation de Bohm, est que sa non-localité est plus « grave » que celle de la mécanique quantique conventionnelle.

On entend par là que l'interprétation de Bohm fait intervenir des interactions non locales (entre fonctions d'onde et particules) qui sont, dès le départ, un élément essentiel de la théorie. Au contraire, en mécanique quantique conventionnelle, la non-localité est enfouie plus profondément et ne surgit que dans les corrélations non locales observées pour des mesures très distantes les unes des autres. Mais, comme l'ont signalé les défenseurs de cette approche, le fait que quelque chose soit caché n'atténue en rien sa présence. En outre, continuent-ils, l'interprétation conventionnelle reste plutôt vague face au problème de la mesure quantique (là où la non-localité se manifeste) ; ainsi, lorsque ce problème sera résolu, peut-être la non-localité s'avérera-t-elle n'être plus du tout cachée. D'autres opposants ont objecté qu'il existait des obstacles à l'élaboration d'une version relativiste de l'interprétation de Bohm, bien que des progrès aient été accomplis dans cette voie (consultez par exemple « Beable for Quantum Field Theory », de John Bell, dans le recueil mentionné plus haut). Ainsi, il vaut certainement la peine de garder cette interprétation à l'esprit, même comme simple révélateur des conclusions les plus incroyables parmi celles qu'implique la mécanique quantique. Les lecteurs à la tournure d'esprit plus mathématique trouveront une très bonne présentation de la théorie de Bohm et de la question de la corrélation quantique dans l'ouvrage de Tim Maudlin, *Quantum Non-Locality and Relativity*, Blackwell, Malden, Massachusetts, 2002.

14. Pour une présentation en profondeur, bien que technique, de la flèche du temps en général et du rôle de la décohérence en particulier, je vous invite à consulter l'ouvrage de H. D. Zeh, *The Physical Basis of the Direction of Time*, Springer, Heidelberg, 2001.

15. Voici quelques exemples destinés à donner une idée de la vitesse à laquelle la décohérence opère (c'est-à-dire de la vitesse à laquelle l'influence du milieu environnant supprime l'interférence quantique et donc transforme les probabilités quantiques en probabilités ordinaires). Les nombres sont approchés, mais l'idée qu'ils véhiculent devrait être claire. La fonction d'onde d'un grain de poussière flottant dans une pièce, bombardée par les molécules d'air en pleine agitation, sera « décohérée » en un milliardième de milliardième de milliardième de milliardième (10^{-36}) de seconde environ. Si ce même grain de poussière est confiné dans un tube où règne un vide absolu, et qu'il n'est soumis qu'aux interactions avec la lumière, il faudra un peu plus de temps, environ un millième de mil-

liardième de milliardième (10^{-21}) de seconde. Et si notre grain de poussière flotte dans les noires profondeurs de l'espace intersidéral, ne subissant d'interactions qu'avec les photons vestiges du big bang, sa fonction d'onde sera décohérée en un millionième de seconde environ. Ces valeurs sont extrêmement faibles, ce qui montre que la décohérence est extrêmement rapide, même pour un objet aussi petit qu'un grain de poussière. Pour des objets plus gros, elle est plus rapide encore. Il n'est donc pas étonnant que le monde qui nous entoure, même s'il est quantique, ait les apparences qu'il a. (Vous pourrez par exemple consulter l'article de Erich Joos, « Elements of Environmental Decoherence », dans *Decoherence : Theoretical, Experimental and Conceptual Problems*, sous la direction éditoriale de P. Blanchard, D. Giulini, E. Joos, C. Kiefer, I. 0. Stamatescu, Springer, Berlin, 2000.)

CHAPITRE 8

1. Pour être précis, notons que la symétrie entre les lois en vigueur à Bruxelles et les lois en vigueur à Londres procède à la fois de la symétrie de translation *et* de la symétrie de rotation. Lorsque nous sommes en représentation à Londres, non seulement avons-nous changé de lieu par rapport à Bruxelles, mais il y a aussi de grandes chances que nous exécutions nos figures avec une orientation différente que pendant l'entraînement (vers le nord plutôt que vers l'est, par exemple).

2. Les lois de la physique de Newton sont généralement considérées appropriées pour décrire des « observateurs inertiels », mais, lorsqu'on regarde de plus près la manière dont ces observateurs sont définis, on a l'impression de tourner en rond : les observateurs inertiels sont les observateurs pour lesquels les lois de Newton sont valables. Une bonne manière d'envisager ce qui se passe réellement, c'est de voir que les lois de Newton attirent notre attention sur une classe assez vaste et particulièrement utile d'observateurs : ceux dont la description du mouvement correspond complètement, et de manière quantitative, à la théorie de Newton. Par définition, ce sont des observateurs inertiels. En pratique, les observateurs inertiels sont ceux sur lesquels aucune force, d'aucune sorte, ne s'exerce — autrement dit, des observateurs qui ne ressentent pas d'accélération. La relativité générale d'Einstein, quant à elle, s'applique à tous les observateurs, quel que soit leur mouvement.

3. S'il n'y avait *aucun* changement, nous ne pourrions pas faire l'expérience de l'écoulement du temps (toutes les fonctions vitales du corps humain seraient figées au même titre que tout le reste). On peut alors se poser la question de savoir si cela correspondrait à la fin du bloc d'espace-temps de la figure 5.1, ou si celui-ci se poursuivrait, mais sans changement le long de l'axe temporel (autrement dit, la question est alors de savoir si le temps serait arrivé à sa fin ou s'il existerait toujours, au sens formel). C'est une question hypothétique à laquelle il est difficile de répondre, et qui n'a en outre aucune pertinence vis-à-vis de ce que l'on peut mesurer ou observer. Notez que cette situation hypothétique est encore différente d'un état de désordre total dans lequel l'entropie ne pourrait plus augmenter, mais où les changements microscopiques continueraient de se produire, comme les allées et venues des molécules d'un gaz.

4. Ce rayonnement de fond cosmique fut découvert en 1964 par Arno Penzias et Robert Wilson, deux chercheurs des laboratoires Bell qui travaillaient sur une grande antenne destinée aux communications par satellite. Penzias et Wilson découvrirent un bruit de fond qui se révéla impossible à éliminer (même après avoir nettoyé l'antenne des déjections d'oiseaux — le « bruit blanc »). Grâce aux travaux de Robert Dicke, de Princeton, et de ses étudiants Peter Roll et David Wilkinson, réalisés en collaboration avec Jim Peeble, on a compris par la suite que l'antenne recevait un rayonnement micro-onde qui remontait au big bang. (Il s'agit de travaux importants en cosmologie qui plantèrent le décor pour les découvertes ultérieures de George Gamov, Ralph Alpher et Robert Herman.) Comme nous le verrons dans les chapitres suivants, ce rayonnement procure une image fidèle de l'Univers lorsqu'il était âgé de trois cent mille ans. À cette époque, les particules chargées électriquement (comme les électrons et les protons), qui interrompent les rayons lumineux dans leur course, se sont combinées pour former des atomes électriquement neutres qui, eux, laissent circuler librement la lumière. Depuis lors, cette lumière fossile (produite lors des premières phases de l'Univers en création) a pu cheminer sans entraves si bien que ses photons micro-ondes inondent aujourd'hui tout l'espace.

5. Le phénomène physique intervenant ici, comme nous le verrons au chapitre 11, est appelé « décalage vers le rouge » (en anglais : *redshift*). Les atomes ordinaires comme l'hydrogène et l'oxygène émettent de la lumière à des longueurs d'onde qui sont bien connues pour avoir été minutieusement relevées lors

d'expériences en laboratoire. Lorsque ces substances sont les composants de galaxies en récession, la lumière qu'elles émettent est reçue avec une longueur d'onde supérieure (un peu comme la sirène d'une voiture de police s'éloignant à toute vitesse devient de plus en plus grave). Le rouge correspondant à la plus grande longueur d'onde que l'on peut observer à l'œil nu, ce décalage de la lumière est appelé décalage vers le rouge. Il augmente avec la vitesse de récession, ce qui permet d'estimer la vitesse des astres, même lointains, en comparant la longueur d'onde de la lumière reçue avec les résultats obtenus en laboratoire. (Il s'agit là d'un décalage vers le rouge de même nature que l'effet Doppler. Le décalage vers le rouge peut également être dû à la gravitation : des photons qui quittent un champ de gravitation perdent de l'énergie, ce qui augmente leur longueur d'onde.)

6. Plus précisément, les lecteurs ayant quelques connaissances mathématiques remarqueront que l'accélération d^2R/dt^2 d'une particule de masse m à la surface d'une balle de rayon R et de densité de masse ρ est donnée par $(4\pi/3)R^3G\rho/R^2$, si bien que $(1/R)d^2R/dt^2 = (4\pi/3)G\rho$. Si l'on prend R comme étant le rayon de l'Univers, et ρ sa densité de masse, c'est là l'équation d'Einstein donnant l'évolution de la taille de l'Univers (si l'on suppose qu'il n'y a pas de pression).

7. Voir Philip James Edwin Peebles, *Principles of Physical Cosmology*, Princeton University Press, Princeton, 1993, p. 81.

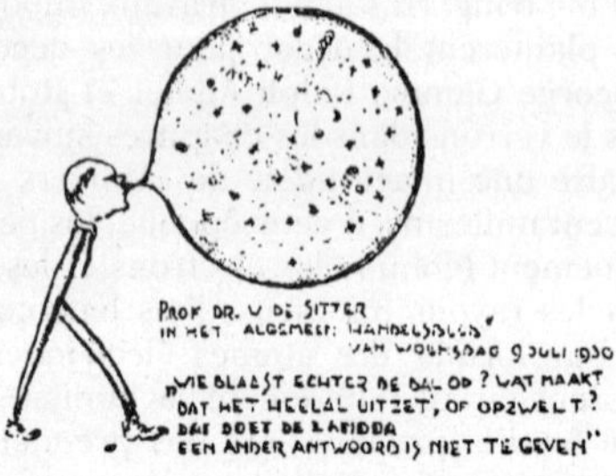

La légende dit : « Mais qui donc gonfle ce ballon ? Qu'est-ce qui fait que l'Univers est en expansion, qu'il enfle ? C'est un lambda qui fait ça ! Il n'y a pas d'autre réponse possible. » Lambda fait référence à ce que l'on appelle la « constante cosmologique », que l'on rencontrera au chapitre 10.

8. Pour éviter toute confusion, permettez-moi de signaler que l'un des inconvénients de l'image des *cents* est que chacune des pièces est identique à toutes les autres, alors que ce n'est certainement pas le cas des galaxies. Mais on pense qu'aux échelles les plus vastes (de l'ordre de cent millions d'années-lumière) les différences individuelles entre galaxies forment une moyenne telle que, si l'on étudie d'énormes volumes dans l'espace, les propriétés globales de chacun de ces volumes seront extrêmement proches de celles de n'importe quel autre.

9. On peut aussi imaginer de voyager jusqu'au bord d'un trou noir et d'y rester, tous réacteurs allumés, afin d'éviter de se faire happer. Le champ gravitationnel intense qui règne autour d'un trou noir se manifeste par une forte distorsion de l'espace-temps, ce qui aurait pour effet de ralentir considérablement le rythme de notre horloge par rapport à celui que l'on observe dans des endroits plus ordinaires de la galaxie. Ici encore, la durée mesurée par notre horloge serait parfaitement valable. Mais, comme dans le cas où l'on s'imagine filer à grande vitesse, c'est un point de vue tout à fait individualiste. Lorsqu'on étudie les propriétés de l'Univers dans son ensemble, il est plus utile d'avoir une notion de durée la plus consensuelle possible, applicable au plus grand nombre. C'est ce que fournissent les horloges qui se déplacent avec le flot cosmique de l'expansion spatiale, et qui sont soumises à des champs de gravitation beaucoup plus modestes, beaucoup plus ordinaires.

10. Les lecteurs ayant de solides connaissances mathématiques remarqueront que la lumière chemine le long des géodésiques de la métrique d'espace-temps, que l'on peut choisir comme étant données par $ds^2 = dt^2 - a^2(t)dx^2$, où $dx^2 = dx_1^2 + dx_2^2 + dx_3^2$), les x_i étant les coordonnées comobiles. En posant $ds^2 = 0$ comme il se doit pour les géodésiques du genre lumière, on peut écrire $\int_t^{t_0} dt/a(t)$ la distance totale, en coordonnées comobiles, que la lumière émise au temps t peut parcourir jusqu'au temps t_0. En multipliant par la valeur du facteur d'échelle $a(t_0)$ au temps t_0, on aura calculé la distance physique parcourue par la lumière pendant cet intervalle de temps. Cet algorithme peut être utilisé à volonté pour calculer la distance parcourue par la lumière durant n'importe quel intervalle de temps, permettant ainsi de vérifier si deux points de l'espace sont, par exemple, en contact causal. Comme on peut le voir, dans le cas où l'expansion s'accélère, même pour

t_0 arbitrairement élevé, l'intégrale est bornée, ce qui montre que la lumière n'atteindra jamais des points arbitrairement distants. Ainsi, dans un univers en expansion accélérée, il existe des endroits avec lesquels on ne pourra jamais communiquer et, à l'inverse, des régions qui ne pourront jamais communiquer avec nous. On dit de ces régions qu'elles résident au-delà de notre horizon.

11. Pour étudier les figures géométriques, mathématiciens et physiciens utilisent une notion quantitative de la courbure datant du XXe siècle, et qui fait aujourd'hui partie d'une branche des mathématiques connue sous le nom de « géométrie différentielle ». Une manière intuitive de comprendre cette mesure de la courbure est d'étudier les triangles que l'on peut dessiner sur ou au sein de la forme qui nous intéresse. Si la somme des angles du triangle s'élève à 180°, comme il se doit sur un dessus de table plan, on dit de la figure géométrique considérée qu'elle est plate. Mais si la somme des angles est supérieure ou inférieure à 180°, comme c'est le cas pour des triangles dessinés sur la surface d'une sphère (sur la surface bombée de la sphère, la somme des angles dépasse 180°) ou d'une selle (sur la forme en creux de la selle, la somme des angles du triangle est inférieure à 180°), on dit de la forme considérée qu'elle est courbe. Tout cela est illustré sur la figure 8.6.

12. Si l'on colle les bords verticaux de ce tore (ce qui est sensé puisqu'ils sont identifiés : lorsqu'on franchit l'un des deux, on réapparaît immédiatement à l'autre), on obtient un cylindre. Si l'on fait de même pour les bords du haut et du bas (qui sont maintenant des cercles), on obtient une forme en beignet. Ainsi, le beignet est une autre manière de visualiser ou de représenter le tore. Mais la complication de cette représentation, c'est que le beignet n'a plus du tout l'air plat ! Et, pourtant, il l'est. À l'aide de la notion de courbure donnée dans la note précédente, on peut vérifier que la somme des angles des triangles dessinés sur la surface de ce beignet s'élève à 180°. Le fait que le beignet ait l'air courbe est un artefact de la manière dont on a représenté une forme bidimensionnelle dans notre monde tridimensionnel. Pour cette raison, dans le contexte qui nous occupe maintenant, il est plus commode d'utiliser, pour les tores en deux et trois dimensions, les représentations manifestement dénuées de courbure, comme dans le texte principal.

13. Notons que nous n'avons pas fait précisément la distinction entre les concepts de forme et de courbure. Il existe trois types de *courbures* pour l'espace parfaitement symé-

trique : positive, nulle et négative. Mais deux formes peuvent tout à fait avoir la même courbure et n'être pas identiques pour autant, l'exemple le plus simple étant l'écran du jeu vidéo et la surface plane d'une table infinie. Aussi la symétrie permet-elle de réduire à trois le nombre des possibilités pour la courbure de l'espace, mais il y a plus de trois *formes* possibles pour l'espace (se distinguant par ce que les mathématiciens appellent leurs propriétés globales) qui réalisent ces trois courbures.

14. Jusqu'à présent, nous ne nous sommes intéressés qu'à la courbure de l'espace tridimensionnel — la courbure des tranches de la miche d'espace-temps. Cependant, bien que ce soit difficile à visualiser, dans les trois cas de courbure spatiale (positive, nulle ou négative), l'espace-temps *quadri*dimensionnel est courbe, le degré de courbure étant d'autant plus important que l'on examine l'Univers plus près du big bang. En fait, dans les instants qui ont suivi le big-bang, la courbure de l'espace-temps était si élevée que les équations d'Einstein ne sont plus valables. Nous y reviendrons dans les derniers chapitres.

CHAPITRE 9

1. À des températures plus élevées, on atteint un quatrième état de la matière connu sous le nom de « plasma », dans lequel les atomes se désintègrent pour donner les particules qui les composent.

2. Il existe certaines substances curieuses, comme les sels de Rochelle, qui deviennent moins ordonnées aux températures plus élevées et plus ordonnées aux températures plus basses — l'inverse de ce à quoi on s'attend d'habitude.

3. Une différence entre les champs de force et les champs de matière se manifeste à travers le « principe d'exclusion » de Wolfgang Pauli. Ce principe montre que, si un nombre énorme de particules messagères d'une force (comme les photons) peuvent se combiner pour produire les champs accessibles aux physiciens préquantiques comme Maxwell (les champs que l'on voit chaque fois que l'on entre dans une pièce sombre et que l'on y allume la lumière), les lois de la physique quantique excluent généralement que les particules de matière coopèrent de manière aussi coordonnée et organisée. (Plus précisément, deux particules de matière de la même espèce, deux électrons, par exemple, ne peuvent occuper le même état quantique, tandis qu'il n'y a pas de restriction analogue pour

les photons. Ainsi, les champs de matière ne possèdent généralement pas de manifestation macroscopique au sens classique.)

4. En théorie quantique des champs, toute particule connue est vue comme une excitation d'un champ sous-jacent associé à l'espèce dont cette particule fait partie. Les photons sont des excitations du champ de photon (c'est-à-dire le champ électromagnétique) ; un quark *u* est une excitation du champ de quark *u* ; un électron est une excitation du champ d'électron et ainsi de suite. De cette manière, toute la matière et toutes les forces admettent une description par un langage quantique uniforme. Comme nous le verrons au chapitre 12, l'un des principaux problèmes vient du fait qu'il s'est avéré très difficile de décrire tous les aspects quantiques de la gravitation avec ce langage.

5. Bien que le champ de Higgs porte le nom de Peter Higgs, un certain nombre d'autres physiciens, comme Thomas Kibble, Philip Anderson, Robert Brout et François Englert, ont apporté une contribution importante à son introduction au sein de la physique et de ses développements théoriques.

6. Gardons à l'esprit que la valeur du champ est donnée par sa distance au centre du bol : ainsi, même si le champ a une *énergie* nulle lorsque sa valeur est celle du fond de la vallée (puisque c'est son altitude au-dessus de la vallée qui représente son énergie), sa valeur n'est pas zéro.

7. Dans la description du texte principal, la valeur du champ de Higgs est donnée par la distance au centre du bol, et l'on pourrait donc s'interroger de savoir comment différents points de la vallée circulaire (qui sont donc tous situés à égale distance du centre du bol) peuvent conduire à autre chose qu'à des valeurs *égales* du champ de Higgs. La réponse, donnée à l'attention des lecteurs experts, est que différents points de la vallée représentent des valeurs du champ de Higgs ayant la même amplitude, mais des phases différentes (la valeur du champ de Higgs étant un nombre complexe).

8. En principe, il existe en physique deux concepts de masse. L'un d'eux est le concept décrit dans le texte principal : la masse comme la propriété des objets qui s'oppose aux accélérations. Cette masse est parfois appelée « masse inertielle ». Le second est celui qui intervient en gravitation : la masse comme la propriété d'un objet qui détermine avec quelle intensité celui-ci sera attiré par un champ gravitationnel d'intensité donnée (comme celui de la Terre). Cette masse est parfois appelée « masse gravitationnelle ». À première vue, le champ de Higgs n'expliquerait que la masse inertielle. Toutefois, le

principe d'équivalence de la relativité générale stipule que la force provenant d'un mouvement accéléré est indiscernable de celle provenant d'un champ gravitationnel : elles sont équivalentes. Et cela implique une équivalence entre masse inertielle et masse gravitationnelle. Ainsi, le champ de Higgs permet d'expliquer les deux concepts de masses décrits ici puisque, si l'on en croit Einstein, elles sont équivalentes.

9. Je remercie Raphael Kasper de m'avoir signalé que cette image est une variante de celle que le physicien David Miller, lauréat du prix Nobel, a utilisée en réponse au défi, lancé en 1993 à la communauté scientifique anglo-saxonne par le ministre britannique William Waldegrave, consistant à justifier qu'une partie de l'argent des contribuables serve à financer la recherche de la particule de Higgs.

10. Les lecteurs experts remarqueront que les photons et les bosons W et Z sont décrits, dans la théorie électrofaible, comme appartenant à la représentation adjointe du groupe SU(2) × U(1), et qu'ils sont donc intervertis par l'action de ce groupe. En outre, les équations de la théorie électrofaible possèdent une symétrie complète sous ce groupe et c'est en ce sens que l'on décrit ces particules d'interaction comme étant reliées entre elles. Plus précisément, dans la théorie électrofaible, le photon est un mélange particulier du boson de jauge de la symétrie U(1) manifeste, et de celui du sous-groupe U(1) de SU(2) ; il est ainsi intimement lié aux bosons de jauge faibles. Cependant, du fait de la structure en produit de ce groupe de symétrie, les quatre bosons (il existe en fait deux bosons W, dotés de charges opposées) ne se mélangent pas complètement sous son action. Ainsi, en un certain sens, on peut dire que les interactions faible et électromagnétique appartiennent à un même formalisme mathématique, celui-ci n'étant pas aussi unifié qu'il aurait pu l'être. Lorsqu'on inclut les interactions fortes, le groupe s'accroît d'un facteur SU(3) — le SU(3) de « couleur » — et le groupe obtenu a finalement *trois* facteurs différents, SU(3) × SU(2) × U(1), ce qui ne fait que souligner plus encore que l'unification n'est pas complète. Voilà qui alimente en partie la motivation des physiciens à la recherche de théories dites de grande unification, présentées à la section suivante : ceux-ci aspirent à la découverte d'un unique groupe semi-simple (un groupe de Lie) — un groupe avec un seul facteur — qui décrirait les forces aux plus hautes énergies.

11. Les lecteurs ayant des connaissances mathématiques remarqueront que la théorie de grande unification de Georgi

et Glashow s'appuyait sur le groupe SU(5), qui inclut SU(3), le groupe associé à la force nucléaire forte, ainsi que SU(2) × U(1), associé à la force électrofaible. Depuis, les physiciens ont étudié les conséquences d'autres groupes possibles pour la grande unification, par exemple, SO(10) ou E_6.

CHAPITRE 10

1. Comme nous l'avons vu, le « bang » du big bang n'est pas une explosion qui aurait eu lieu en un endroit d'un espace préexistant, et c'est pourquoi on ne se pose pas en sus la question de savoir où a eu lieu ce bang. La description désinvolte par laquelle nous avons présenté cette lacune du big bang est celle d'Alan Guth ; vous pourrez consulter par exemple son ouvrage *The Inflationary Universe*, Perseus Books, Reading, 1997, p. xiii.

2. Le terme « big bang » est parfois utilisé pour exprimer l'événement qui, à l'instant zéro, aurait donné naissance à l'Univers. Mais comme nous le verrons au chapitre suivant, les équations de la relativité générale s'effondrent au temps zéro, si bien que personne ne comprend ce que fut réellement cet événement. C'est à cela que nous faisons référence lorsque nous disons de la théorie du big bang qu'elle ne dit lien du bang. Dans le présent chapitre, nous nous limiterons aux royaumes dans lesquels les équations restent valables. La cosmologie inflationnaire utilise ces équations lorsqu'elles se comportent correctement, pour mettre en évidence une expansion de l'espace fugace, que l'on interprète tout naturellement comme étant le bang laissé de côté par la théorie du big bang. Toutefois, cette approche laisse sans réponse la question de savoir ce qui a eu lieu à l'instant initial de la création de l'Univers — si tant est qu'il y ait eu un tel instant.

3. Abraham Pais, *Albert Einstein. La vie et l'œuvre*, *op. cit.*, 1993, p. 249.

4. À l'attention des lecteurs ayant des connaissances mathématiques : Einstein remplaça l'équation originale $G_{\mu\nu} = 8\pi T_{\mu\nu}$ par $G_{\mu\nu} + \Lambda g_{\mu\nu} = 8\pi T_{\mu\nu}$, où Λ est un nombre représentant la valeur de la constante cosmologique.

5. Dans ce contexte, lorsque je mentionne la masse d'un objet, j'entends la somme totale des masses de tous ses constituants élémentaires. Admettons que chacun de nos cubes contienne mille atomes d'or : j'ai alors en tête la masse obtenue en multipliant par mille la masse d'un seul de ces atomes. Cette définition colle parfaitement avec le point de vue de

Newton. Ses lois stipulent qu'un tel cube aurait une masse égale à mille fois celle d'un seul atome et qu'il pèserait donc mille fois le poids de l'un d'eux. Toutefois, si l'on en croit Einstein, le poids des cubes dépend aussi de l'énergie cinétique des atomes qui le composent (ainsi que de toutes les autres contributions possibles à l'énergie). Cela découle de E = mc^2 : une plus haute énergie (*E*), quelle qu'en soit la source, se traduira par une masse (*m*) supérieure. Ainsi, on pourrait présenter ce raisonnement autrement en disant que, Newton ne connaissant pas l'équivalence $E = mc^2$, il a érigé sa loi de la gravitation à partir d'une définition de la masse qui passe à côté d'un certain nombre de contributions possibles à l'énergie, comme, par exemple, celle associée au mouvement.

6. La présentation dans le texte principal transmet l'essentiel de la physique mise en jeu, sans pour autant la décrire complètement. La pression exercée par le ressort comprimé aura effectivement une influence sur l'intensité avec laquelle le jouet sera attiré vers la Terre. Mais il en est ainsi car le ressort comprimé modifie l'énergie totale de la boîte ; or, comme nous venons de le voir, c'est alors l'énergie totale qui est à prendre en compte, si l'on en croit la relativité générale. Cependant, ce que j'explique ici, c'est que la pression elle-même — et pas seulement sa contribution à l'énergie totale — est source de gravitation, à l'instar de la masse et de l'énergie. Si l'on en croit la relativité générale, la pression exerce une force gravitationnelle. Notons en outre qu'il s'agit du champ gravitationnel *interne*, agissant à l'intérieur d'une région de l'espace baignée d'une substance qui exercerait une pression négative plutôt que positive. Dans une telle situation, la pression négative contribuera par un champ gravitationnel répulsif n'agissant qu'à l'*intérieur* de cette région.

7. Mathématiquement, la constante cosmologique est représentée par un nombre, habituellement noté Λ (voir la note 4). Einstein vérifia que ses équations restaient tout à fait correctes, que l'on choisisse pour Λ un nombre positif ou négatif. La discussion dans le texte principal s'intéresse au cas qui revêt une importance toute particulière pour la cosmologie moderne (et les observations modernes, comme nous le verrons plus loin). Une valeur négative pour Λ conduit à la gravitation attractive ordinaire. Notons en outre que, la pression exercée par la constante cosmologique étant uniforme, celle-ci n'exerce aucune force de manière directe : seules les différences de pression, comme celle que l'on ressent sous l'eau, conduisent à une force de pression. Au contraire, la force

exercée par la constante cosmologique est une force purement gravitationnelle.

8. Les aimants ordinaires ont à la fois un pôle nord et un pôle sud. En revanche, les théories de grande unification suggèrent qu'il existe certaines particules qui se comporteraient uniquement comme un pôle nord ou un pôle sud isolés. Ces particules appelées « monopôles » pourraient avoir une incidence capitale sur la cosmologie du big bang standard. Elles n'ont encore jamais été observées.

9. Guth et Tye s'aperçurent qu'un champ de Higgs superrefroidi pouvait agir comme une constante cosmologique, une découverte qui avait déjà été faite par Martinus Veltman et d'autres. En fait, Tye m'a raconté que, sans la limitation du nombre de pages qu'impose la revue *Physical Review Letters* (à laquelle Guth et Tye soumirent leur article pour publication), ils n'auraient pas conclu leur article en disant que leur modèle avait pour conséquence une période d'expansion exponentielle. Tye signale aussi que c'est Guth qui a réalisé l'importance des conséquences cosmologiques de cette expansion exponentielle (que nous présenterons plus loin dans ce chapitre et dans le suivant), et qui a décidé de mettre en avant ce modèle d'inflation et d'orienter l'article vers la cosmologie.

Au fil de l'histoire parfois tortueuse des grandes découvertes scientifiques, notons que le physicien russe Alexei Starobinski avait, quelques années auparavant, trouvé d'autres moyens de produire ce que l'on appelle aujourd'hui l'« expansion inflationnaire », et ses travaux furent présentés dans un article peu connu des scientifiques occidentaux. Cependant, Starobinski n'y mettait pas l'accent sur le fait qu'une période d'expansion rapide pourrait résoudre certaines questions cosmologiques essentielles (comme les problème de l'horizon ou de la platitude de l'Univers, que nous présenterons sous peu). Cela explique, en partie, pourquoi ses travaux ne reçurent pas un accueil aussi enthousiaste que ceux de Guth. En 1981, le physicien japonais Katsushiko Sato élabora une version de la cosmologie inflationnaire et, trois ans plus tôt, en 1978, les physiciens russes Gennady Chibisov et Andrei Linde eurent l'idée de l'inflation, mais réalisèrent (après l'avoir étudiée en détail) qu'elle souffrait d'une avarie importante (voir la note 10), aussi ne publièrent-ils pas leurs travaux.

Les lecteurs à la tournure d'esprit plus mathématique remarqueront qu'il n'est pas difficile de voir d'où provient l'expansion accélérée. L'une des équations d'Einstein s'écrit

$$\frac{1}{a}\frac{d^2a}{dt^2} = -\frac{4\pi}{3}(\rho + 3p)$$

où a, ρ et p sont, respectivement, le facteur d'échelle de l'Univers (sa « taille »), la densité d'énergie et la densité de pression. Notons que si le terme de droite est positif, alors le facteur d'échelle croît de plus en plus : le rythme de l'expansion de l'Univers s'accélère avec le temps. Pour un champ de Higgs perché sur son plateau, la densité de pression se trouve égale à l'opposé de sa densité d'énergie (il en va de même pour une constante cosmologique), si bien que le terme de droite est effectivement positif.

10. La physique sous-jacente à ces sursauts quantiques est le principe d'incertitude, sujet du chapitre 4. Je présenterai explicitement l'application de l'incertitude quantique aux champs dans les chapitres 11 et 12, mais, pour nous en faire une idée à l'avance, voyons dès à présent la chose suivante. La valeur d'un champ en un point donné de l'espace, et le rythme de ses variations en ce point sont au champ ce que la position et la vitesse (l'impulsion) sont à la particule. Ainsi, de même que l'on ne peut jamais connaître à la fois la position précise et la vitesse précise d'une particule, un champ ne peut jamais avoir à la fois une valeur définie et un taux de variation défini de cette valeur, en n'importe quel point de l'espace. Plus précise est la valeur du champ à un instant donné, plus incertain sera le taux de variation de cette valeur — autrement dit, il y a d'autant plus de chances que la valeur du champ change peu de temps après. Or, c'est ce changement induit par l'incertitude quantique que j'ai en tête lorsque je parle des « sursauts quantiques » de la valeur du champ.

11. La contribution de Linde et d'Albrecht et Steinhardt fut absolument essentielle, car le modèle de Guth, aujourd'hui appelé l'« ancienne inflation », souffrait d'un défaut pernicieux. Souvenons-nous que le champ de Higgs super-refroidi (ou, dans la terminologie que nous introduirons sous peu, le champ appelé « inflaton ») a une valeur qui est perchée sur le plateau de son énergie potentielle de manière *uniforme* dans tout l'espace. Ainsi, alors que je n'ai décrit que la rapidité avec laquelle cet inflaton passerait à la valeur de plus basse énergie, nous devons nous poser la question de savoir si cela a lieu partout dans l'espace au même instant. Et la réponse est non. En fait, comme l'a montré Guth, la relaxation de l'inflaton à une valeur d'énergie nulle opère suivant un processus appelé « nucléation de bulles » : l'inflaton chute à sa valeur d'énergie

nulle en un point de l'espace, ce qui engendre une bulle, qui grossit. En se propageant à la vitesse de la lumière, ses parois font passer l'inflaton à sa valeur d'énergie nulle. Guth imaginait qu'un grand nombre de bulles, centrées de manière aléatoire, finirent par se fondre toutes pour laisser un univers dans lequel l'inflaton aurait partout atteint une énergie nulle. Toutefois, le problème, dont Guth lui-même avait conscience, était que, l'espace autour des bulles étant toujours imprégné d'un inflaton d'énergie non nulle, il y aurait des régions subissant toujours une expansion inflationnaire, laquelle éloignerait les bulles les unes des autres. Ainsi, rien ne garantissait que ces bulles croissantes se rejoindraient les unes les autres pour former de vastes étendues spatiales homogènes. En outre, le raisonnement de Guth était que l'énergie de l'inflaton n'était pas perdue en passant à zéro, mais qu'elle était plutôt convertie en particules de la matière et du rayonnement ordinaires qui peuplent notre Univers. Or, pour que ce modèle soit compatible avec les observations, il faudrait que cette conversion produise une distribution de matière et de rayonnement *uniformes* dans l'espace. Avec le mécanisme proposé par Guth, cette conversion proviendrait des collisions entre les parois des bulles, mais les calculs — menés par Guth et Erick Weinberg, de Columbia, ainsi que par Stephen Hawking, Ian Moss et John Steward de l'université de Cambridge — montrèrent que la distribution de matière et de rayonnement résultante ne serait pas uniforme. Ainsi, analysé dans le détail, le modèle inflationnaire original de Guth souffre d'un certain nombre de problèmes importants.

Les idées de Linde, et d'Albrecht et Steinhardt — la « nouvelle inflation » — résolurent ces problèmes fâcheux. En modifiant la forme de l'énergie potentielle jusqu'à celle de la figure 10.2, ils réalisèrent que l'inflaton pouvait atteindre sa valeur d'énergie nulle en « roulant » sur la pente d'énergie jusqu'au fond de la vallée, en un processus graduel et progressif pour lequel il n'était plus nécessaire de faire appel aux sauts quantiques de la proposition originelle. Comme le montrèrent leurs calculs, cette descente douce le long de la pente aurait prolongé l'explosion d'expansion inflationnaire suffisamment pour qu'une seule bulle ait pu grossir jusqu'à englober tout l'Univers observable. Ainsi, dans ce modèle, nous n'avons plus à nous soucier de la fusion des bulles. Autre point d'importance, plutôt que la conversion de l'énergie de l'inflaton en énergie de particules de matière et de rayonnement ordinaires par la collision des bulles, dans cette nouvelle version, l'inflaton convertit petit à petit son énergie de manière uniforme dans l'espace, par un processus semblable à celui des frottements : tandis que le champ descend le long de la colline d'énergie — et ce de manière uniforme dans l'espace —, il dissipe son énergie par « frottements » sur (en interagissant avec) les champs plus familiers des particules de matière et de rayonnement. La nouvelle théorie de l'inflation conservait donc tous les succès de celle de Guth, tout en résolvant cet important problème.

Environ un an après le progrès significatif qui a découlé de cette nouvelle inflation, Andrei Linde fit une nouvelle découverte capitale. Pour que la nouvelle inflation se déroule au mieux, un certain nombre d'éléments-clés devaient être réunis : l'énergie potentielle devait avoir exactement la forme requise, la valeur de l'inflaton devait commencer très haut dans le bol (et, même si c'est un détail plus technique, la valeur de l'inflaton devait elle-même être uniforme sur une étendue spatiale suffisamment vaste). Bien qu'il soit possible que l'Univers ait affiché de telles conditions, Linde trouva un moyen d'engendrer une explosion inflationnaire dans un cadre plus simple et beaucoup moins contraignant. Il comprit que, même avec une énergie potentielle simple comme celle de la figure 9.1a, et même sans ajustement précis de la valeur initiale de l'inflaton, l'inflation pourrait toujours avoir lieu naturellement. L'idée est la suivante : imaginons que l'Univers des tout premiers instants ait été particulièrement « chaotique » — imaginons par exemple que la valeur de l'inflaton ait fluctué d'un nombre à un autre de manière complètement aléatoire. En certains points de l'espace, la valeur du champ pouvait être faible tandis qu'en d'autres points elle pouvait être très élevée, ou encore intermédiaire. Rien de remarquable n'aurait eu lieu dans les régions où la valeur du champ était faible ou moyenne. Mais Linde comprit qu'il pouvait se passer des choses passionnantes dans les régions où l'inflaton atteignait des valeurs élevées (et ce, même dans de minuscules régions, jusqu'à 10^{-33} cm d'extension). Lorsque la valeur de l'inflaton est élevée — lorsqu'elle est placée très haut dans le bol d'énergie potentielle de la figure 9.1a —, une sorte de frottement cosmique se met en place : les valeurs du champ tentent de glisser le long des parois du bol pour diminuer leur énergie potentielle, mais, sa valeur initiale élevée se manifestant comme une force de résistance, la descente est très lente. Ainsi, la valeur de l'inflaton aurait été quasi constante, et (un peu comme un inflaton piégé sur le plateau d'énergie potentielle dans le nouveau modèle d'inflation) ses contributions à l'énergie et à la pression négative auraient été presque constantes elles aussi. Comme nous le savons maintenant, ce sont là les conditions requises pour initier une expansion inflationnaire. Aussi, sans qu'il soit nécessaire de considérer une énergie potentielle très particulière, et sans avoir à imposer à l'inflaton un état initial très spécial, l'environnement chaotique de l'Univers primordial pourrait naturellement donner lieu à une telle expansion. Cela ne devrait pas trop nous surprendre : Linde baptisa cette nouvelle version « inflation chaotique ». Beaucoup de physiciens considèrent que c'est l'une des déclinaisons les plus convaincantes du paradigme inflationnaire.

12. Ceux pour qui l'histoire de ce domaine de recherches n'a plus de secret devineront que l'engouement qui suivit la découverte de Guth était principalement dû aux solutions proposées pour résoudre certains problèmes-clés en cosmologie — comme celui de l'horizon ou la question de la platitude de l'espace, que nous aborderons sous peu.

13. On peut se demander si le champ de Higgs électrofaible ou le champ de Higgs de grande unification peuvent faire un double travail — jouer leur rôle comme au chapitre 9 tout en ayant, en des temps plus reculés, engendré l'expansion inflationnaire avant de former un océan de Higgs. De tels modèles ont bien été proposés, mais ils rencontrent généralement de gros problèmes techniques. Dans les modèles les plus convaincants d'expansion inflationnaire, c'est un nouveau champ de Higgs qui joue le rôle de l'inflaton.

14. Voir la note 10.

15. Par exemple, nous pouvons envisager notre horizon comme une gigantesque sphère imaginaire dont nous serions le centre, et qui sépare les choses avec lesquelles nous aurions pu communiquer (à l'intérieur de la sphère) de celles avec lesquelles nous n'aurions pas pu communiquer (à l'extérieur de la sphère) durant l'intervalle de temps écoulé depuis le bang. Aujourd'hui, le rayon de notre « sphère horizon » est de l'ordre de quatorze milliards d'années ; plus tôt dans l'histoire de l'Univers, son rayon était très inférieur, puisque la lumière avait alors eu moins de temps pour se propager. Je vous invite à consulter également la note 10 du chapitre 8.

16. Bien que cela présente l'essentiel de la manière dont la cosmologie inflationnaire résout le problème de l'horizon, permettez-moi, pour éviter toute confusion, de mettre en lumière un élément-clé de la solution. Imaginons qu'une nuit d'été, dans un vaste champ, nous échangions des signaux lumineux

avec un ami en allumant et en éteignant nos lampes torches. Quelle que soit la vitesse à laquelle nous pourrions nous éloigner l'un de l'autre, nous remarquerions que nous serons *toujours* capables d'échanger ces signaux. Pourquoi ? Eh bien, pour éviter de recevoir les signaux que nous envoie notre ami, ou pour que celui-ci évite de recevoir les nôtres, il nous faudrait nous éloigner l'un de l'autre à une vitesse supérieure à celle de la lumière, ce qui est impossible. Alors comment deux régions de l'espace qui, plus tôt dans l'histoire de l'Univers, ont pu échanger des signaux lumineux (et donc atteindre la même température, par exemple) peuvent-elles se trouver aujourd'hui hors de portée de leur influence respective ? Comme l'illustre clairement l'exemple des lampes torches, il faut pour cela qu'elles aient pu s'éloigner l'une de l'autre à une vitesse supérieure à celle de la lumière. Et, en effet, l'extraordinaire poussée de la gravitation répulsive durant la phase d'expansion inflationnaire a bel et bien éloigné toutes les régions de l'espace les unes des autres à une vitesse très supérieure à celle de la lumière. Ici encore, cela n'entre pas en contradiction avec la relativité restreinte puisque la limitation par la vitesse de la lumière concerne le mouvement *dans* l'espace, pas le mouvement dû à l'expansion de l'espace lui-même. Ainsi, un aspect nouveau et important de la cosmologie inflationnaire est qu'elle décrit une courte période durant laquelle l'expansion de l'espace se fait à une vitesse supérieure à celle de la lumière.

17. Notons que la valeur numérique de la densité critique diminue avec l'expansion de l'Univers. Mais le raisonnement est que, si la densité de l'Univers a été égale à la densité critique à une époque, elle diminuera exactement de la même manière que cette dernière, maintenant leur égalité à tout moment.

18. Le lecteur à la tournure d'esprit plus mathématique remarquera que, durant la phase inflationnaire, la taille de notre horizon restait fixe tandis que l'expansion de l'espace était énorme (ce que l'on voit facilement en prenant une écriture exponentielle pour le facteur d'échelle de la note 10 du chapitre 8). C'est en ce sens que, dans le cadre des théories inflationnaires, notre Univers observable n'est qu'un minuscule grain de poussière dans un gigantesque cosmos.

19. Richard Preston, *First Light*, Random House, New York, 1996, P. 118.

20. Pour un compte rendu facile d'accès et de qualité sur la question de la matière noire, consultez Lawrence M. Krauss,

Quintessence: The Mystery of Missing Mass in the Universe, Basic Books, New York, 2000.

21. Les experts parmi les lecteurs remarqueront que je ne fais pas la distinction entre les diverses hypothèses de matière noire aux différentes échelles d'observation (galactique, cosmique), la contribution de la matière noire à la densité de masse cosmique étant la seule chose qui nous intéresse ici.

22. Il existe en fait une controverse quant à savoir si ce mécanisme est bien celui qui est sous-jacent à toutes les supernovæ de type Ia (je tiens à remercier David Spergel pour m'avoir signalé ceci), mais nos observations jouent clairement en faveur de l'uniformité de ces événements — l'aspect qui nous intéresse ici.

23. Il est intéressant de remarquer que, des années avant ces résultats concernant les supemovæ, des travaux théoriques prémonitoires de Jim Peebles (Princeton), ainsi que de Lawrence Krauss (Case Western), de Michael Turner (université de Chicago) et Gary Steigman (université de l'Ohio) avaient émis l'hypothèse que l'Univers puisse avoir une constante cosmologique non nulle. À l'époque, la plupart des physiciens ne prirent pas cette éventualité très au sérieux, mais aujourd'hui, avec les données sur les supernovæ, leur attitude est tout à fait différente. Notons également que nous avons vu plus tôt, dans le présent chapitre, que la poussée due à une constante cosmologique pouvait découler d'un champ de Higgs qui, à l'instar de la grenouille sur le plateau, reste perché au-dessus de sa configuration de plus basse énergie. Donc, si une constante cosmologique permet de rendre compte des données, une affirmation plus précise serait de dire que les chercheurs de supernovæ conclurent que l'espace devait être empli de quelque chose *ressemblant* à une constante cosmologique, qui provoque une poussée vers l'extérieur. (Il existe des façons de faire en sorte qu'un champ de Higgs produise une telle poussée de longue durée, plutôt que l'explosion rapide des premiers instants de la cosmologie inflationnaire. Nous verrons cela au chapitre 14, lorsque nous aborderons la question de savoir si l'interprétation des données requiert bel et bien une constante cosmologique, ou si d'autres entités ayant des conséquences gravitationnelles analogues peuvent faire l'affaire.) Les chercheurs parlent souvent d'« énergie noire » pour désigner un ingrédient de l'Univers invisible, ayant pour effet que toute région de l'espace repousse toutes les autres plutôt que de les attirer.

24. L'énergie noire est l'explication la plus communément

admise pour l'expansion accélérée que l'on observe, mais d'autres ont été proposées. Par exemple, certaines suggèrent que l'on puisse expliquer les données en admettant que la force de gravitation s'écarte de l'intensité habituelle prédite par les physiques newtonienne et einsteinienne, pour des échelles de distance énormes — d'ordre cosmologique. D'autres ne sont pas encore pleinement convaincus que les données montrent une accélération cosmique et attendent que des mesures plus précises soient effectuées. Il est important de garder à l'esprit ces visions alternatives, d'autant plus que des observations futures pourraient tout à fait produire des résultats en contradiction avec les explications les plus communément admises. Mais à ce jour, le consensus est que les explications théoriques décrites dans le texte principal sont les plus convaincantes.

CHAPITRE 11

1. Parmi les premiers à avoir compris, au début des années 1980, comment les fluctuations quantiques pouvaient produire ces « inhomogénéités », citons Stephen Hawking, Alexei Starobinski, Alan Guth, So-Young Pi, James Bardeen, Paul Steinhardt, Michael Turner, Viatcheslav Mukhanov et Gennady Chibisov.

2. Malgré la discussion de la partie principale du texte, peut-être vous demandez-vous toujours comment la quantité de masse/énergie dérisoire d'une pépite d'inflaton peut engendrer l'énorme quantité de masse/énergie qui constitue l'Univers observable. Comment finir avec plus de masse/énergie qu'au début ? Eh bien, comme l'explique le texte principal, l'inflaton, grâce à sa pression négative, « pompe » l'énergie de la gravitation. Cela signifie que, l'énergie de l'inflaton augmentant, celle du champ de gravitation diminue. Or l'une des particularités du champ de gravitation, connue depuis l'époque de Newton, est que son énergie peut devenir aussi négative que l'on veut. Ainsi la gravitation se comporte-t-elle comme une banque qui accepte de prêter des sommes d'argent illimitées — la gravitation représente une source d'énergie essentiellement intarissable, dans laquelle l'inflaton puise au fur et à mesure de l'expansion de l'espace.

La masse et la taille précises de la pépite d'inflaton initiale dépendent des détails du modèle de cosmologie inflationnaire que l'on choisit d'étudier (et plus particulièrement des détails précis de l'énergie potentielle de l'inflaton). Dans le texte, j'ai imaginé que la densité d'énergie initiale de l'inflaton était de l'ordre de 10^{82} g/cm^3, de sorte qu'un volume de $(10^{-26}$ cm$)^3$ = 10^{-78} cm^3 aurait une masse totale d'environ 10 kg. Ces valeurs sont typiques d'une classe de modèles inflationnaires assez conventionnels, mais n'ont pour seul but que de donner une idée des nombres qui entrent en jeu. Pour illustrer la diversité des possibles, je signale que, dans le modèle d'inflation chaotique d'Andrei Linde (voir la note 11 du chapitre 10), notre Univers observable émerge d'une pépite initiale plus petite encore, de 10^{-33} cm en taille (la fameuse « longueur de Planck »), dont la densité d'énergie est encore plus élevée, de l'ordre de 10^{94} g/cm^3, et qui donne une masse totale inférieure, de l'ordre de 10^{-5} g (la fameuse « masse de Planck »). Dans ces modèles d'inflation, la pépite initiale aurait pesé le poids d'un grain de poussière.

3. Voir Paul Davies, « Inflation and Time Asymetry in the Universe, *Nature*, vol. 301, p. 398 ; Don Page, « Inflation Does Not Explain Time Asymetry », *Nature*, vol. 304, p. 39, et Paul Davies, « Inflation in the Universe and Time Asymetry », *Nature*, vol. 312, p. 524.

4. Pour expliquer l'argument-clé, il est commode de scinder l'entropie en une première partie due à l'espace-temps et à la gravitation, et en une seconde, due à tout le reste : cela permet de saisir les idées les plus importantes. Notons toutefois que cela se révèle trop évasif si l'on s'attelle à mener une analyse mathématique rigoureuse dans laquelle la contribution gravitationnelle à l'entropie serait identifiée avec soin, séparée du reste, et expliquée comme il se doit. Néanmoins, cela ne remet pas en question nos conclusions qualitatives. Si cela vous dérange, notez que toute la discussion peut être reformulée sans que n'apparaisse plus aucune référence à l'entropie gravitationnelle. Comme nous l'avons souligné au chapitre 6, lorsque la gravitation attractive ordinaire l'emporte, la matière s'organise en amas. Ce faisant, elle convertit l'énergie potentielle gravitationnelle en énergie cinétique, laquelle est ensuite partiellement convertie en rayonnement, émis par l'amas lui-même. C'est une succession d'événements à entropie croissante (des vitesses moyennes plus élevées pour les particules augmentent le volume de l'espace des phases ; la production de rayonnement du fait des interactions entre particules augmente le nombre total de particules — et ces deux grandeurs contribuent toutes deux à accroître l'entropie globale). De cette manière, ce que nous appelons dans le texte principal

« entropie gravitationnelle » peut être renommé « entropie de la matière produite par la force gravitationnelle ». En disant de l'entropie gravitationnelle qu'elle est faible, on sous-entend que la force gravitationnelle a la capacité d'engendrer d'importantes quantités d'entropie en alimentant les amas de matière. En exploitant ce potentiel entropique, les amas de matière créent un champ de gravitation non homogène et non uniforme — vagues et distorsions dans l'espace-temps — que j'ai décrit, dans le texte principal, comme ayant plus d'entropie. Mais comme le clarifie la présente discussion, on peut réellement l'envisager comme si la matière des amas (et le rayonnement produit) avait une entropie supérieure (que si elle était uniformément répartie). C'est une bonne chose car, comme le remarqueront les experts parmi les lecteurs, si l'on considère comme cadre classique pour la gravitation (l'espace-temps classique) un état cohérent de gravitons, il s'agit alors essentiellement d'un état unique, qui est donc doté d'une faible entropie. Seuls des amas suffisamment grossiers permettent de fournir de l'entropie. Toutefois, comme le souligne la présente note, cela n'est pas forcément nécessaire. D'un autre côté, si la matière se regroupait au point de créer des trous noirs, alors une source intarissable d'entropie deviendrait accessible : l'aire de l'horizon d'un trou noir (comme nous l'expliquerons plus avant au chapitre 16) est une mesure de son entropie. Et cette entropie peut, sans la moindre ambiguïté, être appelée entropie gravitationnelle.

5. De même que, théoriquement, un œuf peut aussi bien se casser que se reformer, ses éléments épars se rassemblant pour reformer un œuf tout neuf, il est possible que des fluctuations quantiques grossissent pour donner de grandes « inhomogénéités » (comme nous l'avons vu) mais aussi que des « inhomogénéités » suffisamment corrélées travaillent en tandem pour contrer leur croissance. Ainsi, la contribution inflationnaire à l'élucidation de la flèche du temps nécessite également l'occurrence de fluctuations quantiques initiales suffisamment décorrélées. Ici encore, si l'on adopte un raisonnement à la Boltzmann, parmi toutes les fluctuations satisfaisant aux conditions nécessaires pour l'inflation, tôt ou tard, il y en aura forcément une qui remplira aussi cette dernière condition et qui permettra alors à l'Univers tel qu'on le connaît de voir le jour.

6. Certains physiciens considéreraient ma présentation de l'inflation et de la flèche du temps plutôt conservatrice ; ceux-ci affirmeraient que la situation se présente mieux encore que

telle que je l'ai décrite. Par exemple, Andrei Linde avance que, dans l'inflation chaotique (voir la note 11 du chapitre 10), l'Univers observable aurait éclos à partir d'une pépite de la taille de la longueur de Planck, contenant un inflaton uniforme à la densité d'énergie de Planck. Linde va plus loin en disant que l'entropie d'un inflaton *uniforme* dans une si petite pépite est à peu près égale à celle de toute autre configuration d'inflaton, si bien que les conditions nécessaires à l'inflation n'avaient rien d'extraordinaire — en fait, elles étaient même tout à fait ordinaires. Par comparaison à notre époque, l'entropie d'une pépite d'inflaton uniforme de la taille de Planck était plutôt faible ; et, pourtant, son entropie était à comparer à celle qu'*aurait pu* avoir cette pépite à la taille de Planck. Comme dans le texte principal, l'explosion inflationnaire créa ensuite, en un clin d'œil, un gigantesque Univers avec une entropie énorme par comparaison — mais qui, du fait de sa distribution matérielle si lisse et uniforme, était également loin d'avoir l'entropie qu'il *aurait pu* avoir. La flèche du temps s'oriente dans la direction qui atténue cet écart d'entropie.

Bien que j'apprécie cette vision optimiste des choses, il me semble important de rester prudent tant que nous ne disposons pas d'une meilleure compréhension de la physique de l'Univers primordial — celle dont l'inflation serait supposée émerger.

CHAPITRE 12

1. Les éléments convaincants que j'ai en tête s'appuient sur le fait que les intensités des trois forces non gravitationnelles dépendent de l'énergie et de la température de l'environnement dans lequel les forces opèrent. Aux basses énergie et température, comme celles de notre environnement actuel, l'intensité des trois forces est différente. Mais il existe des preuves théoriques et expérimentales indirectes en faveur du fait qu'à très haute température, comme celles qui auraient régné aux tout premiers instants de l'Univers, les intensités des trois forces convergent, indiquant indirectement que toutes trois pourraient, à un niveau plus fondamental, être unifiées, tout en se manifestant différemment aux énergies et aux températures plus basses. Pour une discussion plus détaillée, consultez par exemple le chapitre 7 de *L'Univers élégant*.

2. Sachant qu'un champ, comme tous les champs des forces connues, est un ingrédient fondamental de l'Univers,

nous savons qu'il existe nécessairement partout — il est comme brodé à l'étoffe du cosmos. Il est impossible d'extraire le champ, comme il est impossible d'extraire l'espace lui-même. Le mieux que l'on puisse faire pour se rapprocher de l'idée d'éliminer la présence de ce champ, c'est donc de le mettre à la valeur qui minimise son énergie. Pour les champs de force comme le champ électromagnétique, cette valeur est nulle, comme nous l'explique le texte principal. Pour les champs comme l'inflaton et le champ de Higgs du modèle standard (que, par souci de simplicité, nous ne considérons pas ici), cette valeur peut être un nombre non nul, qui dépend de la forme précise de l'énergie potentielle du champ, comme nous l'avons vu aux chapitres 9 et 10. Comme le mentionne le texte, pour préserver le fil de la discussion sans nous disperser, nous n'aborderons explicitement que les fluctuations quantiques des champs dont l'état de plus basse énergie est atteint lorsque leur valeur est à zéro, mais les fluctuations associées au champ de Higgs ou à l'inflaton ne modifient en rien nos conclusions.

3. En fait, les lecteurs à la tournure d'esprit plus mathématique remarqueront que le principe d'incertitude impose que les fluctuations en énergie soient inversement proportionnelles à la résolution temporelle de nos mesures : plus fine sera la résolution temporelle avec laquelle on examine l'énergie du champ, plus importantes seront les variations de celuici.

4. Dans cette expérience, Lamoreaux vérifia l'effet Casimir par le truchement d'une expérience légèrement différente, faisant intervenir l'attraction entre une lentille sphérique et une plaque de quartz. Plus récemment Gianni Carugno, Roberto Onofrio et leurs collaborateurs de l'université de Padoue ont réalisé l'expérience plus difficile qu'avait proposée Casimir, faisant intervenir deux plaques parallèles (assurer le parallélisme entre les deux plaques est un véritable défi expérimental). Jusqu'à présent, les prédictions de Casimir ont été confirmées avec une incertitude de 15 %.

5. Rétrospectivement, ces idées montrent également que si Einstein n'avait pas introduit la constante cosmologique en 1917, les physiciens travaillant sur la théorie quantique auraient introduit leur propre version de cette constante quelques décennies plus tard. Comme vous vous en souvenez peut-être, la constante cosmologique est une énergie qu'Einstein envisageait comme remplissant tout l'espace, mais dont il n'avait pas spécifié l'origine (ni d'ailleurs les partisans actuels de cette

constante cosmologique). Nous comprenons maintenant que la physique quantique dote le vide de champs en pleine agitation, et l'on voit directement, grâce à la découverte de Casimir, que cette frénésie microscopique remplit l'espace d'énergie. En fait, l'un des principaux défis de la physique théorique consiste à montrer que la combinaison des contributions de toutes les fluctuations des champs conduit à une énergie du vide — une constante cosmologique — qui correspond bien aux limites posées aujourd'hui par nos observations sur les supernovæ (voir le chapitre 10). Jusqu'à présent, personne n'est parvenu à montrer cela ; l'analyse complète s'est révélée hors de la portée des méthodes théoriques actuelles, et les calculs approchés donnent des réponses très largement supérieures aux limites posées par nos observations, ce qui suggère que nos approximations ne seraient pas appropriées. Pour beaucoup de chercheurs, expliquer la valeur de la constante cosmologique — savoir si elle est nulle, comme on l'a cru pendant longtemps, ou supérieure à zéro mais peu élevée comme le suggèrent la théorie de l'inflation et les données issues des observations de supernovæ — représente l'un des problèmes non résolus les plus importants de la physique théorique moderne.

6. Dans cette section, je décris une manière de voir le conflit qui oppose la relativité générale et la mécanique quantique. Mais je me dois de signaler, pour garder le fil de notre quête de la véritable nature de l'espace et du temps, que d'autres énigmes, moins tangibles, mais potentiellement aussi importantes, interviennent lorsque l'on tente de réunir la relativité générale et la mécanique quantique. L'une des plus frustrantes se manifeste lorsque l'on tente d'appliquer directement à la relativité générale classique la procédure permettant de transformer les théories non gravitationnelles classiques (comme l'électrodynamique de Maxwell) en théories quantiques (ce que montre Bryce De Witt avec ce que l'on appelle maintenant les « équations de Wheeler-De Witt »). Il se trouve que la variable temps n'apparaît pas dans l'équation principale ainsi obtenue. Aussi, plutôt que d'avoir une formalisation mathématique explicite du temps — comme c'est le cas pour tout autre théorie fondamentale —, dans cette tentative de quantification de la gravitation, l'évolution temporelle doit provenir d'un aspect physique de l'Univers (sa densité, par exemple) dont nous nous attendons à ce qu'il varie de manière régulière. Jusqu'à présent, personne ne sait si cette procédure de quantification de la gravitation est appropriée (certains progrès ont toutefois été accomplis tout récemment, dans une

certaine application dérivée de ce formalisme, appelée « gravité quantique en lacets » ou « en boucles » — voir le chapitre 16) et la question se pose de savoir si l'absence d'une variable temps explicite traduit un fait fondamental (le temps est-il un concept dérivé ?) ou pas. Dans le présent chapitre, nous nous intéresserons à une autre possibilité pour l'union de la relativité générale et de la mécanique quantique, appelée « théorie des supercordes ».

7. Parler du « centre » d'un trou noir comme si c'était un point dans l'espace est un abus de langage. La raison, en gros, est qu'à la traversée de l'horizon d'un trou noir — sa frontière avec l'extérieur — les rôles de l'espace et du temps sont intervertis. En fait, de même que l'on ne peut s'opposer au passage d'un instant au suivant dans le temps, on ne peut s'opposer à l'attraction qui nous entraîne vers le « centre » du trou noir après la traversée de son horizon. Il se trouve que cette analogie entre le fait de subir l'écoulement du temps et l'attraction vers le « centre » d'un trou noir est fortement justifiée par leur description mathématique. Ainsi, plutôt que d'envisager le centre du trou noir comme un point dans l'espace, il convient de l'imaginer comme un point dans le temps. En outre, puisque l'on ne peut pas aller plus loin que « le centre » d'un trou noir, on pourrait être tenté de l'imaginer comme un point de l'espace-temps où le temps touche à sa fin. Peut-être est-ce le cas. Mais les équations de la relativité générale, classiques, n'étant plus valables aux densités de masse si énormes mises en jeu, nous ne pouvons pas nous permettre de conclure de la sorte. Clairement, cela suggère que, si nous disposions d'équations qui ne s'effondrent pas au fin fond d'un trou noir, nous pourrions apprendre beaucoup de choses sur la nature du temps. C'est l'un des buts de la théorie des supercordes.

8. Comme dans les chapitres précédents, par « Univers observable », j'entends la partie de l'Univers avec laquelle nous aurions pu communiquer, au moins en principe, durant le temps écoulé depuis le bang. Dans un univers d'extension spatiale infinie, comme nous l'avons vu au chapitre 8, tout l'espace ne se réduit pas à un point au moment du bang. Très certainement, tout ce qui fait partie de l'Univers observable serait restreint à un espace de plus en plus petit lorsqu'on remonterait jusqu'aux premiers instants, mais, bien que ce soit difficile à imaginer, certaines choses — infiniment lointaines — resteront à tout jamais séparées de nous, même lorsque la densité de matière et d'énergie augmente de plus en plus.

9. Leonard Susskind, dans les épisodes de la série télévisée *Nova* intitulée « Ce qu'Einstein ne savait pas encore » et diffusée par la chaîne Arte en mars 2005.

10. En effet, le fait que la théorie des supercordes soit si difficile à tester expérimentalement est un inconvénient majeur qui a largement freiné le succès de cette théorie. Toutefois, comme nous le verrons dans les derniers chapitres, beaucoup de progrès ont été faits dans cette voie ; les théoriciens des cordes ont bon espoir que les prochaines générations d'accélérateurs et d'expériences spatiales puissent fournir au moins des preuves convaincantes en faveur de la théorie et, avec un peu de chance, beaucoup plus encore.

11. Bien que je n'en aie pas parlé explicitement dans le texte, notons que toute particule connue possède une antiparticule — une particule dotée de la même masse mais dont les charges sont opposées pour toutes les interactions (par exemple, une charge électrique de signe opposé). L'antiparticule de l'électron s'appelle le positron ; celle du quark *u* est, tout simplement, l'antiquark *u* ; et ainsi de suite.

12. Comme nous le verrons au chapitre 13, des travaux récents en théorie des cordes ont montré que les cordes pourraient être beaucoup plus grandes que la longueur de Planck, ce qui a un certain nombre de conséquences capitales — en particulier la possibilité de rendre la théorie vérifiable expérimentalement.

13. L'existence des atomes fut initialement confirmée par des moyens indirects (comme une explication des rapports particuliers selon lesquels diverses substances chimiques se combinent et, plus tard, grâce au mouvement brownien) ; l'existence des premiers trous noirs fut confirmée (pour la plus grande satisfaction de beaucoup de physiciens) grâce à la manière dont ils aspirent les gaz provenant d'étoiles voisines, sans qu'on les ait jamais « vus » directement.

14. Puisque même une corde vibrant le plus calmement possible possède une certaine quantité d'énergie, on pourrait s'interroger de savoir comment un mode de vibration de corde peut conduire à une particule de masse nulle. La réponse est à trouver, cette fois encore, au cœur de l'incertitude quantique. Aussi minime que puisse être la vibration d'une corde, l'incertitude quantique stipule que celle-ci est soumise à un minimum d'agitation. Or, avec toute la bizarrerie de la mécanique quantique, cette agitation due au principe d'incertitude correspond à une énergie négative. Lorsqu'on la combine avec l'énergie positive provenant du plus posé des modes de vibra-

tion de la corde, le résultat total est une masse/énergie égale à zéro.

15. Pour les lecteurs à la tournure d'esprit plus mathématique, précisons que c'est en fait le carré des masses des différents modes de vibration qui est donné par un multiple entier du carré de la masse de Planck. Pour être plus précis encore, disons que le carré de ces masses est un multiple entier de l'échelle des cordes — laquelle est proportionnelle à l'inverse du carré de la longueur des cordes (cela prendra toute son importance lorsque nous aborderons, au chapitre 13, certains progrès récents). Dans la formulation conventionnelle de la théorie des cordes, l'échelle des cordes et la masse de Planck sont assez proches, et c'est pour cette raison que nous avons simplifié l'exposé du texte principal en n'introduisant que la masse de Planck. Cependant, nous considérerons au chapitre 13 des situations dans lesquelles l'échelle des cordes peut être différente de la masse de Planck.

16. Il n'est pas trop difficile à comprendre, en gros, comment la longueur de Planck sort de l'analyse de Klein. La relativité générale et la mécanique quantique font intervenir trois constantes fondamentales de la nature : c (la vitesse de la lumière), G (la constante de la gravitation, c'est-à-dire l'intensité fondamentale de la force gravitationnelle) et $\hbar$ (la constante de Planck, caractéristique de la taille des effets quantiques). On peut associer ces trois constantes pour en former une quatrième ayant les dimensions d'une longueur (c'est-à-dire se mesurant en unités de longueur) : cette grandeur, $(\hbar G/c^3)^{1/2}$, est, par définition, la longueur de Planck. En substituant leurs valeurs numériques à ces trois constantes, on trouve que la longueur de Planck vaut $1{,}616.10^{-33}$ centimètre. Ainsi, à moins que la théorie ne fasse apparaître un nombre sans dimension (sans unités) de valeur très différente de 1 — ce qui n'arrive pas fréquemment dans les théories physiques simples et correctement formulées —, on s'attend à ce que la longueur de Planck soit la taille caractéristique des longueurs fondamentales, comme celle de la dimension d'espace enroulée. Néanmoins, notons bien que cela n'élimine pas la possibilité que certaines dimensions cachées soient de taille supérieure à la longueur de Planck, et nous verrons au chapitre 13 d'intéressants travaux qui, tout récemment, ont étudié cette éventualité.

17. Inclure une particule dotée de la charge de l'électron et de sa masse, relativement petite, prend la tournure d'un véritable défi.

18. Notons que la condition d'une symétrie uniforme utili-

sée au chapitre 8 pour restreindre les formes possibles de l'espace était motivée par nos observations astronomiques (par exemple, celles du rayonnement de fond cosmique) dans les trois dimensions étendues. Ces contraintes de symétrie n'ont aucune incidence sur la forme des six petites dimensions supplémentaires. La figure 12.9a est tirée d'une image créée par Andrew Hanson.

19. On peut se poser la question de savoir si, outre les dimensions spatiales supplémentaires, il pourrait aussi y avoir des dimensions temporelles supplémentaires. Certains chercheurs (comme Itzhak Bars, de l'université de Californie du Sud) ont étudié cette possibilité, et ont montré qu'il est tout au moins possible de formuler des théories ayant une deuxième dimension temporelle et qui restent physiquement sensées. Mais l'on ne sait toujours pas si cette deuxième dimension de temps est réellement comparable à celle du temps ordinaire ou si c'est juste un ersatz mathématique ; le sentiment général tend plutôt vers cette dernière proposition plutôt que vers la première. En revanche, l'interprétation la plus directe de la théorie des cordes stipule que les dimensions spatiales supplémentaires sont tout aussi réelles que les trois que nous connaissons tous.

20. Les experts ès théorie des cordes (et ceux qui ont lu le chapitre 12 de *L'Univers élégant*) reconnaîtront qu'il serait plus précis de dire que certaines formulations de la théorie des cordes (que nous aborderons au chapitre 13) admettent des limites faisant intervenir onze dimensions d'espace-temps. Le débat fait toujours rage quant à savoir si la théorie des cordes est à envisager comme une théorie vivant fondamentalement dans un espace-temps à onze dimensions, ou si la formulation à onze dimensions doit être considérée comme une limite particulière (par exemple lorsqu'on choisit une constante de couplage élevée pour la corde de type IIa), allant de pair avec d'autres limites. Cette distinction n'ayant que peu d'incidence sur la présentation de niveau général faite dans le texte principal, j'ai choisi d'adopter le premier point de vue, surtout parce qu'il est plus simple à présenter au sens linguistique, grâce à son nombre total de dimensions fixe et uniforme.

CHAPITRE 13

1. À l'attention des lecteurs possédant certaines connaissances mathématiques, je précise qu'il s'agit de la symétrie

conforme — symétrie sous des transformations arbitraires, à ceci près que les angles sont préservés, du volume balayé dans l'espace-temps par les constituants fondamentaux considérés. En se déplaçant, les cordes balaient des surfaces d'espace-temps à deux dimensions, et les équations de la théorie des cordes sont invariantes sous les transformations du « groupe conforme bidimensionnel », qui est un groupe de symétrie de dimension infinie. En revanche, dans d'autres dimensions, comme celles qui seraient associées à des objets qui ne sont pas unidimensionnels, le groupe conforme est de dimension finie.

2. Beaucoup de physiciens ont contribué à ces développements, soit par des travaux préparatoires, soit par leurs découvertes ultérieures, et parmi eux : Michael Duff, Paul Howe, Takeo Inami, Kelley Stelle, Eric Bergshoeff, Ergin Szegin, Paul Townsend, Chris Hull, Chris Pope, John Schwarz, Ashoke Sen, Andrew Strominger, Curtis Callan, Joe Polchinsky, Petr Hořava, Jian Dai, Robert Leigh, Hermann Nicolai et Bernard De Wit.

3. En fait, comme l'explique le chapitre 12 de *L'Univers élégant*, le lien entre la dixième dimension qui nous avait échappé et les *p*-branes est plus important encore. Lorsqu'on augmente la taille de cette dixième dimension spatiale dans la formulation de type IIA, par exemple, les cordes unidimensionnelles deviennent des membranes semblables à des tubes. Si l'on suppose cette dixième dimension très petite, comme c'était implicitement le cas avant la révélation de Witten, ces tubes ressemblent à des cordes et se comportent de la même façon. Comme c'est le cas pour les cordes, la question de savoir si ces nouvelles branes sont insécables ou si, au contraire, elles sont fabriquées à partir de constituants plus petits n'est toujours pas résolue. Les chercheurs admettent la possibilité que les ingrédients identifiés jusqu'à présent dans la théorie des cordes/théorie M ne constituent pas la dernière étape dans la quête des ultimes constituants élémentaires de l'Univers. Mais le contraire est possible. Puisque l'essentiel de ce qui suit ne dépend pas de cette question, nous adopterons le point de vue le plus simple et imaginerons que tous ces ingrédients — cordes et branes de diverses dimensions — sont bel et bien fondamentaux. Que deviennent alors les arguments précédents, qui avançaient qu'il était impossible de construire une théorie physique sensée avec des objets fondamentaux de dimension supérieure à deux ? Il se trouve que ce raisonnement prenait sa source dans une autre approximation de la mécanique

quantique — tout à fait conventionnelle et ayant largement fait ses preuves, mais qui, comme toute approximation, a ses limites. Bien que les physiciens n'aient pas encore saisi toutes les subtilités découlant de l'introduction d'objets de haute dimension dans une théorie quantique, ces ingrédients trouvent si bien leur place au sein des cinq formulations de la théorie des cordes que la plupart des chercheurs pensent que les infractions tant redoutées à nos principes physiques les plus chers sont absentes.

4. En fait, nous pourrions même habiter une brane de plus haute dimension (une quatre-brane, une cinq-brane, etc.), dont trois des dimensions rempliraient l'espace ordinaire, et les autres celui des petites dimensions enroulées requises par la théorie.

5. Les lecteurs ayant quelques connaissances mathématiques remarqueront que les théoriciens des cordes savaient depuis des années que les cordes fermées respectent ce que l'on appelle la « T-dualité » (comme nous le verrons plus en détail au chapitre 16, et comme l'explique le chapitre 10 de *L'Univers élégant*). Grosso modo, la T-dualité stipule qu'en présence d'une dimension supplémentaire en forme de cercle la théorie des cordes ne permet pas de distinguer entre les valeurs R et 1/R du rayon de ce cercle. La raison en est que les cordes peuvent se déplacer le long du cercle (les modes dits d'« impulsion », ou « non enroulés ») ou s'enrouler autour de celui-ci (les modes dits « enroulés ») et, sous l'interversion de R en 1/R, les rôles de ces deux modes s'inversent simplement, les propriétés physiques globales de la théorie restant inchangées. Au cœur de ce raisonnement réside le fait que les cordes sont des boucles fermées, puisque, pour des cordes ouvertes, il n'y a pas de notion topologiquement stable de leur enroulement autour d'une dimension circulaire. Donc, à première vue, on pourrait croire que cordes ouvertes et cordes fermées se comportent très différemment sous la T-dualité. Mais en y regardant de plus près, et en faisant usage des conditions de Dirichlet pour les extrémités des cordes ouvertes (d'où le « D » des « D-branes »), Polchinski, Dai et Leigh, puis Hořava et Green, ainsi que d'autres chercheurs, purent résoudre cette énigme.

6. Certains travaux proposent, dans le but d'éviter d'avoir à introduire matière et énergie noire, que le comportement de la gravitation à très grande échelle puisse être différent des lois de Newton et d'Einstein, cela permettant d'expliquer les effets gravitationnels aujourd'hui inexplicables si l'on ne considère

que la matière observable. À ce jour, ces propositions sont hautement spéculatives et n'ont pas beaucoup de partisans, aussi bien du point de vue théorique qu'expérimental.

7. Les physiciens ayant introduit cette idée sont Steven Giddings et Scott Thomas, ainsi que Savas Dimopoulos et Greg Landsberg.

8. Notons que la phase de contraction d'un tel univers n'est pas identique au déroulement inverse de la phase d'expansion. Dans les phases d'expansion, les processus physiques (un œuf qui se casse ou une bougie qui se consume) auraient lieu dans la direction habituelle du temps, vers l'« avant » et continueraient de le faire dans les phases de contraction. C'est pourquoi l'entropie augmenterait durant l'une et l'autre phase.

9. Les experts parmi les lecteurs remarqueront que le modèle cyclique peut être formulé comme une théorie effective à quatre dimensions sur l'une des trois-branes ; sous cette forme, elle a beaucoup de points communs avec les modèles d'inflation due à un champ scalaire, plus familiers. Lorsque je dis de ces mécanismes qu'ils sont « radicalement nouveaux », je me réfère à la description en termes de collisions de branes, qui représente, en soi, une manière tout à fait inédite d'envisager la cosmologie.

10. Ne nous embrouillons pas dans le décompte des dimensions. Les deux trois-branes, ainsi que la portion d'espace entre elles, représentent quatre dimensions. Soit cinq avec le temps. Il reste donc six dimensions pour l'espace de Calabi-Yau.

11. Il existe une exception importante, mentionnée à la fin de ce chapitre et présentée avec plus de détails au chapitre 14, en rapport avec les « inhomogénéités » du champ gravitationnel, connues sous le nom d'« ondes gravitationnelles primordiales ». La cosmologie inflationnaire et le modèle cyclique diffèrent sur ce point, ce qui permettrait de trancher expérimentalement entre les deux.

12. La mécanique quantique impose qu'il y ait toujours une probabilité non nulle qu'une fluctuation aléatoire interrompe le processus cyclique (par exemple, l'une des branes peut se tourner par rapport à l'autre), ce qui conduirait l'enchaînement des cycles à s'arrêter. Même si cette probabilité est minuscule, tôt ou tard, une telle fluctuation aura lieu, si bien que les cycles ne peuvent continuer indéfiniment.

CHAPITRE 14

1. Albert Einstein, « Vierteljahrschift für gerichtliche Medizin und öffentliches Sanitälswesen », 44 37 (1912) ; Dieter Brill et Jeffrey Cohen, *Physical Review*, vol. 143, n° 4, 1011 (1966) ; Herbert Pfister et Karl Braun, *Classical and Quantum Gravity*, 2, 909 (1985).

2. Durant les quarante années écoulées depuis la proposition originale de Schiff et Pugh, d'autres tests de l'entraînement des repères ont été entrepris. Ces expériences (menées, entre autres, par Bruno Bertotti, Ignazio Ciufolini et Peter Bender, d'une part ; et par Irwin Shapiro, Robert Reasenberg, J. F. Chandler, Robert Babcock, d'autre part) ont étudié le mouvement de la Lune et de satellites en orbite autour de la Terre et ont décelé des indices imputables à l'effet d'entraînement des repères. L'un des principaux avantages de *Gravity Probe B* est qu'il s'agit de la première expérience réellement dédiée à cet effet, qu'elle est parfaitement bien maîtrisée par les expérimentateurs, et qu'elle devrait donc fournir la preuve directe la plus précise de l'entraînement des repères.

3. Bien que ce type d'images soient efficaces pour véhiculer l'idée de la découverte d'Einstein, elles ont une autre limitation liée au fait qu'elles n'illustrent pas la courbure du temps. Or celle-ci est importante, car la relativité générale montre que pour un astre ordinaire comme le Soleil, contrairement à un objet plus extrême comme les trous noirs, la courbure du temps (une horloge se rapprochant du Soleil ralentit de plus en plus) est beaucoup plus prononcée que celle de l'espace. Représenter graphiquement la courbure du temps est plus délicat et il est donc plus difficile de montrer comment celle-ci contribue à courber les trajectoires spatiales comme celle de l'orbite elliptique de la Terre autour du Soleil. C'est pour cette raison que la figure 3.10 (comme toutes les tentatives de visualisation de la relativité générale que j'aie jamais vues) ne concerne que la courbure de l'espace. Mais il est important de garder à l'esprit que, dans bon nombre de situations astrophysiques ordinaires, c'est la courbure du temps qui prédomine.

4. En 1974, Russell Hulse et Joseph Taylor ont découvert un système binaire de pulsars — deux pulsars (des étoiles à neutrons tournant très rapidement sur elles-mêmes) en orbite l'un autour de l'autre. Les pulsars tournant très rapidement et étant très proches l'un de l'autre, la relativité générale d'Einstein prédit qu'ils devraient émettre du rayonnement gravita-

tionnel en abondance. Bien que leur détection directe relève véritablement du défi, la relativité générale montre que ce rayonnement devrait se manifester indirectement par d'autres voies : l'énergie émise par le rayonnement devrait faire diminuer progressivement la période de l'orbite des deux pulsars. Ceux-ci ont été observés en continu depuis leur découverte, et l'on a effectivement remarqué que la période orbitale diminuait — et d'une manière qui est en accord avec la prédiction de la relativité générale avec une incertitude de l'ordre de 1 ‰. Ainsi, même sans détection directe du rayonnement gravitationnel émis, cela fournit une preuve solide en faveur de son existence. Pour cette découverte, Hulse et Taylor ont reçu le prix Nobel de physique de 1993.

5. Je vous reporte toutefois à la note 4 ci-dessus.

6. Ainsi, du point de vue énergétique, les rayons cosmiques seraient des accélérateurs naturels beaucoup plus puissants que tout ceux que l'on a pu construire ou que l'on construira dans un futur proche. L'inconvénient est que, même si les particules des rayons cosmiques ont des énergies aussi élevées, nous n'avons aucun contrôle sur quoi percute quoi — nous ne sommes que les spectateurs passifs de ces collisions hautement énergétiques. En outre, à énergie donnée, le nombre de ces particules diminue très rapidement lorsque l'énergie augmente. Dix milliards de ces particules dotées d'une énergie équivalente à la masse d'un proton (environ un millième de la capacité théorique du LHC) percutent chaque kilomètre carré de la surface de la Terre à chaque seconde (et, en une seconde, cela en fait un certain nombre qui traversent chacun de nous). Quant aux particules les plus énergétiques (avec une énergie équivalente à cent milliards de fois la masse du proton), il n'en arrive qu'*une* par kilomètre carré et par *siècle*. Enfin, les collisions dans nos accélérateurs sont effectuées en accélérant des particules dans des directions opposées, et produisent donc une grande énergie dans le centre de masse. En revanche, les particules des rayons cosmiques percutent les particules relativement lentes de notre atmosphère. Toutefois, ces inconvénients ne sont pas insurmontables. Depuis plusieurs dizaines d'années, les expérimentateurs ont beaucoup appris en étudiant les données concernant les rayons cosmiques les plus abondants, d'énergie relativement basse, et, pour combler le manque de collisions à haute énergie, ont construit de vastes réseaux de détecteurs dans le but de repérer le plus grand nombre possible de ces particules.

7. Le lecteur expert remarquera que la conservation de

l'énergie dans une théorie fondée sur un espace-temps dynamique est une question fort subtile. Certes, le tenseur énergie-impulsion apparaissant dans les équations d'Einstein est conservé de manière covariante lorsqu'on prend en compte toutes les sources d'énergie. Mais cela ne se traduit pas forcément par une loi de conservation globale de l'énergie, et pour de bonnes raisons : le tenseur énergie-impulsion ne prend pas en compte l'énergie gravitationnelle — une notion connue pour être particulièrement difficile en relativité générale. Sur des échelles de temps et de distance suffisamment petites — comme celles mises en jeu dans les accélérateurs de particules —, la conservation locale de l'énergie est vraie, mais la question de sa conservation globale nécessite un examen plus scrupuleux.

8. C'est le cas pour les modèles inflationnaires les plus simples, mais on a découvert que des formulations plus compliquées de l'inflation pouvaient s'affranchir de ces ondes gravitationnelles primordiales.

9. Pour être viable, un candidat à la matière noire doit être une particule stable, ou de très longue durée de vie — c'est-à-dire pas une particule qui se désintègre spontanément en d'autres particules. On pense que c'est le cas des particules supersymétriques les plus légères, et les candidats à la matière noire seraient donc les plus légers des zinos, des higgsinos ou des photinos.

10. Il y a peu de temps, un groupe de recherche sino-italien connu sous le nom de Dama (pour Dark Matter Experiment), travaillant au laboratoire Gran Sasso, en Italie, annonça qu'il avait réussi, pour la première fois, à mettre en évidence une particule de matière noire. Toutefois, jusqu'à présent, aucun autre groupe n'a pu vérifier leur déclaration. En revanche, une autre expérience, dénommée CDMS (pour Cryogenic Dark Matter Search), basée à Stanford et regroupant des chercheurs russes et américains, a accumulé des données qui semblent réfuter les résultats de l'expérience Dama de manière extrêmement fiable. Outre ces groupes, beaucoup d'autres expériences de recherche directe de la matière noire sont en cours. Je vous invite à consulter le site : http ://hepwww.rl.ac.uk/ukdmc/dark_matter/other_searches.html.

CHAPITRE 15

1. Cette manière de présenter les choses ne tient pas compte des interprétations avec des variables cachées, comme

celle de Bohm. Mais, même dans ce cas, c'est l'état quantique d'un objet (sa fonction d'onde) que nous voulons télétransporter, si bien que les seules mesures de position et de vitesse seraient insuffisantes.

2. Le groupe de recherche dirigé par Zeilinger était constitué de Dick Bouwmeester, Jian-Wi Pan, Klaus Mattle, Manfred Eibl et Harald Weinfurter, et celui dirigé par De Martini de Sandro Giacomini, Giorgio Milani, Fabio Sciarrino et Egilberto Lombardi.

3. À l'attention du lecteur déjà familiarisé avec le formalisme de la mécanique quantique, voici les principales étapes de la téléportation quantique. Imaginons que l'état initial d'un photon à New York soit donné par $|\Psi\rangle_1 = \alpha|0\rangle_1 + \beta|1\rangle_1$ où $|0\rangle$ et $|1\rangle$ sont les deux états de polarisation du photon, et les valeurs des coefficients peuvent prendre des valeurs bien définies et normalisées, mais arbitraires. Mon but est de fournir suffisamment d'informations à Nicolas pour qu'il puisse produire à Bruxelles un photon exactement dans le même état quantique. Pour ce faire, Nicolas et moi devons nous procurer une paire de photons intriqués, par exemple dans l'état $|\Psi\rangle_{2,3} = (1/\sqrt{2})|0_2 0_3\rangle - (1/\sqrt{2})|1_2 1_3\rangle$. L'état initial du système des trois photons est donc $|\Psi\rangle_{1,2,3} = (\alpha/\sqrt{2})\{|0_1 0_2 0_3\rangle - |0_1 1_2 1_3\rangle\} + (\beta/\sqrt{2})\{|1_1 0_2 0_3\rangle - |1_1 1_2 1_3\rangle\}$. Lorsque j'effectue une mesure de l'état de Bell sur les photons 1 et 2, je projette cette partie du système sur l'un des quatre états : $|\Phi\rangle = (1/\sqrt{2})\{|0_1 0_2\rangle \pm |1_1 1_2\rangle\}$ et $|\Omega\rangle = (1/\sqrt{2})\{|0_1 1_2\rangle \pm |1_1 0_2\rangle\}$. Cela étant, si l'on réécrit l'état initial dans cette base d'états propres pour les particules 1 et 2, nous trouvons : $|\Psi\rangle_{1,2,3} = 1/2\{|\Phi\rangle_+ (\alpha|0_3\rangle - \beta|1_3\rangle) + |\Phi\rangle_+ (\alpha|0_3\rangle + \beta|1_3\rangle) + |\Omega\rangle_+ (-\alpha|1_3\rangle - \beta|0_3\rangle) + |\Omega\rangle_- (-\alpha|1_3\rangle - \beta|0_3\rangle)\}$. Ainsi, après que j'ai effectué ma mesure, je ferai s'effondrer le système sur l'un de ces quatre éléments de la somme. Après avoir informé Nicolas (par des voies ordinaires) de celui des quatre que j'ai trouvé, il saura manipuler le photon 3 pour reproduire l'état original du photon 1. Par exemple, si je trouve que mes mesures donnent l'état $|\Phi\rangle_-$, alors Nicolas n'aura pas besoin d'effectuer quoi que ce soit sur le photon 3 puisque, comme ci-dessus, il est déjà dans l'état initial du photon 1. Si je trouve d'autres résultats, Nicolas devra faire subir une rotation (dont l'angle, comme nous le voyons, dépend du résultat que je mesure) au photon 3 pour le placer dans l'état désiré.

4. En fait, le lecteur possédant des connaissances théoriques remarquera qu'il n'est pas difficile de démontrer le théorème dit de « non-clonage quantique ». Imaginons que nous

ayons un opérateur de clonage unitaire U qui, lorsqu'il agit sur un état donné quel qu'il soit, en produit deux copies (l'action de U sur $|\alpha\rangle$ donne $|\alpha\rangle|\alpha\rangle$, quel que soit $|\alpha\rangle$). Notons que sur un état du type $(|\alpha\rangle + |\beta\rangle)$, U donne $(|\alpha\rangle|\alpha\rangle + |\beta\rangle|\beta\rangle)$, ce qui ne correspond pas au double de l'état initial, qui serait $(|\alpha\rangle + |\beta\rangle)(|\alpha\rangle + |\beta\rangle)$, si bien qu'il ne peut exister un tel opérateur U qui permettrait d'effectuer le clonage quantique (cela fut démontré pour la première fois par Wootters et Zurek au début des années 1980).

5. Beaucoup de chercheurs ont participé au développement, aussi bien théorique qu'expérimental, de la téléportation quantique. Outre ceux des physiciens déjà mentionnés, pour n'en citer que deux, mentionnons les travaux de Sandu Popescu (à l'époque à l'université de Cambridge) qui ont joué un rôle important dans l'expérience de Rome, et l'équipe de Caltech dirigée par Jeffrey Kimble, qui fut la première à réaliser la téléportation de propriétés continues d'un état quantique.

6. Pour en savoir plus sur les projets passionnants dans le domaine de l'intrication de systèmes à grand nombre de particules, consultez par exemple l'article de B. Julsgaard, A. Kozhekin et E. S. Polzik, « Experimental Long-Lived Entanglement of Two Macroscopic Objects », *Nature*, n° 413, sept. 2001, p. 400-403.

7. L'un des domaines de recherches le plus intéressant et le plus actif faisant usage de l'intrication quantique et de la téléportation quantique est celui de l'informatique quantique. Pour des présentations de l'informatique quantique à un niveau accessible à tous, consultez par exemple l'ouvrage de Tom Siegfried, *The Bit and the Pendulum*, John Wiley, New York, 2000, et celui de George Johnson, *A Shortcut Through Time*, Knopf, New York, 2003.

8. L'un des aspects de la dilatation du temps que nous n'avons pas abordé au chapitre 3 mais qui aura un rôle à jouer dans le présent chapitre est ce que l'on appelle le paradoxe des jumeaux. Celui-ci est simple à présenter : si vous et moi nous déplaçons l'un par rapport à l'autre à vitesse constante, je penserai que votre montre est ralentie par rapport à la mienne. Mais il est tout aussi légitime pour vous de vous considérer au repos que ça l'est pour moi, aussi penseriez-vous que c'est ma montre qui est en mouvement et qui est donc ralentie par rapport à la vôtre. Le fait que chacun de nous pense que la montre de l'autre retarde peut sembler paradoxal, mais il n'en est rien : à vitesse constante, nos montres s'éloignent constamment l'une de l'autre, et il est donc impossible de les comparer

directement pour savoir laquelle retarde « réellement ». Et toute autre comparaison indirecte (par exemple, si l'on compare l'heure indiquée par nos montres en communiquant par téléphone portable) prendra un certain temps sur une certaine distance spatiale, entraînant forcément les complications inhérentes à la notion de « maintenant » pour des observateurs différents, comme aux chapitre 3 et 5. Je n'entrerai pas dans les détails ici, mais il se trouve qu'après examen ces complications de la relativité restreinte n'impliquent aucune contradiction dans le fait que chacun de nous déclare que c'est la montre de l'autre qui est ralentie (voir par exemple E. Taylor et J. A. Wheeler, *À la découverte de l'espace-temps et de la physique relativiste*, Dunod, Paris, 1970, pour un exposé complet, technique mais élémentaire). Là où les choses se compliquent, c'est par exemple si vous ralentissiez, vous arrêtiez, faisiez demi-tour, et vous dirigiez à nouveau vers moi afin que l'on compare nos montres ensemble, en éliminant les complications liées à nos notions différentes de l'instant présent. Lorsque nous nous rencontrerons, laquelle de nos deux horloges sera en avance ? C'est ce que l'on appelle le paradoxe des jumeaux : si vous et moi étions jumeaux, à nos retrouvailles, aurions-nous toujours le même âge — ou l'un de nous deux serait-il plus âgé ? La réponse est que mon horloge sera en avance sur la vôtre — si nous étions jumeaux, j'aurais maintenant l'air plus âgé. Il existe plusieurs manières d'expliquer pourquoi, mais le plus simple est de remarquer qu'en modifiant votre vitesse vous avez fait l'expérience d'un mouvement accéléré, et la symétrie entre nos deux points de vue en fut perdue — vous pouvez alors affirmer que *vous* étiez en mouvement (puisque, par exemple, vous l'avez *senti* ou, pour reprendre des éléments du chapitre 3, parce que, contrairement au mien, votre voyage dans l'espace-temps ne suivait pas une ligne droite) et donc que votre montre avançait plus lentement que la mienne. Il s'est écoulé moins de temps pour vous que pour moi.

9. John Wheeler, entre autres, a proposé un rôle possible pour les observateurs d'un univers quantique, résumé dans l'un de ses fameux aphorismes : « Aucun phénomène élémentaire n'est un phénomène tant qu'on n'a pas observé le phénomène. » Pour en savoir plus sur la vision passionnante de la physique de John Wheeler, je vous invite à lire l'ouvrage de John Archibald Wheeler et Kenneth Ford, *Geons, Black Holes, and Quantum Foam : A Life in Physics*, Norton, New York, 1998. Roger Penrose a également étudié la relation entre la

physique quantique et l'esprit dans *L'Esprit, l'ordinateur et les lois de la physique*, InterÉditions, Paris, 1992 ainsi que dans *Les Ombres de l'esprit ; à la recherche d'une science de la conscience*, InterÉditions, Paris, 1995.

10. Consultez par exemple « Reply to Criticisms », dans *Albert Einstein*, vol. 7 de l'ouvrage *The Library of Living Philosophers*, sous la direction éditoriale de P. A. Schilpp, MJF Books, New York, 2001.

11. W. J. Van Stockum, *Proc. R. Soc. Edin.* A 57, 1937, p. 135.

12. Le lecteur expert aura remarqué que je simplifie les choses. En 1966, Robert Geroch, un étudiant de Wheeler, a montré qu'il était possible, au moins en principe, de construire un trou de ver sans déchirer l'espace. Mais contrairement à l'approche plus conventionnelle selon laquelle on ne peut construire un trou de ver qu'en le déchirant, et dans laquelle la seule présence du trou de ver ne suffit pas à voyager dans le temps, dans les travaux de Geroch, la phase de construction elle-même nécessite que le temps soit déformé à tel point que l'on pourrait librement explorer le passé comme le futur (mais sans qu'il soit possible de remonter dans le passé au-delà du moment de la construction du trou de ver).

13. Grosso modo, si l'on traversait une région contenant ce type de matière exotique à une vitesse proche de celle de la lumière, et si l'on prenait la moyenne de toutes nos mesures de la densité d'énergie détectée, la réponse que l'on obtiendrait serait négative. Les physiciens disent de cette matière exotique qu'elle enfreint ce que l'on appelle la condition de faible énergie moyenne.

14. L'incarnation la plus simple de cette matière exotique provient des fluctuations du champ électromagnétique dans le vide entre les deux plaques parallèles de l'expérience de Casimir (chapitre 12). Les calculs montrent que la diminution des fluctuations quantiques entre les plaques, par rapport à celles dans l'espace vide environnant, conduit à une densité d'énergie moyenne négative (ainsi qu'à une pression négative).

15. Pour un exposé technique mais pédagogique sur les trous de vers, je vous invite à consulter l'ouvrage de Matt Visser, *Lorentzian Wormholes : From Einstein to Hawking*, American Institute of Physics Press, New York, 1996.

CHAPITRE 16

1. À l'attention des lecteurs à la tournure d'esprit plus mathématique, souvenons-nous d'avoir vu à la note 6 du chapitre 6 que l'entropie est définie comme le *logarithme* du nombre de réarrangements possibles (du nombre d'états), ce qui est important pour aboutir à la bonne réponse dans cet exemple. Lorsqu'on rassemble deux bocaux, les différents états des molécules d'air peuvent être décrits par la donnée de l'état des molécules d'air du premier bocal, puis par celle de l'état des molécules du second. Ainsi le nombre de réarrangements pour l'association des deux bocaux vaut-il le carré du nombre de réarrangements pour chacun d'eux pris isolément. En prenant le logarithme, cela implique que l'entropie a doublé.

2. Notons que comparer un volume à une surface n'a pas beaucoup de sens, car ils portent des unités différentes. Ce que je veux dire par là, comme l'indique le texte principal, c'est que le volume augmente beaucoup plus vite avec le rayon que la surface. Ainsi, l'entropie étant proportionnelle à la surface et pas au volume, celle-ci augmente moins rapidement avec la taille de la région considérée que si elle était proportionnelle au volume.

3. Si cela donne une idée de la limite pour l'entropie, le lecteur expert comprendra cependant que je simplifie quelque peu. La limite plus précise, proposée par Raphael Bousso, stipule que le flux d'entropie à travers une hypersurface nulle (ayant partout un paramètre de focalisation θ non positif), est borné par $A/4$, A étant l'aire d'une section unitaire de genre espace de l'hypersurface nulle (dite *light-sheet*).

4. Plus précisément, l'entropie d'un trou noir est l'aire de son horizon, exprimée en unités de Planck, divisée par 4 et multipliée par la constante de Boltzmann.

5. Peut-être les lecteurs ayant des connaissances mathématiques se souviendront-ils des notes du chapitre 8 selon lesquelles il existe une autre notion d'horizon — un horizon cosmique — représentant l'interface entre les objets avec lesquels un observateur peut ou ne peut pas être en contact causal. On pense également que ce type d'horizon aurait une entropie elle aussi proportionnelle à l'aire de sa surface.

6. En 1971, le physicien d'origine hongroise Dennis Gabor fut récompensé par le prix Nobel pour la découverte de ce que l'on appelle l'*holographie*. S'intéressant initialement à améliorer la résolution des microscopes électroniques, Gabor tra-

vailla dans les années 1940 sur la manière d'exploiter au mieux l'information encodée dans les ondes lumineuses réfléchies par un objet. Un appareil photo, par exemple, recueille l'intensité de ces ondes ; les endroits où l'intensité est élevée donnent sur le cliché des régions plus claires, tandis que les endroits où l'intensité est faible sont plus sombres. Gabor et beaucoup d'autres ont cependant compris que l'intensité n'était qu'une partie de l'information véhiculée par les ondes lumineuses. Nous l'avons vu, par exemple, sur la figure 4.2b : si la figure d'interférence dépend de l'intensité (l'amplitude) de la lumière (des ondes de plus haute amplitude donnent une figure d'interférence plus brillante), la figure elle-même provient uniquement du fait que les ondes émanant des deux fentes se superposent sur l'écran du détecteur lorsqu'elles sont à leur crête, à leur creux ou à tout niveau ondulatoire intermédiaire. L'information correspondante est appelée « information de phase » : on dit de deux ondes lumineuses qu'elles sont « en phase » si, en un point donné, elles se renforcent mutuellement (toutes deux atteignent une crête ou un creux en même temps) ou qu'elles sont « en opposition de phase » si elles s'annulent l'une l'autre (l'une atteint une crête et l'autre un creux). Plus généralement, elles auront des relations de phase intermédiaires entre ces deux extrêmes, aux points où elles se renforcent ou se compensent partiellement. La figure d'interférence nous informe donc sur la phase des ondes lumineuses qui interfèrent.

Gabor élabora un procédé permettant d'enregistrer, sur une pellicule spécialement conçue à cet effet, à la fois l'intensité et la phase des rayons lumineux réfléchis par un objet. En langage moderne, son approche ressemble beaucoup au dispositif expérimental de la figure 7.1, à ceci près que l'un des deux faisceaux laser se réfléchit sur l'objet étudié en chemin vers le détecteur. Si l'écran est équipé d'une pellicule ayant une émulsion photographique bien choisie, celui-ci produira la figure d'interférence — sous la forme de fines bandes gravées à la surface de la pellicule — du faisceau non dévié et de celui réfléchi par l'objet. La figure d'interférence encodera à la fois l'intensité de la lumière réfléchie et les relations de phase entre les deux rayons lumineux.

Les conséquences des travaux de Gabor dans diverses branches scientifiques ont été considérables, et ont permis d'importants progrès pour toutes sortes de techniques de mesure. Mais, pour le grand public, la répercussion la plus importante fut l'avènement artistique et commercial des hologrammes.

Les photographies ordinaires semblent plates car elles ne rendent compte que de l'intensité de la lumière. Pour avoir la profondeur en plus, il faut avoir l'information sur la phase. La raison en est que la lumière, en cheminant, passe par cycles d'une crête à un creux, à une nouvelle crête, et ainsi de suite, si bien que l'information sur la phase — ou, plus exactement, sur les différences de phase entre les rayons lumineux réfléchis par diverses parties d'un objet — encode les différences du chemin parcouru par chaque rayon lumineux. Par exemple, si l'on regarde un chat de face, ses yeux sont légèrement plus éloignés que son museau, et cette différence est encodée dans la différence de phase entre les différents rayons réfléchis par ces différentes parties de sa tête. En éclairant un hologramme au laser, nous parvenons à exploiter l'information sur la phase qu'enregistre l'hologramme, et donc à donner de la profondeur à l'image. Nous connaissons tous le résultat : des projections tridimensionnelles étonnantes obtenues à partir d'un morceau de plastique bidimensionnel. Notons toutefois que ce n'est pas l'information sur la phase que nos yeux utilisent pour voir en trois dimensions. En fait, nos yeux utilisent la parallaxe : la légère différence entre les angles auxquels les rayons lumineux émanant d'un point donné atteignent notre œil droit et notre œil gauche fournit l'information que notre cerveau décode pour obtenir la distance de ce point. Voilà pourquoi, par exemple, si l'on perd la vue d'un œil (ou si on le ferme pendant un court instant), notre perception des distances est modifiée.

7. À l'attention des lecteurs chevronnés, l'énoncé plus précis est que, depuis n'importe quel point à l'intérieur d'un espace anti-deSitter, un rayon lumineux, ou plus généralement un faisceau de particules dénuées de masse, peut aller jusqu'au point spatial infini et revenir en un temps fini.

8. Pour les lecteurs chevronnés, Maldacena a travaillé dans le contexte de $AdS_5 \times S^5$, la théorie à la frontière émanant de la frontière de AdS_5.

9. Cet énoncé ressemble plus à un énoncé de sociologie que de physique. La théorie des cordes s'est construite à partir de la tradition de la physique des particules et la gravitation quantique à boucles à partir de celle de la relativité générale. Toutefois, il est important de noter qu'à ce jour seule la théorie des cordes parvient à inclure les prédictions couronnées de succès de la relativité générale, puisque seule la théorie des cordes se réduit de manière convaincante à la relativité générale aux grandes échelles de distance. La gravitation quan-

tique à boucles est bien comprise dans le domaine quantique, mais il s'est avéré difficile de combler le fossé qui la sépare des phénomènes à grande échelle.

10. Plus précisément, comme l'explique le chapitre 13 de *L'Univers élégant*, nous connaissons la quantité d'entropie que recèlent les trous noirs depuis les travaux de Bekenstein et Hawking, datant des années 1970. Toutefois, les méthodes que ces derniers utilisèrent étaient plutôt indirectes et ne précisaient pas les réarrangements microscopiques — comme au chapitre 6 — qui auraient justifié leur résultat pour l'entropie. Au milieu des années 1990, cette lacune fut comblée par deux chercheurs en théorie des cordes, Andrew Strominger et Cumrun Vafa, qui ont trouvé une relation astucieuse entre les trous noirs et certaines configurations des branes de la théorie des cordes/théorie M. En résumé, ils sont parvenus à montrer que certains trous noirs pourraient avoir exactement le même nombre de réarrangements de leurs ingrédients élémentaires (quels qu'ils puissent être) que certaines combinaisons particulières de branes. Lorsqu'ils comptèrent le nombre de ces réarrangements de branes (pour en prendre le logarithme), le résultat obtenu donnait l'aire du trou noir correspondant, en unités de Planck, divisée par 4 — la réponse exacte, découverte plusieurs années auparavant, pour l'entropie des trous noirs. En gravitation quantique à boucles, les chercheurs ont également réussi à montrer que l'entropie d'un trou noir était proportionnelle à son aire, mais il a été beaucoup plus difficile d'obtenir la réponse exacte (l'aire en unité de Planck, divisée par 4). Il existe dans la théorie un paramètre libre, connu sous le nom de « paramètre Immirzi », qui, s'il est bien choisi, permet d'obtenir l'entropie exacte des trous noirs à l'aide des calculs en gravitation quantique à boucles, mais à ce jour, aucune explication fondamentale n'est universellement admise, au sens de la théorie elle-même, sur ce qui imposerait la bonne valeur à ce paramètre.

11. Comme je l'ai fait tout au long du présent chapitre, j'élimine ici certains paramètres numériques qui, s'ils sont quantitativement importants, n'ont aucune incidence conceptuelle.

GLOSSAIRE

ABSOLUTISME : point de vue selon lequel l'espace est absolu.

ACCÉLÉRATION : caractéristique d'un mouvement qui implique un changement de vitesse et/ou de direction.

ACCÉLÉRATEUR, COLLISIONNEUR : instrument d'analyse de la physique des particules qui fait se heurter des particules à grande vitesse.

BIG BANG (THÉORIE DU, MODÈLE STANDARD DU) : théorie cosmologique décrivant un univers chaud et en expansion, lors des premiers instants après sa naissance.

BIG-CRUNCH : un des destins possibles pour notre Univers, en quelque sorte l'inverse du big-bang, dans lequel l'espace s'effondre sur lui-même.

BOL D'ÉNERGIE POTENTIELLE : forme de l'énergie d'un champ en fonction de sa valeur, appelée plus techniquement « énergie potentielle du champ ».

BRISURE SPONTANÉE DE SYMÉTRIE : terme technique désignant la formation d'un océan de Higgs ; processus par lequel une symétrie précédemment manifeste devient cachée ou n'est plus valable.

CHAMP : « brume » ou « essence » imprégnant tout l'espace ; peut transmettre une force ou décrire la présence ou le mouvement de particules. Au sens mathématique, il s'agit d'un nombre ou d'un ensemble de nombres en chaque point de l'espace, indiquant la valeur du champ.

CHAMP ÉLECTROMAGNÉTIQUE : champ de la force électromagnétique.

CHAMP DE L'ÉLECTRON : le champ dont l'électron est le plus petit constituant.

CHAMP DE HIGGS, CHAMP DE HIGGS ÉLECTROFAIBLE : champ

prenant une valeur non nulle dans un univers vide et froid ; il confère leur masse aux particules fondamentales.

CHANDELLES STANDARD : astres ayant une luminosité intrinsèque connue, utiles pour la mesure des distances astronomiques.

CHROMODYNAMIQUE QUANTIQUE : théorie quantique de la force nucléaire forte.

CONSTANTE COSMOLOGIQUE : énergie et pression hypothétiques, d'origine et de composition inconnues, remplissant uniformément tout l'espace.

CORDES FERMÉES : filaments d'énergie de la théorie des cordes, en forme de boucles.

CORDES OUVERTES : filaments d'énergie de la théorie des cordes ; en forme de brins.

COSMOLOGIE : l'étude des origines et de l'évolution de l'Univers dans son ensemble.

COSMOLOGIE INFLATIONNAIRE : théorie cosmologique décrivant une explosion primordiale de l'expansion de l'espace, brève mais colossale.

COURBURE NÉGATIVE : forme de l'espace ayant une densité inférieure à la densité critique ; en forme de selle.

D-BRANES, DIRICHLET *P*-BRANES : *p*-brane « collante », à laquelle sont attachées des extrémités de cordes ouvertes.

DENSITÉ CRITIQUE : quantité de masse/énergie requise pour que l'espace soit plat, valant environ 10^{-23} g/m^3.

EFFONDREMENT DE L'ONDE DE PROBABILITÉ, DE LA FONCTION D'ONDE : hypothèse selon laquelle l'onde de probabilité (la fonction d'onde) passe d'une configuration étalée à une forme en pic.

ÉNERGIE NOIRE : énergie et pression hypothétiques censées remplir tout l'espace notion plus générale que celle de la constante cosmologique car cette énergie/pression peut varier avec le temps.

ÉNERGIE POTENTIELLE : énergie emmagasinée dans un objet ou un champ.

ENTROPIE : une mesure du désordre d'un système physique ; le nombre de réarrangements des constituants fondamentaux d'un système qui laisse son apparence globale inchangée.

ESPACE ABSOLU : vision newtonienne de l'espace, l'envisageant comme immuable et indépendant de son contenu.

ESPACE PLAT : forme possible de l'univers spatial, dénuée de courbure.

ESPACE-TEMPS : union de l'espace et du temps introduite pour la première fois dans le cadre de la relativité restreinte.

ESPACE-TEMPS ABSOLU : vision de l'espace émanant de la relativité restreinte, l'envisageant à travers le temps dans son entier, de quelque point de vue que ce soit, comme immuable et indépendant de son contenu.

ÉTHER : substance hypothétique remplissant tout l'espace, censée fournir le milieu permettant à la lumière de se propager ; discrédité.

FLÈCHE DU TEMPS : direction dans laquelle le temps semble s'écouler — depuis le passé vers le futur.

FLUCTUATIONS QUANTIQUES, AGITATION QUANTIQUE : variations rapides et inévitables de la valeur d'un champ aux petites échelles ; central à l'incertitude quantique.

FONCTION D'ONDE, ONDE DE PROBABILITÉ : onde propre à la mécanique quantique qui indique la probabilité de trouver une particule à une position donnée.

FOND DE RAYONNEMENT MICRO-ONDES, FOND DE RAYONNEMENT COSMIQUE : rayonnement électromagnétique (photons) fossile, vestige de l'Univers primordial, qui imprègne tout l'espace.

FORCE DE CASIMIR : force quantique due au déséquilibre des fluctuations du champ électromagnétique dans le vide.

FORCE ÉLECTROMAGNÉTIQUE : l'une des quatre forces fondamentales ; elle agit sur les particules dotées d'une charge électrique.

FORCE NUCLÉAIRE FAIBLE : force fondamentale agissant aux échelles subatomiques, responsable de phénomènes tels que la désintégration radioactive.

FORCE NUCLÉAIRE FORTE : force fondamentale agissant sur les quarks ; maintient les quarks confinés à l'intérieur des protons et des neutrons.

GLUONS : particules messagères de la force nucléaire forte.

GRANDE UNIFICATION : théorie tentant d'unifier les forces électromagnétique, faible et forte.

GRAVITONS : particules messagères hypothétiques de la force de gravitation.

HORIZON (D'UN TROU NOIR) : sphère imaginaire entourant un trou noir, délimitant les points de non-retour ; tout ce qui franchit l'horizon se trouve piégé dans le champ gravitationnel du trou noir.

HORIZON COSMIQUE : l'ensemble des points de l'espace au-delà desquels la lumière n'a pas eu le temps de se propager depuis le commencement de l'univers.

INDÉPENDANCE ENVERS L'ARRIÈRE-PLAN (*BACKGROUND*) : propriété d'une théorie physique selon laquelle l'espace et le temps proviendraient de concepts plus fondamentaux plutôt que d'être insérés de manière axiomatique.

INERTIE : propriété de résistance à l'accélération.

INFLATON : champ dont l'énergie et la pression négative sont responsables de l'expansion inflationnaire.

INFORMATION SUR LE CHEMIN SUIVI : information quantique permettant de décrire la trajectoire suivie par une particule entre la source et le détecteur.

INTERFÉRENCE : phénomène par lequel des ondes qui se superposent créent une forme précise.

INTERPRÉTATION DE COPENHAGUE : Interprétation de la mécanique quantique qui envisage les objets macroscopiques comme étant soumis aux lois classiques, et les objets microscopiques comme étant sujets aux lois quantiques.

INTERPRÉTATION DES MONDES MULTIPLES : interprétation de la mécanique quantique dans laquelle toutes les éventualités incarnées par l'onde de probabilité se réalisent dans autant d'univers différents.

INTRICATION QUANTIQUE : phénomène quantique dans lequel des particules séparées dans l'espace affichent des propriétés corrélées.

KELVIN : échelle des températures mesurées par rapport au zéro absolu (la plus basse température possible valant –273° sur l'échelle Celsius).

LONGUEUR DE PLANCK : 10^{-33} cm, longueur en deçà de laquelle le conflit entre la mécanique quantique et la relativité générale se manifeste ; longueur en deçà de laquelle la notion conventionnelle d'espace n'a plus de sens.

MASSE DE PLANCK : 10^{-5} g (la masse d'un grain de poussière, dix milliards de milliards de fois celle du proton) ; masse typique d'une corde vibrante.

MATIÈRE NOIRE : matière dispersée dans l'espace, qui exerce un champ de gravitation mais n'émet pas de lumière.

MÉCANIQUE QUANTIQUE : théorie élaborée dans les années 1920 et 1930, décrivant le royaume des atomes et des particules subatomiques.

MODÈLE STANDARD : théorie quantique englobant la chromodynamique quantique et la théorie électrofaible ; décrit toute la matière et toutes les forces à l'exception de la gravitation. Fondée sur le principe de particules ponctuelles.

OCÉAN DE HIGGS : résume, dans ces pages, la valeur moyenne dans le vide d'un champ de Higgs.

PARTICULE, OU BOSON, DE HIGGS : plus petit constituant d'un champ de Higgs.

PARTICULE MESSAGÈRE : plus petit « paquet », ou « quantum », d'une force, véhiculant l'influence de celle-ci.

PARTICULES, OU BOSONS W ET Z : particules messagères de l'interaction nucléaire faible.

P-BRANE : ingrédient de la théorie des cordes/théorie M ayant *p* dimensions spatiales. Voir également D-BRANE.

PHOTON : particule messagère de la force électromagnétique « quantum » de lumière.

PHYSIQUE CLASSIQUE : dans ces pages, il s'agit des lois physiques de Newton et de Maxwell. De manière plus générale, il s'agit de toutes les lois non quantiques de la physique, théories de la relativité restreinte et générale incluses.

PRINCIPE DE MACH : principe selon lequel tout mouvement est relatif, le référentiel pour un système au repos étant donné par la distribution de masse de l'Univers.

PRINCIPE D'INCERTITUDE : propriété de la mécanique quantique stipulant qu'il existe une limite fondamentale à la précision avec laquelle on peut mesurer certaines caractéristiques complémentaires des systèmes physiques.

PROBLÈME DE L'HORIZON : difficultés que rencontrent les théories cosmologiques à expliquer comment des régions de l'espace, situées au-delà de leurs horizons cosmologiques respectifs, peuvent avoir des propriétés quasiment identiques.

PROBLÈME DE LA MESURE QUANTIQUE : difficulté que l'on rencontre à expliquer comment les multiples possibles indiqués par une onde de probabilité conduisent à un seul résultat de mesure.

PROBLÈME DE LA PLATITUDE : difficulté que rencontrent les théories cosmologiques à expliquer que l'espace observé est plat.

QUARKS : particules élémentaires sujettes à l'interaction nucléaire forte ; il en existe six variétés (*up, down, strange, charm, top, bottom*, souvent notées *u, d, s, c, t, b*).

RELATIVITÉ GÉNÉRALE : théorie de la gravitation d'Einstein ; fait intervenir la courbure de l'espace et du temps.

RELATIVITÉ RESTREINTE : théorie d'Einstein dans laquelle l'espace et le temps ne sont pas absolus lorsqu'on les considère isolément, mais dépendent du mouvement relatif entre des observateurs différents.

RELATIONNISME : point de vue selon lequel tout mouvement est relatif et l'espace n'est pas absolu.

SCÉNARIO DU MONDE BRANAIRE : proposition dans le cadre de la théorie des cordes/théorie M selon laquelle les trois dimensions d'espace qui nous sont familières seraient une trois-brane.

SECONDE LOI DE LA THERMODYNAMIQUE : loi qui stipule qu'en

moyenne l'entropie d'un système physique tendra toujours à croître.

SPIN : propriété quantique des particules élémentaires qui, un peu comme une toupie, tournent sur elles-mêmes (le spin étant leur moment angulaire intrinsèque).

SUPERSYMÉTRIE : symétrie dans laquelle les lois ne sont pas modifiées lorsque l'on intervertit des particules dotées d'un spin entier (les particules d'interaction) avec des particules de spin demi-entier (les particules de matière).

SYMÉTRIE : transformation d'un système physique laissant son apparence inchangée (par exemple, la rotation d'une sphère parfaite autour de son centre la laisse inchangée) ; transformation d'un système physique n'ayant aucun effet sur les lois le décrivant.

SYMÉTRIE DE ROTATION, INVARIANCE SOUS LES ROTATIONS : propriété d'un système physique ou d'une loi théorique qui ne sont pas modifiés par les rotations.

SYMÉTRIE DE TRANSLATION, INVARIANCE SOUS LES TRANSLATIONS : propriété des lois de la nature selon laquelle celles-ci sont valables en tout point de l'espace.

SYMÉTRIE SOUS L'INVERSION DU TEMPS : propriété des lois de la nature selon laquelle celles-ci ne distinguent pas une direction du temps d'une autre. À partir de n'importe quel instant donné, les lois traitent le passé et le futur exactement de la même manière.

TEMPS DE PLANCK : 10^{-43} s, le temps que prend la lumière pour parcourir une distance valant la longueur de Planck ; intervalle de temps en deçà duquel la notion conventionnelle du temps n'a plus de sens.

THÉORIE DE KALUZA-KLEIN : théorie de l'Univers ayant plus de trois dimensions spatiales.

THÉORIE ÉLECTROFAIBLE : théorie de la force électrofaible, unifiant les forces électromagnétique et nucléaire faible.

THÉORIE DES CORDES : théorie de petits filaments d'énergie unidimensionnels vibrants (voir THÉORIE DES SUPERCORDES), n'incluant pas nécessairement la supersymétrie. Parfois utilisé par abus de langage pour désigner la théorie des supercordes.

THÉORIE DES SUPERCORDES : théorie dont les ingrédients fondamentaux sont des boucles unidimensionnelles (cordes fermées) ou des brins (cordes ouvertes) d'énergie vibrante, et qui réconcilie la relativité générale et la mécanique quantique ; supersymétrique.

THÉORIE M : théorie encore incomplète unifiant les cinq versions de la théorie des cordes; théorie quantique de toutes les forces et de toute la matière.

THÉORIE UNIFIÉE : théorie décrivant toutes les forces et toute la matière en une seule structure théorique.

TRANCHE INSTANTANÉE : la totalité de l'espace à un moment choisi dans le temps; une tranche unique dans la « miche » d'espace-temps.

TRANSITION DE PHASE : changement qualitatif d'un système physique lorsque sa température varie sur un intervalle de valeurs suffisamment vaste.

TROU NOIR : astre dont le champ gravitationnel colossal prend au piège tout ce qui passe suffisamment près (tout ce qui traverse son horizon), même la lumière.

UNIVERS OBSERVABLE : partie de l'Univers incluse à l'intérieur de notre horizon cosmique; partie de l'Univers suffisamment proche de nous pour que la lumière émise ait eu le temps de nous atteindre; partie de l'Univers que nous pouvons voir.

VALEUR MOYENNE DANS LE VIDE DU CHAMP DE HIGGS : situation dans laquelle un champ de Higgs acquiert une valeur non nulle dans le vide; océan de Higgs.

VIDE : plus grande vacuité possible pour une région de l'espace; état de plus basse énergie.

VITESSE : célérité et direction du mouvement d'un objet.

SUGGESTIONS DE LECTURE

La littérature traitant de l'espace et du temps est vaste, qu'elle soit accessible à tous ou au contraire plutôt technique. Les ouvrages proposés ci-dessous conviendront pour la plupart aux lecteurs non experts, certains nécessitant toutefois des connaissances plus avancées. Ils m'ont été utiles et seront un bon début pour les lecteurs qui souhaiteraient explorer plus avant certains des sujets présentés dans ces pages.

ALBERT, David, *Quantum Mechanics and Experience*, Cambridge, Mass., Harvard University Press, 1994.

ALBERT, David, *Time and Chance*, Cambridge, Mass., Harvard University Press, 2000.

BARBOUR, Julian, *The End of Time*, Oxford, Oxford University Press, 2000.

BARBOUR, Julian, et Herbert PFISTER, *Mach's Principle*, Boston, Birkhäuser, 1995.

BARROW, John, *The Book of Nothing*, New York, Pantheon, 2000.

BARTUSIAK, Marcia, *Einstein's Unified Symphony*, Washington, DC, Joseph Henry Press, 2000.

BELL, John, *Speakable and Unspeakable in Quantum Mechanics*, Cambridge, Angleterre, Cambridge University Press, 1993.

BLANCHARD, P., GIULINI, D., JOOS, E., KIEFER, C. et STAMATESCU, I.-O., *Decoherence : Theoretical, Experimental and Conceptual Problems*, Berlin, Springer, 2000.

CALLENDER, Craig et HUGGET, Nick, *Physics Meets Philosophy at the Planck Scale*, Cambridge, Angleterre, Cambridge University Press, 2001.

COLE, K. C., *The Hole in the Universe*, New York, Harcourt, 2001.

CREASE, Robert et MANN, Charles, *The Second Creation*, New Brunswick, NJ, Rutgers University Press, 1996.

DAVIES, Paul, *About Time*, New York, Simon and Schuster, 1995.

DAVIES, Paul, *How to Build a Time Machine*, New York, Allen Lane, 2001.

DAVIES, Paul, *Space and Time in the Moderne Universe*, Cambridge, Angleterre, Cambridge University Press, 1977.

D'ESPAGNAT, Bernard, *Le Réel voilé : analyse des concepts quantiques*, Paris, Fayard, 1994.

DEUTSCH, David, *La Fabrique de la réalité*, Paris, Vuibert, 2003.

FERRIS, Timothy, *La Nuit du temps : histoire du cosmos de l'Antiquité au big bang*, Paris, Hachette, 1992.

FERRIS, Timothy, *The Whole Shebang*, New York, Simon & Schuster, 1997.

FEYNMAN, Richard, *Lumière et matière : une étrange histoire*, Paris, Le Seuil, coll. « Points Sciences », 1999.

FÖLSING, Albrecht, *Albert Einstein*, New York, W. H. Freeman, 1994.

GELL-MANN, Murray, *Le Quark et le jaguar*, Paris, Albin Michel, coll. « Sciences d'aujourd'hui », 1995.

GLEICK, James, *Isaac Newton : un destin fabuleux*, Paris, Dunod, coll. « Quai des sciences », 2005.

GOTT, J. Richard, *Time Travel in Einstein's Universe*, Boston, Houghton Mifflin, 2001

GUTH, Alan, *The Inflationnary Universe*, Reading, Mass., Perseus, 1997.

GREENE, Brian, *L'Univers élégant*, Paris, Robert Laffont, 2000.

GRIBBIN, John, *Le Chat de Schrodinger : physique quantique et réalité*, Paris, Flammarion, 1994.

HALL, A. Ruppert, *Isaac Newton*, Cambridge, Angleterre, Cambridge University Press, 1992.

HALLIWELL, J. J., PÉREZ-MERCADER, J. et ZUREK, W. H., *Physical Origins of Time Asymmetry*, Cambridge, Angleterre, Cambridge University Press, 1994.

HAWKING, Stephen, *L'Univers dans une coquille de noix*, Paris, Odile Jacob, 2001.

HAWKING, Stephen et PENROSE, Roger, *La Nature de l'espace et du temps*, Paris, Gallimard, 1997.

HAWKING, Stephen, THORNE, Kip, NOVIKOV, Igor, FERRIS, Timothy et LIGHTMAN, Alan, *The Future of Spacetime*, New York, Norton, 2002.

JAMMER, Max, *Concepts of Space*, New York, Dover, 1993.

JOHNSON, George, *A Shortcut Through Time*, New York, Knopf, 2003.

KAKU, Michio, *Hyperspace*, New York, Oxford University Press, 1994.

KIRSCHNER, Robert, *The Extravagant Universe*, Princeton, Princeton University Press, 2002.

KRAUSS, Lawrence, *Quintessence*, New York, Perseus, 2000.

LINDLEY, David, *Boltzmann's Atom*, New York, Free Press, 2001.

LINDLEY, David, *Where Does the Weirdness Go?*, New York, Basic Books, 1996.

MACH, Ernst, *La Mécanique: exposé historique et critique de son développement*, Paris, Jacques Gabay, 1987.

MAUDLIN, Tim, *Quantum Non-Locality and Relativity*, Malden, Mass., Blackwell, 2002.

MERMIN, N. David, *Boojums All the Way Through*, New York, Cambridge University Press, 1990.

OVERBYE, Dennis, *Lonely Hearts of the Cosmos*, New York, Harper Collins, 1991.

PAIS, Abraham, *Albert Einstein. La vie et l'œuvre*, Paris, InterÉditions, 1993.

PENROSE, Roger, *L'Esprit, l'ordinateur et les lois de la physique*, Paris, InterÉditions, 1992.

PRICE, Huw, *Time's Arrow and Archimede's Point*, New York, Oxford University Press, 1989.

REES, Martin, *Before the Beginning*, Reading, Mass., Addison-Wesley, 1997.

REES, Martin, *Just Six Numbers*, New York, Basic Books, 2001.

REICHENBACH, Hans, *The Direction of Time*, Mineola, NY, Dover, 1956.

REICHENBACH, Hans, *The Philosophy of Space and Time*, New York, Dover, 1958.

ROBINET, André, *Correspondance Leibniz-Clarke, présentée d'après les manuscrits originaux des bibliothèques de Hanovre et de Londres*, Paris, Presses universitaires de France, 1991.

SAVITT, Steven, *Time's Arrow Today*, Cambridge, Angleterre, Cambridge University Press, 2000.

SCHRÖDINGER, Erwin, *Qu'est-ce que la vie? L'aspect physique de la cellule vivante*, Paris, Christian Bourgois, 1986.

SIEGFRIED, Tom, *The Bit and the Pendulum*, New York, John Wiley, 2000.

SKLAR, Lawrence, *Space, Time and Spacetime*, Berkeley, University of California Press, 1977.

SMOLIN, Lee, *Three Roads to Quantum Gravity*, New York, Basic Books, 2001.
STENGER, Victor, *Timeless Reality*, Amherst, NY, Prometheus Books, 2000.
THORNE, Kip, *Trous noirs et distorsions du temps : l'héritage sulfureux d'Einstein*, Paris, Flammarion, 1997.
VON WEIZSÄCKER, Carl Friedrich, *The Unity of Nature*, New York, Farrar, Straus and Giroux, 1980.
WEINBERG, Steven, *Le Rêve d'une théorie ultime*, Paris, Odile Jacob, 1997.
WEINBERG, Steven, *Les Trois Premières Minutes de l'univers*, Paris, Le Seuil, 1988.
WILCZEK, Frank et DEVINE, Betsy, *Longing for the Harmonies*, New York, Norton, 1988.
ZEH, H. D., *The Physical Basis of the Direction of Time*, Berlin, Springer, 2001.

Préface 9

PREMIÈRE PARTIE
LA SCÈNE DE LA RÉALITÉ

1. Les voies de la réalité 19
L'espace, le temps et pourquoi les choses sont telles qu'elles sont
2. L'Univers et le seau 53
L'espace est-il une abstraction humaine ou une entité physique ?
3. La relativité et l'absolu 80
L'espace est-il une abstraction einsteinienne ou une entité physique ?
4. L'espace sens dessus dessous 142
Que signifie d'être séparé dans un univers quantique ?

DEUXIÈME PARTIE
TEMPS ET EXPÉRIENCE

5. La rivière gelée 221
Le temps s'écoule-t-il ?
6. Flèche et hasard 246
Le temps a-t-il une direction ?
7. Le temps et le quantum 303
L'éclairage quantique sur la nature du temps

TROISIÈME PARTIE
ESPACE-TEMPS ET COSMOLOGIE

8. Flocons de neige et espace-temps 371
Symétries et évolution de l'Univers
9. Quand le vide s'évapore 421
Chaleur, néant et unification
10. Le big bang : déconstruction 455
Qu'est-ce qui a fait « bang » ?
11. Quanta in the Sky with Diamonds 507
Inflation, agitation quantique et flèche du temps

QUATRIÈME PARTIE
ORIGINES ET UNIFICATION

12. Le monde en cordes 543
L'étoffe de l'Univers selon la théorie des cordes
13. L'Univers en branes 624
L'espace et le temps : spéculations de la théorie M

CINQUIÈME PARTIE

RÉALITÉ ET FICTION

14. Là-haut dans le ciel et ici-bas sur Terre 687
Expériences sur l'espace et le temps
15. Téléporteurs et machines à remonter le temps 723
Voyages dans l'espace et dans le temps
16. L'avenir d'une allusion 778
Perspectives pour l'espace et le temps

APPENDICES

Notes 823
Glossaire 899
Suggestions de lecture 906

DANS LA COLLECTION FOLIO / ESSAIS

227 Geneviève Rodis-Lewis : *Épicure et son école.*
228 Platon : *La République.*
229 Carlos Castaneda : *Histoires de pouvoir.*
230 Albert Memmi : *La dépendance.*
231 Charles Fourier : *Vers la liberté en amour.*
232 Charles Péguy : *Notre jeunesse* précédé de *De la raison.*
233 Jean-Jacques Rousseau : *Du contrat social* précédé de *Discours sur l'économie politique, Du contrat social (première version)* et suivi de *Fragments politiques.*
234 Henri Meschonnic : *Modernité Modernité.*
235 Spinoza : *L'Éthique.*
236 Marcel Proust : *Essais et articles.*
237 Jean Giraudoux : *Littérature.*
238 Michel de Certeau, Luce Giard, Pierre Mayol : *L'invention du quotidien 2. Habiter, cuisiner.*
239 Collectif : *Écrire la « parole de nuit » (La nouvelle littérature antillaise).*
240 Spinoza : *Traité de l'autorité politique.*
241 Aristote : *Histoire des animaux.*
242 Spinoza : *Traité des autorités théologique et politique.*
243 Henri Mendras : *La Seconde Révolution française 1965-1984.*
244 Karl Marx : *Philosophie.*
245 Maurice Blanchot : *De Kafka à Kafka.*
246 Mircea Eliade : *Techniques du Yoga.*
247 Raymond Queneau : *Bâtons, chiffres et lettres.*
248 Sade : *Journal inédit (1807, 1808, 1814).*
249 Ernst Jünger : *Le mur du Temps.*
250 René Guénon : *La crise du monde moderne.*
251 Jean Toussaint Desanti : *Introduction à la phénoménologie.*
252 Jean-Marie Donegani et Marc Sadoun : *La démocratie imparfaite (Essai sur le parti politique).*
253 Pierre Cabanne : *André Derain.*

254 Antoni Tàpies : *La pratique de l'art.*
255 George Steiner : *Réelles présences (Les arts du sens).*
256 Roland Omnès : *Philosophie de la science contemporaine.*
258 Michel Tournier : *Le vol du vampire.*
259 Benedetto Croce : *Histoire de l'Europe au XIXᵉ siècle.*
260 Nicolas Malebranche : *Conversations chrétiennes* suivi de *Entretiens sur la métaphysique, sur la religion et sur la mort.*
261 Régis Debray : *Vie et mort de l'image.*
262 Alain : *Mars ou La guerre jugée (1921).*
263 Alice Becker-Ho : *Les Princes du Jargon.*
264 Hegel : *Morceaux choisis.*
265 Spinoza : *Traité de la réforme de l'entendement.*
266 Gaëtan Picon : *Lecture de Proust.*
267 Bruno Latour : *La science en action.*
268 Denis Hollier : *Le Collège de Sociologie 1937-1939.*
269 Jean Giono : *Le poids du ciel.*
270 Mircea Eliade : *Méphistophélès et l'androgyne.*
271 Ananda K. Coomaraswamy : *Hindouisme et Bouddhisme.*
272 Yves Bonnefoy : *La Vérité de parole* et autres essais.
274 Georges Bernanos : *La liberté, pour quoi faire ?*
275 Montesquieu : *De l'Esprit des lois, I.*
276 Montesquieu : *De l'Esprit des lois, II.*
277 Sous la direction de Denis Kambouchner : *Notions de philosophie, I.*
278 Sous la direction de Denis Kambouchner : *Notions de philosophie, II.*
279 Sous la direction de Denis Kambouchner : *Notions de philosophie, III.*
280 Pierre Hadot : *Qu'est-ce que la philosophie antique ?*
281 Jean-Jacques Rousseau : *Émile ou De l'éducation.*
282 Jean Bastaire : *Péguy tel qu'on l'ignore.*
283 Pascal Engel : *Philosophie et psychologie.*
284 Jean-Paul Sartre : *L'existentialisme est un humanisme.*
285 Jean Prévost : *La création chez Stendhal.*
286 Carlos Castaneda : *Le second anneau de pouvoir.*
287 André Breton : *Les Vases communicants.*

288 Jean-Noël Schifano : *Désir d'Italie.*
289 Francis Bacon : *Entretiens avec Michel Archimbaud.*
290 Roger Caillois : *Babel* précédé de *Vocabulaire esthétique.*
291 C. G. Jung : *Un mythe moderne.*
292 Paul Valéry : *Tel quel.*
293 Jorge Luis Borges et Alicia Jurado : *Qu'est-ce que le bouddhisme ?*
294 Witold Gombrowicz : *Testament.*
295 Gaëtan Picon : *1863. Naissance de la peinture moderne.*
296 Thomas Pavel : *L'art de l'éloignement (Essai sur l'imagination classique).*
297 Stendhal : *Histoire de la peinture en Italie.*
298 André Malraux : *La politique, la culture.*
299 Gérard Mairet : *Le principe de souveraineté (Histoires et fondements du pouvoir moderne).*
300 André Malraux : *Le Musée Imaginaire.*
301 Jean-Marc Lévy-Leblond : *La pierre de touche (La science à l'épreuve...).*
302 Pierre Hadot : *Plotin ou la simplicité du regard.*
303 Marc Jimenez : *Qu'est-ce que l'esthétique ?*
304 Jean-Jacques Rousseau : *Discours sur les sciences et les arts.*
305 Albert Camus : *Actuelles (Écrits politiques).*
306 Miguel de Unamuno : *Le sentiment tragique de la vie.*
307 Benjamin Constant : *Écrits politiques.*
308 Platon : *Les Lois.*
309 Fernand Léger : *Fonctions de la peinture.*
310 Carlos Castaneda : *Le don de l'Aigle.*
311 Bertrand Vergely : *La souffrance.*
312 Régis Debray : *L'État séducteur.*
313 Édouard Glissant : *Le discours antillais.*
315 Françoise Dolto : *Les étapes majeures de l'enfance.*
316 Simone Weil : *Réflexions sur les causes de la liberté et de l'oppression sociale.*
317 Bruno Bettelheim : *La Forteresse vide.*
318 Sigmund Freud : *La question de l'analyse profane.*
319 Raymond Aron : *Marxismes imaginaires (D'une sainte famille à l'autre).*

320 Antonin Artaud : *Messages révolutionnaires.*
322 Paul Klee : *Théorie de l'art moderne.*
323 Paul Valéry : *Degas Danse Dessin.*
324 Carlos Castaneda : *Le feu du dedans.*
325 Georges Bernanos : *Français, si vous saviez…*
326 Édouard Glissant : *Faulkner, Mississippi.*
327 Paul Valéry : *Variété I et II.*
328 Paul Bénichou : *Selon Mallarmé.*
329 Alain : *Entretiens au bord de la mer (Recherche de l'entendement).*
330 Sous la direction d'Henri-Charles Puech : *Histoire des religions I*.*
331 Sous la direction d'Henri-Charles Puech : *Histoire des religions I**.*
332 Sous la direction d'Henri-Charles Puech : *Histoire des religions II*.*
333 Sous la direction d'Henri-Charles Puech : *Histoire des religions II**.*
334 Sous la direction d'Henri-Charles Puech : *Histoire des religions III*.*
335 Sous la direction d'Henri-Charles Puech : *Histoire des religions III**.*
336 Didier Anzieu : *Beckett.*
337 Sous la direction de Brice Parain : *Histoire de la philosophie I, vol. 1.*
338 Sous la direction de Brice Parain : *Histoire de la philosophie I, vol. 2.*
339 Sous la direction d'Yvon Belaval : *Histoire de la philosophie II, vol. 1.*
340 Sous la direction d'Yvon Belaval : *Histoire de la philosophie II, vol. 2.*
341 Sous la direction d'Yvon Belaval : *Histoire de la philosophie III, vol. 1.*
342 Sous la direction d'Yvon Belaval : *Histoire de la philosophie III, vol. 2.*
343 Rémi Brague : *Europe, la voie romaine.*
344 Julien Offroy de La Mettrie : *L'Homme-Machine.*
345 Yves Bonnefoy : *Le nuage rouge.*

346 Carlos Castaneda : *La force du silence (Nouvelles leçons de don Juan).*
347 Platon : *Gorgias* suivi de *Ménon.*
348 Danilo Martuccelli : *Sociologies de la modernité (L'itinéraire du xxe siècle).*
349 Robert Castel : *Les métamorphoses de la question sociale (Une chronique du salariat).*
350 Gabriel Marcel : *Essai de philosophie concrète.*
351 J.-B. Pontalis : *Perdre de vue.*
352 Patrick Chamoiseau, Raphaël Confiant : *Lettres créoles.*
353 Annie Cohen-Solal : *Sartre 1905-1980.*
354 Pierre Guenancia : *Lire Descartes.*
355 Julia Kristeva : *Le temps sensible (Proust et l'expérience littéraire).*
357 Claude Lefort : *Les formes de l'histoire (Essais d'anthropologie politique).*
358 Collectif : *Narcisses.*
359 Collectif : *Bisexualité et différence des sexes.*
360 Werner Heisenberg : *La nature dans la physique contemporaine.*
361 Gilles Lipovetsky : *Le crépuscule du devoir (L'éthique indolore des nouveaux temps démocratiques).*
362 Alain Besançon : *L'image interdite (Une histoire intellectuelle de l'iconoclasme).*
363 Wolfgang Köhler : *Psychologie de la forme (Introduction à de nouveaux concepts en psychologie).*
364 Maurice Merleau-Ponty : *Les aventures de la dialectique.*
365 Eugenio d'Ors : *Du Baroque.*
366 Trinh Xuan Thuan : *Le chaos et l'harmonie (La fabrication du Réel).*
367 Jean Sulivan : *Itinéraire spirituel.*
368 Françoise Dolto : *Les chemins de l'éducation.*
369 Collectif : *Un siècle de philosophie 1900-2000.*
370 Collectif : *Genre et politique (Débats et perspectives).*
371 Denys Riout : *Qu'est-ce que l'art moderne ?*
372 Walter Benjamin : *Œuvres I.*
373 Walter Benjamin : *Œuvres II.*
374 Walter Benjamin : *Œuvres III.*

375 Thomas Hobbes : *Léviathan (ou Matière, forme et puissance de l'État chrétien et civil).*
376 Martin Luther : *Du serf arbitre.*
377 Régis Debray : *Cours de médiologie générale.*
378 Collectif : *L'enfant.*
379 Schmuel Trigano : *Le récit de la disparue (Essai sur l'identité juive).*
380 Collectif : *Quelle philosophie pour le* XXIe *siècle ?*
381 Maurice Merleau-Ponty : *Signes.*
382 Collectif : *L'amour de la haine.*
383 Collectif : *L'espace du rêve.*
384 Ludwig Wittgenstein : *Grammaire philosophique.*
385 George Steiner : *Passions impunies.*
386 Sous la direction de Roland-Manuel : *Histoire de la musique I, vol. 1. Des origines à Jean-Sébastien Bach.*
387 Sous la direction de Roland-Manuel : *Histoire de la musique I, vol. 2. Des origines à Jean-Sébastien Bach.*
388 Sous la direction de Roland-Manuel : *Histoire de la musique II, vol. 1. Du* XVIIIe *siècle à nos jours.*
389 Sous la direction de Roland-Manuel : *Histoire de la musique II, vol. 2. Du* XVIIIe *siècle à nos jours.*
390 Geneviève Fraisse : *Les deux gouvernements : la famille et la Cité.*
392 J.-B. Pontalis : *Ce temps qui ne passe pas* suivi de *Le compartiment de chemin de fer.*
393 Françoise Dolto : *Solitude.*
394 Marcel Gauchet : *La religion dans la démocratie. Parcours de la laïcité.*
395 Theodor W. Adorno : *Sur Walter Benjamin.*
396 G. W. F. Hegel : *Phénoménologie de l'Esprit, I.*
397 G. W. F. Hegel : *Phénoménologie de l'Esprit, II.*
398 D. W. Winnicott : *Jeu et réalité.*
399 André Breton : *Le surréalisme et la peinture.*
400 Albert Camus : *Chroniques algériennes 1939-1958 (Actuelles III).*
401 Jean-Claude Milner : *Constats.*
402 Collectif : *Le mal.*
403 Schmuel Trigano : *La nouvelle question juive (L'avenir d'un espoir).*

404 Paul Valéry : *Variété III, IV et V.*
405 Daniel Andler, Anne Fagot-Largeault et Bertrand Saint-Sernin : *Philosophie des sciences, I.*
406 Daniel Andler, Anne Fagot-Largeault et Bertrand Saint-Sernin : *Philosophie des sciences, II.*
407 Danilo Martuccelli : *Grammaires de l'individu.*
408 Sous la direction de Pierre Wagner : *Les philosophes et la science.*
409 Simone Weil : *La Condition ouvrière.*
410 Colette Guillaumin : *L'idéologie raciste (Genèse et langage actuel).*
411 Jean-Claude Lavie : *L'amour est un crime parfait.*
412 Françoise Dolto : *Tout est langage.*
413 Maurice Blanchot : *Une voix venue d'ailleurs.*
414 Pascal Boyer : *Et l'homme créa les dieux (Comment expliquer la religion).*
415 Simone de Beauvoir : *Pour une morale de l'ambiguïté* suivi de *Pyrrhus et Cinéas.*
416 Shihâboddîn Yahya Sohravardî : *Le livre de la sagesse orientale (Kitâb Hikmat al-Ishrâq).*
417 Daniel Arasse : *On n'y voit rien (Descriptions).*
418 Walter Benjamin : *Écrits français.*
419 Sous la direction de Cécile Dogniez et Marguerite Harl : *Le Pentateuque (La Bible d'Alexandrie).*
420 Harold Searles : *L'effort pour rendre l'autre fou.*
421 Le Talmud : *Traité Pessahim.*
422 Ian Tattersall : *L'émergence de l'homme (Essai sur l'évolution et l'unicité humaine).*
423 Eugène Enriquez : *De la horde à l'État (Essai de psychanalyse du lien social).*
424 André Green : *La folie privée (Psychanalyse des cas-limites).*
425 Pierre Lory : *Alchimie et mystique en terre d'Islam.*
426 Gershom Scholem : *La Kabbale (Une introduction. Origines, thèmes et biographies).*
427 Dominique Schnapper : *La communauté des citoyens.*
428 Alain : *Propos sur la nature.*
429 Joyce McDougall : *Théâtre du corps.*

430 Stephen Hawking et Roger Penrose : *La nature de l'espace et du temps.*
431 Georges Roque : *Qu'est-ce que l'art abstrait ?*
432 Julia Kristeva : *Le génie féminin, I. Hannah Arendt.*
433 Julia Kristeva : *Le génie féminin, II. Melanie Klein.*
434 Jacques Rancière : *Aux bords du politique.*
435 Herbert A. Simon : *Les sciences de l'artificiel.*
436 Vincent Descombes : *L'inconscient malgré lui.*
437 Jean-Yves et Marc Tadié : *Le sens de la mémoire.*
438 D. W Winnicott : *Conversations ordinaires.*
439 Patrick Pharo : *Morale et sociologie (Le sens et les valeurs entre nature et culture).*
440 Joyce McDougall : *Théâtres du je.*
441 André Gorz : *Les métamorphoses du travail.*
442 Julia Kristeva : *Le génie féminin, III. Colette.*
443 Michel Foucault : *Philosophie (Anthologie).*
444 Annie Lebrun : *Du trop de réalité.*
445 Christian Morel : *Les décisions absurdes.*
446 C. B. Macpherson : *La theorie politique de l'individualisme possessif.*
447 Frederic Nef : *Qu'est-ce que la métaphysique ?*
448 Aristote : *De l'âme.*
449 Jean-Pierre Luminet : *L'Univers chiffonné.*
450 André Rouillé : *La photographie.*
451 Brian Greene : *L'Univers élégant.*
452 Marc Jimenez : *La querelle de l'art contemporain.*
453 Charles Melman : *L'Homme sans gravité.*
454 Nûruddîn Abdurrahmân Isfarâyinî : *Le Révélateur des Mystères.*
455 Harold Searles : *Le contre-transfert.*
456 Le Talmud : *Traité Moed Katan.*
457 Annie Lebrun : *De l'éperdu.*
458 Pierre Fédida : *L'absence.*
459 Paul Ricœur : *Parcours de la reconnaissance.*
460 Pierre Bouvier : *Le lien social.*
461 Régis Debray : *Le feu sacré.*
462 Joëlle Proust : *La nature de la volonté.*
463 André Gorz : *Le traître* suivi de *Le vieillissement.*
464 Henry de Montherlant : *Service inutile.*

465 Marcel Gauchet : *La condition historique.*
466 Marcel Gauchet : *Le désenchantement du monde.*
467 Christian Biet et Christophe Triau : *Qu'est-ce que le théâtre ?*
468 Trinh Xuan Thuan : *Origines (La nostalgie des commencements).*
469 Daniel Arasse : *Histoires de peintures.*
470 Jacqueline Delange : *Arts et peuple de l'Afrique noire (Introduction à une analyse des créations plastiques).*
471 Nicole Lapierre : *Changer de nom.*
472 Gilles Lipovetsky : *La troisième femme (Permanence et révolution du féminin).*
473 Michael Walzer : *Guerres justes et injustes (Argumentation morale avec exemples historiques).*
474 Henri Meschonnic : *La rime et la vie.*
475 Denys Riout : *La peinture monochrome (Histoire et archéologie d'un genre).*
476 Peter Galison : *L'Empire du temps (Les horloges d'Einstein et les cartes de Poincaré).*
477 Georges Steiner : *Maitres et disciples.*
479 Henri Godard : *Le roman modes d'emploi.*
480 Theodor W. Adorno/Walter Benjamin : *Correspondance 1928-1940.*
481 Stéphane Mosès : *L'ange de l'histoire (Rosenzweig, Benjamin, Scholem).*
482 Nicole Lapierre : *Pensons ailleurs.*
483 Nelson Goodman : *Manières de faire des mondes.*
484 Michel Lallement : *Le travail (Une sociologie contemporaine).*
485 Ruwen Ogien : *L'Éthique aujourd'hui (Maximalistes et minimalistes).*
486 Sous la direction d'Anne Cheng, avec la collaboration de Jean-Philippe de Tonnac : *La pensée en Chine aujourd'hui.*
487 Merritt Ruhlen : *L'origine des langues* (*Sur les traces de la langue mère*).
488 Luc Boltanski : *La souffrance à distance (Morale humanitaire, médias et politique)* suivi de *La présence des absents.*

Composition Interligne
Impression Maury
45330 Malesherbes
le 29 août 2007.
Dépôt légal : août 2007.
Numéro d'imprimeur : 131561.
ISBN 978-2-07-034751-3. / Imprimé en France.

152419